U0173544

1

2

1、2
锁针编织的无纽开衫

编织方法
p.34

设计：草岛章子
使用线：1.奥林巴斯 Vesper
2.奥林巴斯 Tree House Leaves

3、4
圆弧编织的套头衫

编织方法
p.36

设计：秋山大和子
使用线：奥林巴斯 Vesper

4

5
横向编织的
波浪花样背心

编织方法
p.42

设计：车田美智子

使用线：奥林巴斯 make make
Tomato

6
螺旋花样的背心

编织方法
p.44

设计：横山纯子
使用线：奥林巴斯 make make Socks

7
蝙蝠袖套头衫

编织方法
p.48

设计：志田瞳
制作：田泽育子
使用线：奥林巴斯 Magokoro Alpaca

8
V字低领
交叉背心

编织方法
p.53

设计：岸 睦子
制作：志村真子
使用线：奥林巴斯 Magokoro Alpaca

9、10
仿折纸设计的花片背心

编织方法
p.56

设计：秋山志津江
使用线：奥林巴斯 Arlane

9

10

11

A 字形长款背心

编织方法

p.61

设计：柴田　淳

使用线：奥林巴斯make make Tomato

12
阿兰花样的斗篷

编织方法
p.64

设计：镰田惠美子

使用线：奥林巴斯 Tree House Palace Tweed

13
宽松翻领背心

编织方法
p.66

设计：志田瞳
制作：梨本明美
使用线：奥林巴斯 Michela

14

不对称设计的
套头衫

编织方法
p.68

设计：草岛章子
使用线：奥林巴斯 Tree House Palace、Elise

15
宽袖设计的 大圆领套头衫

编织方法
p.70

设计：河合真弓
制作：合田房子
使用线：奥林巴斯 Tree House Palace

16
麻花花样的插肩袖套头衫

编织方法
p. 72

设计：河合真弓
制作：堀口美雪
使用线：奥林巴斯 Tree House PalaceTweed

17 桂花针和麻花花样的套头衫

编织方法
p.74

设计：藤木裕子
制作：铃木佳惠
使用线：奥林巴斯 Vesper

18
拉针花样的宽松背心

编织方法
p.94

设计：横山纯子
使用线：奥林巴斯 Tree House Palace Tweed

19
麻花花样的露指手套

编织方法
p.60

设计：奥林巴斯设计室
使用线：奥林巴斯 Chercheur

20
小青果领
背心

编织方法
p. 76

设计：岸 睦子
使用线：奥林巴斯 Vesper

21
六角花片
的宽版外套

编织方法
p.78

设计：冈真理子
制作：水野 顺
使用线：奥林巴斯 make make

22、23
仿皮草线编织的围脖

编织方法
p.81

设计：奥林巴斯设计室

使用线：22. 奥林巴斯 Tree House Palace、Shiny Fur
23. 奥林巴斯 make make、Shiny Fur

22

23

24
插肩袖
高领外套

编织方法
p.82

设计：岸 睦子
使用线：奥林巴斯 Michela

25
英式罗纹针编织的围巾

编织方法
p.86

设计：奥林巴斯设计室
使用线：奥林巴斯 Tree House Palace

26、27
立涌花样的帽子

编织方法
p.85

设计：奥林巴斯设计室

使用线：奥林巴斯 Tree House PalaceTweed

28
仿皮草线编织的露指手套

编织方法
p.89

设计：奥林巴斯设计室

使用线：奥林巴斯 make make Socks、Shiny Fur

29
柔软厚实的扇形花样围脖

编织方法
p.95

设计：奥林巴斯设计室

使用线：奥林巴斯 Chercheur

30
束口迷你手提包

编织方法
p. 90

设计：mamagotoshi
使用线：奥林巴斯 make make Socks deux

31
螺旋麻花花样的帽子

编织方法
p.33

设计：冈真理子
使用线：奥林巴斯 make make Tomato

32
多米诺编织的圆筒帽

编织方法
p.88

设计：奥林巴斯设计室
使用线：奥林巴斯 make make

33
麻花花样的彩虹帽

编织方法
p.92

设计：镰田惠美子
使用线：奥林巴斯 Vesper

本书使用线材介绍

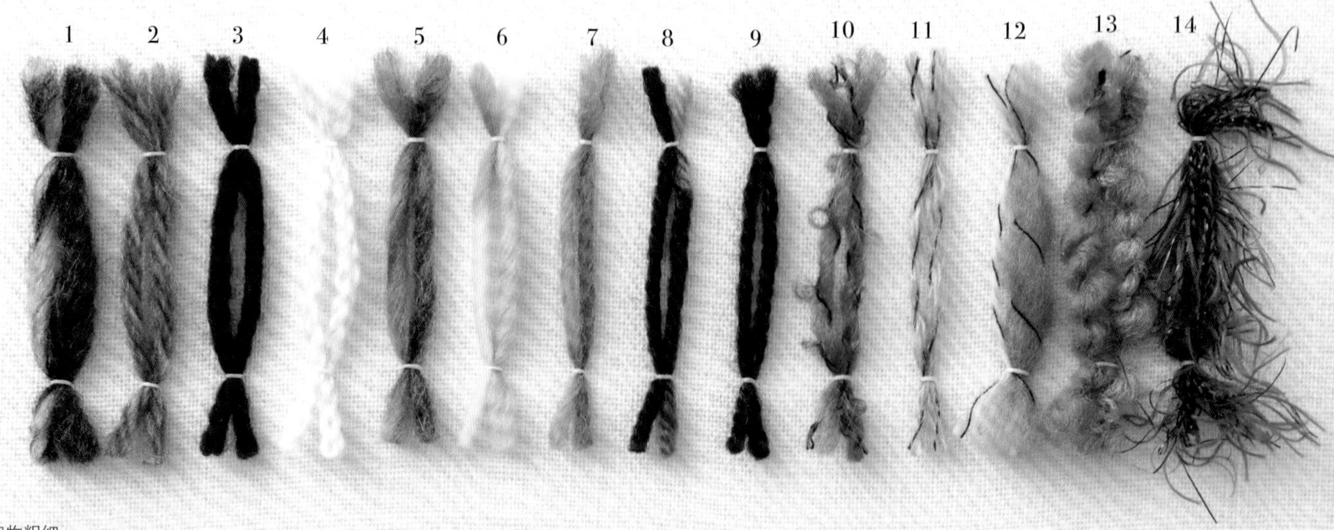

图片为实物粗细

线材名称		成分	规格 线长	粗细 使用针号	标准平针密度	线材特点
1	Vesper	美利奴羊毛50%、 尼龙47%、腈纶3%	30g／团 约57m	极粗 棒针8~10号 钩针7/0、8/0号	14~16针 21~23行	在柔软的美利奴羊毛中加入富有光泽的原材料，手感柔顺，颜色鲜明。编织的同时可以享受到美妙的色彩变化。
2	Tree House Palace Tweed	乌拉圭羊毛 100%	40g／团 约82m	极粗 棒针9~11号 钩针7/0、8/0号	15~17针 22~24行	100%产于南美乌拉圭的优质羊毛，蓬松柔软。粗花呢般的杂色效果使针法简单的作品也显得非常雅致。
3	Tree House Palace	羊毛（乌拉圭羊毛50%、防缩美利奴羊毛50%）100%	40g／团 约104m	中粗 棒针6~8号 钩针6/0、7/0号	19~21针 26~28行	松软的乌拉圭产美利奴羊毛与柔软的防缩型美利奴羊毛混纺而成。这是基础款的中粗毛线，略带混色雪花纱的效果，非常容易编织。
4	Tree House Leaves	美利奴羊毛80%、幼羊驼绒20%	40g／团 约72m	极粗 棒针8~10号 钩针7/0、8/0号	16~18针 22~24行	由优质的美利奴羊毛和幼羊驼绒混纺轻捻而成的毛线，柔软飘逸。
5	make make	美利奴羊毛 90%、幼马海毛 10%	25g／团 约62m	中粗 棒针6、7号 钩针6/0、7/0号	17~19针 24~26行	5种颜色的段染线和杂色线相互交替混纺的粗纱线，作品色彩变化丰富。
6	make make Tomato	美利奴羊毛90%、幼马海毛10%	25g／团 约65m	粗 棒针5~7号 钩针5/0、6/0号	20~22针 27~29行	印染线，简单的编织方法就能表现出配色编织的效果。这是一款手感非常舒适的粗纱线。
7	make make Socks	美利奴羊毛70%、尼龙30%	25g／团 约98m	粗 棒针5、6号 钩针5/0、6/0号	21~23针 29~31行	由优质羊毛与柔软结实的尼龙混纺而成，非常适合编织袜子。中等距离的段染线五彩斑斓，漂亮极了。
8	make make Socks deux	羊毛70%、尼龙30%	25g／团 约71m	粗 棒针4~6号 钩针5/0、6/0号	20~22针 28~30行	混合防缩羊毛和尼龙，4股合捻加工而成，提升了强韧度，编织的针目也很漂亮，是升级版的袜子编织线。
9	Magokoro Alpaca	高级幼羊驼绒100%	25g／团 约90m	中细 棒针4、5号 钩针4/0、5/0号	23~25针 31~33行	100%高级幼羊驼绒，一头幼羊驼上剪下的羊毛只能加工成一团线，手感极为顺滑。
10	Michela	羊毛51%、腈纶15%、马海毛10%、尼龙10%、羊驼绒7%、真丝7%	35g／团 约110m	极粗 棒针7~9号 钩针6/0、7/0号	17~19针 24~26行	组合了10种颜色的美丽段染线，中间自然夹杂着线圈和拉绒。这是一款让作品充满个性的优质线材。
11	Arlane	美利奴羊毛 40%、腈纶 30%、幼羊驼绒 15%、尼龙 8%、幼马海毛 7%	35g／团 约110m	粗 棒针5~7号 钩针5/0、6/0号	19~21针 26~28行	段染效果迷人，手感柔软顺滑。在羊毛和羊驼绒中加入了柔软的马海毛，这是优质素材混纺而成的基础款毛线。
12	Elise	羊毛（竹节纱部分为美利奴羊毛）93%、尼龙7%	35g／团 约94m	极粗 棒针13~15号 钩针8/0~10/0号	13~15针 19~21行	这款花式线的彩色大竹节纱非常有特色。简单的编织方法就能演绎出极具个性和镂空效果的作品。
13	Chercheur	尼龙54%、美利奴羊毛46%	30g／团 约30m	极粗 棒针12、13号 钩针9/0、10/0号	8~10针 15、16行	蓬松的形状和混染的颜色非常可爱，这款花式线用来编织小物件再适合不过了。因为含有美利奴羊毛成分，线材的手感十分柔软。
14	Shiny Fur	涤纶81%、尼龙19%	40g／团 约80m	极粗 棒针8~10号 钩针7/0、8/0号	14~16针 19~21行	这款仿皮草线的毛纤维较短，手感柔软，容易编织。同色系的金属丝线散发出雅致的光泽。

・线的粗细是比较概括的表述，仅供参考。

作品编织方法

31

P.30

材料和工具

用线 奥林巴斯 make make Tomato 棕色系混染（212）70g / 3团

棒针 9号、4号

成品尺寸 头围50cm，深20cm

密度 10cm×10cm面积内：编织花样26针，27行

编织要点 在帽口的花样切换处手指挂线起针后连接成环形，按编织花样无须加减针编织36行。从第37行开始，参照图示一边分散减针一边编织7行，结束时在剩下的针目里穿线后收紧。帽口部分从起针行挑针，编织14行双罗纹针，结束时做双罗纹针收针。

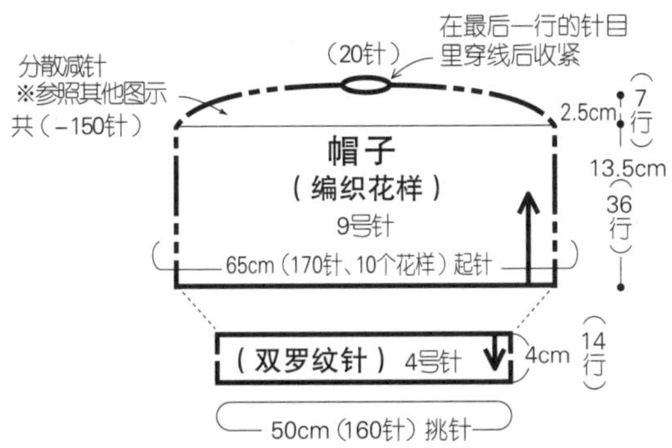

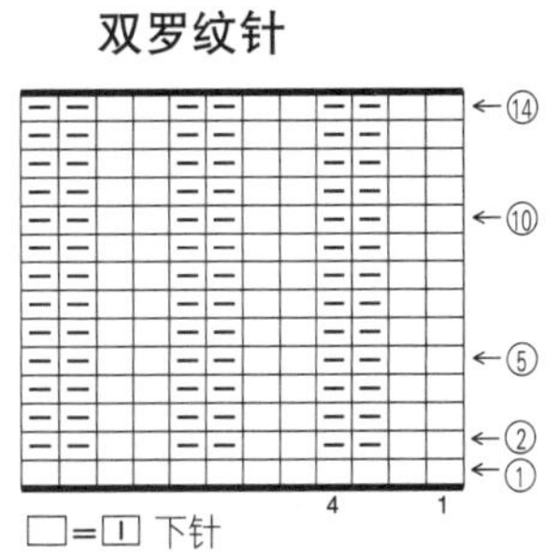

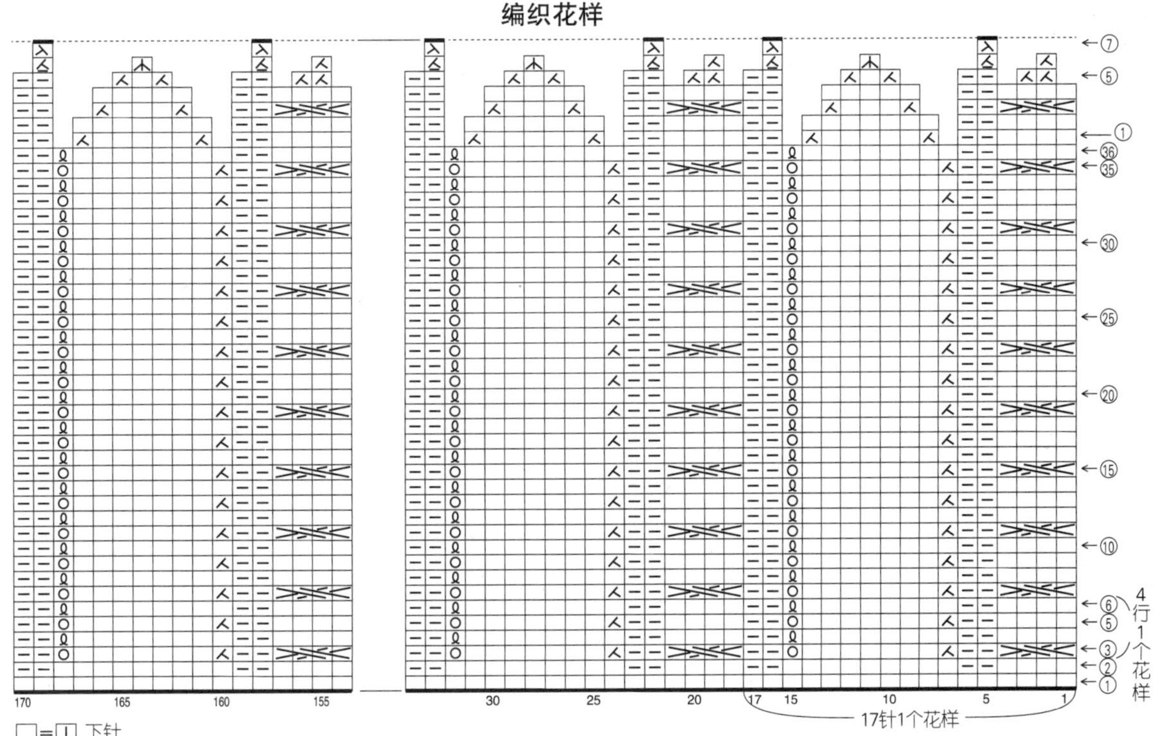

1、2

p. 2、3

材料和工具

用线 奥林巴斯 1…Vesper 藏青色、紫色、茶色系混染（6）390g/13团，2…Tree House Leaves 原白色（1）375g/10团

钩针 8/0号、7/0号

成品尺寸 胸围不限，衣长50.5cm，袖长31cm

密度 编织花样 4行为7.5cm（下摆）

编织要点 在后身片中心位置钩一条织带起针，接着挑针后从右身片开始钩织编织花样。织带部分的前5行钩4针锁针和长长针，从第6行开始钩5针锁针和3卷长针。左身片从织带的另一侧挑针后钩织。袖子在袖下位置钩一条织带起针，按编织花样钩织22行。接着与起针处的织带做锁针接合，将袖子连接成筒状。按相同要领钩织另一只袖子。领口从身片挑针，钩织6行边缘编织后将线剪断。在右前下摆接线，沿着前门襟、领口、前门襟钩织1行边缘调整。将袖子和身片正面相对，钩引拔针和锁针进行缝合。按个人喜好，参照图示穿上系绳。※作品2无须系绳，用胸针固定。

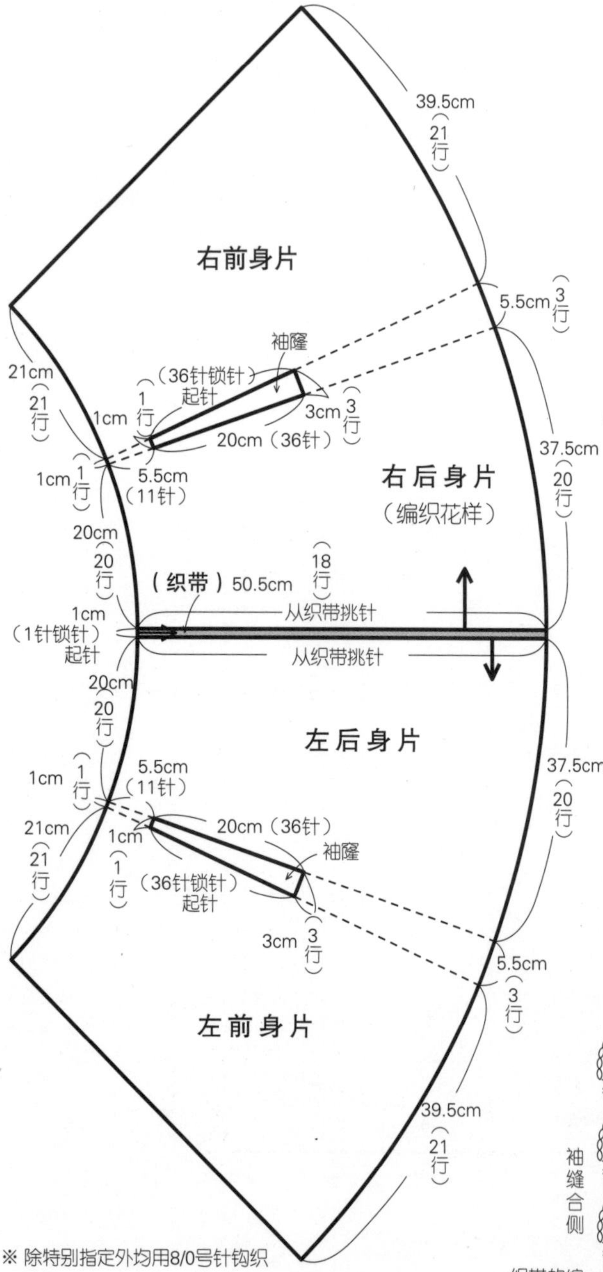

右前身片

右后身片（编织花样）

左后身片

左前身片

39.5cm（21行） 5.5cm（3行） 37.5cm（20行） 21cm（21行） 1cm（1行） 20cm（20行） 1cm（1针锁针）起针 （织带）50.5cm（18行） 从织带挑针

袖窿 （36针锁针）起针 3cm（3行） 20cm（36针） 5.5cm（11针）

※ 除特别指定外均用8/0号针钩织

▷ = 接线
▶ = 断线

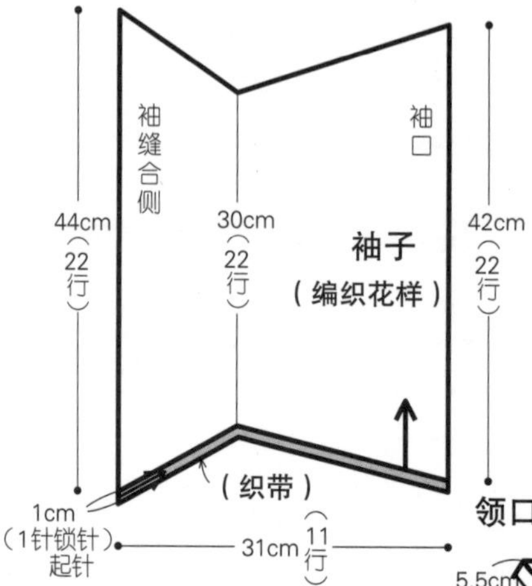

袖子（编织花样）

袖缝合侧 袖口 44cm（22行） 30cm（22行） 42cm（22行） （织带） 1cm（1针锁针）起针 31cm（11行）

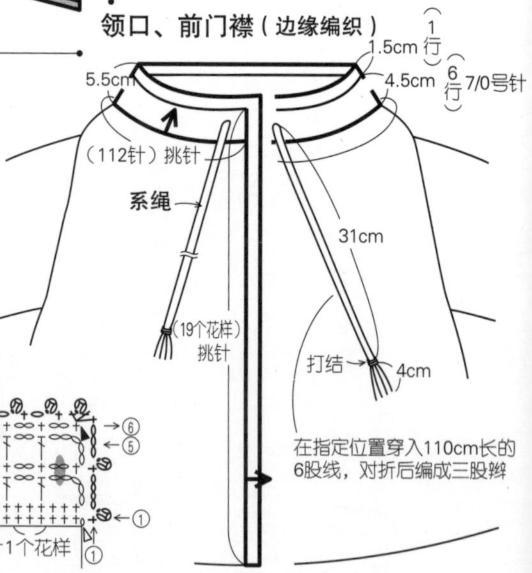

领口、前门襟（边缘编织）

1.5cm（1行） 5.5cm 4.5cm（6行）7/0号针 （112针）挑针 系绳 31cm （19个花样）挑针 打结 4cm

在指定位置穿入110cm长的6股线，对折后编成三股辫

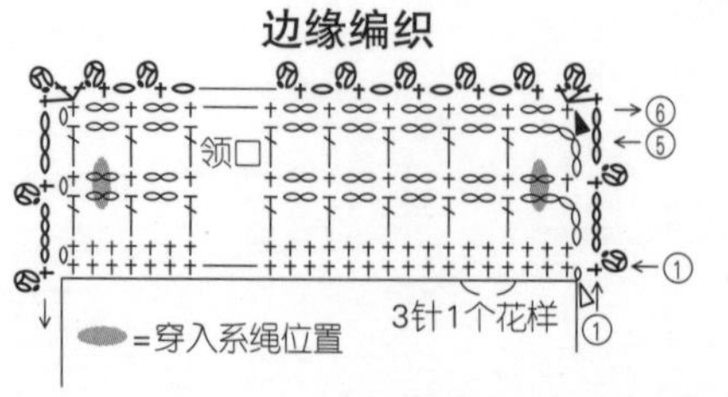

边缘编织

领口 ● = 穿入系绳位置 3针1个花样

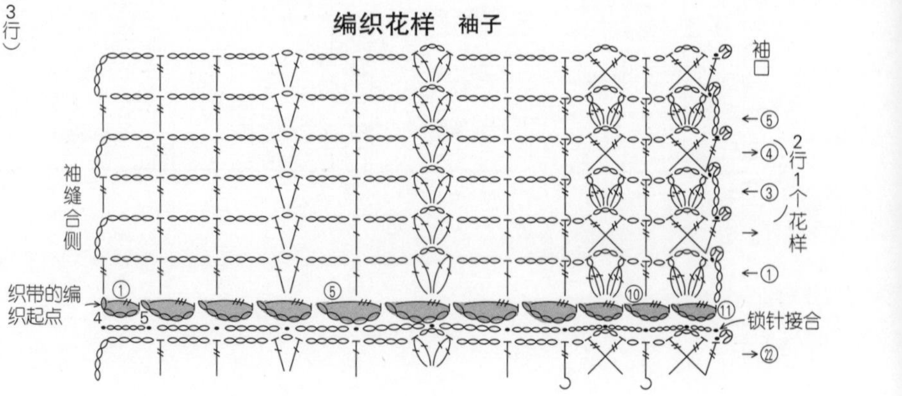

编织花样 袖子

袖口 袖缝合侧 2行1个花样 织带的编织起点 锁针接合

编织花样　身片

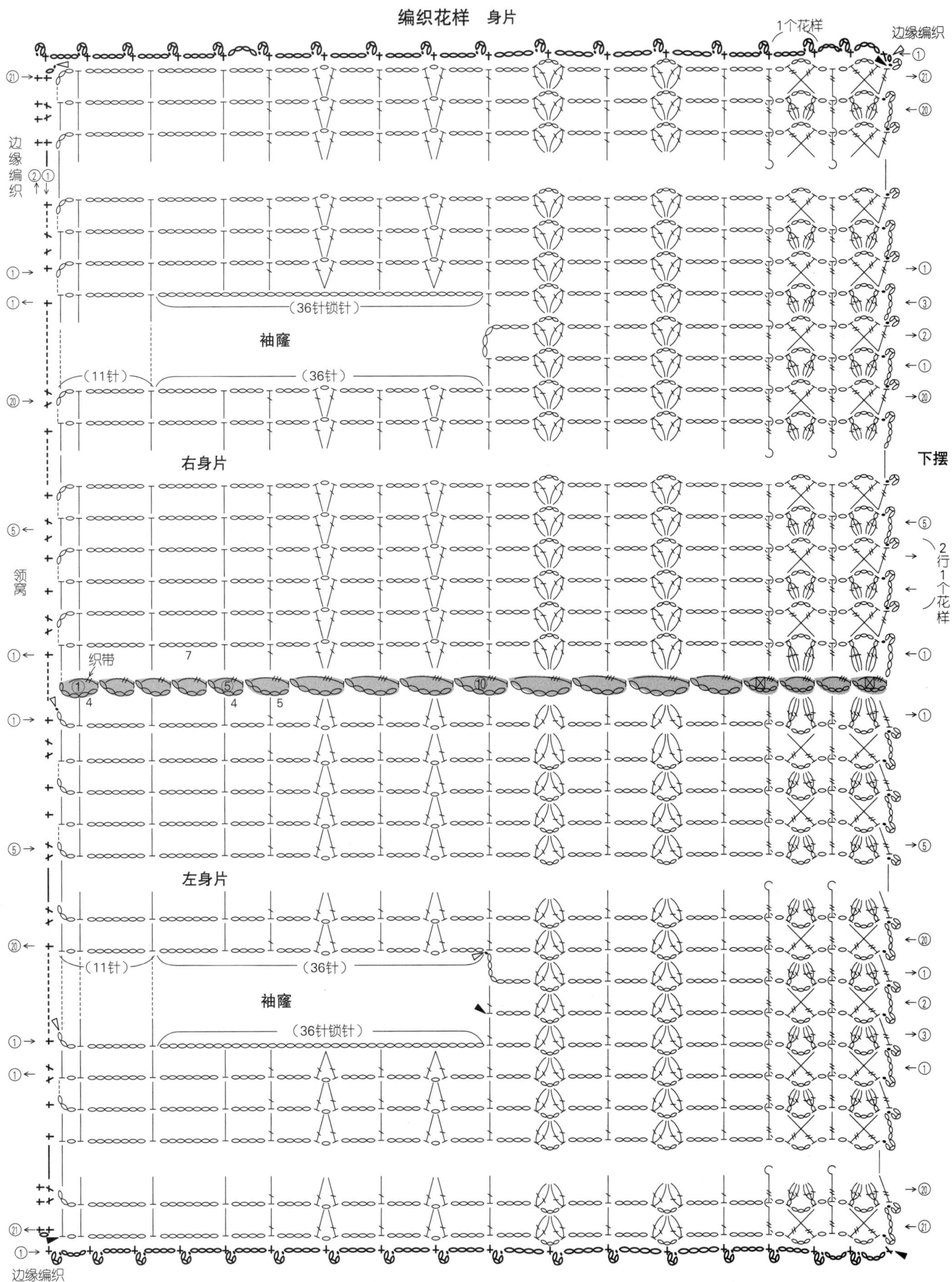

1个花样
边缘编织
边缘编织
②①
领窝
(36针锁针)
袖窿
(11针)
(36针)
右身片
下摆
2行1个花样
织带
左身片
(11针)
(36针)
袖窿
(36针锁针)
边缘编织

3、4

p.4、5

材料和工具

用线 奥林巴斯 Vesper 320g／11团 **3**…深紫色系混染（5），**4**…米色、绿色、红色系混染（1）

棒针 9号、8号 **钩针** 7/0号

成品尺寸 胸围96cm，连肩袖长42.5cm，衣长54cm

密度 10cm×10cm面积内：下针编织 16.5针，24行

编织要点 在后身片中心位置另线锁针起针，从右后身片开始编织。参照图示，一边按编织花样编织，一边在中途做引返编织，结束时休针备用。左后身片另线锁针挑针，与右后身片对称编织。前身片按与后身片的相同要领起针，按编织花样连同袖子一起编织，结束时休针备用。解开另线锁针挑针后，对称地编织左前身片和左袖。将后身片和袖子的相同记号对齐，做下针无缝缝合。前、后身片和袖子拼接成斗篷形状。胁部将前、后身片正面相对做盖针接合。袖下做挑针缝合。领口从领窝挑针，按边缘编织A做环形编织，结束时做单罗纹针收针。下摆分别从前、后身片挑针，按边缘编织B各编织9行。结束时，用钩针一边钩引拔针收针，一边加入3针锁针。行的两端与身片做挑针缝合。袖口按边缘编织C做环形编织。结束时，用钩针一边钩引拔针收针，一边加入3针锁针的狗牙针。

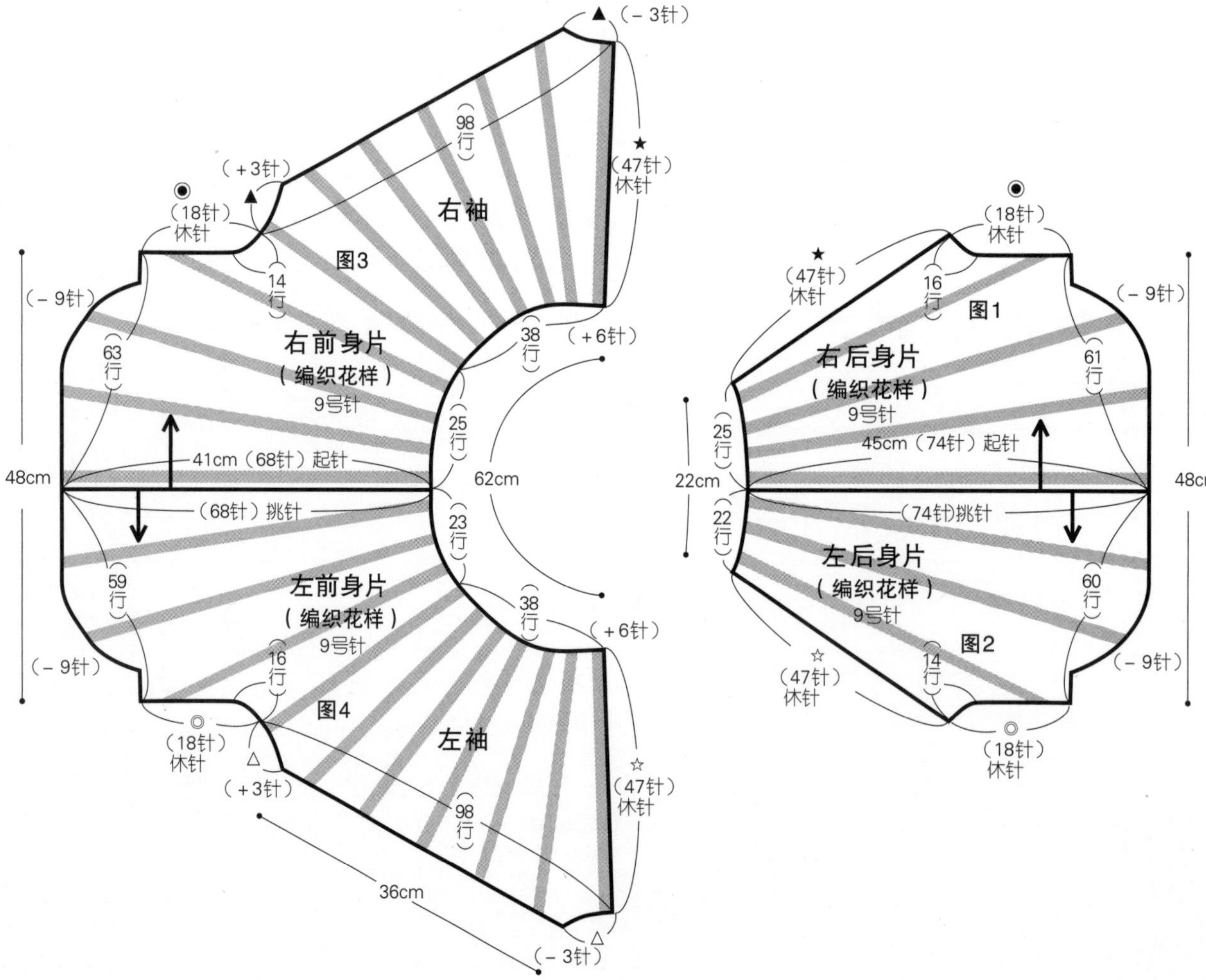

▲（－3针）
98行
★（47针）休针
右袖
（＋3针）
▲
◉（18针）休针
图3
14行
（－9针）
38行
（＋6针）
右前身片（编织花样）9号针
63行
25行
41cm（68针）起针
48cm
62cm
（68针）挑针
23行
59行
左前身片（编织花样）9号针
38行
（＋6针）
16行
（－9针）
图4
◎（18针）休针
△（＋3针）
左袖
☆（47针）休针
98行
36cm
△（－3针）

◉（18针）休针
★（47针）休针
16行
图1
（－9针）
右后身片（编织花样）9号针
25行
61行
45cm（74针）起针
22cm
48cm
（74针）挑针
22行
左后身片（编织花样）9号针
60行
☆（47针）休针
图2
14行
（－9针）
◎（18针）休针

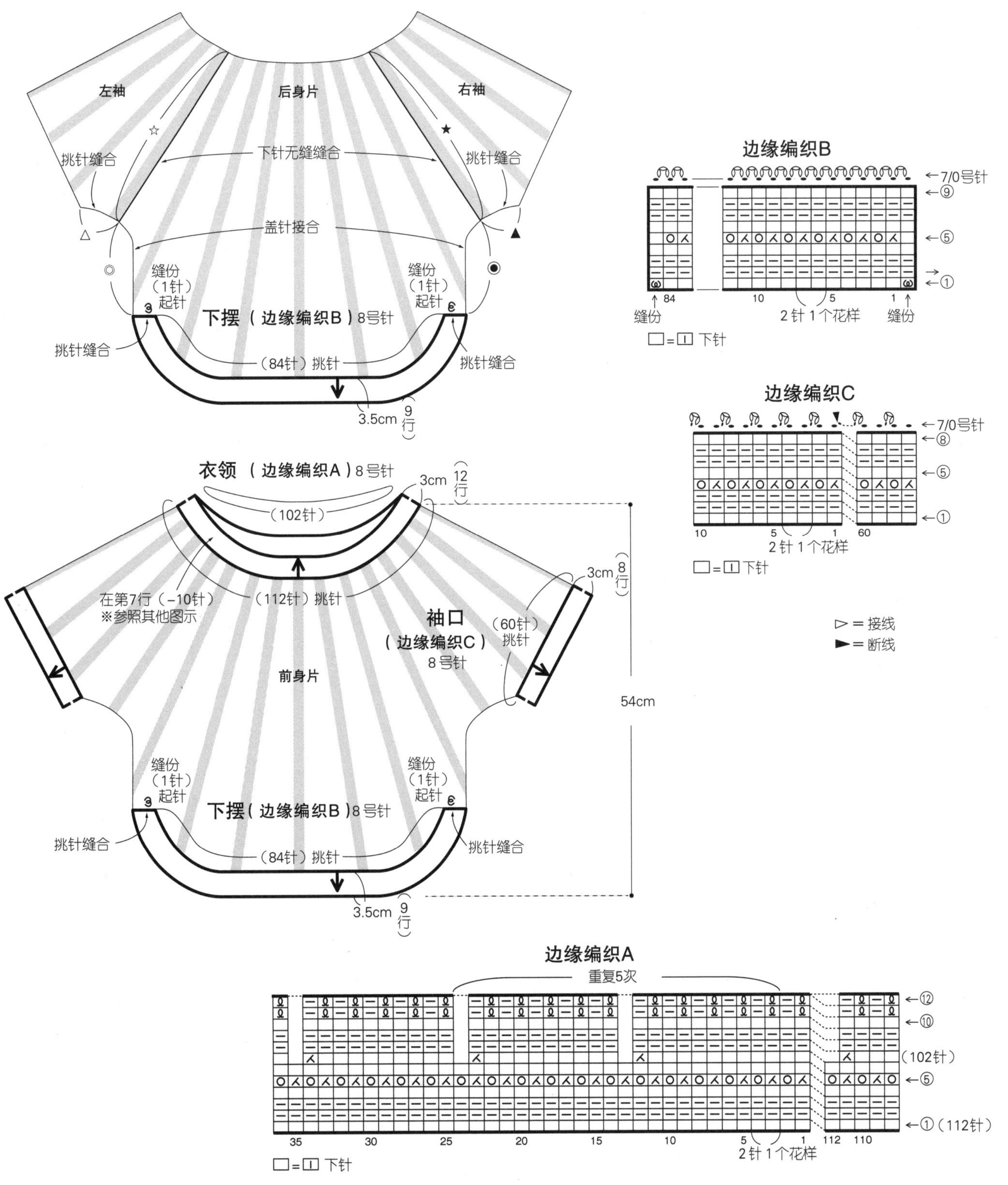
左袖
后身片
右袖
☆
★
挑针缝合
下针无缝缝合
挑针缝合
△
▲
盖针接合
◎
◉
缝份（1针）起针
缝份（1针）起针
下摆（边缘编织B）8号针
挑针缝合
（84针）挑针
挑针缝合
3.5cm 9行
衣领 （边缘编织A）8号针
3cm 12行
（102针）
在第7行（-10针）
※参照其他图示
（112针）挑针
3cm 8行
袖口
（边缘编织C）
8号针
（60针）挑针
前身片
54cm
缝份（1针）起针
缝份（1针）起针
下摆（边缘编织B）8号针
挑针缝合
（84针）挑针
挑针缝合
3.5cm 9行
边缘编织B
←7/0号针
←⑨
←⑤
←①
84
10
5
1
2针1个花样
缝份
缝份
□=□ 下针
边缘编织C
←7/0号针
←⑧
←⑤
←①
10
5
1
60
2针1个花样
□=□ 下针
▷=接线
▶=断线
边缘编织A
重复5次
←⑫
←⑩
（102针）
←⑤
←①（112针）
35
30
25
20
15
10
5
1
112
110
2针1个花样
□=□ 下针

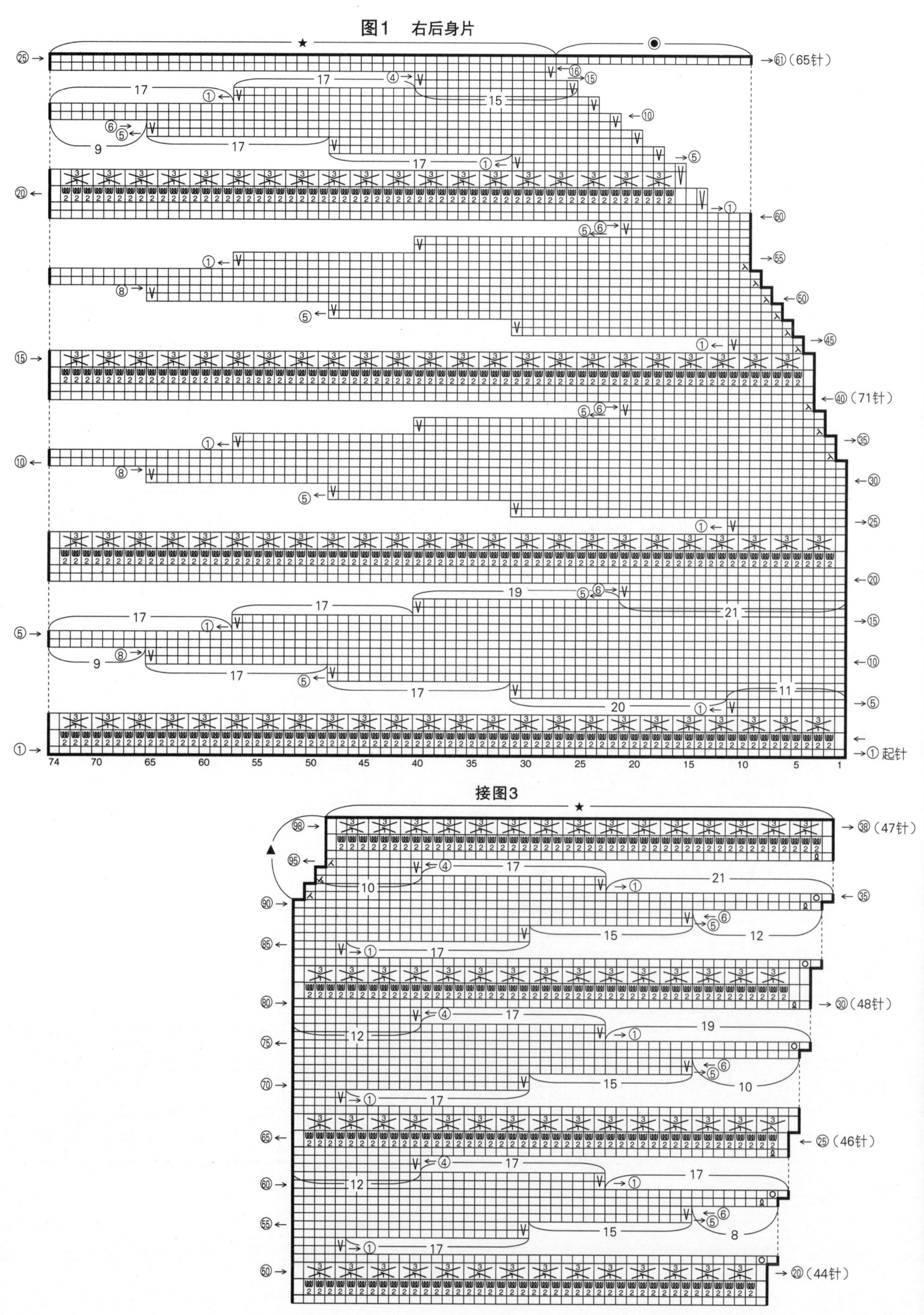

图1　右后身片
★
◉
→61（65针）
→40（71针）
→①起针
接图3
→38（47针）
→30（48针）
→25（46针）
→20（44针）

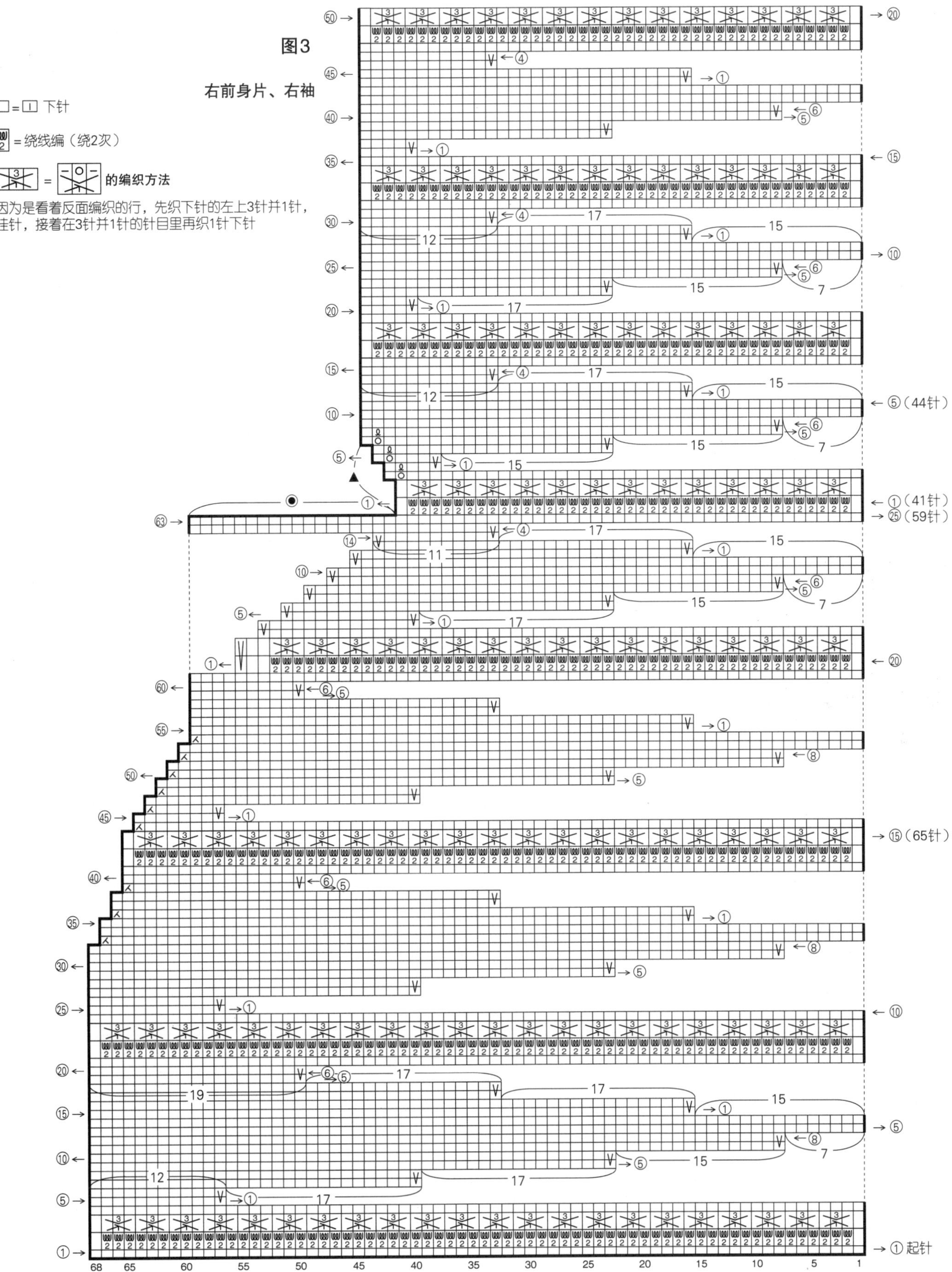
图3
右前身片、右袖
□=□ 下针
= 绕线编（绕2次）
= 的编织方法
因为是看着反面编织的行，先织下针的左上3针并1针，挂针，接着在3针并1针的针目里再织1针下针
⑤（44针）
①（41针）
㉕（59针）
⑮（65针）
①起针

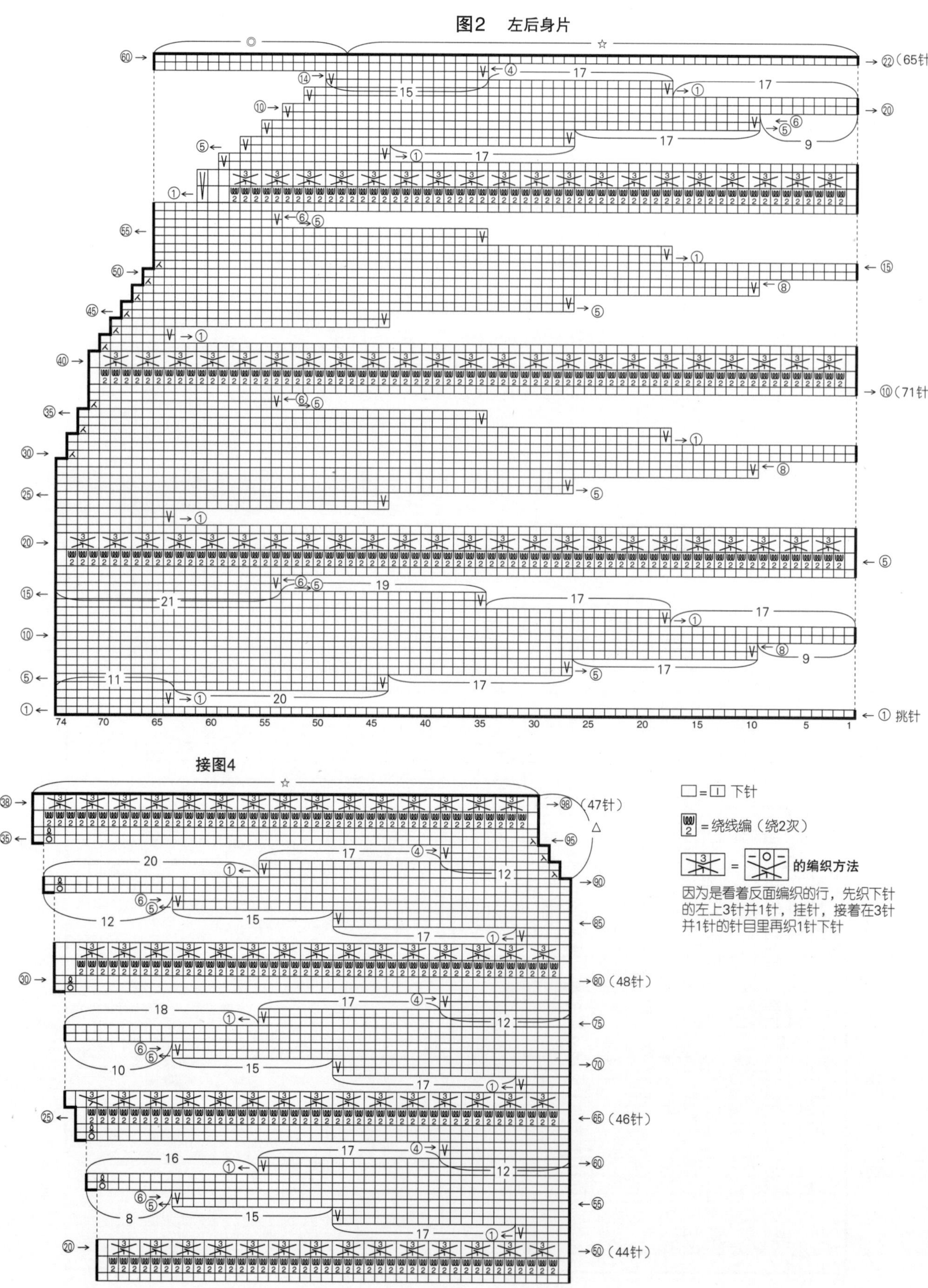

图2　左后身片
→㉒（65针）
→⑩（71针）
①挑针
接图4
→98（47针）
→80（48针）
→65（46针）
→50（44针）
□=□ 下针
= 绕线编（绕2次）
的编织方法
因为是看着反面编织的行，先织下针的左上3针并1针，挂针，接着在3针并1针的针目里再织1针下针

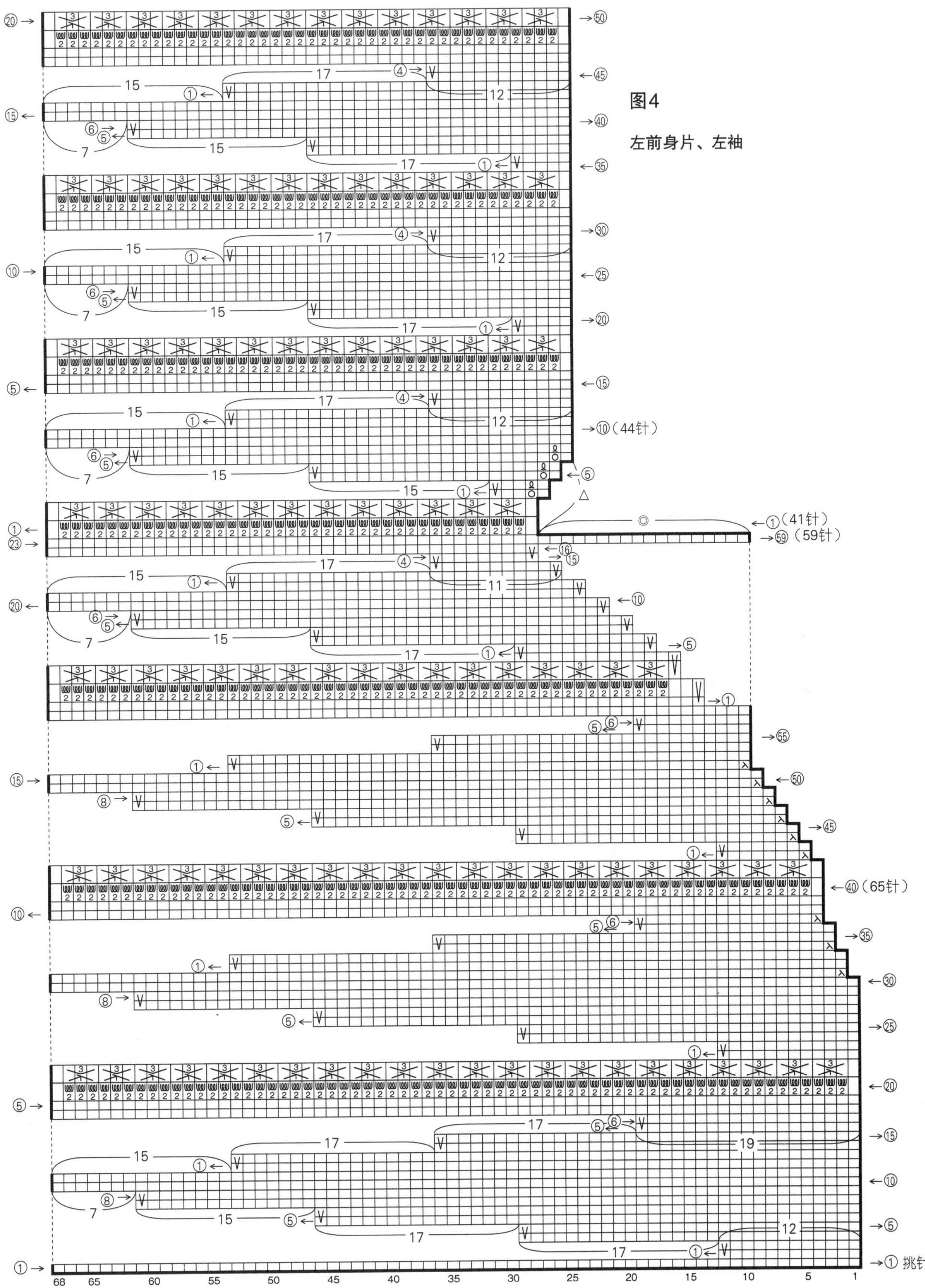

图4
左前身片、左袖
(44针)
(41针)
(59针)
(65针)
挑针

5

p. 6

材料和工具

用线 奥林巴斯 make make Tomato 浅紫色、绿色、白色段染（204）285g / 12团

钩针 6/0号

其他 直径1.5cm的纽扣 6颗

成品尺寸 胸围98.5cm，衣长52cm

密度 10cm×10cm面积内：编织花样A 5.5山，12行；编织花样B 5.5山，13行；编织花样C 22针，14行；编织花样D 25针，13行

编织要点 钩239针锁针起针，先按边缘编织A钩织2行后，接着参照图示按编织花样C和A、D和B钩织至肋部。按相同要领再钩织另一侧身片。拼接后身片中心时，将左、右身片正面相对，重复钩织短针和1针锁针做锁针接合。然后将前、后身片正面相对，胁部参照图示从后面编织的最后一行接着做锁针接合。下摆从身片挑针，按边缘编织B钩织3行，接着按边缘编织B'沿着前门襟和领窝钩织1行。袖口从袖窿挑针，按边缘编织C环形钩织。在扣眼对称的起针位置缝上纽扣。

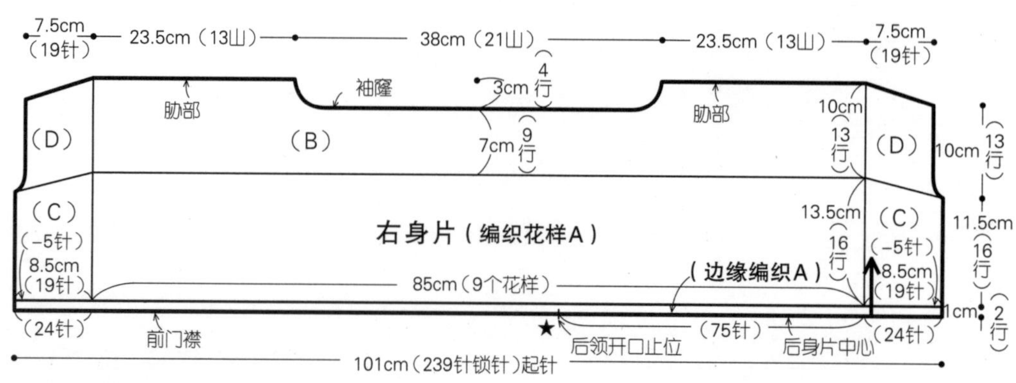

※按相同要领对称地编织左身片

边缘编织B

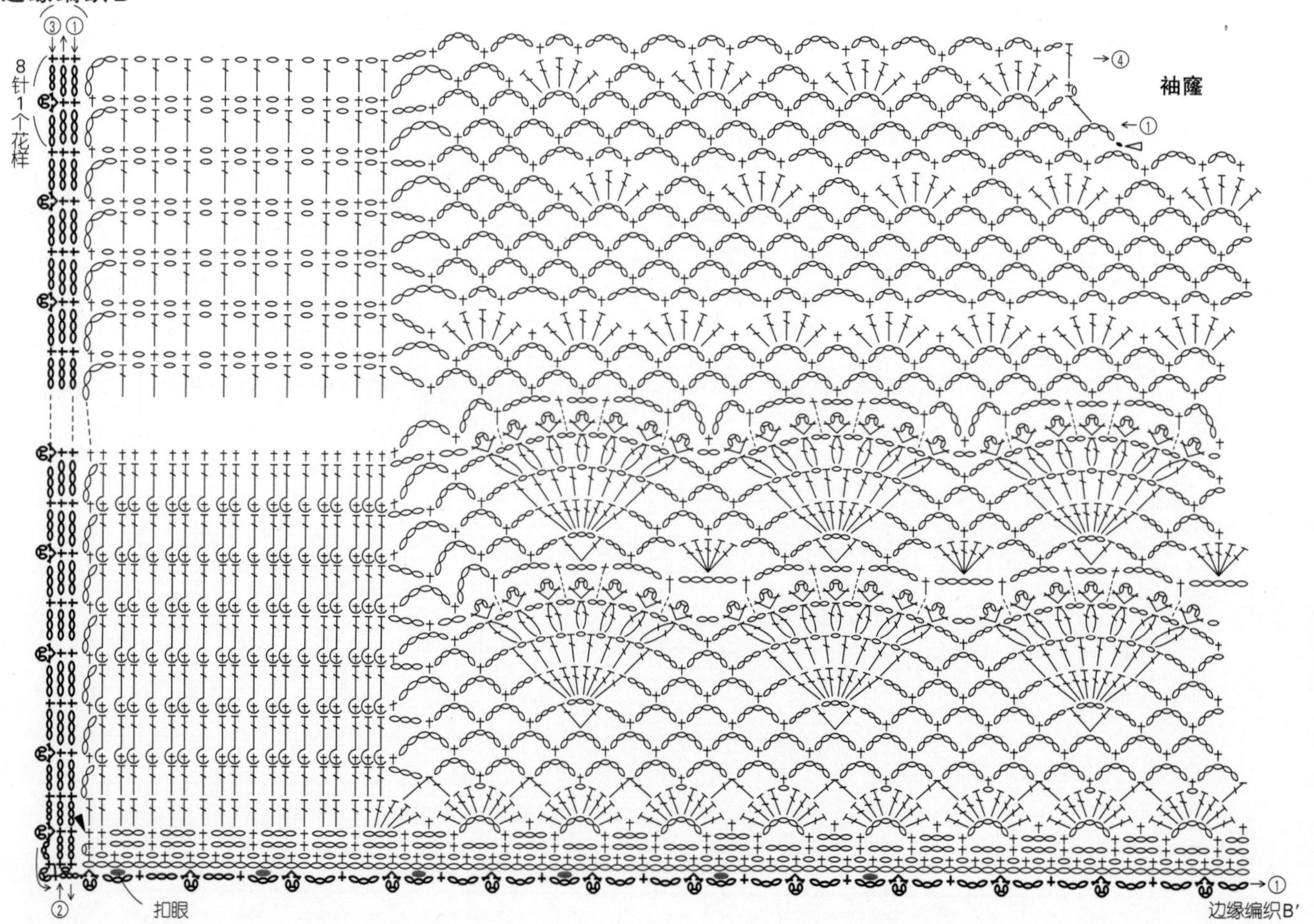

8针1个花样

袖窿

扣眼

边缘编织B'

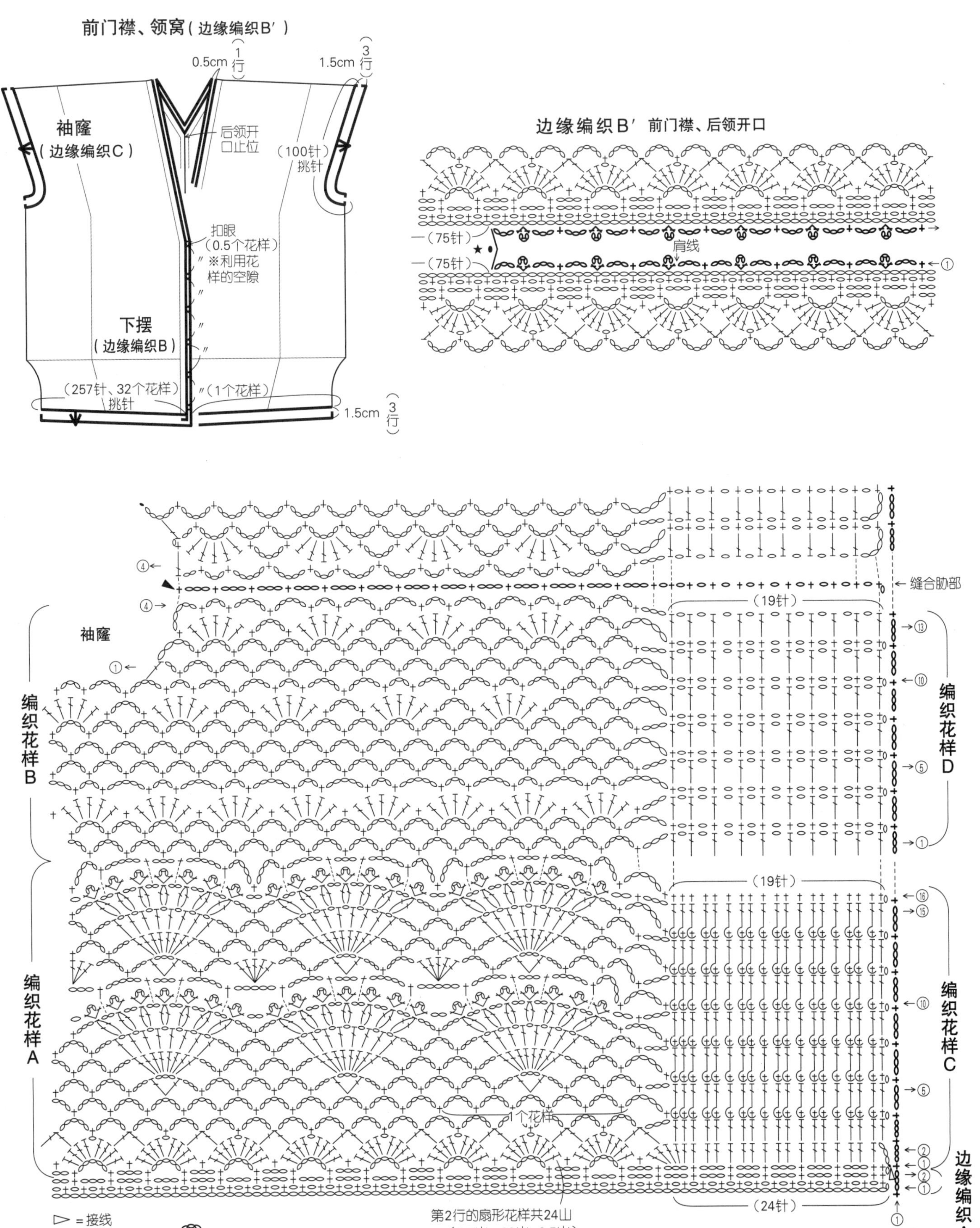
前门襟、领窝（边缘编织B′）
0.5cm（1行）
1.5cm（3行）
袖窿
（边缘编织C）
后领开口止位
（100针）挑针
扣眼
（0.5个花样）
※利用花样的空隙
下摆
（边缘编织B）
（257针、32个花样）挑针
（1个花样）
1.5cm（3行）
边缘编织B′ 前门襟、后领开口
（75针）
（75针）
肩线
缝合肋部
（19针）
（19针）
袖窿
编织花样B
编织花样A
编织花样D
编织花样C
边缘编织A
1个花样
（24针）
第2行的扇形花样共24山
（0.5山、23山、0.5山）
边缘编织B
= 接线
= 断线
= 1山

6

P. 7

材料和工具

用线 奥林巴斯 make make Socks 灰色、褐色混染（913）160g / 7团

钩针 6/0号

其他 长4.5cm的牛角扣1颗

成品尺寸 胸围99.5cm，衣长49.5cm，连肩袖长25cm

密度 编织花样A第5圈的直径约11cm；10cm×10cm面积内：编织花样B 24针，9行

编织要点 后身片在中心位置环形起针，按编织花样A钩织22行的八角形花片。分别在四个角上接新线钩织三角形，将织片补成四边形。前身片在下摆位置起针，参照图示一边做领窝的减针一边钩织至肩部。将前、后身片正面相对，钩织短针和锁针分别接合肩部和胁部。沿着下摆、前门襟、领口连续钩织边缘。参照图示在右前门襟的中途钩织纽襻。袖口环形钩织边缘。

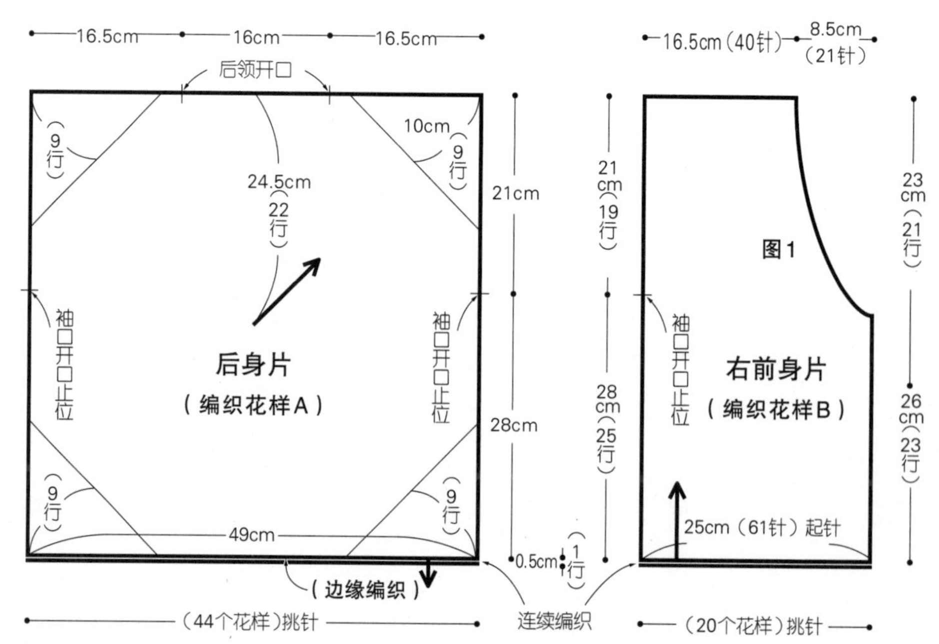

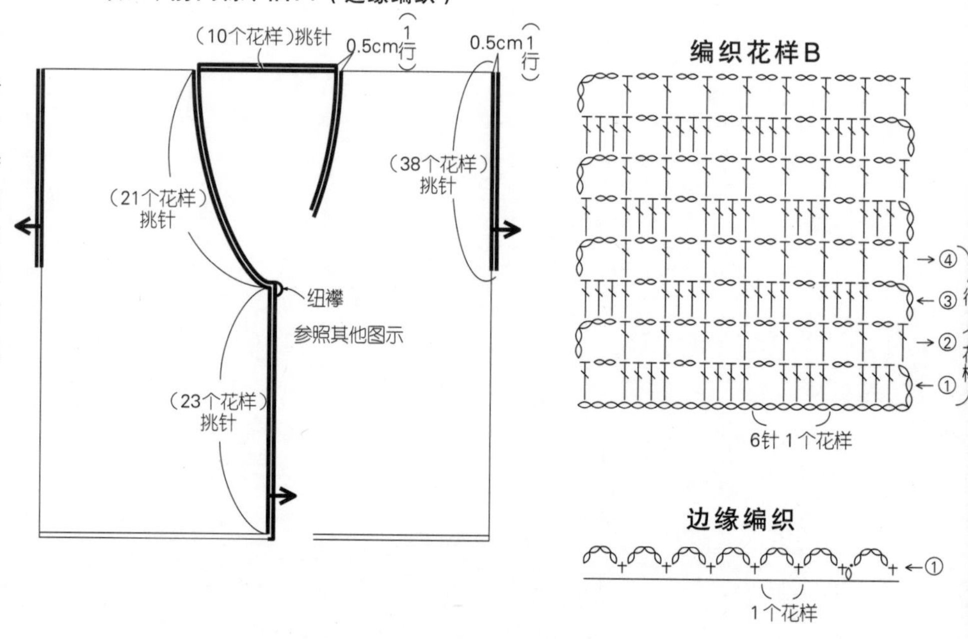

5

接p.43

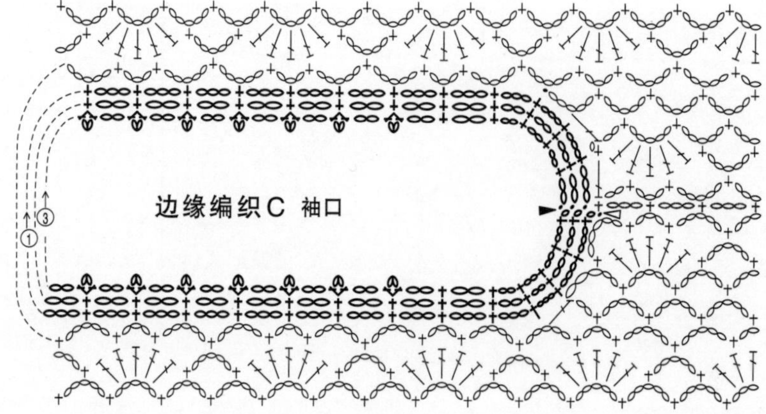

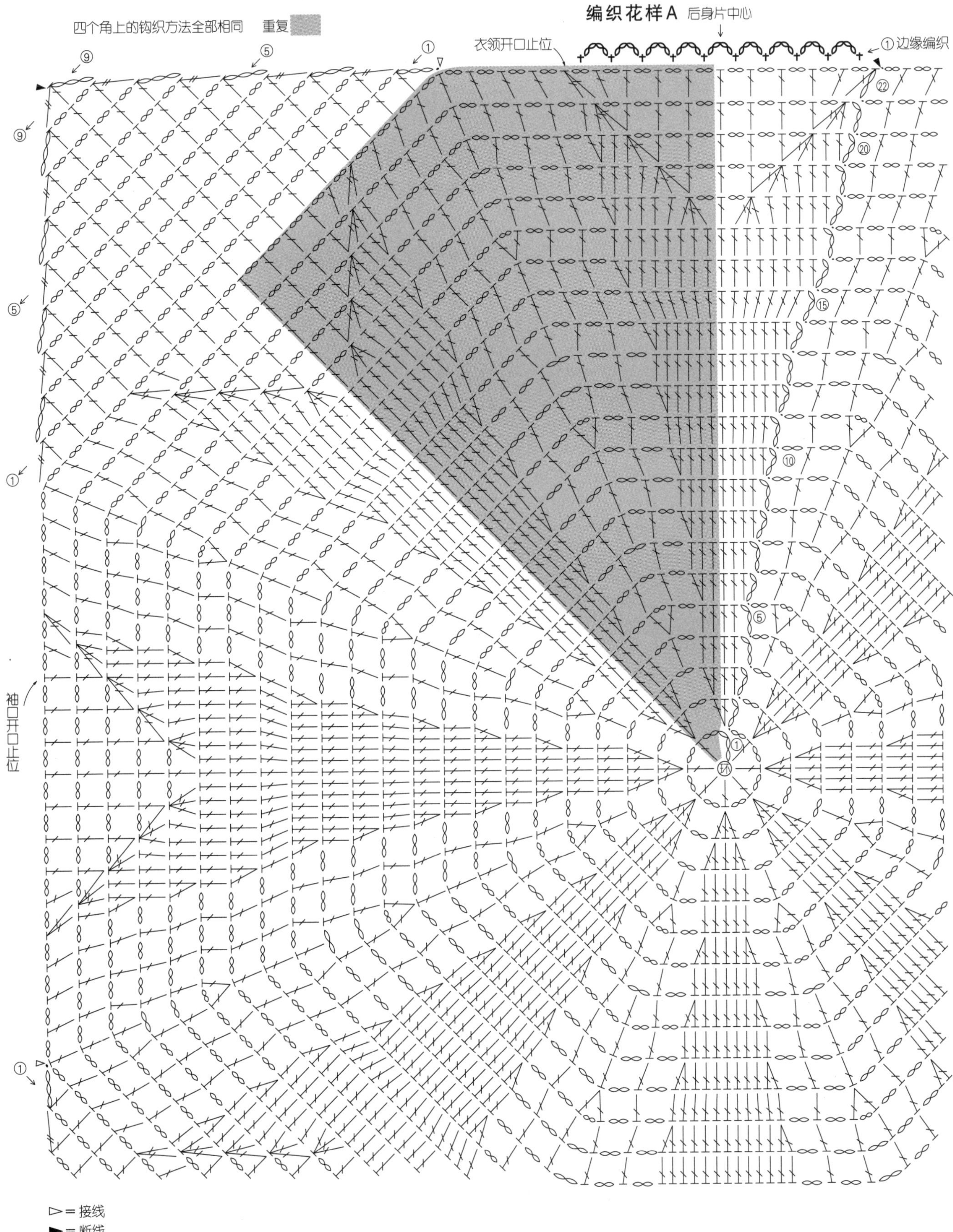
四个角上的钩织方法全部相同　重复
编织花样A 后身片中心
衣领开口止位
①边缘编织
⑨
⑤
①
㉒
⑳
⑮
⑩
⑤
①
环
袖口开口止位

▷=接线
►=断线

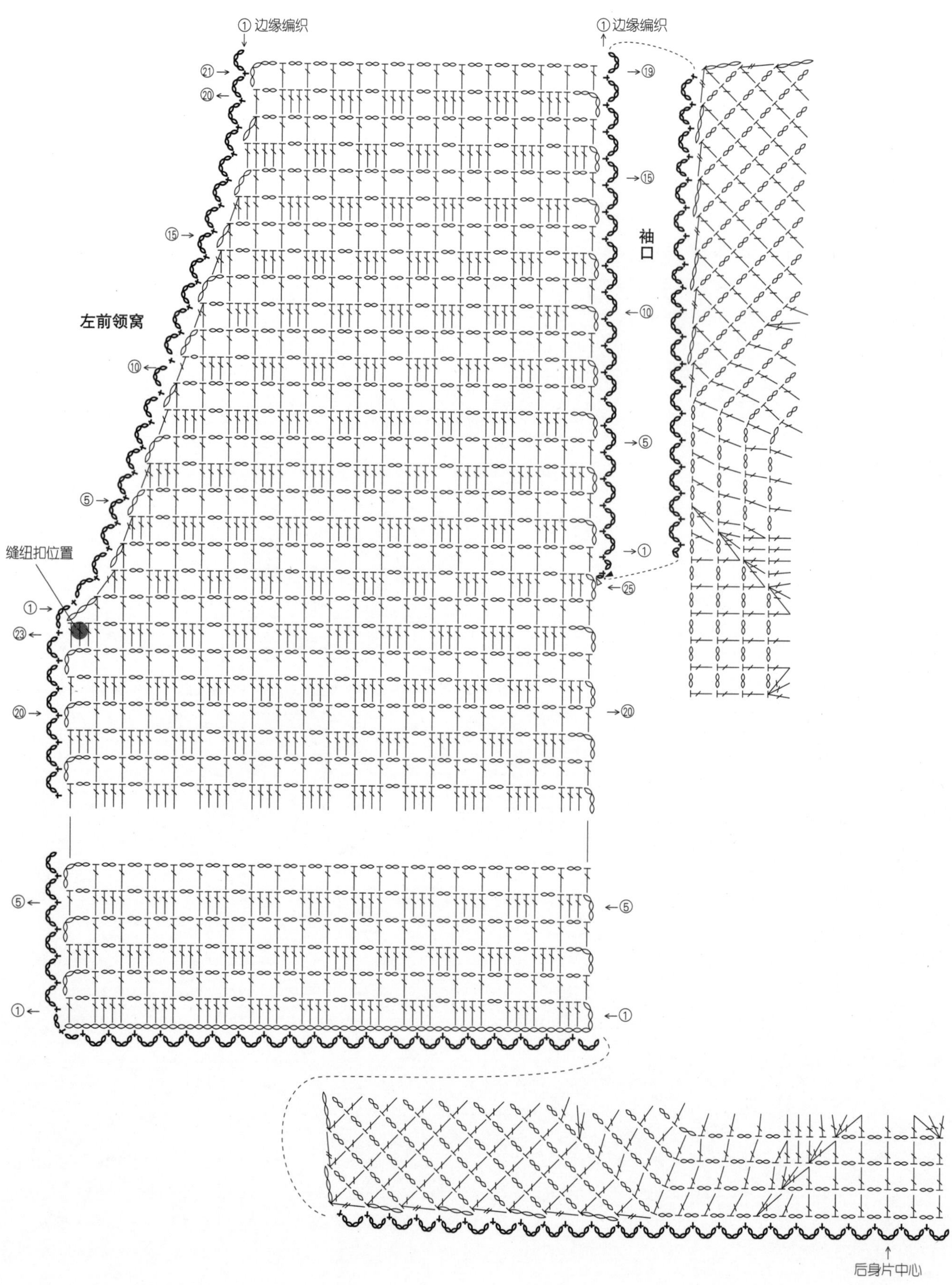

① 边缘编织
① 边缘编织
㉑
⑳
⑲
⑮
⑮
袖口
左前领窝
⑩
⑩
⑤
⑤
缝纽扣位置
①
①
㉕
㉓
⑳
⑳
⑤
⑤
①
①
后身片中心

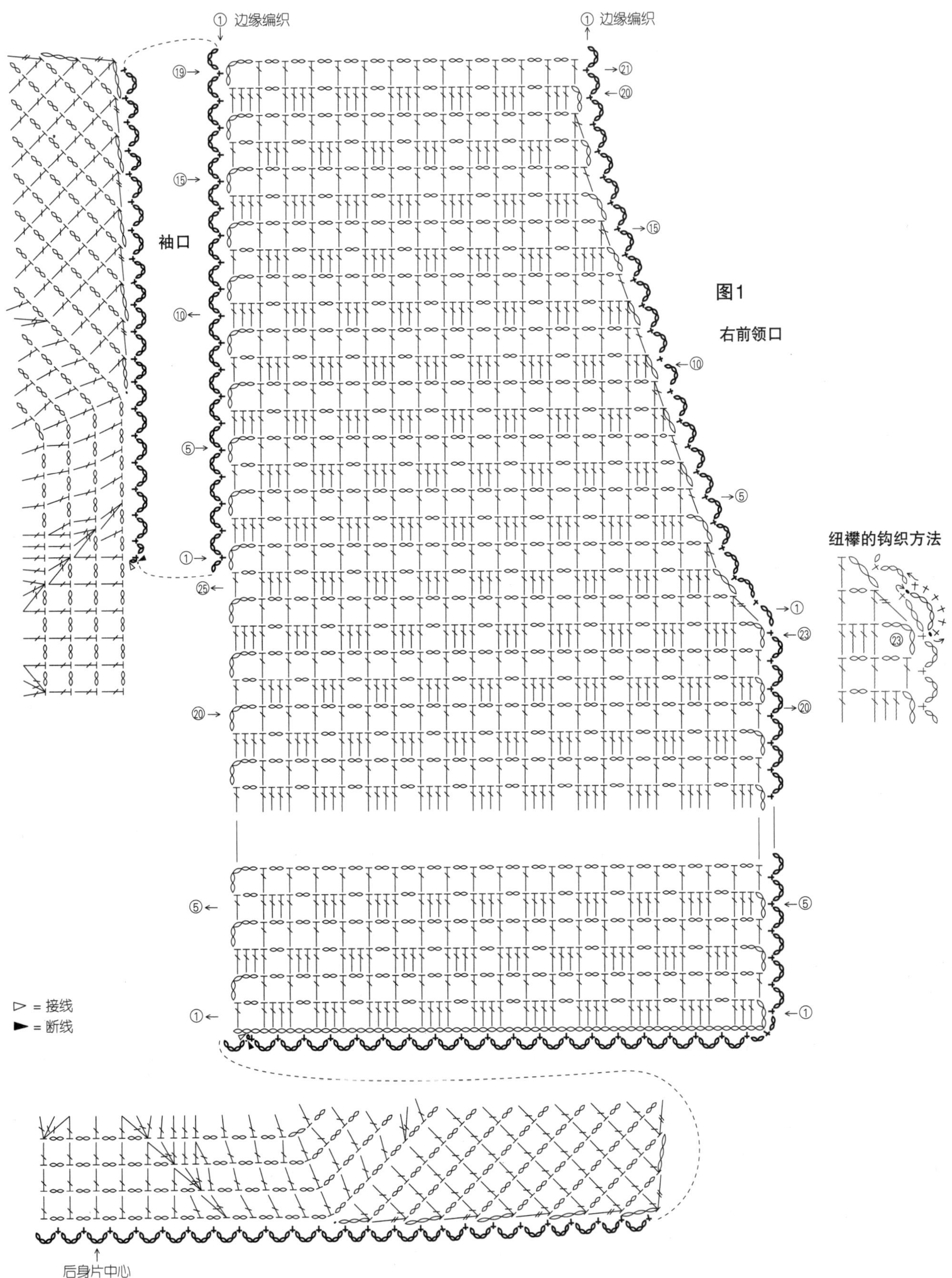

① 边缘编织
① 边缘编织
⑲
㉑
⑳
⑮
⑮
袖口
⑩
图1
右前领口
⑩
⑤
⑤
纽襻的钩织方法
①
①
㉕
㉓
㉓
⑳
⑳
⑤
⑤
①
①
▷ = 接线
► = 断线
后身片中心

7

p. 8

材料和工具

用线 奥林巴斯 Magokoro Alpaca 紫色（6）420g / 17团

钩针 4/0号

成品尺寸 胸围100cm，衣长55.5cm，连肩袖长68.5cm

密度 10cm×10cm面积内：编织花样A 1个花样 18针6cm，8行7.5cm；编织花样B 7个花样，17行

编织要点 身片在下摆起针，按编织花样A钩织至肩部。将前、后身片正面相对，钩织引拔针和锁针接合肩部。袖子从前、后身片挑针，参照图示按编织花样B一边做袖下的减针一边钩织至袖口。胁部钩织引拔针和锁针接合，袖下钩织引拔针和锁针接合。下摆从身片和袖子上挑针，按边缘编织A做环形钩织。衣领从领窝挑针，按边缘编织B环形钩织。袖口按边缘编织A环形钩织。

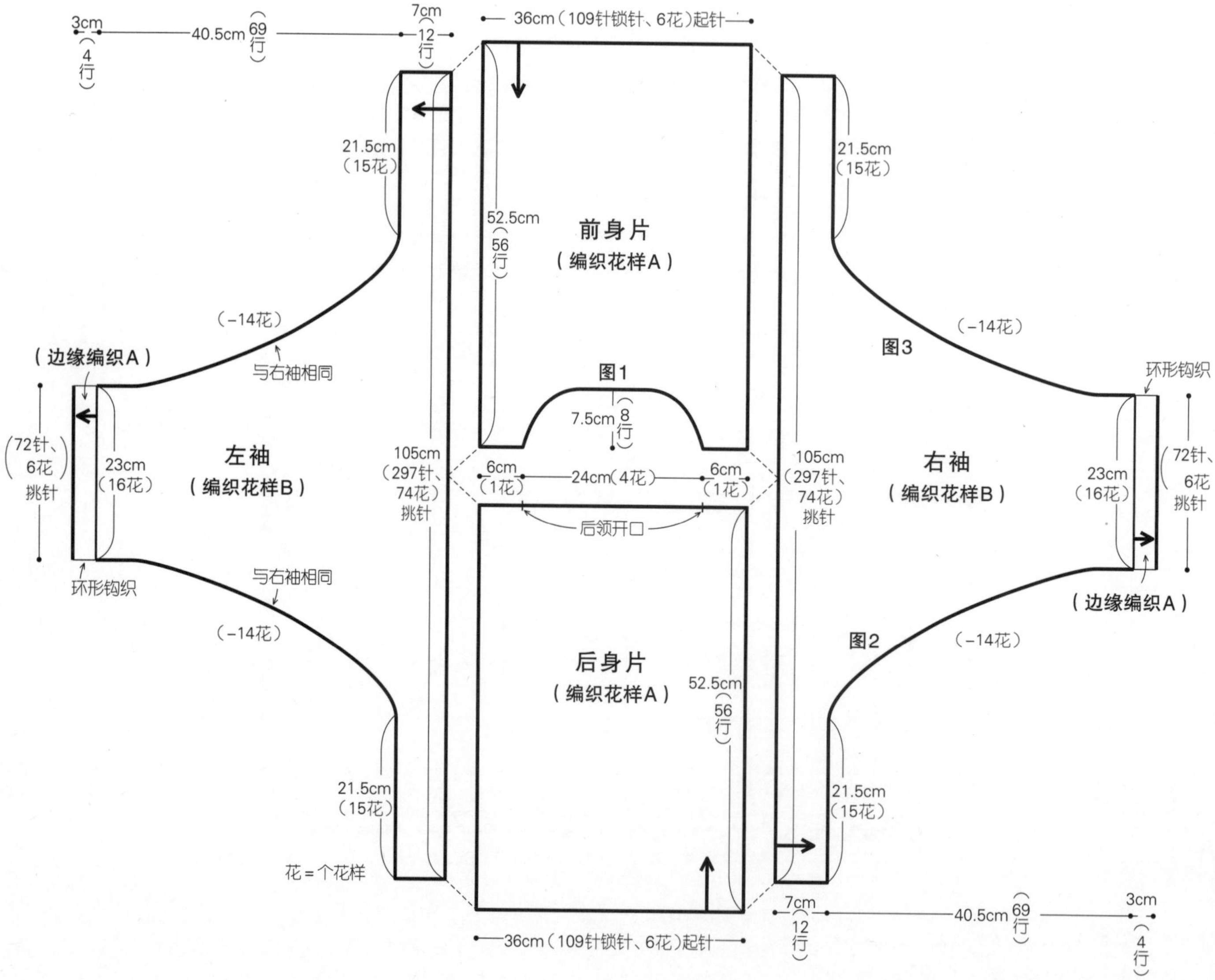

编织花样A

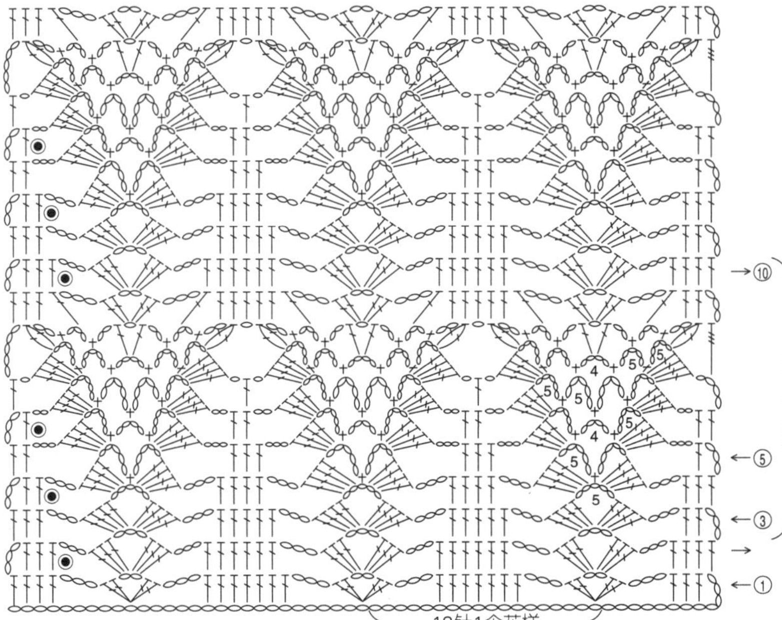

→⑩
8行1个花样
←⑤
←③
→
←①
18针1个花样

左右对称地钩织左侧◉部分

编织花样B

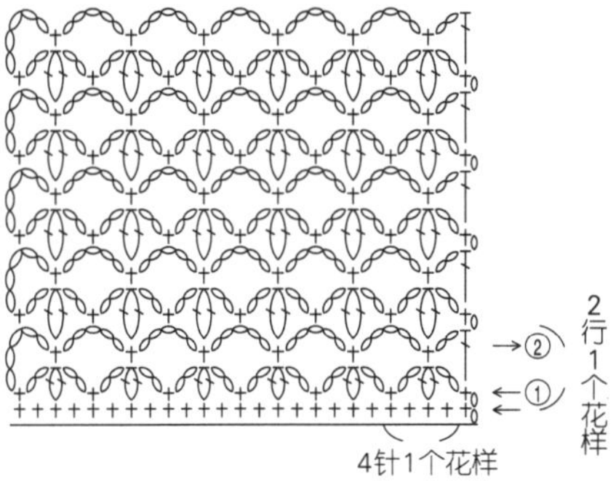

→②
←①
2行1个花样
4针1个花样

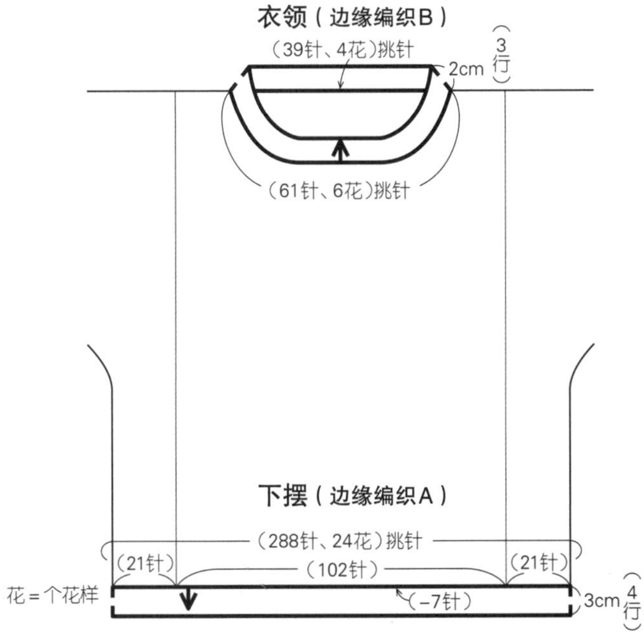

衣领（边缘编织B）
（39针、4花）挑针
2cm
3行
（61针、6花）挑针
下摆（边缘编织A）
（288针、24花）挑针
（21针）
（102针）
（21针）
花＝个花样
（-7针）
3cm
4行

边缘编织A

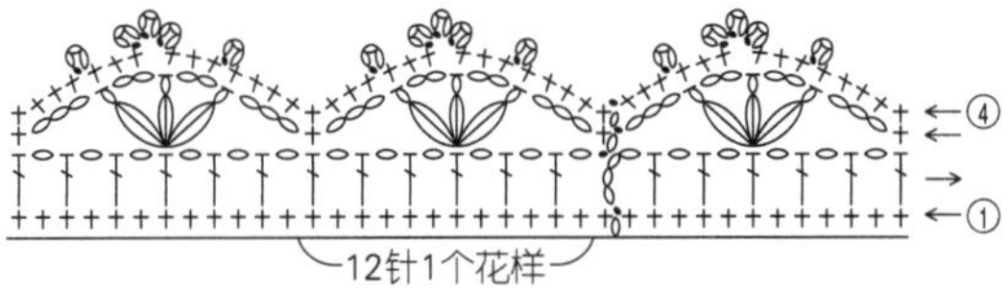

←④
←
→
←①
12针1个花样

边缘编织B

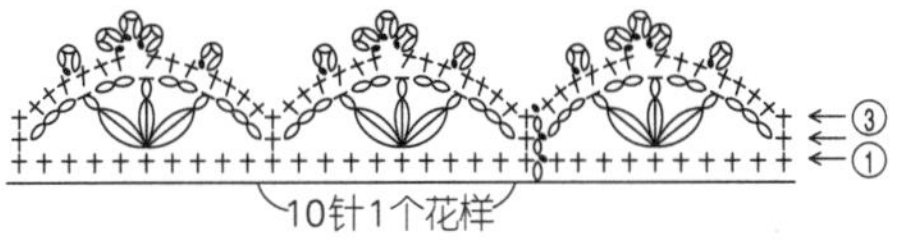

←③
←①
10针1个花样

变化的枣形针（3针中长针的情况）

① 在钩针上挂线，从1针里钩3针未完成的中长针。

② 在钩针上挂线，一次性引拔穿过钩针上的6个线圈。

③ 在钩针上挂线，引拔穿过剩下的线圈。

④ 收紧并调整针目头部，完成。

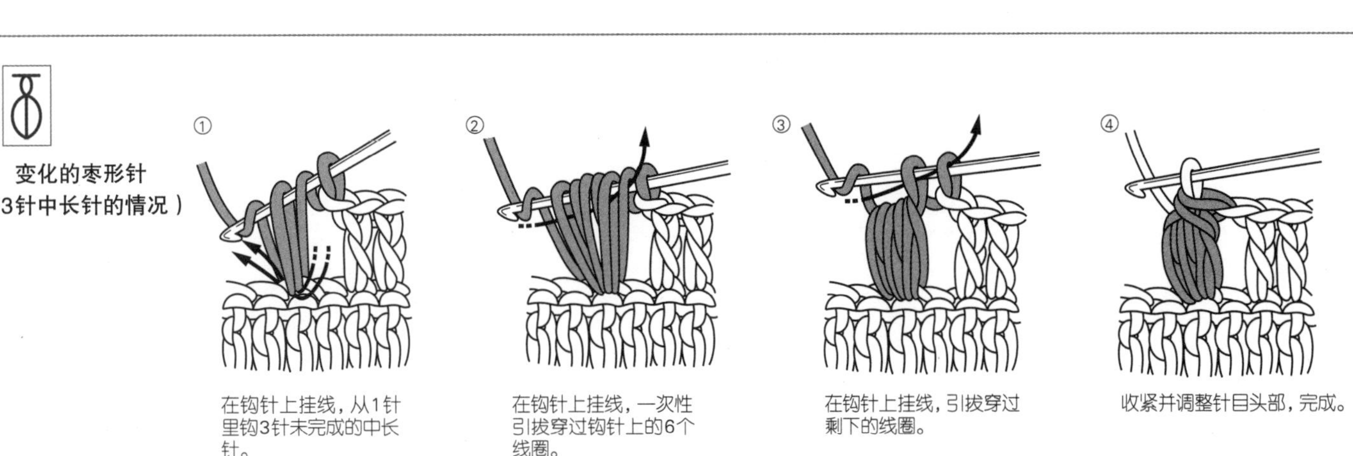

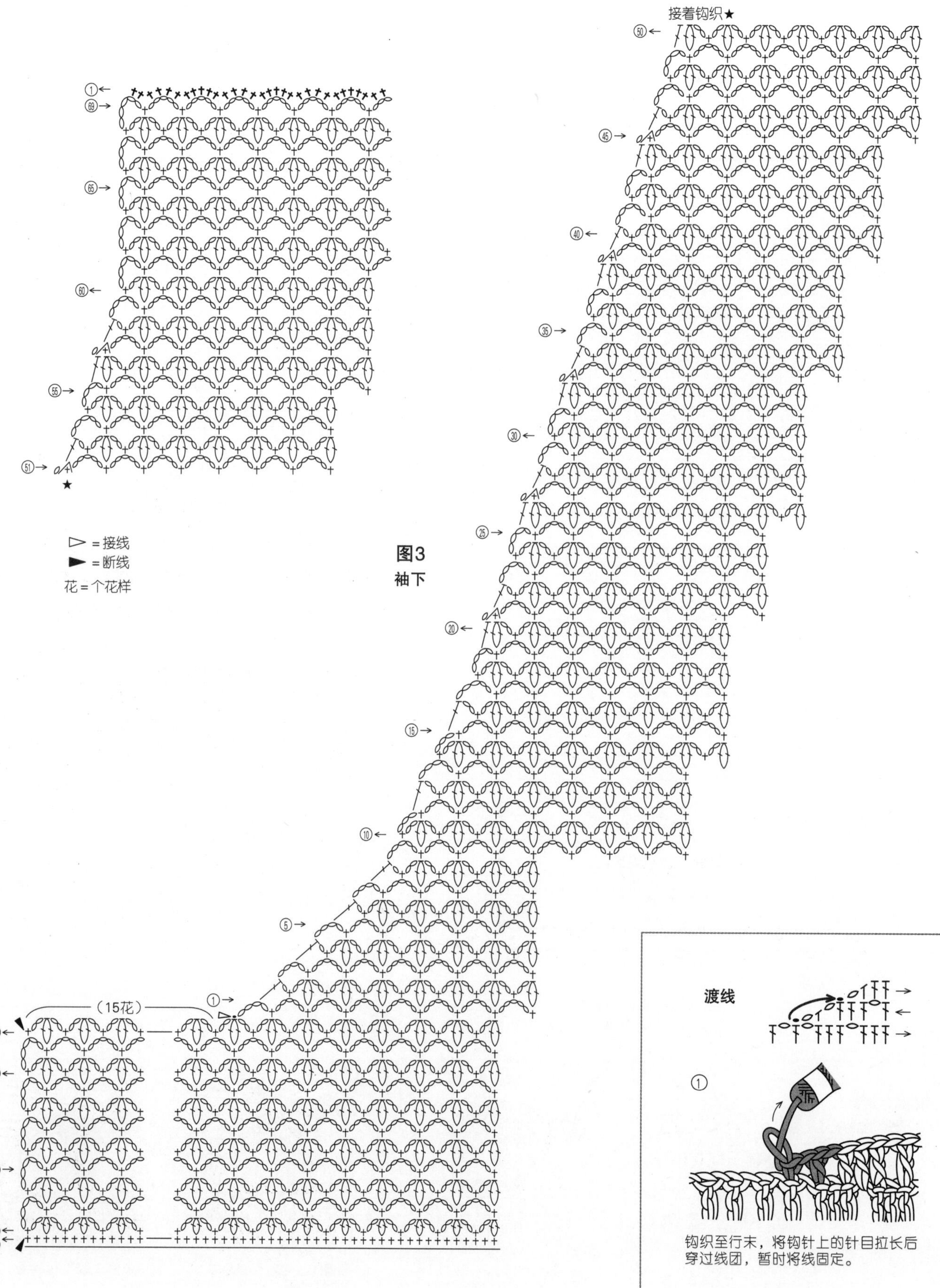

图3
袖下

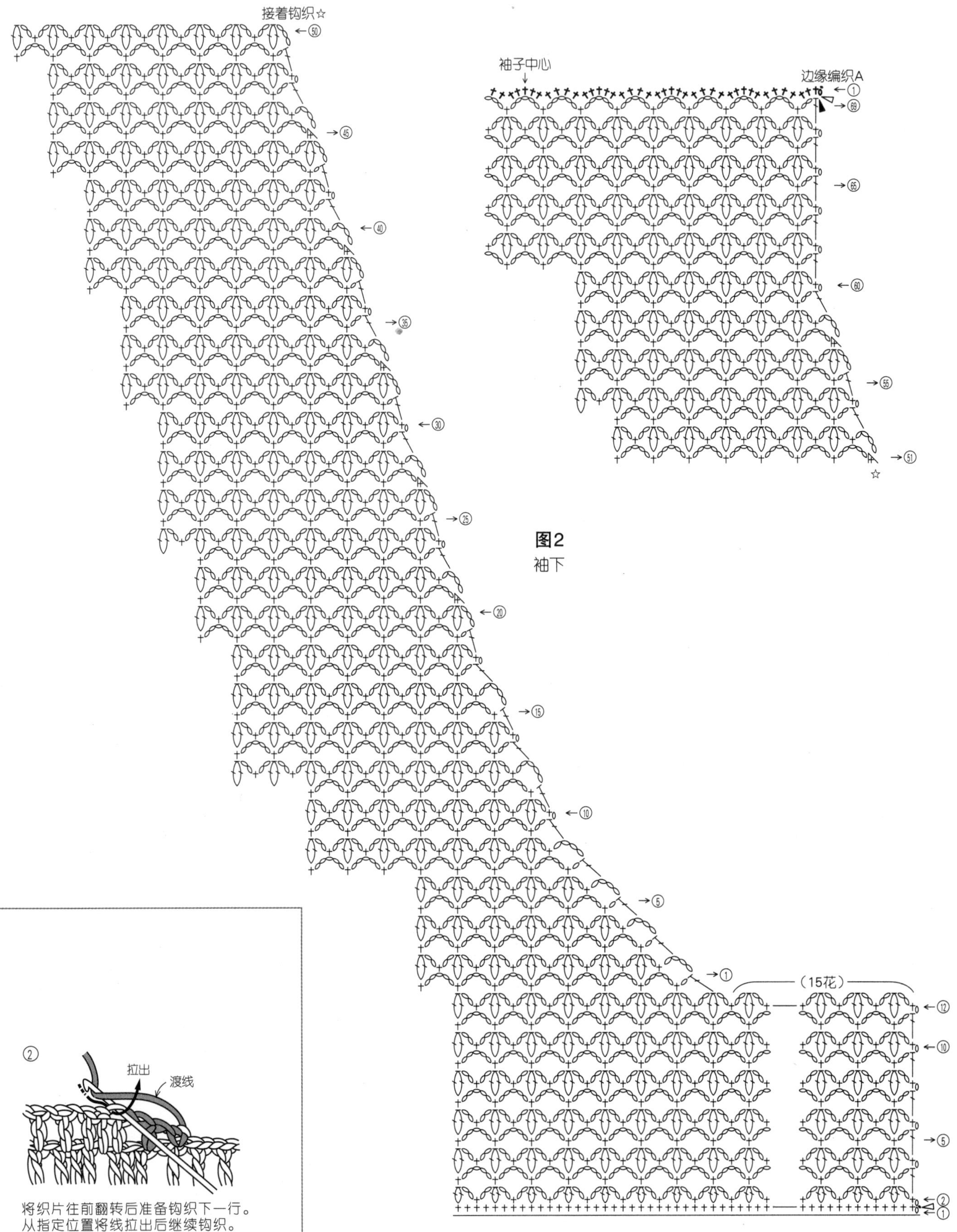

图2
袖下

将织片往前翻转后准备钩织下一行。
从指定位置将线拉出后继续钩织。

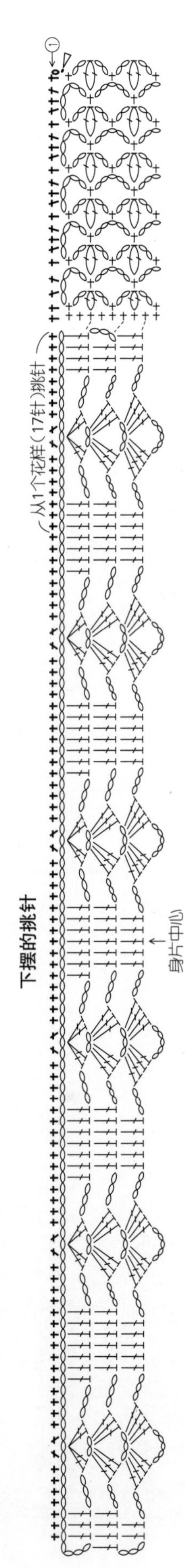

下摆的挑针
从1个花样（17针）挑针
身片中心
①

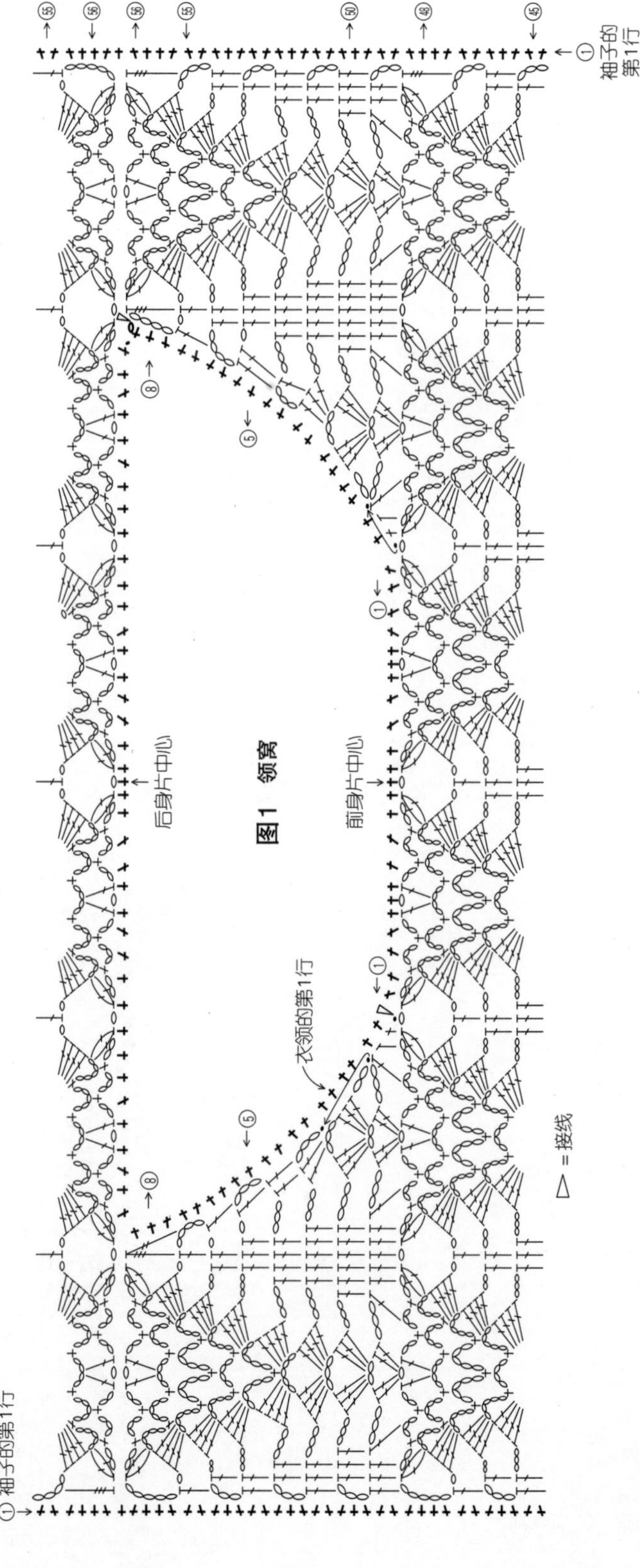

图1 领窝
后身片中心
前身片中心
衣领的第1行
袖子的第1行
①
⑤
⑧
45
48
50
55
56
58
▷ = 接线

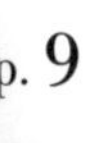

p. 9

材料和工具

用线 奥林巴斯 Magokoro Alpaca 灰米色（12）295g / 12团

钩针 4/0号

成品尺寸 胸围94cm，衣长54cm，连肩袖长29cm

密度 10cm×10cm面积内：编织花样A 32针，12行

编织要点 身片在下摆起针，参照图示按编织花样A钩织至肩部。左前身片与右前身片对称钩织。肩部做卷针缝缝合，胁部钩织引拔针和锁针接合。袖口环形钩织边缘编织。前门襟和衣领从身片挑针，按编织花样B钩织。下摆从身片和前门襟挑针后钩织边缘编织。再钩织2条细绳，分别在缝细绳位置的反面重叠0.5cm左右缝好。

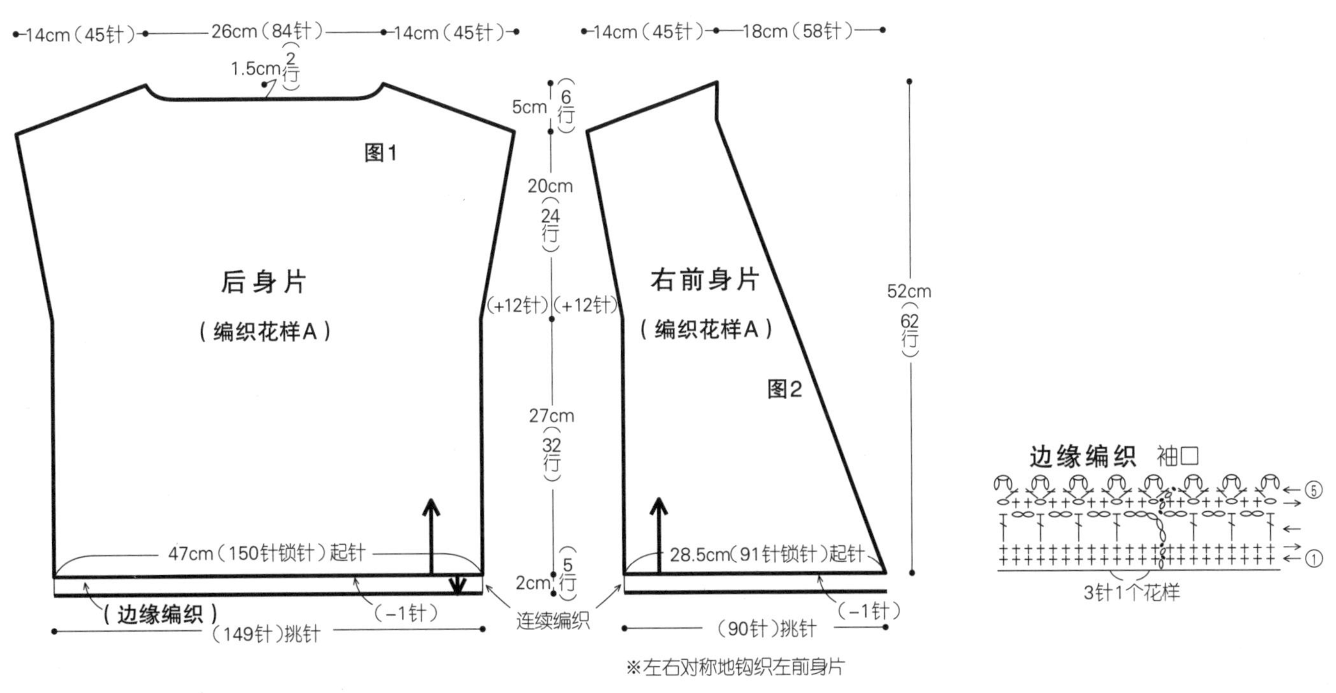

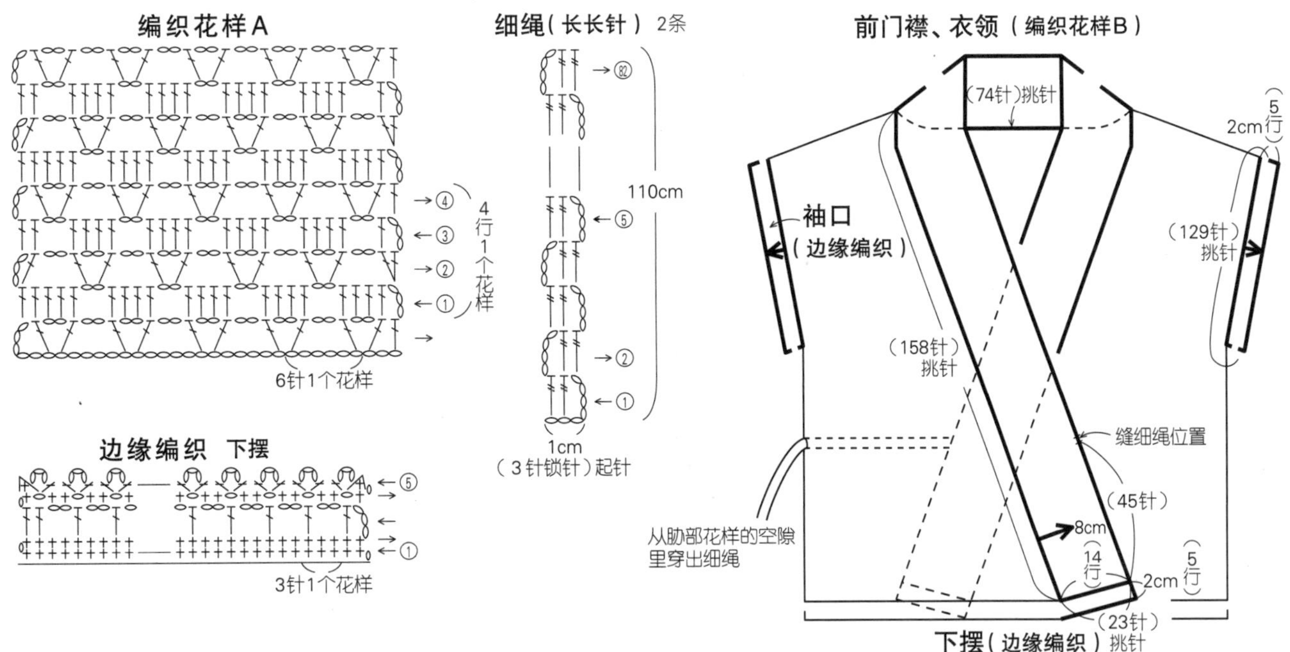

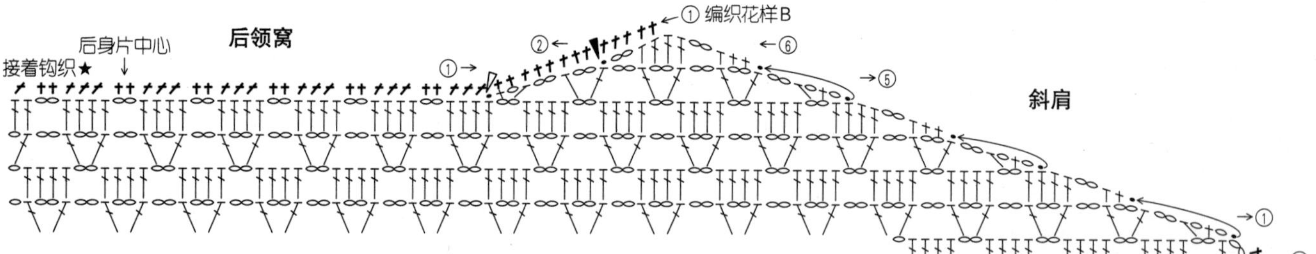

后领窝

后身片中心

接着钩织★

① 编织花样B

②←　←⑥

①→　→⑤

斜肩

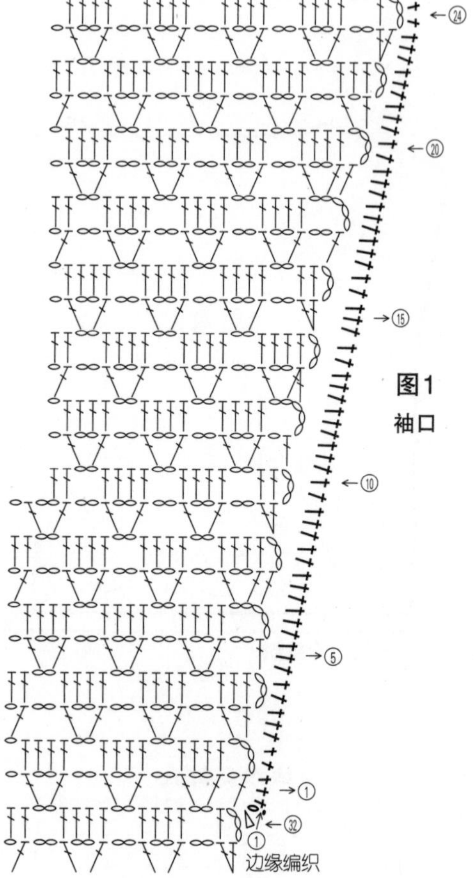

→①

←㉔

←⑳

→⑮

图1

袖口

←⑩

→⑤

→①

←㉜

①

边缘编织

编织花样B

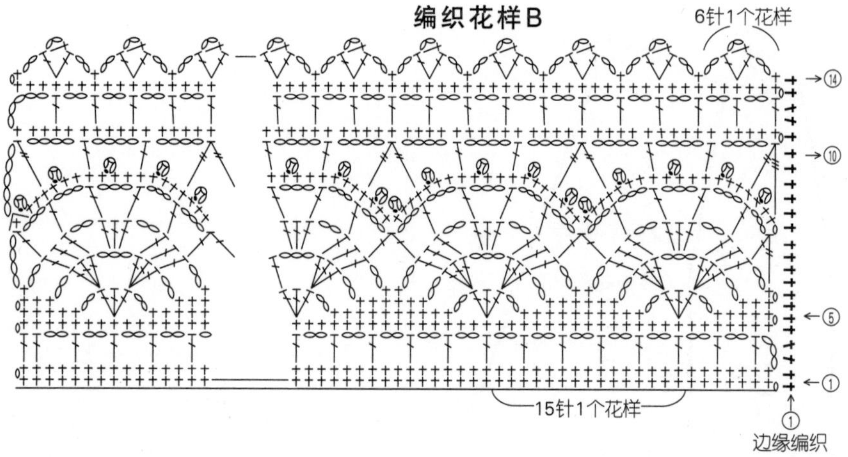

6针1个花样

→⑭

→⑩

←⑤

←①

15针1个花样

①

边缘编织

▷ = 接线

◀ = 断线

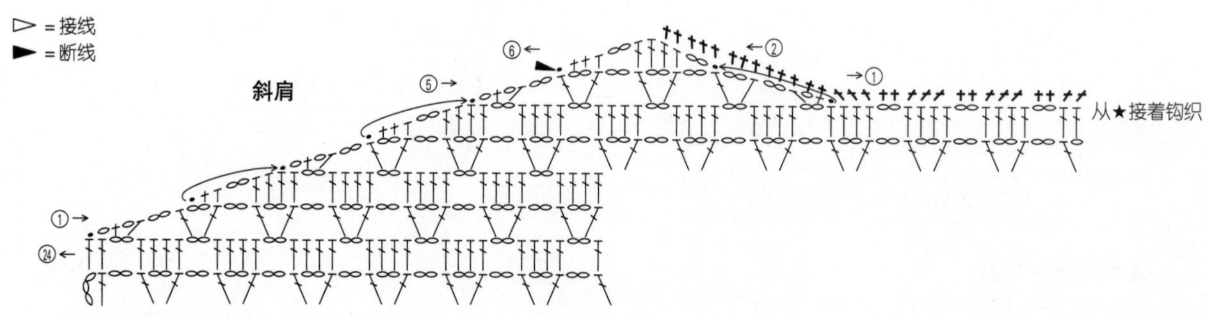

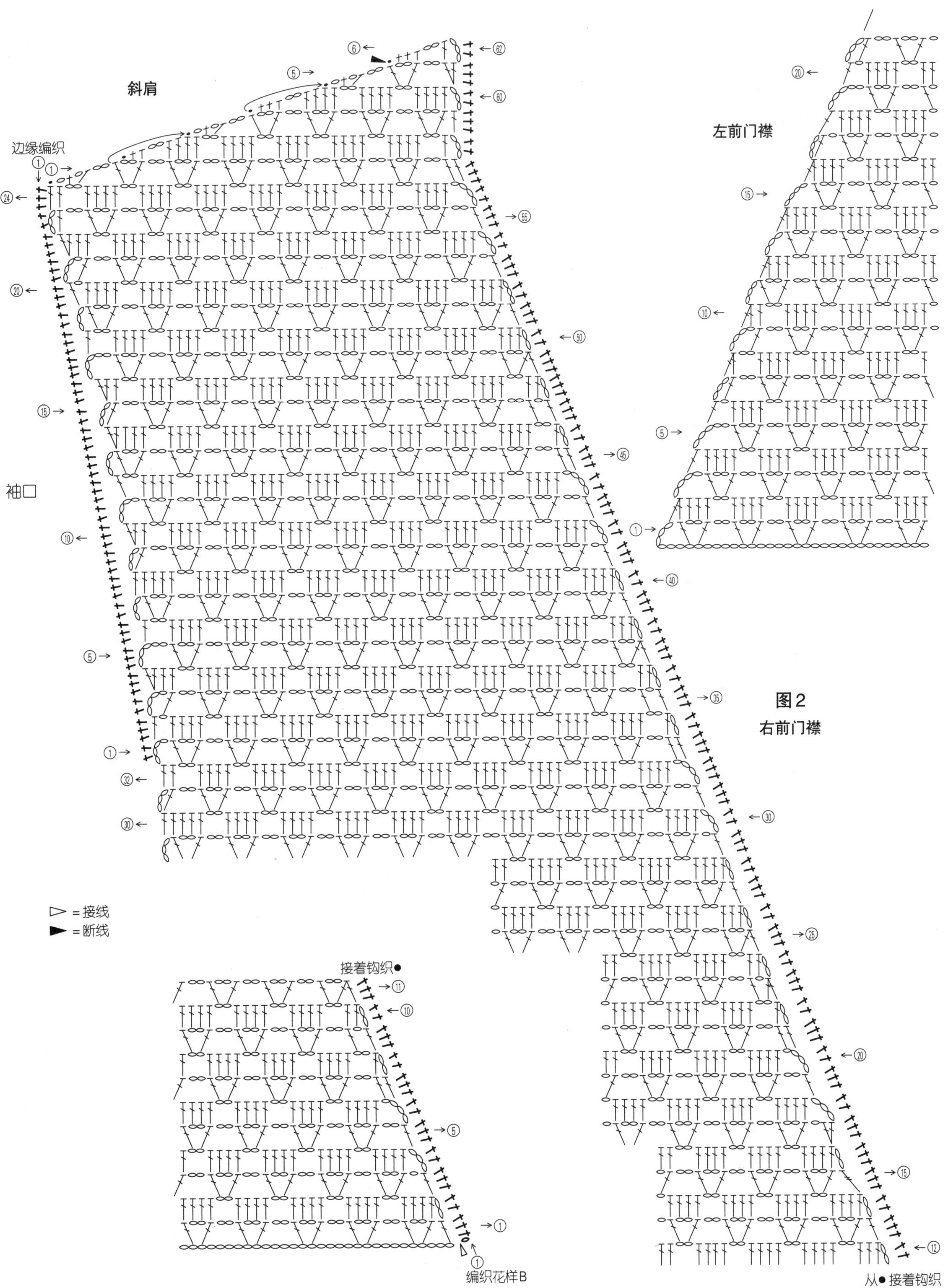
斜肩
边缘编织
袖口
⑥
⑤
①
㉔
⑳
⑮
⑩
⑤
①
㉜
㉚
62
60
55
50
45
40
35
30
25
⑳
⑮
⑫
从●接着钩织
左前门襟
⑳
⑮
⑩
⑤
①
图2
右前门襟
▷ = 接线
▶ = 断线
接着钩织●
⑪
⑩
⑤
①
①
编织花样B

9、10

p. 10、11

材料和工具

用线 奥林巴斯 Arlane 240g / 7团 9…深蓝色系（108），10…绿色系（102）

钩针 6/0号

成品尺寸 胸围不限，衣长46cm

密度 编织花样A 第9圈对角线上的直径为21cm；10cm×10cm面积内：编织花样C 21针，16行

编织要点 身片环形起针后按编织花样A钩织六角形花片。在花片的右上角接新线，从花片上挑针，按编织花样B钩织23行；接着按编织花样B'钩织右下摆的三角形后将线剪断。然后接新线钩织右上方的三角形。花片的左侧也与右侧一样按编织花样B和B'钩织。下摆挑针后按边缘编织A钩织3行，接着按边缘编织B在右前门襟钩织3行后断线。再在左前门襟钩织3行后断线。在左前门襟的上侧接新线，连续钩织前门襟和下摆的第4行。注意前门襟钩织3针锁针和长针，下摆钩织2针锁针和中长针。接着右前门襟继续钩织衣领，按编织花样C钩织15行后断线。边缘编织C在衣领的编织起点加新线后钩织。分别对齐前门襟的对齐记号★和☆连接，编织袖口。

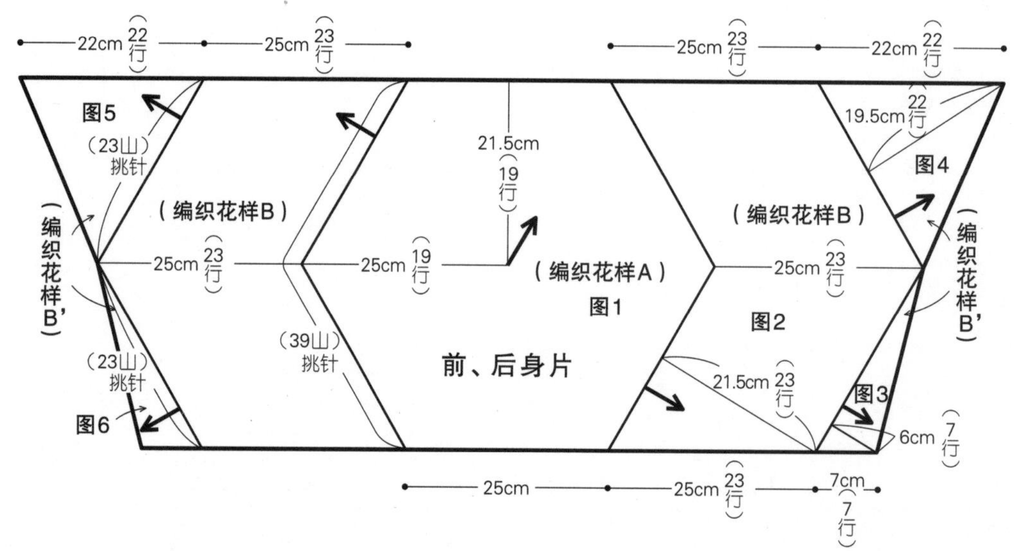

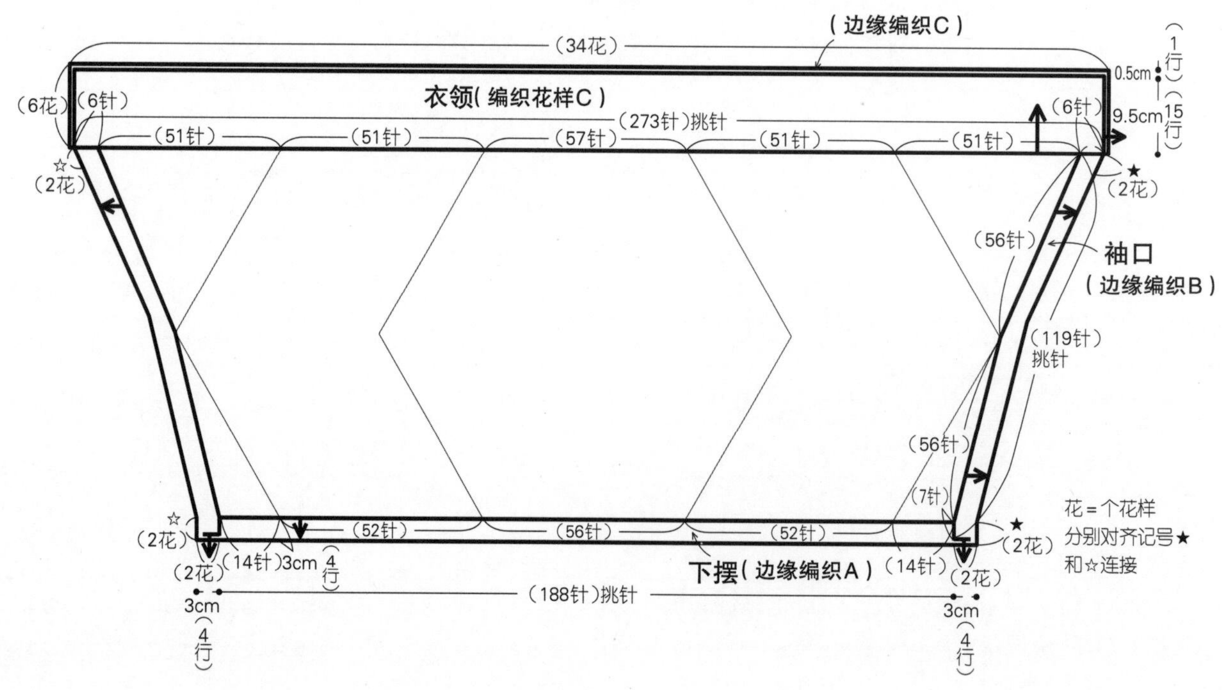

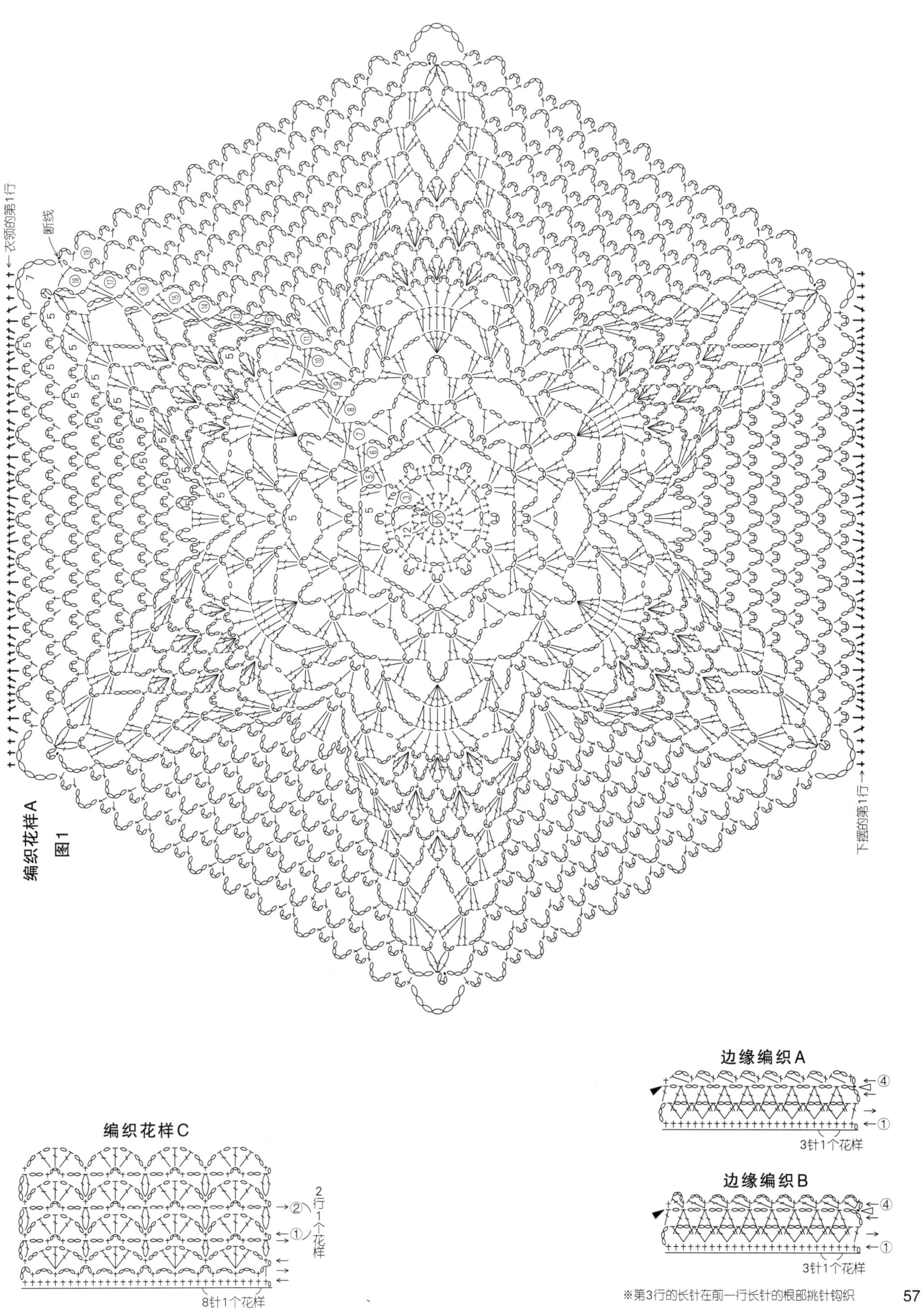

※第3行的长针在前一行长针的根部挑针钩织

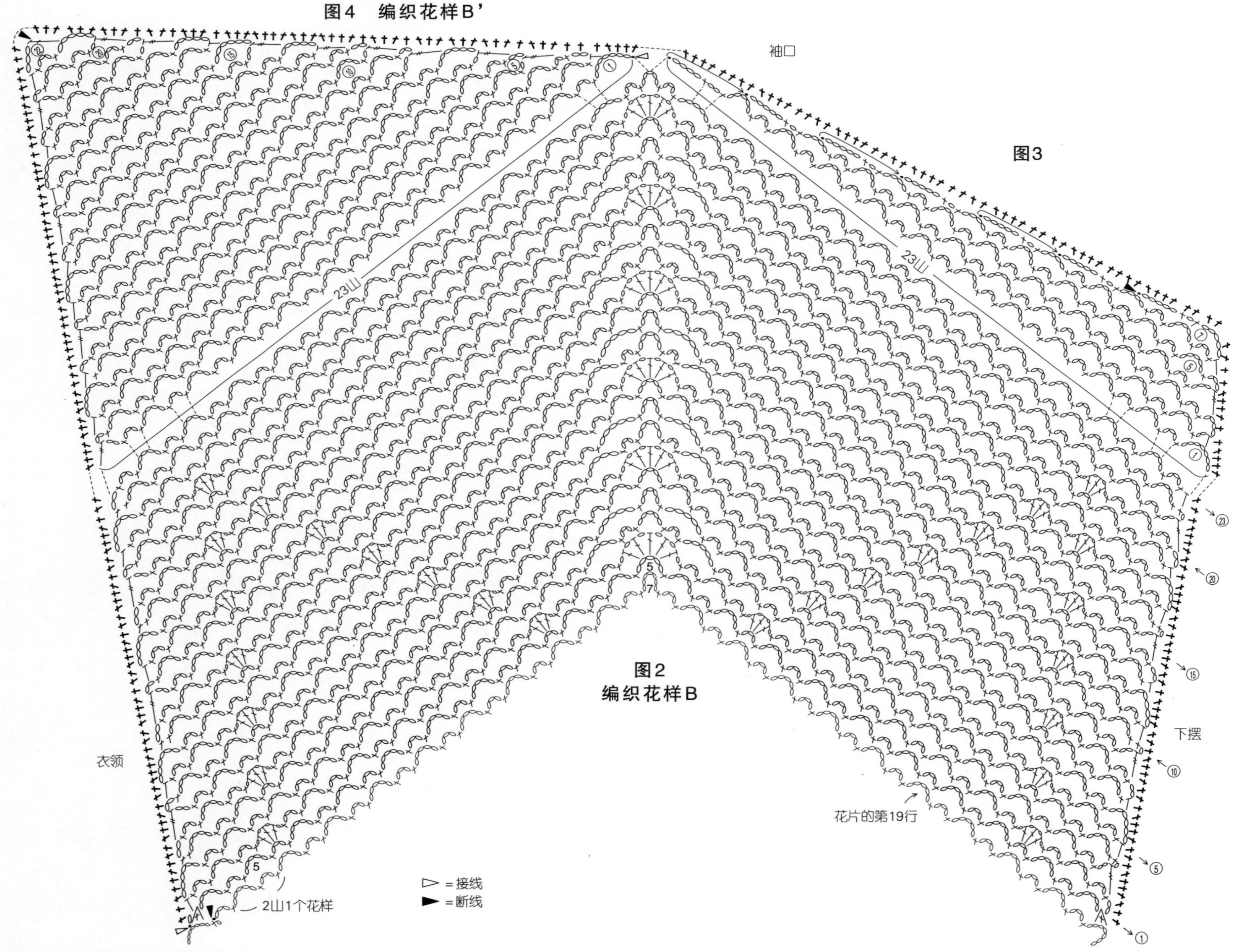
图4　编织花样B'
袖口
图3
23山
23山
图2
编织花样B
衣领
下摆
花片的第19行
2山1个花样
▷ = 接线
▶ = 断线

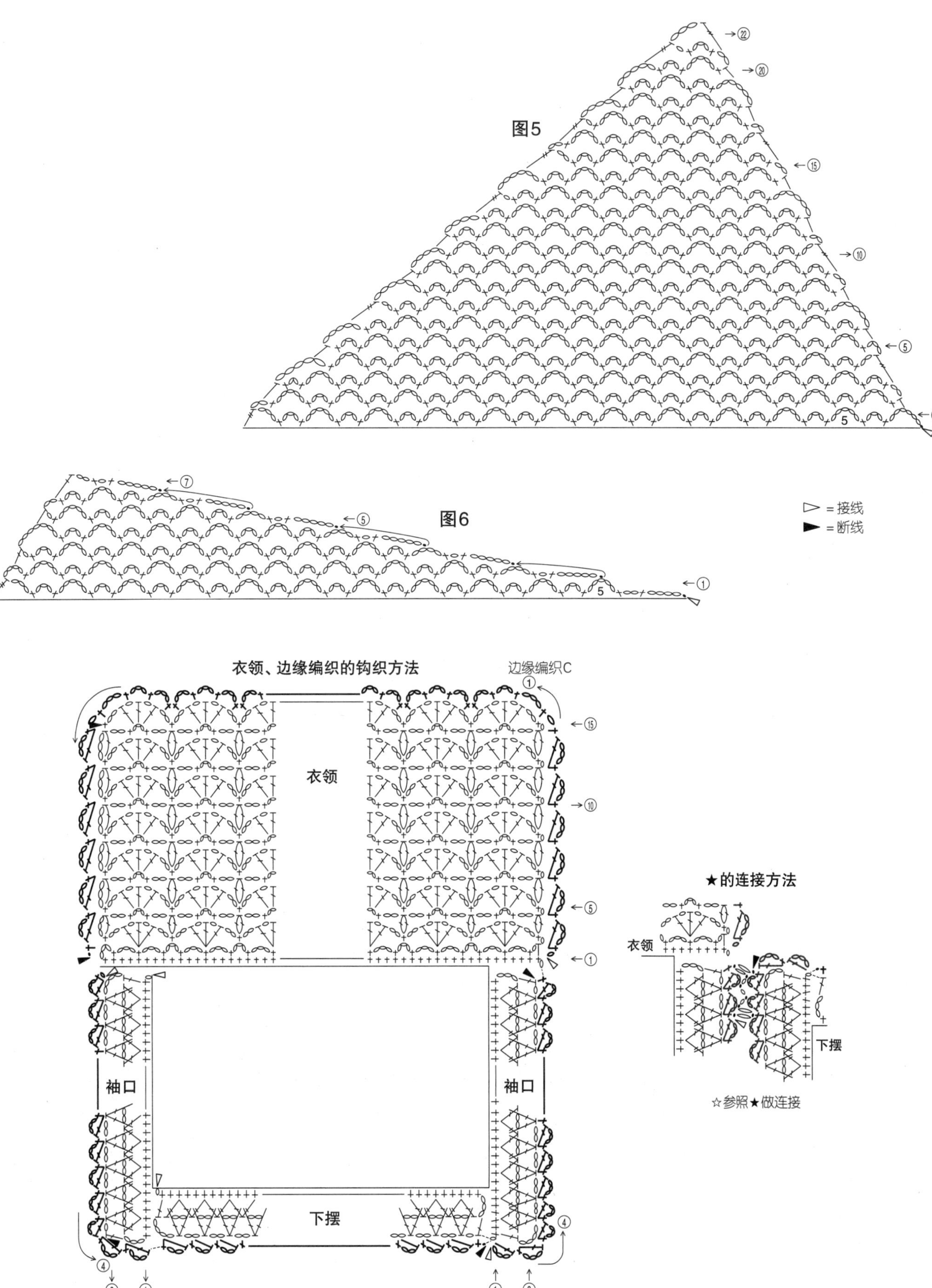
图5
5
①
⑤
⑩
⑮
⑳
㉒
图6
5
①
⑤
⑦
▷ = 接线
▶ = 断线
衣领、边缘编织的钩织方法
边缘编织C
衣领
袖口
袖口
下摆
①
⑤
⑩
⑮
①
③
④
★的连接方法
衣领
下摆
☆参照★做连接

19

p. 20

材料和工具

用线 奥林巴斯 Chercheur 橘色和蓝绿色系混染（3）50g／2团

棒针 11号

成品尺寸 掌围18cm，长20cm

密度 10cm×10cm面积内：编织花样A 10针，15.5行；编织花样B 8针7cm，15.5行10cm

编织要点 手指挂线起针后，如图所示按编织花样A、B编织28行。再编织一片相同的织片。将起针行和编织终点的针目用卷针缝缝成筒状，注意留出拇指洞。

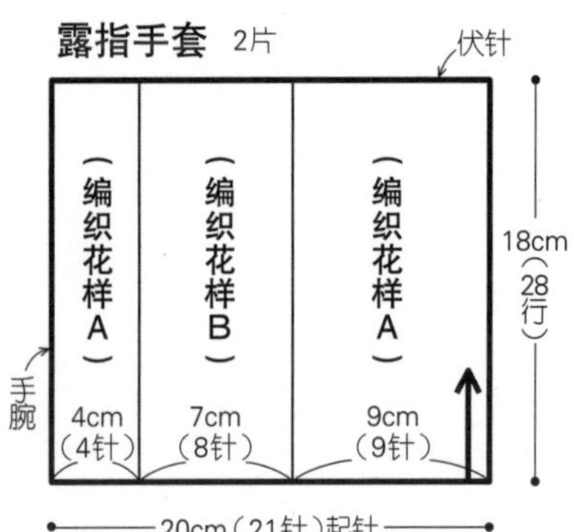

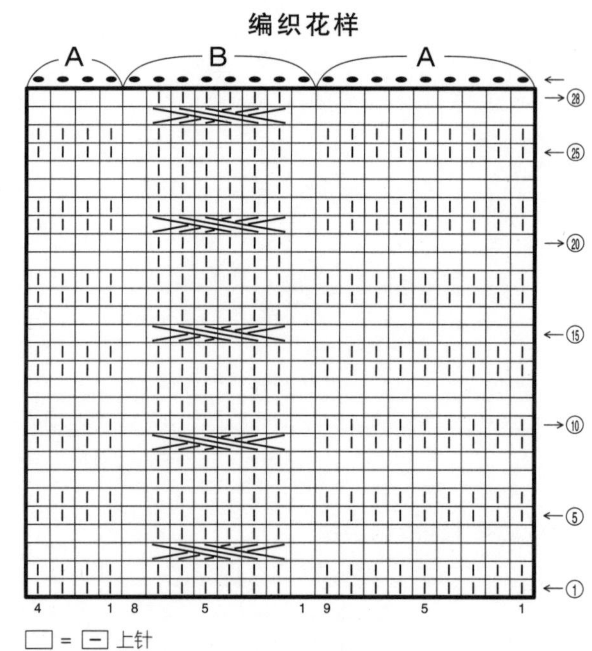

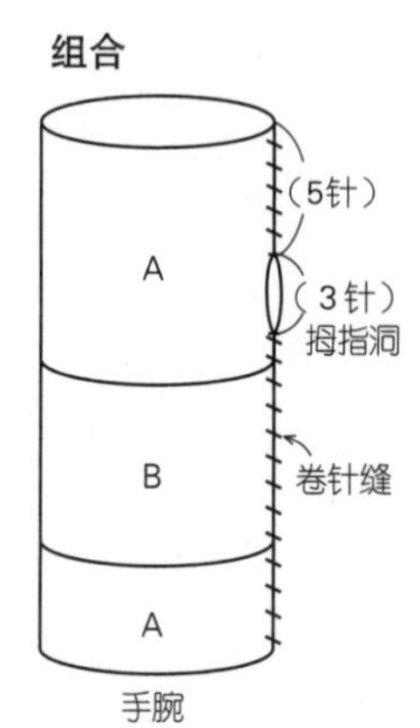

引拔针和锁针的缝合

☒ **短针和锁针的缝合** 将引拔针换成短针，按相同要领钩织。

2针…根据织片具体情况调整针数

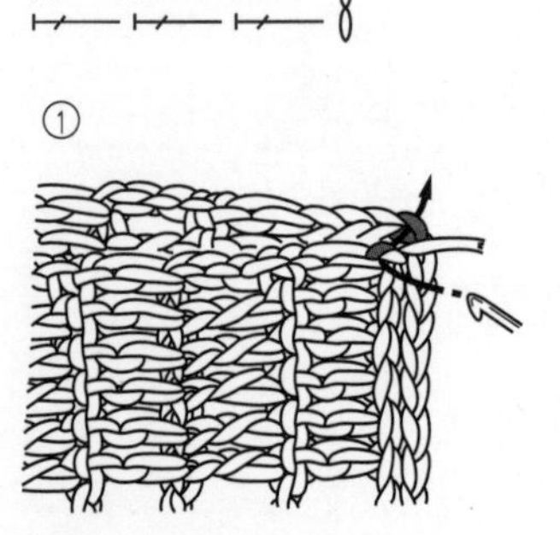

在箭头所示位置插入钩针，将线拉出。

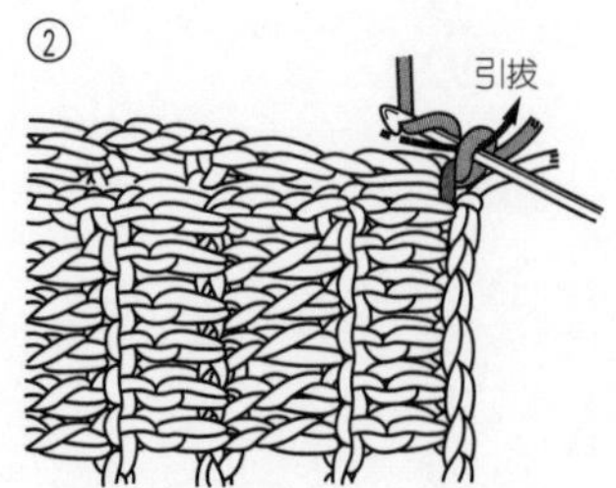

在钩针上挂线引拔，钩2针锁针。

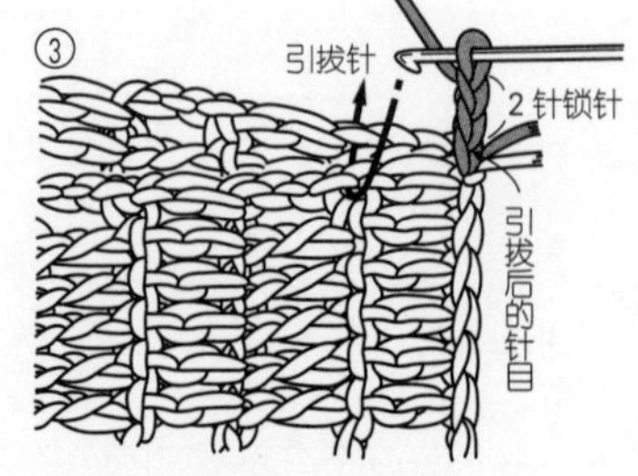

在2片织片的针目头部插入钩针，钩引拔针。

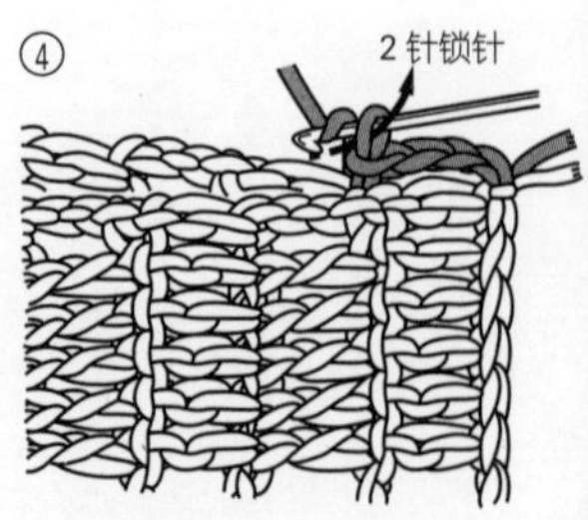

在中间钩2针锁针。

11

. 12

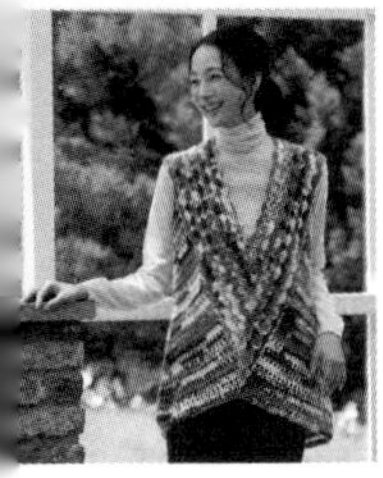

材料和工具

用线 奥林巴斯 make make Tomato 绿色、褐色、白色段染（208）365g / 15团

钩针 7/0号

成品尺寸 胸围92cm（实际尺寸），后身片长81.5cm，连肩袖长22.5cm

密度 10cm×10cm面积内：编织花样A 18针，8.5行；编织花样B的1个花样4cm，11.5行10cm

编织要点 在身片下摆起针，参照图示按编织花样A一边分散减针一边钩织45行。接着钩36针锁针，留出10cm左右的线头后剪断。在右端第25针接线，重新挑取63针，钩织12行。接着钩36针锁针，在第45行的一端引拔连接，形成袖窿。将前面钩好备用的36针锁针引拔连接在第12行的左端。在后身片中心接线，从身片挑针后按编织花样B钩织育克。参照图示，一边在前身片中心和肩线位置减针，一边环形钩织17行。

育克（编织花样B）

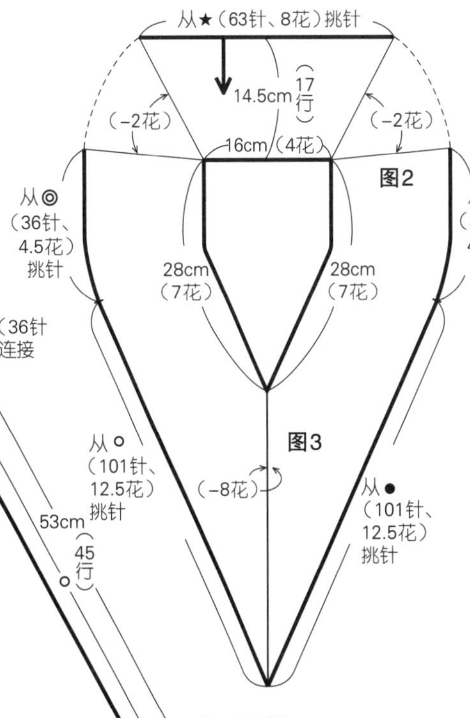

从★（63针、8花）挑针

14.5cm（17行）

（-2花）

（-2花）

16cm（4花）

图2

从◎（36针、4.5花）挑针

从◉（36针、4.5花）挑针

28cm（7花）

28cm（7花）

图3

从○（101针、12.5花）挑针

（-8花）

从●（101针、12.5花）挑针

花＝个花样

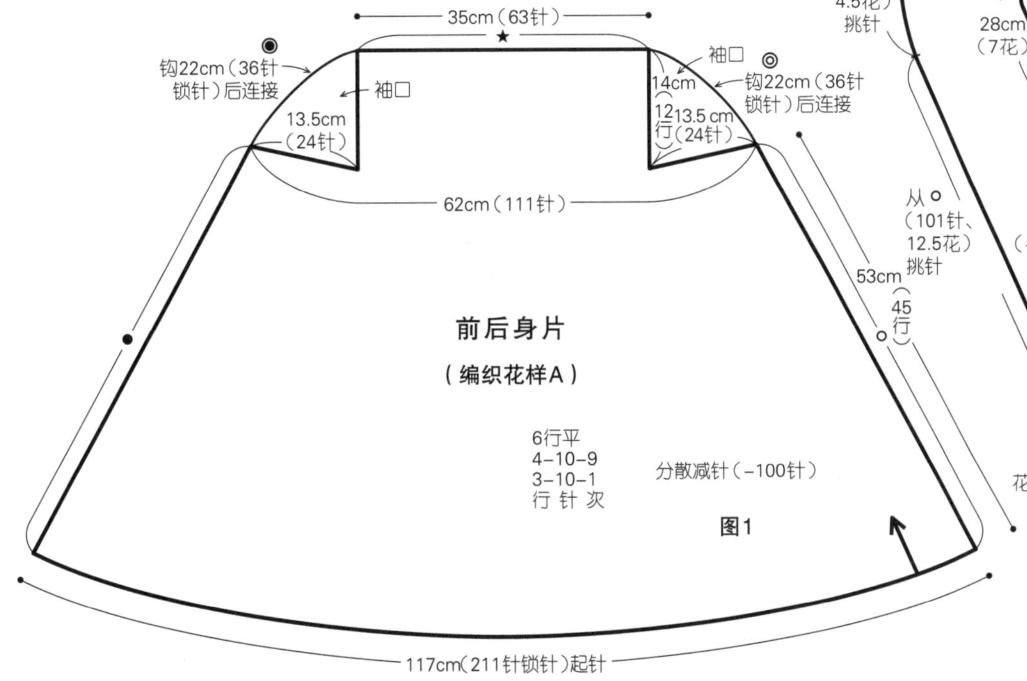

35cm（63针）

★

◉

◎

钩22cm（36针锁针）后连接

袖口

袖口

14cm

12行

13.5cm（24针）

13.5cm（24针）

钩22cm（36针锁针）后连接

62cm（111针）

53cm（45行）

前后身片

（编织花样A）

6行平
4-10-9
3-10-1
行 针 次

分散减针（-100针）

图1

117cm（211针锁针）起针

编织花样A

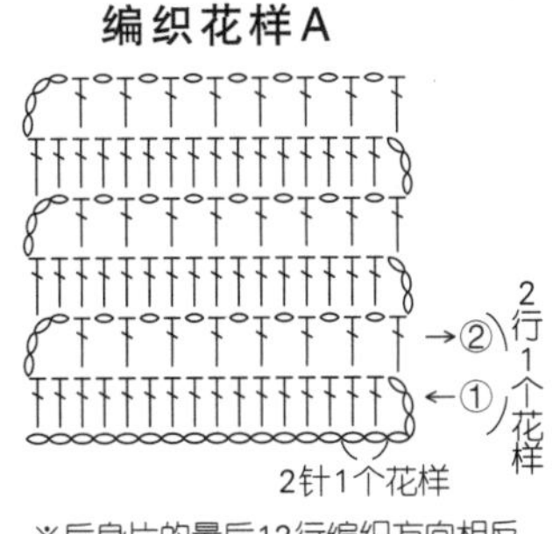

※后身片的最后12行编织方向相反

编织花样B

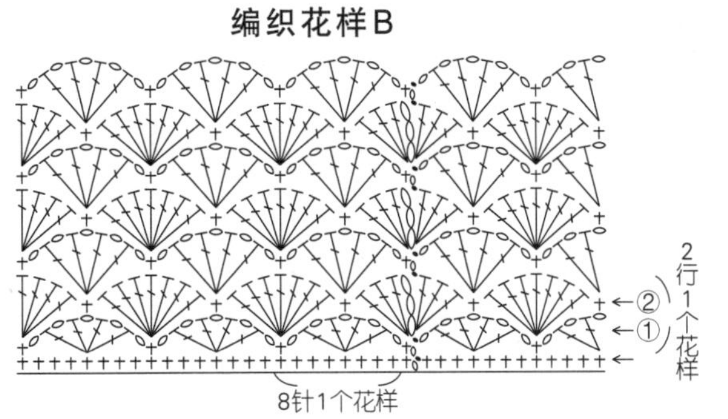

图1 身片的分散减针

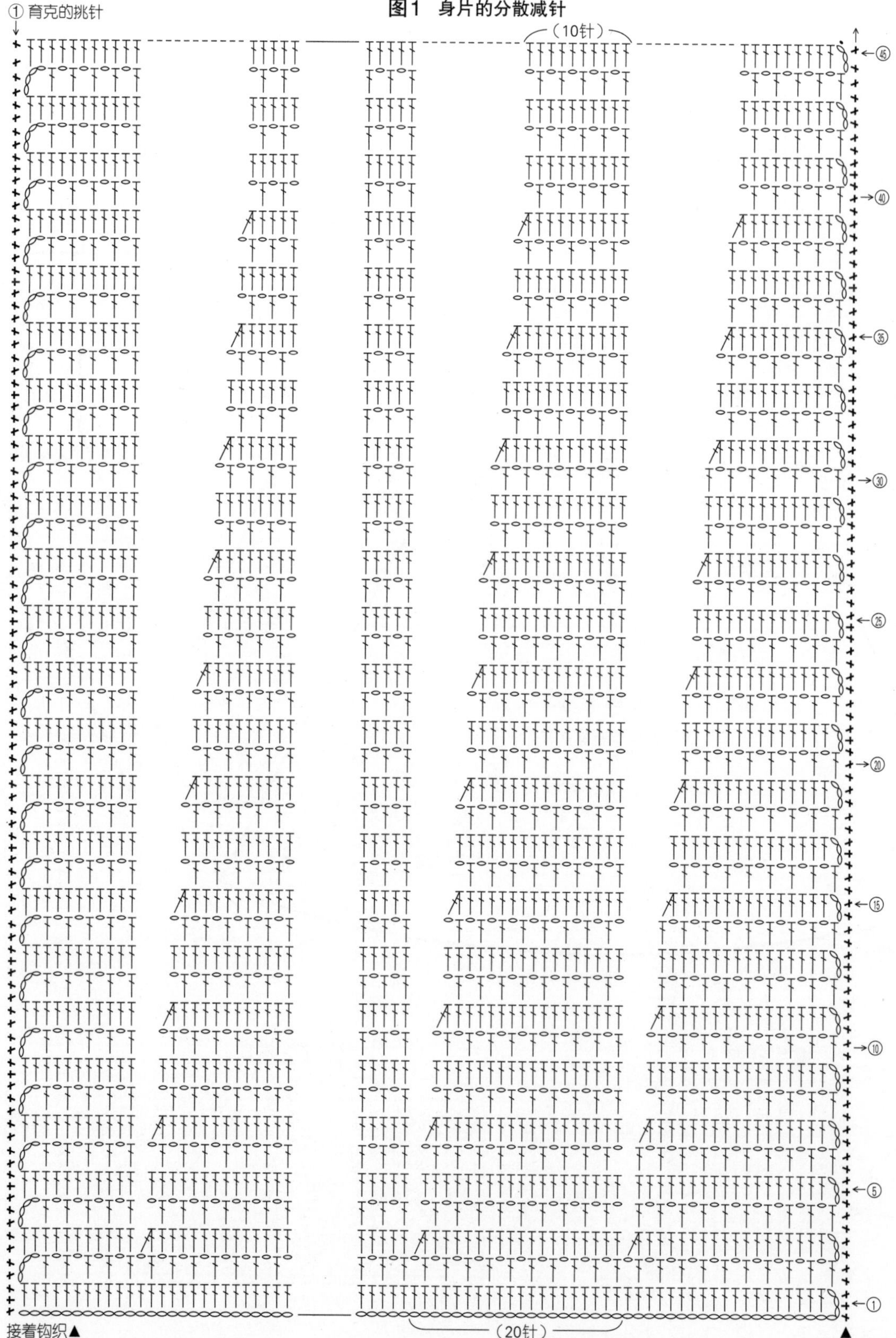

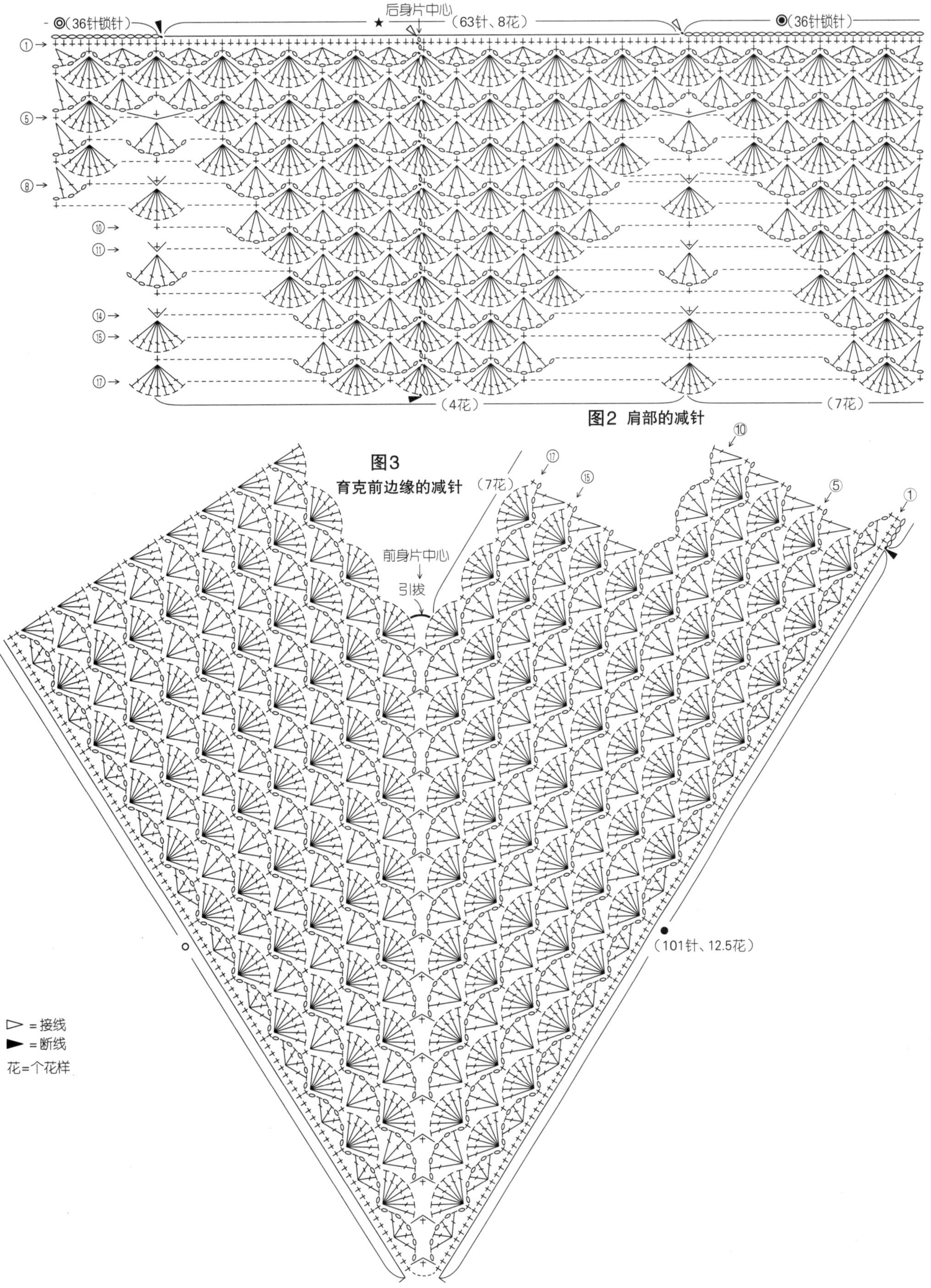
后身片中心
◎（36针锁针）
★（63针、8花）
◉（36针锁针）
①→
⑤→
⑧→
⑩→
⑪→
⑭→
⑮→
⑰→
（4花）
（7花）
图2 肩部的减针
图3
育克前边缘的减针
（7花）
前身片中心
引拔
⑩
⑰
⑮
⑤
①
●（101针、12.5花）
○
▷ = 接线
▶ = 断线
花=个花样

12

p. 13

材料和工具

用线 奥林巴斯 Tree House Palace Tweed 米色（502）295g / 8团

钩针 8/0号、7/0号

成品尺寸 长34cm

密度 10cm×10cm面积内：编织花样 12.5针，7.5行

编织要点 在下摆起针后连接成环形，按编织花样一边分散减针一边钩织25行。接着衣领钩织边缘。下摆钩织2行边缘，调整形状。

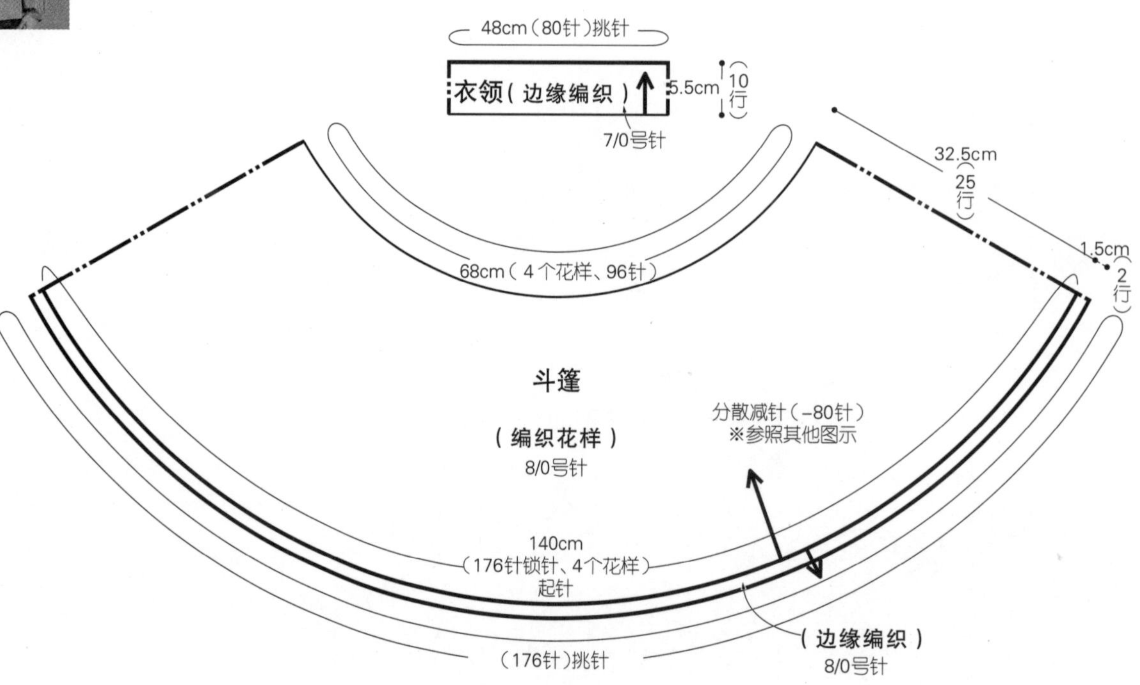

编织花样

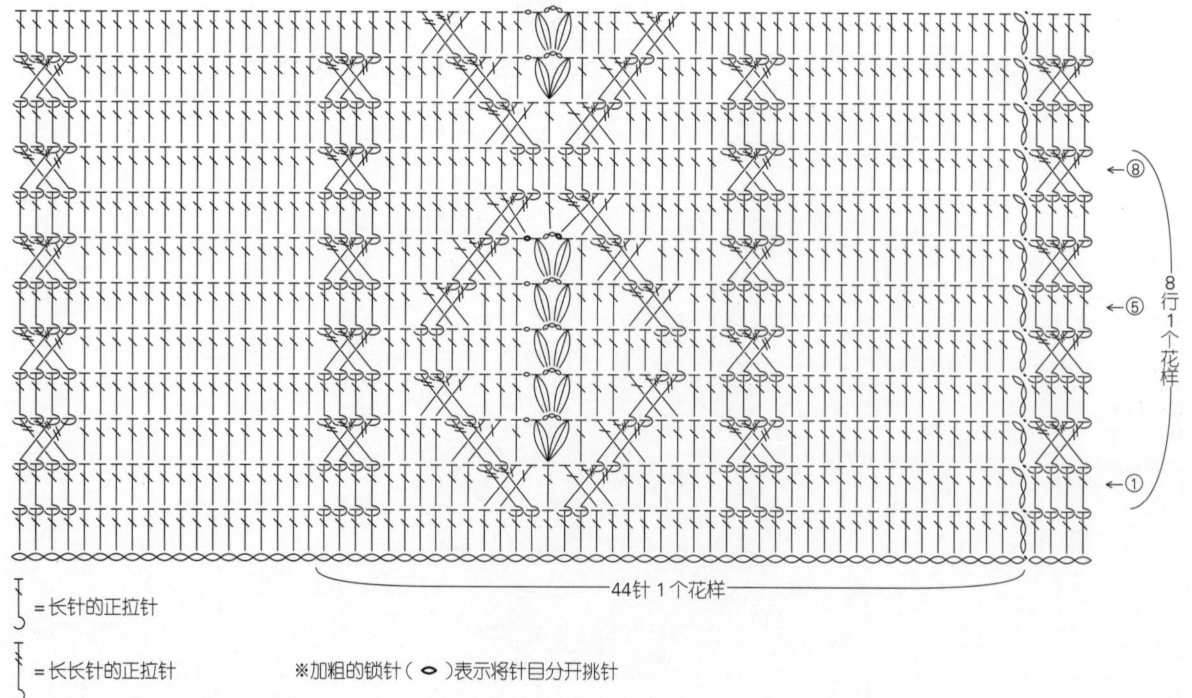

斗篷的分散减针

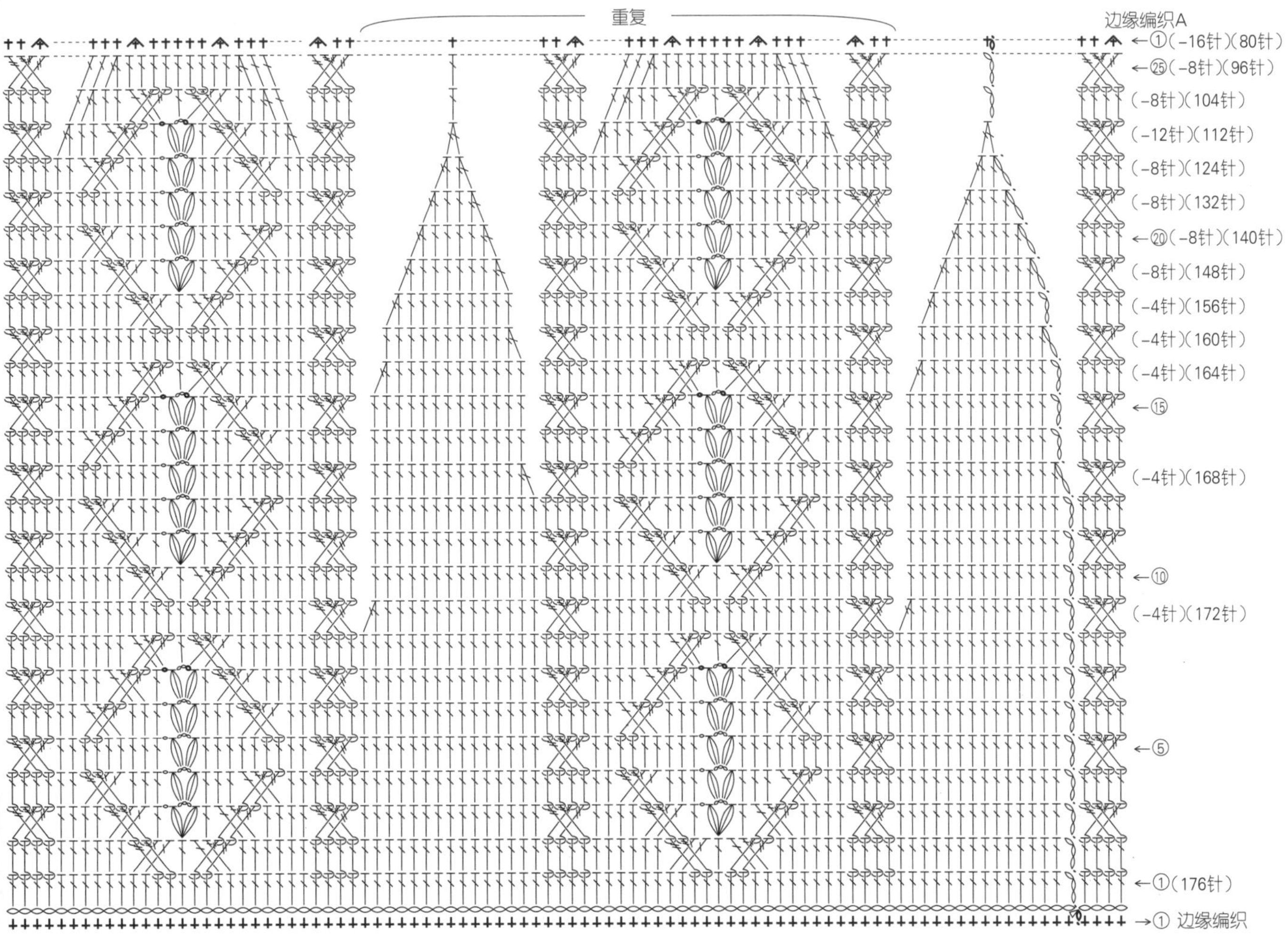

重复

边缘编织A

←①（-16针）（80针）
←㉕（-8针）（96针）
（-8针）（104针）
（-12针）（112针）
（-8针）（124针）
（-8针）（132针）
←⑳（-8针）（140针）
（-8针）（148针）
（-4针）（156针）
（-4针）（160针）
（-4针）（164针）
←⑮
（-4针）（168针）
←⑩
（-4针）（172针）
←⑤
←①（176针）
→① 边缘编织

▷ = 接线
▶ = 断线

边缘编织

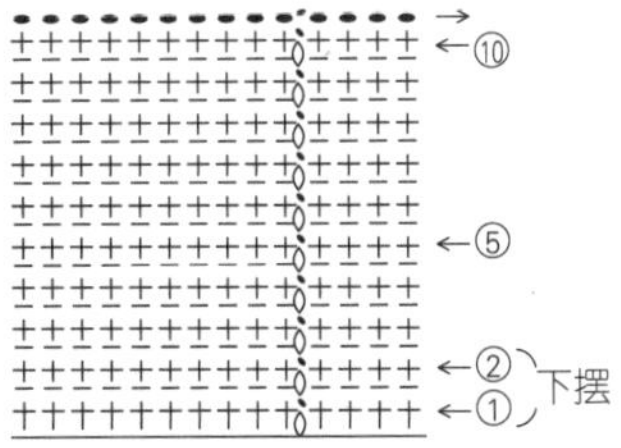

←⑩
←⑤
←②
←①
下摆

± = 短针的条纹针

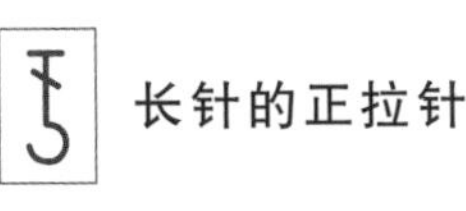

长针的正拉针

①

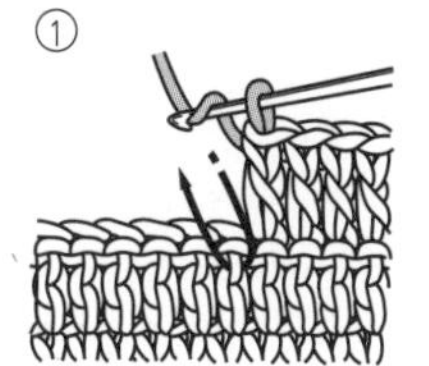

如箭头所示，从前面入针挑起前一行针目的根部，钩织长针。

②

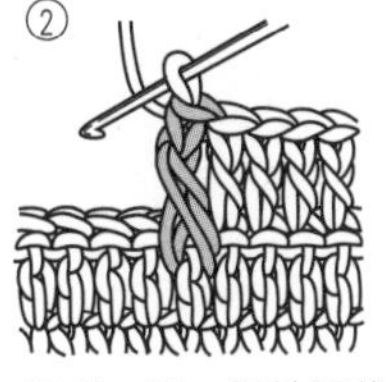

完成。前一行针目的头部位于后面。

长针的反拉针

①

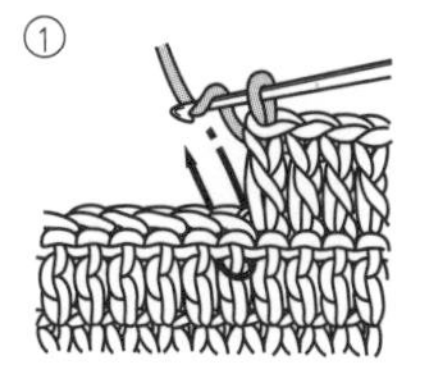

如箭头所示，从后面入针挑起前一行针目的根部，钩织长针。

②

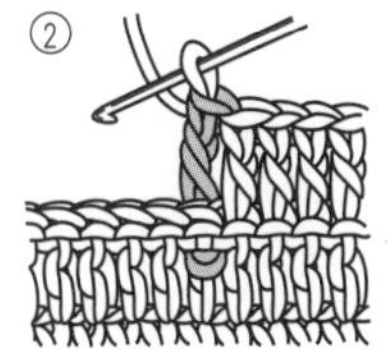

反拉针完成。前一行针目的头部位于前面。

13

p. 14

材料和工具

用线　奥林巴斯 Michela 米色（9）260g / 8团

棒针　8号、6号、7号、10号

成品尺寸　胸围102cm，衣长50cm，连肩袖长28.5cm

密度　10cm×10cm面积内：编织花样A、B均为25针，27行

编织要点　在下摆花样切换位置另线锁针起针，按编织花样A开始编织，接着按编织花样B编织至肩部。下摆拆开另线锁针挑取针目后编织双罗
针，结束时做双罗纹针收针。肩部将前、后身
正面相对做盖针接合，胁部做挑针缝合。衣领
领窝的正面挑针，一边更换针号一边环形编织1
行双罗纹针。接着调整编织方向重新拿好织片
续编织，使衣领翻折后内侧为正面。在衣领前
心位置加入编织花样B'，结束时做双罗纹针
针。袖口从身片挑针后环形编织双罗纹针，结
时做双罗纹针收针。

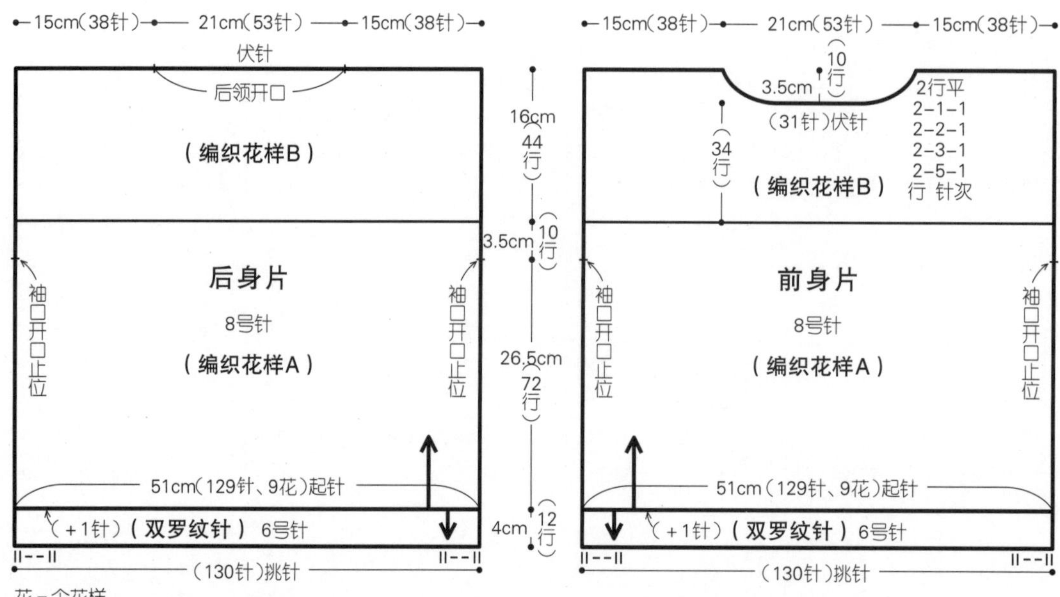

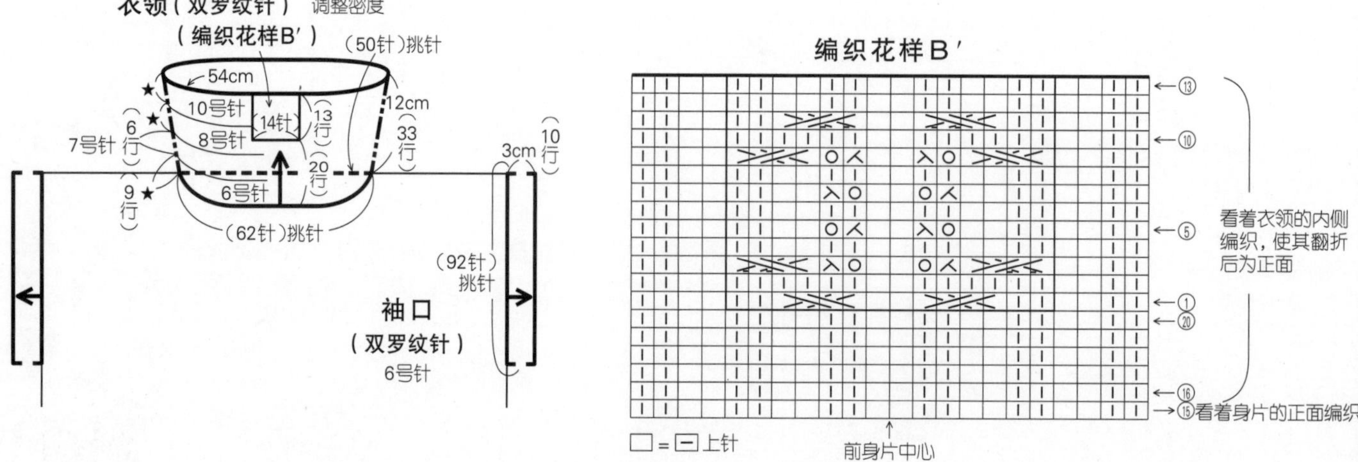

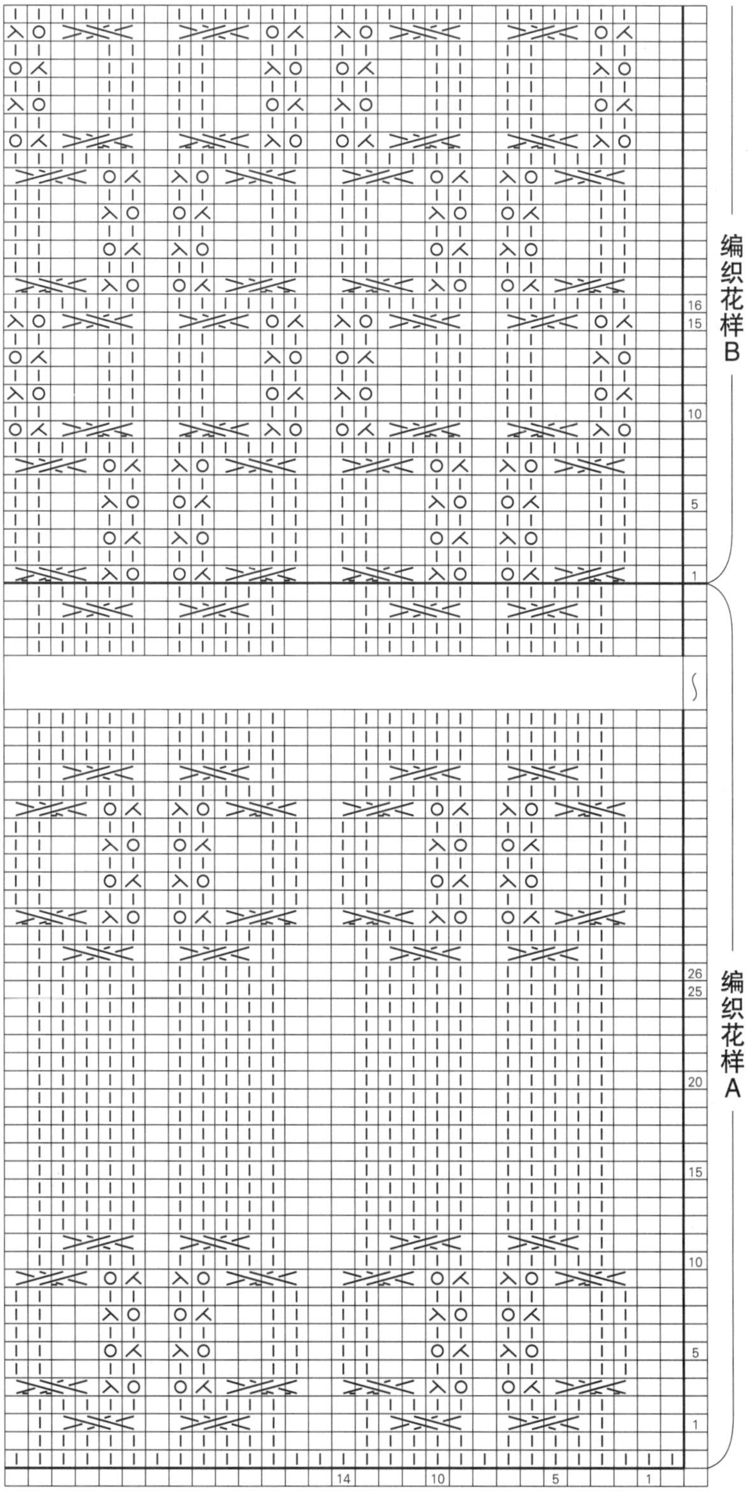

编织花样B

16
15
10
5
1

编织花样A

26
25
20
15
10
5
1

14 10 5 1

↑
前身片中心

□ = ⊟ 上针

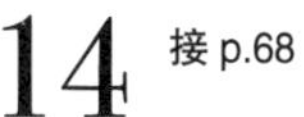

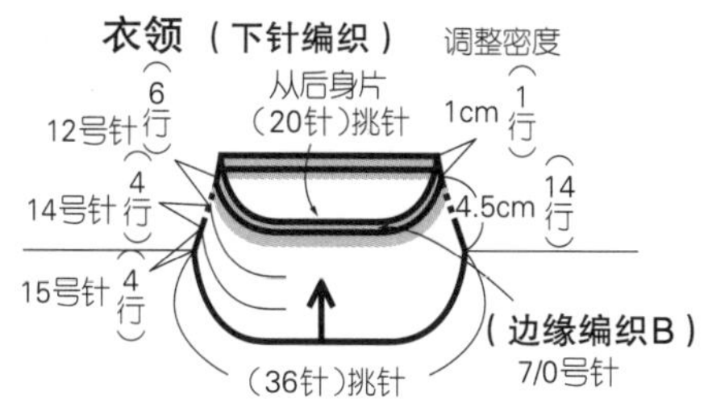

边缘编织B

2针1个花样

← ① Tree House Palace
← ⑭
← ⑩

左肩

□ = ⊡

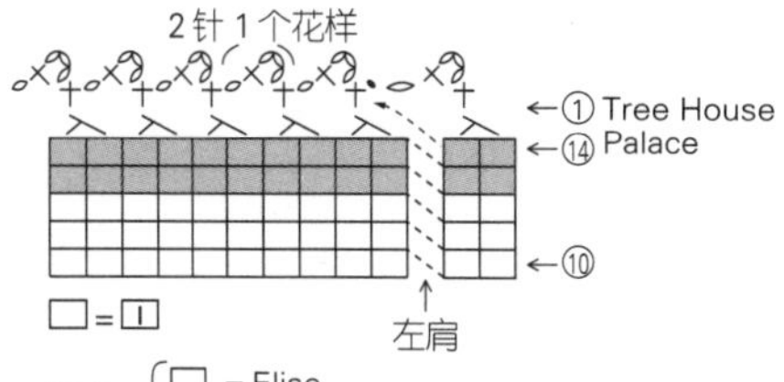

配色 { □ = Elise
■ = Tree House Palace

= 从棒针上2个针目里一起挑针钩织短针

14
p. 15

材料和工具
用线 奥林巴斯 Tree House Palace 灰米色（403）75g/2团；Elise 白色、米色系（1）170g/5团
棒针 特大号8mm、15号、14号、12号
钩针 8/0号、7/0号
成品尺寸 胸围90cm（至接袖止位），衣长71.5cm（最长处），袖长30cm
密度 10cm×10cm面积内：编织花样13针，16.5行
编织要点 后身片在左上方手指挂线起针后按编织花样编织。换线时在织物的一端渡线编织。从第2行开始，参照图示一边在对角线上加针一边编织71行。前身片再编织一片相同的织片。育克从身片挑针后编织，后育克从身片左侧的行上挑针，前育克从身片右侧的行上挑针，注意前后身片呈对称形状。肩部做盖针接合。袖子从身片和育克挑针后按下针编织和编织花样编织，结束时从反面做伏针收针。休针的胁部做盖针接合，行上的胁部与袖下做挑针缝合。下摆挑针后按边缘编织A环形编织。先用棒针编织5行，结束时再用钩针在2个针目里一起挑针钩短针和狗牙针进行收针。衣领一边调整密度一边环形编织14行下针编织，结束时按与下摆相同的要领收针。

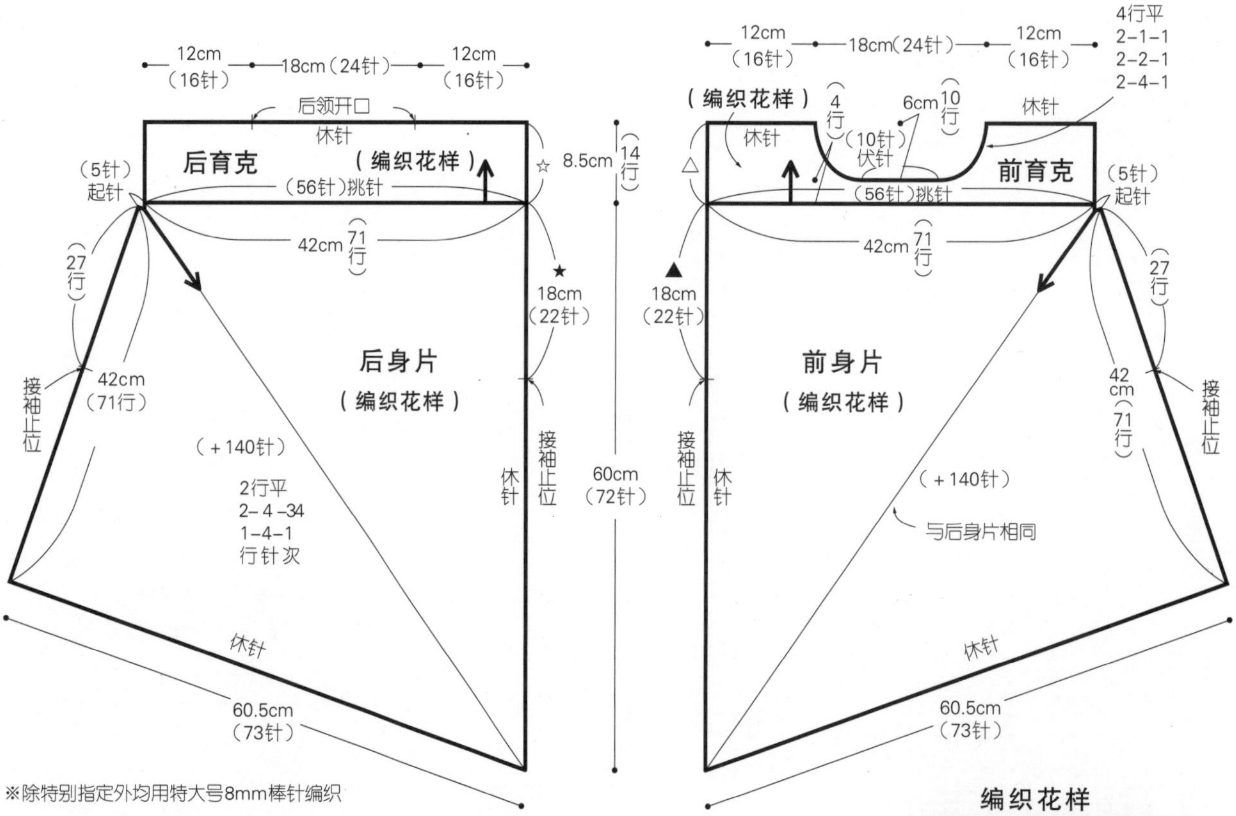

12cm（16针） 18cm（24针） 12cm（16针）
后领开口
休针
后育克 （编织花样）
（5针）起针
（56针）挑针
☆ 8.5cm 14行
42cm 71行
27行
★ 18cm（22针）
后身片
（编织花样）
接袖止位
42cm（71行）
（+140针）
2行平
2-4-34
1-4-1
行针次
休针
接袖止位
60cm（72针）
休针
60.5cm（73针）

12cm（16针） 18cm（24针） 12cm（16针）
4行平
2-1-1
2-2-1
2-4-1
（编织花样） 4行 6cm 10行
休针 休针
（10针）伏针
△
前育克
（56针）挑针
（5针）起针
42cm 71行
▲ 18cm（22针）
27行
前身片
（编织花样）
42cm（71行）
接袖止位
接袖止位
休针
（+140针）
与后身片相同
休针
60.5cm（73针）

※除特别指定外均用特大号8mm棒针编织

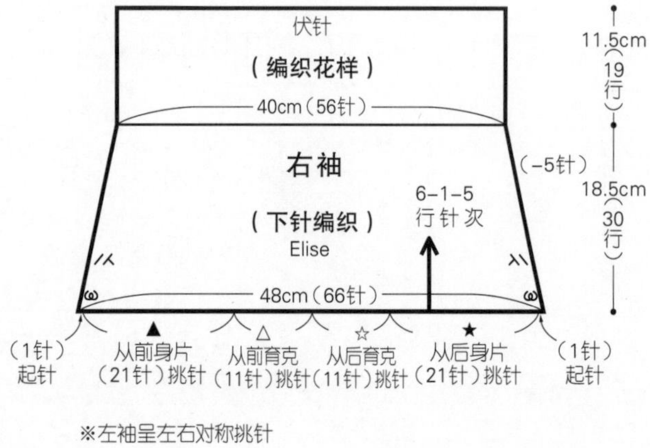

伏针
（编织花样）
40cm（56针）
11.5cm 19行
右袖
（下针编织）
Elise
（-5针）
6-1-5
行针次
18.5cm 30行
48cm（66针）
（1针）起针
▲ 从前身片（21针）挑针
△ 从前育克（11针）挑针
☆ 从后育克（11针）挑针
★ 从后身片（21针）挑针
（1针）起针

※左袖呈左右对称挑针

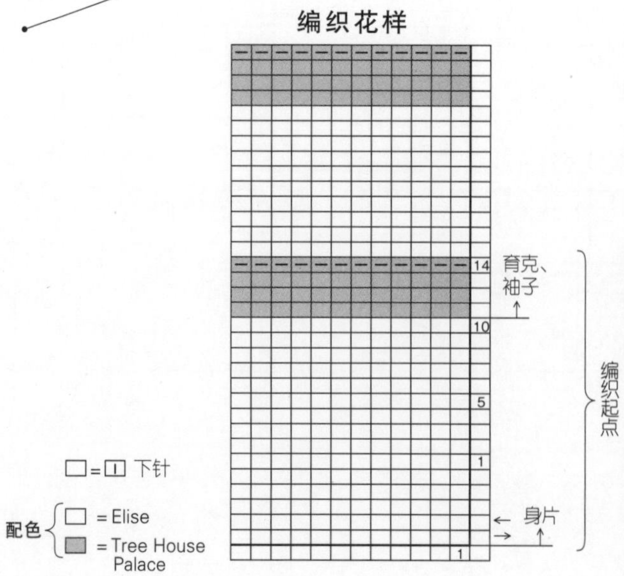

编织花样

□=□ 下针
配色 □ = Elise
▨ = Tree House Palace

14 育克、袖子
10
5
1 身片
编织起点

※衣领的编织方法见 p.67

身片的加针

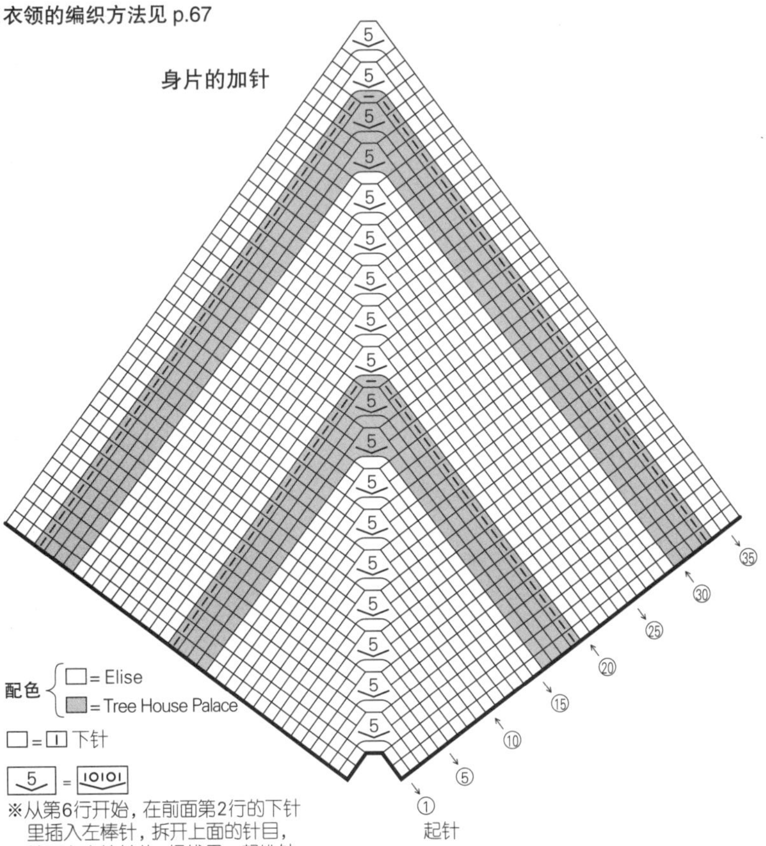
5
① 起针
⑤
⑩
⑮
⑳
㉕
㉚
㉟

配色 { □= Elise
■= Tree House Palace

□=⊡ 下针

5 = 10101

※从第6行开始，在前面第2行的下针里插入左棒针，拆开上面的针目，然后在左棒针的2根线里一起挑针织出5针

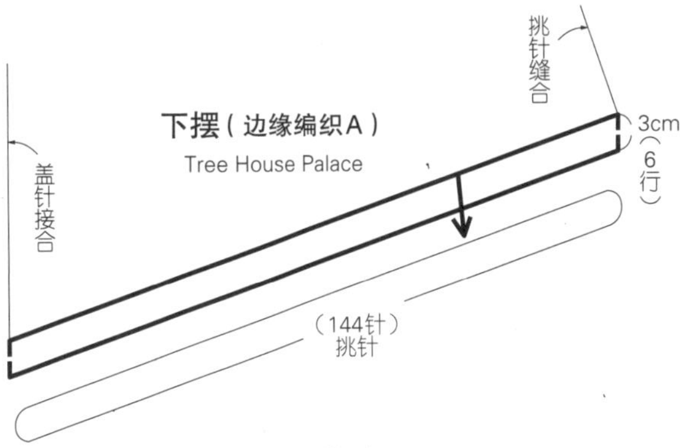
下摆（边缘编织A）
Tree House Palace
挑针缝合
盖针接合
3cm
（6行）
（144针）
挑针

边缘编织A

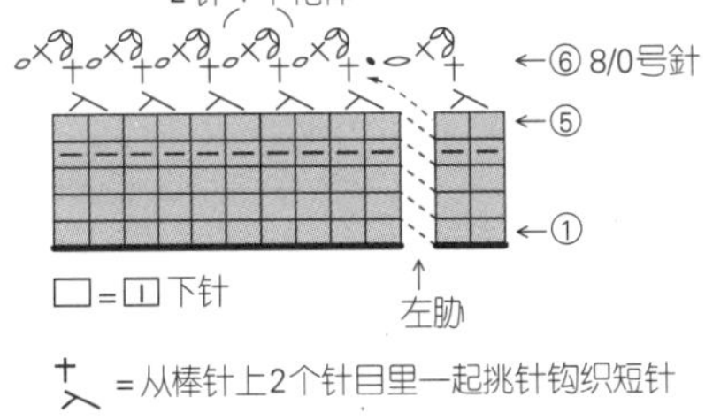
2针1个花样
⑥ 8/0号針
⑤
①
□=⊡ 下针
左胁
= 从棒针上2个针目里一起挑针钩织短针

前育克的编织方法

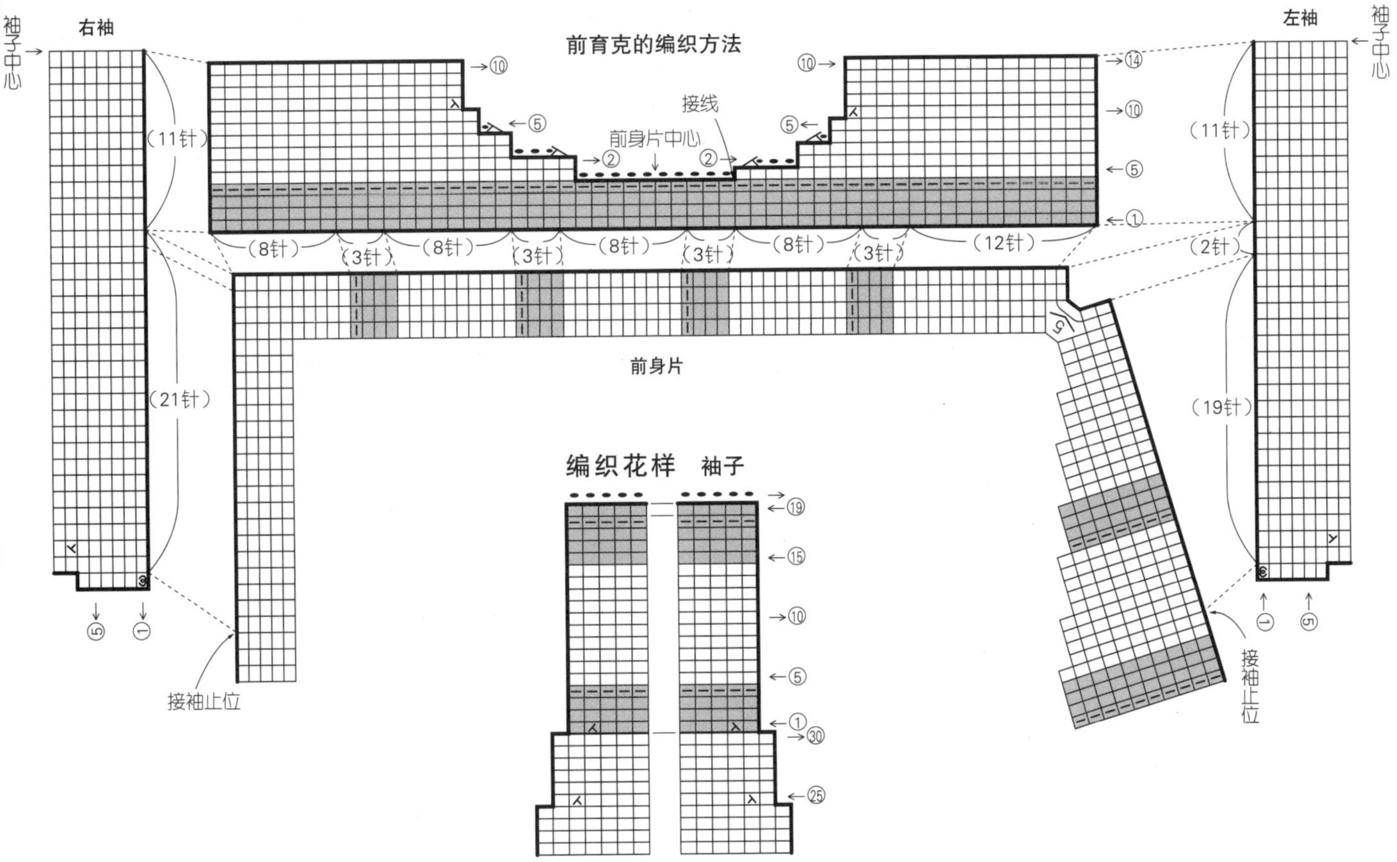
袖子中心
右袖
左袖
⑩
⑤
②
接线
前身片中心
⑭
①
（11针）
（8针）
（3针）
（12针）
（2针）
（21针）
（19针）
前身片
接袖止位
接袖止位

编织花样 袖子

⑲
⑮
⑩
⑤
①
㉚
㉕

15

p. 16

材料和工具

用线 奥林巴斯 Tree House Palace 红色（411）470g／12团

棒针 7号

成品尺寸 胸围104cm，衣长54cm，连肩袖长68.5cm

密度 10cm×10cm面积内：下针编织 20针，28行；编织花样B 23.5针，28行

编织要点 身片在下摆手指挂线起针后按编织花样A编织16行，接着如图所示按下针编织和编织花样B编织至肩部。领窝减2针及以上时做伏针减针，减1针时做侧边减针。斜肩做留针的引返编织。袖子在袖口位置按与身片相同的要领起针后开始编织。袖下在边上1针的内侧做扭针加针。肩部将前、后身片正面相对做盖针接合。衣领从领窝挑针后按编织花样A环形编织。参照图示，一边分散减针一边编织16行，结束时按上一行针目一边编织一边做伏针收针。袖子与身片之间做针与行的接合，胁部和袖下做挑针缝合。

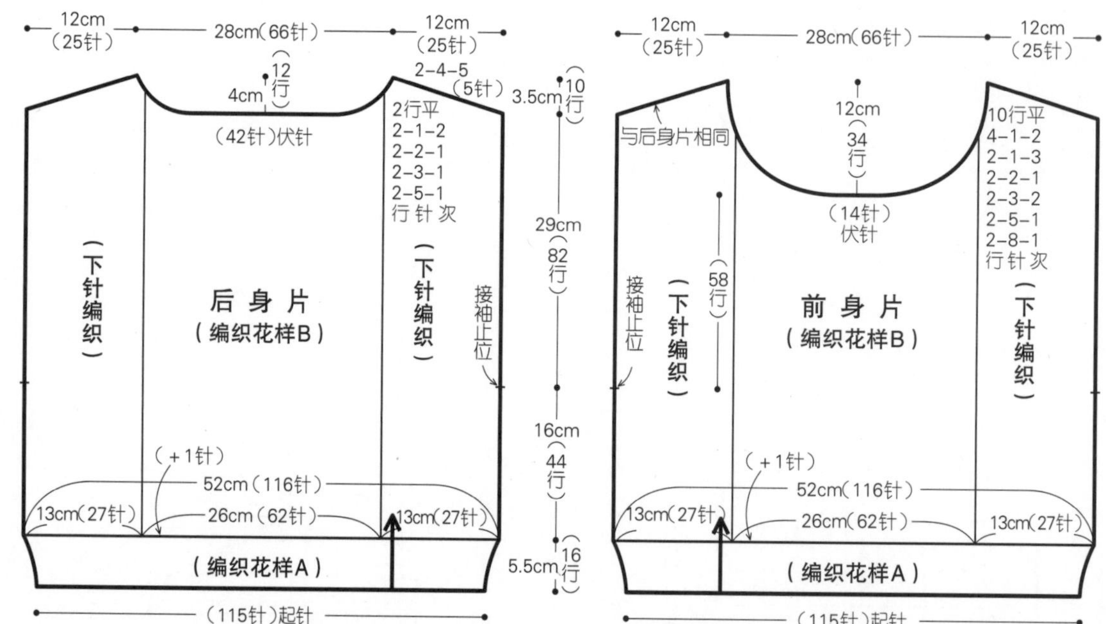

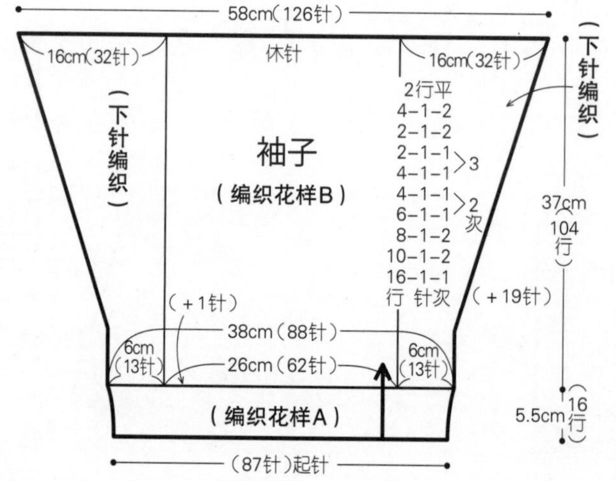

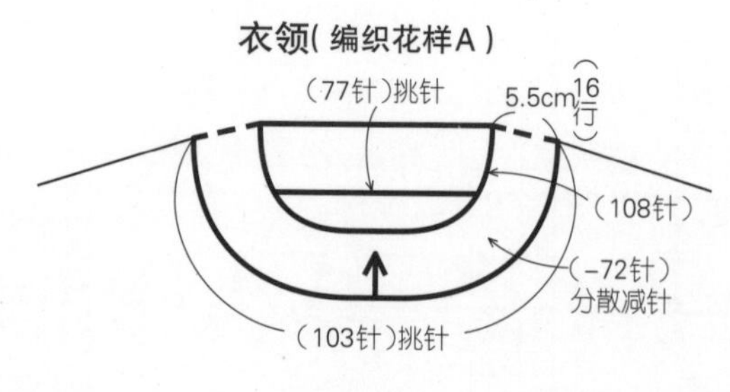

编织花样A

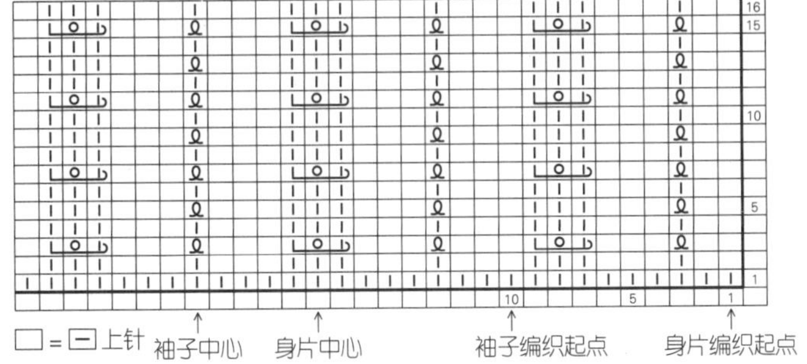

编织花样A 衣领

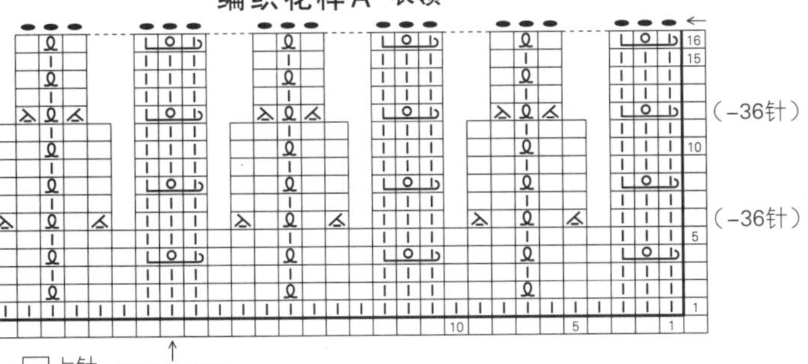

编织花样B

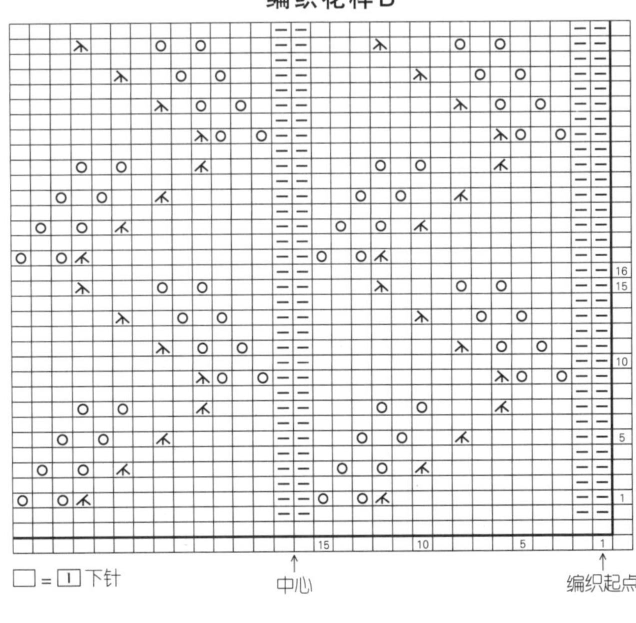

穿过左针的盖针（3 针的情况）

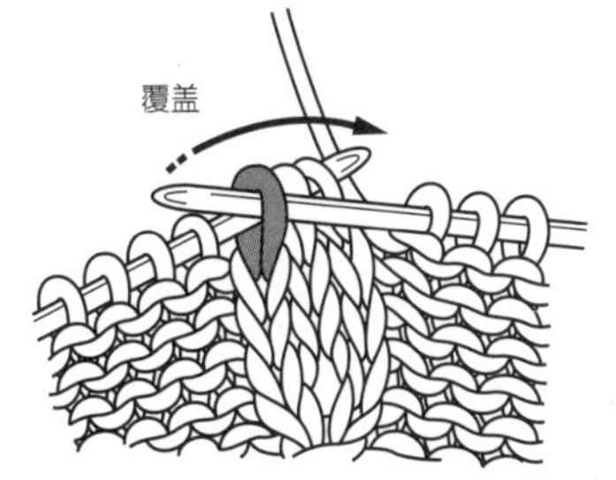

① 在左边第 3 针里插入右棒针，将其挑起覆盖在右边的 2 针上。

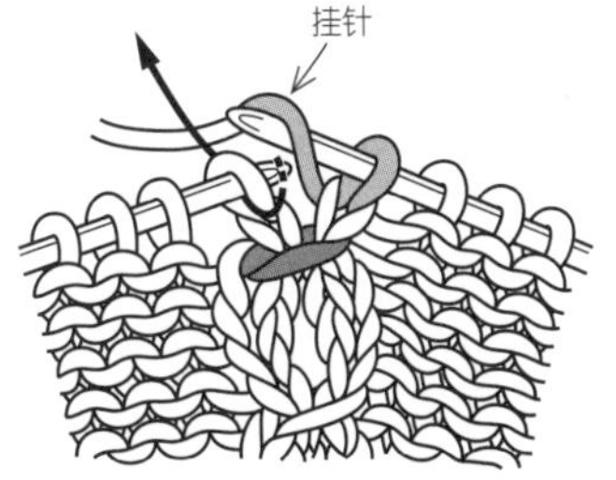

② 在右边针目里织下针，然后挂针。

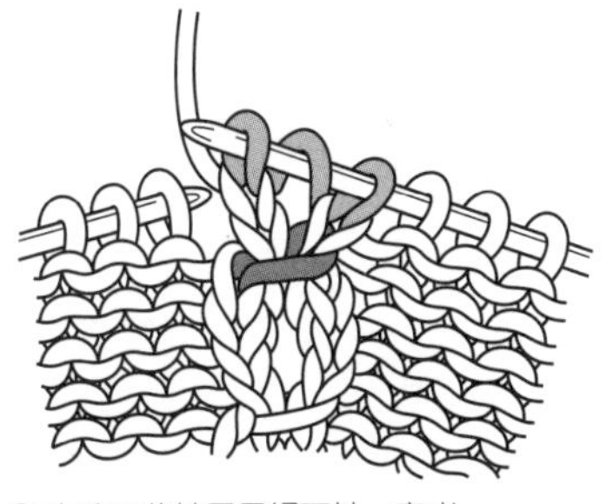

③ 在剩下的针目里织下针，完成。

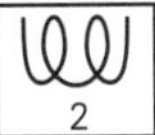

绕线编（绕2次）

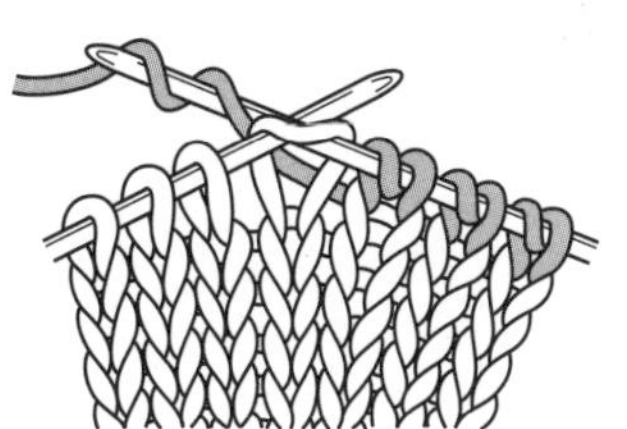

①在右棒针上绕 2 次线后拉出。

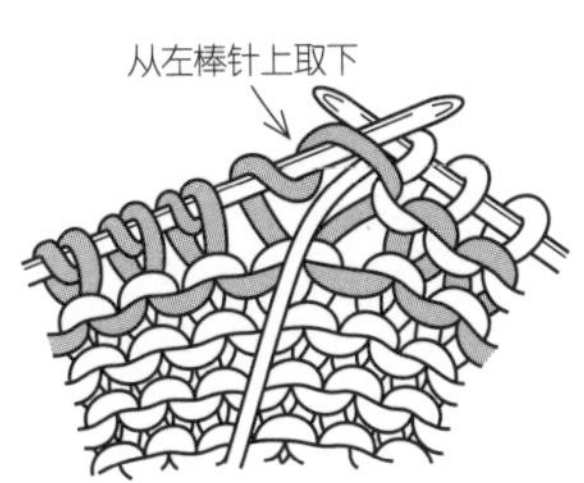

②下一行照常编织，将所绕线圈从针上取下。

16

p. 17

材料和工具

用线　奥林巴斯 Tree House Palace Tweed 米色系（501）510g / 13团

棒针　8号

成品尺寸　胸围96cm，衣长51.5cm，连肩袖长72.5cm

密度　10cm×10cm面积内：下针编织 19针，26.5行；编织花样B 20.5针，26行

编织要点　身片在下摆手指挂线起针后编织15行起伏针，接着如图所示按下针编织和编织花样A编织。肋部立起侧边1针减针，插肩线立起侧边2针减针。插肩线部分完成后继续编织10行作为衣领，结束时按上一行的针目一边编织一边做伏针收针。前身片在编织衣领前做引返编织形成领深。袖子在袖口位置按与身片相同的要领起针后开始编织。插肩线、肋部、袖下分别做挑针缝合。

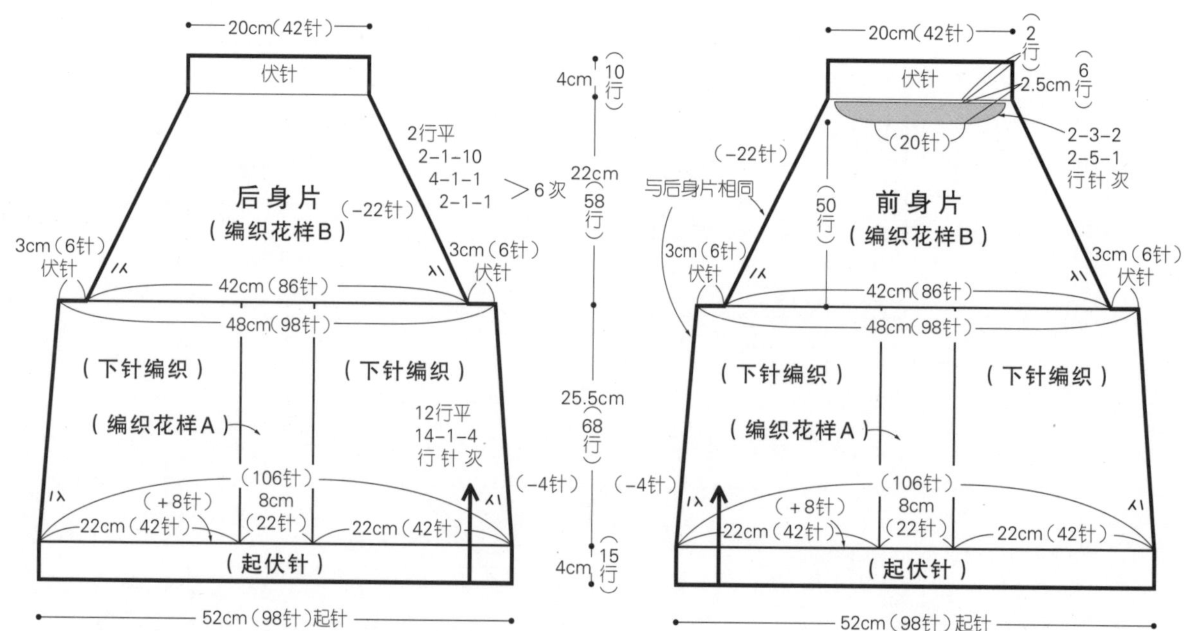

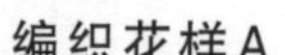

编织花样A

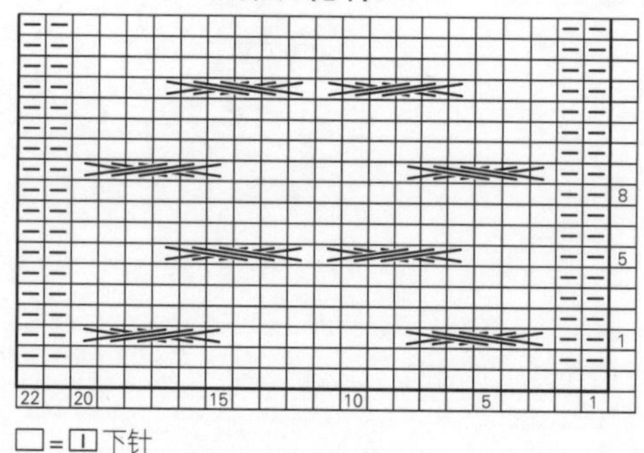

□=□下针

编织花样B

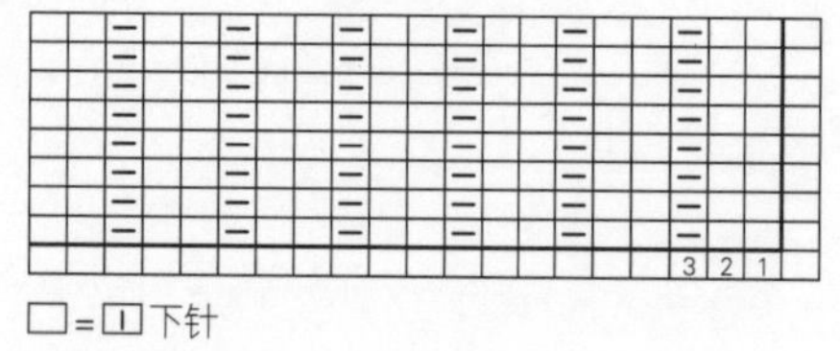

□=□下针

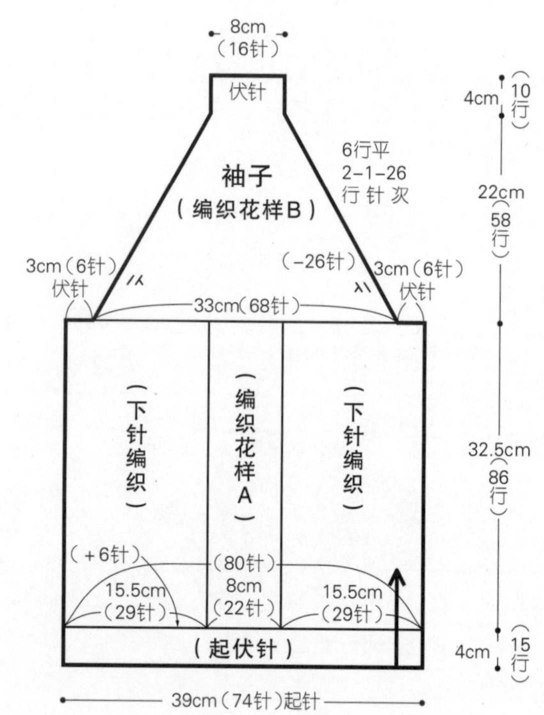

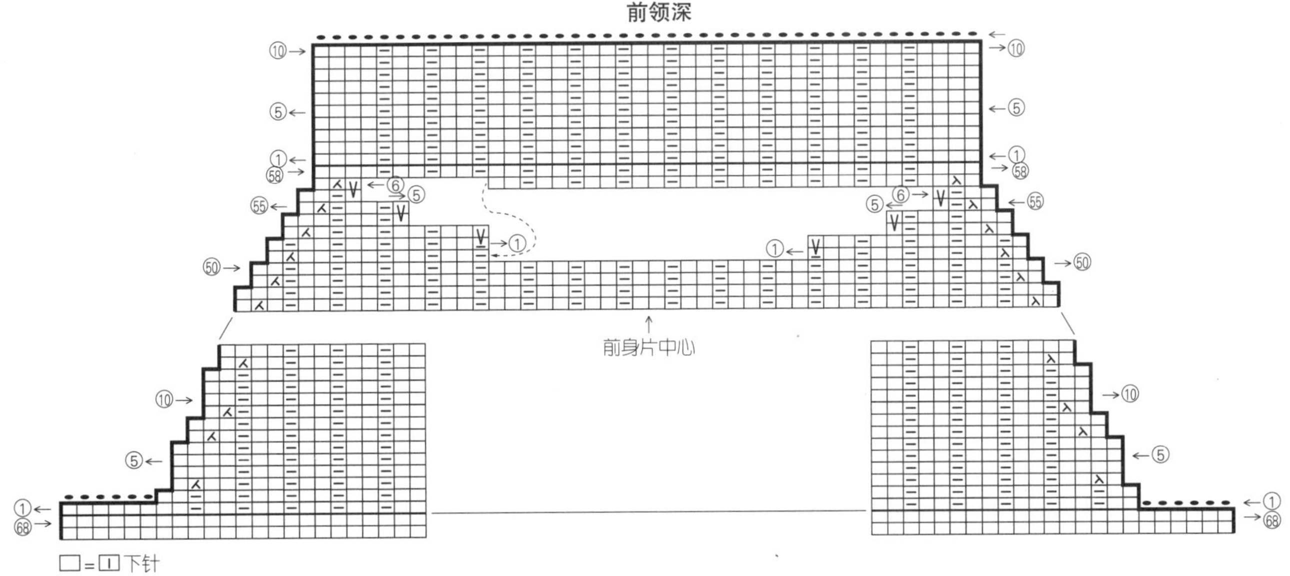

前领深
⑩
⑤
①
58
55
⑥
50
前身片中心
□=□ 下针

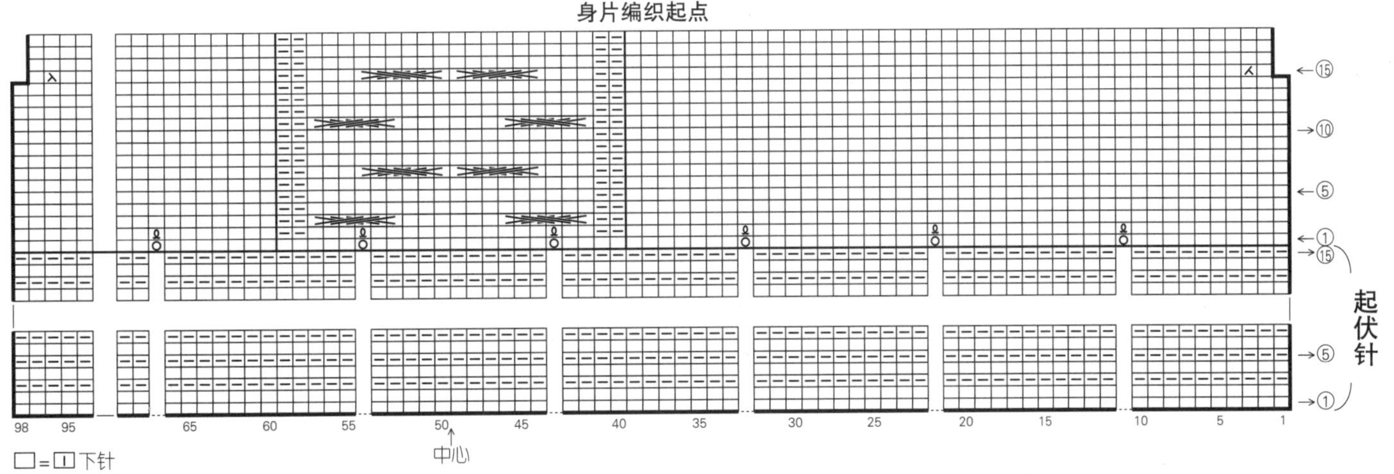

身片编织起点
⑮
⑩
⑤
①
起伏针
98 95 65 60 55 50 45 40 35 30 25 20 15 10 5 1
中心
□=□ 下针

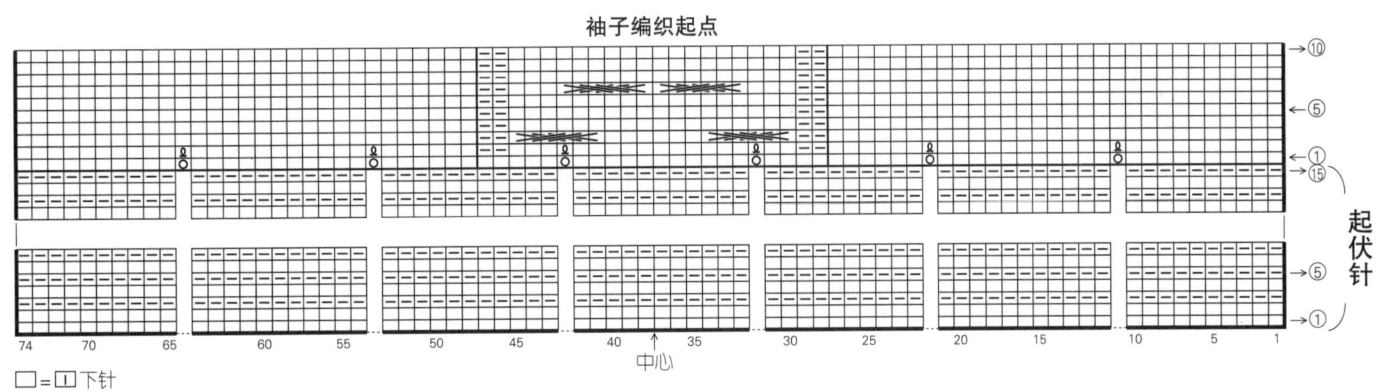

袖子编织起点
⑩
⑤
①
⑮
起伏针
74 70 65 60 55 50 45 40 35 30 25 20 15 10 5 1
中心
□=□ 下针

17
p. 18

材料和工具

用线 奥林巴斯 Vesper 灰色、紫色系混染（7）445g／15团

棒针 12号、10号、8号 **钩针** 6/0号

成品尺寸 胸围104cm，衣长54.5cm，连肩袖长47.5cm

密度 10cm×10cm面积内：编织花样A 16针，22.5行；编织花样B 14针5cm，编织花样C 20针8cm，均为22.5行

编织要点 身片在下摆手指挂线起针后编织5行单罗纹针，接着如图所示按编织花样A、B、C编织至肩部。袖子手指挂线起针，从身片接合侧朝袖口方向编织。结束时做下针织下针、上针织上针的伏针收针。肩部将前、后身片正面相对做盖针接合，胁部和袖下做挑针缝合。衣领从领窝挑针后按编织花样和单罗纹针做环形编织，结束时按与袖口相同的要领做伏针收针。袖子与身片之间做引拔接合。在开衩处的边缘钩引拔针调整形状。

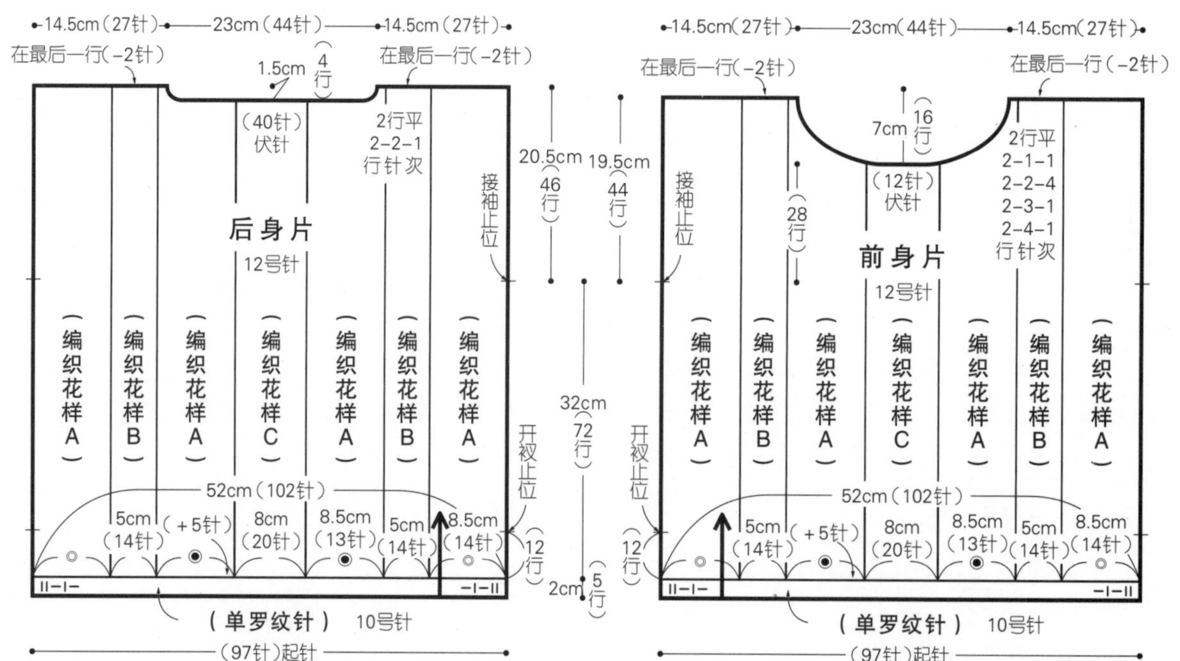

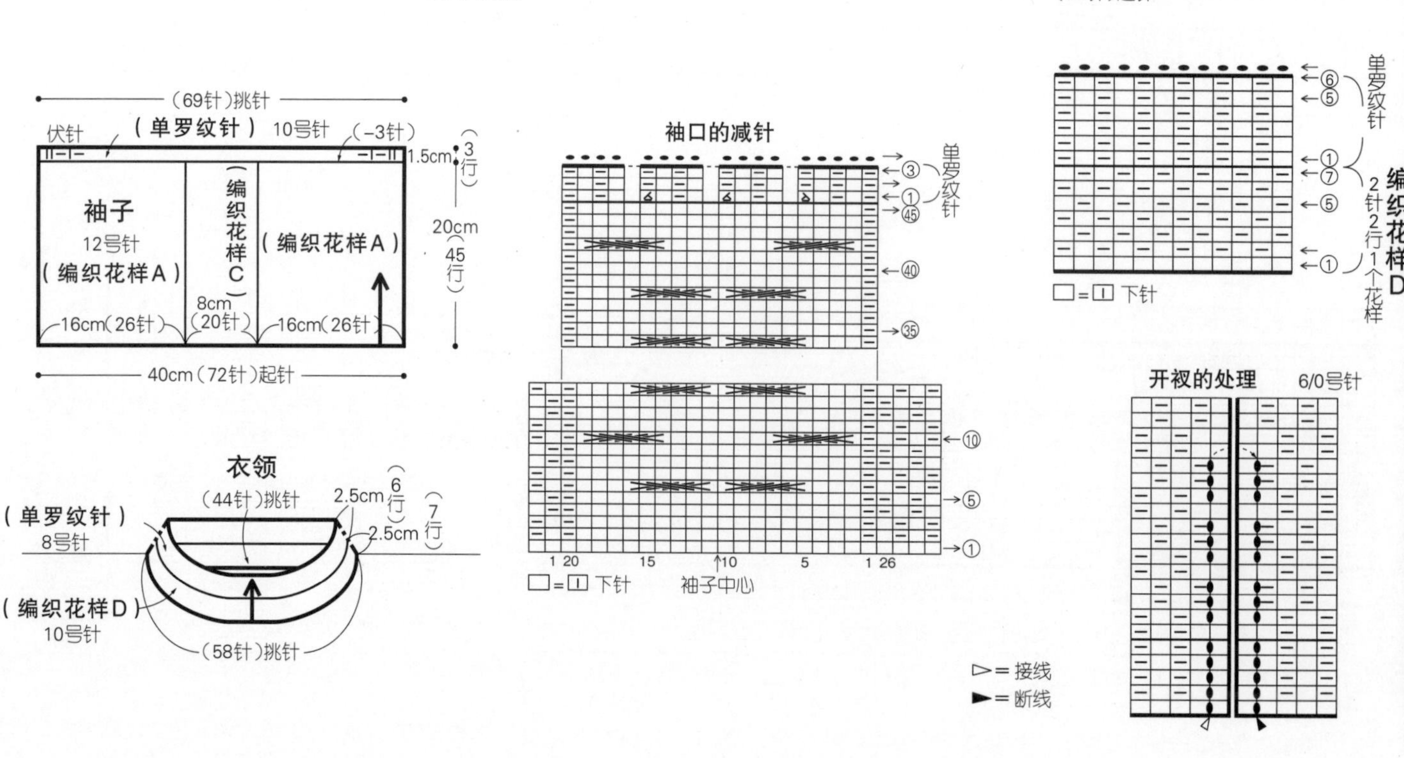

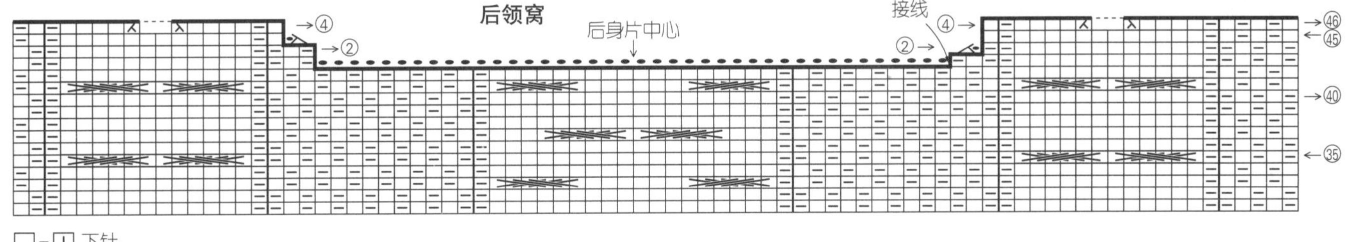
后领窝
后身片中心
接线
④
②
㊻
㊺
㊵
㉟
□=□ 下针

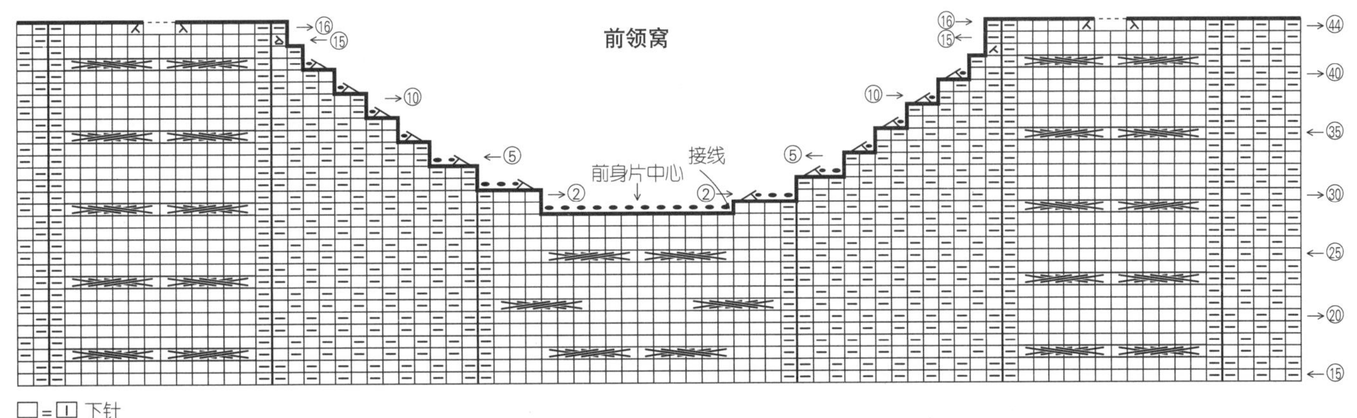
前领窝
前身片中心
接线
⑯
⑮
⑩
⑤
②
㊹
㊵
㉟
㉚
㉕
⑳
⑮
□=□ 下针

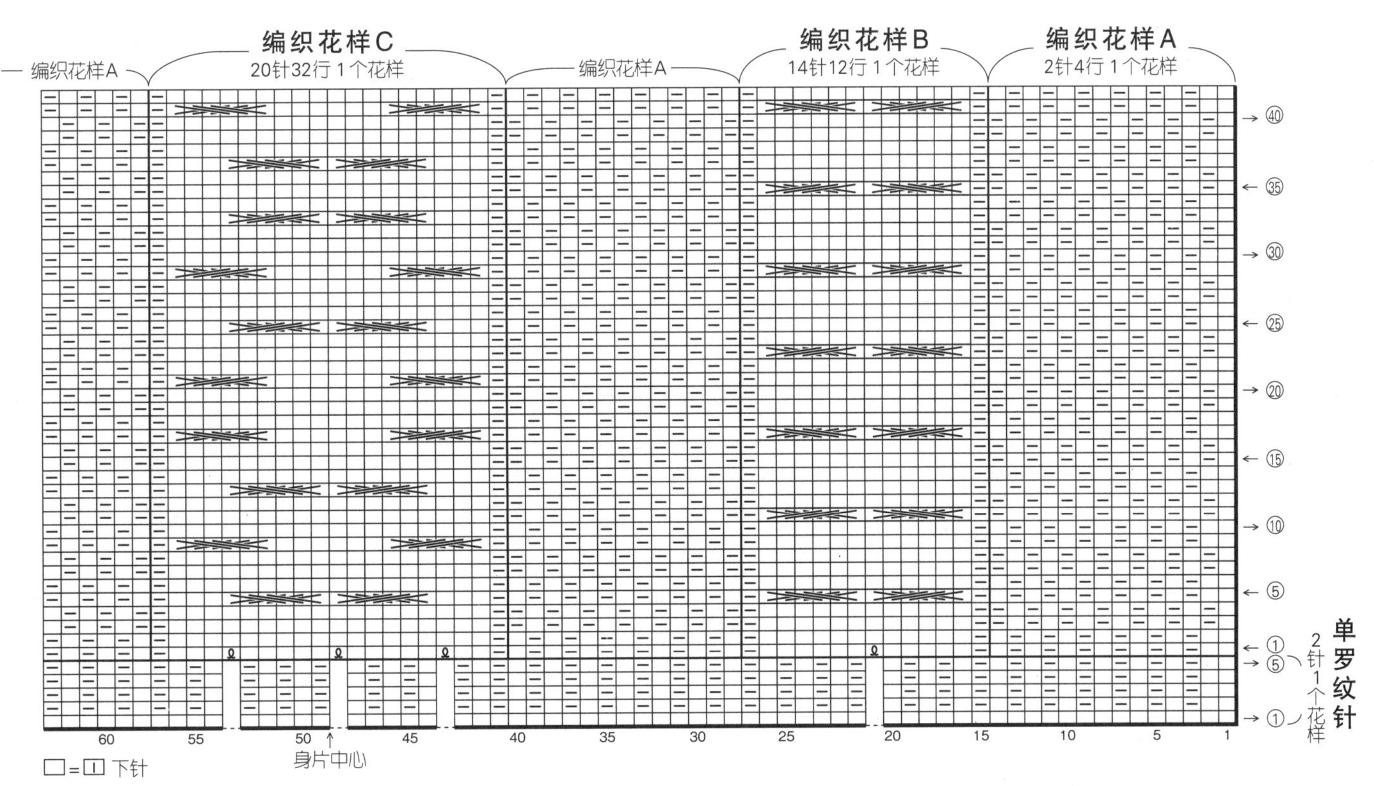
编织花样A
编织花样C
20针32行 1个花样
编织花样A
编织花样B
14针12行 1个花样
编织花样A
2针4行 1个花样
单罗纹针
2针1个花样
身片中心
□=□ 下针

20

P. 21

材料和工具

用线 奥林巴斯 Vesper 红色与多色混染（1）450g / 15团

钩针 7/0号

其他 直径2cm的纽扣2颗

成品尺寸 胸围109cm

密度 10cm×10cm面积内：编织花样A 15针，7.5行；编织花样B 15针，6行

编织要点 在后身片的右肋起针，按编织花样A钩织。接着从后身片挑针，按编织花样B钩织育克部分。然后从育克挑针，按编织花样A分别朝下摆方向钩织左、右前身片。肋部对齐前、后身片做卷针缝缝合。下摆从身片挑针后钩织边缘。前门襟和衣领按边缘编织连续钩织。袖口环形钩织边缘。将前门襟的花样空隙作为扣眼，在左前门襟第2行的扣眼对称位置缝上纽扣。

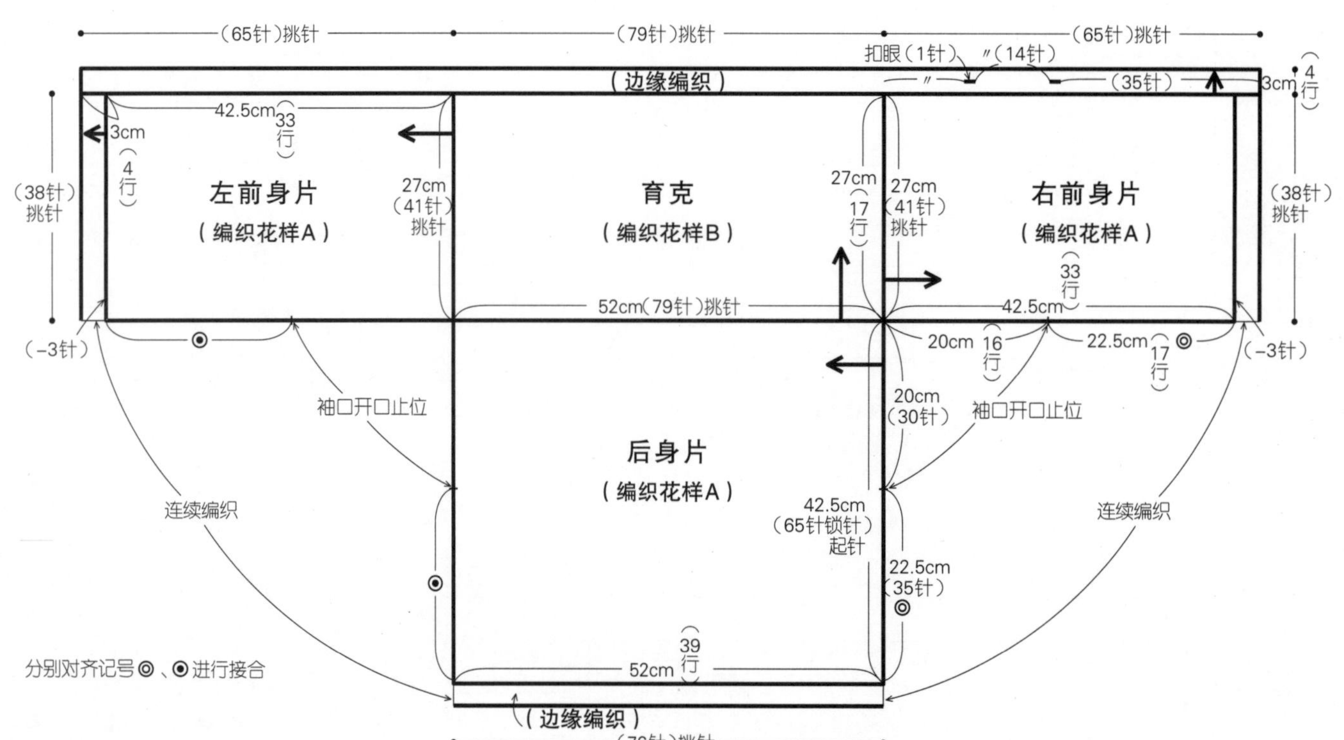

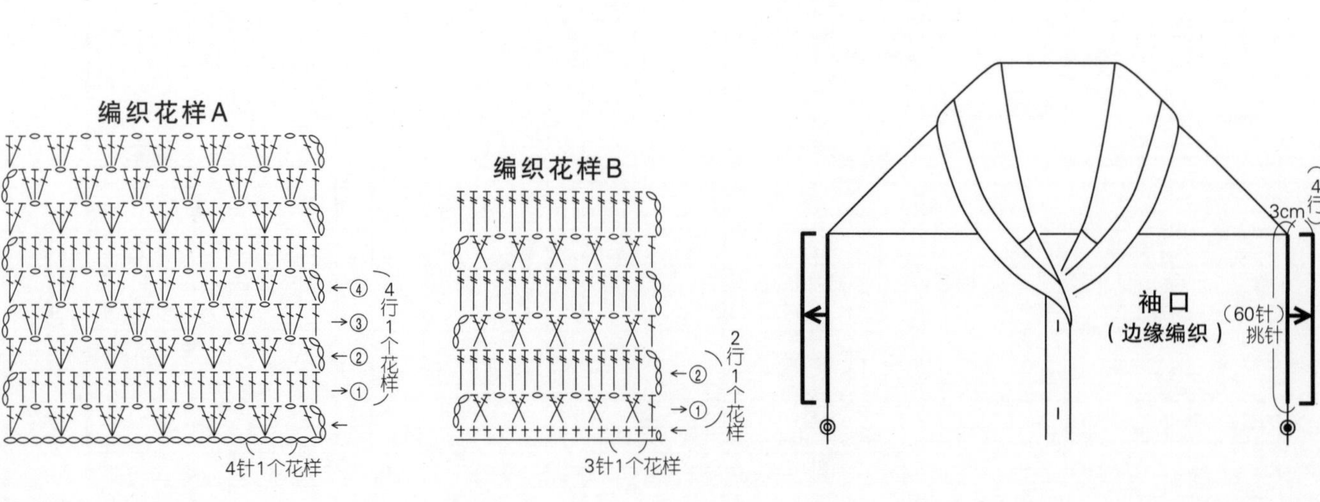

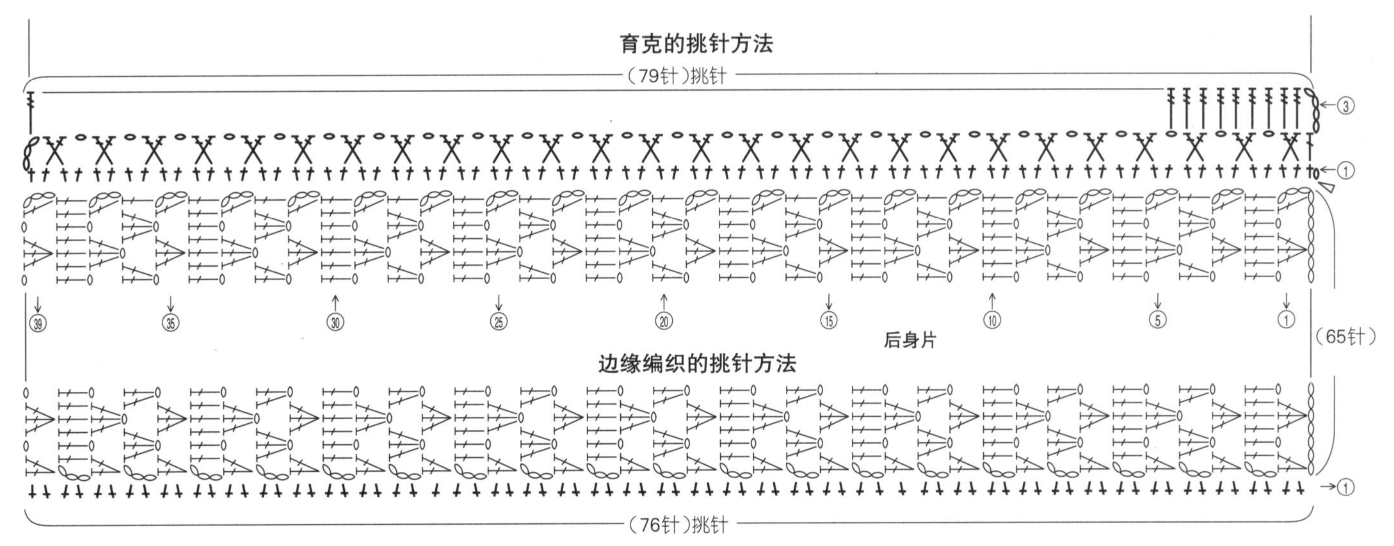

※育克、右前身片、左前身片的第1行均为钩短针挑针

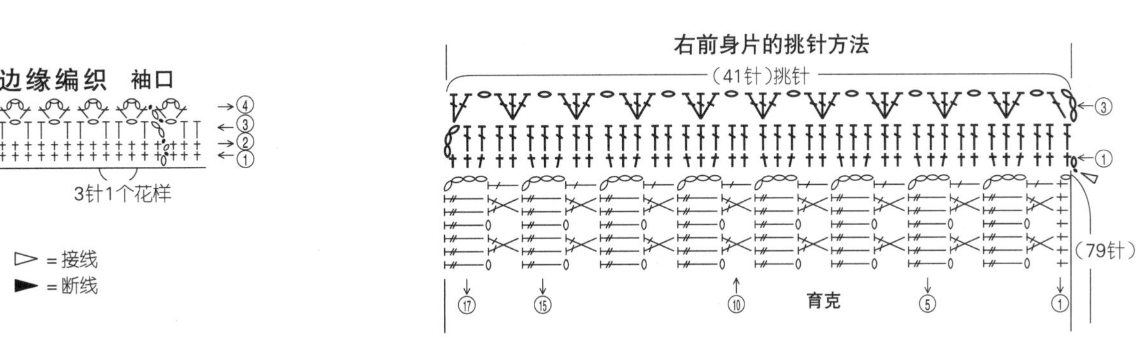

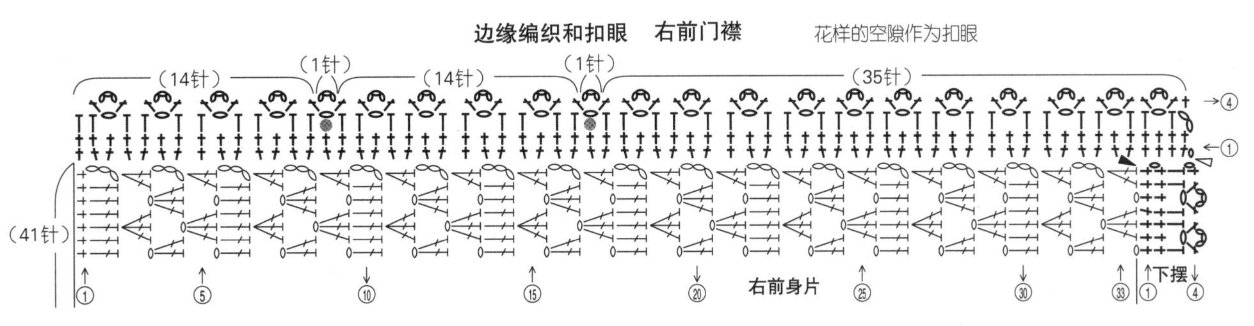

21

p. 22

材料和工具

用线 奥林巴斯 make make 铁青色和红褐色系段染（30）455g / 19团

棒针 8号 **钩针** 7/0号（用于起针）

其他 直径2.5cm的纽扣3颗

成品尺寸 胸围112cm，衣长54cm，连肩袖长58cm

密度 10cm×10cm面积内：编织花样A 17.5针，30.5行；下针编织 18.5针，24行

编织要点 后身片在中心孔斯特起针，按编织花样A朝一个方向编织72行制作六角形花片，结束时休针备用。前身片按与后身片相同的要领起针后做往返编织。胁部手指挂线起针，一边编织一边在两侧加针，结束时休针备用。袖子手指挂线起针，按下针编织，一边加减针一边朝袖口方向编织。连续编织至袖口的编织花样B，结束时做伏针收针。缝合胁部和前、后身片。从下摆的休针针目里挑针后按编织花样B编织下摆。肩部的针做下针无缝缝合，袖子与身片之间做针与行的接合。衣领从身片的休针针目里挑针，按编织花样A'、B编织。做前门襟的挑针时，衣领处看着反面挑取42针，使衣领翻折后看到的内侧为正面。编织右前门襟时在第6行留出扣眼。

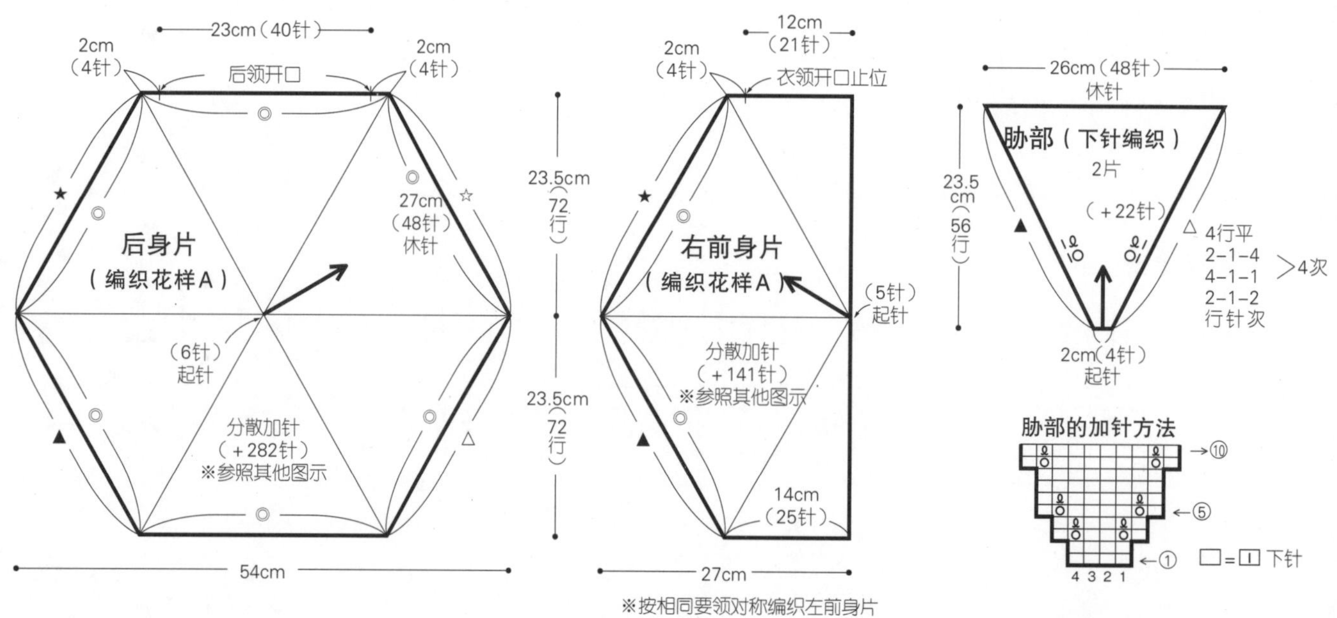

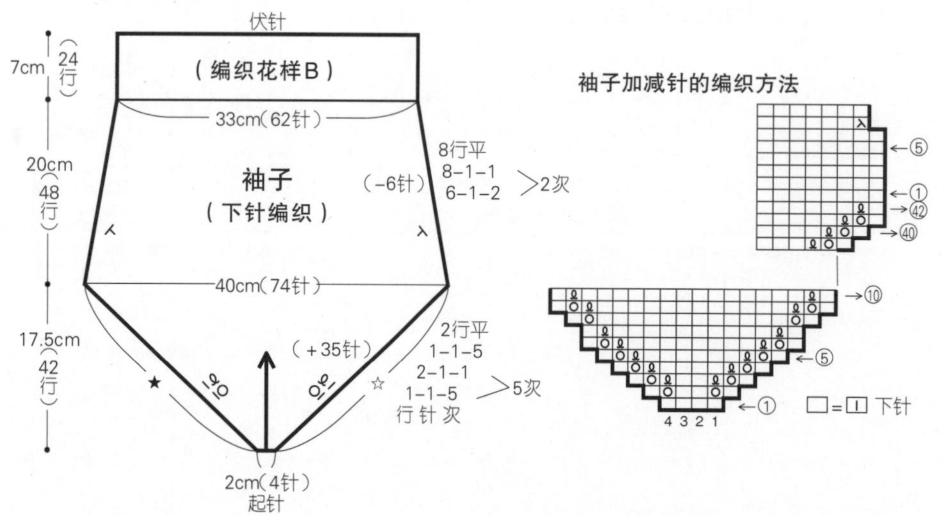

编织花样A'

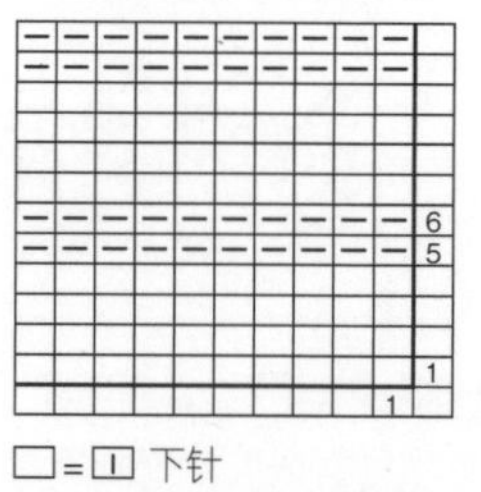

编织花样B

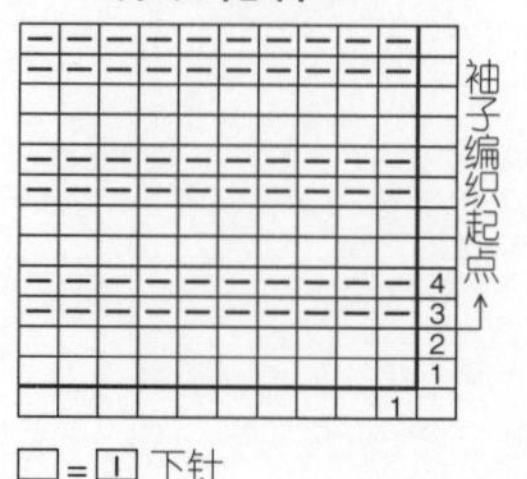

※孔斯特起针法见 p.84

编织花样A

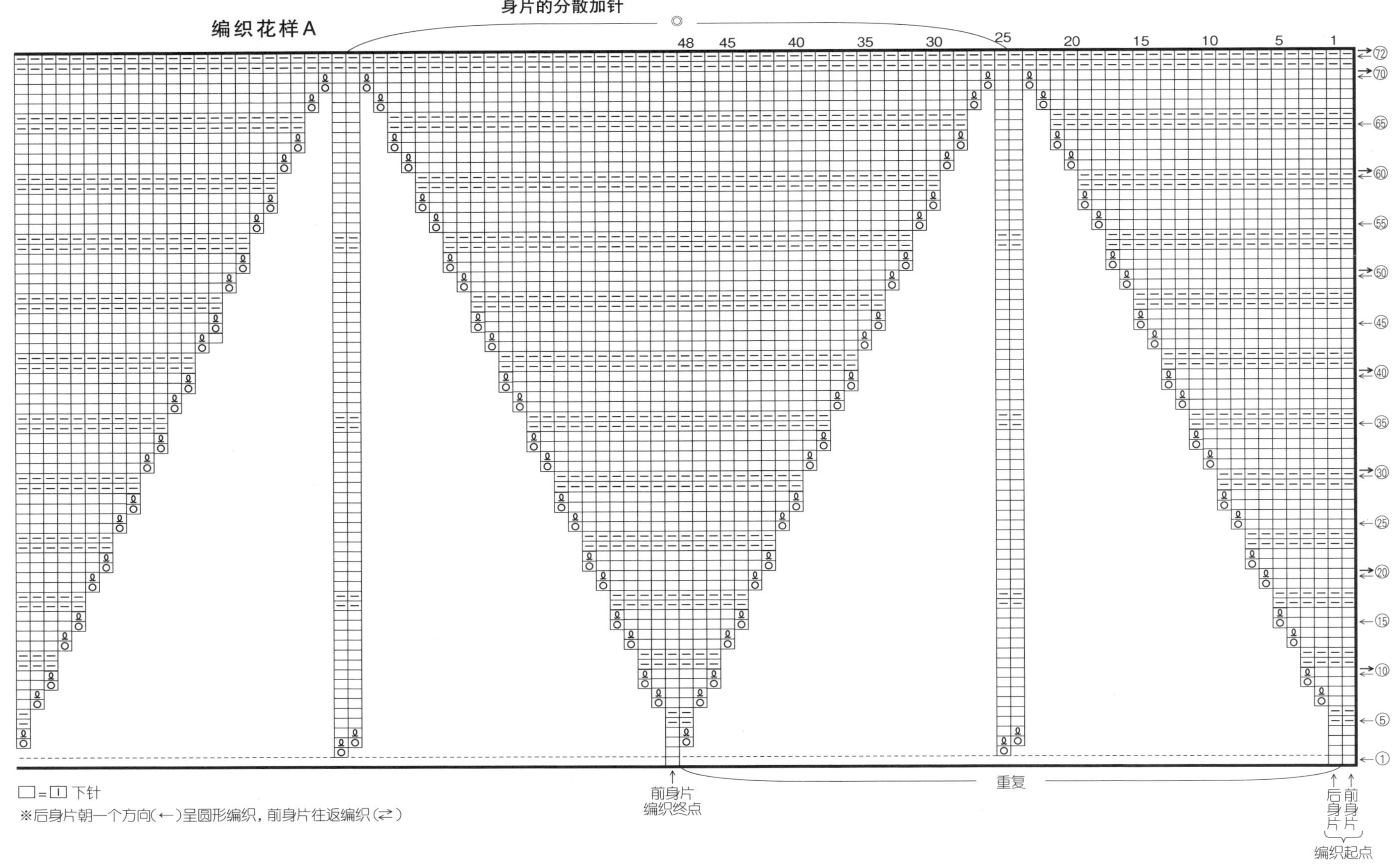

身片的分散加针
◎
48
45
40
35
30
25
20
15
10
5
1
⑦②
⑦⓪
⑥⑤
⑥⓪
⑤⑤
⑤⓪
④⑤
④⓪
③⑤
③⓪
②⑤
②⓪
①⑤
①⓪
⑤
①
前身片
编织终点
重复
后身片
前身片
编织起点
□=□ 下针
※后身片朝一个方向(←)呈圆形编织，前身片往返编织(⇄)

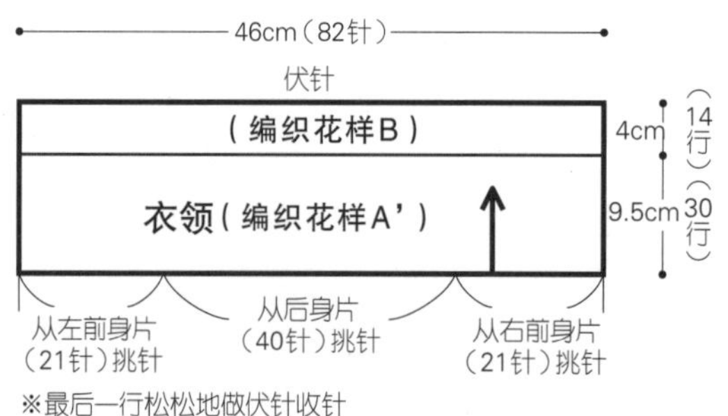
46cm（82针）
伏针
（编织花样B）
衣领（编织花样A'）
4cm（14行）
9.5cm（30行）
从左前身片（21针）挑针
从后身片（40针）挑针
从右前身片（21针）挑针
※最后一行松松地做伏针收针

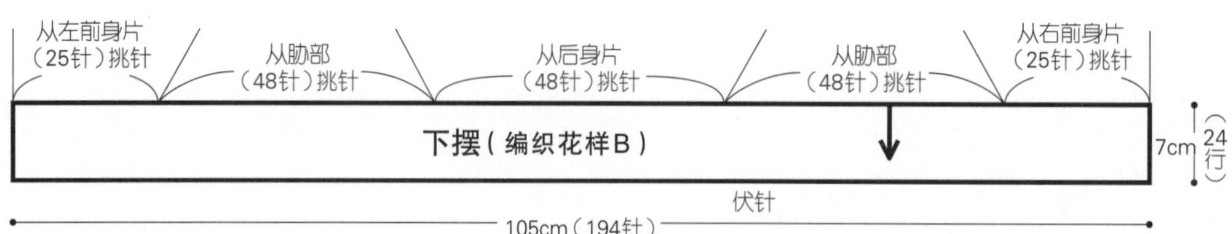
从左前身片（25针）挑针
从胁部（48针）挑针
从后身片（48针）挑针
从胁部（48针）挑针
从右前身片（25针）挑针
下摆（编织花样B）
7cm（24行）
伏针
105cm（194针）

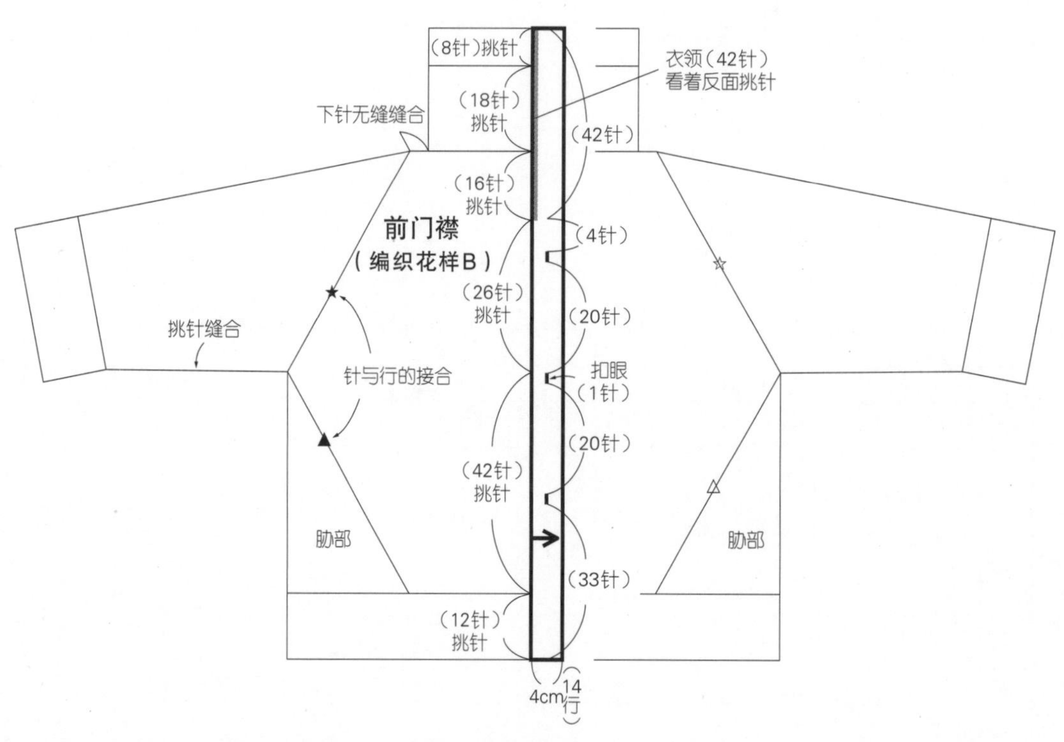
（8针）挑针
衣领（42针）看着反面挑针
（18针）挑针
下针无缝缝合
（42针）
（16针）挑针
前门襟（编织花样B）
（4针）
（26针）挑针
（20针）
挑针缝合
针与行的接合
扣眼（1针）
（20针）
（42针）挑针
胁部
胁部
（33针）
（12针）挑针
4cm（14行）

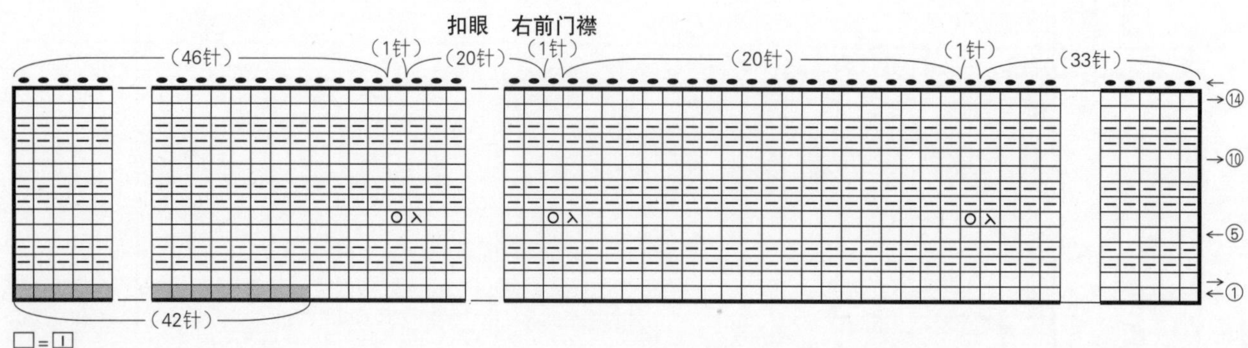
扣眼　右前门襟
（46针）
（1针）
（20针）
（1针）
（20针）
（1针）
（33针）
（42针）
⑭
⑩
⑤
①
□=□
■=从反面挑针

22、23

P.24

材料和工具

用线　奥林巴斯 **22**…Tree House Palace 深灰色（418）100g／3团，Shiny Fur 灰色（7）50g／2团；**23**…make make 浅灰蓝色、红色混染（21）100g／4团，Shiny Fur 土黄色（5）50g／2团

钩针　7/0号

成品尺寸　颈围118cm，宽25cm

密度　10cm×10cm面积内：编织花样A 18针，8.5行；编织花样B 18针，10行

编织要点　用a线起针后连接成环形，按编织花样A钩织13行。接着用Shiny Fur线接线后钩织5行。起针处也用Shiny Fur线接线后钩织。

a线／**22**：Tree House Palace，**23**：make make

▷＝接线
▶＝断线

←⑤
←②
←①
编织花样B

←⑬
←⑩
←⑤
←②
←①
编织花样A 3针1个花样

→①
→②
→⑤
编织花样B 2行3针1个花样

（213针锁针）起针

24

p. 25

材料和工具

用线 奥林巴斯 Michela 绿色系（4）450g／13团

钩针 6/0号

其他 直径1.8cm的纽扣6颗

成品尺寸 胸围100.5cm，衣长57cm，连肩袖长71cm

密度 10cm×10cm面积内：长针和编织花样B 均为17针，8.5行；编织花样A 21针，13行

编织要点 身片在右前门襟起针后横向钩织长针。后身片参照图示多钩6针，形成前后差。下摆从身片挑针钩织边缘。袖子在袖下起针后横向钩织长针，结束
在起针行和最后一行针目的头部做卷针缝，缝合成
状。袖口从袖子上挑针，按编织花样A环形钩织。对
身片和袖子的对齐记号做卷针缝缝合。育克从身片
袖子挑针，在插肩线加入编织花样B钩织16行。前领
参照图示钩织。衣领从育克挑针后按编织花样A和长
钩织，然后翻折至内侧做卷针缝，缝成双层。前门
从身片、育克、衣领挑针，注意衣领位置双层重叠
起挑针。右前门襟一边钩织一边在第3行留出扣眼。

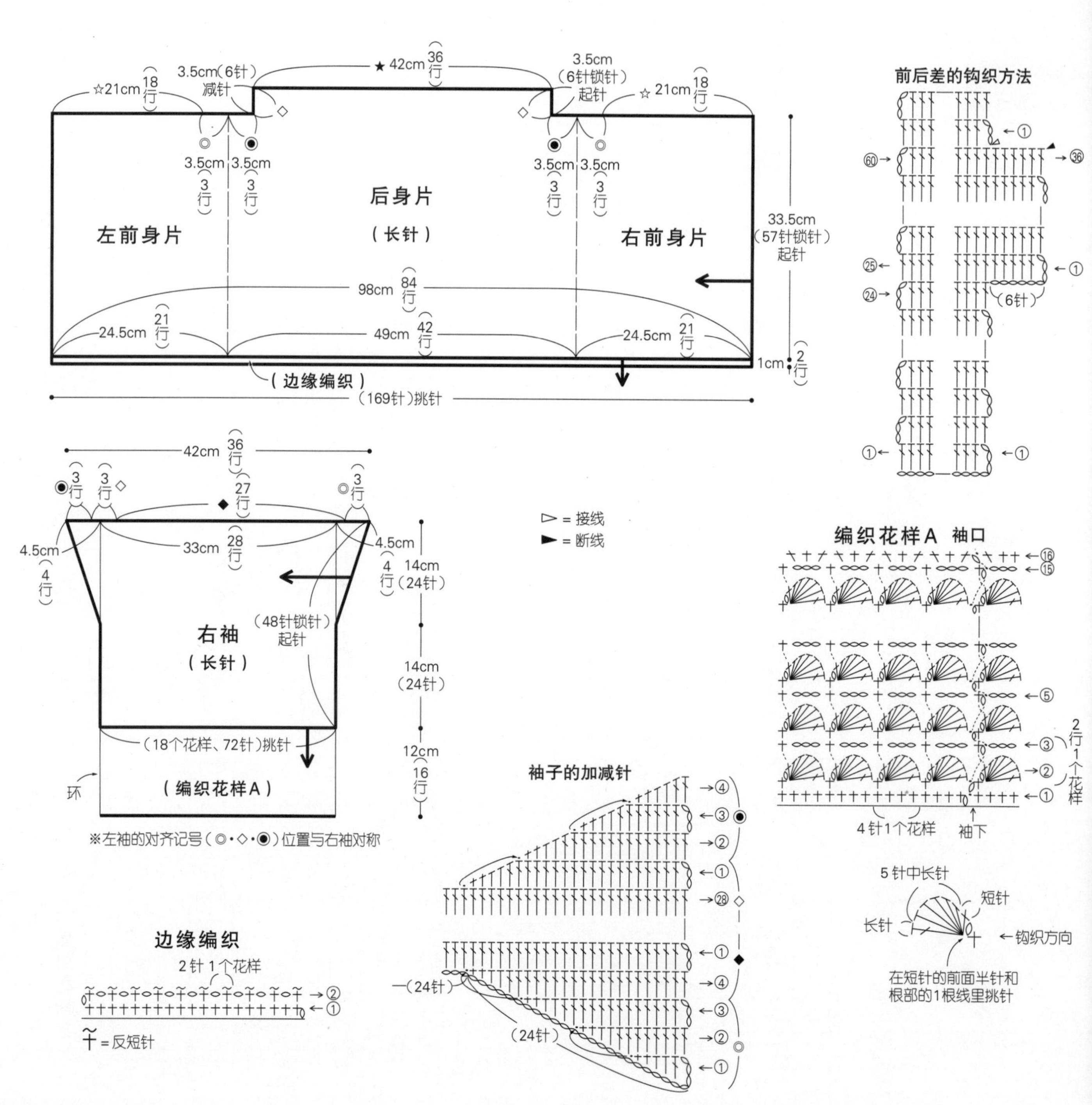

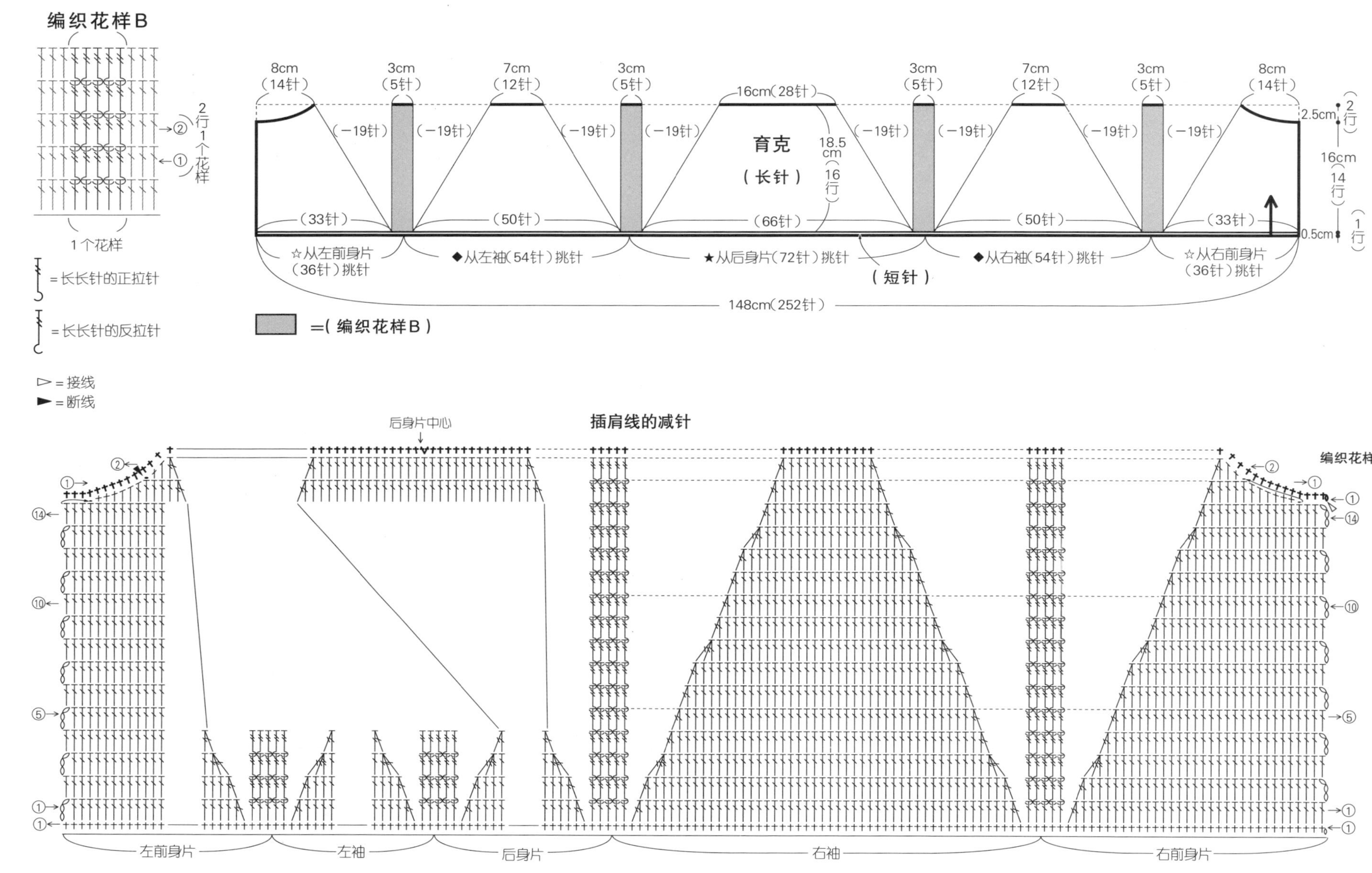
编织花样B
2行1个花样
1个花样
= 长长针的正拉针
= 长长针的反拉针
▷ = 接线
▶ = 断线
8cm（14针）
3cm（5针）
7cm（12针）
16cm（28针）
(−19针)
育克
（长针）
18.5cm（16行）
2.5cm（2行）
16cm（14行）
0.5cm（1行）
(33针)
(50针)
(66针)
☆从左前身片（36针）挑针
◆从左袖（54针）挑针
★从后身片（72针）挑针
◆从右袖（54针）挑针
☆从右前身片（36针）挑针
（短针）
148cm（252针）
=（编织花样B）
插肩线的减针
后身片中心
编织花样A
左前身片
左袖
后身片
右袖
右前身片

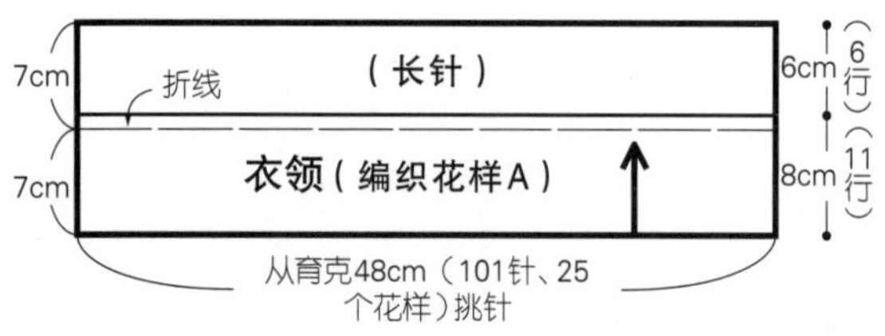

※将编织终点向内侧翻折，与编织花样A的第1行做卷针缝

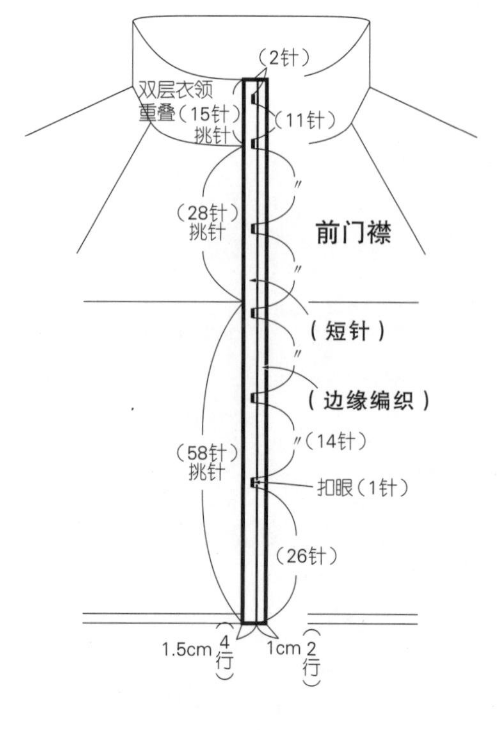

编织花样A 衣领

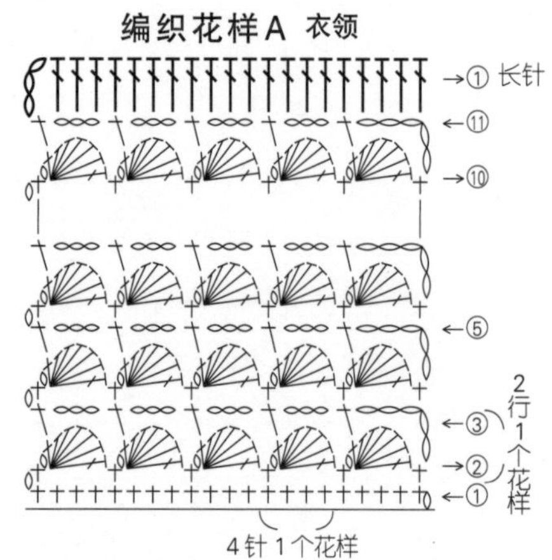

右前门襟 扣眼

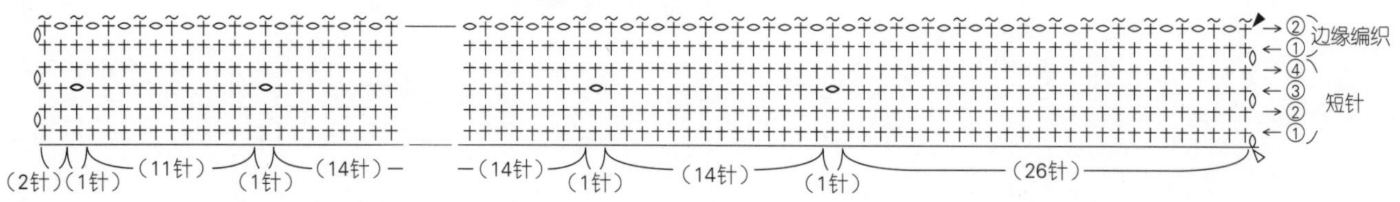

► = 断线

孔斯特起针法

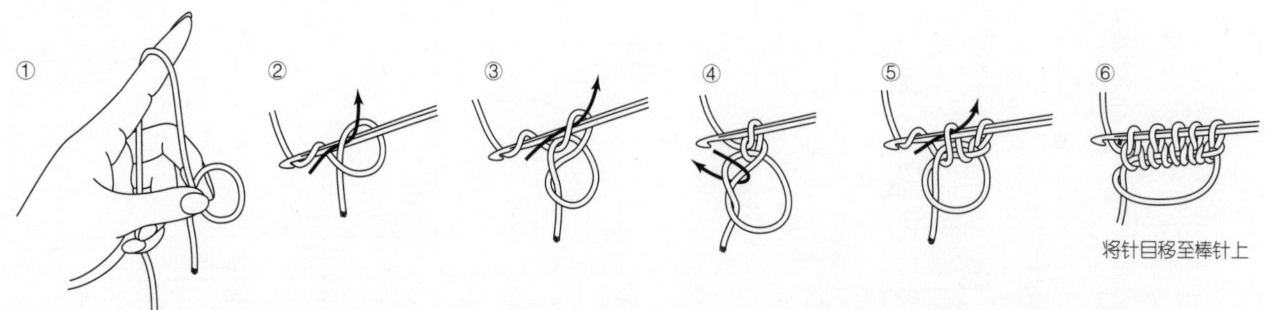

26、27

p.27

材料和工具

用线 奥林巴斯 Tree House Palace Tweed 100g/3团 26…深红色（505），27…米色（502）

钩针 6/0号

成品尺寸 头围52cm，帽深22.5cm

密度 10cm×10cm面积内：编织花样A 18针，12行

编织要点 在侧面起针后按编织花样A钩织。加入引返编织使帽顶变低形成行差。在起针行和编织终点的针目头部做卷针缝，缝合成筒状。帽口挑针后按编织花样B环形钩织。帽顶在32行的边针里穿2圈线后收紧，第1圈每隔1山穿1次线，第2圈在剩下的山里穿1次线。

编织花样A

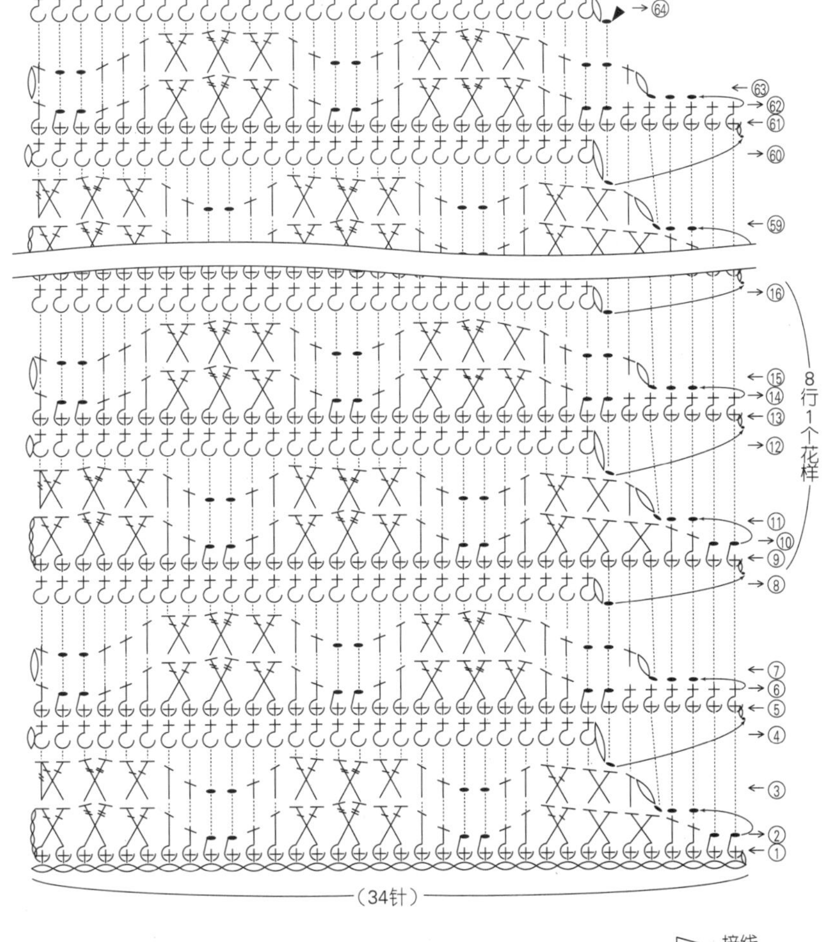

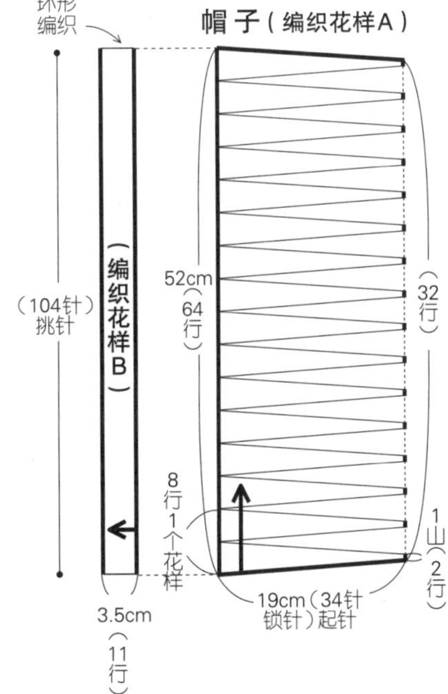

▷ = 接线

▶ = 断线

编织花样B

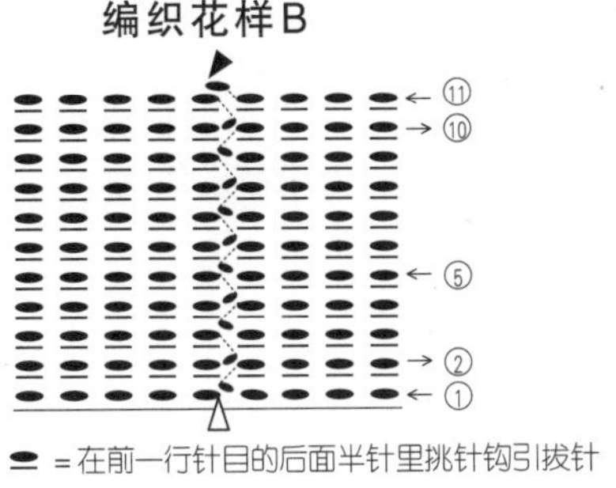

⬬ = 在前一行针目的后面半针里挑针钩引拔针

组合

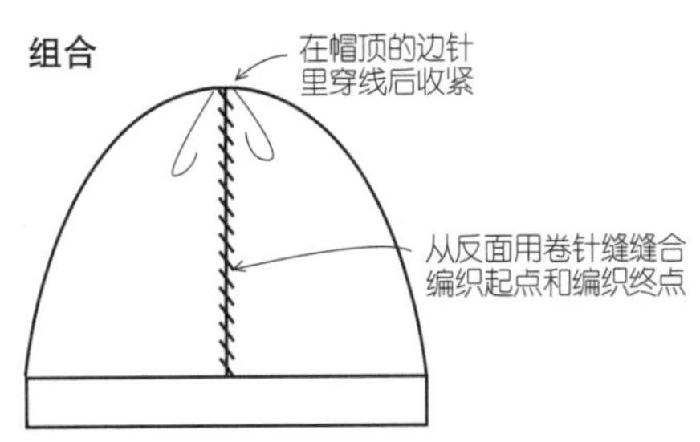

25

p. 26

材料和工具

用线 奥林巴斯 Tree House Palace 红色（411）、原白色（402）各30g／各1团

棒针 6号 **钩针** 6/0号

成品尺寸 宽15cm，长69cm

密度 10cm×10cm面积内：编织花样A、B均为18针，40行

编织要点 另线锁针起针后按编织花样A编织37行。将原白色线的13针移至另针上休针备用，在红色线的14针里编织16行下针。然后将红色线的针目休针，在原白色线的13针里编织16行上针。按红色、原白色的顺序交替将针目移回至1根棒针上，按编织花样B继续编织。接下来参照图示，按编织花样A、B和起伏针编织至最后一行。结束时用原白色线一边钩引拔针收针一边加入3针锁针。编织起点处拆开另线锁针，按相同要领做引拔收针。

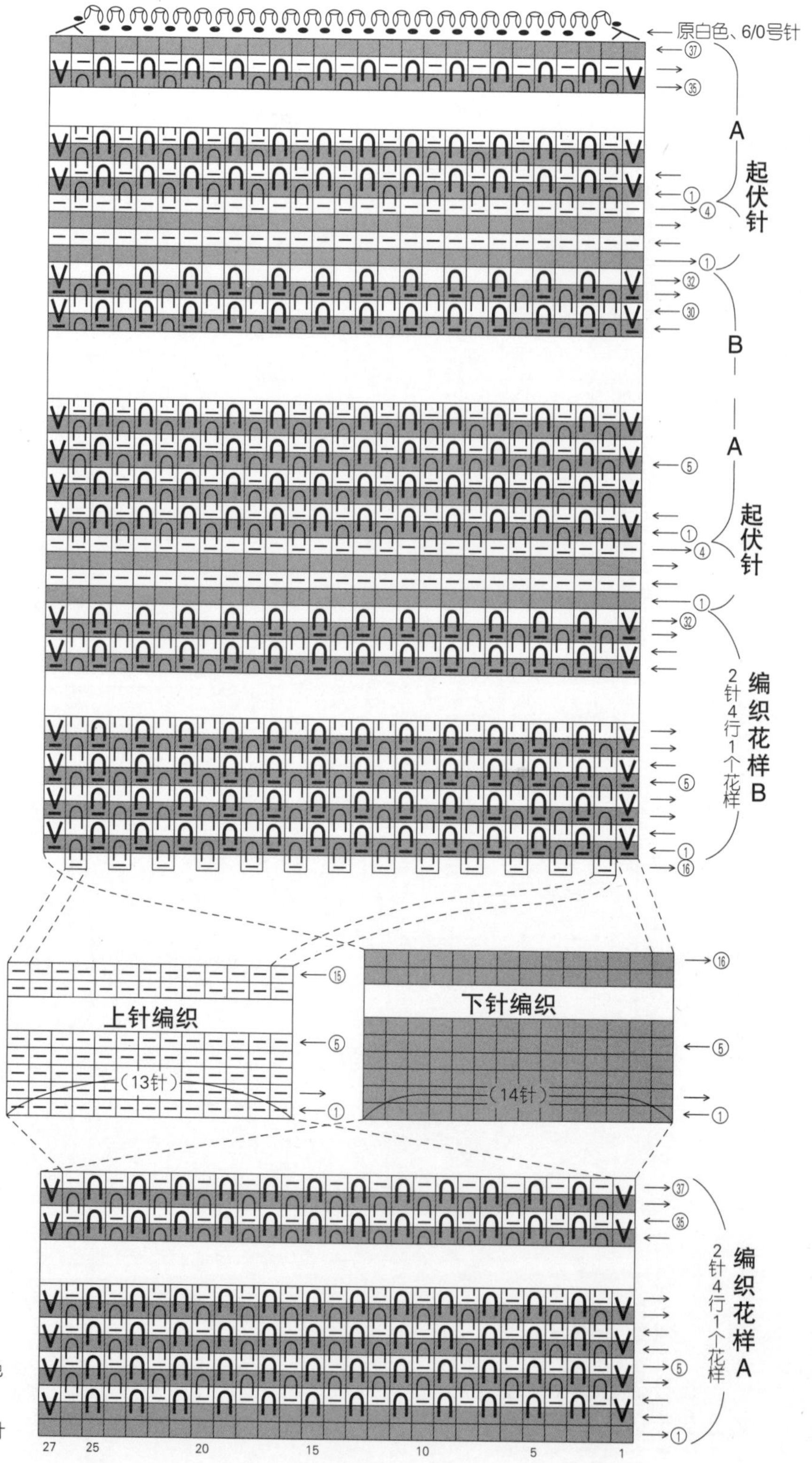

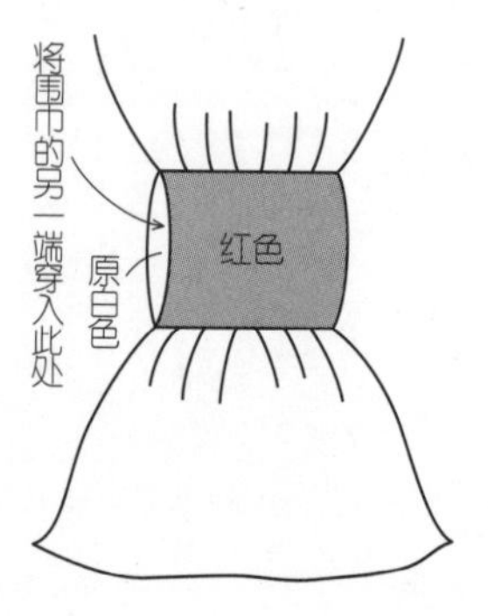

原白色、6/0号针

A 起伏针

B

A 起伏针

编织花样B 2针4行1个花样

上针编织 (13针)

下针编织 (14针)

编织花样A 2针4行1个花样

27 25 20 15 10 5 1

□ = 原白色
■ = 红色
□ = 丨下针

编织起点针目的收针方法

原白色、6/0号针

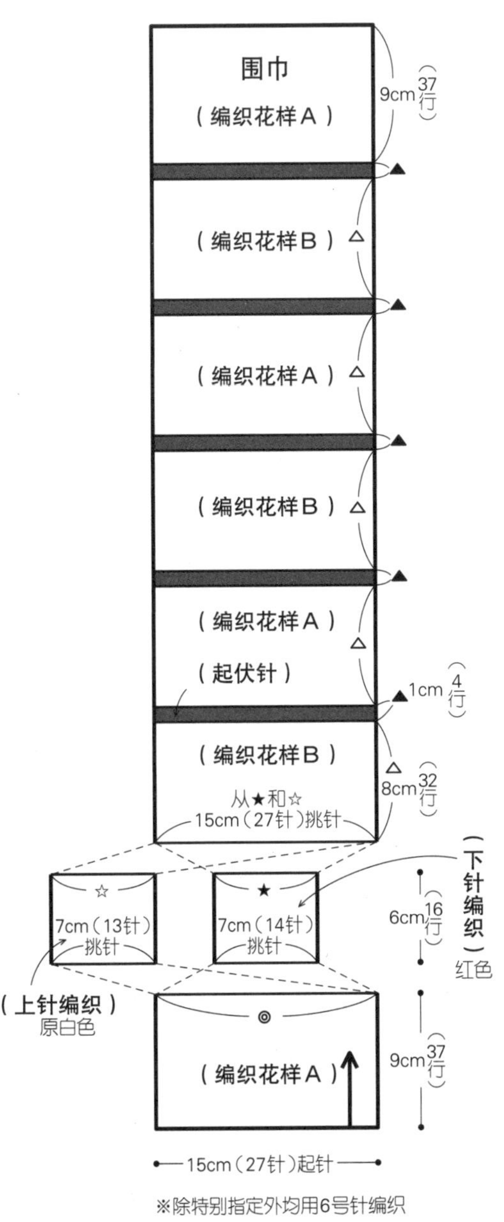

※除特别指定外均用6号针编织

卷针缝

①

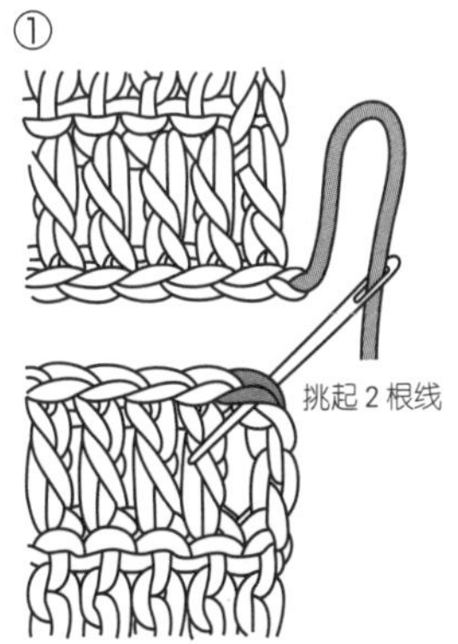

将2个织片正面朝上对齐拿好，挑起长针头部的2根线。

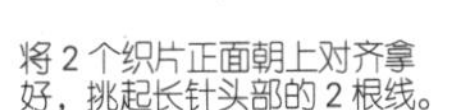

②

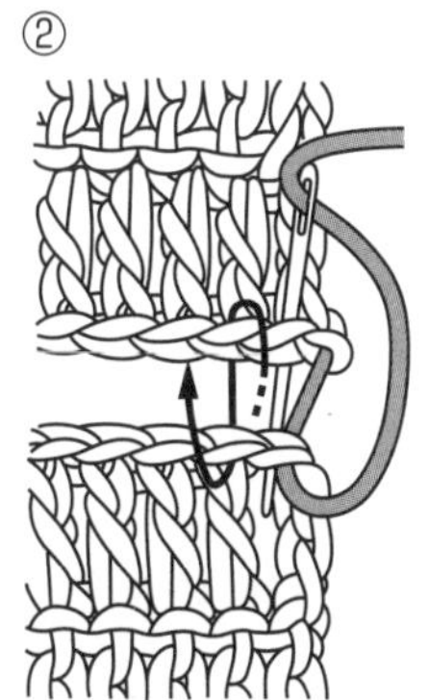

从后往前插入缝针，每次各挑1针缝合。

③

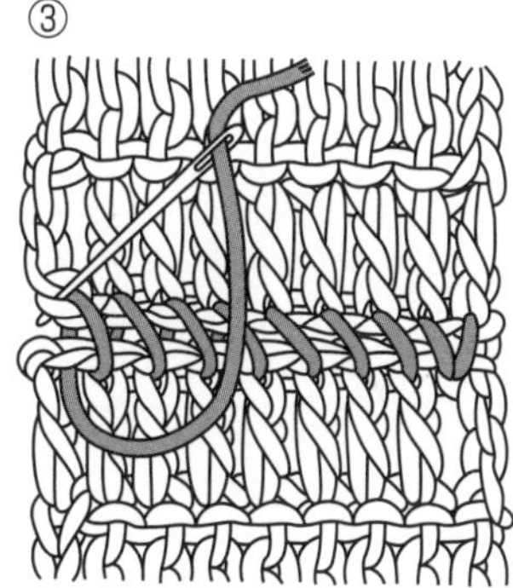

最后在同一个针目里插入缝针，完成。

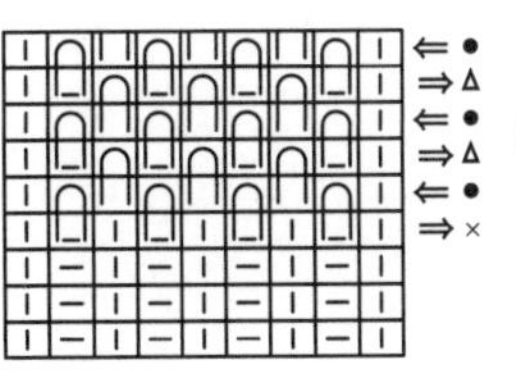

英式罗纹针（双面拉针）

①

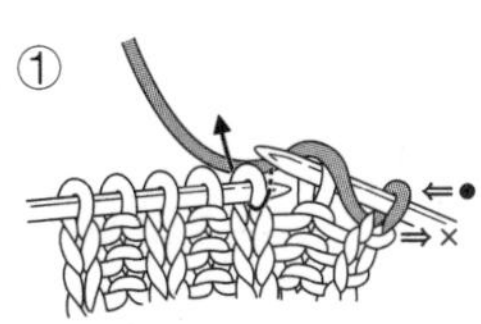

在下针里织下针，上针不织，挂线后直接移至右棒针上。

②

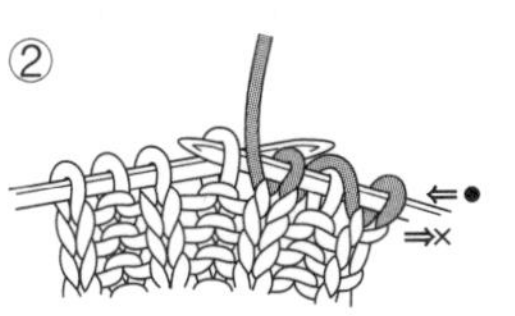

重复“在下针里织下针，上针不织，挂线后直接移至右棒针上”。

③

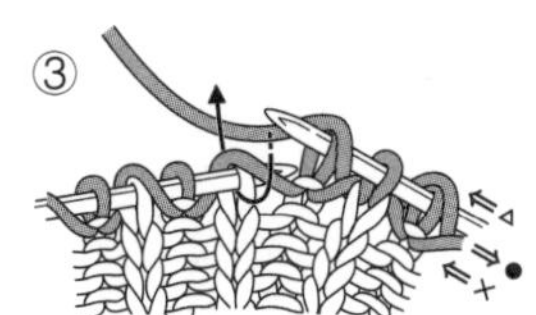

从下一行开始，在下针和前一行的挂线中一起织下针。

④

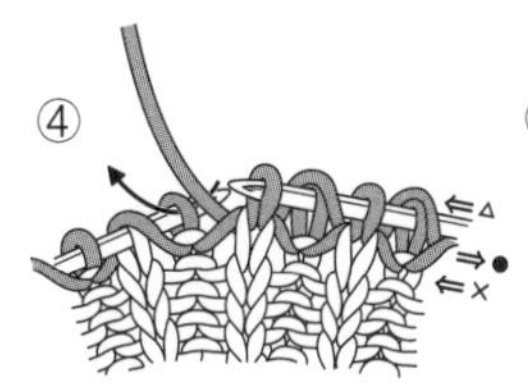

重复“在下针和前一行的挂线中一起织下针。上针不织，挂线后直接移至右棒针上”。

⑤

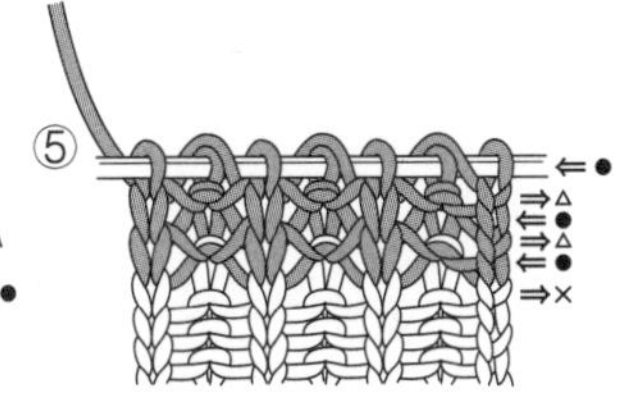

英式罗纹针（双面拉针）的第5行完成后的状态。

32

p. 31

材料和工具

用线 奥林巴斯 make make 深红色系（17）80g／4团

钩针 7/0号 **棒针** 6号

成品尺寸 头围50cm，帽深24cm

密度 1个花片的大小为10cm×10cm

编织要点 钩44针锁针起针，钩织第1个花片。钩织11行后，从行上挑针钩23针短针，接着钩22针锁针，继续钩织第2个花片。第5个花片完成后，与第1个花片连接成环形，将线剪断。第6个花片起针后，一边钩织一边与第1个花片连接。继续钩织至第10个花片。帽口部分挑针后环形编织单罗纹针，结束时做下针织下针、上针织上针的伏针收针。剪取50cm长的线，对折，在穿线位置穿2圈线后收紧。

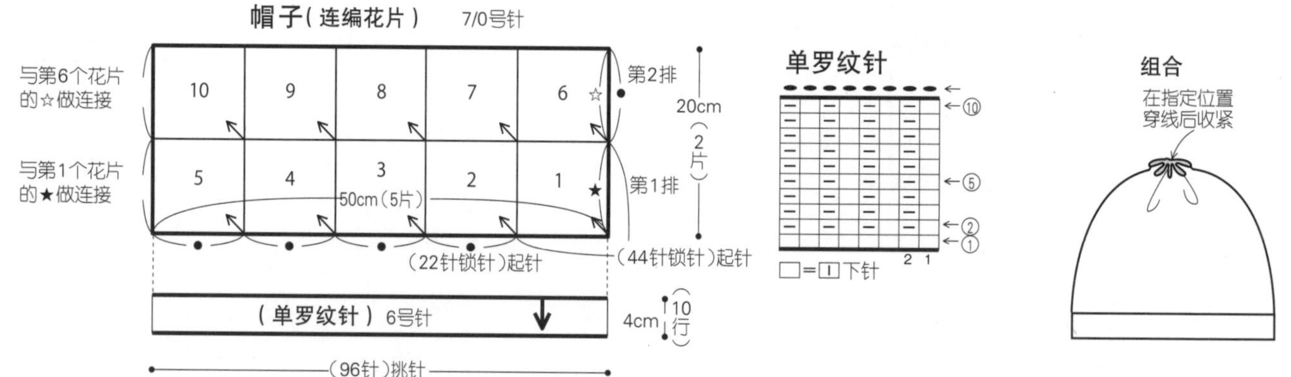

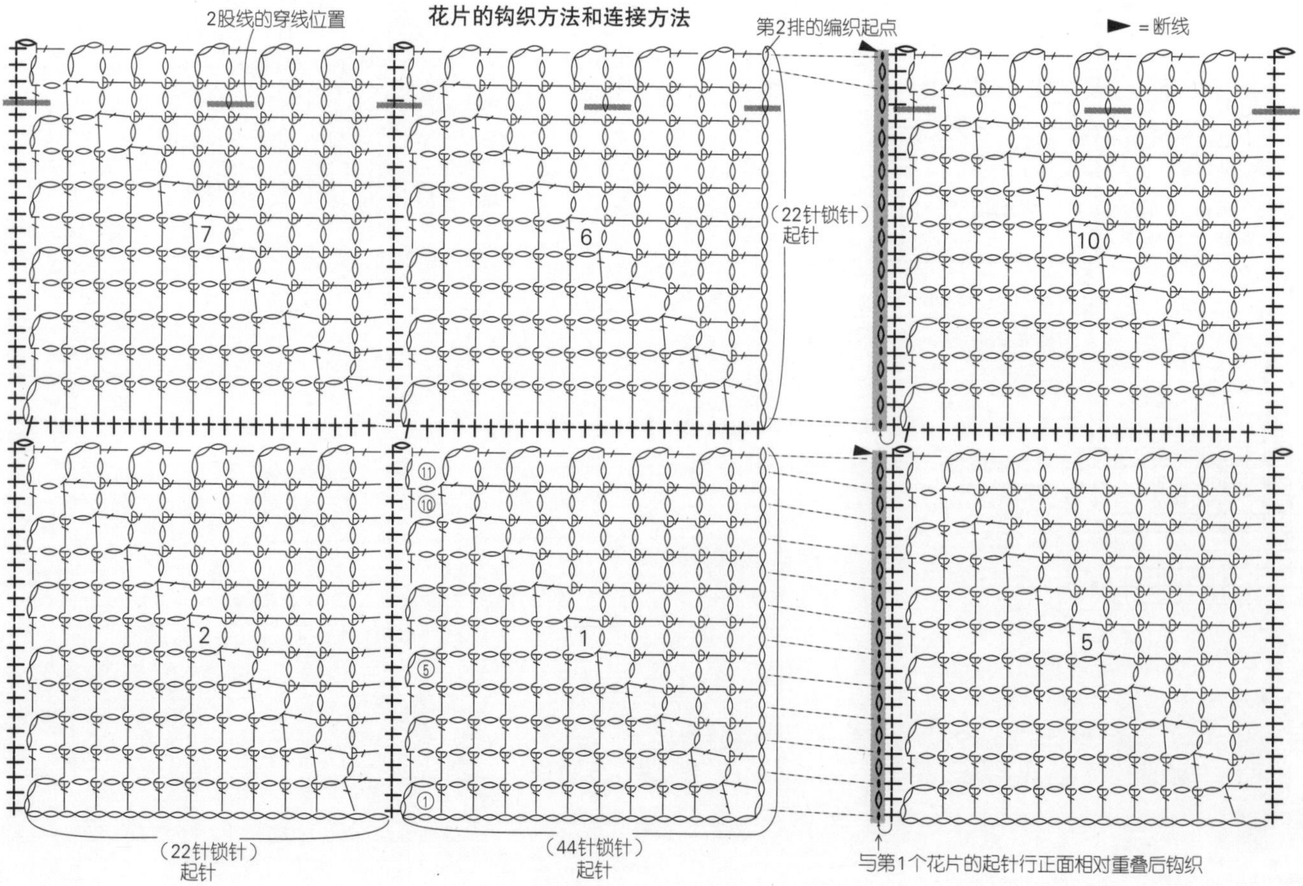

花片的钩织方法和连接方法

2股线的穿线位置

第2排的编织起点

▶ = 断线

7 6 10

（22针锁针）起针

⑪ ⑩ ⑤ ①

2 1 5

（22针锁针）起针

（44针锁针）起针

与第1个花片的起针行正面相对重叠后钩织

28

p. 28

材料和工具

用线 奥林巴斯 make make Socks 橘色系（914）25g / 1团，Shiny Fur 深棕色（6）15g / 1团

棒针 6号、5号

成品尺寸 掌围19cm，长21cm

密度 10cm×10cm面积内：上针编织 18针，28行；起伏针 18针，27行

编织要点 用1根make make Socks线手指挂线起针，连接成环形后编织18行双罗纹针。接着用2根线编织22行上针编织。再换成Shiny Fur线编织起伏针。在第6行将拇指洞的4针做上针的伏针收针，在第7行将前一行伏针收针的部分用卷针加针的方法加4针后继续编织。编织结束时做上针的伏针收针。按相同要领编织另一只手套。

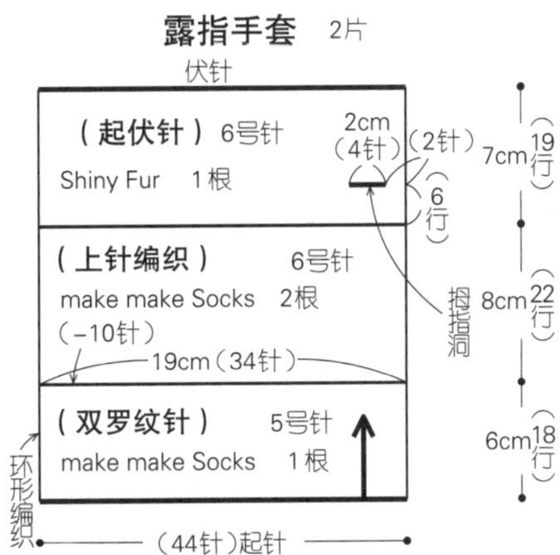

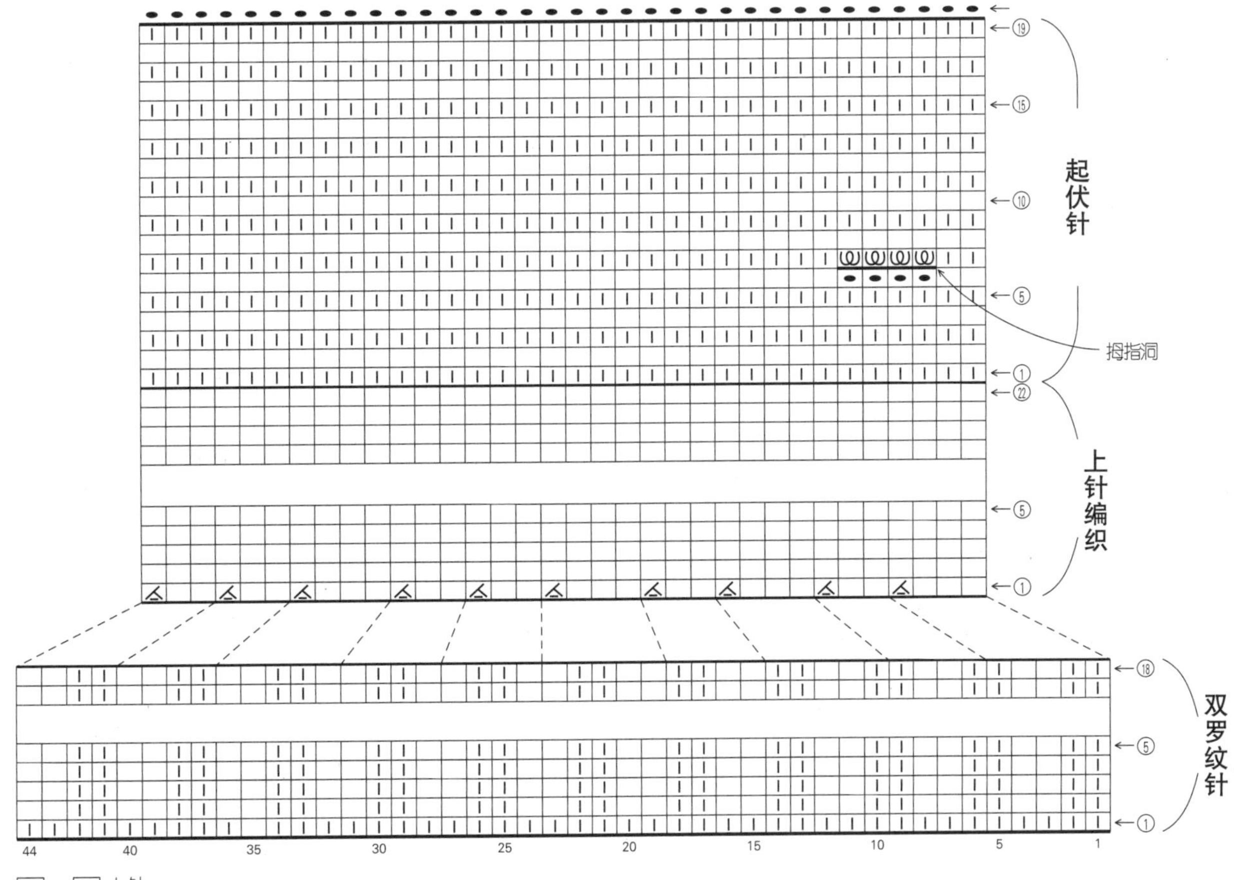

□ = ⊟ 上针

30

p. 29

材料和工具

用线 奥林巴斯 make make Socks deux 紫红色系（107）120g／5团

钩针 6/0号

其他 奥林巴斯 编织用包底（圆形 小号）米色（AB-802）1个，宽1cm、长95cm的织带

成品尺寸 底部直径17cm，深17cm

密度 10cm×10cm面积内：编织花样 29针，22行

编织要点 主体先在包底的小孔中挑针钩织第1行，然后按编织花样环形钩织33行。提手在起针的锁针周围钩织4行编织花样，横向对折后用原来的线缝合。参照图示，在主体的指定位置用卷针缝的方法缝上提手。小花钩20针锁针起针，接着按锁针和长针钩织5个花瓣，留出15cm左右的线头后剪断。将织带穿在主体的指定位置，分别在两端打结，再以织带的结扣为内芯卷上小花的花瓣。为了遮住织带的结扣，用线头缝合内侧花瓣的顶部，然后将线穿入根部，再缝合固定根部。

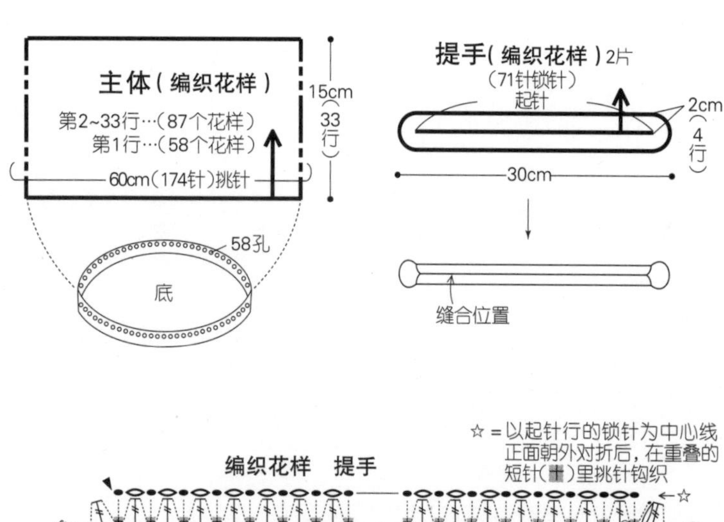

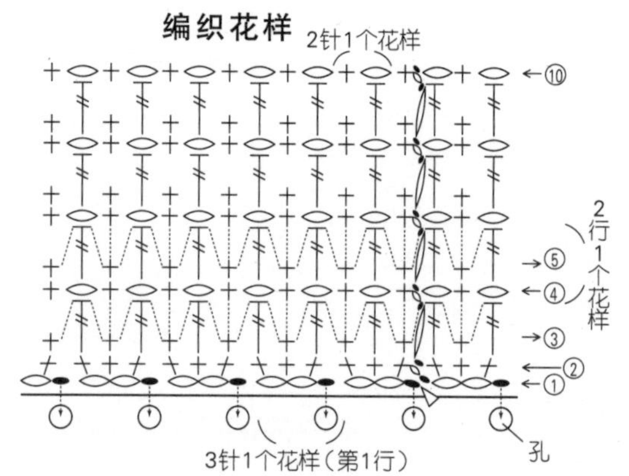

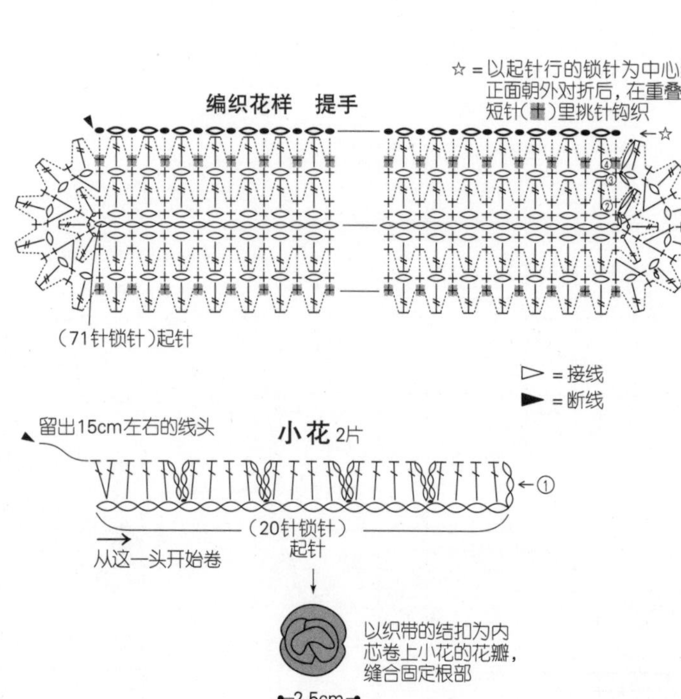

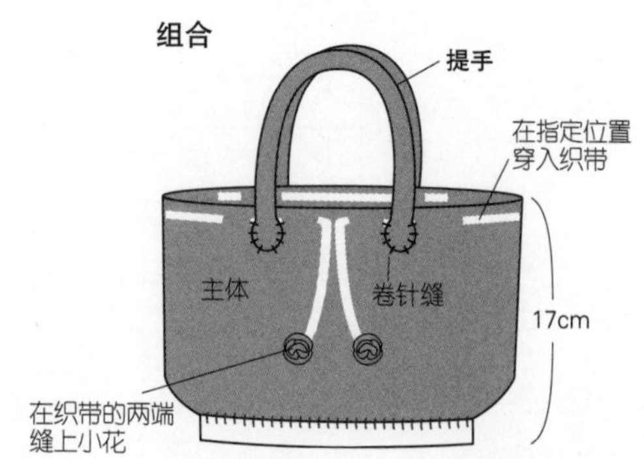

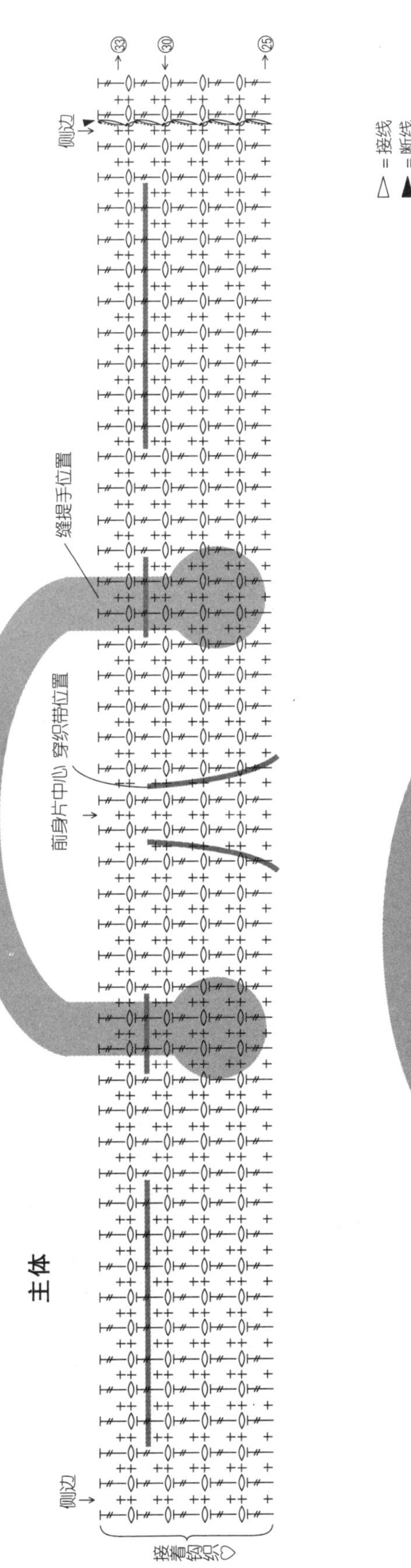

▷ = 接线
▶ = 断线

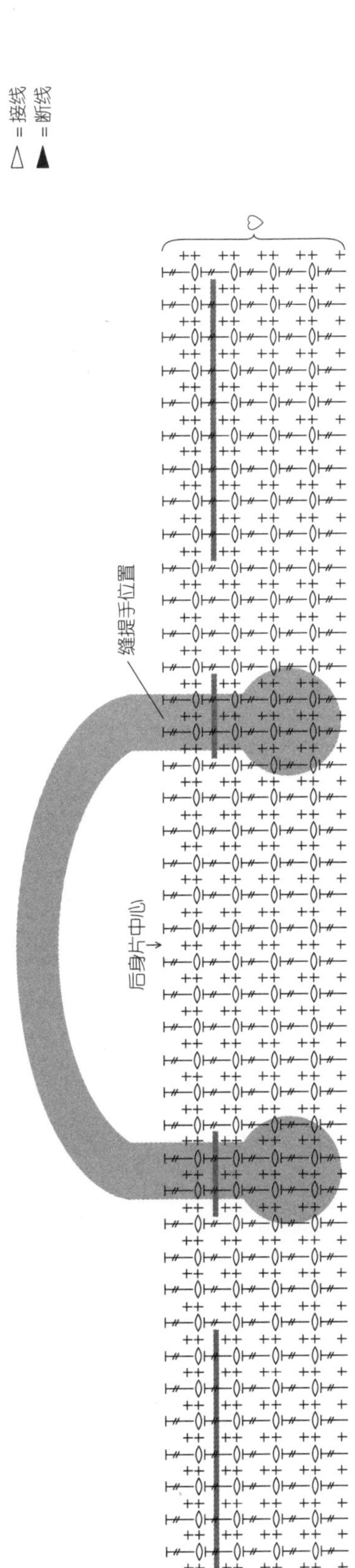

接p.90

奥林巴斯编织用包底(圆形，小号)
尺寸 / 直径约17cm，深约2.5cm
颜色 / 藏青色，米色

接p.92

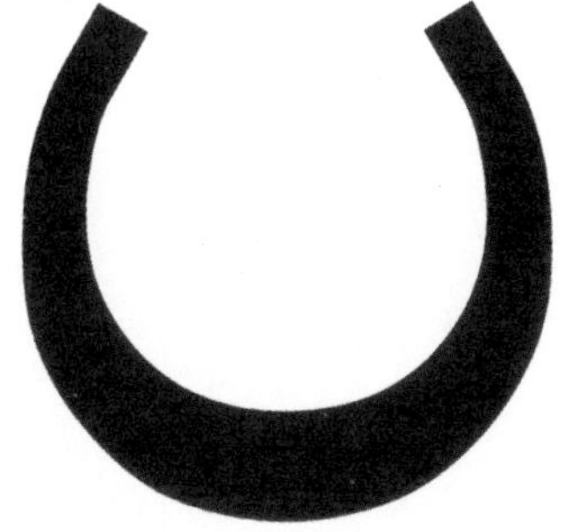

奥林巴斯成人用圆形帽檐衬板101
尺寸 / 外径83cm，内径62cm，厚0.1cm
颜色 / 黑白双面

33

p. 31

材料和工具

用线 奥林巴斯 Vesper 蓝色、紫色、黄色系混染（3）95g／4团

棒针 8号

钩针 8/0号（用于起针）

其他 奥林巴斯 成人用圆形帽檐衬板101（参照p.93）1个

成品尺寸 头围57cm，帽深19.5cm

密度 10cm×10cm面积内：下针编织 17.5针，21.5行；编织花样 23针，21行

编织要点 帽身另线锁针起针，按编织花样编织120行后休针。将编织起点和编织终点正面相对，拆开另线锁针，与刚才休针的针目做引拔接合，连接成环形。将接合位置作为后侧中心。帽顶从帽身挑针，一边分散减针一边编织16行下针。在编织结束时的针目里穿2圈线后收紧。帽檐从帽身挑针，环形编织的同时做引返编织，结束时做伏针收针。最后参照组合方法进行缝合。

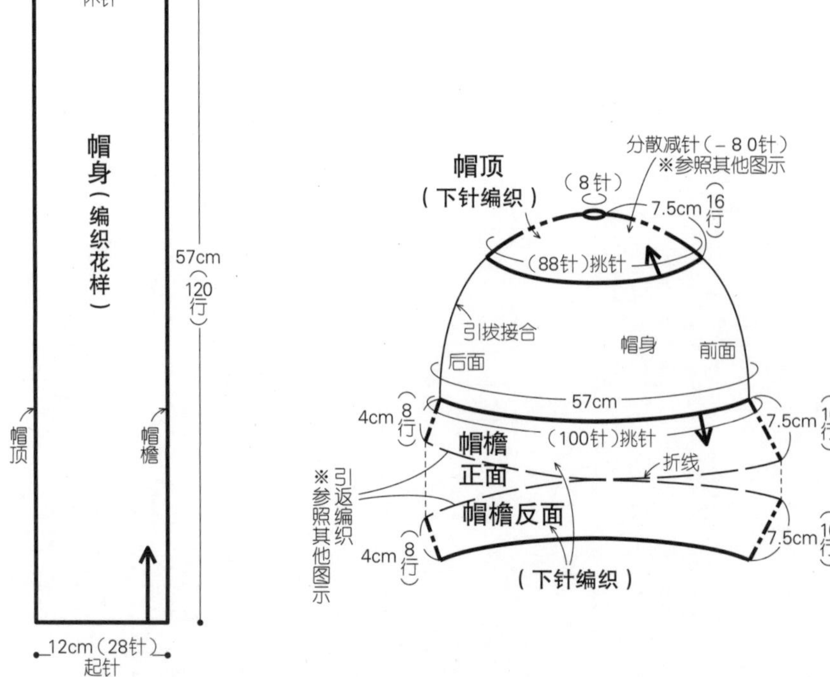

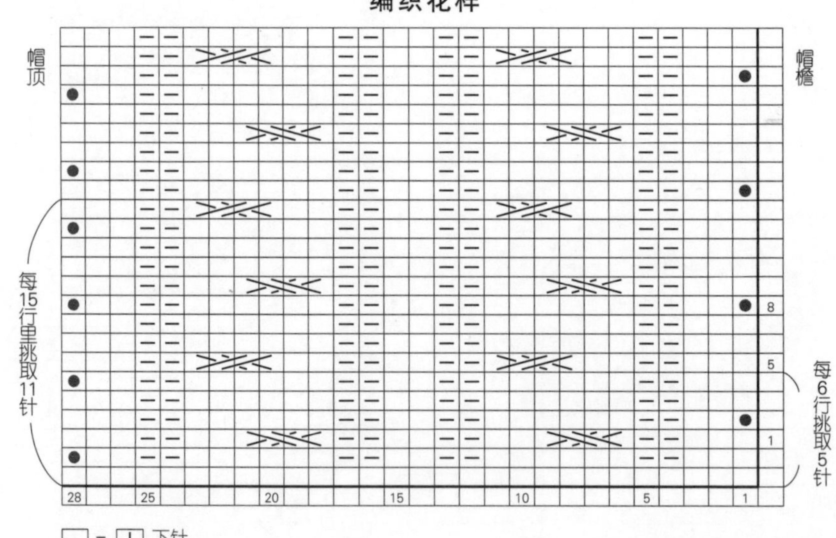

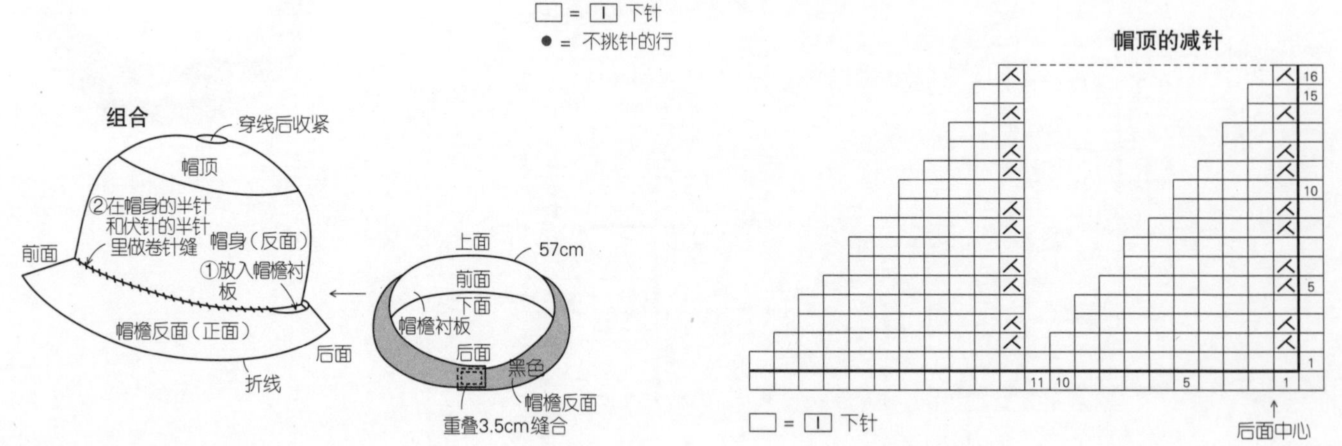

帽檐的编织方法

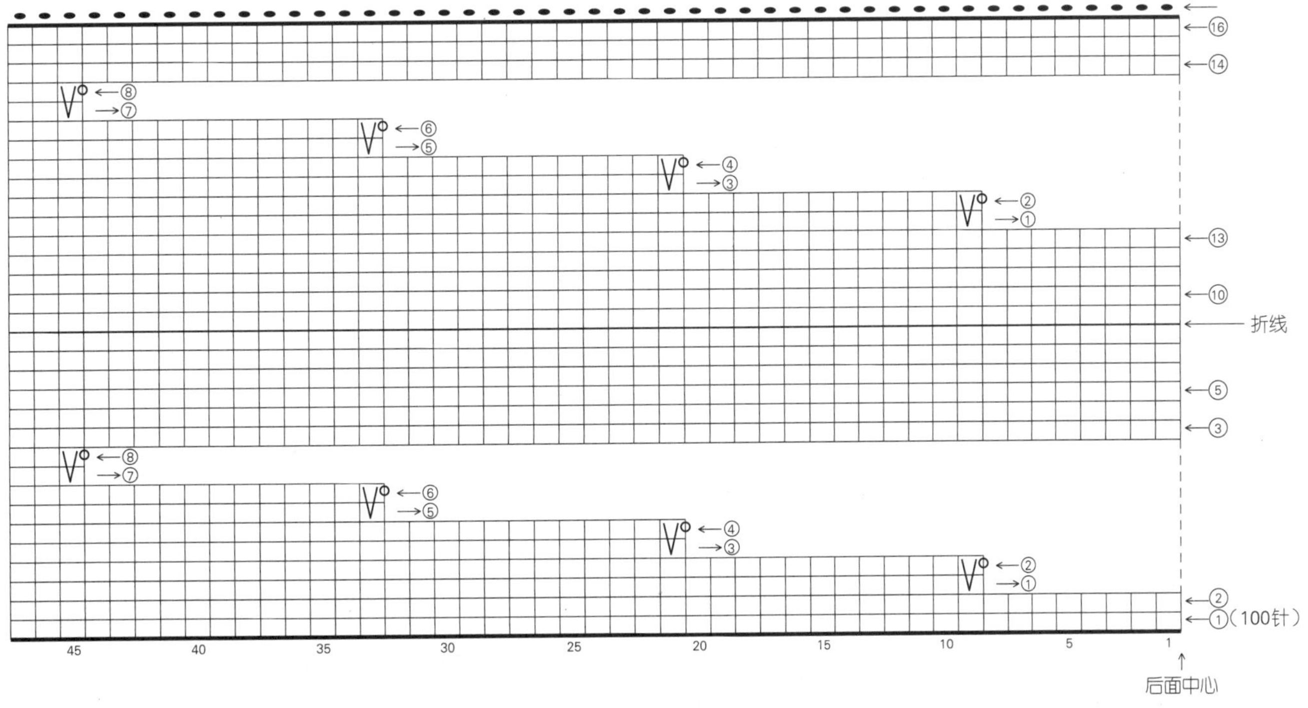

⑯
⑭
⑧
⑦
⑥
⑤
④
③
②
①
⑬
⑩
折线
⑤
③
⑧
⑦
⑥
⑤
④
③
②
①
②
①（100针）
45
40
35
30
25
20
15
10
5
1
后面中心

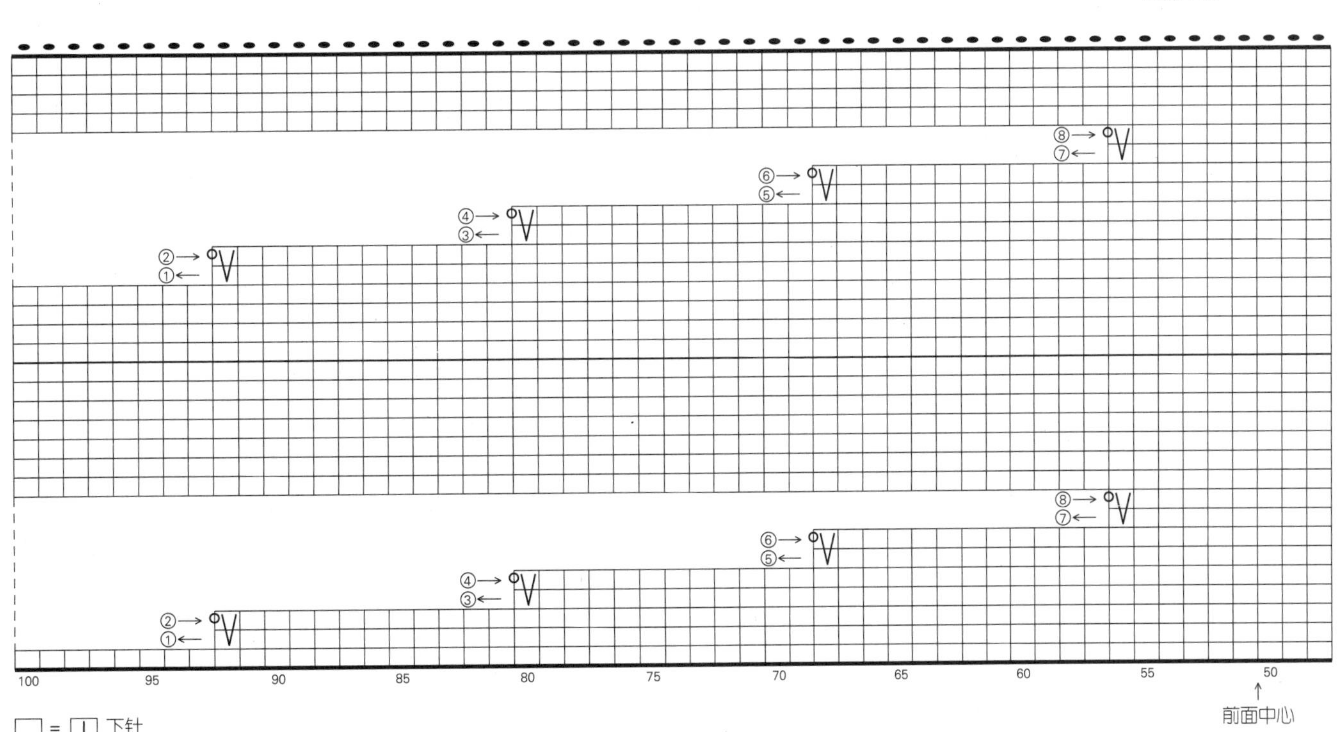

⑧
⑦
⑥
⑤
④
③
②
①
⑧
⑦
⑥
⑤
④
③
②
①
100
95
90
85
80
75
70
65
60
55
50
前面中心

□ = 丨 下针

18

p. 19

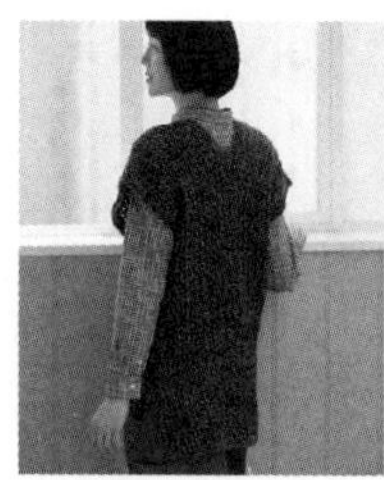

材料和工具

用线 奥林巴斯 Tree House Palace Tweed 深灰色（509）395g / 10团

钩针 8/0号

成品尺寸 胸围100cm，后身片长69cm

密度 10cm×10cm面积内：编织花样 18.5针，9行

编织要点 在下摆起针后按编织花样钩织。前、后身片均在衣领开口处分成左右两边钩织，一直钩织至肩部。肩部做引拔接合，胁部做引拔缝合。下摆沿着前、后身片和开衩处连续钩织边缘。衣领和袖口分别挑针后环形钩织边缘。

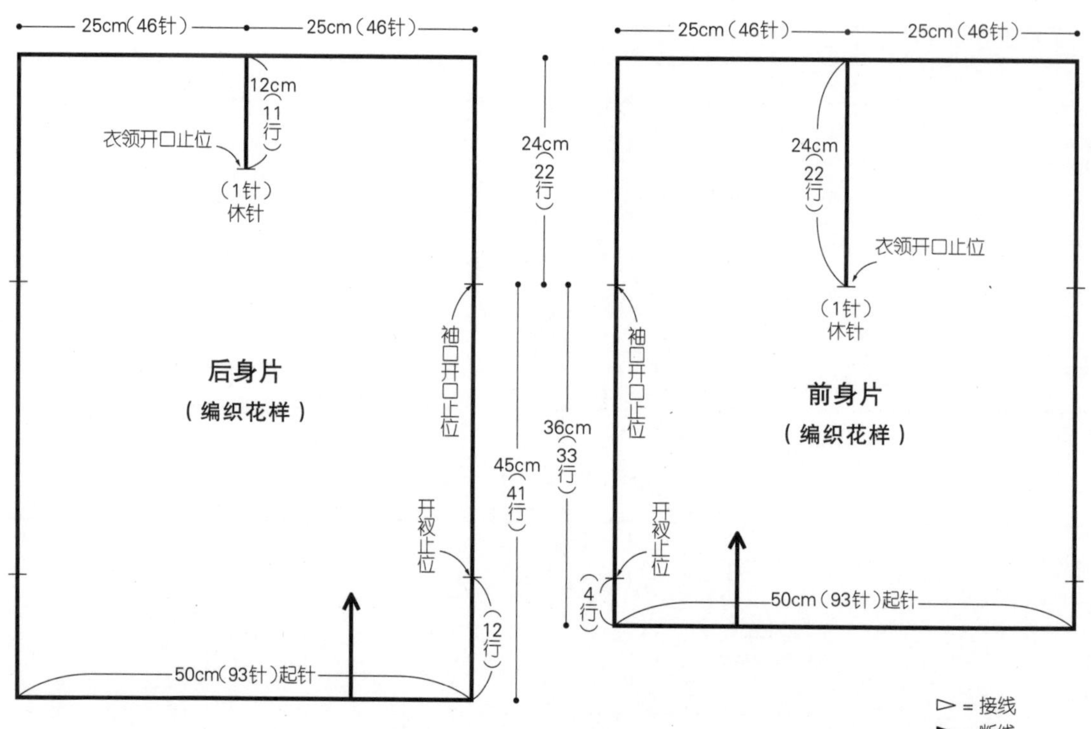

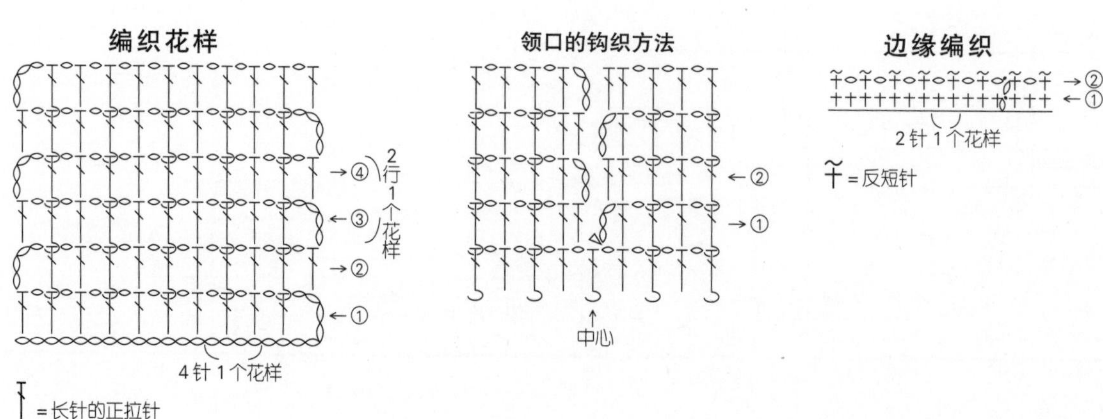

29

p.28

材料和工具

用线 奥林巴斯 Chercheur 朱红色、米色系混染（2）65g / 3团

棒针 11号

成品尺寸 颈围56cm，宽20cm

密度编织 编织花样的1个花样为7cm，15行10cm

编织要点 手指挂线起针后连接成环形，按编织花样编织30行，结束时做伏针收针。

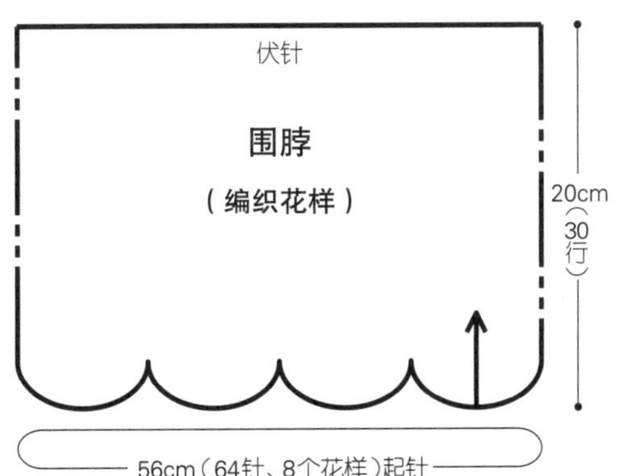

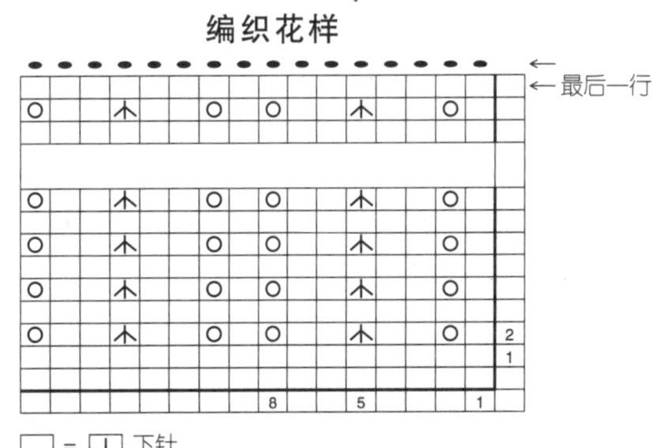

18

下摆、衣领、袖口（边缘编织）

（22针）挑针
1cm（2行）
1cm（2行）
（44针）挑针
（1针）挑针
（89针）挑针
（1针）挑针

下摆转角处的钩织方法

→②
←①
▷ = 接线
► = 断线

连续编织

后身片下摆
（24针）挑针
（24针）挑针
（93针）挑针
1cm（2行）

前身片下摆
（8针）挑针
（8针）挑针
（93针）挑针

UTSUKUSHII KAGIBARI+BOUBARIAM AKIFUYU2（NV80581）
Copyright©NIHON VOGUE-SHA 2018 All rights reserved.
Photographers：SHIGEKI NAKASHIMA, NORIAKI MORIYA.
Original Japanese edition published in Japan by NIHON VOGUE CO., LTD.,
Simplified Chinese translation rights arranged with BEIJING BAOKU INTERNATIONAL CULTURAL DEVELOPMENT Co., Ltd.

版权所有，翻印必究
备案号：豫著许可备字-2018-A-0151

图书在版编目(CIP)数据

美丽的秋冬手编. 5，暖暖的外搭、毛衫和小物 / 日本宝库社编著；蒋幼幼译. —郑州：河南科学技术出版社，2020. 5

ISBN 978-7-5349-9906-2

Ⅰ. ①美… Ⅱ. ①日… ②蒋… Ⅲ. ①绒线—编织—图解 Ⅳ. ①TS935.5-64

中国版本图书馆CIP数据核字(2020)第043148号

出版发行：河南科学技术出版社
地址：郑州市郑东新区祥盛街27号 邮编：450016
电话：（0371）65737028 65788613
网址：www.hnstp.cn
策划编辑：刘 欣
责任编辑：刘 瑞
责任校对：张 培
封面设计：张 伟
责任印制：张艳芳
印 刷：北京盛通印刷股份有限公司
经 销：全国新华书店
幅面尺寸：889 mm×1194 mm 1/16 印张：6 字数：150千字
版 次：2020年5月第1版 2020年5月第1次印刷
定 价：49.00元

如发现印、装质量问题，影响阅读，请与出版社联系并调换。

简单明了

最新版钩针编织基础

日本宝库社　编著

如鱼得水　译

河南科学技术出版社

·郑州·

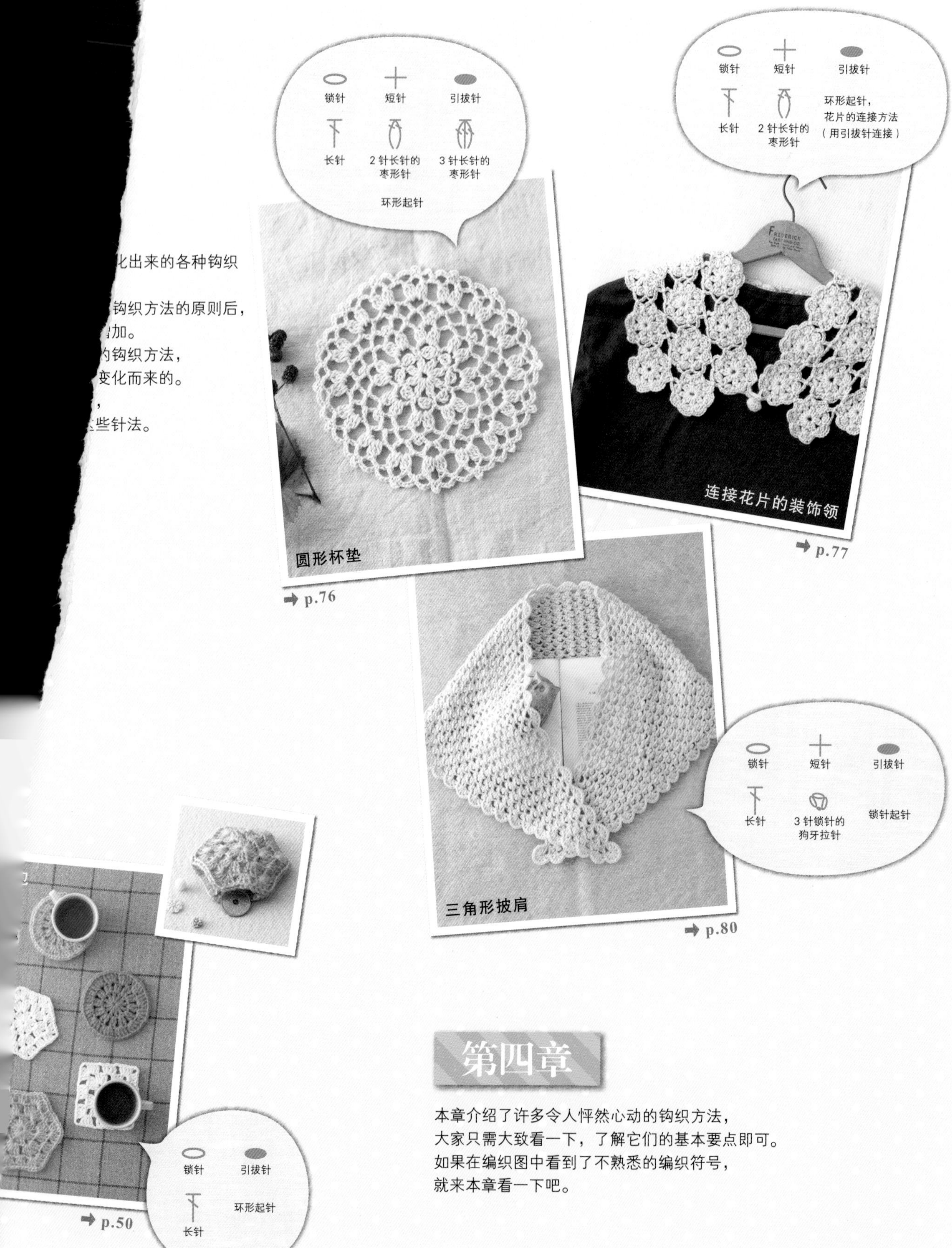

➡ p.76

➡ p.77

➡ p.80

➡ p.50

第四章

本章介绍了许多令人怦然心动的钩织方法，
大家只需大致看一下，了解它们的基本要点即可。
如果在编织图中看到了不熟悉的编织符号，
就来本章看一下吧。

Contents 目录

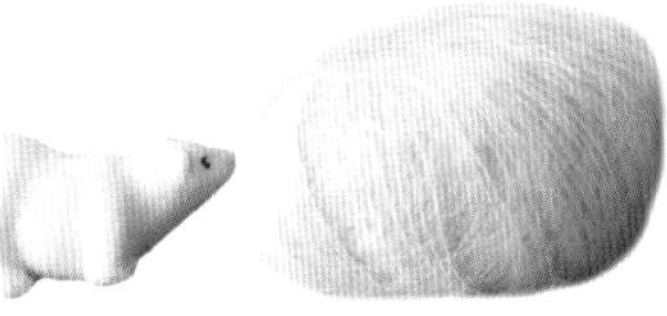

第五章

本章集中介绍了花片的连接方法、配色花样的钩织方法、串珠编织的方法、缝合方法等让钩针编织更加快乐、有趣的技巧。如果在编织时出现不知道该怎么办的情况，请翻开本章寻找答案。

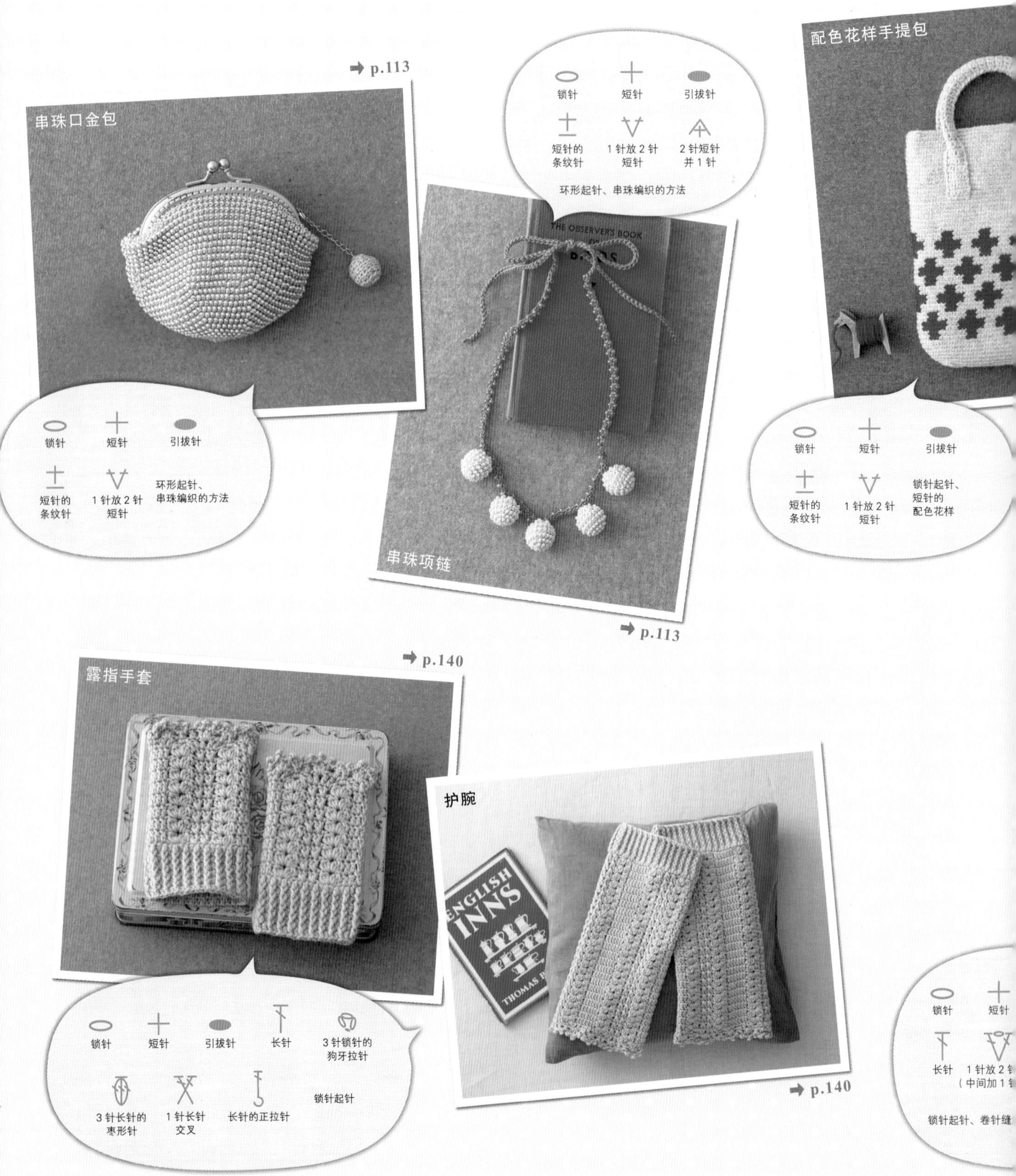

➡ p.114

➡ p.115

➡ p.139

➡ p.142

➡ p.141

针法符号一览表的用法

本书的钩针编织针法符号一览表为方便阅读，在装帧上使用了特殊的设计，可对开铺平，一目了然。大家可以一边看着作品的钩织方法，一边活用一览表。钩织其他书中的作品时，也可以根据索引查阅本书中的针法、技巧。

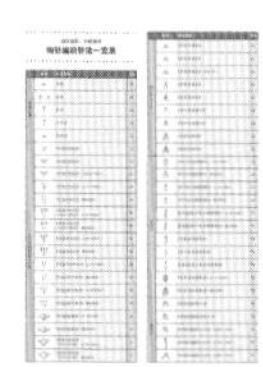

第三章

基本针法的变化 —— 52

第四章

＋α技巧（针法的拓展） —— 84

※ 本书对针法的图解为日本宝库社原创，禁止转载

第五章

让钩针编织更有趣

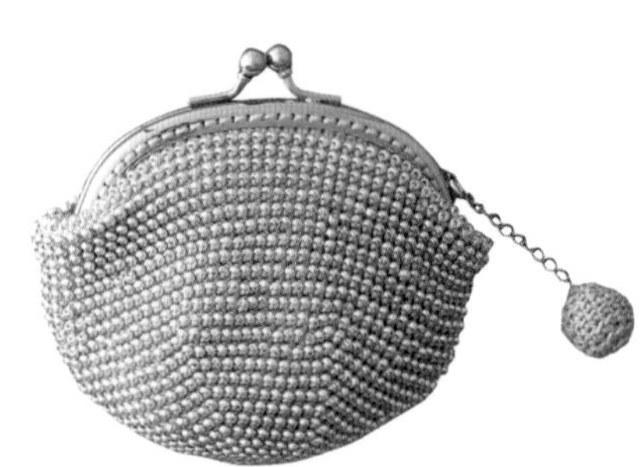

第一章 钩针编织基础

什么是钩针？动手钩织前需要准备些什么？
了解这些之后，再掌握锁针、短针、长针、
中长针、引拔针等基本的针法。
第一次接触钩针的人，请从本章开始学习。
本书不仅介绍了钩针编织的基础知识，还讲解了各种各样的针法技巧，
对于已经接触过钩针的人来说，也有可以参考的地方。
在练习过程中遇到任何问题，请不要忘记翻阅本书。

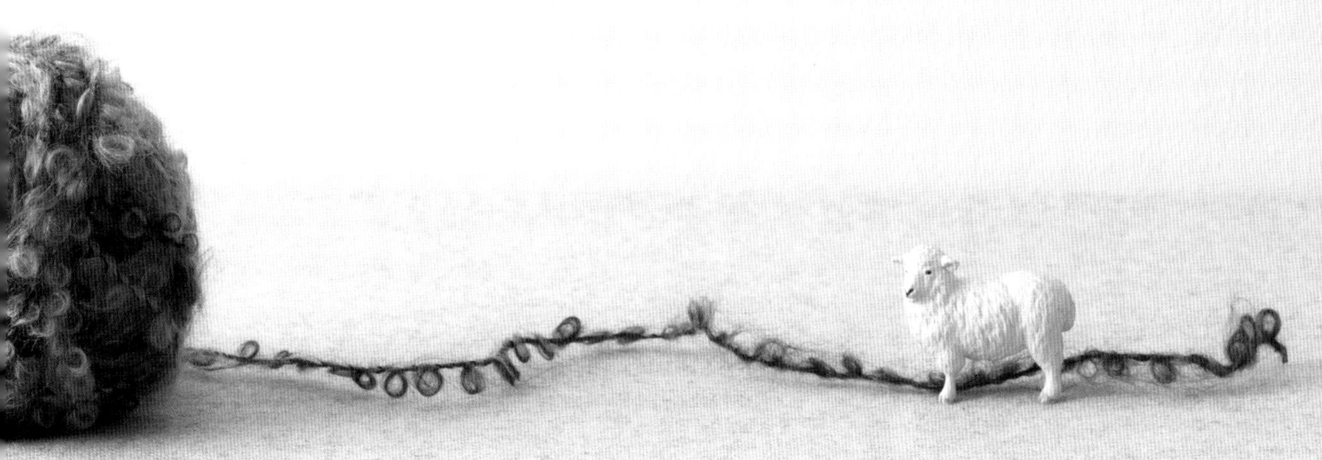

第一章

开始钩织之前 准备篇

钩针

钩针是端头有钩的工具，通过钩挂线引拔钩织。
钩针型号以针轴的粗细来区分，分别适合不同粗细的线。以0号针（蕾丝针）为基准，数字越大针头越粗，以2/0号、3/0号等来表示。10/0号以上以毫米（mm）为单位来表示，被称作特大号钩针。
比2/0号细的钩针是蕾丝针，用法和普通钩针是一样的。
钩针的材质有金属、塑料、竹子等。有单头带钩的单头钩针、两头号数不同的双头钩针和带握柄的钩针等，可以根据个人喜好选择。带握柄的钩针使用时不容易疲劳，适合初学者使用。

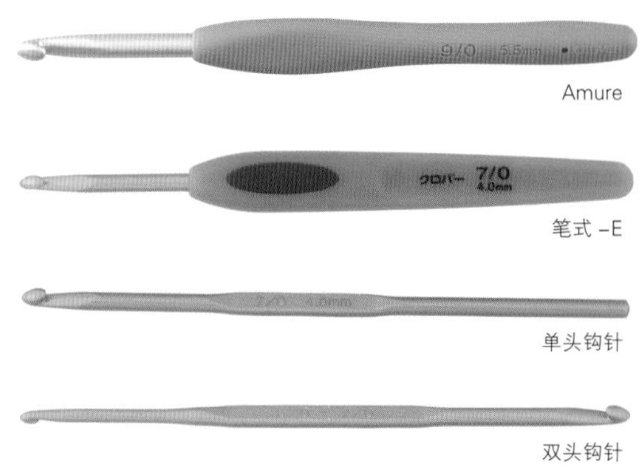

Amure
笔式 -E
单头钩针
双头钩针

实物大小的钩针图片 ※（ ）内是针轴的粗细

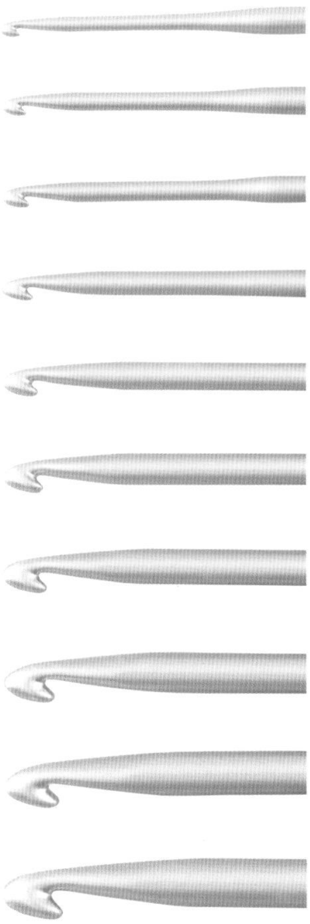

2/0号（2.0mm）
3/0号（2.3mm）
4/0号（2.5mm）
5/0号（3.0mm）
6/0号（3.5mm）
7/0号（4.0mm）
7.5/0号（4.5mm）
8/0号（5.0mm）
9/0号（5.5mm）
10/0号（6.0mm）

特大号钩针 ※ 为实物粗细的 80%

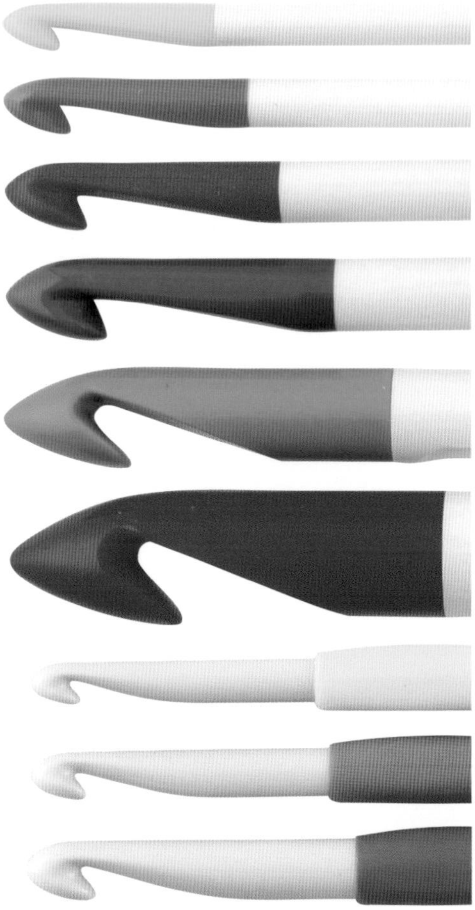

7mm
8mm
10mm
12mm
15mm
20mm
7mm（Amure）
8mm（Amure）
10mm（Amure）

蕾丝针

较细的钩针叫作蕾丝针。
钩织蕾丝花样时，蕾丝针的使用方法和普通钩针相同。从0号开始，数字越大针越细。

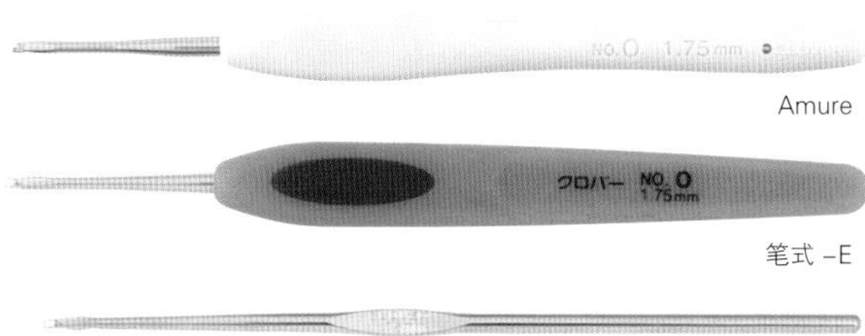

Amure

笔式 -E

金属材质的蕾丝针

实物大小的蕾丝针图片
※(　)内是针轴的粗细

0号(1.75mm)
2号(1.50mm)
4号(1.25mm)
6号(1.00mm)
8号(0.90mm)
10号(0.75mm)
12号(0.60mm)
14号(0.50mm)

其他工具

处理线头时要用到的毛线缝针和剪线时要用到的剪刀是必备品。
其他的根据需要决定是否购买。

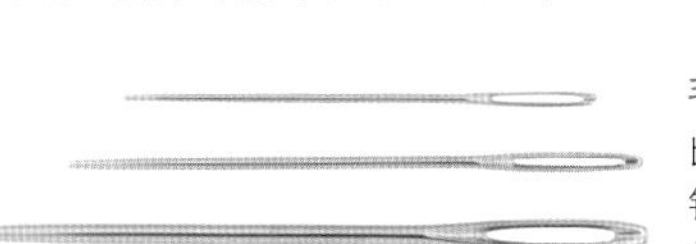

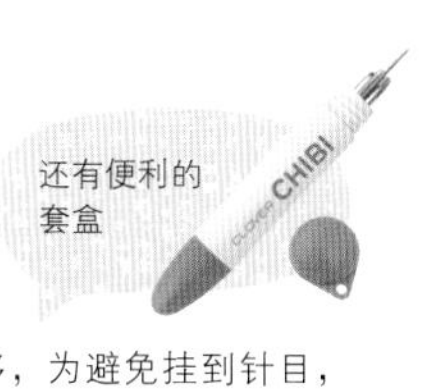

毛线缝针
比布用缝针粗很多，为避免挂到针目，针头是钝的。可根据线的粗细来选择。为方便挑针，还有弯针头的设计。

剪刀
前端较细，方便剪断，适合做手工的时候用。

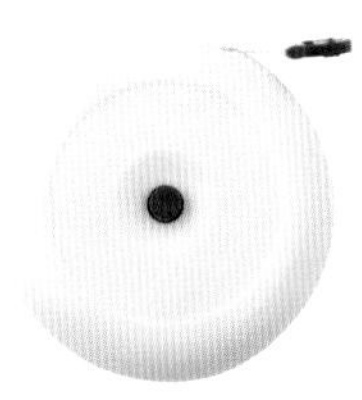

卷尺
测量织物的尺寸。

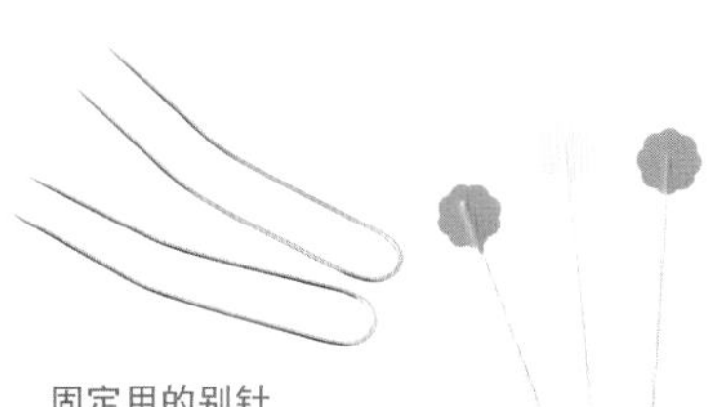

固定用的别针
完成钩织后，熨烫时用来定型用。弯头的曲别针不会影响熨烫。弯头的珠针也可以用。

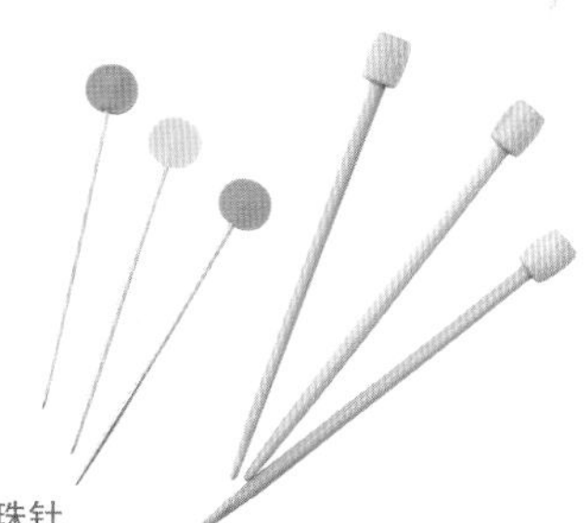

珠针
编织用的珠针针脚较长，而且是钝头的。需将织片和织片固定在一起时使用。

记号圈
给针目做记号用。

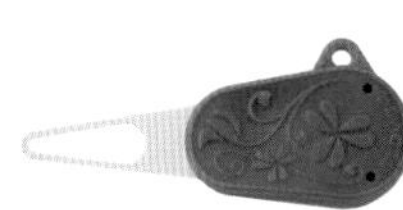

穿针器
方便给毛线缝针穿线。

毛线缝针的穿线方法

毛线较粗时，不管针鼻有多大都不好穿进去。不过，有妙招哦。

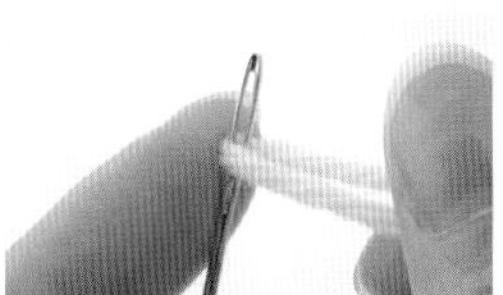

1 将线头折起来，使其夹住毛线缝针。

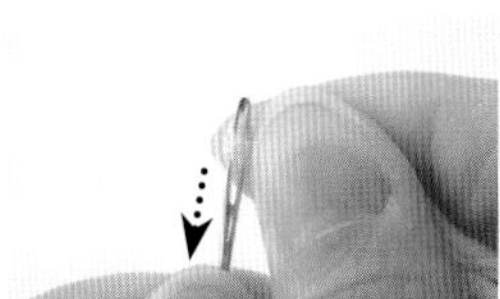

2 紧紧捏住折山，向下抽出毛线缝针。

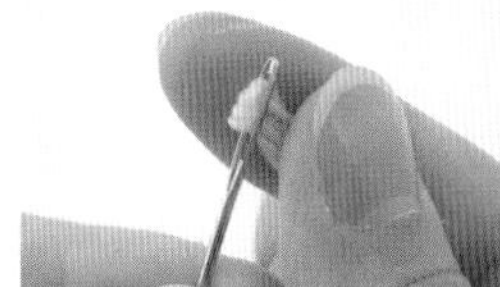

3 将折得最平的折山穿到针鼻里。

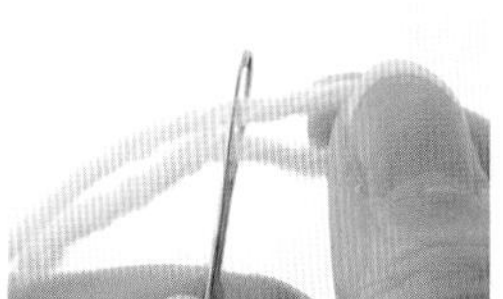

4 穿到针鼻里后，将折山从另一侧拉出。

线

钩织用的线有毛线、棉线、麻线等各种材质。从外观上分，除了平直毛线（Straight Yarn）之外，还有粗花呢线（Tweed）、马海毛线（Mohair）、竹节纱线（Slub Yarn）、无捻线（Roving Yarn）、圈圈线（Loop Yarn）等各种类型的毛线。

顺滑、不容易钩丝的线比较容易编织。相反，有粒结（装饰）等容易钩丝的毛线、容易断的毛线、带绒毛的毛线和不容易看清针目的毛线等，都不好编织。建议初学者选择容易看清针目的平直毛线。

根据粗细，毛线可以分为极细、细、中细、粗、中粗等种类。不过，最近毛线种类增多，不同制造商的叫法不太一样，也很难准确分类了。推荐初学者选择可以用 5/0 号、6/0 号钩针编织的中粗毛线。

线的粗细（平直毛线 / 实物大小）

极细（4~0号，取2根线2/0、3/0号）

细（0~3/0号，取2根线3/0~5/0号）

中细（2/0~4/0号）

粗（3/0~5/0号）

中粗（5/0、6/0号）

极粗（6/0、8/0号）

超级粗（8/0~10/0号）

线的种类（实物大小）

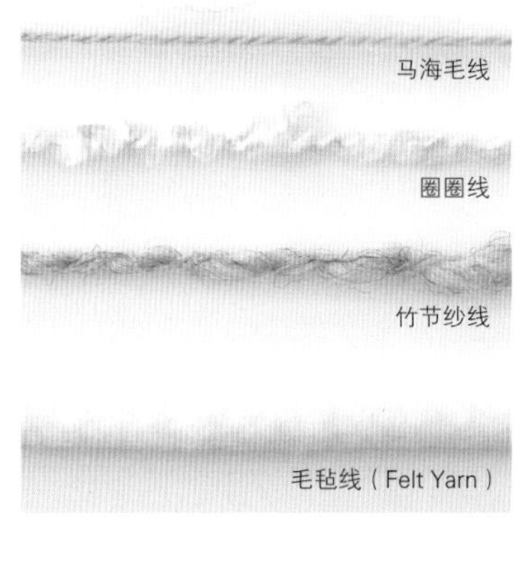

钩针和线的搭配表（标准）[※1]

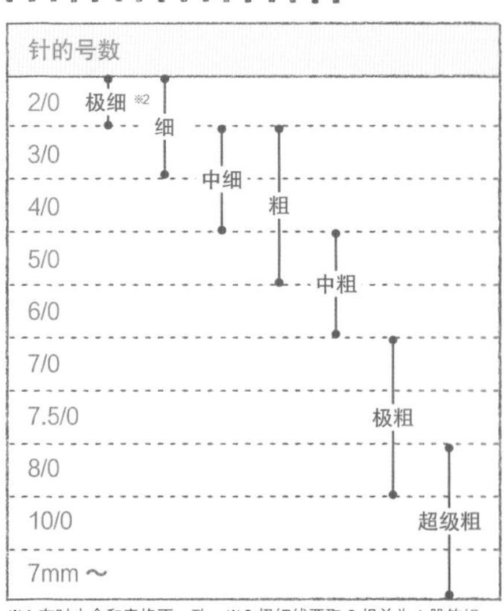

※1 有时也会和表格不一致　※2 极细线要取 2 根并为 1 股钩织

商品标签的看法

线的标签上是和线有关的各种信息。一定要留下一张标签备用。

①**线的名称**

②**色号和批次**…即使色号相同，批次不同，染色状态会有轻微的差别，在色彩上也会有轻微的差别。购买时需要注意。

③**毛线的材质**

④**1 团线的重量和长度**…通过重量和长度的关系，可以大致知道线的粗细。比起“中粗”之类的表述方法，这样更容易让人对线的粗细一目了然（同样的重量，长度长的线更细）。

⑤**标准密度**…边长 10cm 的正方形内所包含的行数和针目。这是和其他毛线对比时的标准之一。如果没有特别说明，一般都是编织下针（棒针时）的情况。

⑥**适合针**…适合使用的针号。根据手劲儿不同，可能略有不同，并非是仅限使用此种型号。

⑦**洗涤和熨烫温度**…和衣服水洗标上的标注相同。

线和针的关系

即使是按照同样的编织图钩织，不同的线、不同的针，钩出来的效果也会有很大的不同。
毛线自身的材质不同，也可以带来不同的感觉。

※花片的钩织方法和p.79花片第1圈相同

好，开始吧

高高兴兴地开始吧！

拉出线的方法

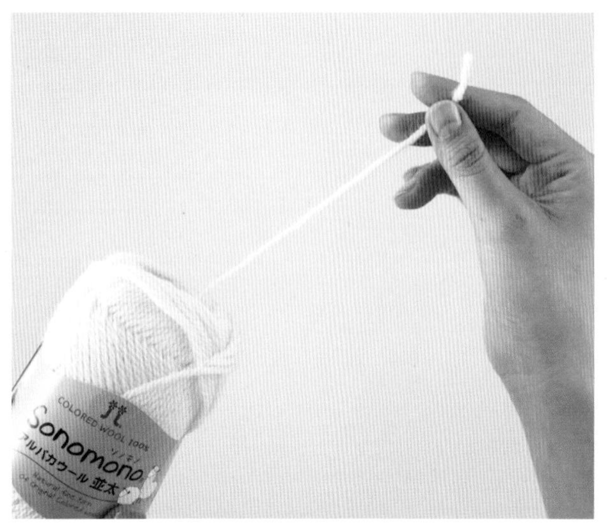

从线团中心找出线头，拉出使用。外面也有线头，但织的时候线团滚来滚去很不方便，而且还会将线拉扯得不自然。

缠成空心球的线

商品标签从中间穿过、缠成空心球的线要先拿掉商品标签，然后从中心拉出线头。商品标签不要丢了，备用。（请参照 p.14）

缠在硬纸芯上的线

缠在硬纸芯上的线可从外面找出线头。装在塑料袋里，既可以避免弄脏，还可以防止线团滚来滚去。

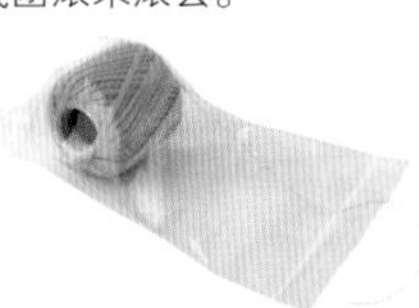

拉出一团线了怎么办

1 从线团的中心拉线时，不小心拉出了一团线也没关系。有时，找不到线头时，也会拉出一团线。

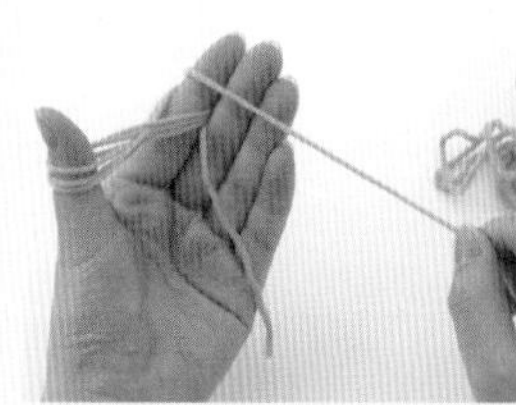

2 从拉出的线团中找到线头，将线缠在拇指和食指上，缠成8字形。

3 缠到一定程度后，将拇指上的线取下来，移到食指上。

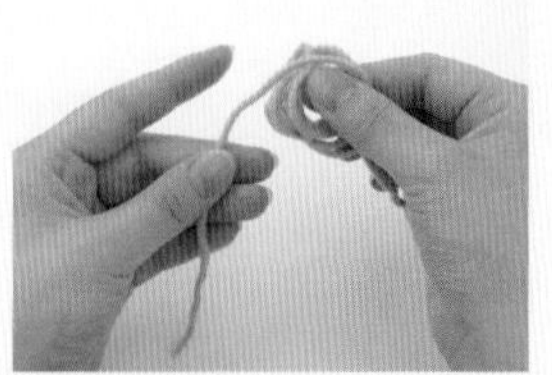

4 再从食指上取下来，注意不要弄乱线圈。

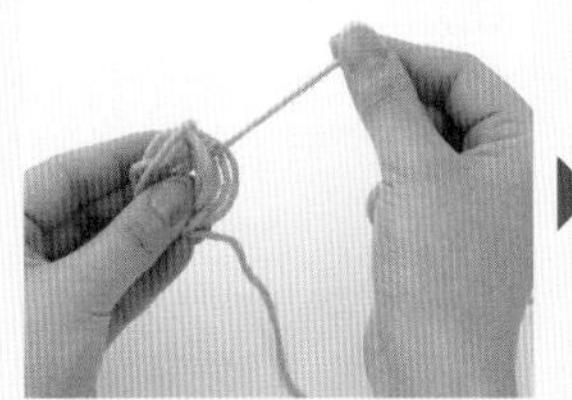

5 留下一段线头，以线圈为中心把剩余的毛线缠成圆球状。

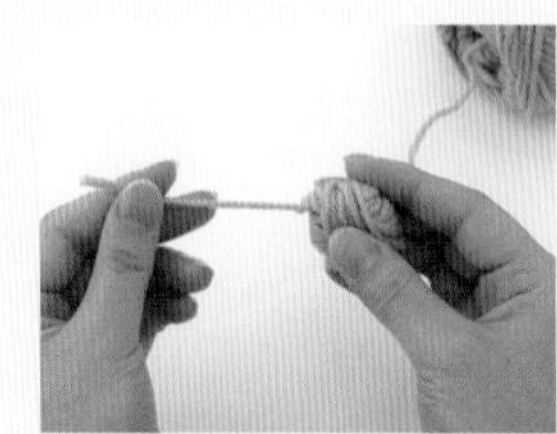

6 从缠好的线团中心拉出之前留好的线头。

挂线的方法（左手）

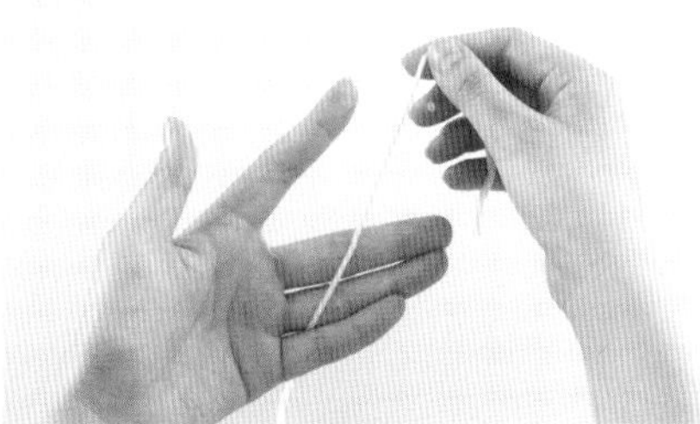

1 将线夹在左手的小指和无名指之间，线在小指后面，线头在前面。

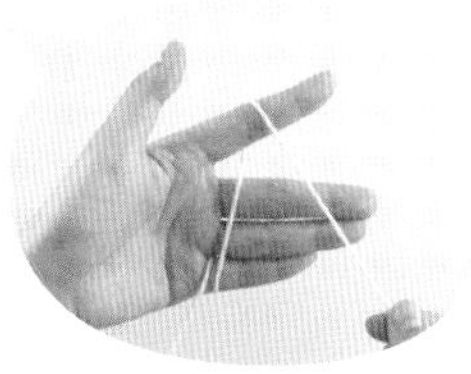

细线和光滑的线

较松、不容易撑起来的线，可先在小指上绕 1 圈，然后挂到食指上。

2 将线头挂在左手食指上，再用拇指和中指捏住。食指翘起来撑开线，一边运线一边钩织。

钩针的拿法（右手）

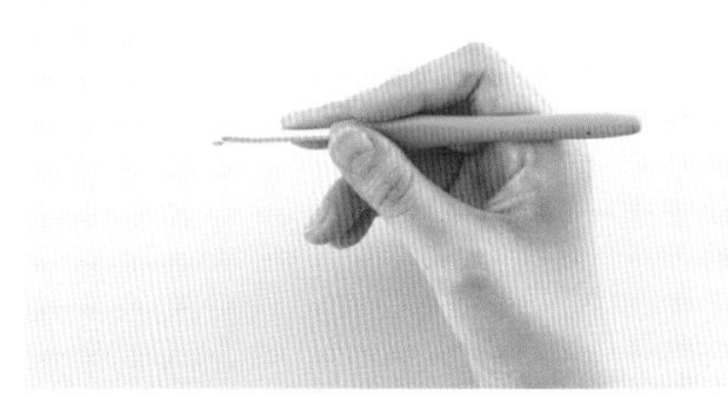

用右手的拇指和食指轻轻握住针柄，中指搭在钩针上。中指可以用来帮助按住钩针上挂的线、支撑织片、运针等。拿钩针时，针头朝下。

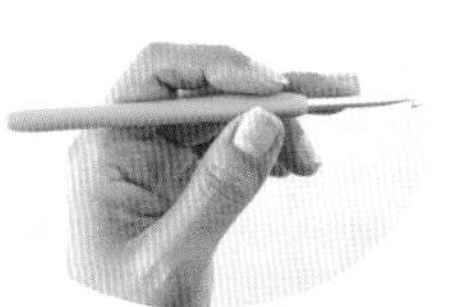

左手拿针的方法

（左手拿针的方法见 p.67）

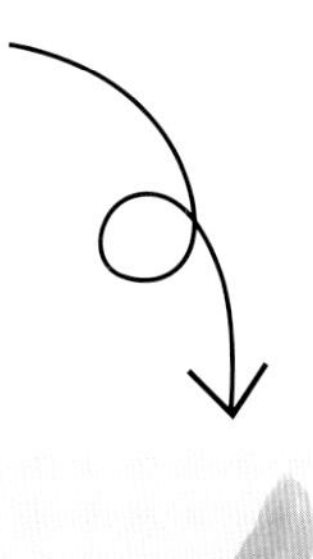

钩织时的手势

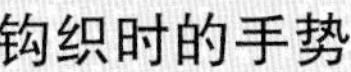

手指的运动和平时不同，所以刚开始可能会抽筋。习惯以后，手指渐渐可以自然转动，钩织过程也就比较顺畅了。请多加练习。

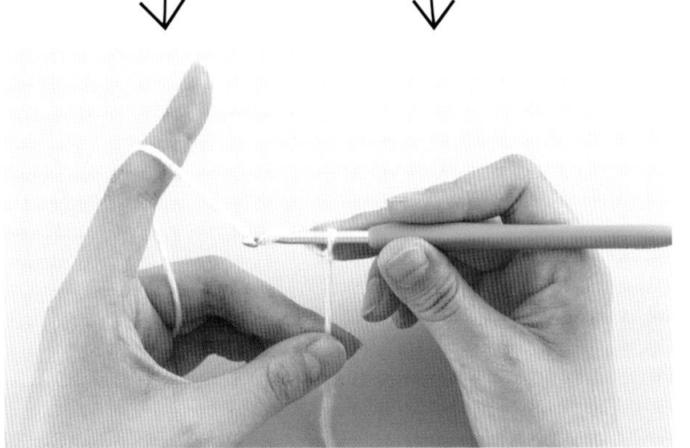

针目各部分的名称

很常见，请记准。

起针	钩针编织的基础，从这部分开始钩织。通常起针行不计入行数。
立织的针目	在行的起点钩织的锁针（见 p.27）
头部	针目上方 V 字形部分。外观像锁针。
根部	针目除了头部以外的部分。

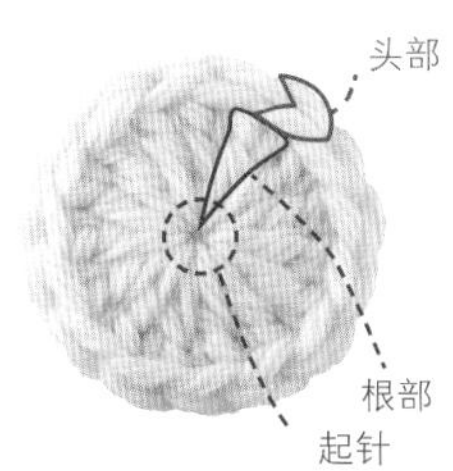

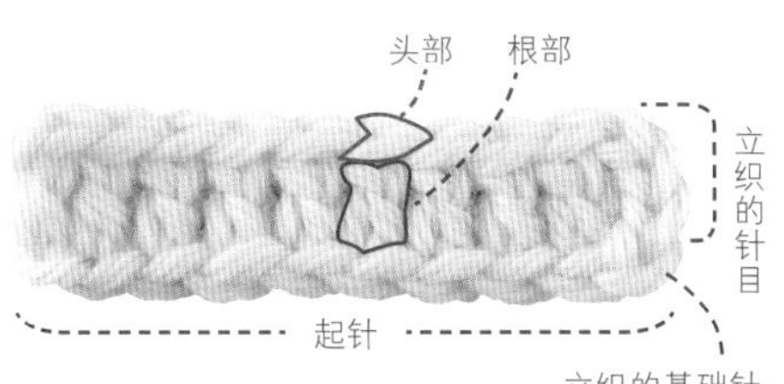

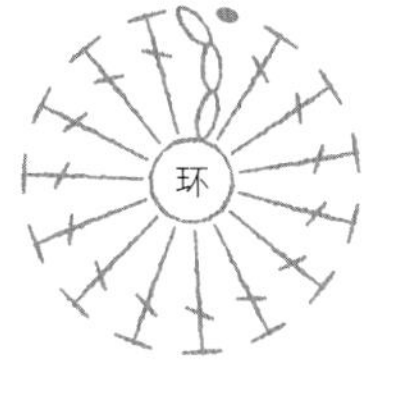

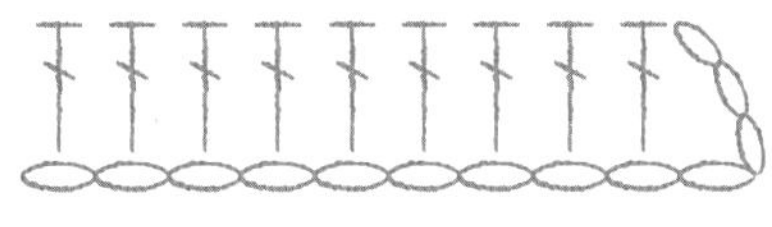

第一章

首先，掌握基本的钩织方法

必须掌握的基本钩织方法有3种，加上衍生出的2种，共5种。
学会这5种后，其余针法都是它们的变形。

锁针

是钩针编织中最基本的钩织方法，也是其他针法的起针（基础针）部分。
针目连在一起看起来像条锁链，所以叫锁针。
在叫法上，还有叫锁针编织、辫子针的。

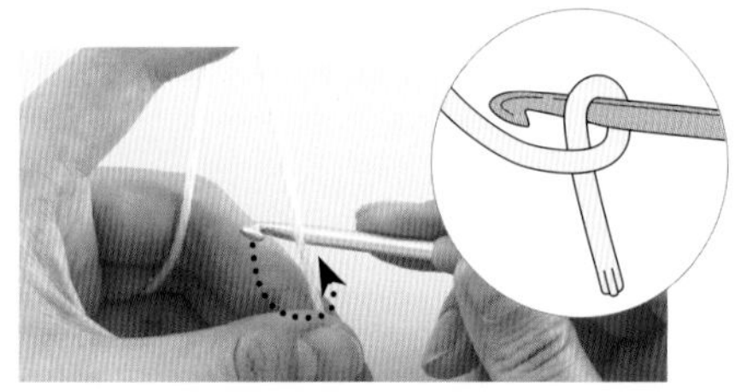

1 线头留10cm左右，将钩针放在线后面，如图所示转动绕上线。

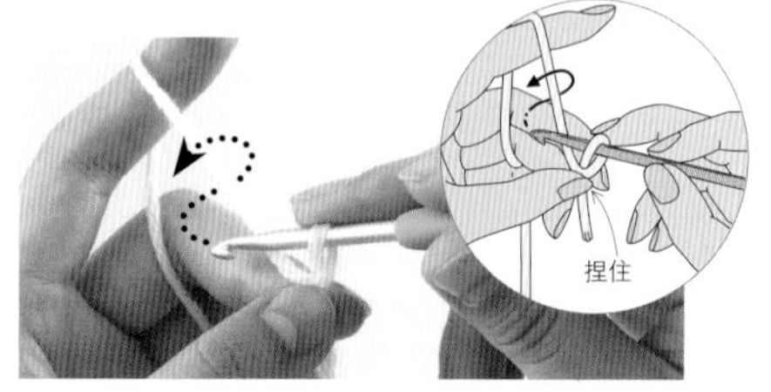

2 用左手拇指和中指捏住线圈交叉处，如图所示转动钩针挂线。

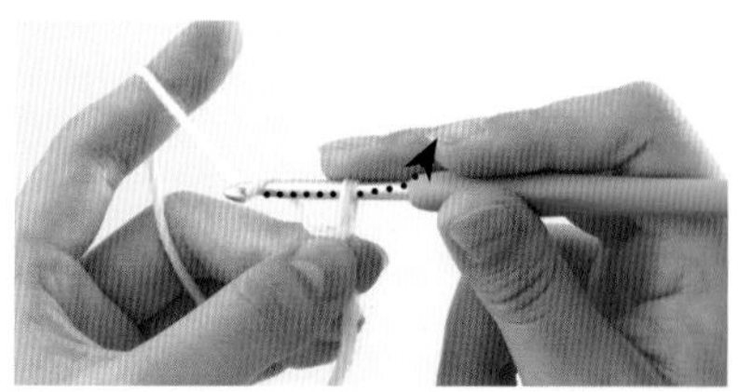

3 将线从挂在针上的线圈中拉出。注意手势，不要扭住手指。

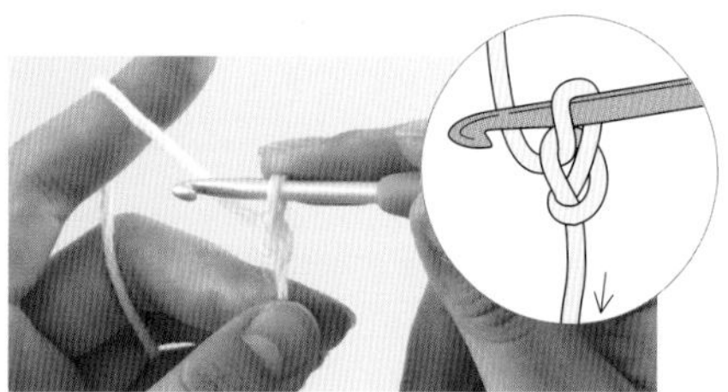

4 拉出线以后的样子。将线头拉紧。这是端头的针目，不计入针数。

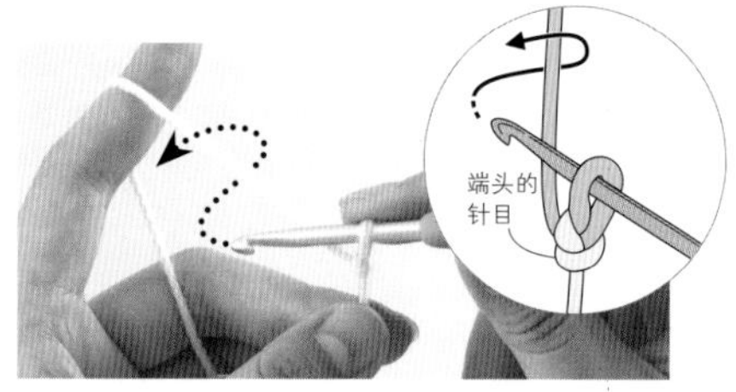

5 将线放在钩针后面，如图所示转动钩针挂线。

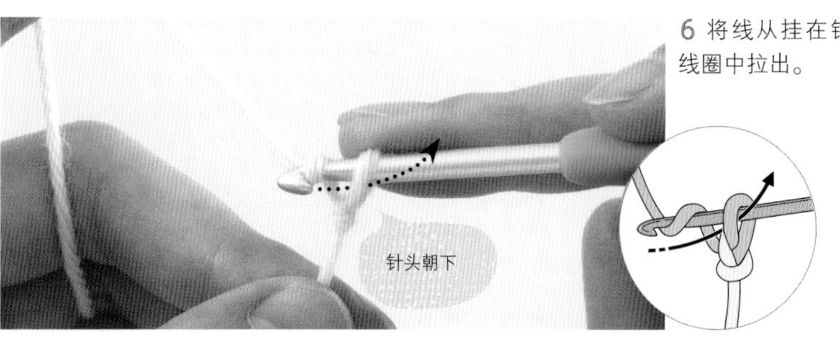

6 将线从挂在钩针上的线圈中拉出。

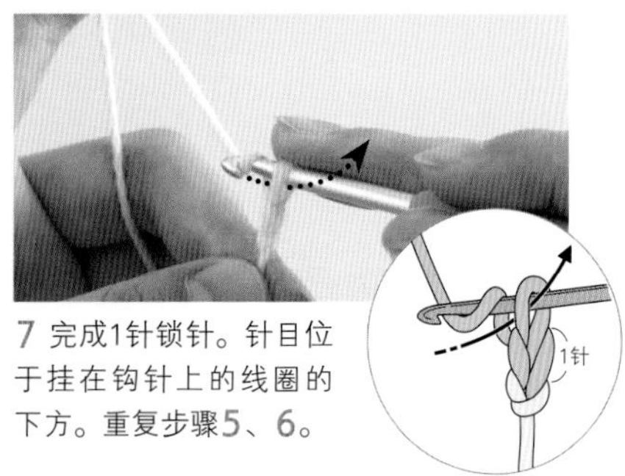

7 完成1针锁针。针目位于挂在钩针上的线圈的下方。重复步骤5、6。

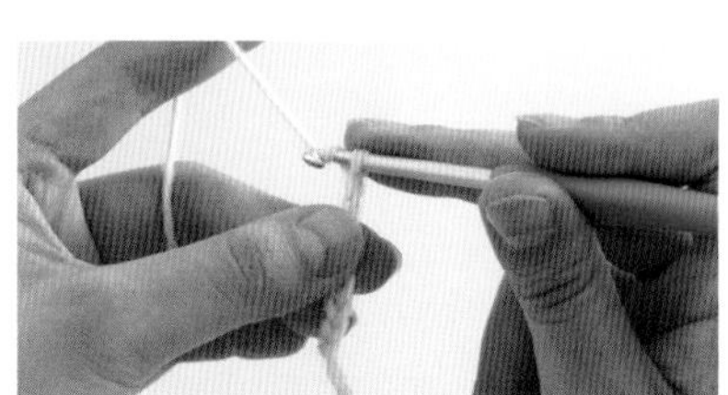

8 每钩织三四针，就要移动一下左手捏的位置。

锁针起针的方法（简单的方法）

没有用惯钩针时，还不熟悉将线挂到针头上的方法，可能就此受挫回到原点。
这时，我们可以尝试下面的方法。

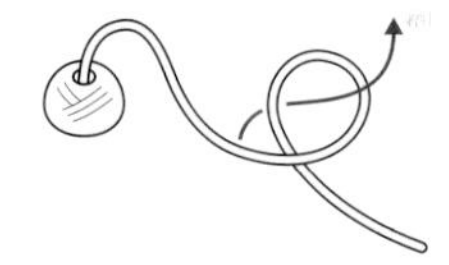

1 留一段线头，将线交叉做成线圈，从线圈中把线团端的线拉出。

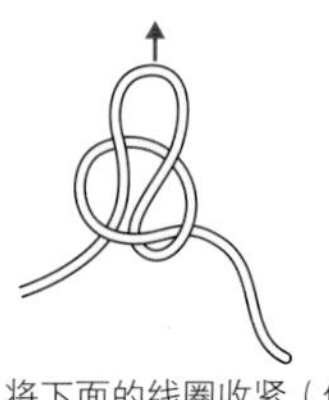

2 拉紧，将下面的线圈收紧（做出一个新线圈）。

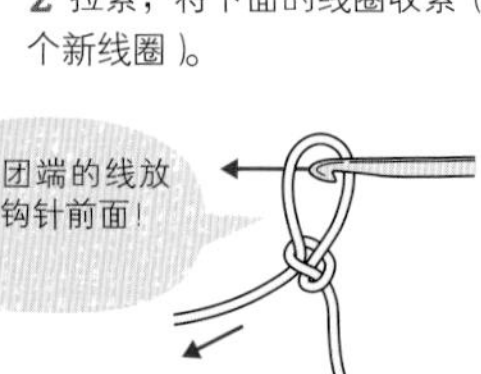

3 拉动线团端的线，调整线圈的大小，然后插入钩针。这样就和左侧的步骤4相同了（完成端头针目的状态）。

锁针起针

起针是钩织针目的基础。
如果没有起针做基础，锁针之外的钩织方法是没法进行的。

锁针的正面和反面

锁针的正面如下图所示。反面有一个个结节一样的东西，这种结节叫里山。

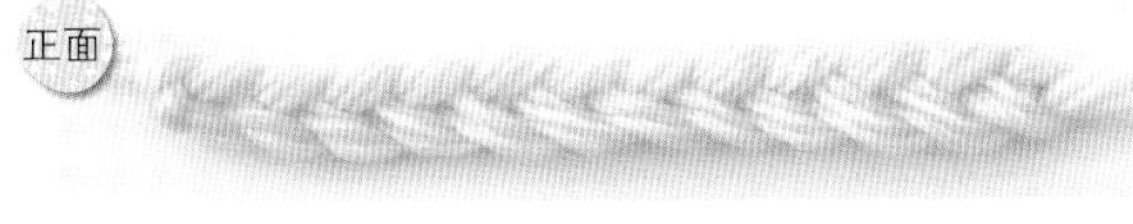

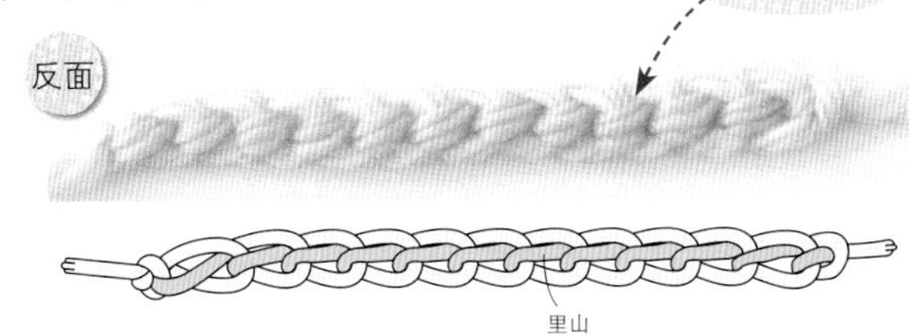

锁针的各种挑针方法

锁针起针时，挑针方法有3种。
每一种都有各自的特点，请熟记它们的区别。没有特别指定的话，可以选择自己喜欢的方法挑针。

1 挑取里山

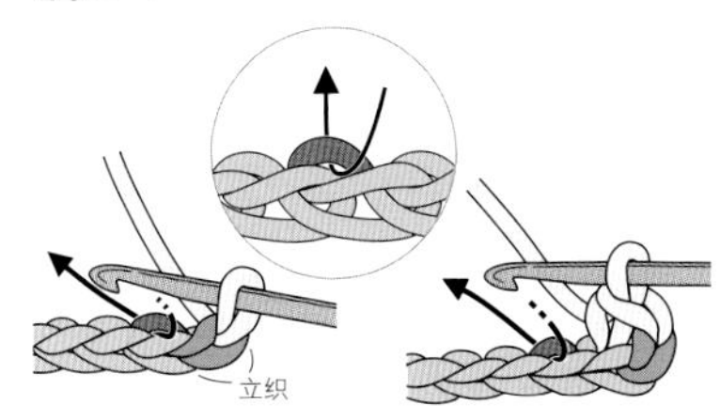

这种情况挑针时稍微有点麻烦，但留下来的锁针正面看起来非常美观。这种方法比较适合不需要边缘编织的场合。里山和正面的针目有点像，挑针的时候注意不要挑错位置。

2 挑取锁针的半针和里山

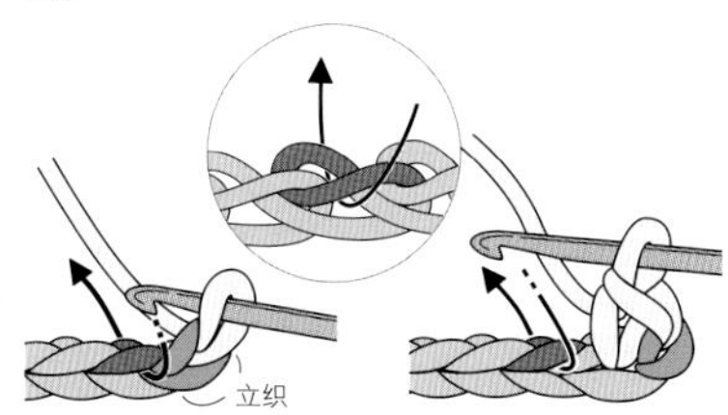

这种情况比较容易挑针，而且针目也很稳定。比较适合用于镂空花样，或者需要跳过几针起针挑针以及细线钩织的场合。因为挑了2根线，所以起针位置会显得有点厚。

3 挑取锁针的半针

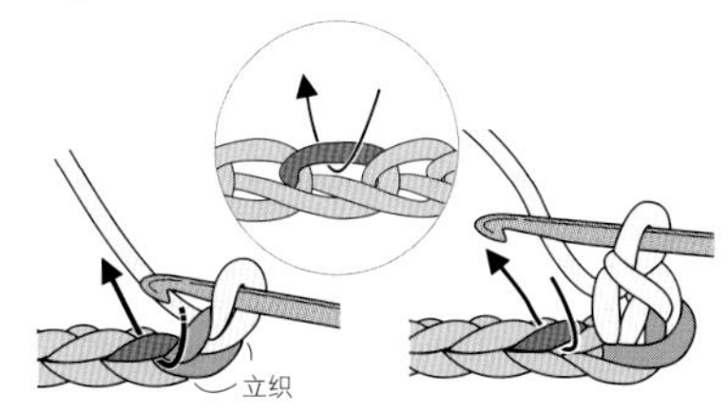

这种情况挑针位置一目了然，要挑的针目也看得很清楚。适合想拉伸起针针目，或者从起针两侧挑针的场合。不过，因为挑取的是不稳定的半针，所以很容易拉伸，中间容易出现空隙。

锁针的松紧要求

锁针是所有针法的基础，尽量多加练习以钩出整齐优美的针目。
针目过松或过紧都不好，需要注意。

锁针作为起针使用时，因为挑针时针目会有一定程度的拉扯，所以要用稍微粗一点的钩针钩织（如果起针时使用和后面相同型号的钩针，起针针目会缩到一起）。钩针的号数由从起针挑取针目的数量决定。虽然也可以刻意钩织得松一点，但手劲儿一般不容易把握，还是建议使用粗一点的钩针起针。

起针时的钩针号数

织片花样的种类	起针时的钩针号数
短针、长针	大2号
方眼编织	大一两号
网格花	同号或大1号
普通镂空花样	大一两号

※ 钩织方法中一般不会专门说明起针时的钩针号数，要自行判断

十（X）短针

宝库社符号　JIS符号 ※

短针钩织的织片比较密实，针目比较紧密。
立织（→p.27）的1针锁针，不计入针数。

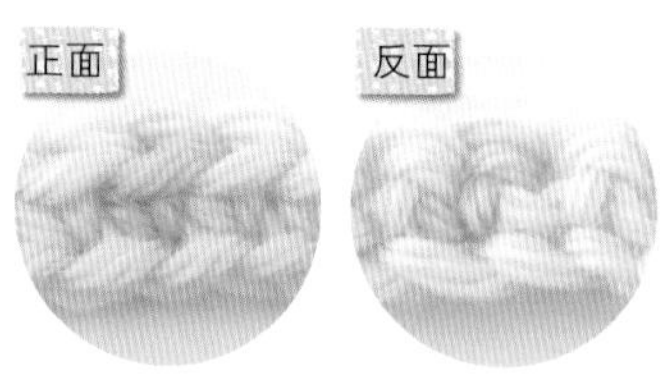

※ 短针的编织符号，日本工业规格 JIS 中的短针符号是“×”，但宝库社使用“+”表示。这是基于实际做的调整，“+”的横杠表示针目和针目的连接，竖杠表示入针位置。

注意

起针时，所用钩针要比钩织标准织片使用的钩针大2号（请参照p.19）。

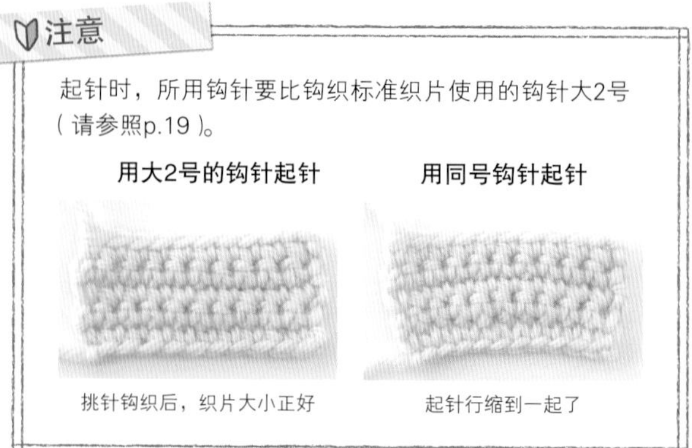

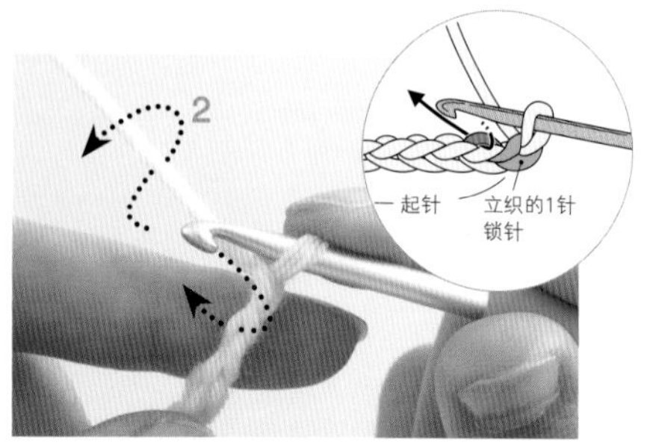

1 钩织“起针+立织的1针锁针”，然后将钩针插入起针端头的针目（挑取里山）。

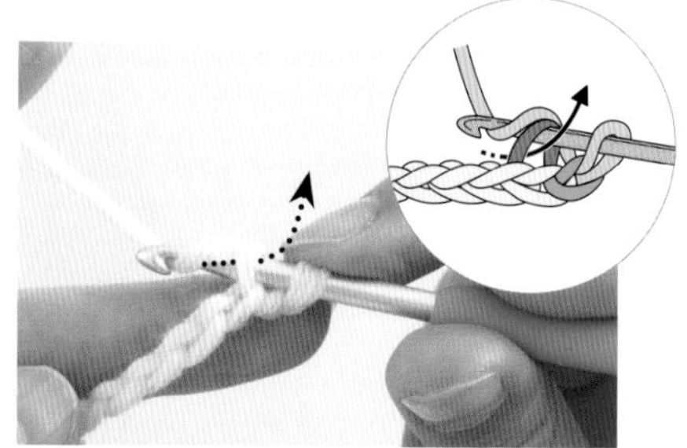

2 用针背撑起线圈，转动针头挂线并拉出。

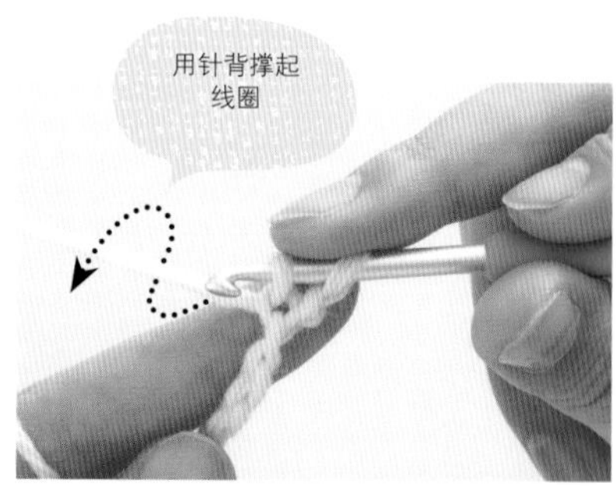

3 拉出线的样子。再次如箭头所示转动钩针。

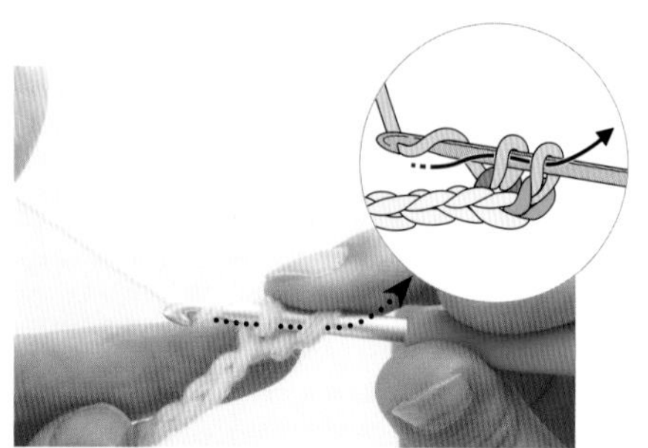

4 钩针挂线，从钩针上的2个线圈中引拔出。

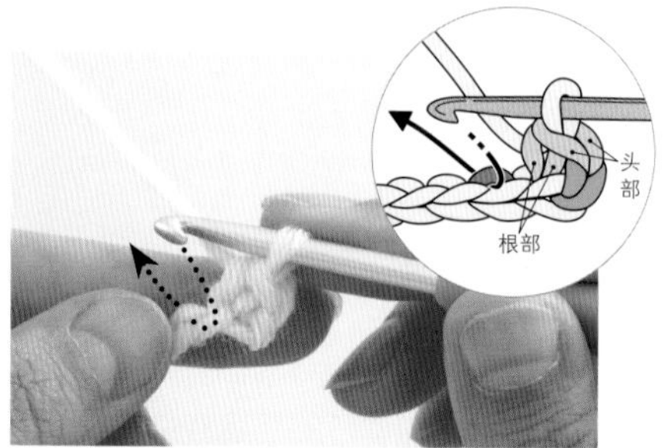

5 钩织好1针短针，然后挑取相邻锁针起针的里山，重复步骤2~5。

6 完成第1行。

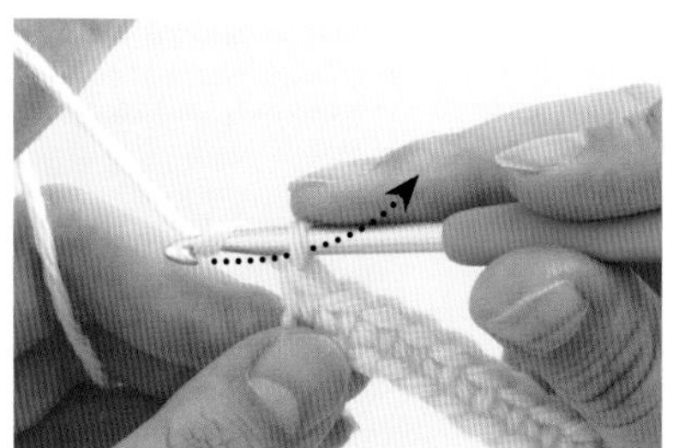

7 继续挂线并引拔，钩织下一行立织的1针锁针。

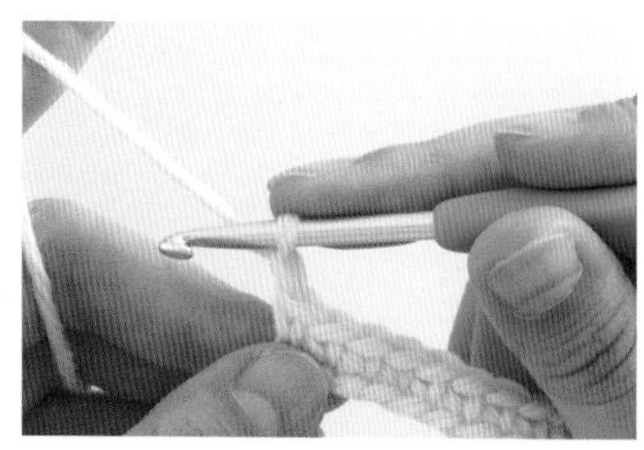

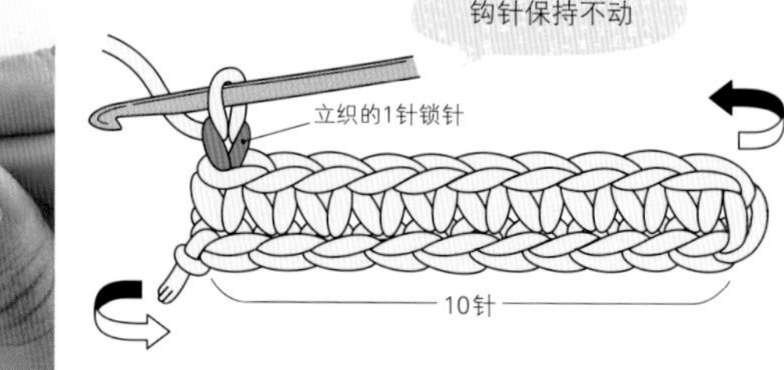

8 钩针方向不变，如图所示将织片的右端向内侧翻面。

※ 钩织完下一行立织的锁针后再翻转织片会比较方便，针目不容易松弛（也有翻转织片后再立织锁针的钩织方法）

立织的1针锁针

第2行 翻转织片，看着反面钩织第2行

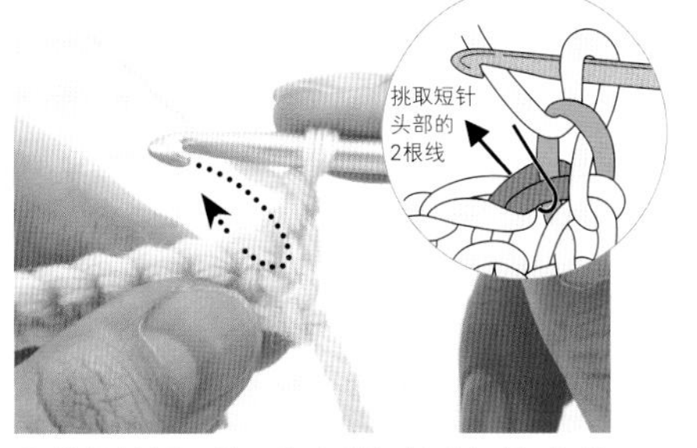

9 将钩针插入前一行右端短针头部的2根线中（从上面看是锁针），挑针。

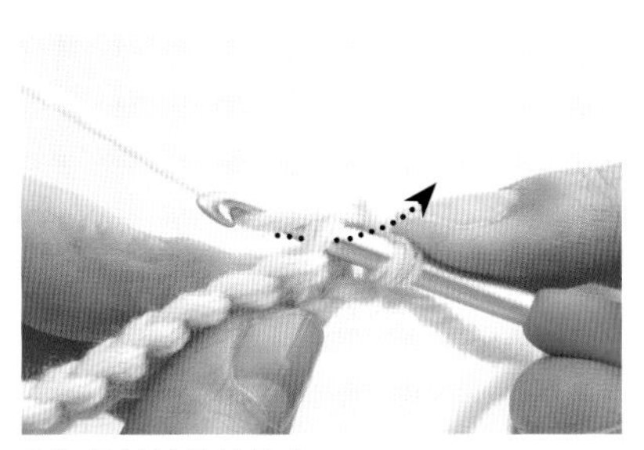

10 钩针挂线并拉出。

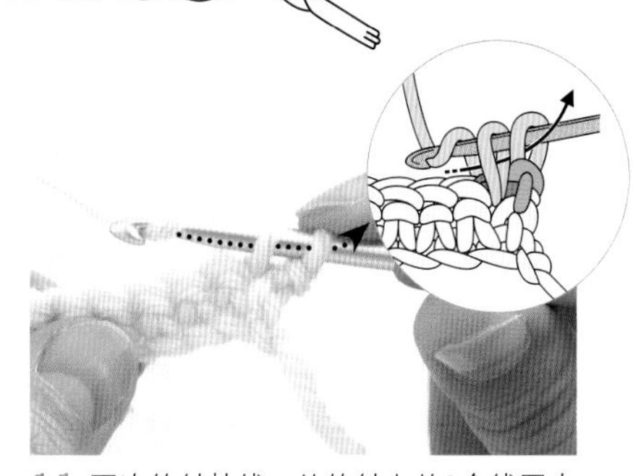

11 再次钩针挂线，从钩针上的2个线圈中引拔出。

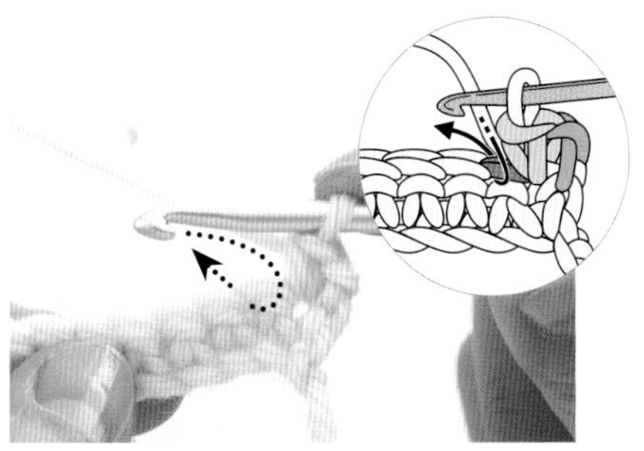

12 钩织好1针短针。然后按照相同要领，挑取前一行相邻短针头部的2根线钩织。

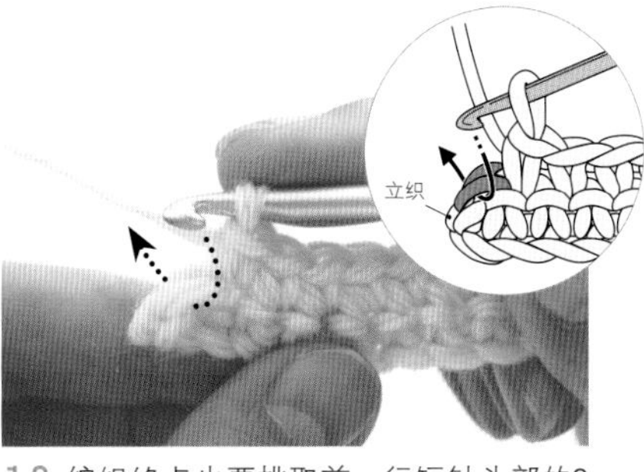

13 编织终点也要挑取前一行短针头部的2根线钩织。注意不要挑取下面立织的锁针。

14 第2行钩织好了。

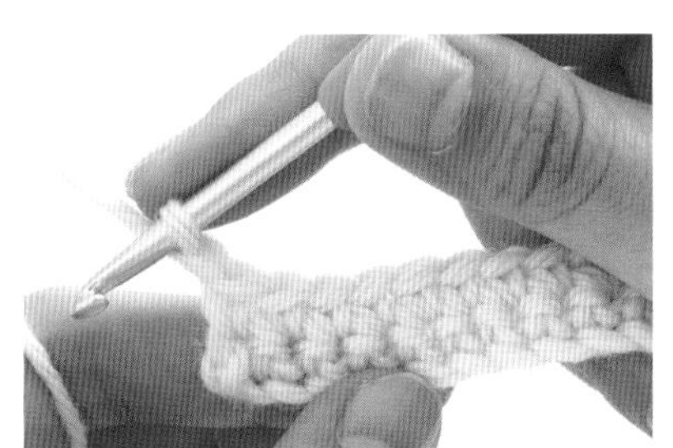

15 然后钩织下一行立织的1针锁针，重复步骤8~12，按照相同的要领钩织。

行的终点

注意不要挑取立织的针目。
如果挑取的话，
将会增加针目

钩织好的样子

立织

16 短针行的编织终点和步骤13相同，挑取前一行短针头部的2根线钩织。

※ 钩织短针时，立织的 1 针不计入针数。钩织下一行时也不要挑取

长针

长针的高度是短针的 3 倍，是极为常用的钩织方法。
立织（→ p.27）3 针锁针，立织的针目计为 1 针长针。

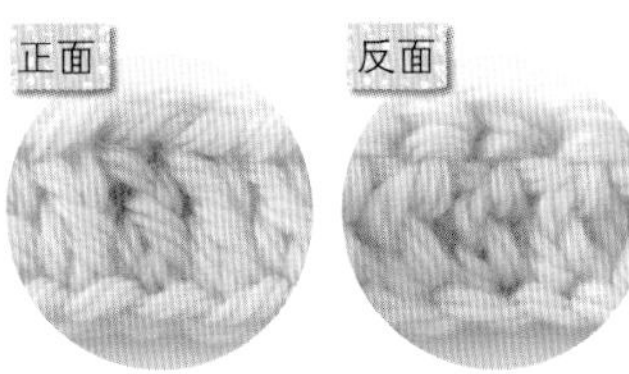

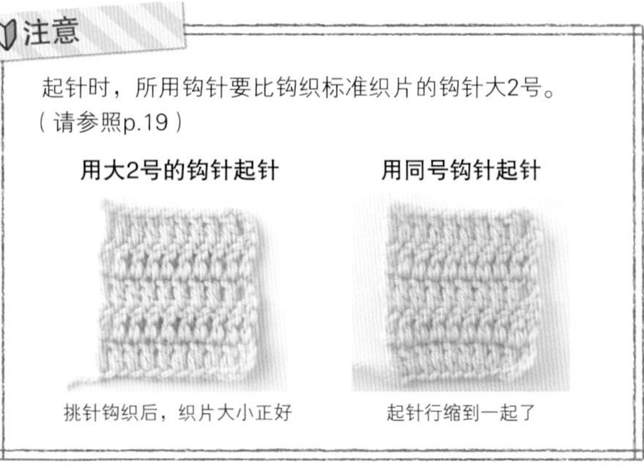

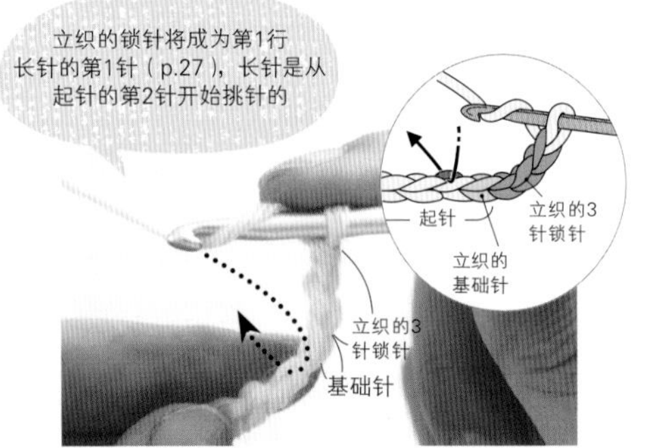

1 钩织"起针+立织的3针锁针"，钩针挂线，然后插入起针端头的第2针中（挑取里山）。

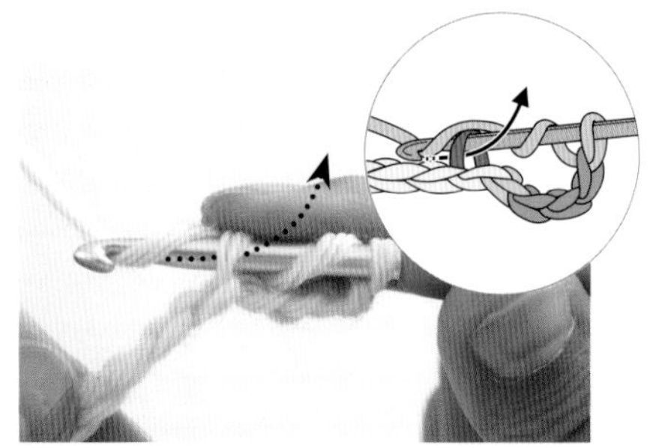

2 转动针头，钩针挂线并拉出，拉出2针锁针的高度。

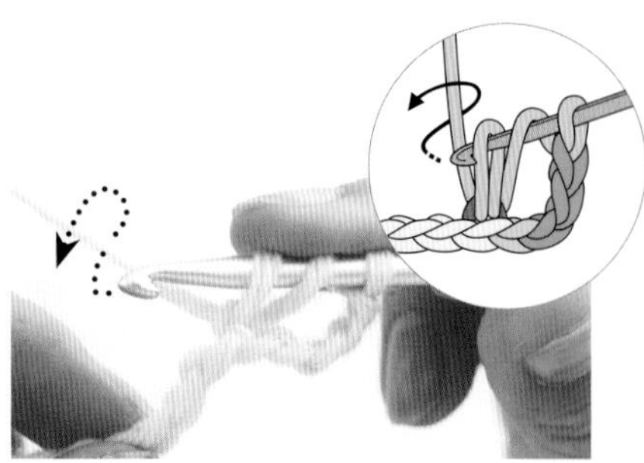

3 拉出后的样子。再次按照图示转动钩针（用针背撑起线圈）。

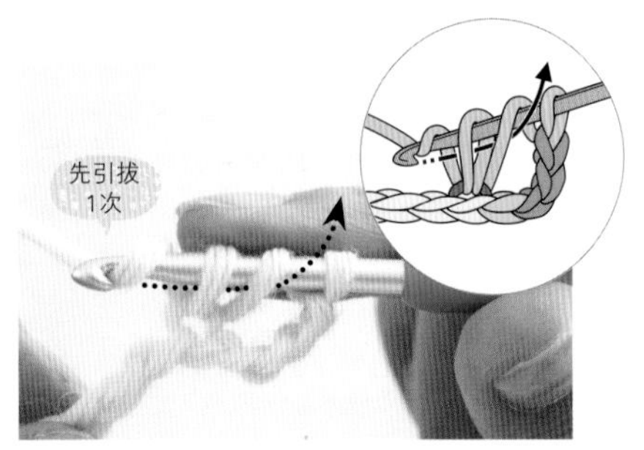

4 钩针挂线，从挂在钩针上的2个线圈中引拔出。

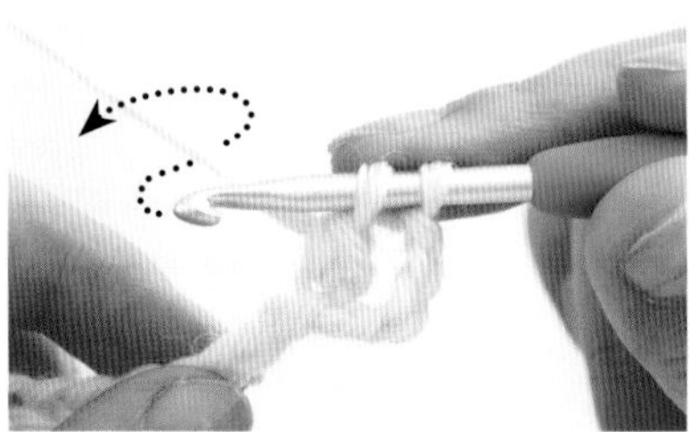

5 引拔后的样子。再次如箭头所示转动钩针。

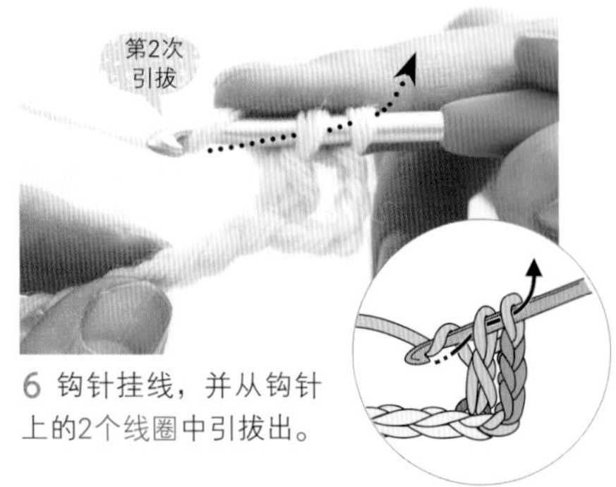

6 钩针挂线，并从钩针上的2个线圈中引拔出。

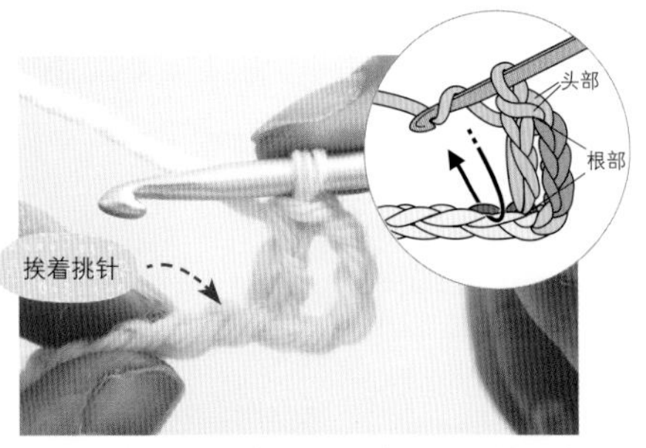

7 第1针长针钩织好了。因为立织的针目计入针数（3针锁针计为1针长针），所以这里其实已经织好了2针。继续钩针挂线，重复步骤1~6。

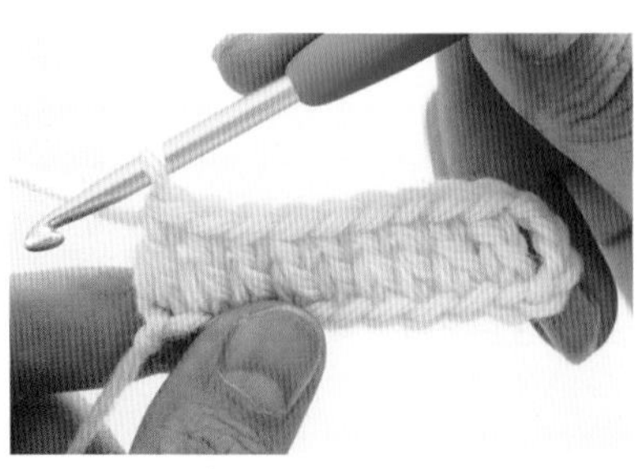

8 第1行钩织好了。

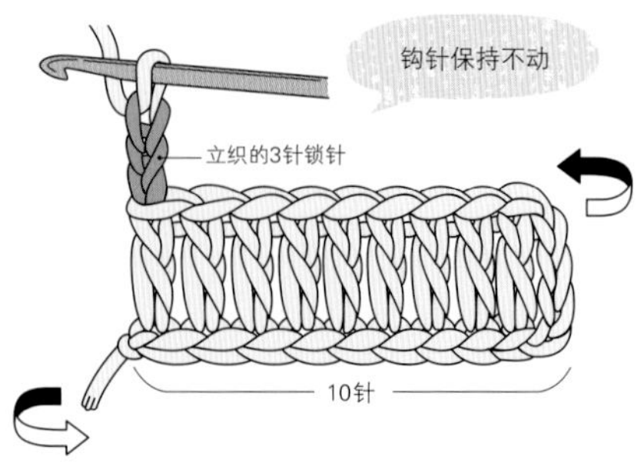

9 然后钩织下一行立起的3针锁针，如图所示将织片的右端向内侧翻面。

第2行 翻转织片，看着反面钩织第2行

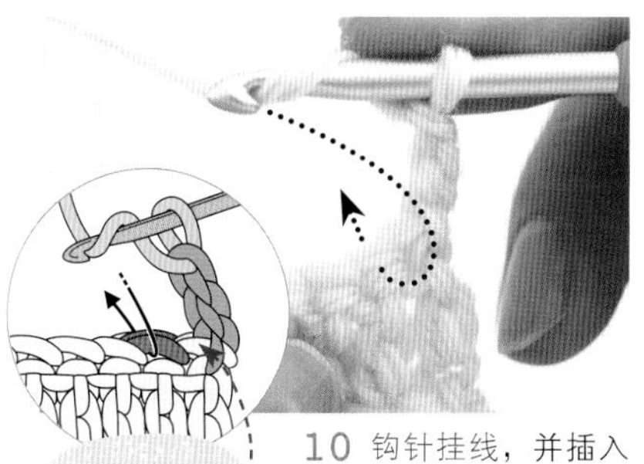

10 钩针挂线，并插入前一行端头第2针长针的头部。

11 挑取长针头部的2根线（从上面看为锁针），钩针挂线并拉出。

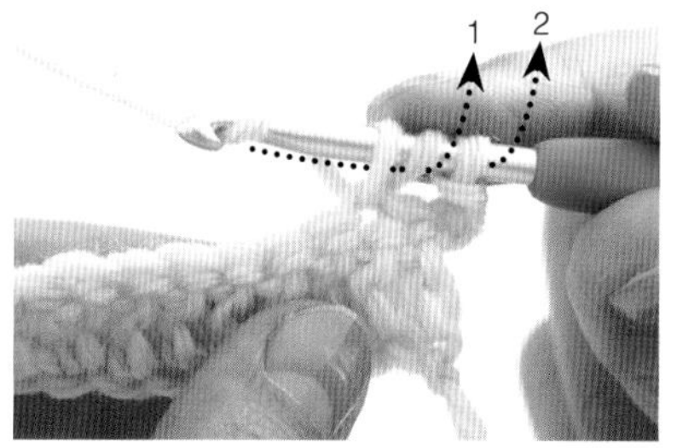

12 重复步骤3~6，钩织长针。

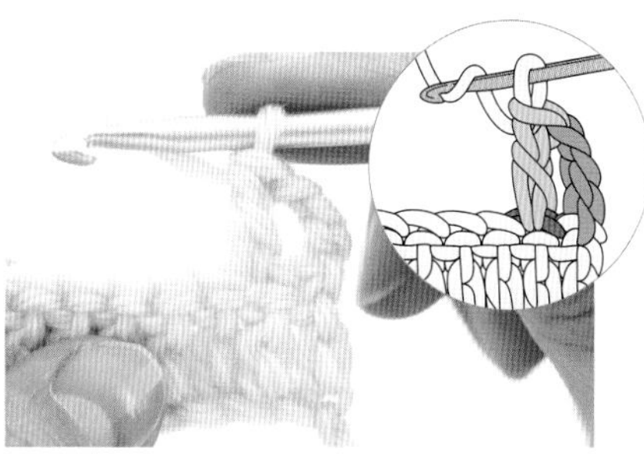

13 因为立织的3针计为1针长针，所以这里其实是第2针。

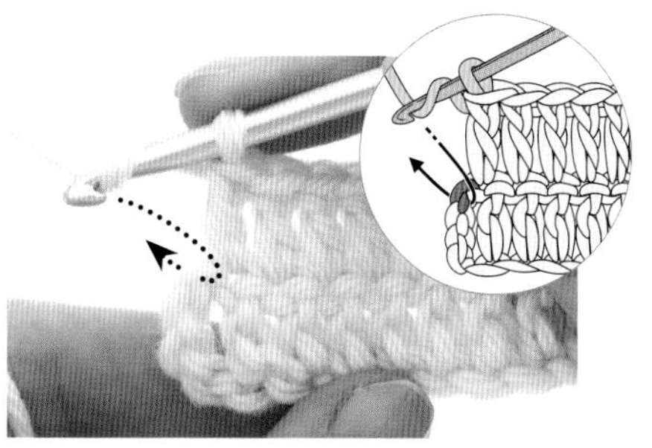

14 在第2行的编织终点挑取前一行立织的第3针锁针的里山和外侧的半针锁针2根线（第1行立织的锁针正面朝内）。

15 第2行钩织好了。

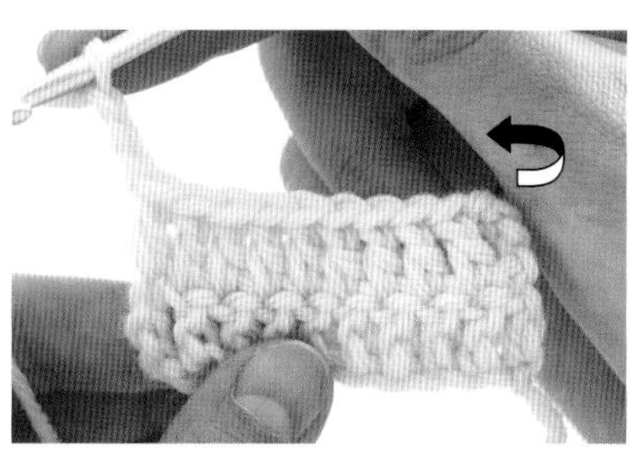

16 然后钩织下一行立织的3针锁针，按照和步骤9相同的要领翻转织片。

行的终点

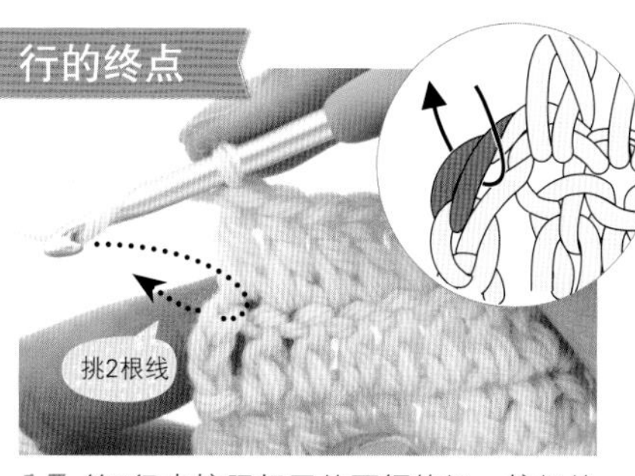

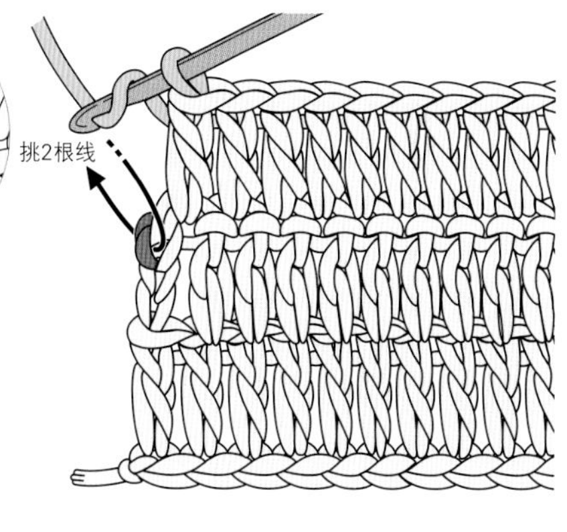

17 第3行也按照相同的要领钩织。编织终点挑取前一行立织的第3针锁针外侧的半针锁针和里山（第2行以后，立织的锁针正面朝外）。

注意

注意挑针位置！

短针以外的针目，立织的针目计为1针，要注意挑针的位置。如果不是非常熟练，每钩织一行都要仔细确认针数是否正确。

10针、5行的长针织片

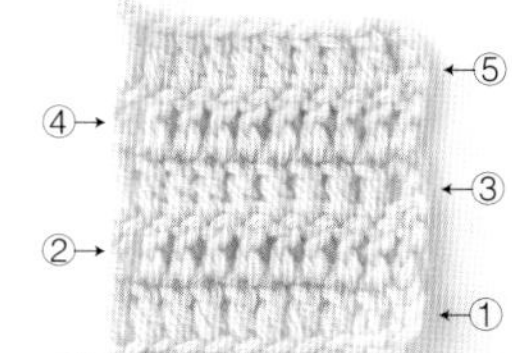

增加针目的织片

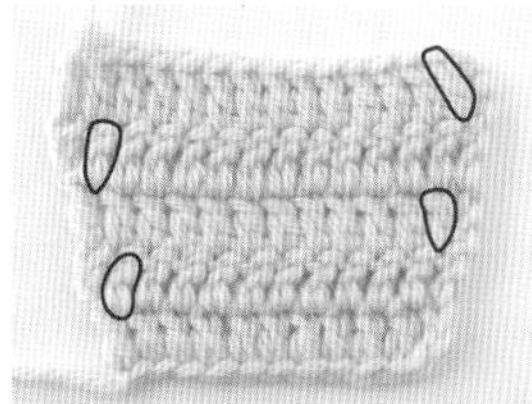

各行的编织起点，立织的针目根部（端头针目）也钩织了长针！

减少针目的织片

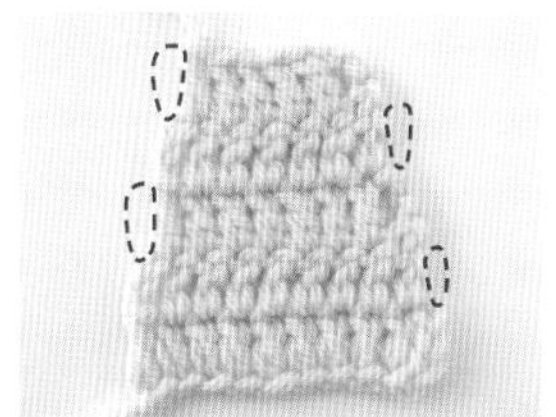

第2行以后的编织终点忘记挑取前一行立织的针目钩织长针了！

T 中长针

高度介于短针和长针之间。
因为不在针目中途引拔，所以钩织出来的针目看起来比较蓬松。
和短针、长针相比，中长针的稳固性稍微差一点，一般用作辅助性的针目。
立织（→p.27）2针锁针，立织的针目计为1针长针。

反面

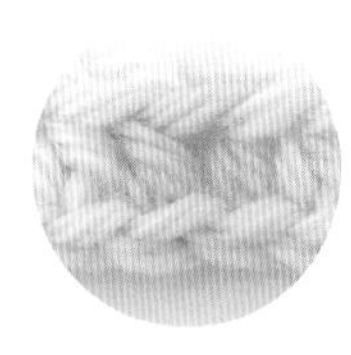

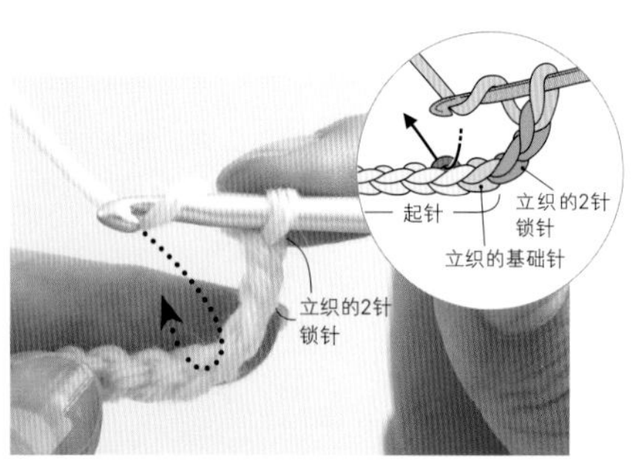

1 钩织“起针+立织的2针锁针”，钩针挂线，然后插入起针端头的第2针中（挑取里山）。

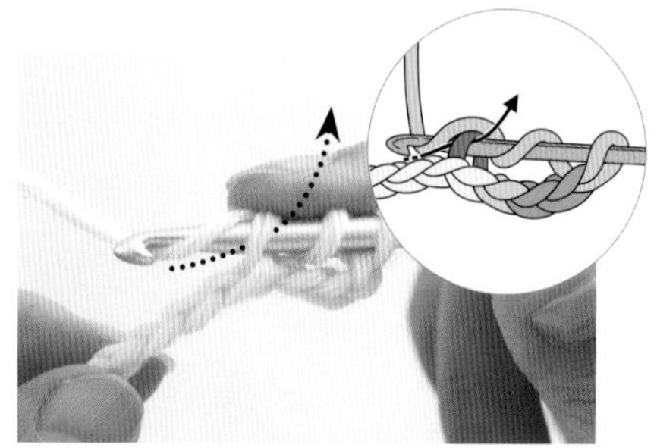

2 转动针头，钩针挂线并拉出。

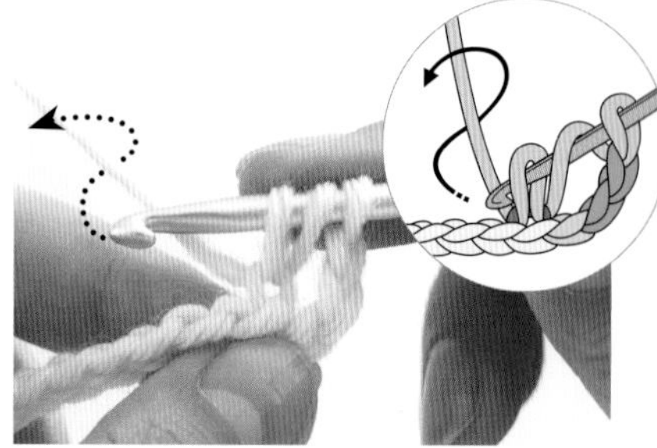

3 拉出后的样子。再次按照图示转动钩针（用针背撑起线圈）。

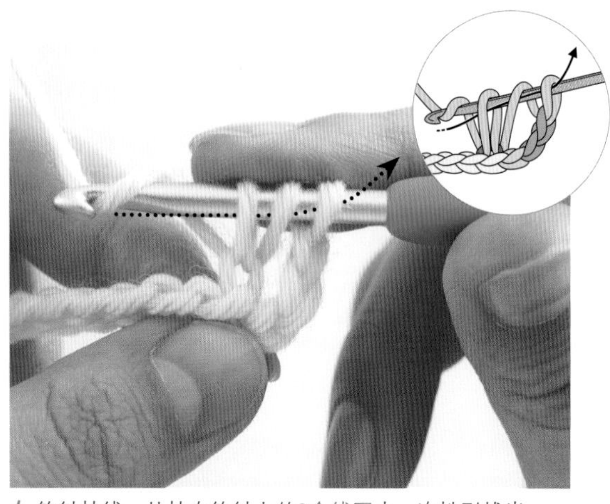

4 钩针挂线，从挂在钩针上的3个线圈中一次性引拔出。

5 第1针中长针钩织好了。因为立织的针目计入针数（2针锁针计为1针中长针），所以这里钩织的其实是第2针。继续钩针挂线，重复步骤1~4。

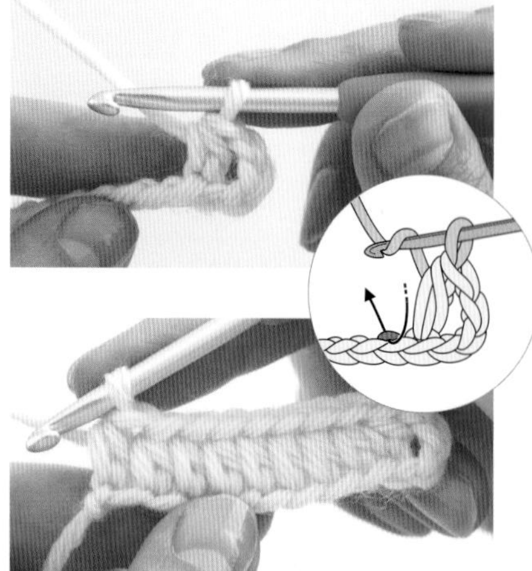

6 第1行钩织好了。

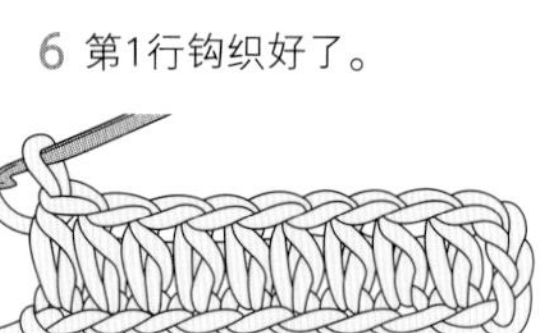

7 然后钩织下一行立起的2针锁针，如图所示将织片的右端向内侧翻面。

第2行

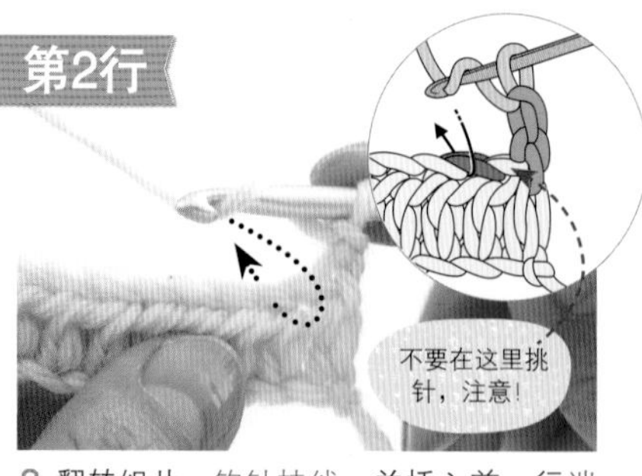

8 翻转织片，钩针挂线，并插入前一行端头第2针中长针的头部。

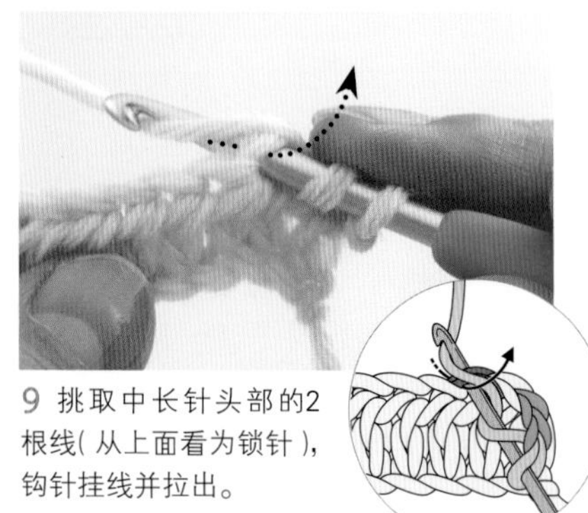

9 挑取中长针头部的2根线（从上面看为锁针），钩针挂线并拉出。

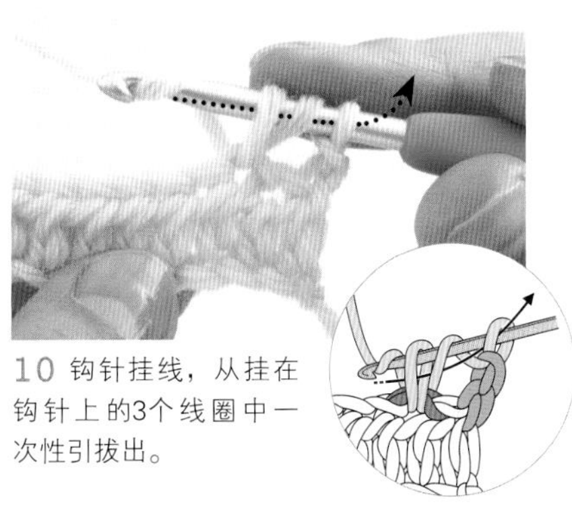

10 钩针挂线，从挂在钩针上的3个线圈中一次性引拔出。

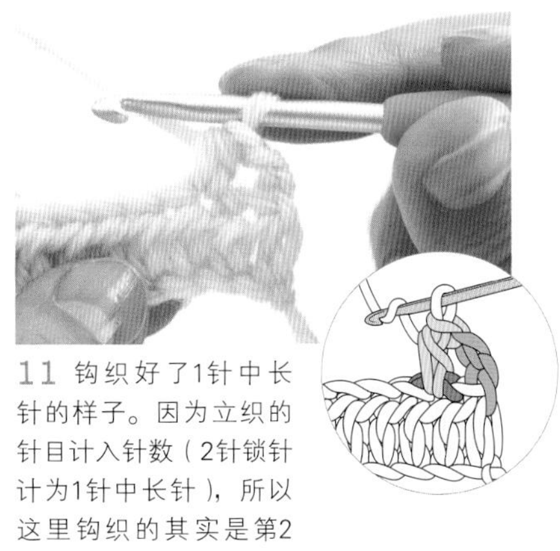

11 钩织好了1针中长针的样子。因为立织的针目计入针数（2针锁针计为1针中长针），所以这里钩织的其实是第2针。

12 按照相同的要领继续钩织，编织终点挑取前一行立织的第2针锁针的里山和外侧的半针锁针（和p.23的长针使用相同的要领）。

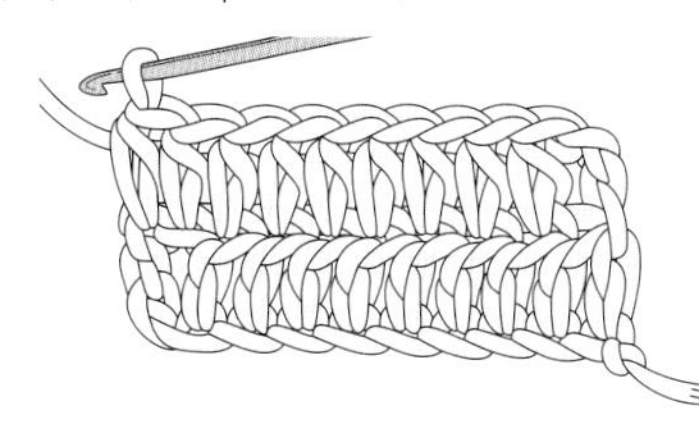

引拔针

正面

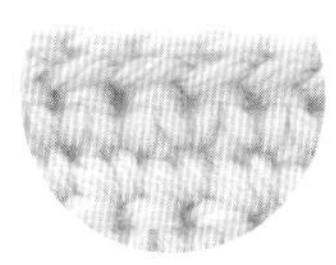

这是辅助性的钩织方法，是没有高度的针目。用于连接针目。
钩针挂线然后拉出，和锁针的钩织要领相同。

※引拔针的编织符号有用将锁针涂黑的椭圆形符号表示，也有以小黑点（●）表示的。

织在针目的头部时（在短针上钩织）

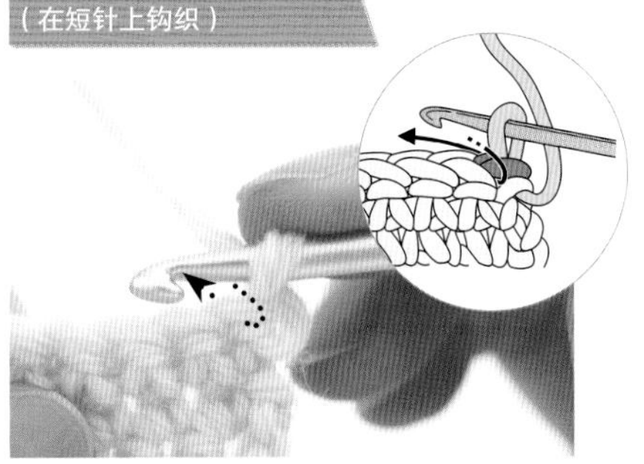

1 将线放在织片后面，钩针插入前一行针目头部的2根线中。

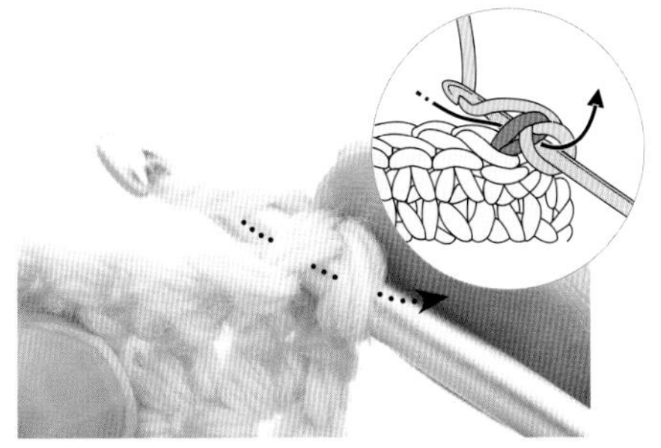

2 钩针挂线并引拔出。

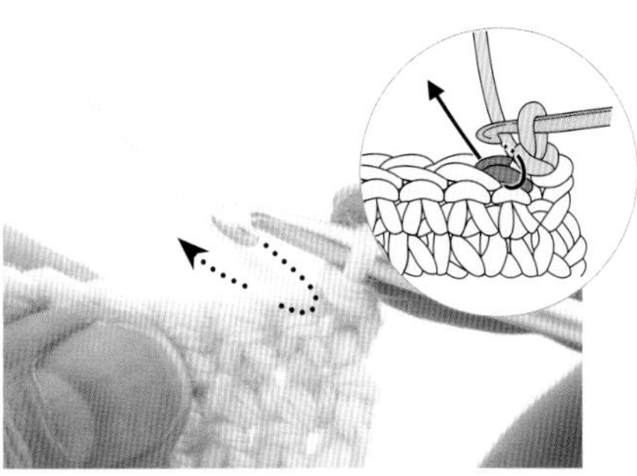

3 钩织好1针引拔针的样子。然后，同样挑取前一行相邻针目的头部引拔。

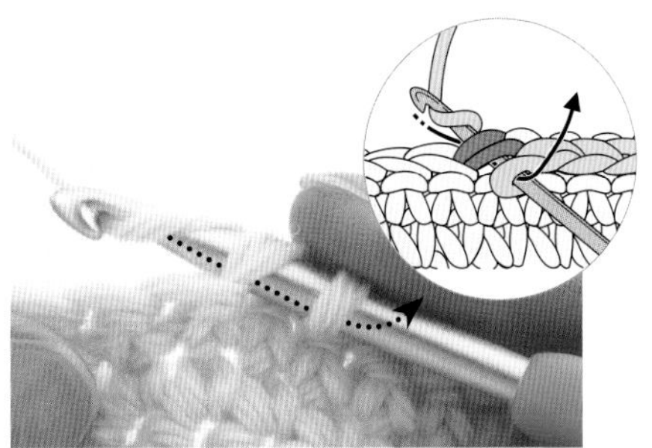

4 按照相同的要领继续钩织。引拔针很容易收缩，注意把控好力度。

5 完成5针引拔针的样子。感觉很像锁针。

连接针目与针目时

将钩针插入指定位置，挂线并引拔出，这样针目和针目就连接到一起了。

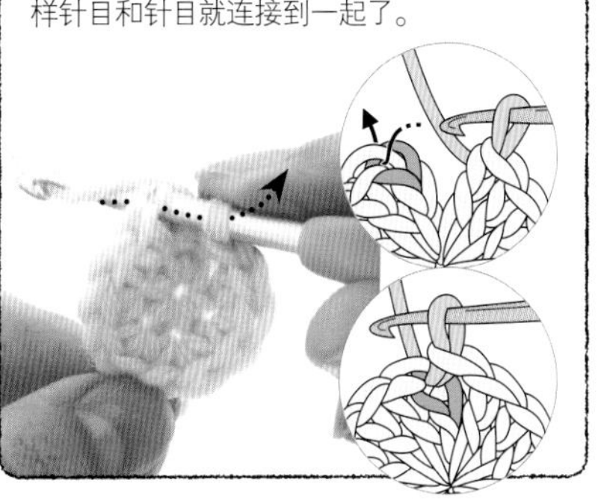

编织终点和线头处理

编织终点线头的处理方法

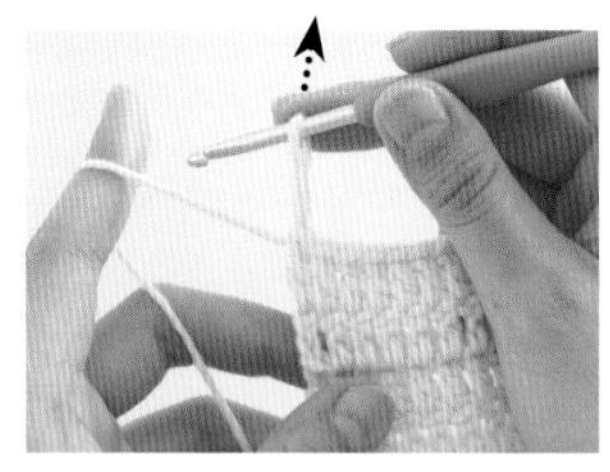
1 钩织完最后一针后，将挂在钩针上的最后一个线圈拉大。

2 剪断线头，留5cm左右。

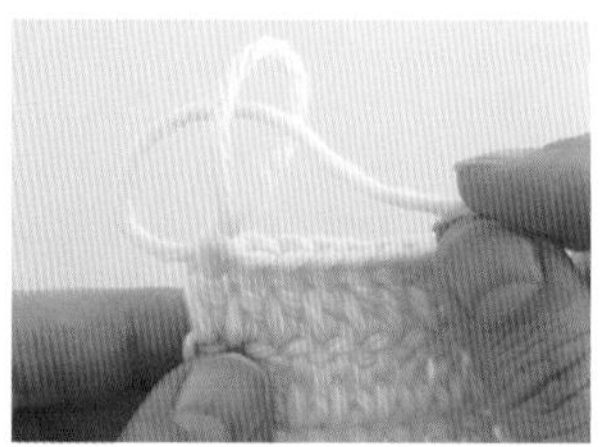
3 将线头从拉大的线圈中穿过。

4 拉紧线头，使线圈收紧。

线头的藏法

将线头穿入毛线缝针（p.13）中，藏到织片里。不打结。

●**藏到织片反面**……钩织区分正、反面的作品时，将3~4cm的线头藏到织片反面。毛线缝针不插入针目的空隙中，而是水平挑取织片反面的针目，这样线头就不会轻易散开了。

编织终点侧

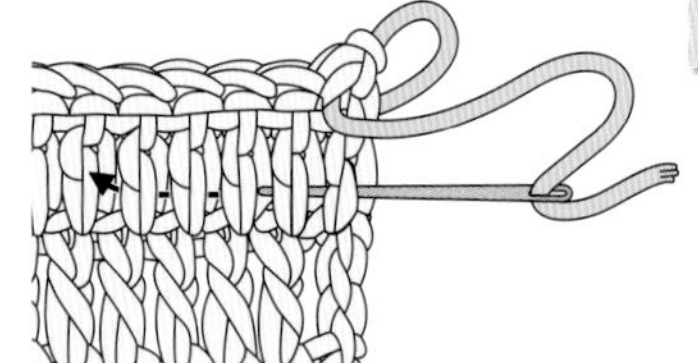

编织起点侧

●**藏到织片端头**……如果钩织的作品反面也会暴露在人们的视线中，将线头藏到端头的针目里比较好。

编织终点侧

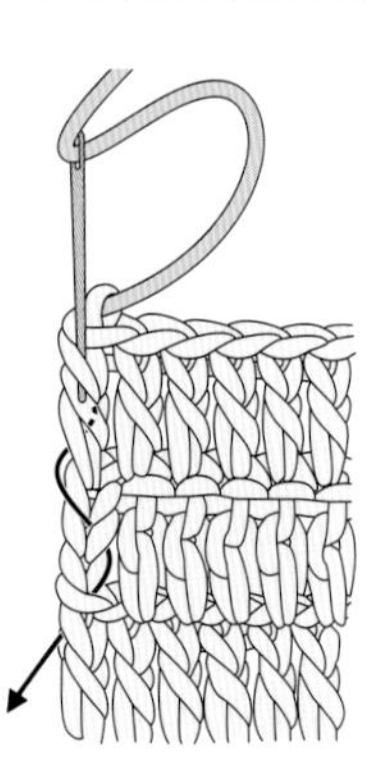

编织起点侧

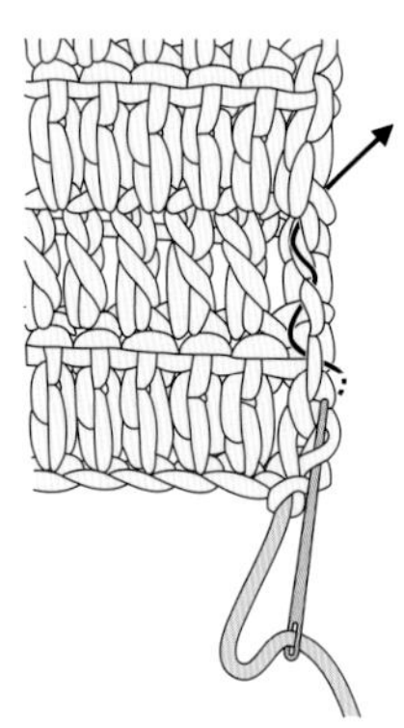

注意不要剪到织片！

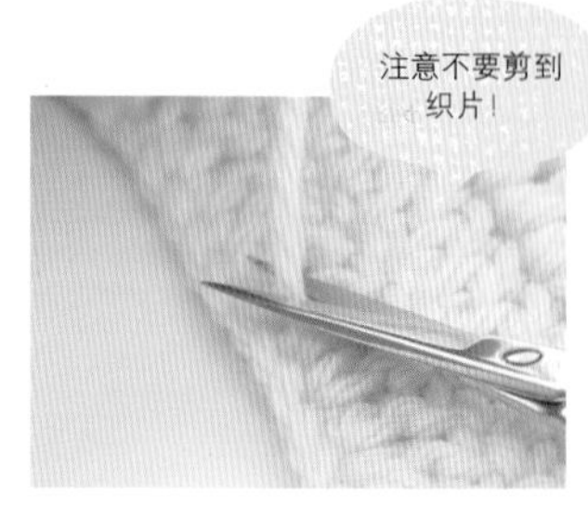
藏好线头后，将露在织片外面的线头剪去。

线头较短时

如果线头过短，穿入毛线缝针后没法再挑取针目，我们可以采用下面的方法。

1 将毛线缝针水平插入织片反面的针目中。

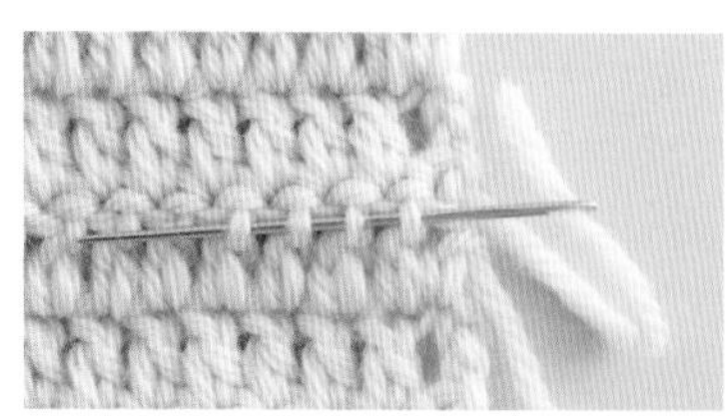
2 将线头穿入毛线缝针的针鼻。

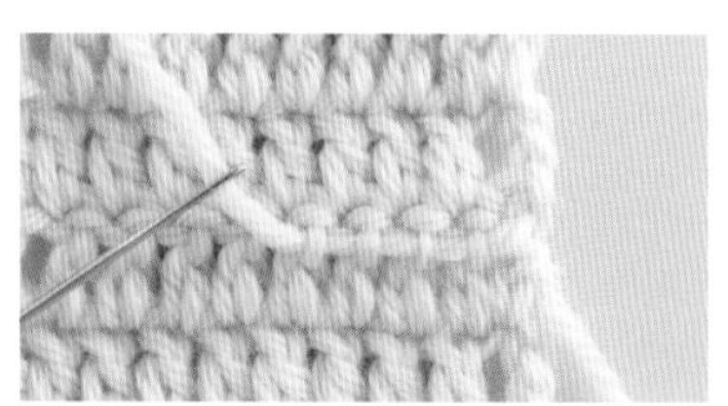
3 向前拉出毛线缝针后，线头就藏到织片里面了。

符号、高度、立织

编织符号的看法（编织符号和实际操作）

编织符号是将针目简化后的符号。
它展示了入针位置、钩织顺序等内容。
知道编织符号的看法后，只需要按照符号钩织就可以了。

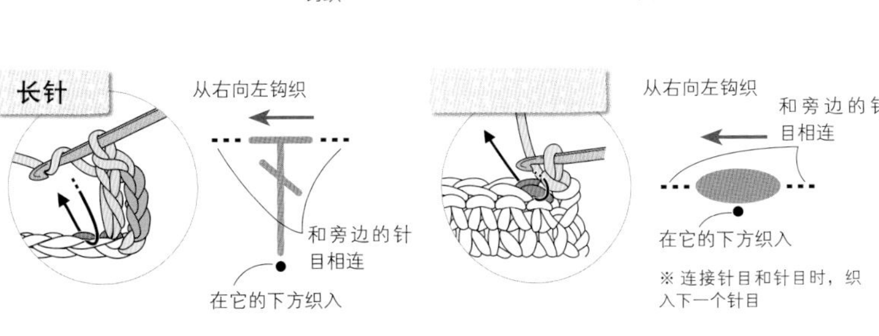

针目的高度

钩针编织的针目，每个针法高度不同，行高也各不相同。以1针锁针的高度为基准"1"，短针的高度和它相同（1），中长针的高度是它的2倍，长针的高度是它的3倍，长长针的高度是它的4倍，3卷长针的高度是它的5倍。钩织时有这种意识，利于保持织片的高度一致。

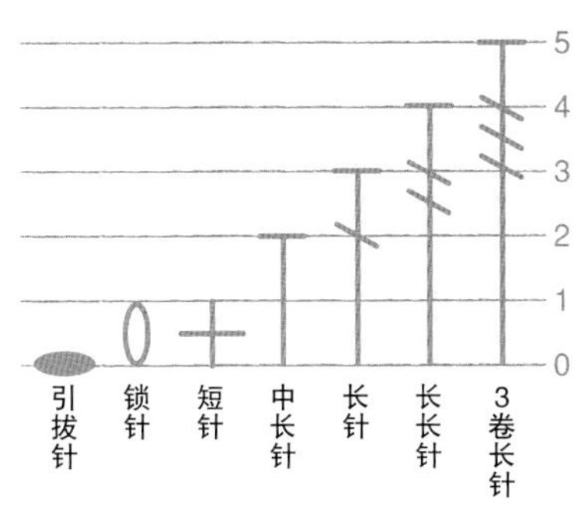

立织

钩织的针法不同，编织行的高度也会有所不同，在行的起点需要钩织被称作立织的锁针。立织的针目，其实是用一定数量的锁针针目代替即将钩织的针法的高度。如果直接在编织行的起点钩织指定针法，针目将无法达到本来的高度，织片也会扭曲。因此，在编织行的起点，要先钩织和指定针法相同高度的锁针。这个锁针就是立织的针目。针法不同，立织的锁针数量也不一样。除短针外，所有立织的锁针针目都会被计为1针。（短针的立织针目是1针锁针，缺乏存在感且不稳定，所以不计入针数。）

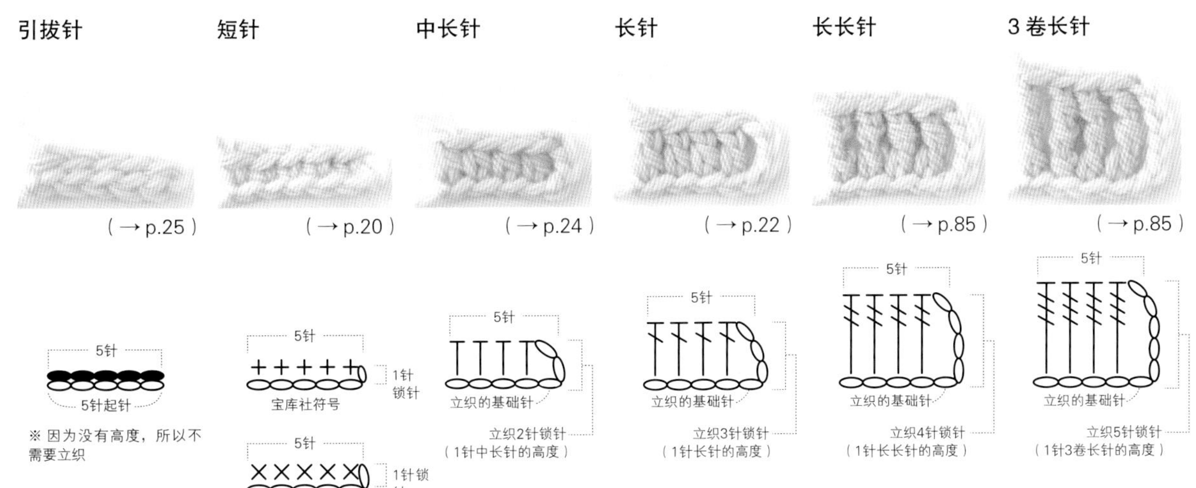

编织图和钩织方法的看法

编织图的看法

将各种编织符号组合在一起用来表示织片，这就是编织符号图（通常叫作编织图）。

编织图是以正面看织片的状态描绘而成的。实际钩织的时候，是从右向左钩织，往返编织的时候，交互看着织片的正面和反面钩织。但是，钩织方法上，正面和反面是一样的。也就是说，从正面看的话，每隔一行就是针目的反面。编织行的起点，也就是立织的锁针，位于右侧时是正面编织的行，位于左侧时是反面编织的行。看编织图的时候，注意箭头的方向。

环形编织、钩织花片时，通常是一直看着织片正面钩织的。

顺便说一下，因为钩织时针目位于钩针下方，所以编织图是以从下向上的方式表示钩织过程的。环形编织时，从内向外钩织。

编织图是按照成品织片的针目位置逐一替换成编织符号而制成的，虽然看起来略显复杂，但只要我们找到编织起点，就可以沿着编织符号按顺序一气呵成了！

如果觉得编织图不太容易看懂，可以每隔一行描上颜色，或者每隔一个花样描上区分用的线条，这样就很容易理解了。

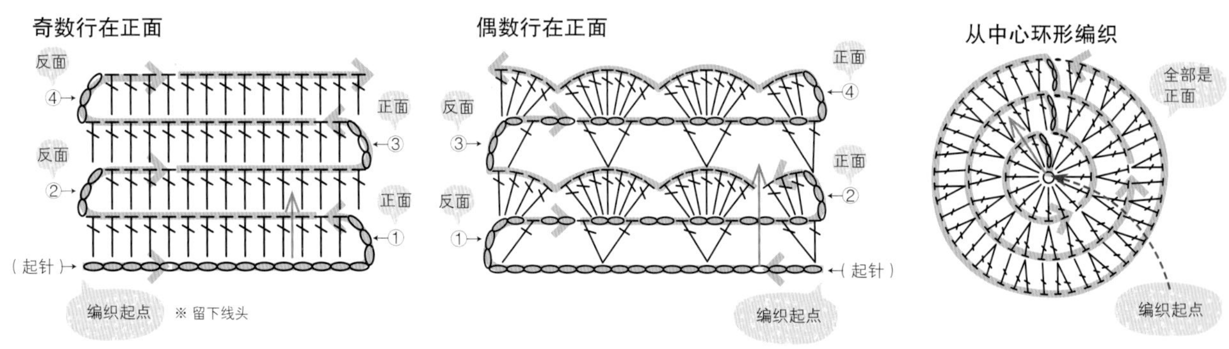

钩织方法的看法

钩织方法页记录了材料、工具、整体图和编织图等必要的信息。开始钩织前，请先了解相关信息。

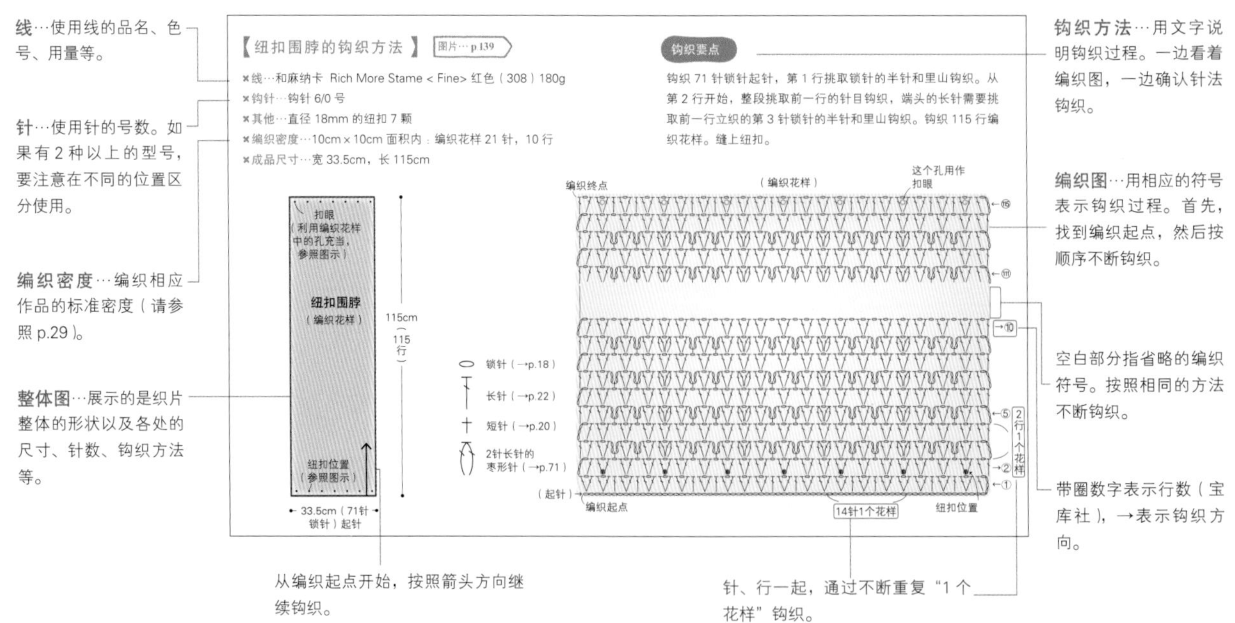

【纽扣围脖的钩织方法】 图片…p.139

×线…和麻纳卡 Rich More Stame < Fine> 红色（308）180g

×钩针…钩针 6/0 号

×其他…直径 18mm 的纽扣 7 颗

×编织密度…10cm×10cm 面积内：编织花样 21 针，10 行

×成品尺寸…宽 33.5cm，长 115cm

钩织要点

钩织 71 针锁针起针，第 1 行挑取锁针的半针和里山钩织。从第 2 行开始，整段挑取前一行的针目钩织，端头的长针需要挑取前一行立织的第 3 针锁针的半针和里山钩织。钩织 115 行编织花样。缝上纽扣。

编织密度

什么是编织密度？

编织密度是钩织时候的标准，表示针目的大小，是将作品钩织为成品尺寸不可或缺的一步。即使使用相同的线，编织者的手劲儿不同，针目的高度也会有变化。钩织毛衣和帽子等衣物时尤要注意。

编织密度通常用 10cmx10cm 面积内的针数、行数来表示。（连接花片时，以一个花片的大小表示）

正式钩织作品前，务必先钩织一个 15cmx15cm 大小的织片测量密度。

针数、行数的数法

可以给钩针挂线引拔的叫作针，针目横向排成 1 列叫作行。

针目一行一行地向上重叠就会使行数增加，由此形成织片。何为 1 针，何为 1 行，不熟练的时候很容易弄混，一定要看清针目的形状数清楚。

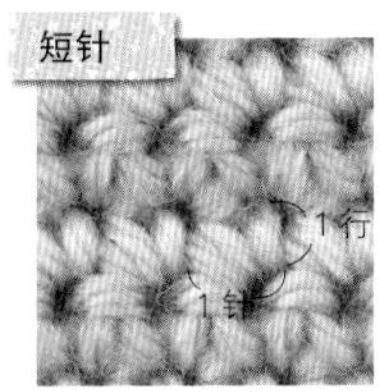

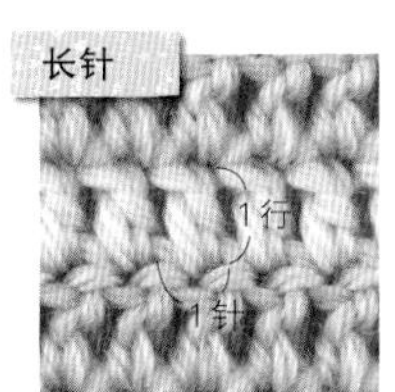

和书中的编织密度不一样时怎么办？

如果比标准密度的针数或行数多或者少，就要改变钩针号数使其和标准密度吻合。

针数、行数 比标准密度多	针数、行数 比标准密度少
针目偏紧， 钩织出来的织片偏小	针目偏松， 钩织出来的织片偏大
⬇	⬇
稍微钩织得松一点， 换粗一点的钩针	稍微钩织得紧一点， 换细一点的钩针

编织密度的测量方法

钩织围巾、披肩时，成品尺寸有差异也不影响，这时不用太在意编织密度。不过，先钩织一个小织片的话，可以帮助我们确认钩织方法，并且习惯它。对于初学者来说，还可以作为钩织出完美作品前的练习。非常推荐大家在正式钩织之前预织一个相应的织片。

编织密度的测量方法

参考书中的密度，用指定的线材钩织出可以清楚区分编织花样的针数。钩织成和标准宽度大致相等的行数，并在花样区分明显的地方结束。用蒸汽熨斗轻轻熨烫，使针目变得水平、垂直。散去蒸汽后，在针目稳定的中央部分数出 10cmx10cm 面积内的针数、行数。如果边缘稍微多出了一点，可以四舍五入，也可以计作 0.5 针（0.5 行）。不用太在意几毫米的误差。

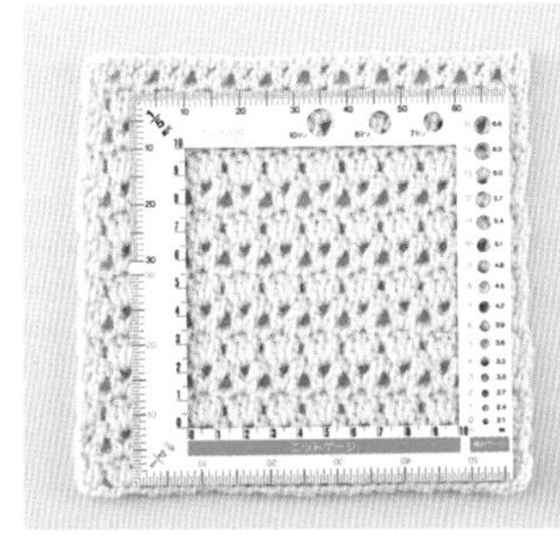

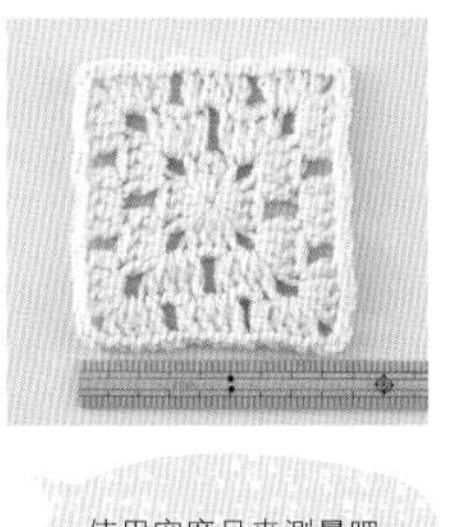

使用密度尺来测量吧

测量密度用的织片怎么处理？

量好密度之后，将织片放在边上，可在钩织的过程中随时用来比照针目大小。测量密度用的织片用线没有计入材料，如果钩织过程中发现毛线不太够，可以将这个织片拆开，用在缝合、接合等不太醒目的地方。

调整编织密度

通过改变钩针的号数来调整织片大小，这就是调整编织密度。即使针数相同，使用不同号数的钩针编织，织片的大小也会发生变化。有些衣服就是根据这一点设计的。

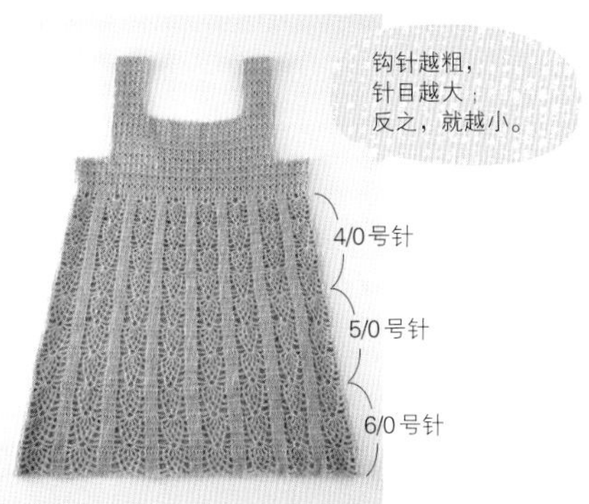

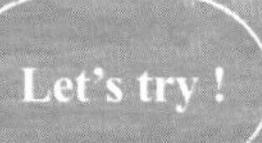

一起钩织作品吧

先从小物件入手，不断练习，一个个地挑战。

＊简单的杯垫

可以用基本针法钩织好的简单杯垫。
a和c用锁针和短针钩织，b用锁针、短针和中长针钩织。

设计／梦野 彩
使用线／和麻纳卡《超级粗》

b

c

a

练习作品 钩织方法请参照 p.32、33。

【杯垫的钩织方法】

× 线…和麻纳卡 SONOMONO（超级粗）a：原色（11）；b：浅茶色（12）；c：深棕色（13）各 25g
× 钩针…钩针 10/0 号，特大号钩针 7mm（起针用）
× 编织密度…10cm × 10cm 面积内：
a：棱针 13.5 针，13.5 行
b：编织花样 10 针，9.5 行
c：短针 12 针，12.5 行
× 成品尺寸…15cm × 15cm

钩织要点

用 7mm 特大号钩针钩织锁针起针。然后换为 10/0 号钩针，立织 1 针锁针，挑取起针的锁针的里山，钩织第 1 行。

a：立织1针锁针，然后钩织1针锁针，重复钩织“1针短针、1针锁针”。每钩织一行翻转织片，钩织20行。（参照p.32）

b：立织1针锁针，然后钩织1行短针。第2行立织2针锁针后翻转织片，钩织中长针。每钩织一行翻转织片，重复钩织短针行和中长针行，钩织14行。

c：立织1针锁针，然后钩织短针。每钩织一行翻转织片，钩织19行。

a、b、c均在编织终点钩织10针锁针，然后在编织终点处引拔成环。

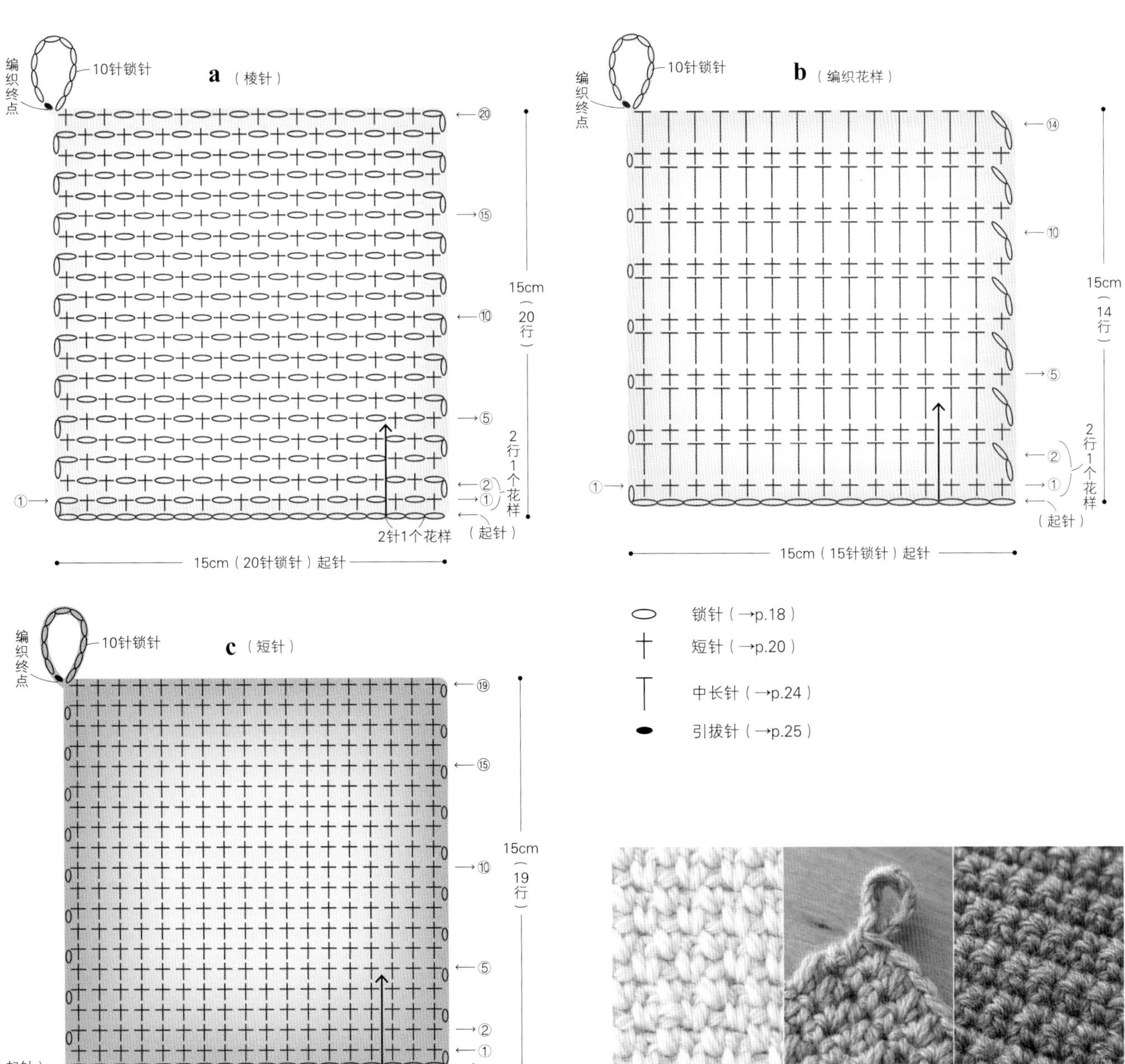

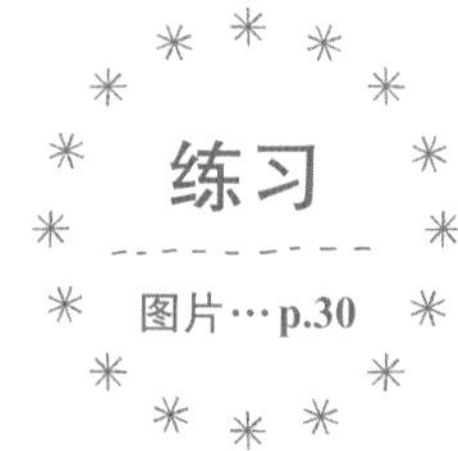

杯垫 a 的钩织方法

只需要锁针和短针即可完成杯垫a的钩织，对于新手来说，可以先试着钩织这个作品。根据p.31的编织图，一行一行地钩织。

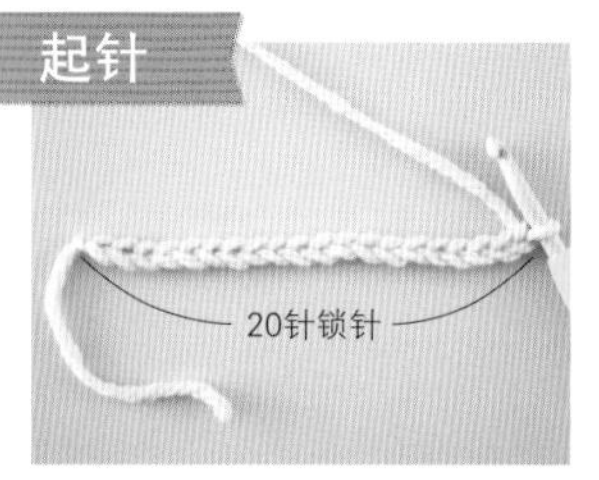

1 用7mm钩针钩织20针锁针起针。

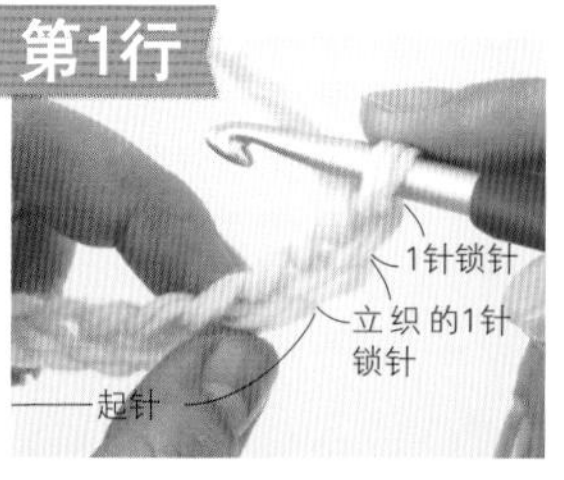

2 换为10/0号钩针，立织1针锁针，然后再钩织1针锁针。

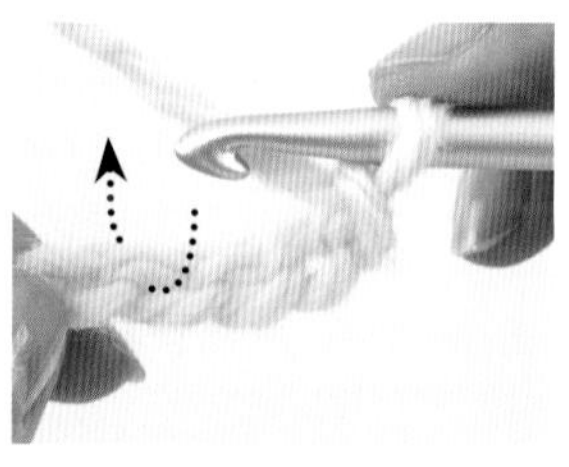

3 从起针的锁针的端头第2针（从编织终点起第4针）的里山挑针。

4 钩针挂线，如箭头所示拉出。

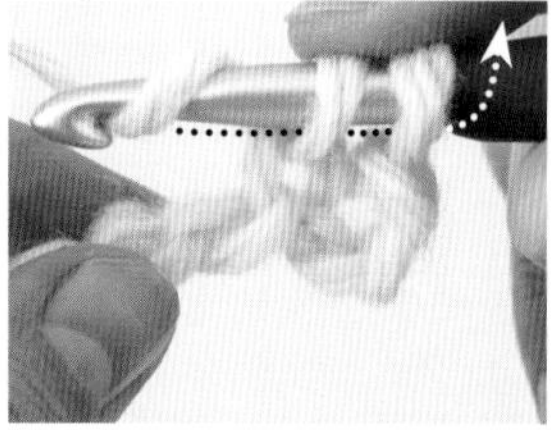

5 再次钩针挂线并引拔出，钩织短针。

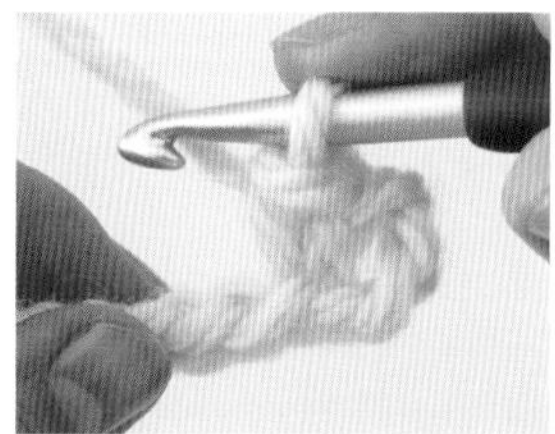

6 1针短针钩织好了。

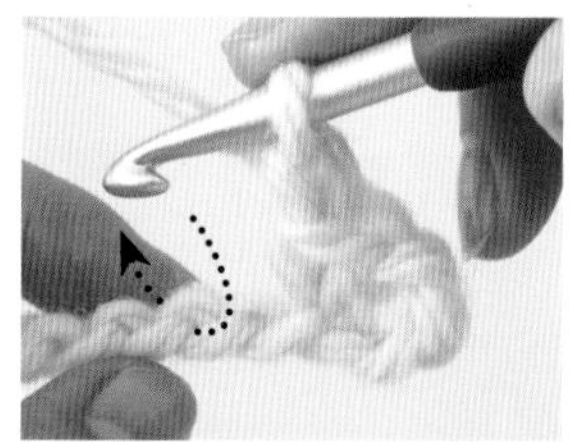

7 再钩织1针锁针，跳过起针的1针锁针，挑取下一针锁针。

8 钩针挂线并引拔出，钩织短针。

9 第2针短针钩织好了。

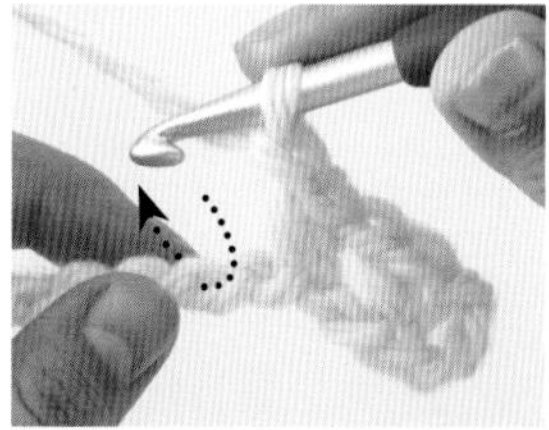

10 继续钩织1针锁针，跳过起针的1针锁针，挑取下一针锁针。

11 重复步骤8~10，隔1针挑针。图为钩织好第1行的样子。

12 继续立织1针锁针并钩织下一针锁针。

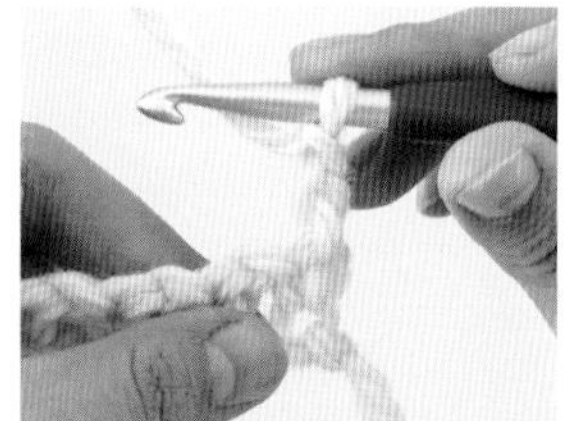

13 钩针保持不动，如p.22所示翻转织片。

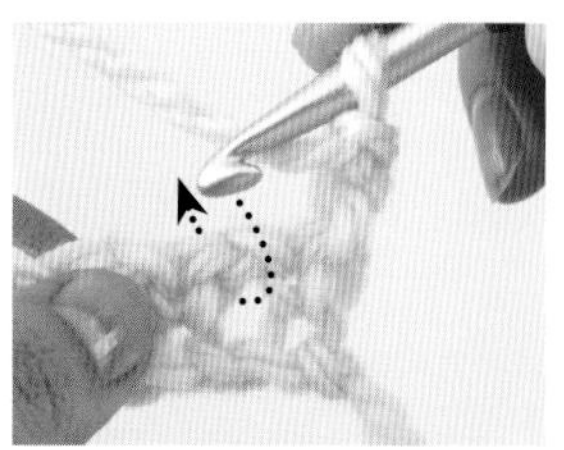

14 将钩针插入前一行锁针下面的空间中（整段挑取）。

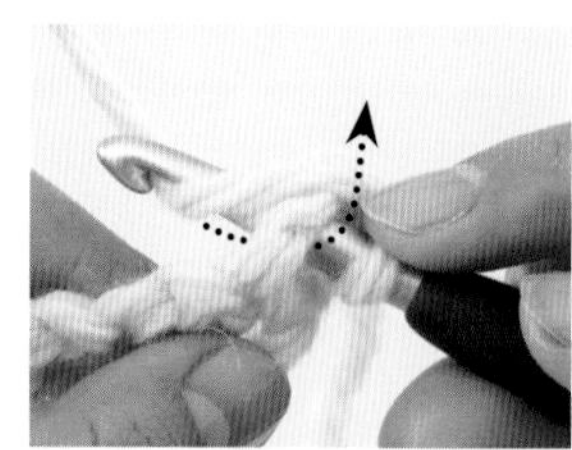

15 钩针挂线并拉出。

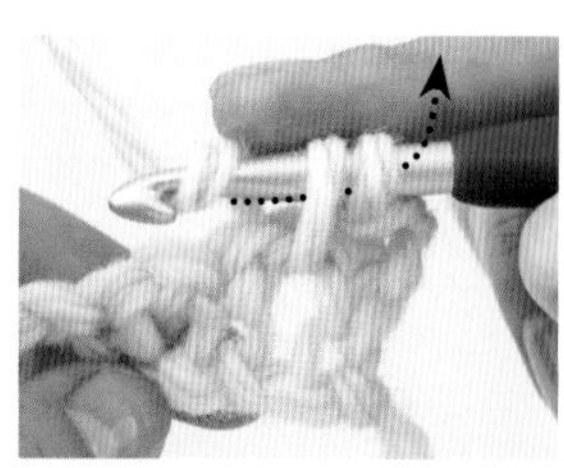

16 钩织短针。

17 继续钩织1针锁针。

18 重复步骤14~17。

19 第2行钩织好了。

第3行

20 继续立织1针锁针并钩织下一针锁针。

21 钩针保持不动，翻转织片，按照第2行的要领钩织第3行。

编织终点的挂环

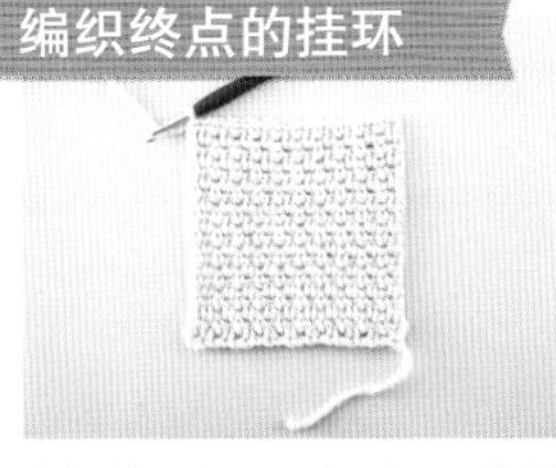

22 按照相同要领钩织，每钩织完一行翻转织片，钩织20行。

23 继续钩织10针锁针。

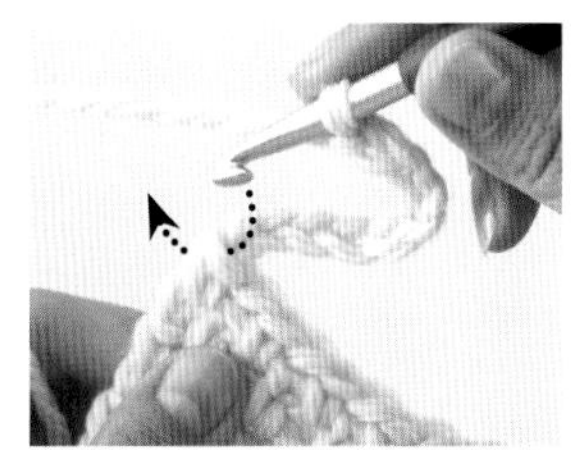

24 挑取锁针根部的短针头部1根线和下面1根线。

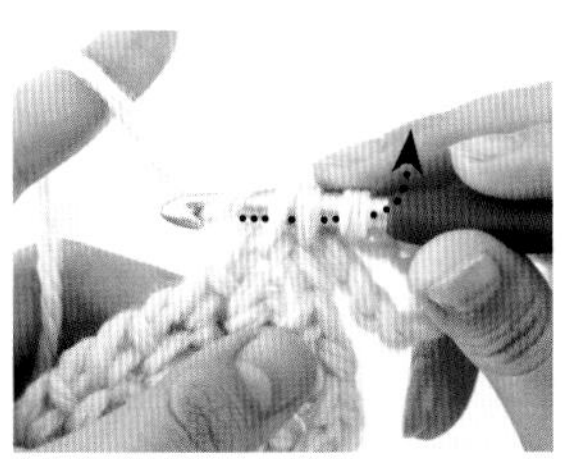

25 钩针挂线并引拔出。

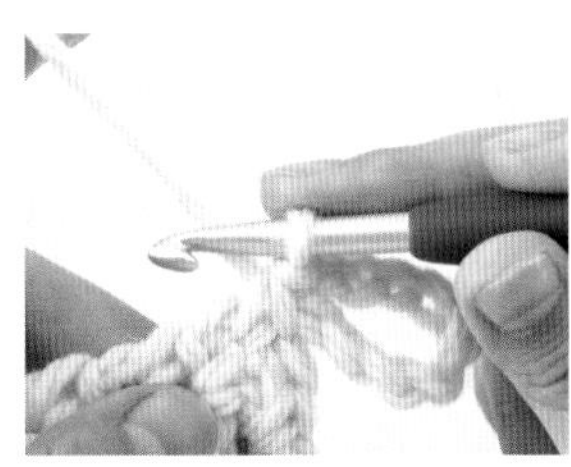

26锁针的挂环钩织好了。

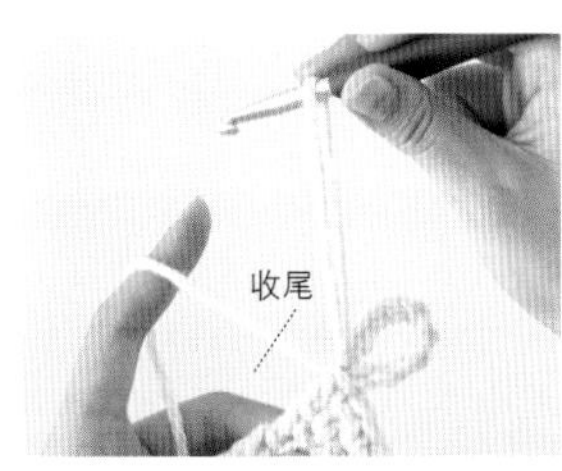

27 将挂在钩针上的针目拉大，剪线后拉出。

28 钩织好的样子。

收尾

29 将线头穿入毛线缝针，翻转织片，用针挑起端头的针目。

30 入针3~4cm时将线拉出，再次向相反方向挑针，这样线头不容易绽开。编织起点的线头也按照相同的方法处理。

31 将多余的线头剪断，用蒸汽熨斗熨烫平整。熨烫后静置至蒸汽散去。

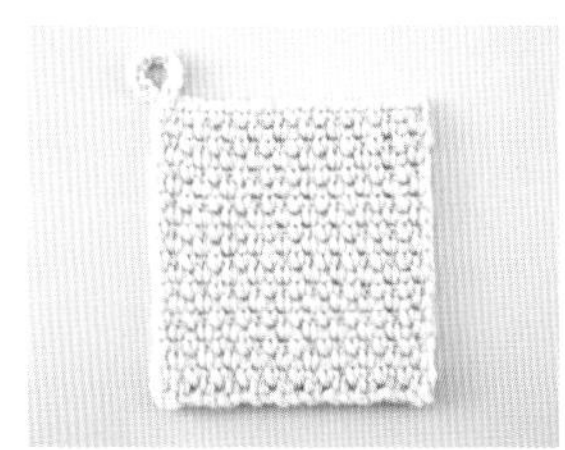

32 完成。

＊方眼编织的餐垫和针插

将长针和锁针组合在一起，形成像格子一样的方眼编织。
用长针填充格子，可以形成编织花样。
中央加入锁针和短针，织成像花朵图案一样的餐垫。

设计／梦野 彩
使用线／和麻纳卡

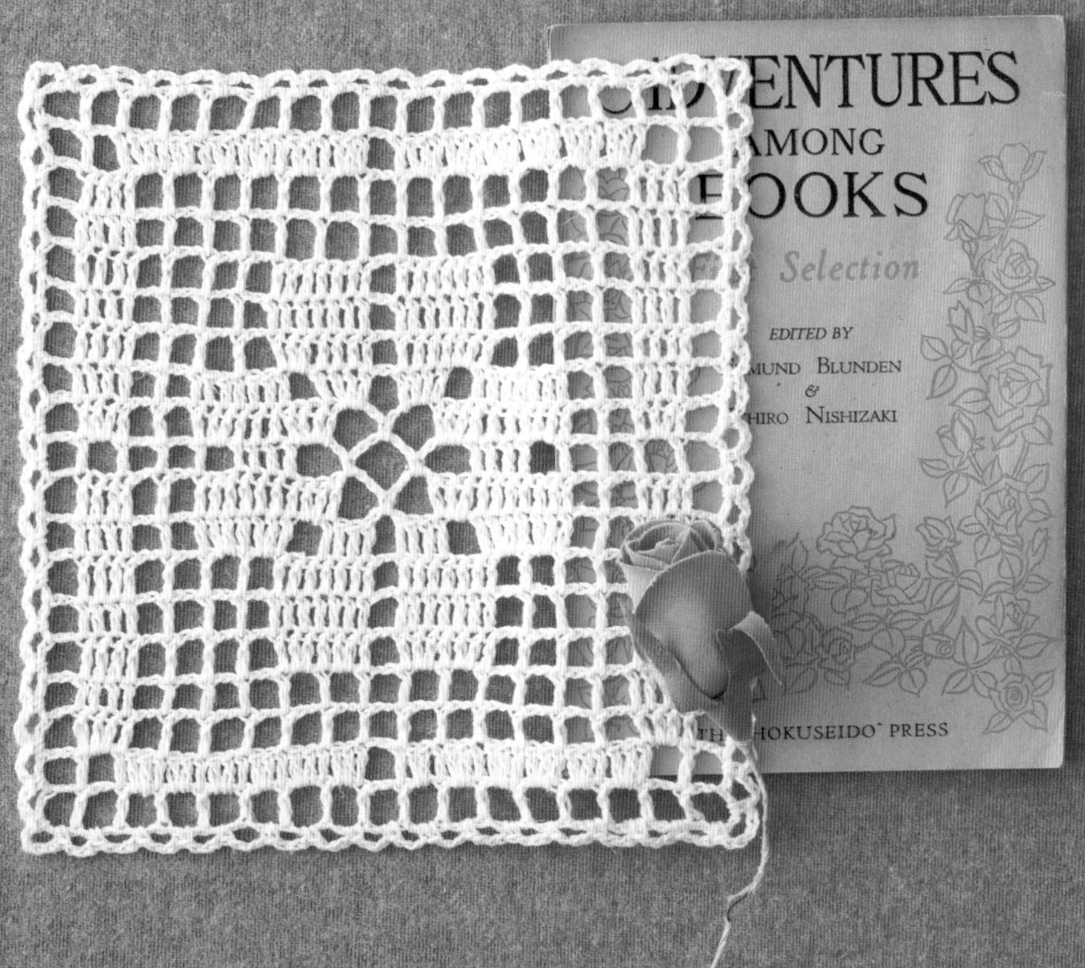

钩织方法相同，换一种线后，尺寸就变了。
用细线钩织，做成小小的针插也不错。

使用线／芭贝

【餐垫和针插的钩织方法】 ※[ ]内是针插的钩织方法

- 线…和麻纳卡 Flax C 原色（1）11g [芭贝 New 2PLY 蓝色（252）3g]
- 钩针…钩针 3/0 号、4/0 号（起针用）[蕾丝针 4 号、0 号（起针用）]
- 其他…[2 片边长 10cm 的正方形针插用布、填充棉适量]
- 编织密度…10cm×10cm 面积内：方眼编织 10 格（30 针），10.5 行 [19 格（57 针），21 行]
- 成品尺寸…18cm×19cm [9.5cm×9.5cm]

钩织要点

＊详细钩织方法见 p.36

用 4/0 号钩针 [0 号蕾丝针] 钩织 52 针锁针起针。再换为 3/0 号钩针 [4 号蕾丝针]，立织 3 针锁针。然后钩织 2 针锁针，挑取起针的锁针的里山钩织长针。重复钩织“2 针锁针、1 针长针”。第 2 行以后，按照图示钩织长针和锁针，部分钩织短针做编织花样。整段挑取前一行的锁针（参照 p.57）钩织长针。钩织 19 行。

最后做边缘编织。立织 1 针锁针，重复钩织 1 针短针和 3 针锁针（角部钩织 5 针锁针），钩织 1 圈。

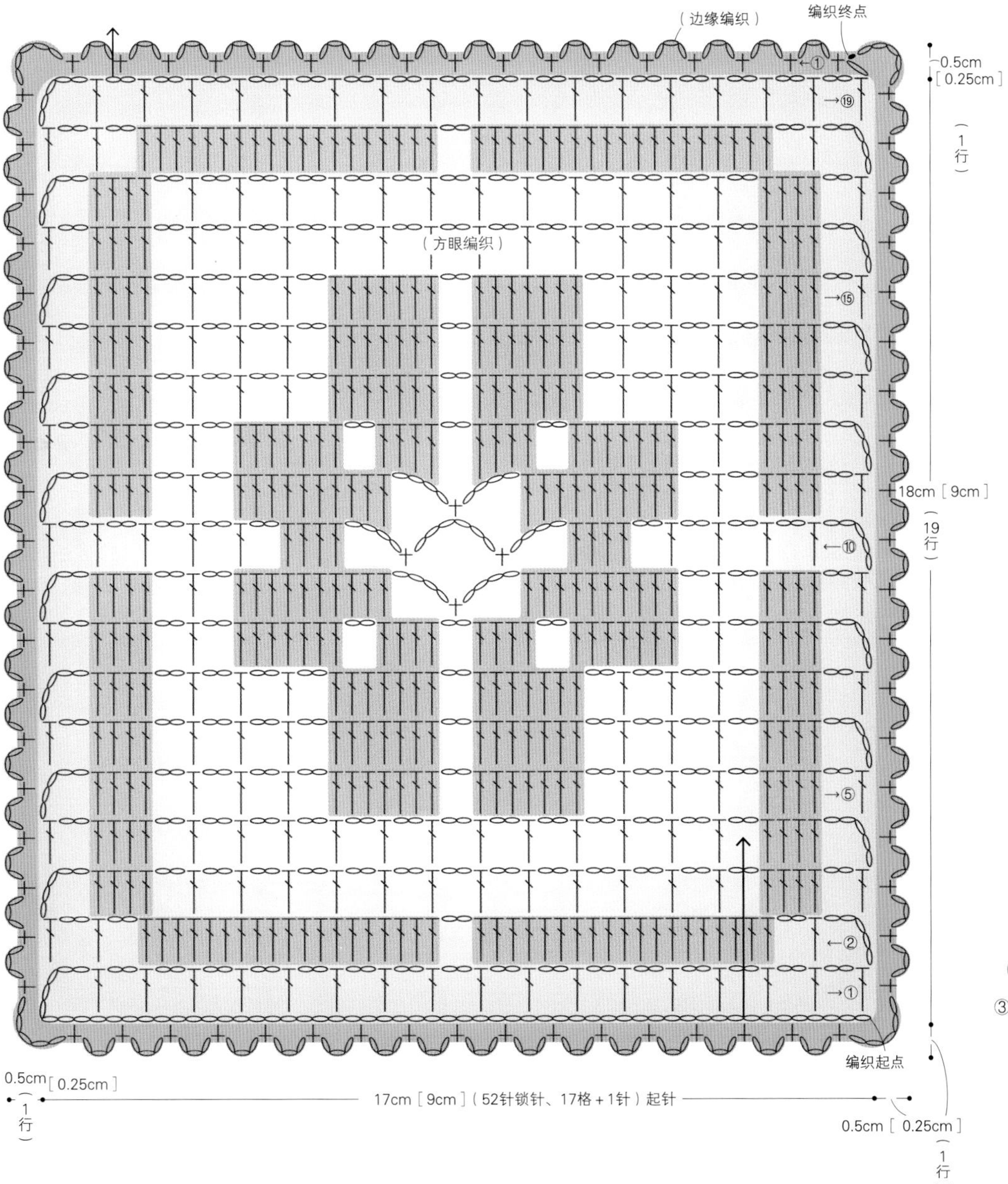

（边缘编织）
编织终点
0.5cm [0.25cm]
→⑲
1 行
（方眼编织）
→⑮
18cm [9cm] 19 行
←⑩
→⑤
←②
→①
编织起点
0.5cm [0.25cm] 1 行
17cm [9cm]（52针锁针、17格+1针）起针
0.5cm [0.25cm]
1 行

- 锁针（→p.18）
- 短针（→p.20）
- 长针（→p.22）
- 引拔针（→p.25）

针插的制作方法

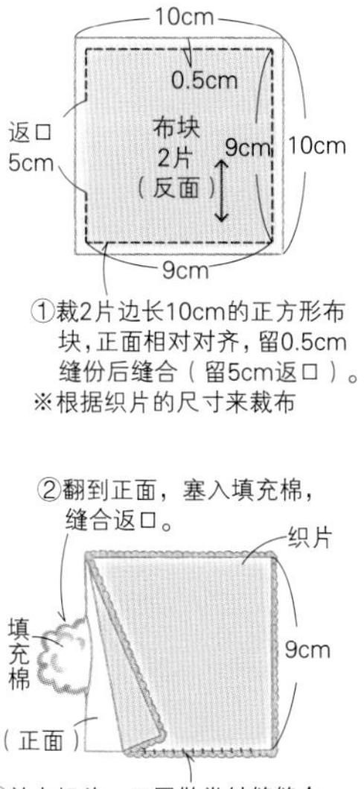

10cm
0.5cm
布块 2片（反面）
9cm
10cm
返口 5cm
9cm

①裁2片边长10cm的正方形布块，正面相对对齐，留0.5cm缝份后缝合（留5cm返口）。
※根据织片的尺寸来裁布

②翻到正面，塞入填充棉，缝合返口。

织片
填充棉
9cm
（正面）

③放上织片，四周做卷针缝缝合。边缘编织部分不缝。

方眼编织的餐垫的钩织要点

这是一款用线比较细、只需基本的钩织方法即可完成的简单作品。
对使用钩针稍微熟悉一点后，就可以挑战这款作品了。

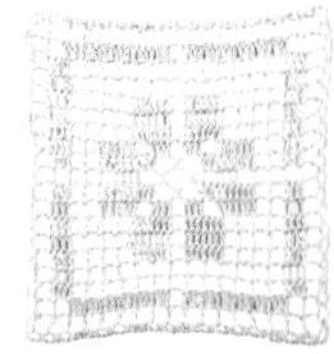

起针

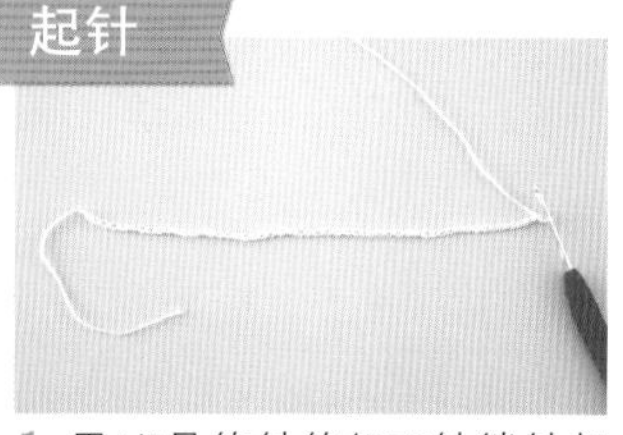

1 用4/0号钩针钩织52针锁针起针，再换为3/0号钩针。

第1行

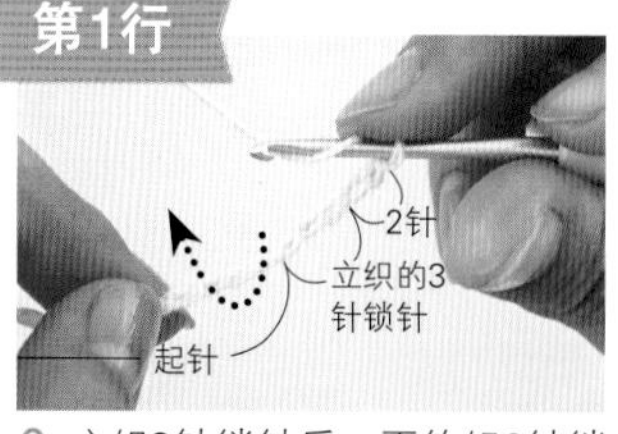

2 立织3针锁针后，再钩织2针锁针。钩针挂线，从起针的锁针端头第4针的里山挑针。

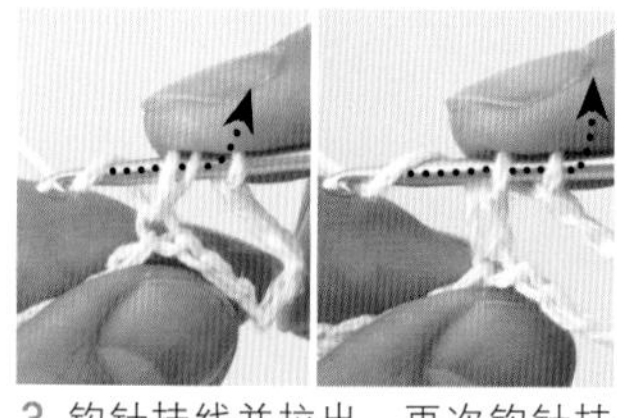

3 钩针挂线并拉出。再次钩针挂线，从挂在钩针上的2个线圈中拉出，重复1次（长针）。

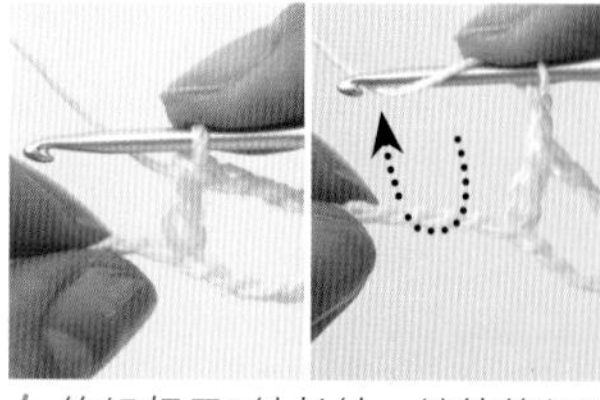

4 钩织好了1针长针。继续钩织2针锁针，钩针挂线，跳过2针起针的锁针，钩织长针。

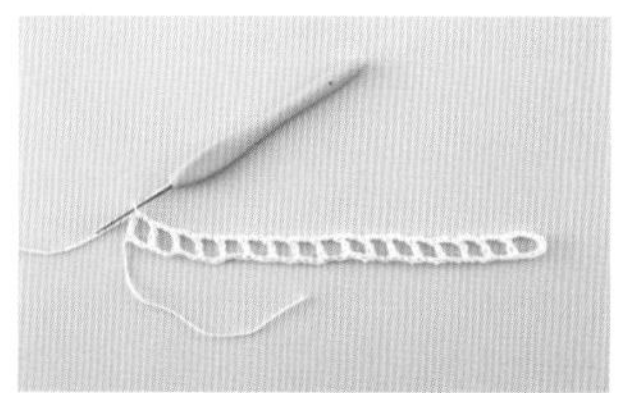

5 按照相同要领钩织至端头。继续下一行立织的3针锁针，再钩织2针，翻转织片。

第2行

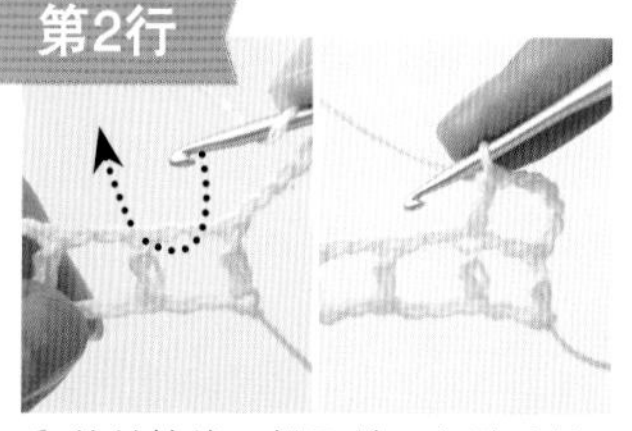

6 钩针挂线，挑取前一行端头第2针长针的头部2根线，钩织长针。

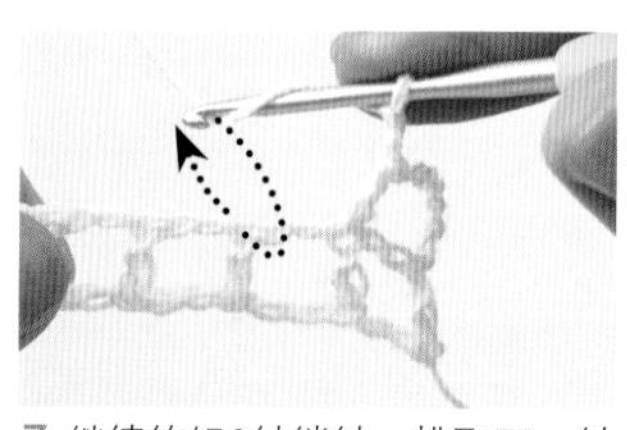

7 继续钩织2针锁针，挑取下一针长针的头部钩织长针。

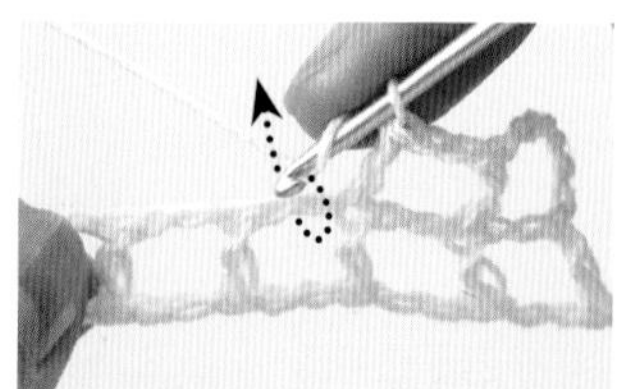

8 下一针时，整段挑取前一行的锁针钩织长针。

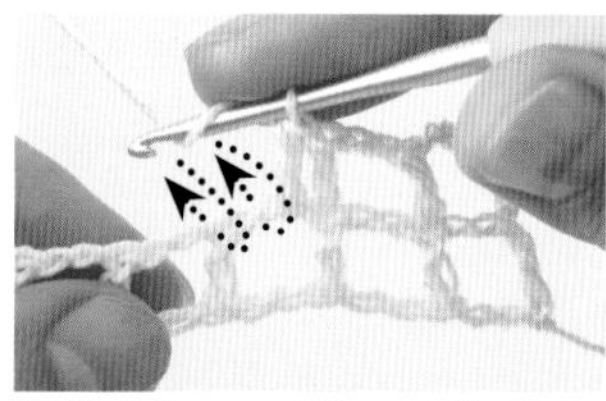

9 按照相同要领钩织，前一行是长针时挑取针目头部，前一行是锁针时整段挑取，钩织长针。

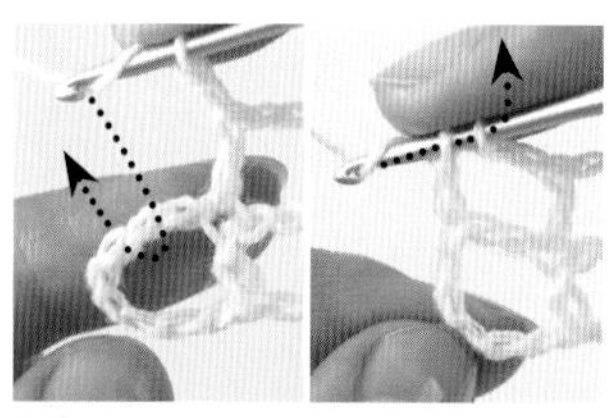

10 第2行的编织终点，从反面挑取前一行立织的第3针锁针的里山和半针，钩织长针。

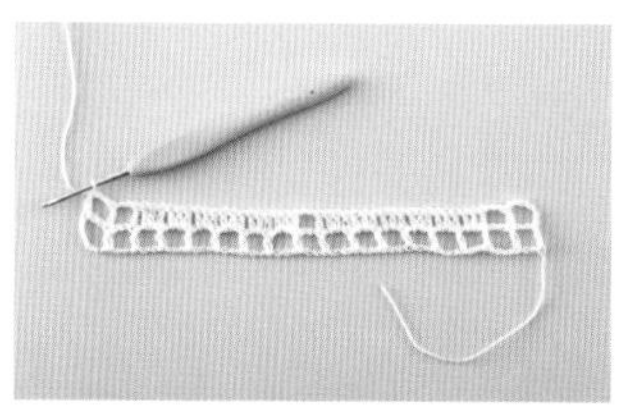

11 第2行钩织好了。按照相同要领钩织，前一行是锁针时整段挑取，按照图示钩织。

第3行

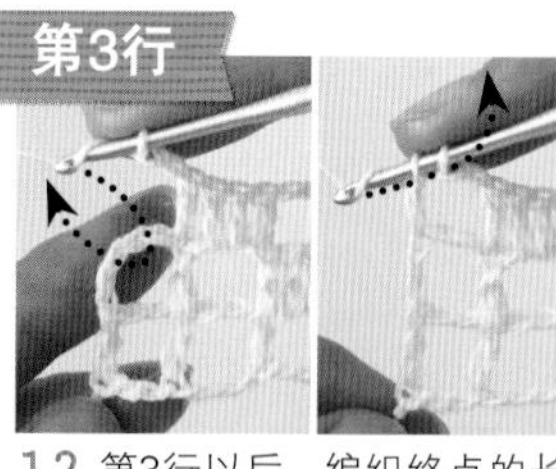

12 第3行以后，编织终点的长针从正面挑取前一行立织的第3针锁针的半针和里山。

第9行

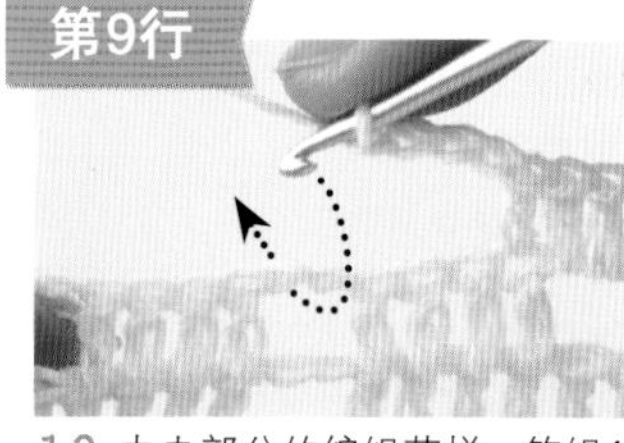

13 中央部分的编织花样，钩织4针锁针，整段挑取前一行的锁针，钩织短针。

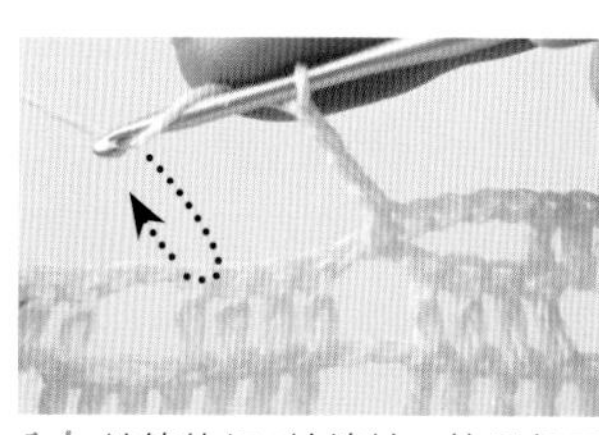

14 继续钩织4针锁针，按照相同要领，在钩织的过程中做编织花样。

边缘编织

15 按照相同要领钩织至第19行，然后立织1针锁针做边缘编织。

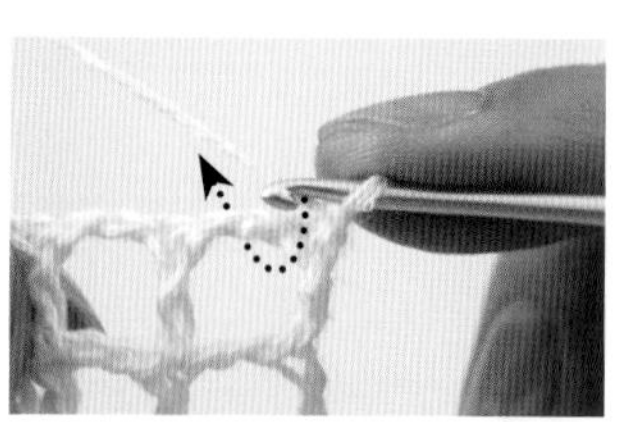

16 将织片翻到正面，整段挑取主体部分的方眼编织，钩织1针短针。

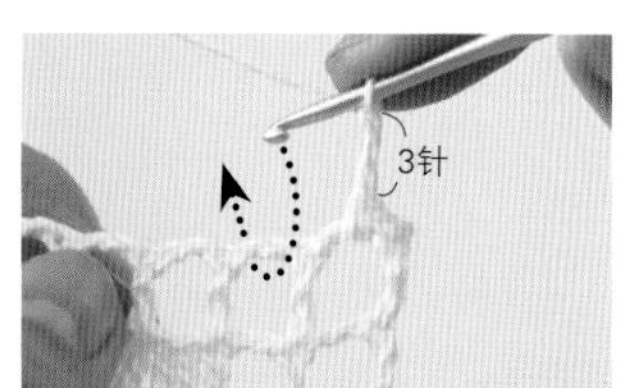

17 继续钩织3针锁针，整段挑取短针。

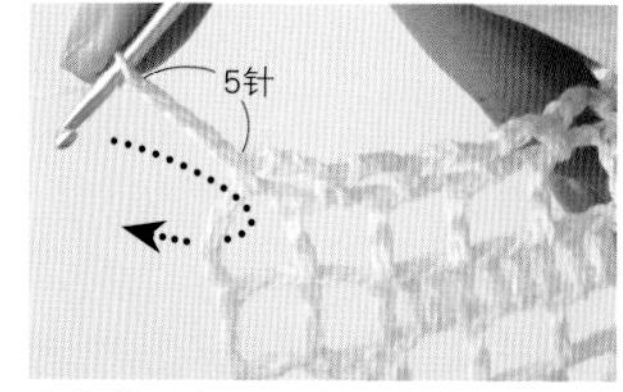

18 按照相同要领重复钩织3针锁针、1针短针。角部钩织5针锁针，在同一个格子中钩织1针短针。

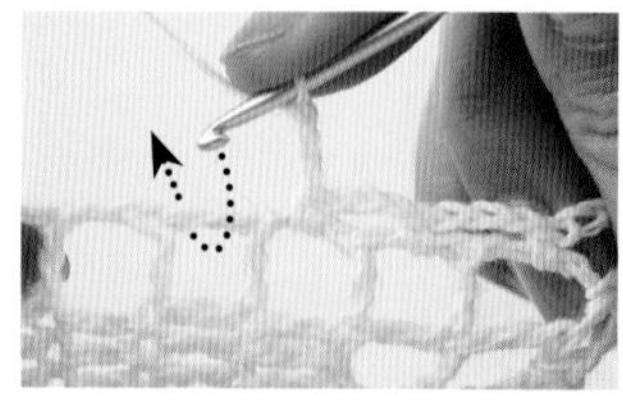

19 方眼编织的行侧（两侧）也整段挑取短针。按照相同要领钩织1圈。

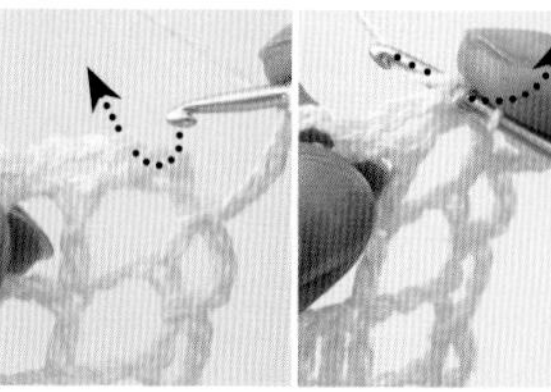

20 编织终点，挑取边缘编织第1针短针的头部2根线钩织引拔针。

环形编织的作品

掌握基本针法和往返编织的方法后，
让我们开始学习环形编织吧。
环形编织的起点不像锁针那样稳定，
不熟练的话会觉得比较难，
它或许是钩针编织的第一道坎儿。
但是，这既是钩针编织的基本技巧，
也是非常重要的技巧。
掌握环形编织的方法后，可以钩织的作品会大量增加。
环形编织的方法有好几种，
请大家先大致了解一下。

环形起针

从中心开始做环形编织时的起针方法有好几种。

在手指上绕线做环形起针
（环形起针之一）

下面介绍的是先钩织短针然后和立织的锁针引拔成环形的方法。这种方法起针，中心收得较为紧密，经常使用。

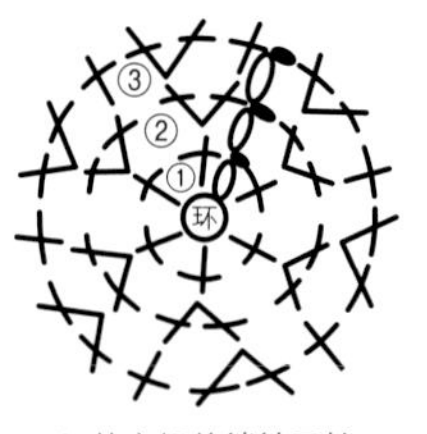

※ 从立织的锁针开始，沿逆时针方向钩织

隔行换线的效果

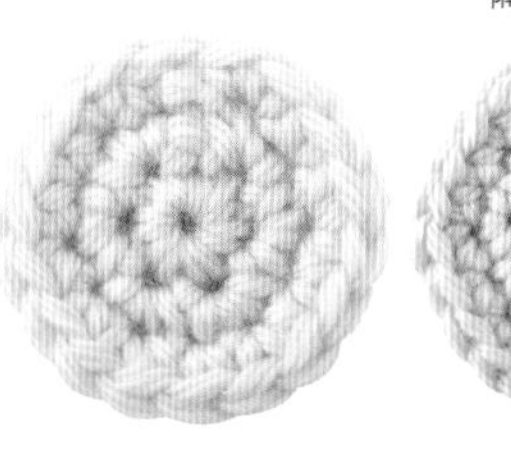

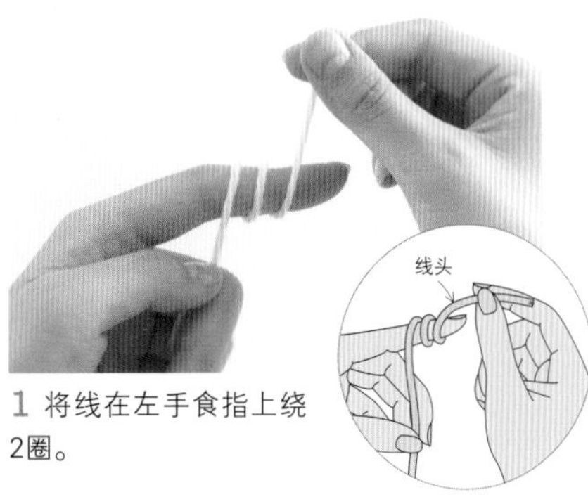

1 将线在左手食指上绕2圈。

2 用右手捏住线圈的交界处，抽出左手食指。

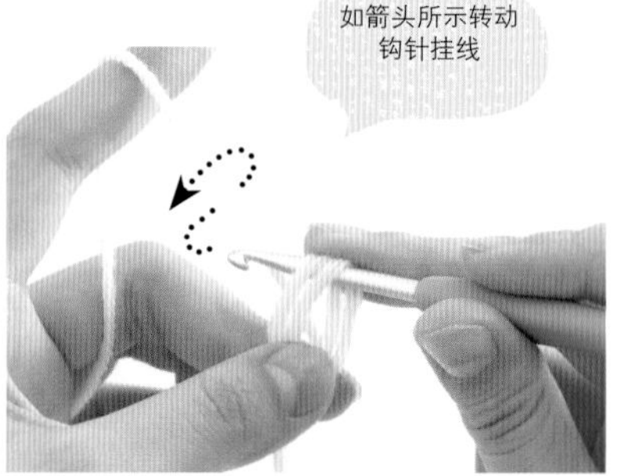

3 左手食指挂着线团端的线（参照p.17），用左手拇指和中指捏着线圈。将钩针插入线圈中，挂线。

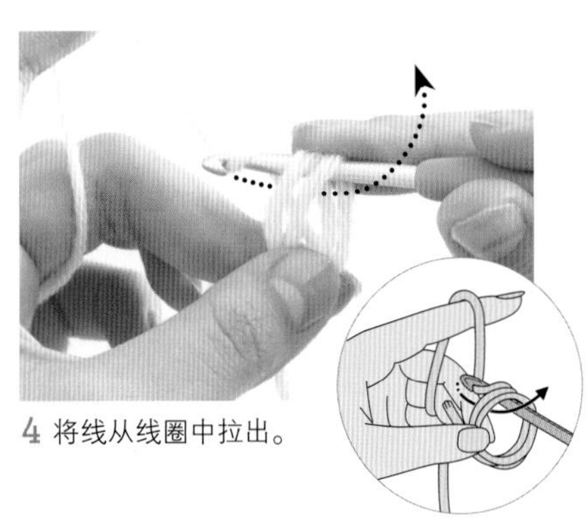

4 将线从线圈中拉出。

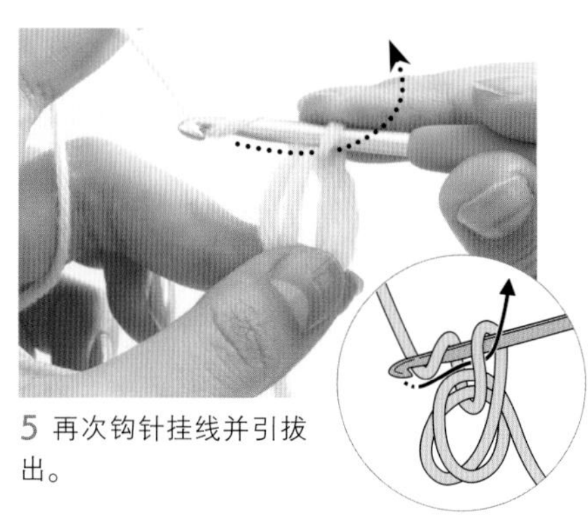

5 再次钩针挂线并引拔出。

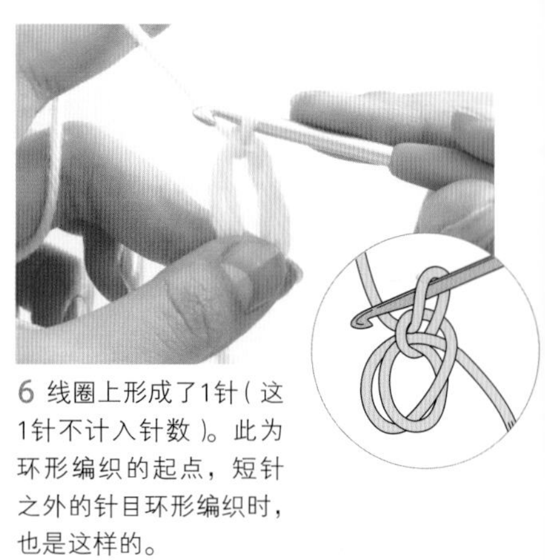

6 线圈上形成了1针（这1针不计入针数）。此为环形编织的起点，短针之外的针目环形编织时，也是这样的。

第1圈 钩织6针短针

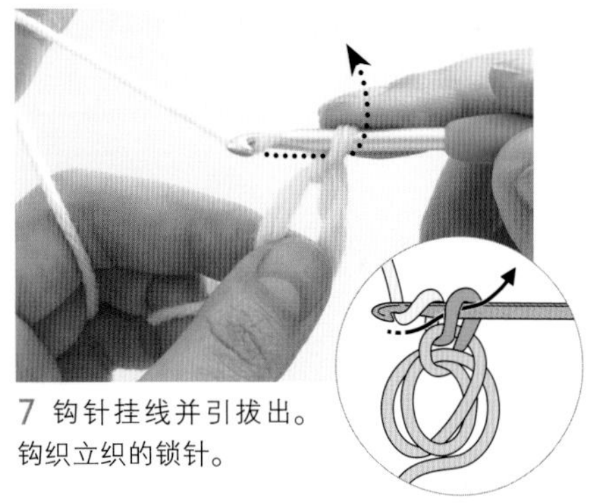

7 钩针挂线并引拔出。钩织立织的锁针。

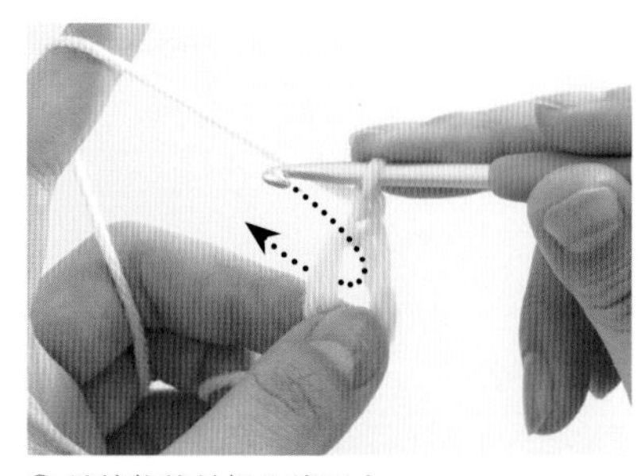

8 继续将钩针插入线圈中。

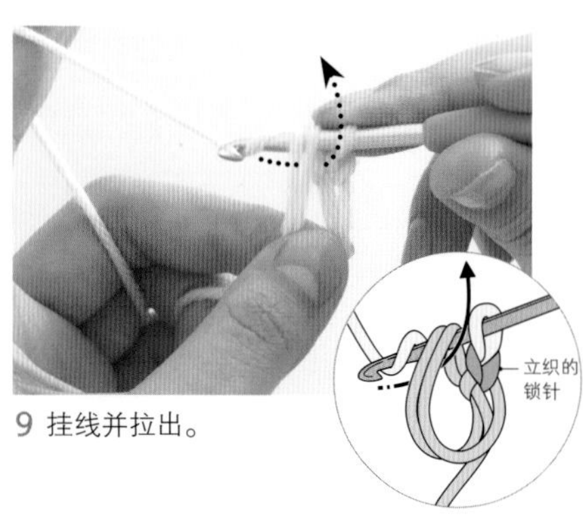

9 挂线并拉出。

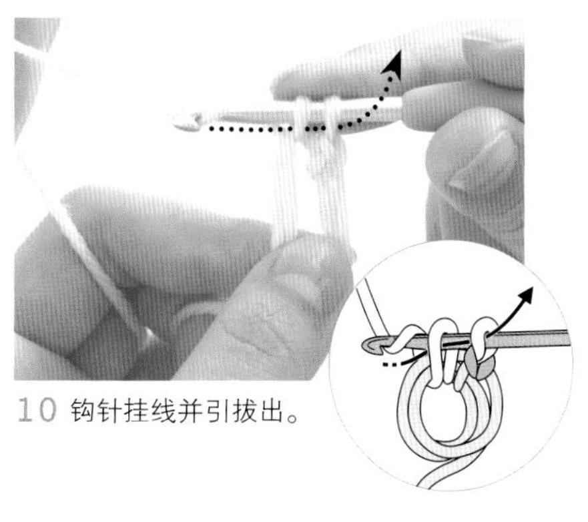
10 钩针挂线并引拔出。

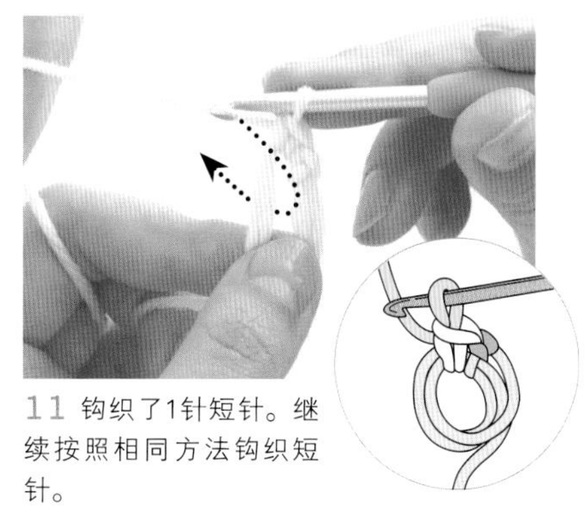
11 钩织了1针短针。继续按照相同方法钩织短针。

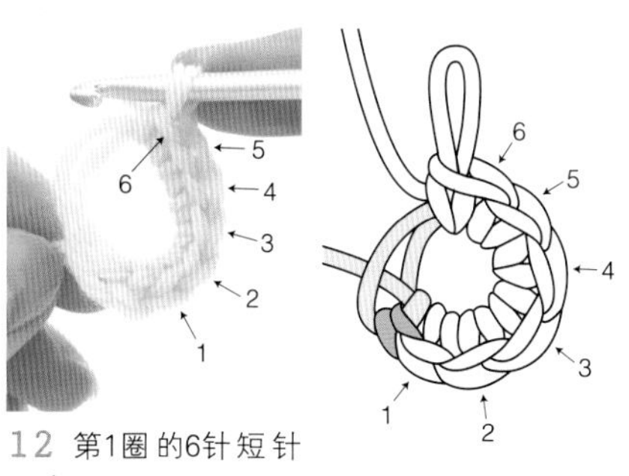

12 第1圈的6针短针完成了。

将中心拉紧

钩织1圈后，将中心拉紧。拉紧是有小窍门的，需要注意。

可以暂时将钩针取下来，这时，为避免针目散开，可将线圈拉大。

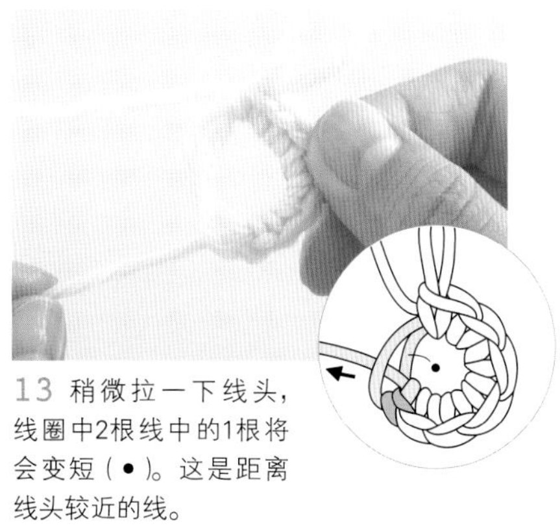
13 稍微拉一下线头，线圈中2根线中的1根将会变短（●）。这是距离线头较近的线。

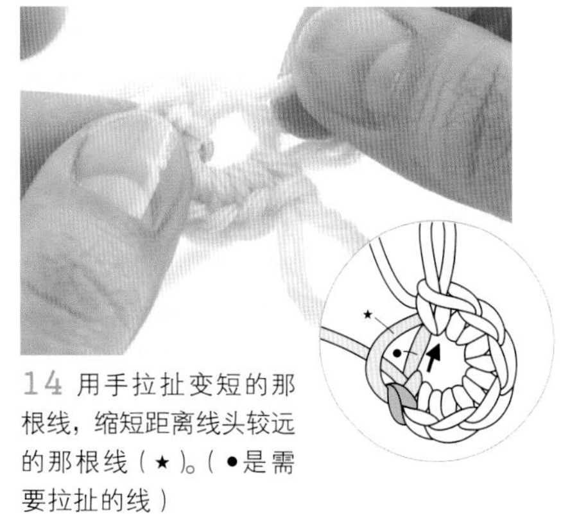
14 用手拉扯变短的那根线，缩短距离线头较远的那根线（★）。（●是需要拉扯的线）

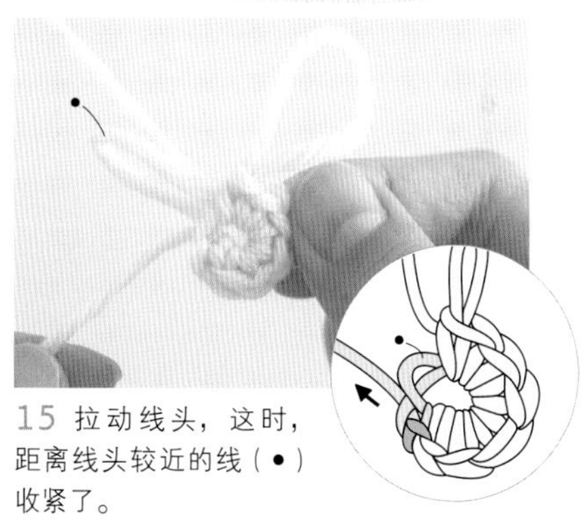
15 拉动线头，这时，距离线头较近的线（●）收紧了。

注意

仅仅拉扯线头的话，距离线头较远的那根线不会收紧，依然停留在比较松的状态。
线圈有2根线，很容易搞不清应该拉哪根线。
因为最后才收紧距离线头较近的线，所以要先确认哪根线是距离线头较近的线（13）。
拉扯时就会收紧距离线头较远的那根线，这样中心的线圈就收紧了（14）。
拉扯时变长的线是距离线头较近的线，这时，只需拉扯线头就可以收紧了（15）。

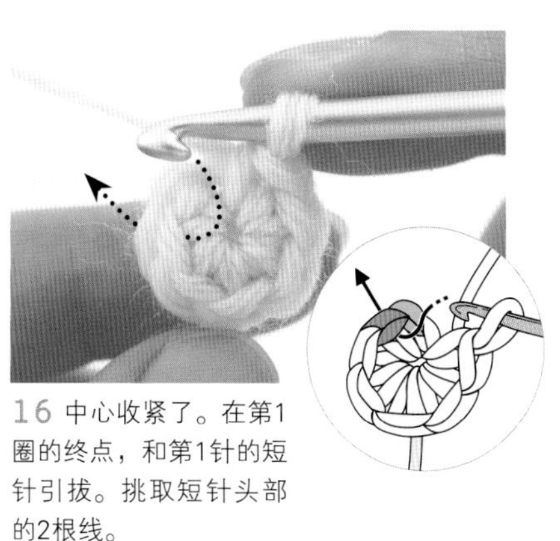
16 中心收紧了。在第1圈的终点，和第1针的短针引拔。挑取短针头部的2根线。

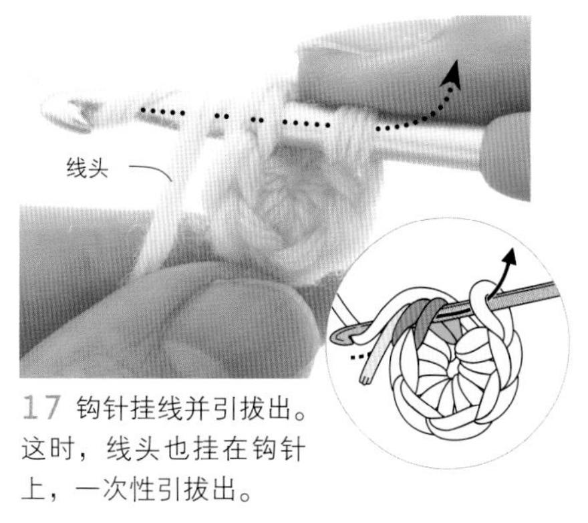

17 钩针挂线并引拔出。这时，线头也挂在钩针上，一次性引拔出。

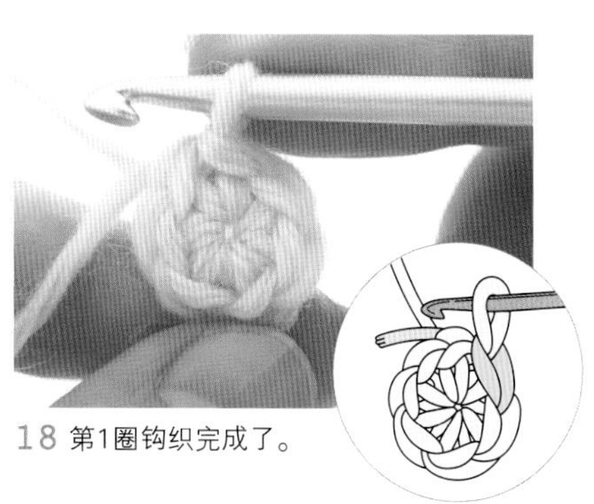
18 第1圈钩织完成了。

第2圈

第2圈开始，一边加针一边钩织，加针方法很简单，不要担心。

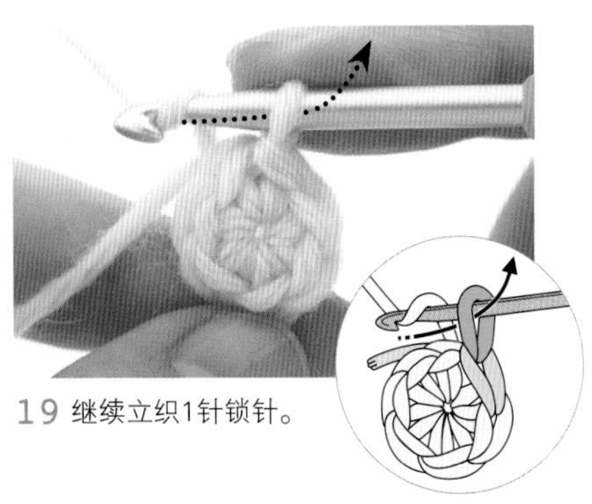

19 继续立织1针锁针。

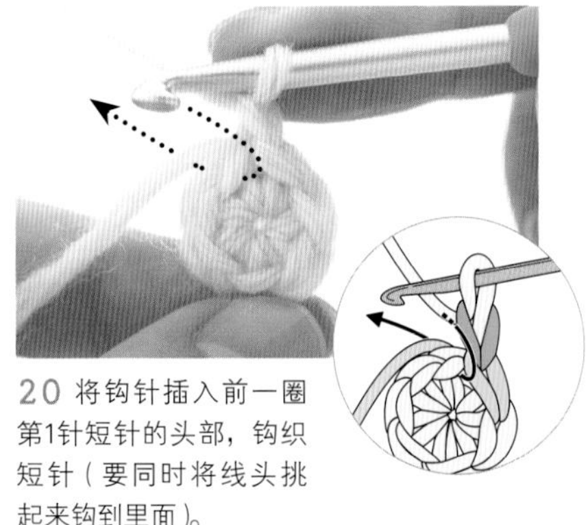

20 将钩针插入前一圈第1针短针的头部，钩织短针（要同时将线头挑起来钩到里面）。

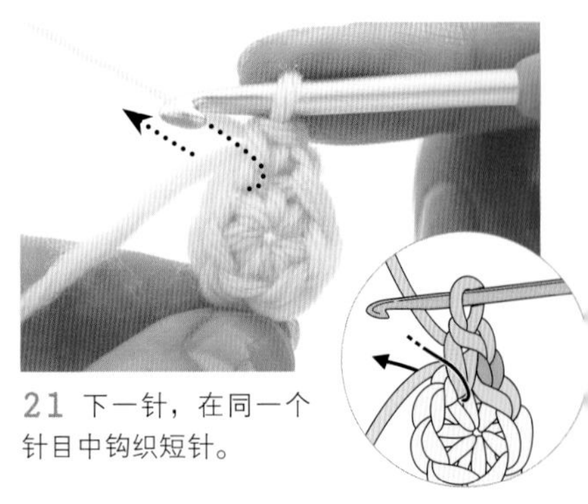

21 下一针，在同一个针目中钩织短针。

22 因为2针短针在同一个地方钩织，针数就多了1针。按照相同要领，在1针短针中钩织2针短针。

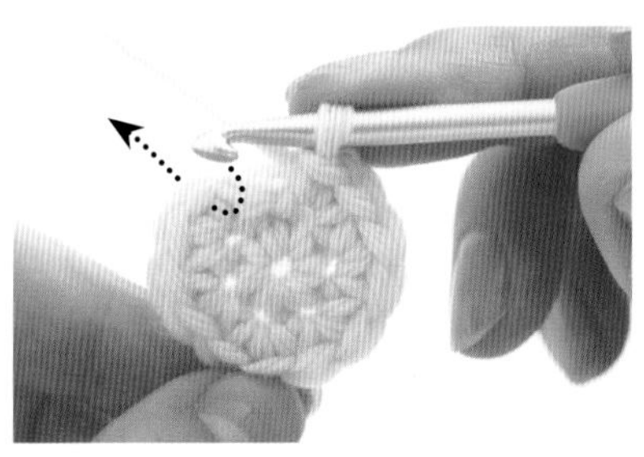

23 第2圈的终点，挑取第1圈短针的头部2根线并引拔出。

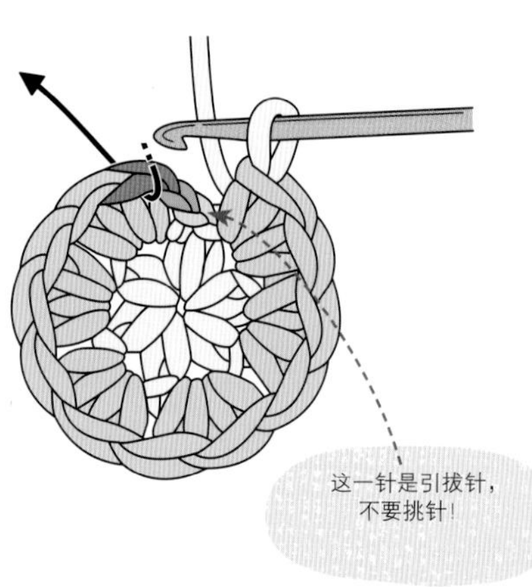

第3圈

一边隔针加针，一边钩织。

24 第3圈先钩织1针立织的锁针，在前一圈的第1针（和步骤23的同一针目）中钩织1针短针。

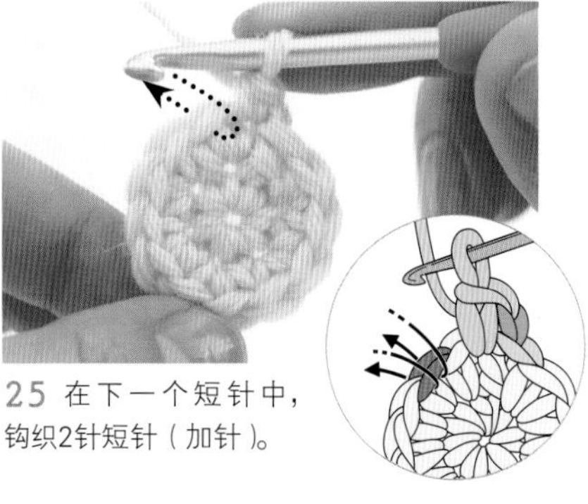

25 在下一个短针中，钩织2针短针（加针）。

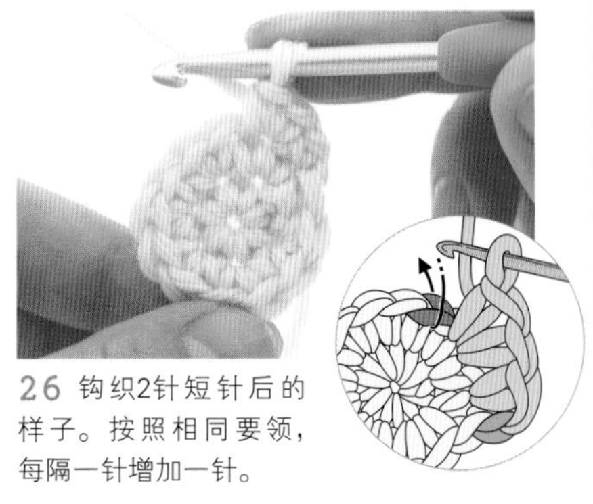

26 钩织2针短针后的样子。按照相同要领，每隔一针增加一针。

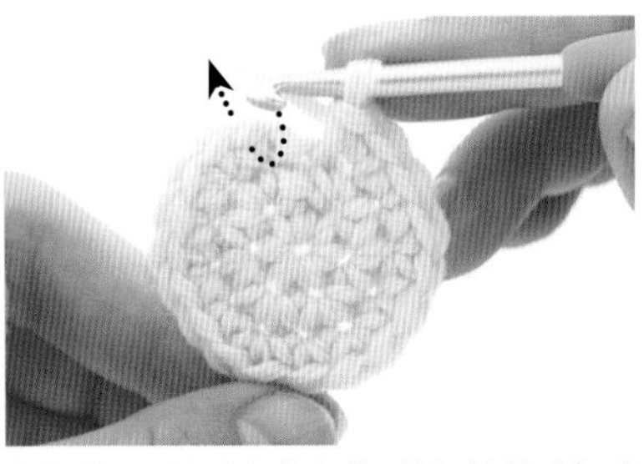

27 第3圈的终点也和第1针短针的头部引拔（针数变为18针）。

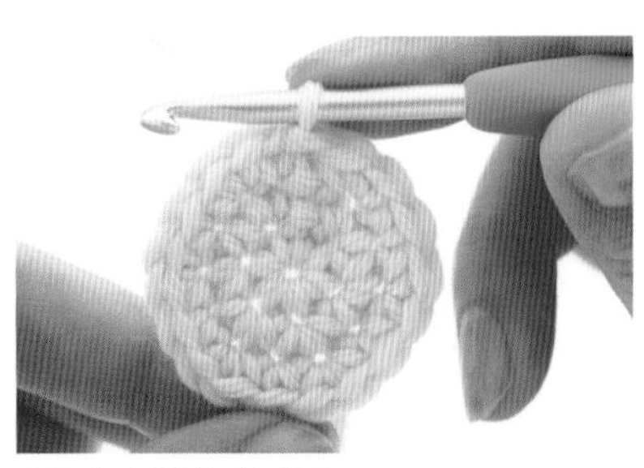

28 第3圈钩织完成了。

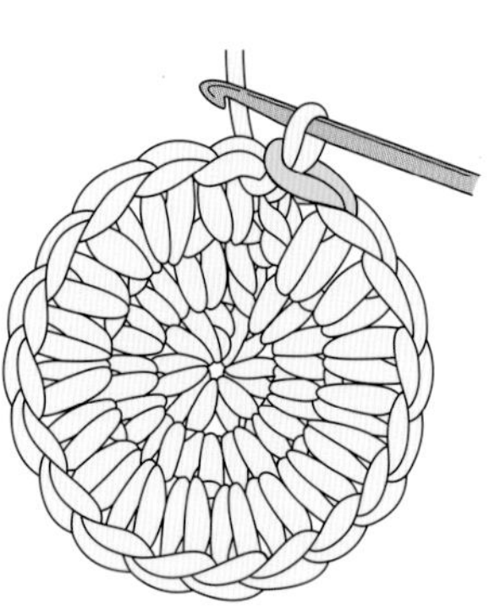

出问题了

做好的圈没形了怎么办?

用手指绕线做圈时，一旦把手指抽出，线圈的形状就乱了……好多初学者都会遇到这个问题。
这时，我们可以直接在手指上钩织。
钩织 1 针后，线圈就稳定下来，后面就容易钩织了。

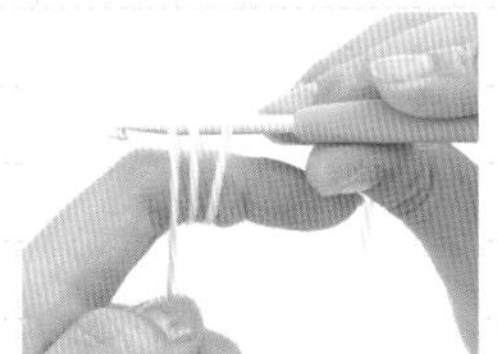
1 按照p.38的方法，将线在手指上绕2圈，然后插入钩针。

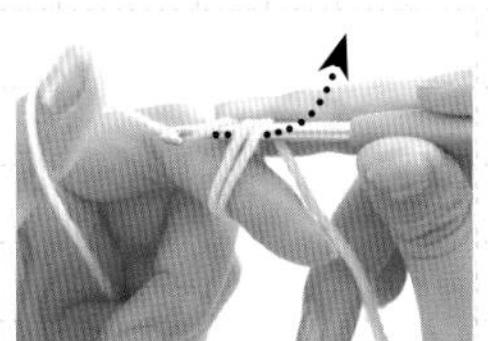
2 挂线并拉出（按照p.38和步骤3、4相同的要领）。

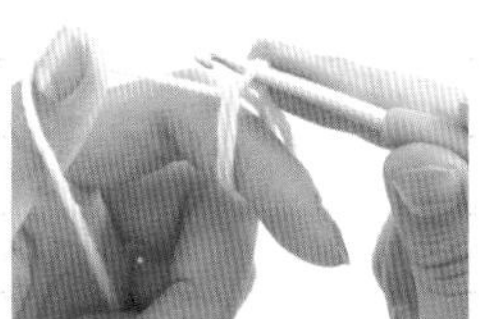
3 拉出后的样子。

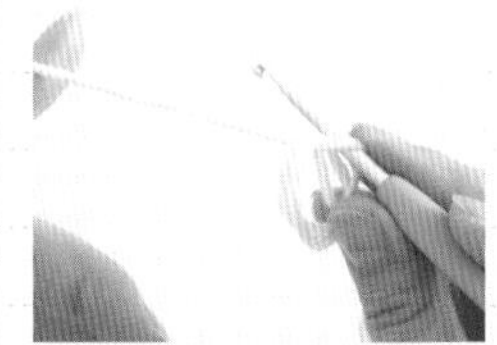
4 此时将左手食指抽出。

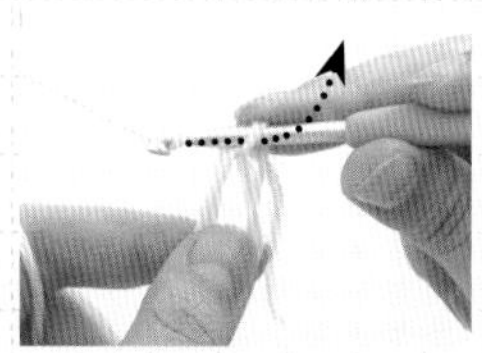
5 这是p.38步骤5的样子，继续钩织。

将线头绕个圈（环形起针之二）

这种方法很简单，但中心很容易松，要仔细处理好线头。
它很适合用来给马海毛等容易缠在一块的线起针。

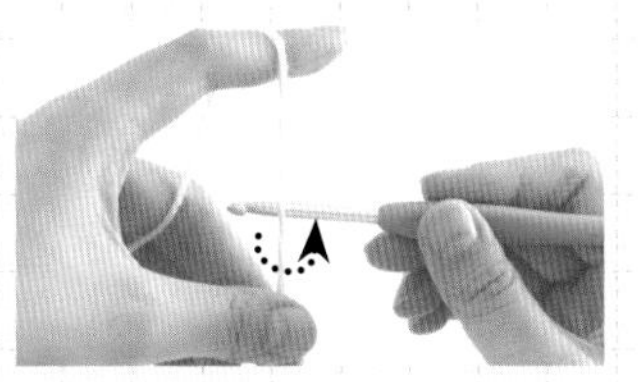
1 像钩织锁针那样，将钩针放在线的后面，转动针头，做一个松松的线圈。

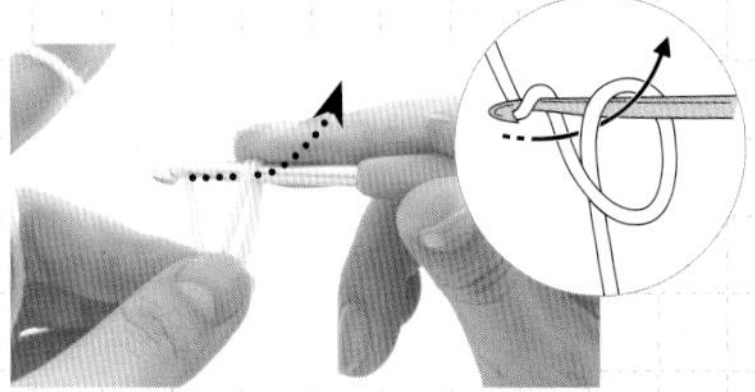
2 左手拇指和中指捏着线圈的交叉处，钩针挂线并拉出（和钩织锁针端头针目的要领相同）。

第1圈

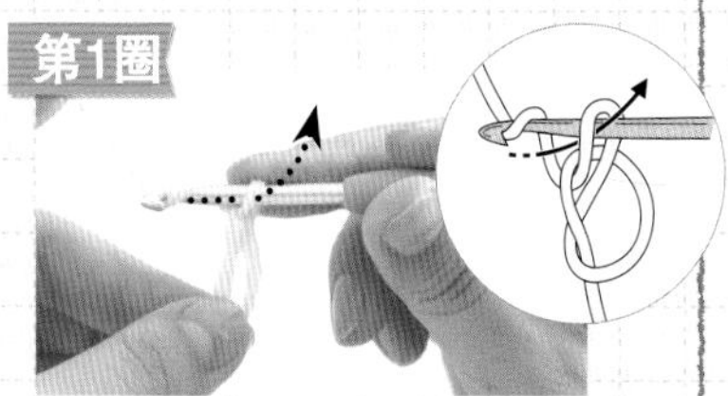
3 立织1针锁针，线圈保持松松的状态。

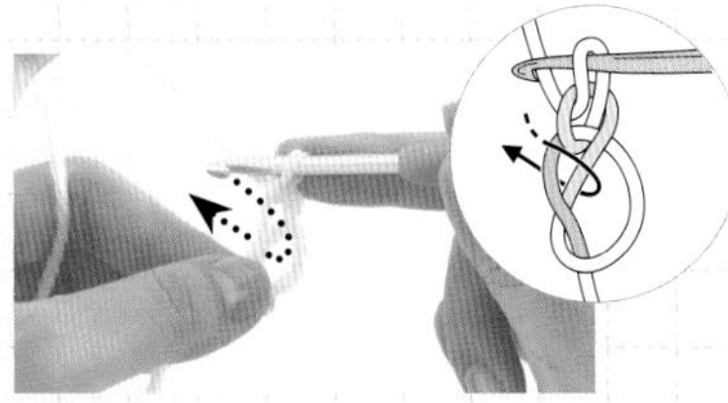
4 将钩针插入线圈中，挑取2根线。

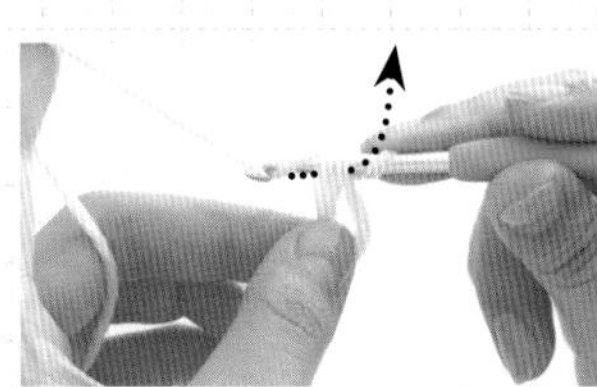
5 钩针挂线并拉出。

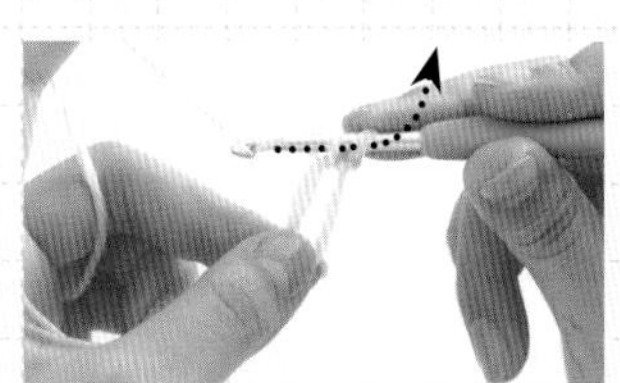
6 钩织短针。

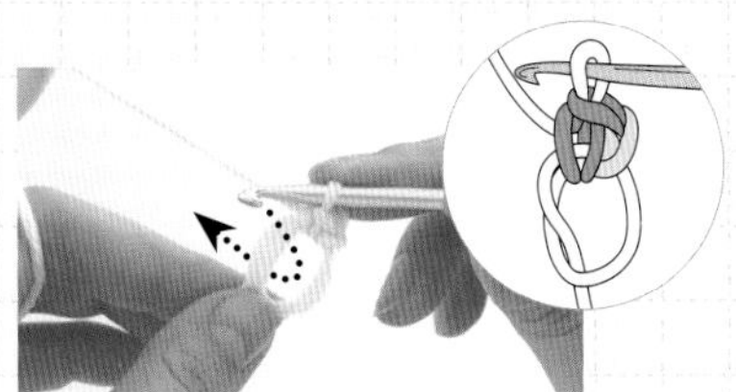
7 完成1针短针。继续按照p.39的要领钩织（线头也要一起挑起来）。

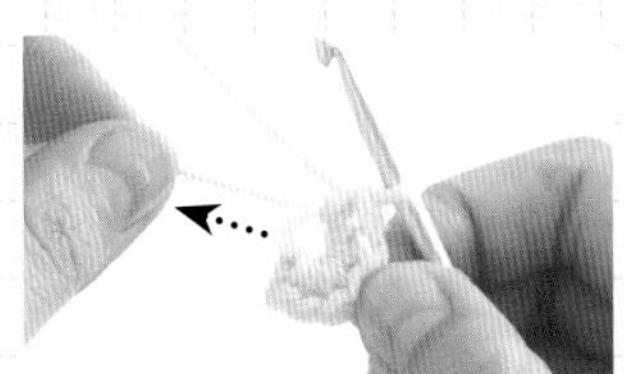
8 钩织所需要的针数（这里是6针短针）后，拉动线头就可以收紧线圈了。比p.38的起针方法简单。

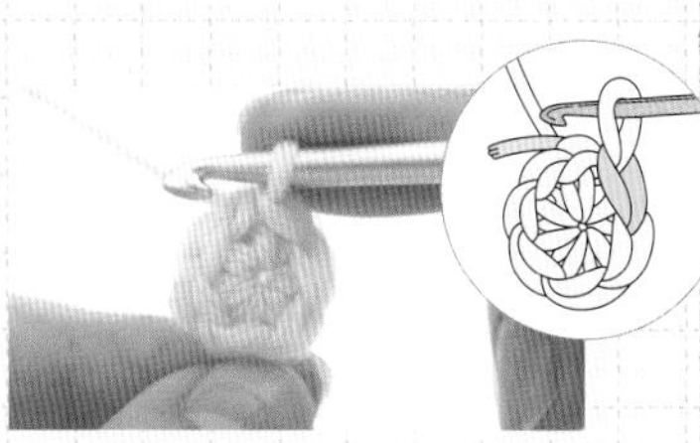
9 后面按照p.39步骤16之后的要领钩织。从第1针短针中引拔，第1圈就完成了。

锁针环形起针之一（将锁针连成环形的起针方法之一）

这种起针方法的编织起点较为稳固，经常用于第1圈针目较多时。
中心没法收紧，呈开孔状态。

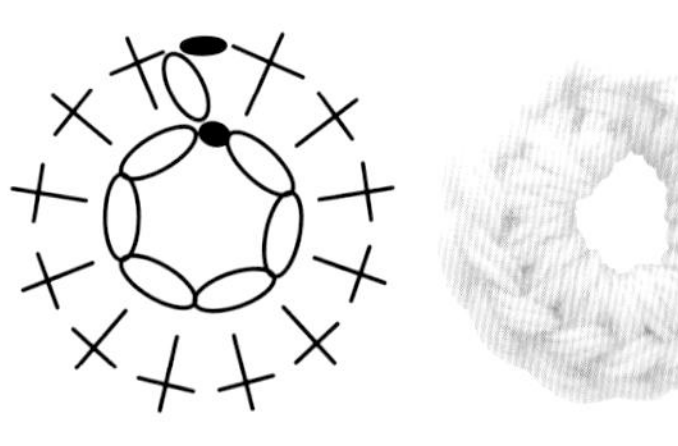

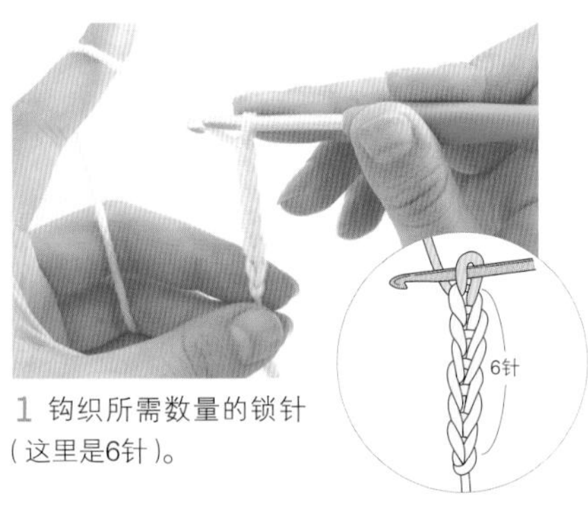

1 钩织所需数量的锁针（这里是6针）。

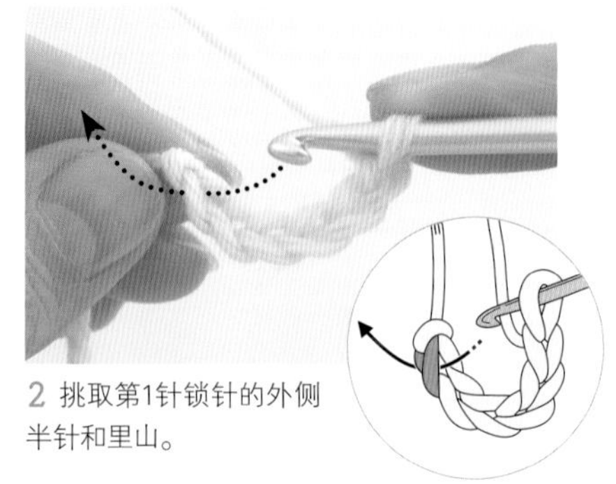

2 挑取第1针锁针的外侧半针和里山。

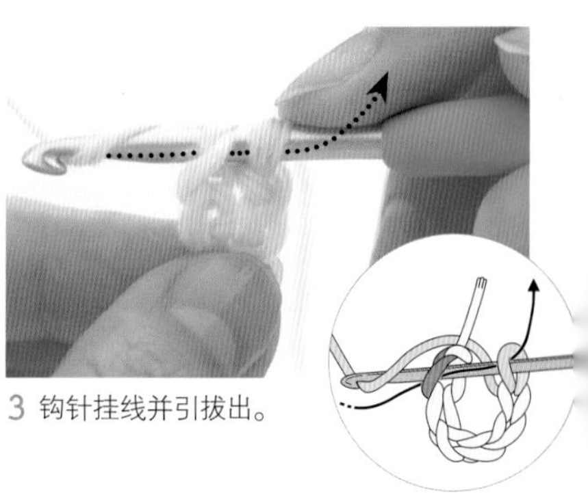

3 钩针挂线并引拔出。

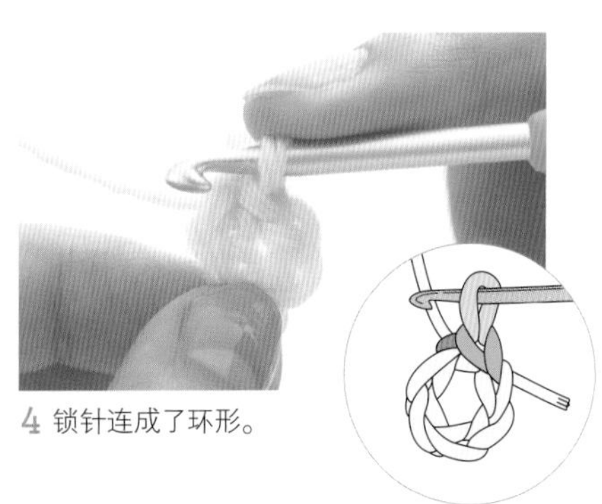

4 锁针连成了环形。

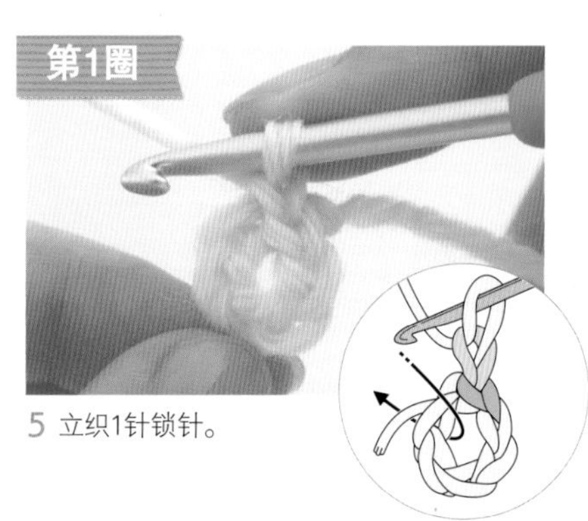

5 立织1针锁针。

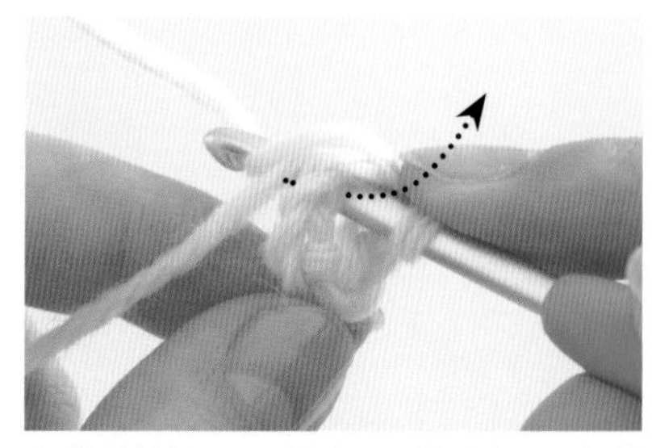

6 将钩针插入环形的中心，线头也要一起挑取。钩针挂线并拉出。

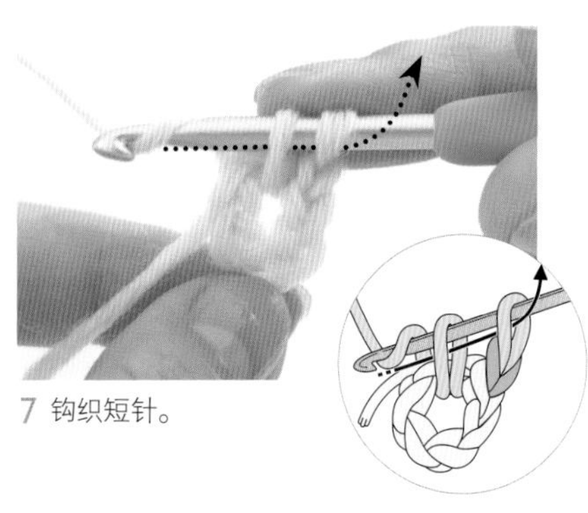

7 钩织短针。

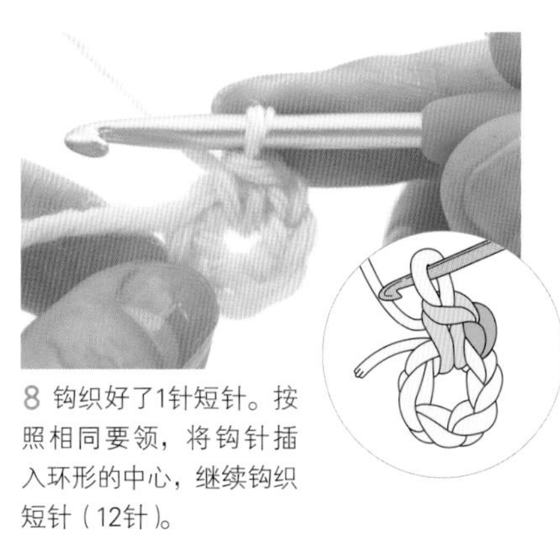

8 钩织好了1针短针。按照相同要领，将钩针插入环形的中心，继续钩织短针（12针）。

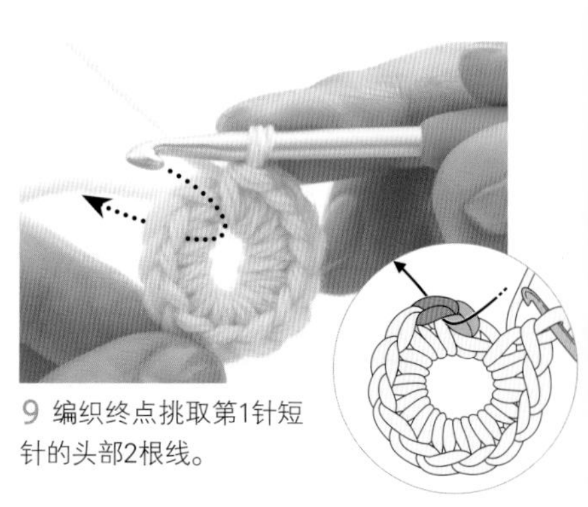

9 编织终点挑取第1针短针的头部2根线。

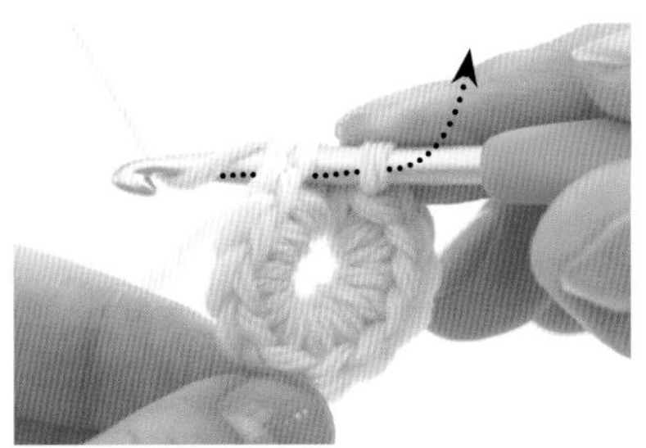

10 钩针挂线并引拔出。

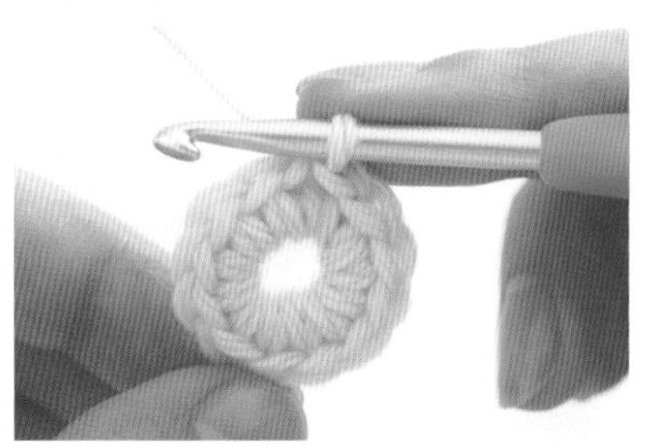

11 第1圈钩织好了。

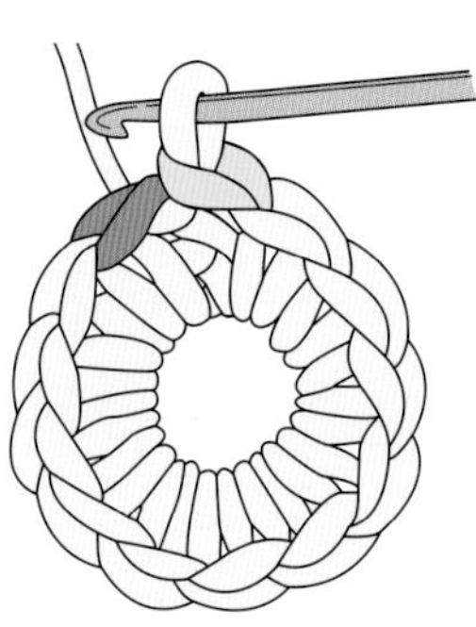

锁针环形起针之二（将锁针连成环形的起针方法之二）

这是钩织帽子等筒状织物时经常使用的起针方法。

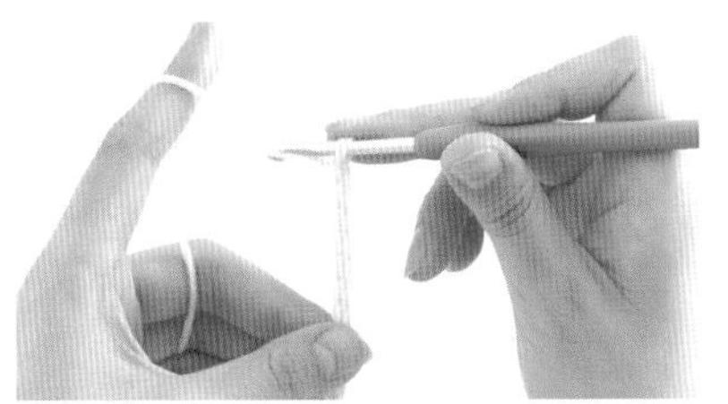

1 钩织所需数量的锁针。

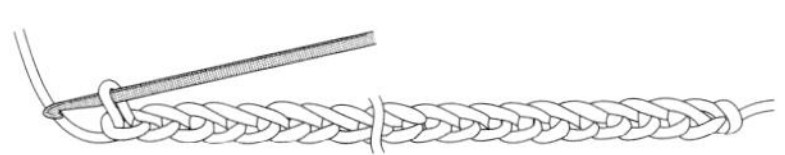

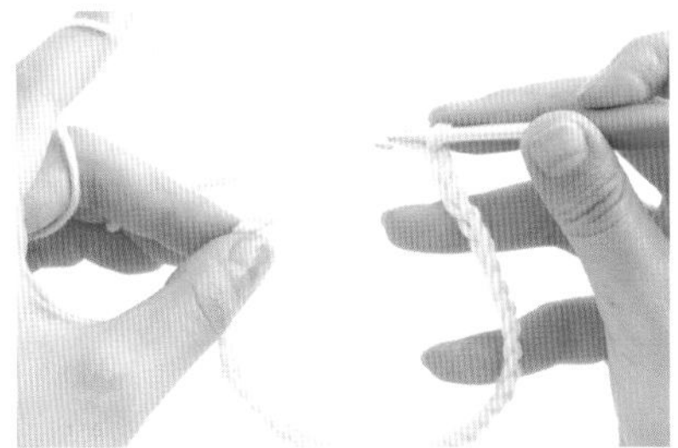

2 注意不要让锁针扭转，挑取第1针锁针的里山。

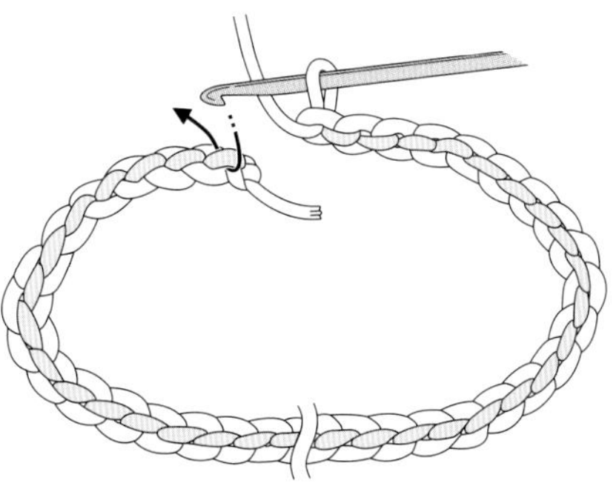

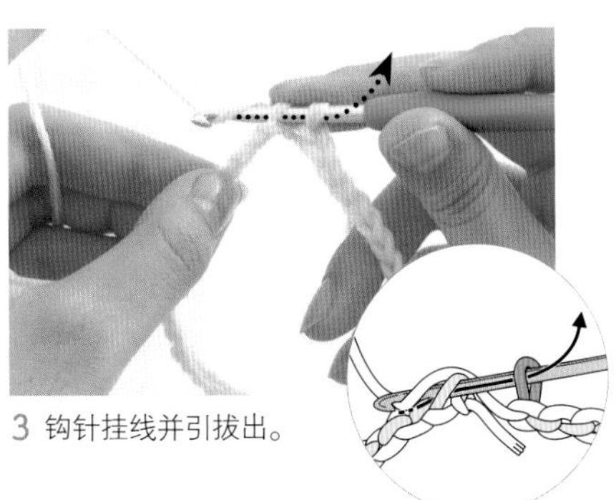

3 钩针挂线并引拔出。

4 锁针连成了环形。

第1圈

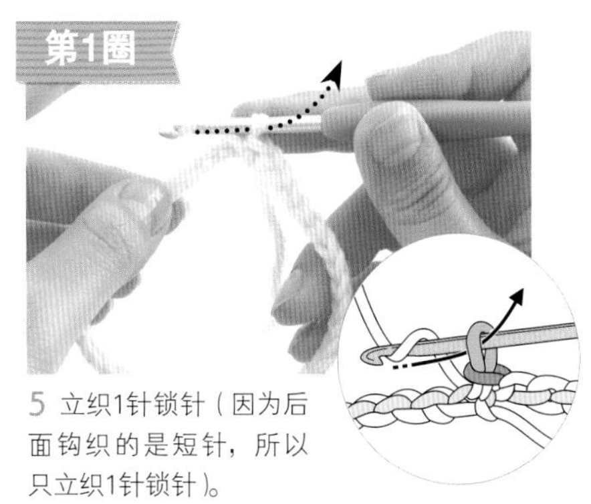

5 立织1针锁针（因为后面钩织的是短针，所以只立织1针锁针）。

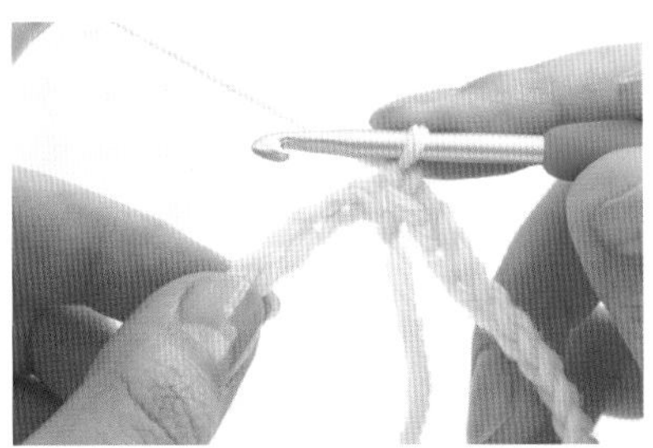

6 将钩针插入和步骤2相同的地方，钩织短针。

7 继续挑取锁针的里山，钩织短针。

8 图为钩织5针短针后的样子。

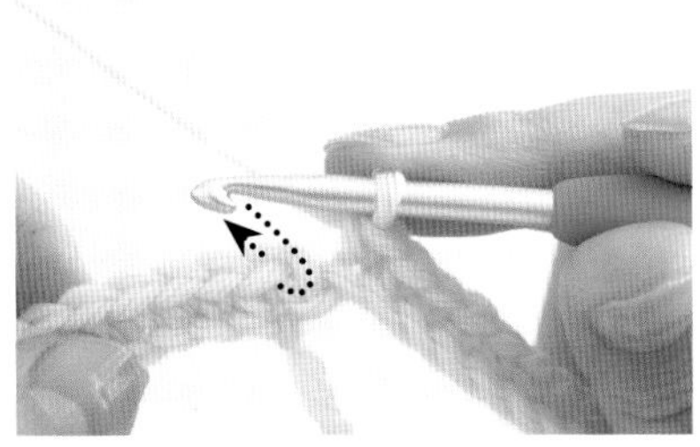

9 钩织1行后，插入第1针短针的头部2根线中。

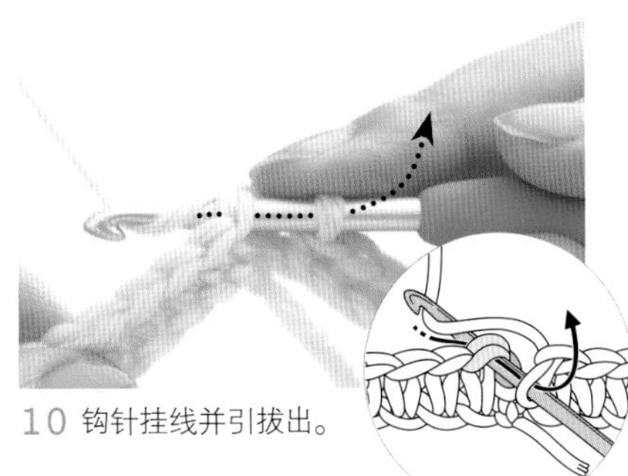

10 钩针挂线并引拔出。

11 第1行钩织好了。继续立织下一行所需的锁针，钩织成筒状。

钩织成椭圆形

有时候，虽然要做环形编织，但并不是要钩织成圆形，而是钩织成椭圆形。
这时，在锁针起针后，要挑取锁针的两侧。

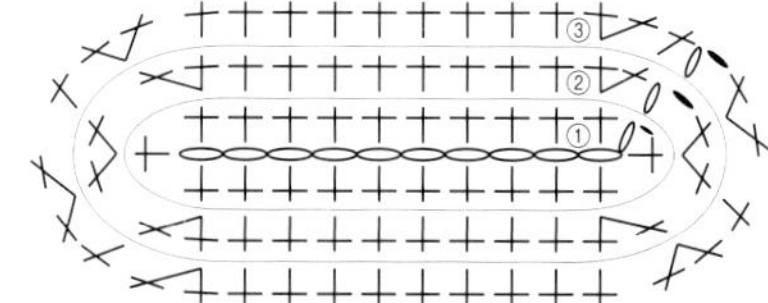

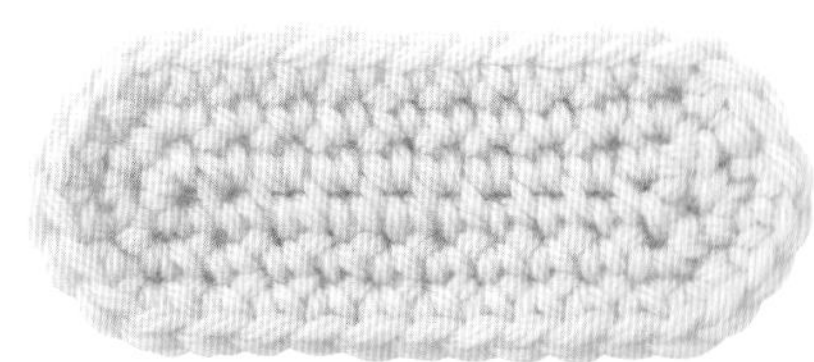

第1圈

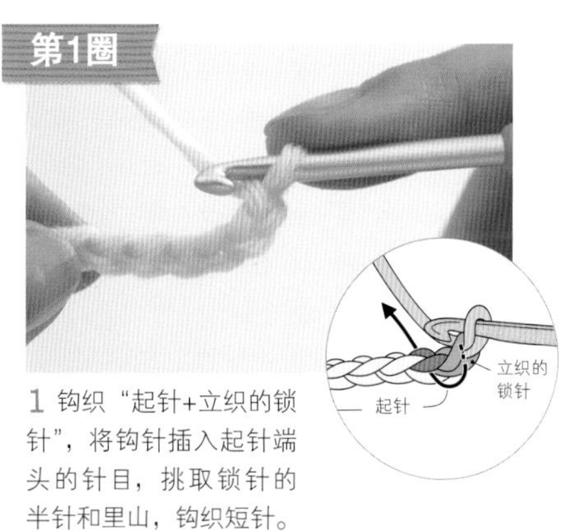

1 钩织“起针+立织的锁针”，将钩针插入起针端头的针目，挑取锁针的半针和里山，钩织短针。

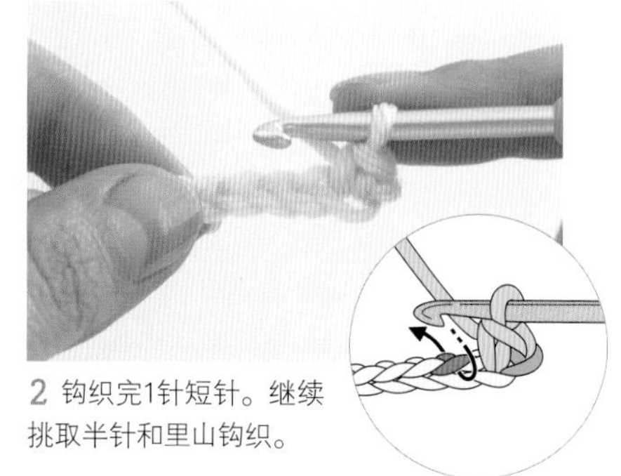

2 钩织完1针短针。继续挑取半针和里山钩织。

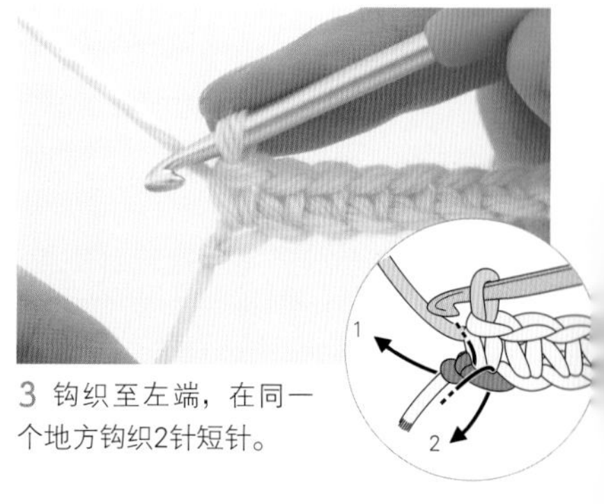

3 钩织至左端，在同一个地方钩织2针短针。

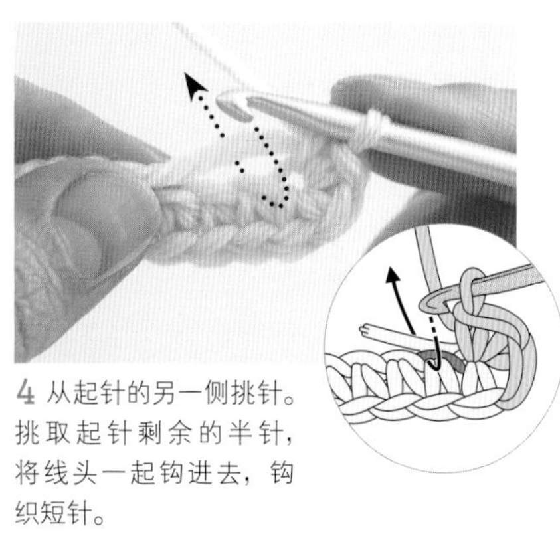

4 从起针的另一侧挑针。挑取起针剩余的半针，将线头一起钩进去，钩织短针。

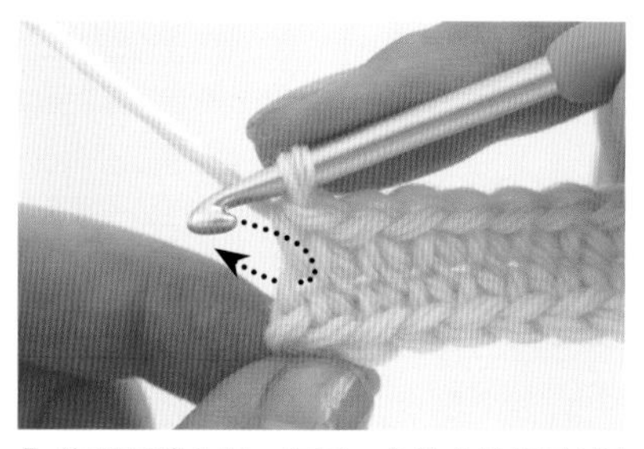

5 钩织至端头时，在同一个地方钩织2针短针。

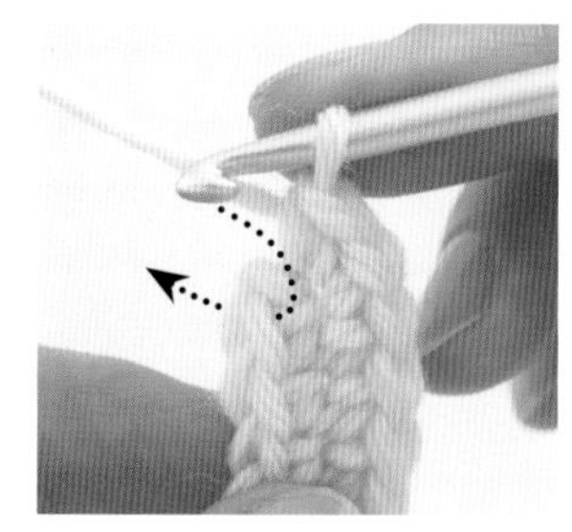

6 在第1圈的编织终点，和第1针短针的头部引拔。

第2圈以后

7 立织1针锁针，在和步骤6同样的地方钩织短针（钩织2针，产生加针）。

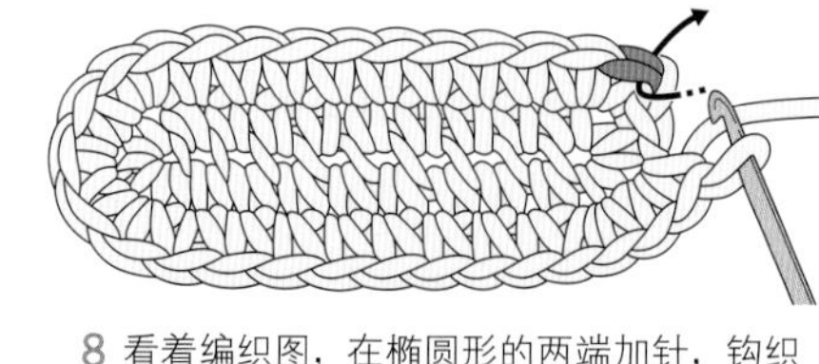

8 看着编织图，在椭圆形的两端加针，钩织1圈后，编织终点和第1针短针的头部引拔。

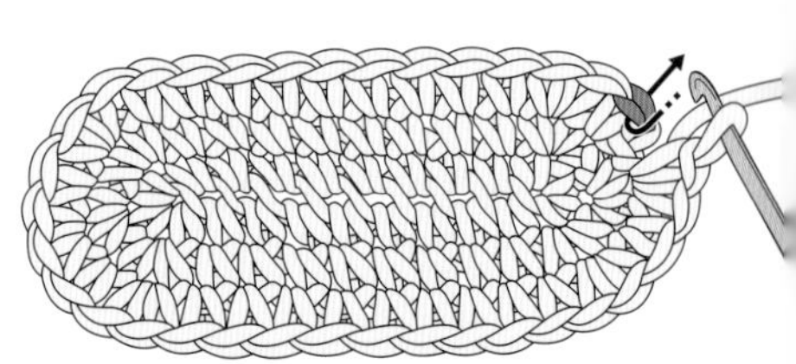

9 第3圈也按照相同的要领钩织。

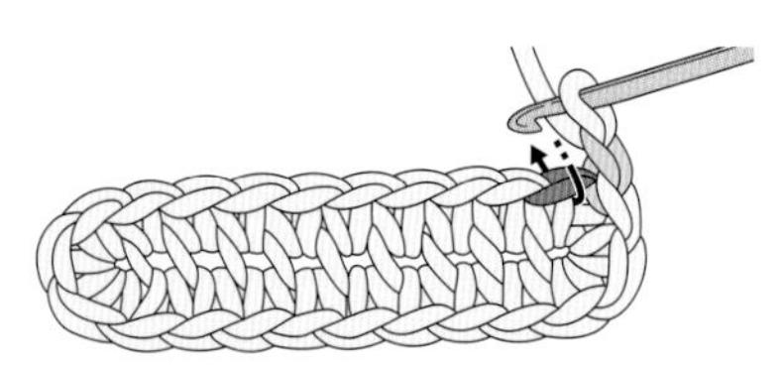

不立织钩织成旋涡状

用短针做环形编织时，每一圈的起点不立织锁针，可以钩织成旋涡状。
因为没有立织的锁针，所以编织行之间没有界限，只是自然地一圈圈旋转，很容易搞混钩织位置，钩织时要做好记号。

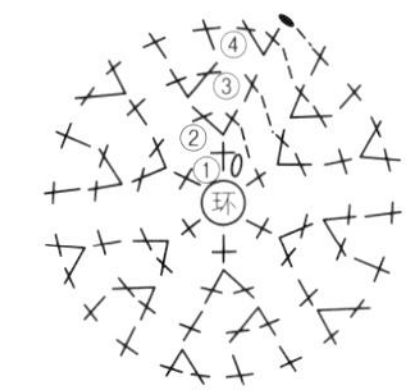

隔行换线的效果

第1圈

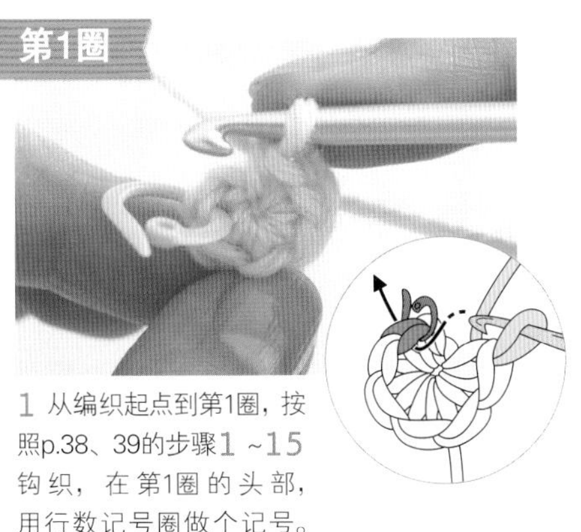

1 从编织起点到第1圈，按照p.38、39的步骤1 ~15钩织，在第1圈的头部，用行数记号圈做个记号。挑取记号圈所在的针目。

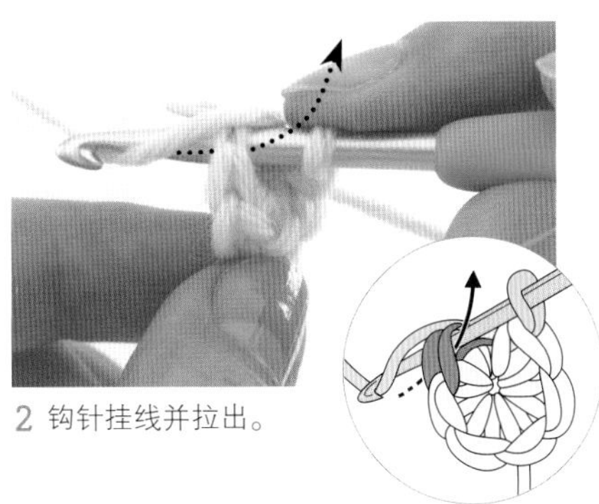

2 钩针挂线并拉出。

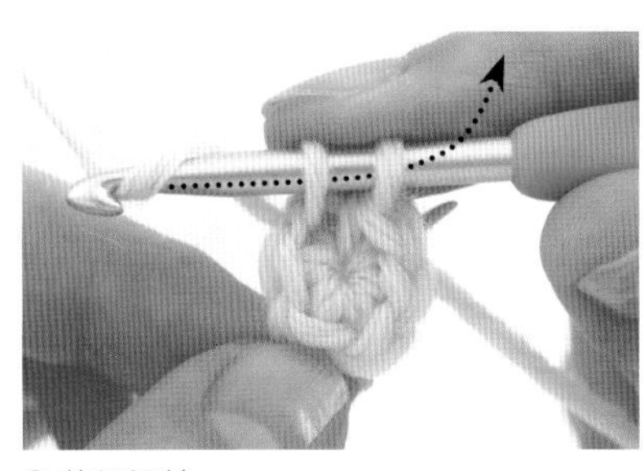

3 钩织短针。

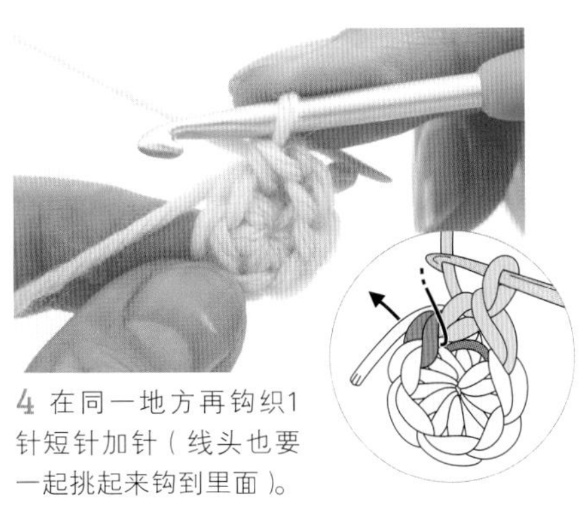

4 在同一地方再钩织1针短针加针（线头也要一起挑起来钩到里面）。

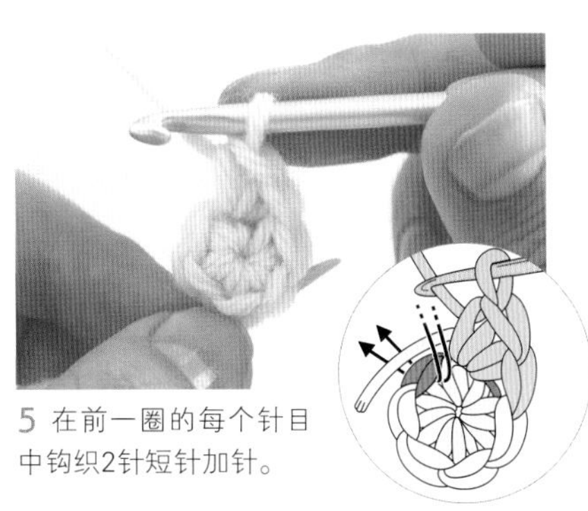

5 在前一圈的每个针目中钩织2针短针加针。

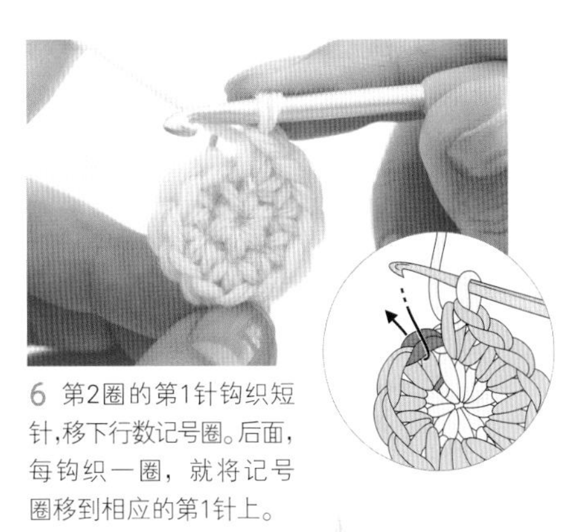

6 第2圈的第1针钩织短针，移下行数记号圈。后面，每钩织一圈，就将记号圈移到相应的第1针上。

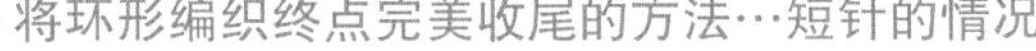

将环形编织终点完美收尾的方法…短针的情况

最终行的编织终点，可以和那一行的第 1 针引拔，但是，还有让针目看起来更完美的收尾方法。
不立织的环形编织中，最后一圈很容易出现行差，用这种方法可以完美地收尾。

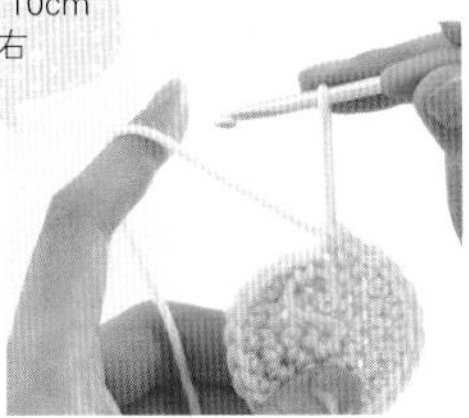

1 钩织最后一针短针后，将挂在钩针上的线圈拉长，然后剪线并将针目拉紧。

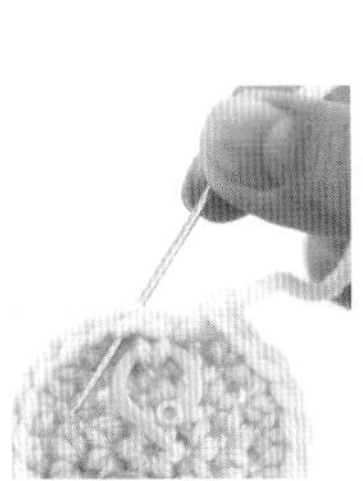

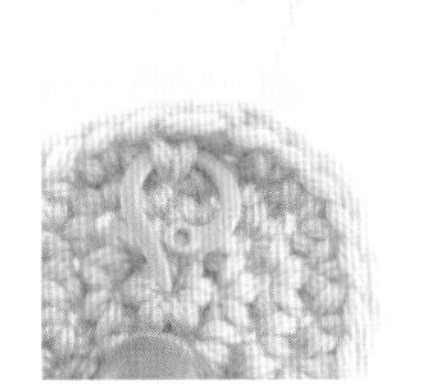

2 穿入毛线缝针，挑取第 2 针短针的头部 2 根线，然后将毛线缝针返回到最后一针短针的头部。

这样做出来锁针会和第 1 针短针的头部重合

3 拉紧线头，使针目变为 1 针锁针的大小，这样，最终行就自然衔接在一起了。

为便于弄清编织圈数，要做好记号

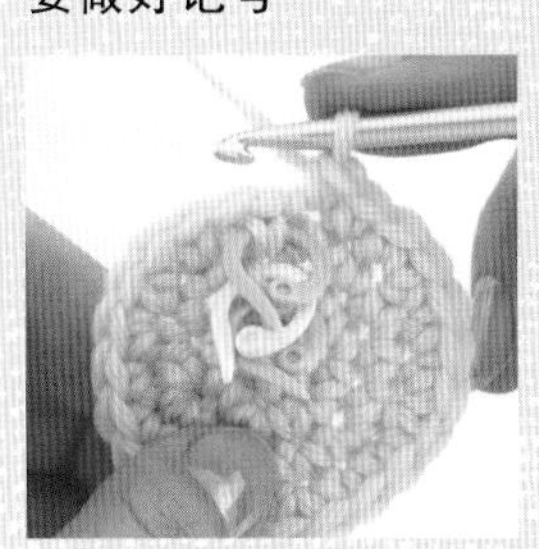

图为在每圈第 1 针短针的底部做记号。也可以不用记号圈，用毛线来做记号。不立织的环形编织中，一定要做好记号，以弄清每圈的起点。

动手钩织吧

做长针的环形编织
（在手指上绕线做环形起针时）

环形编织短针的方法有好多种，不论是哪一种，起针方法是一样的。环形编织长针的话，会比短针更快速地钩织出较大的圆形。针目的感觉不同，可以和p.38比较一下。

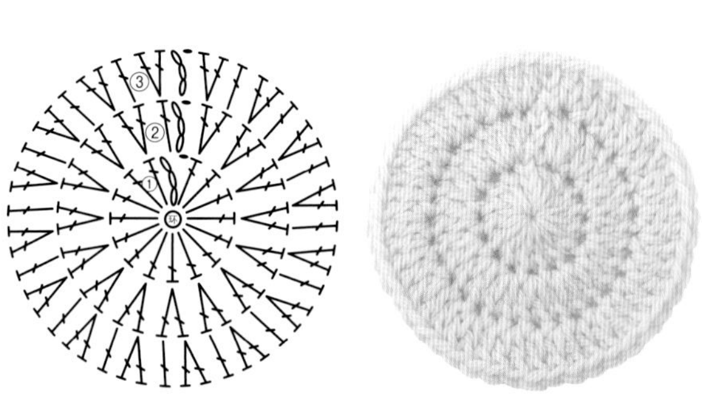

第1圈

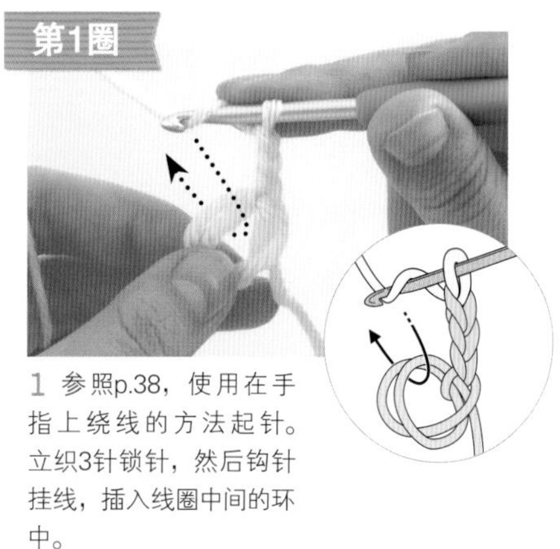

1 参照p.38，使用在手指上绕线的方法起针。立织3针锁针，然后钩针挂线，插入线圈中间的环中。

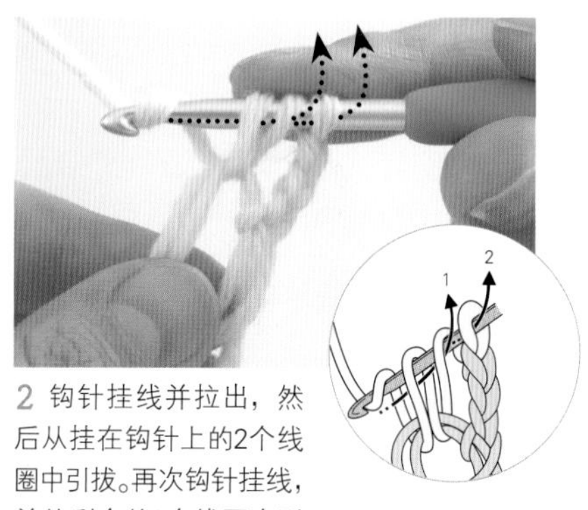

2 钩针挂线并拉出，然后从挂在钩针上的2个线圈中引拔。再次钩针挂线，并从剩余的2个线圈中引拔出（长针）。

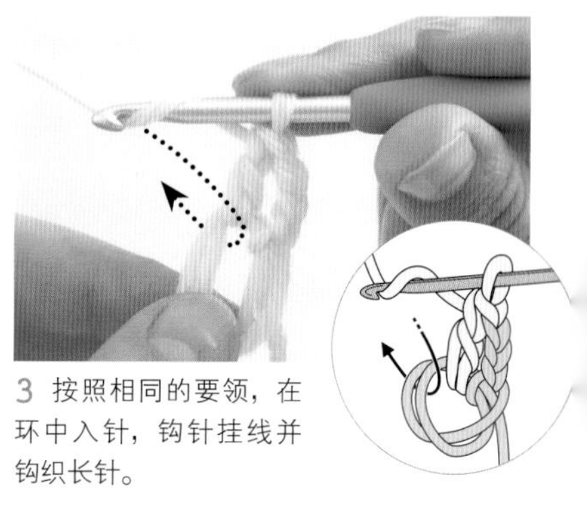

3 按照相同的要领，在环中入针，钩针挂线并钩织长针。

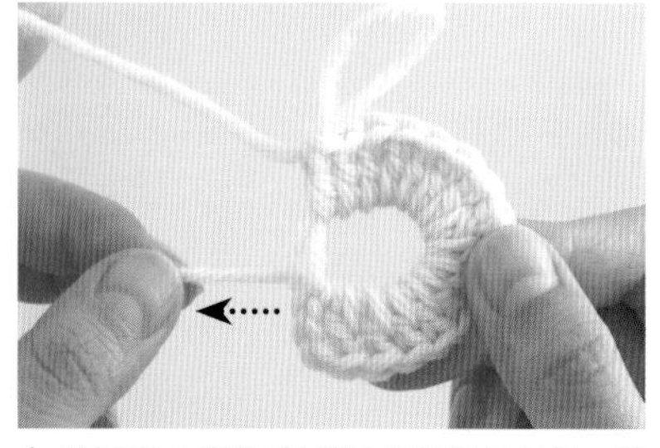

4 钩织完立起的3针锁针和15针长针后，将中心的线圈收紧（→p.39步骤13、14）。先拉扯线头。

5 然后拉扯变短的那根线用来将另一根线收紧。

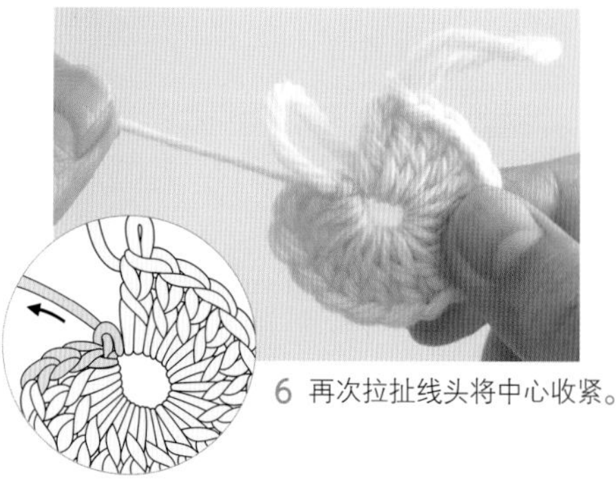

6 再次拉扯线头将中心收紧。

7 编织终点将钩针插入立织的第3针锁针的半针和里山中。

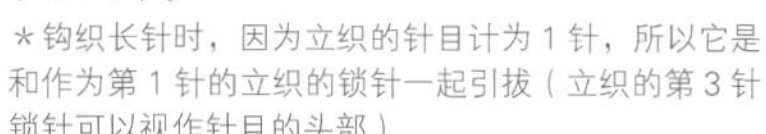

＊钩织长针时，因为立织的针目计为1针，所以它是和作为第1针的立织的锁针一起引拔（立织的第3针锁针可以视作针目的头部）

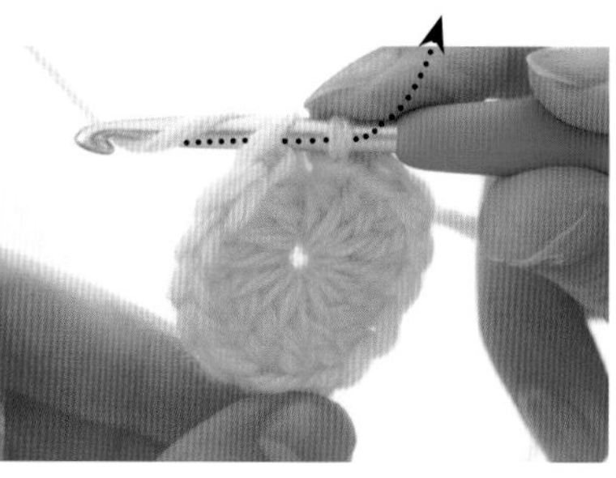

8 钩针挂线并引拔出。

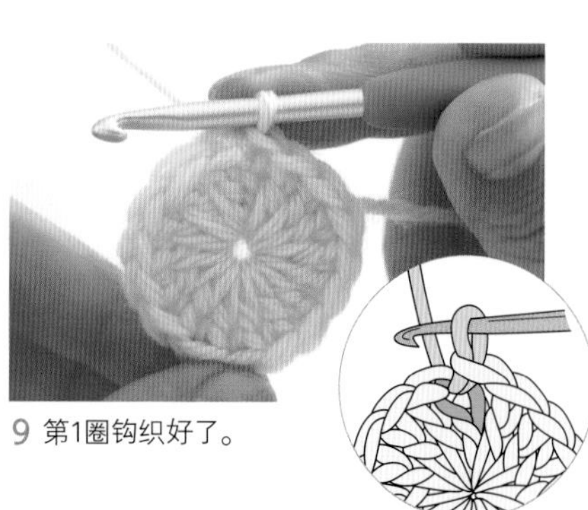

9 第1圈钩织好了。

第2圈 在每针长针中钩织2针长针加针。

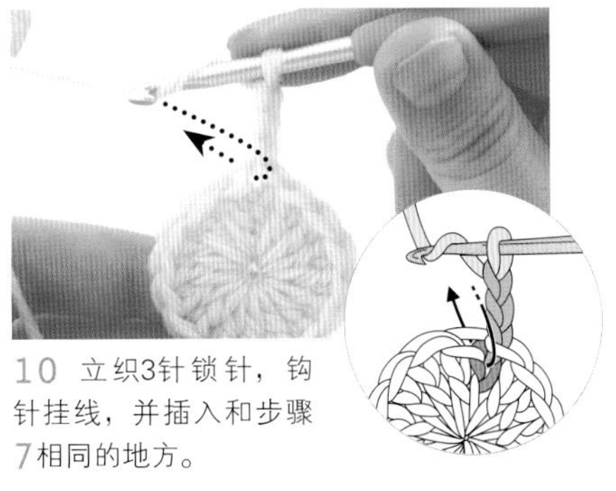
10 立织3针锁针，钩针挂线，并插入和步骤7相同的地方。

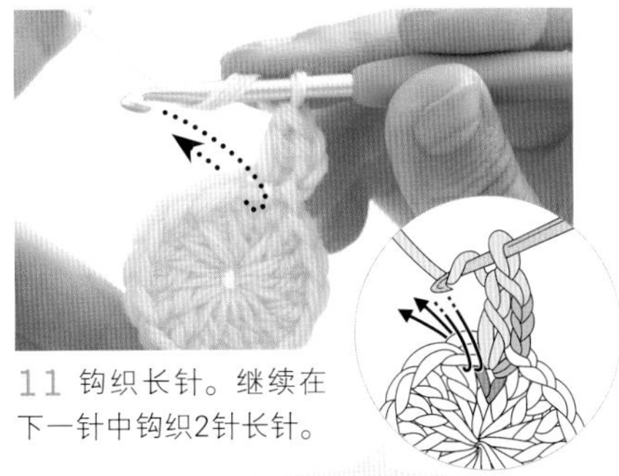
11 钩织长针。继续在下一针中钩织2针长针。

前一圈长针的头部会有一定程度的拉伸，不太容易辨别，要注意!

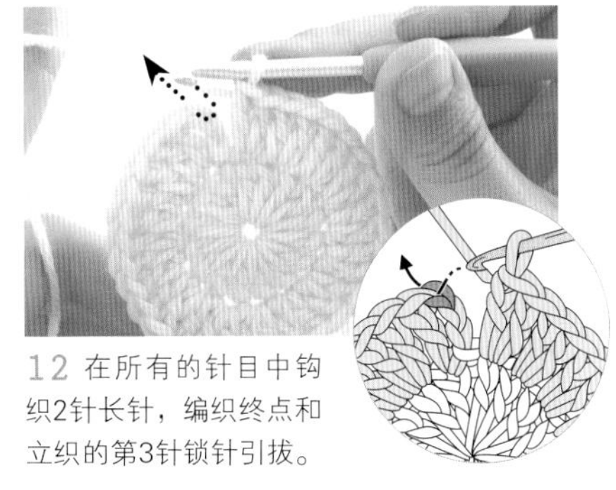
12 在所有的针目中钩织2针长针，编织终点和立织的第3针锁针引拔。

第3圈 隔针加针。

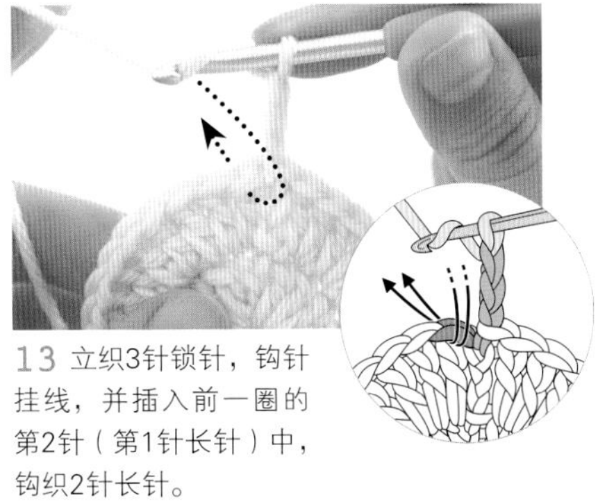
13 立织3针锁针，钩针挂线，并插入前一圈的第2针（第1针长针）中，钩织2针长针。

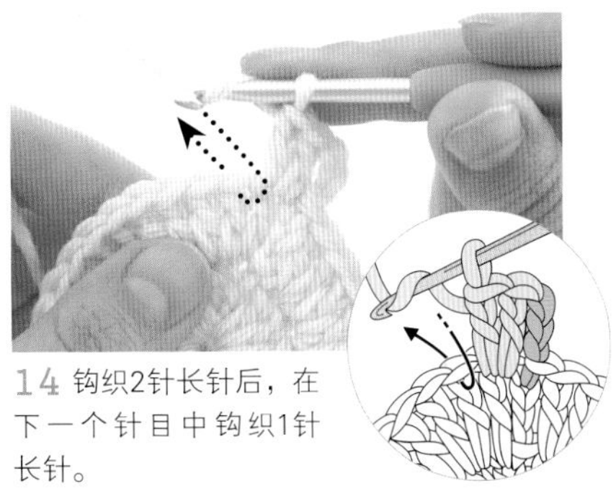
14 钩织2针长针后，在下一个针目中钩织1针长针。

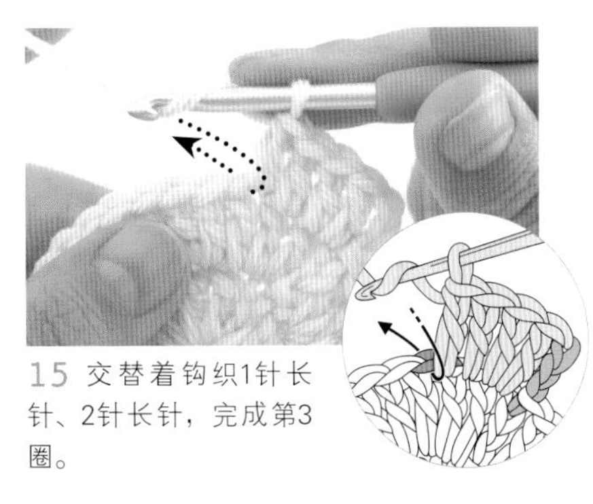
15 交替着钩织1针长针、2针长针，完成第3圈。

环形编织的收尾方法 环形编织时，最终行的编织终点可以像普通行那样引拔，但它有着类似p.45的完美的收尾方法。

线头留10cm左右，剪断

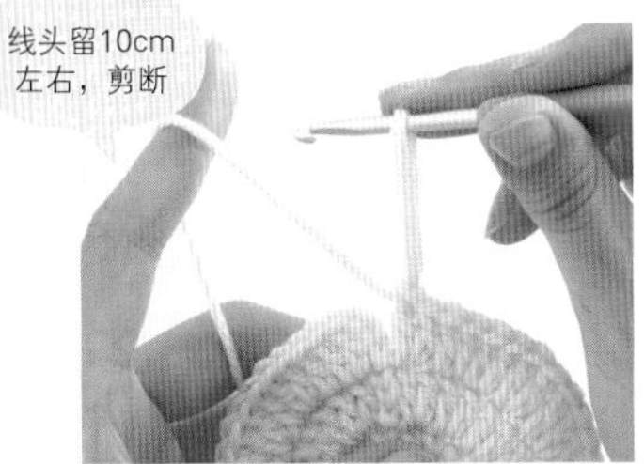
16 钩织完最后一针长针后，将挂在钩针上面的线圈拉长，然后剪线并将线拉出。

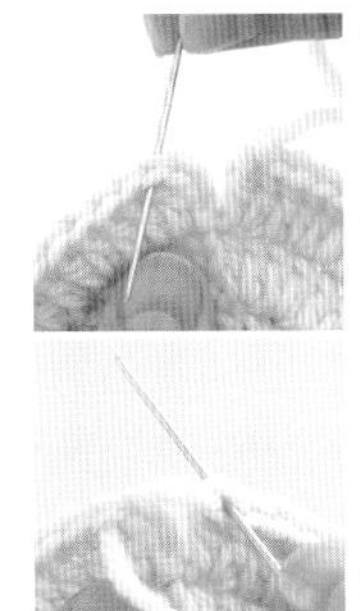
第2针

17 穿入毛线缝针，挑取第1针长针（编织行的第2针）的头部2根线，然后将毛线缝针返回到最后一针长针的头部。

这种方法做出来的锁针会和立织的第3针锁针（头部）重合

18 拉扯线头，使针目变为1针锁针的大小，这样，最终行就自然地连接在一起了。

处理线头

19 翻到反面，挑起织片上的针目，使线头隐藏在下面。挑针后要向相反方向挑回。

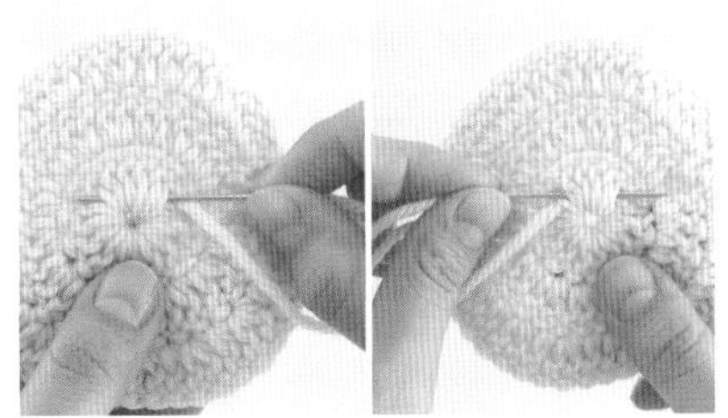
20 编织起点的线头，要隐藏在长针的柱子中。

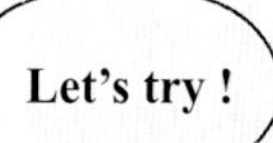

一起钩织作品吧

Let's try !

掌握环形编织的技巧后，可以钩织的作品种类增加了好多。

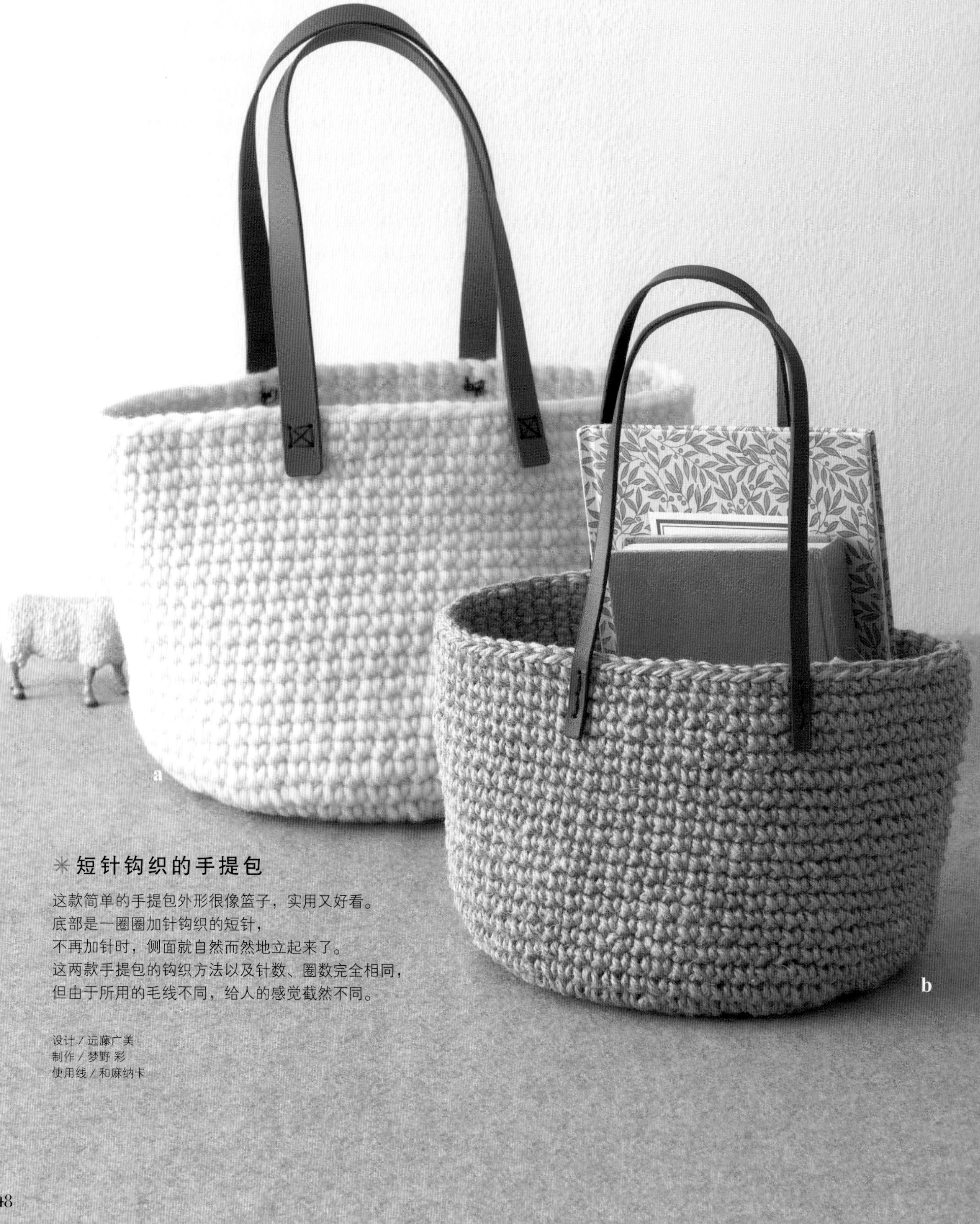

a

b

✳短针钩织的手提包

这款简单的手提包外形很像篮子，实用又好看。
底部是一圈圈加针钩织的短针，
不再加针时，侧面就自然而然地立起来了。
这两款手提包的钩织方法以及针数、圈数完全相同，
但由于所用的毛线不同，给人的感觉截然不同。

设计／远藤广美
制作／梦野 彩
使用线／和麻纳卡

【短针钩织的手提包的钩织方法】

×线…a：和麻纳卡 Bosk 原色（1）145g
b：MARCHEN ART JUTE RAMIE 原色（551）170g
×钩针…a：特大号钩针 8mm　b：钩针 9/0 号
×其他…皮革提手各 1 组 a：宽 16mm，长 40cm
b：宽 7mm，长 35cm
×编织密度…10cm×10cm 面积内：短针 a：12 针，11 行；b：14 针，15 行
×成品尺寸…a：宽 27.5cm，高 16cm b：宽 23.5cm，高 12cm

钩织要点

底部的中心做环形起针，立织 1 针锁针，然后再钩织 6 针短针，和第 1 针一起引拔。从第 2 圈开始，每圈加 6 针，钩织至第 11 圈。侧面每圈钩织 66 针短针，不加、减针，钩织 18 圈。编织终点参照 p.45 处理好线头。

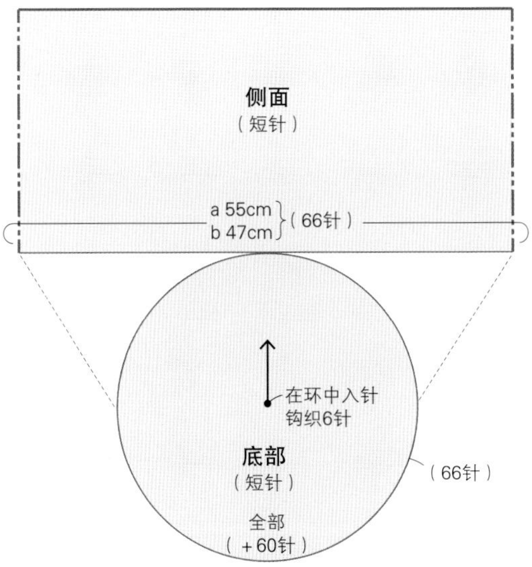

侧面
（短针）
a 55cm
b 47cm（66针）
a 16cm
b 12cm
（18圈）
在环中入针
钩织6针
底部
（短针）
全部
（+60针）
（66针）
a 10cm
b 7.5cm
（11圈）

编织终点
侧面
底部
环

3cm
a 7.5cm
b 7cm
缝上提手

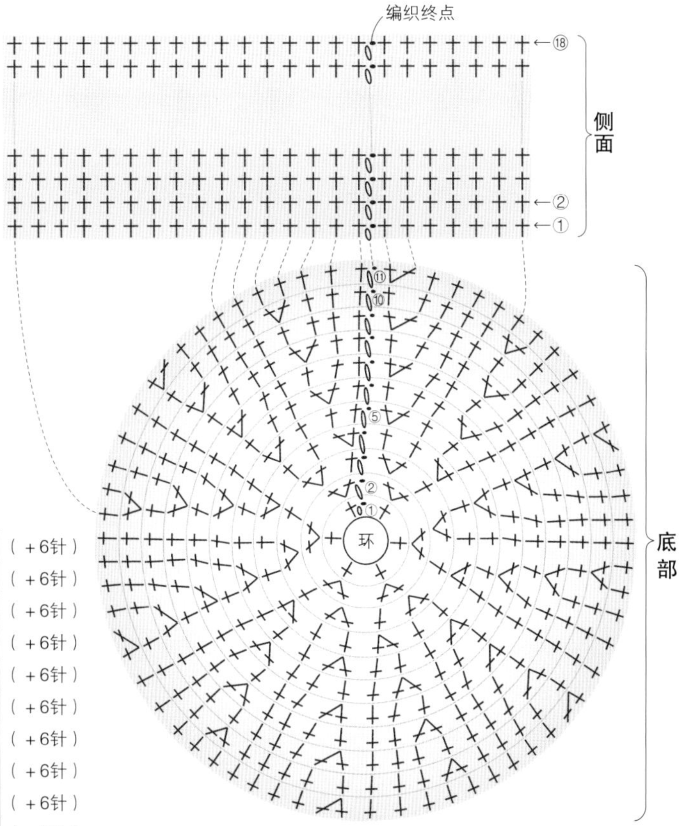

底部的针数

第11圈	66针	（+6针）
第10圈	60针	（+6针）
第9圈	54针	（+6针）
第8圈	48针	（+6针）
第7圈	42针	（+6针）
第6圈	36针	（+6针）
第5圈	30针	（+6针）
第4圈	24针	（+6针）
第3圈	18针	（+6针）
第2圈	12针	（+6针）
第1圈	6针	

○ 锁针（→p.18）
＋ 短针（→p.20）
● 引拔针（→p.25）
∨ 1针放2针短针（→p.53）

✳ 花片杯垫和零钱包

掌握环形编织的起针方法后，可以钩织出各种各样的花片。简单的花片可以当作杯垫使用。充分练习后，可以尝试用各种各样的线钩织。

设计 / 远藤广美
制作 / 梦野 彩
使用线 / 和麻纳卡

钩织2片花片，将周围缝合起来后留一个开口，就能做成一个零钱包。

【花片杯垫的钩织方法】

- 线…1：和麻纳卡 Mohair Hardi 灰色（3）
2：和麻纳卡 Amerry 蓝色（11）
3：和麻纳卡 Paume Cotton Linen 白色（201）
- 钩针…1、2：钩针6/0号；3：钩针5/0号
- 成品尺寸…参照图示

钩织要点

3 款均为环形起针，立织 3 针锁针，按照图示钩织 3 圈长针和锁针的组合。前一圈钩织锁针的部分，要整段挑取（参照 p.57）钩织长针。花片的编织终点参照 p.45 处理好线头。

a（四边形）：第 2、3 圈的长针，挑针情况分为挑取前一圈长针的头部和整段挑取锁针两种，需要注意。

b（六边形）：第 2 圈的编织终点挑取立织的第 3 针锁针的半针和里山钩织引拔针，然后整段挑取锁针钩织引拔针，移动第 3 圈的立织位置。

c（圆形）：第 1 圈的编织终点挑取立织的第 3 针锁针的半针和里山钩织引拔针，然后整段挑取锁针钩织引拔针，移动第 2 圈的立织位置。

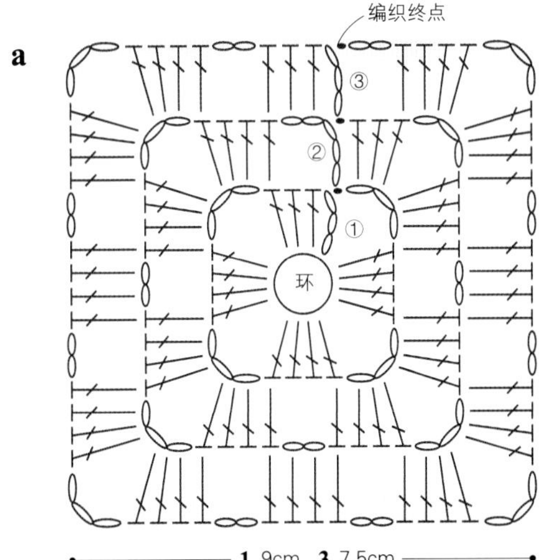

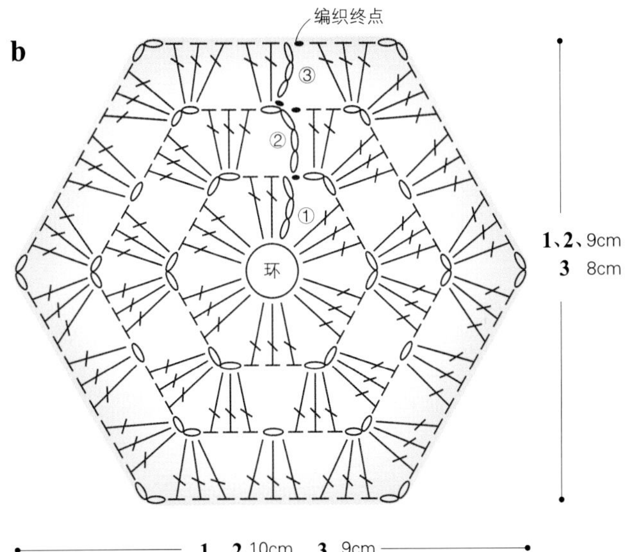

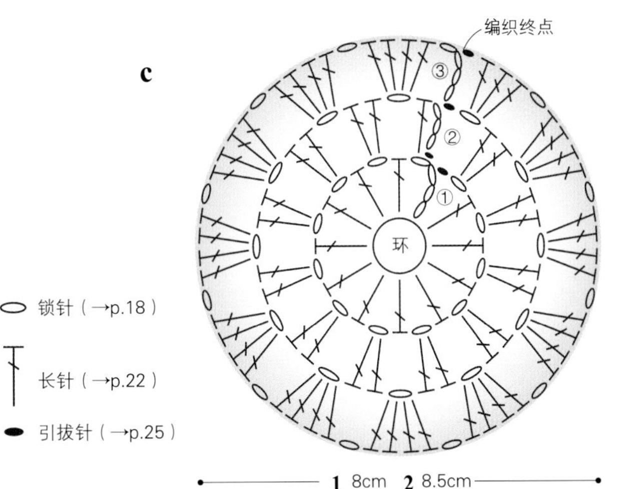

第三章

基本针法的变化

掌握由基本针法变化出来的技法，可以钩织出更多的作品。

这么多编织符号，怎么能记住呢？别担心。

编织符号都是有规律可循的，

每种都是将基本针法稍加改变而成的。

仔细看，你就会发现其实它一点都不难。

如此一来，这些像神秘暗号一样的编织符号，也变得亲切了。

理解并掌握本章的各种针法和编织符号后，

钩针的基础知识也基本上都掌握了。

你一定可以钩织出更多的作品。

1 针中钩织多个针目（加针）

加针的方法很简单！
在前一行的一个针目中钩织多个针目即可。

1针放2针短针

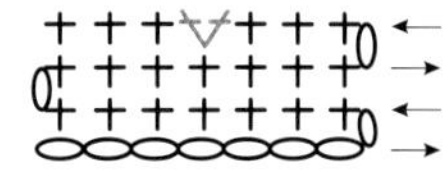

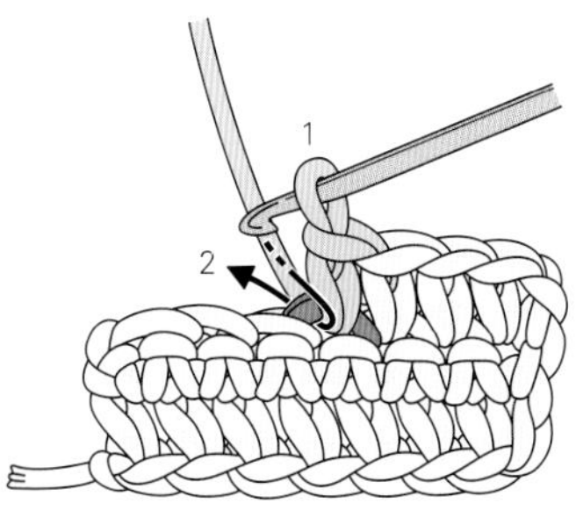

1 挑取前一行针目的头部 2 根线，钩织 1 针短针，然后将钩针再次插入同一个针目中。

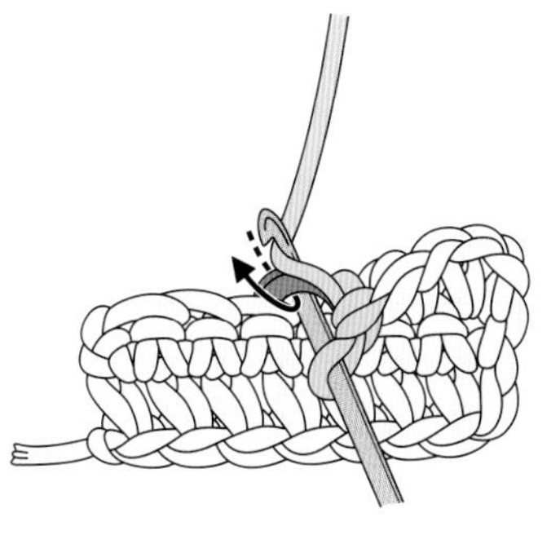

2 挂线并拉出相当于 1 针锁针高度的线。

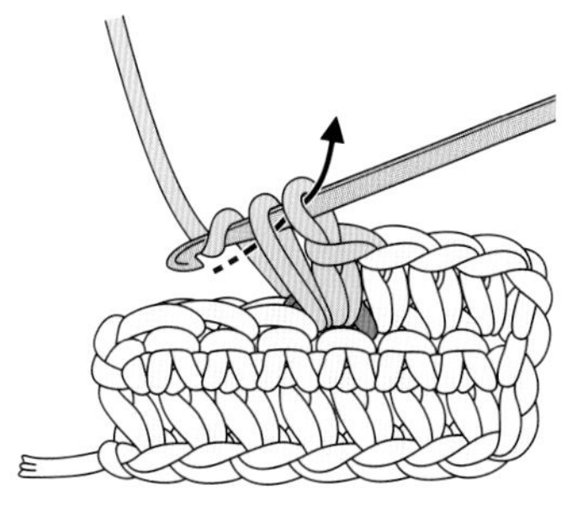

3 再次钩织短针（钩针挂线，从钩针上面的 2 个线圈中引拔出）。

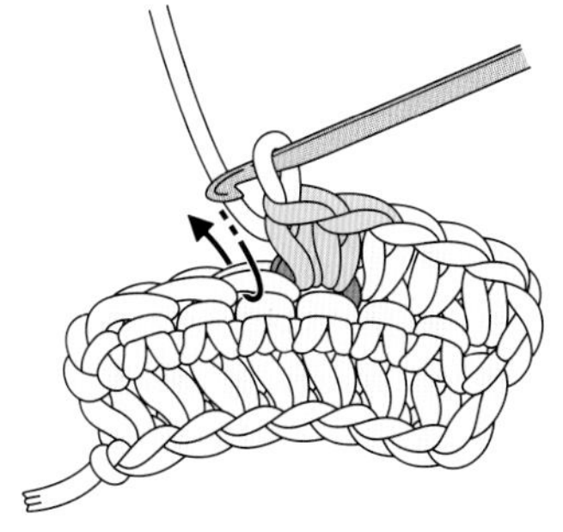

4 1 个针目中钩织了 2 针短针（此为加 1 针的样子）。继续钩织。

1针放3针短针

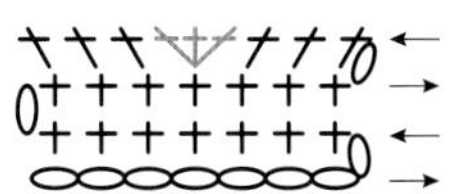

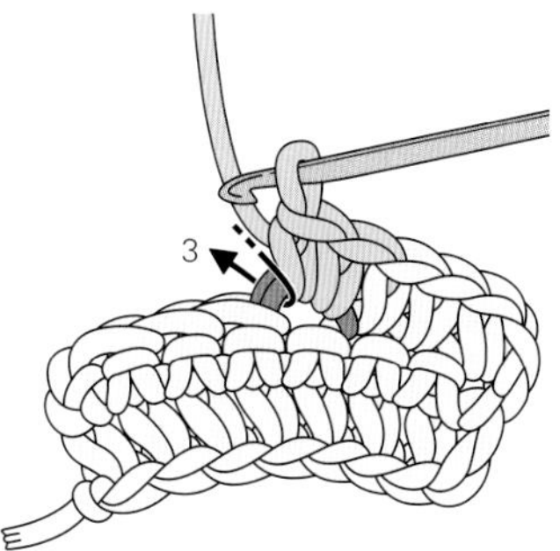

1 在 1 个针目中钩织 2 针短针后，再钩织 1 针短针。

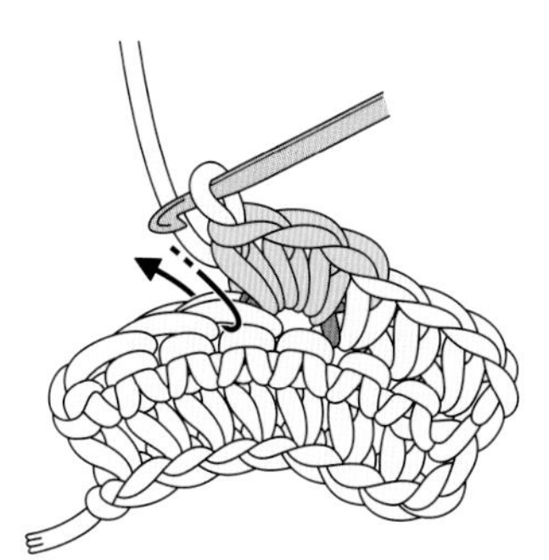

2 1 个针目中钩织了 3 针短针的样子（此为加 2 针的样子）。继续钩织。

1针放2针短针（中间加1针锁针）

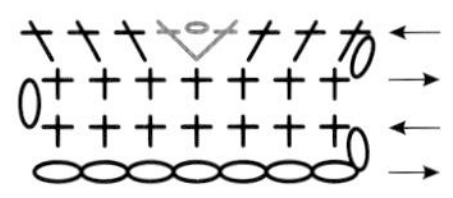

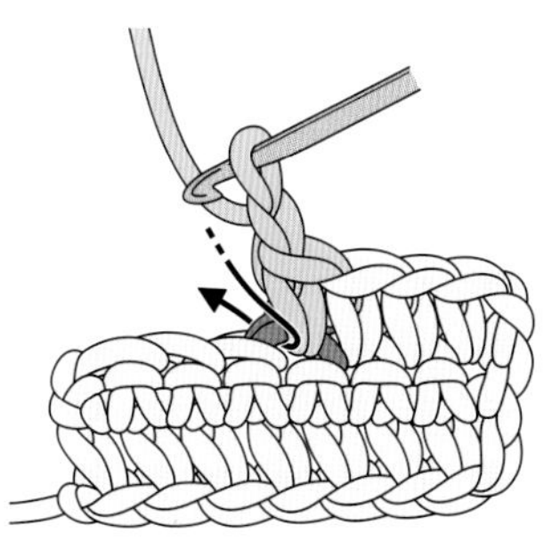

1 钩织 1 针短针后再钩织 1 针锁针，然后在同一个针目中再钩织 1 针短针。

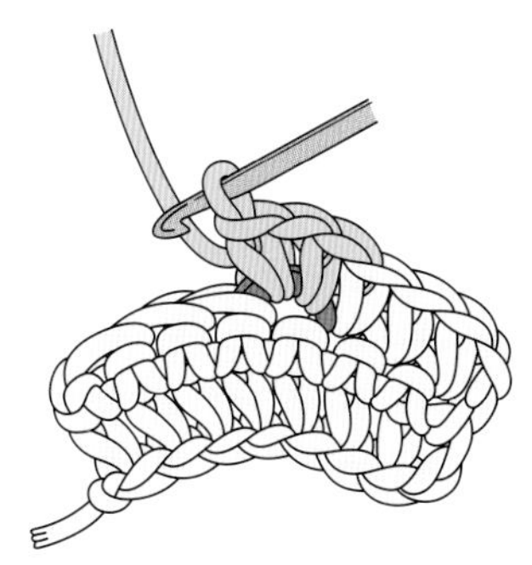

2 1 个针目中钩织了“1 针短针、1 针锁针、1 针短针”（此为加 1 针的样子）。

1针放2针长针（从1针中挑取）

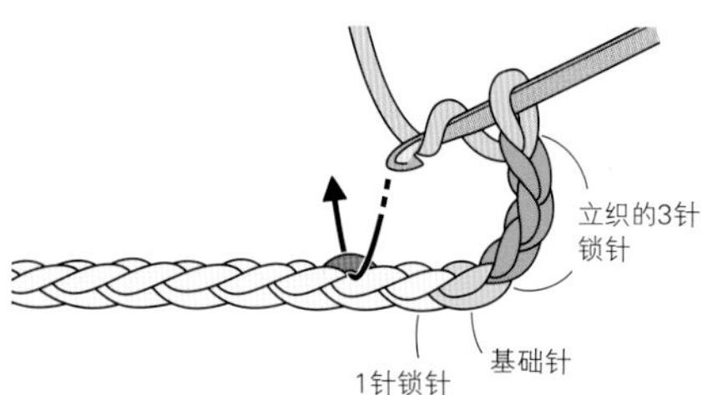

1 钩针挂线，挑取前一行的针目（这里为起针行），钩织长针。

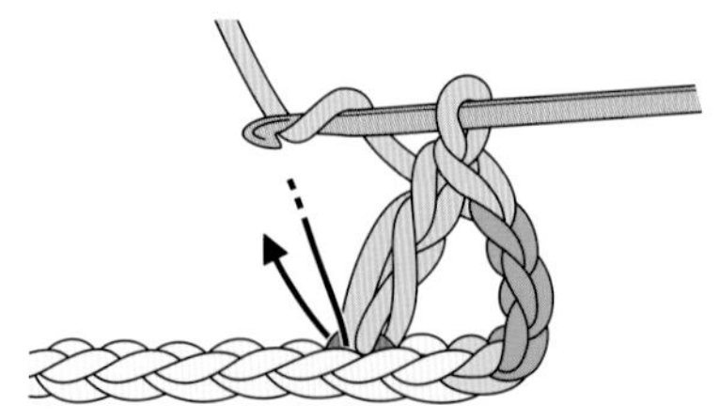

2 钩织完 1 针长针后，再次钩针挂线，并插入同一个针目中，钩针挂线，并拉出相当于 2 针锁针高度的线。

3 钩织长针（再次钩针挂线，从钩针上的 2 个线圈中引拔出，重复 1 次）。

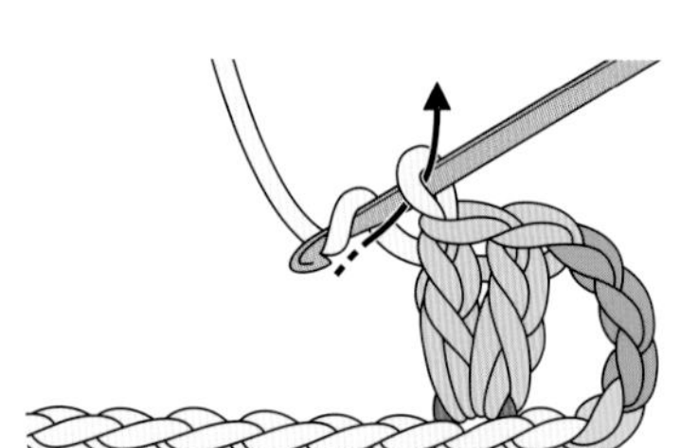

4 1 个针目中钩织了 2 针长针（此为加 1 针的样子）。继续钩织 1 针锁针。

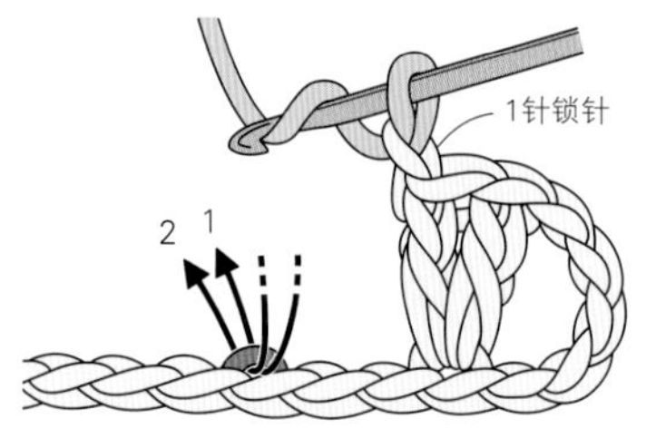

5 跳过前一行（起针行）的 2 个针目，在左边第 3 针中钩织 2 针长针。

※ 因为跳过了加针的针数，所以整体的针数不变

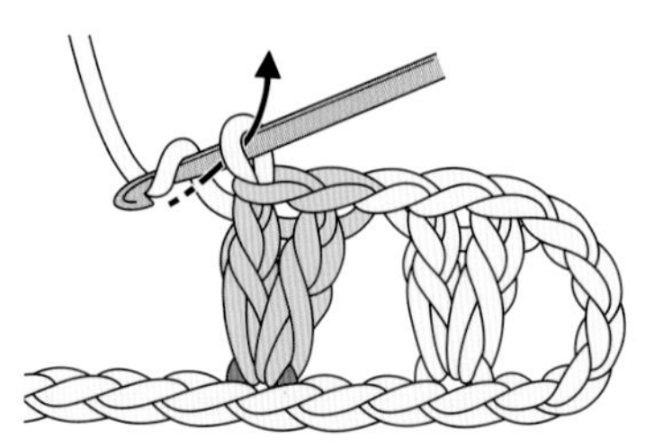

6 第 2 针 1 针放 2 针长针（从 1 针中挑取）完成了。继续钩织。

1针放2针长针（整段挑取）

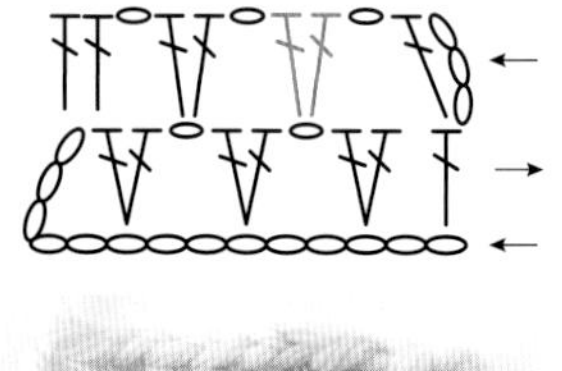

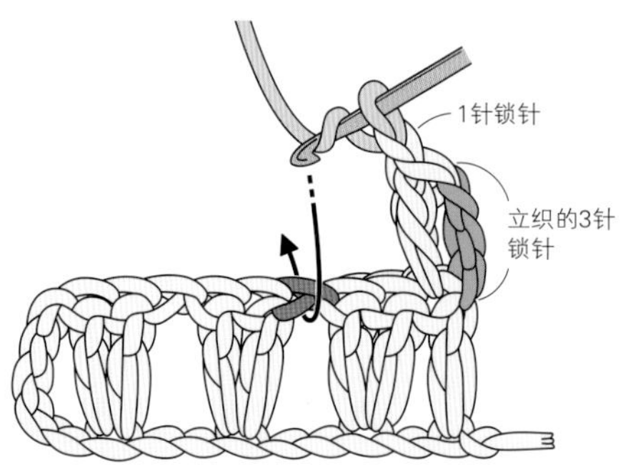

1 钩针挂线，插入前一行锁针的下面（整段挑取）。

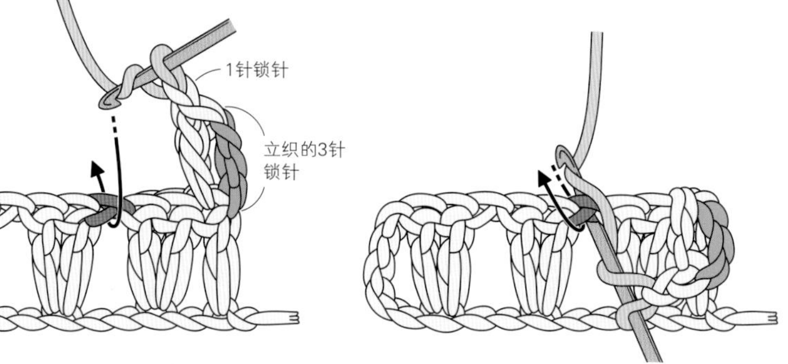

2 钩针挂线并拉出，钩织长针。

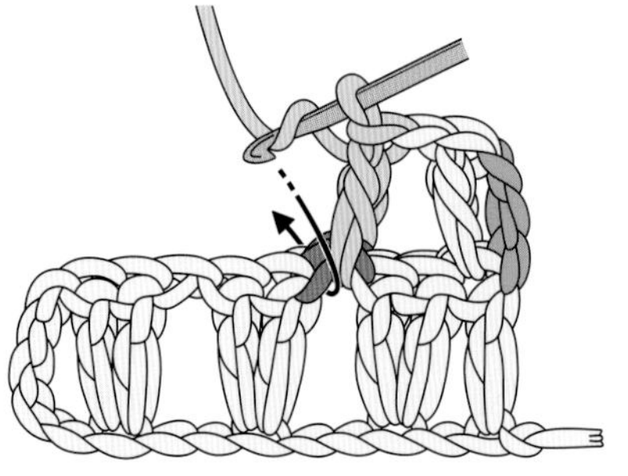

3 钩织完 1 针长针后，再次钩针挂线，并插入同一个地方，钩织长针。

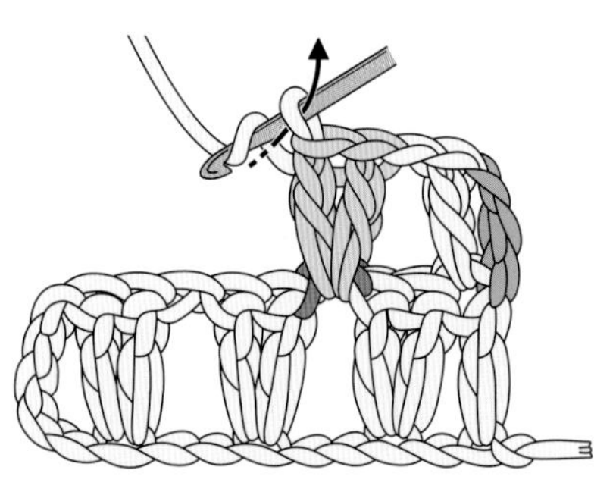

4 钩织了 2 针长针后的样子。继续钩织。

1针放2针长针（从1针中挑取，中间加1针锁针）

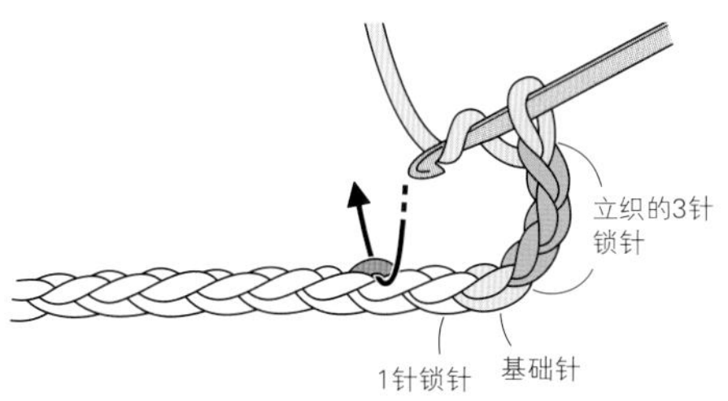

1 钩针挂线，挑取前一行的针目（这里为起针行），钩织长针。

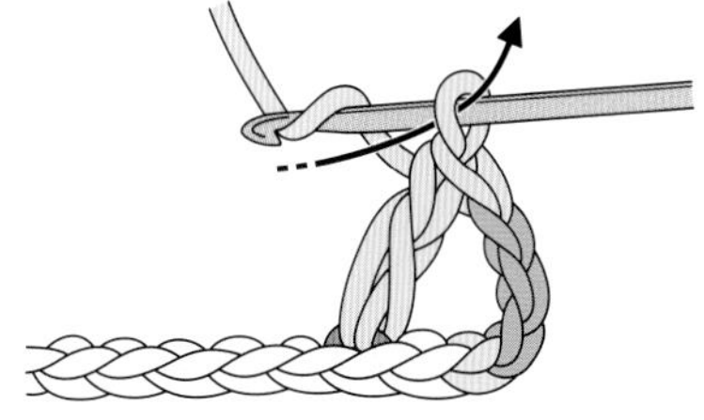

2 钩织完 1 针长针后，继续钩织 1 针锁针。

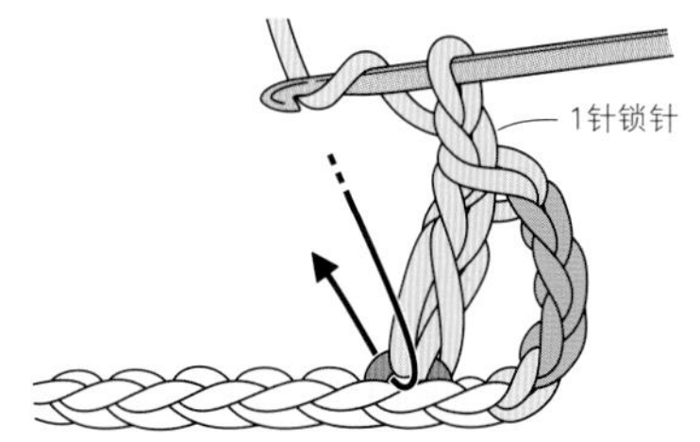

3 再次钩针挂线，并插入同一个针目中，挂线并拉出。

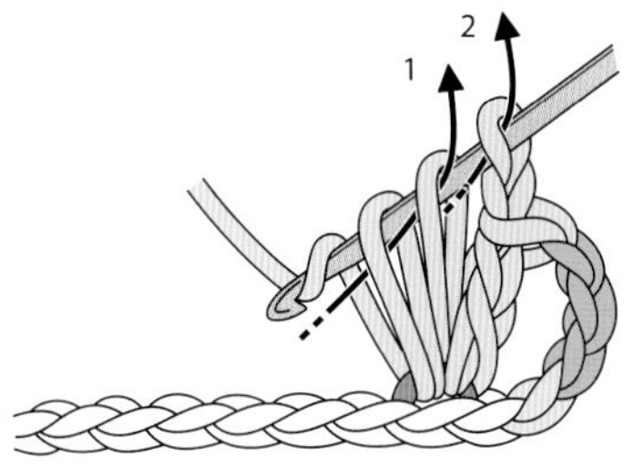

4 钩织长针（钩针挂线，从钩针上的 2 个线圈中引拔出，重复 1 次）。

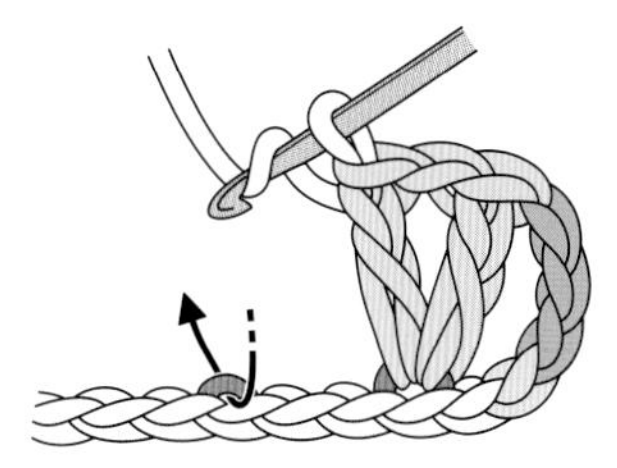

5 1 针放 2 针长针（中间加 1 针锁针，从 1 针中挑取）完成了（此为加 2 针的样子）。继续钩织。

※ 因为跳过了加针的针数，所以整体的针数不变

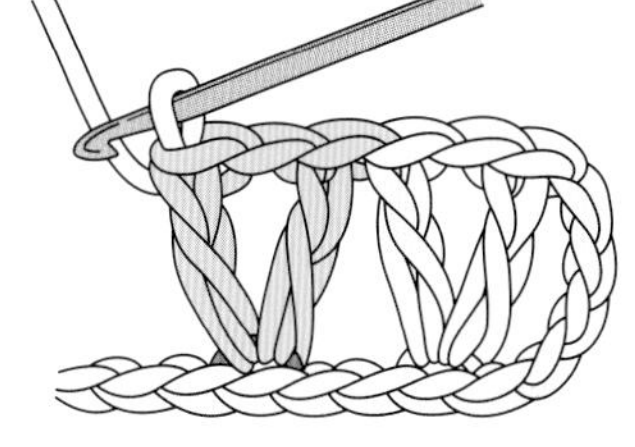

6 第 2 针 1 针放 2 针长针（从 1 针中挑取，中间加 1 针锁针）完成了。继续钩织。

1针放2针长针（整段挑取，中间加1针锁针）

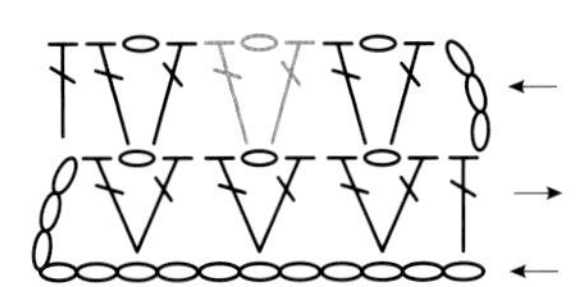

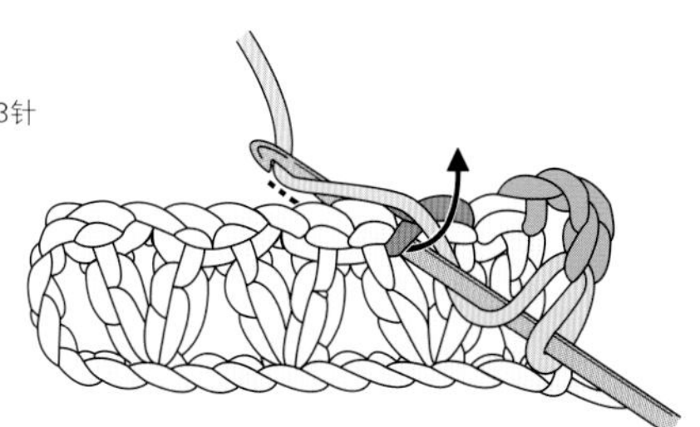

1 钩针挂线，插入前一行锁针的下面（整段挑取）。

2 再次钩针挂线并拉出，钩织长针。

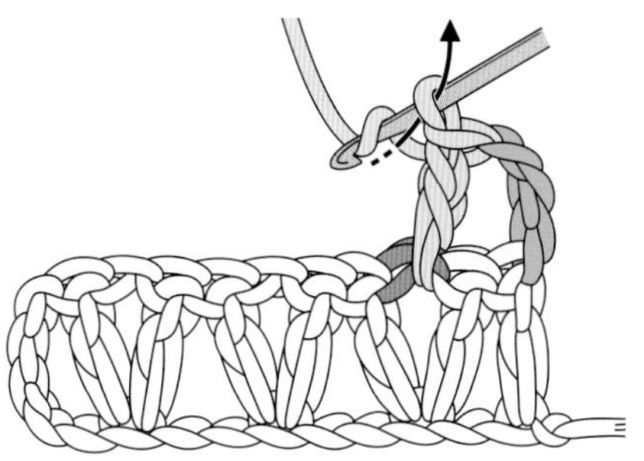

3 钩织完 1 针长针后，继续钩织 1 针锁针。

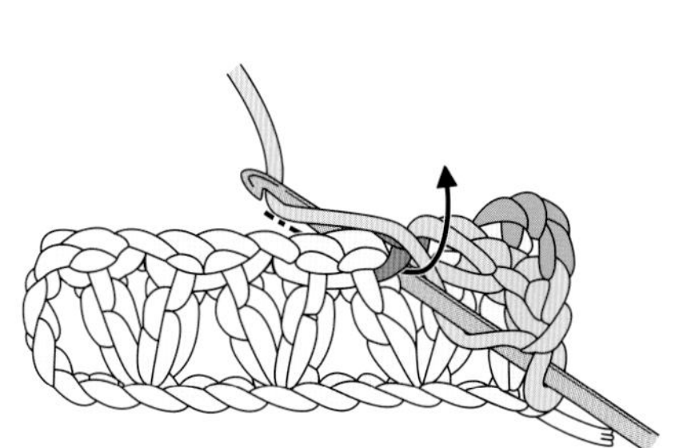

4 再次钩针挂线，并插入同一个地方，钩织长针。

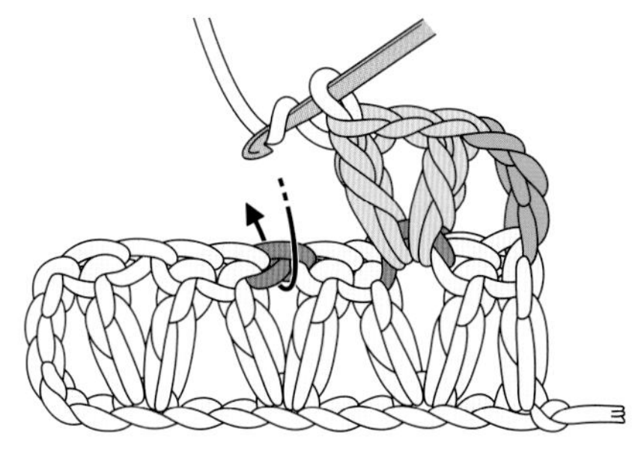

5 1 针放 2 针长针（整段挑取，中间加 1 针锁针）完成了。继续钩织。

1针放3针长针（从1针中挑取）

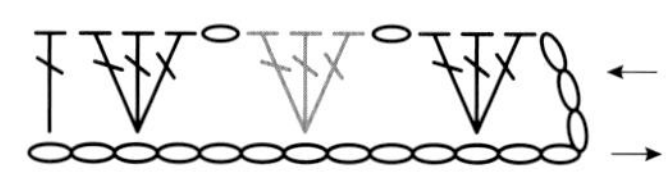

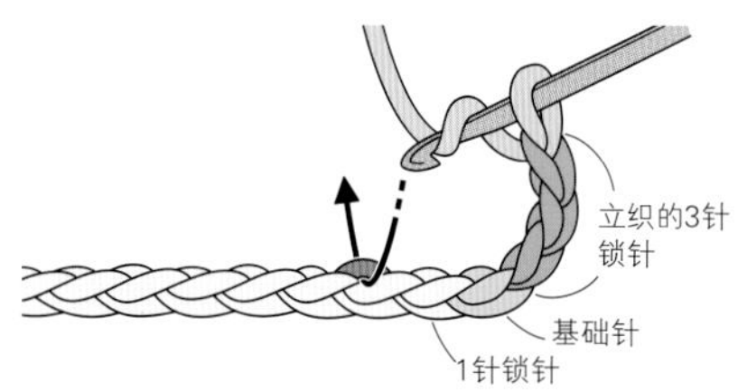

1 钩针挂线，挑取前一行的针目（这里为起针行），钩织长针。

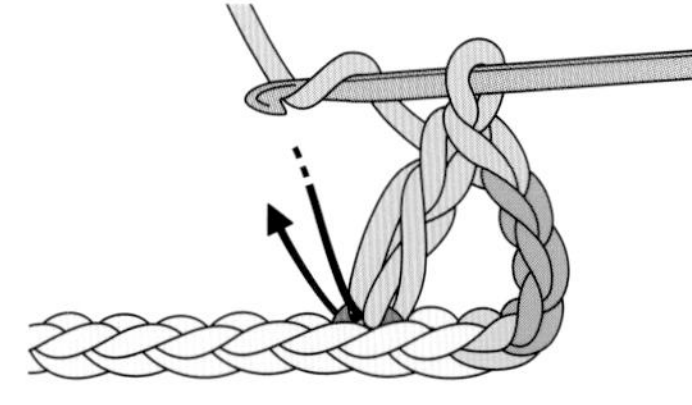

2 钩织完 1 针长针后，再次钩针挂线，并插入同一个针目中，钩织长针。

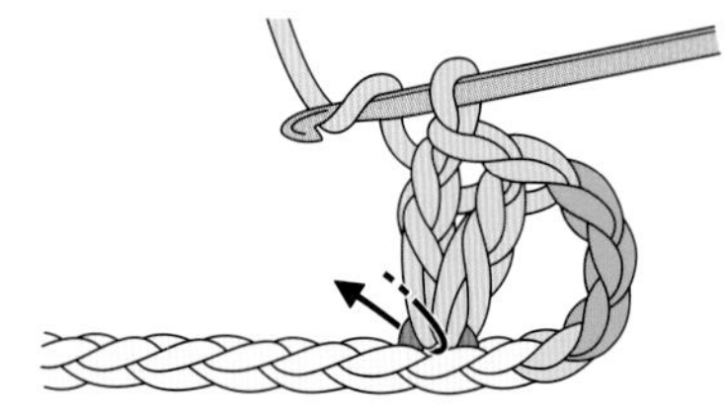

3 钩针挂线，并插入同一个针目中，再次挂线并拉出。

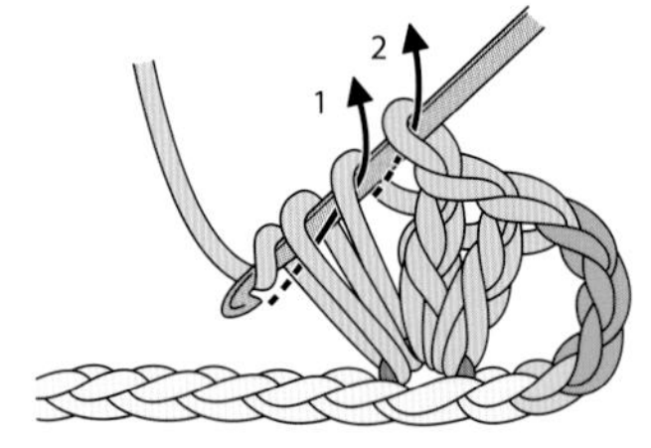

4 钩织长针（钩针挂线，从钩针上的 2 个线圈中引拔出，重复 1 次）。

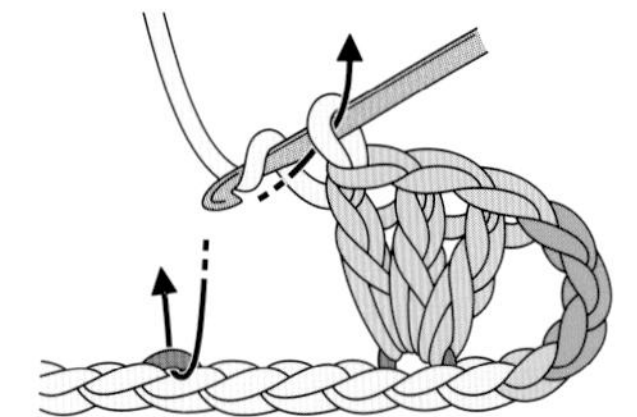

5 1 针放 3 针长针（此为加 2 针的样子）完成了。继续钩织 1 针锁针，跳过前一行（起针行）的 3 个针目，在左边第 4 针中钩织 3 针长针。

※ 因为跳过了加针的针数，所以整体的针数不变

6 第 2 针 1 针放 3 针长针（从 1 针中挑取）完成了。继续钩织。

1针放3针长针（整段挑取）

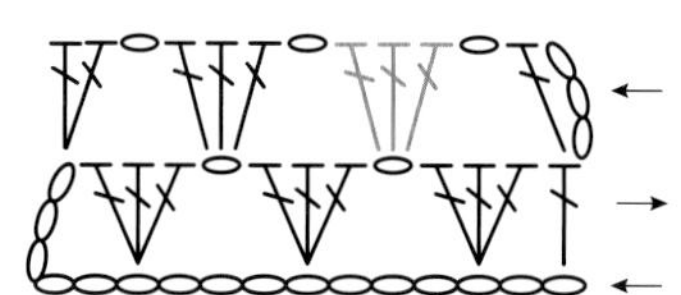

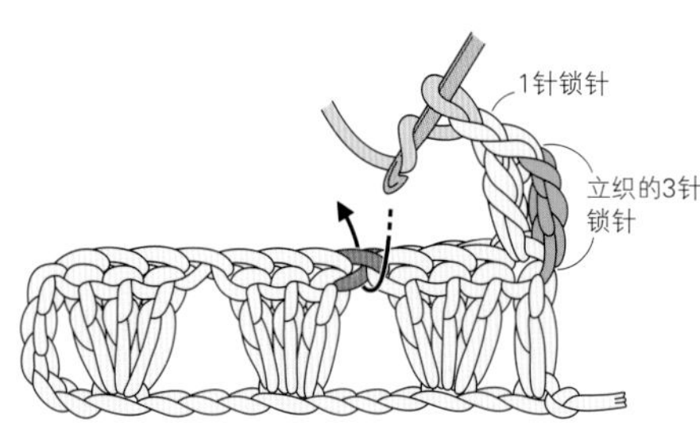

1 钩针挂线，插入前一行锁针的下面（整段挑取）。

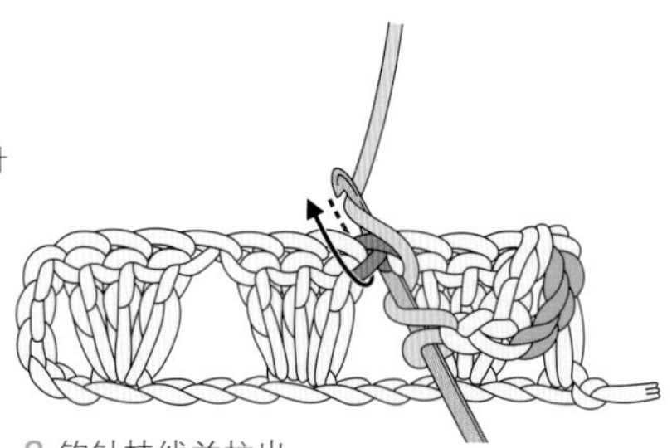

2 钩针挂线并拉出。

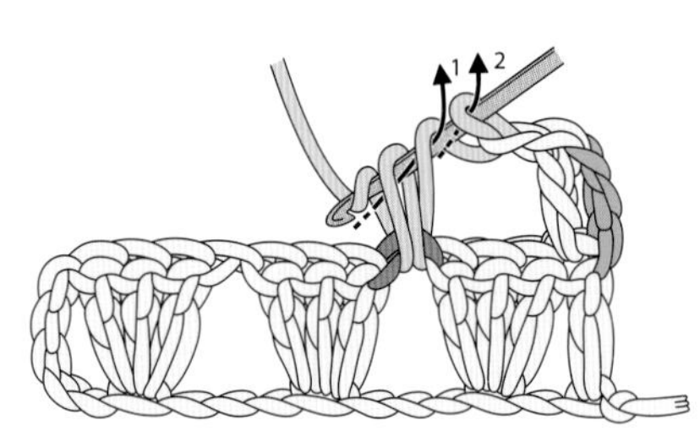

3 钩织 1 针长针。

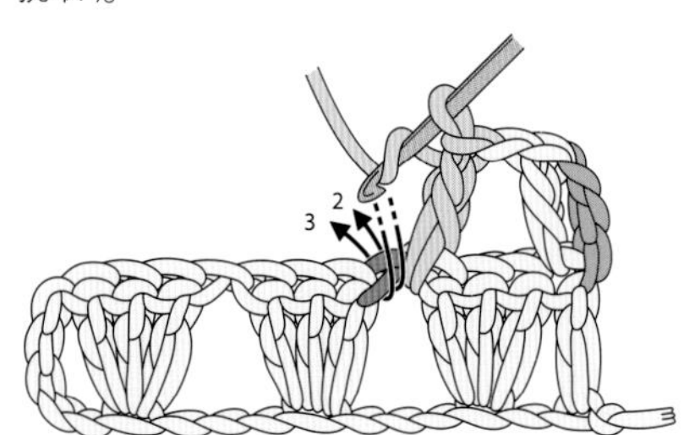

4 再次钩针挂线，并插入同一个地方，钩织 2 针长针。

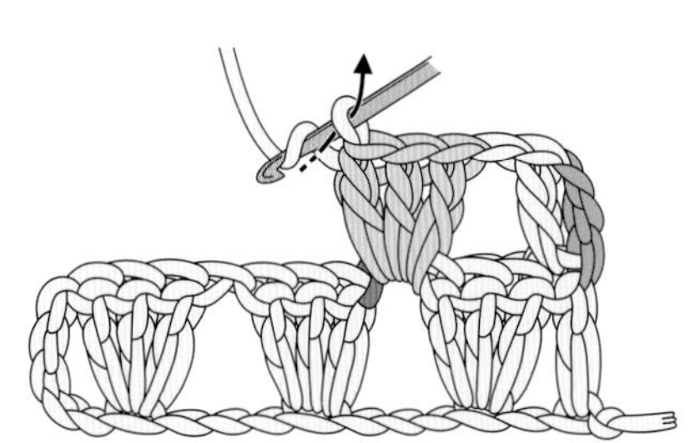

5 1 针放 3 针长针（整段挑取）完成了。继续钩织。

编织图的看法（从 1 针中挑取和整段挑取）

表现挑针方法时，编织符号的底部分为连在一起和分开两种。编织符号的底部标注不同，所对应的挑针方法也不同。

底部连在一起

钩织时，要将钩针插入前一行的针目中。无论是哪种钩织方法，无论钩织多少针，都是如此。连在一起的针目，都要在同一个针目中钩织。

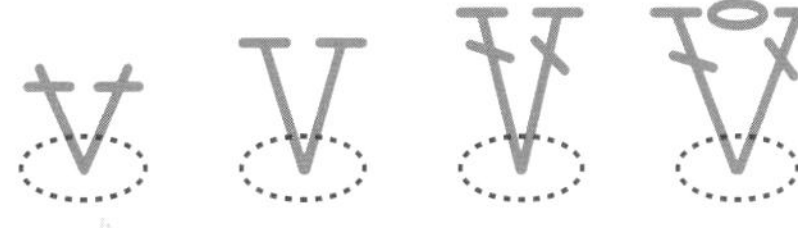

这里很重要！

底部分开

此时，要整段挑取前一行的锁针等针目。无论是哪种钩织方法，无论钩织多少针，挑针方法都是如此。

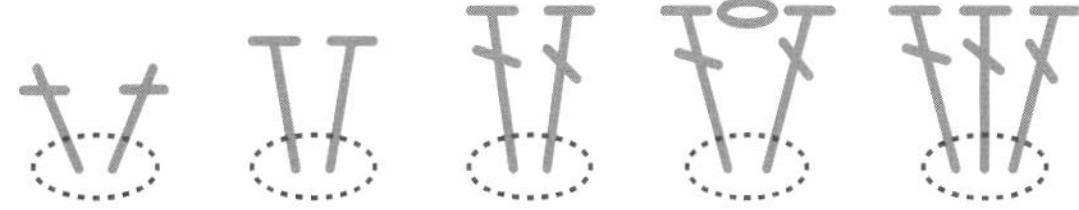

其他的钩织方法也通用

挑针方法由编织符号的底部是否连在一起来决定，枣形针（→p.68）和爆米花针（→p.98）的挑针方法也是如此。

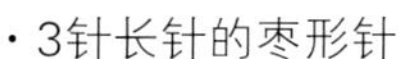

・3针长针的枣形针　・5针长针的爆米花针

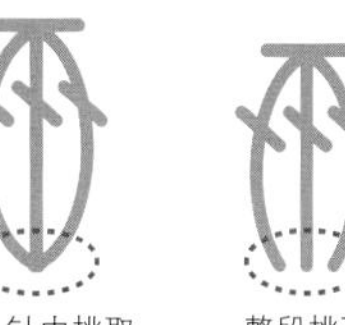

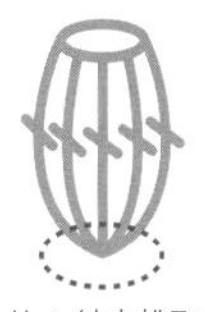

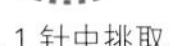

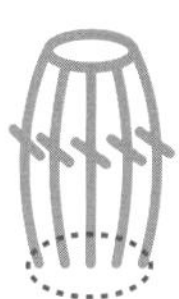

从 1 针中挑取　整段挑取　从 1 针中挑取　整段挑取

整段挑取是什么意思？

整段挑取或者整段挑针，都是将钩针插入前一行锁针的下方，将整个针目挑起来钩织。钩针编织中经常会遇到这个字眼，务必掌握。

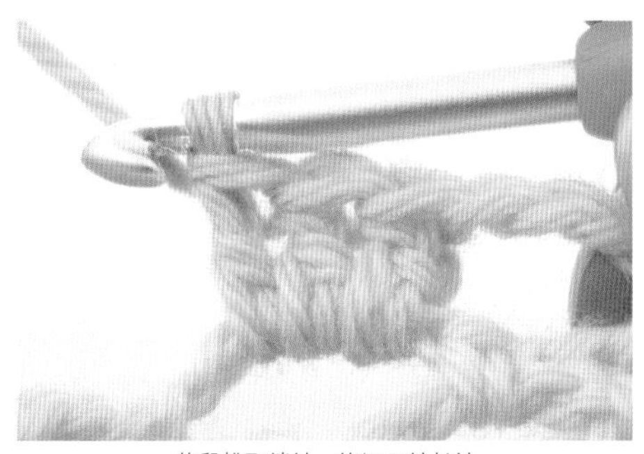

整段挑取锁针，钩织 3 针长针

分开针目是什么意思？

分开针目指的是，将钩针插入针目中挑针钩织。它主要指挑取锁针的半针和里山，也指将钩针插入针目的根部（参照p.66）挑取2根线。用来和整段挑取区别。

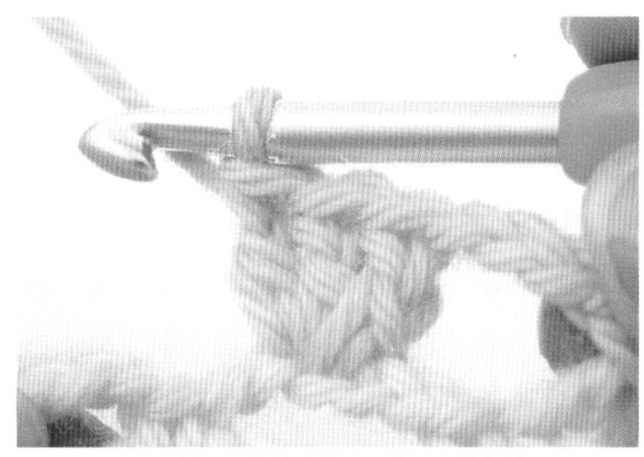

分开前一行锁针的针目，钩织 3 针长针

1针放2针中长针（从1针中挑取）

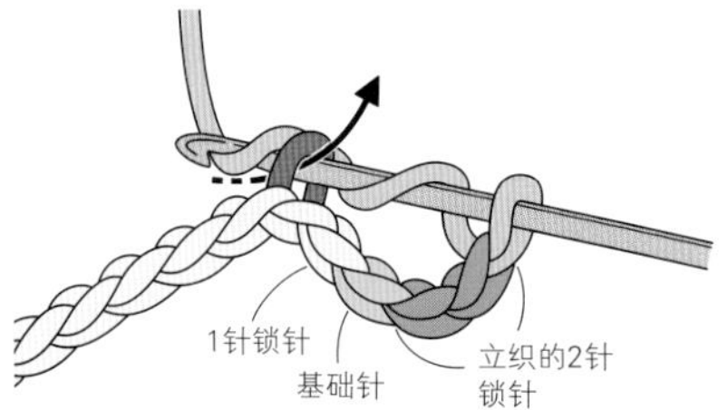

1 钩针挂线，挑取前一行的针目（这里为起针行），再次挂线，并拉出相当于 2 针锁针高度的线。

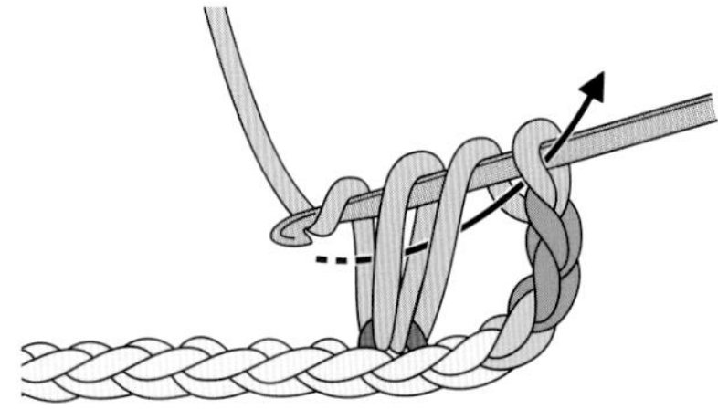

2 钩织中长针（钩针挂线，从钩针上的所有线圈中一次性引拔出）。

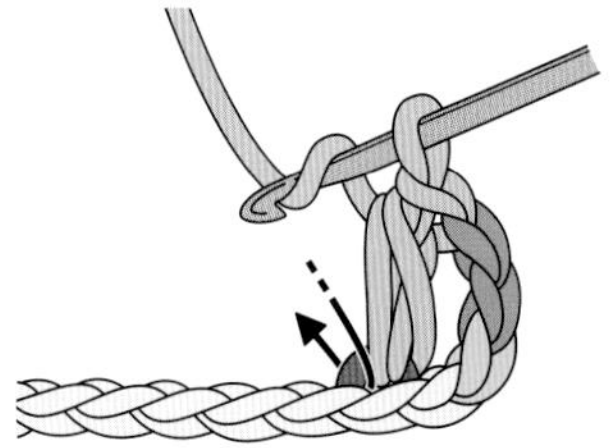

3 1 针中长针完成后，再次钩针挂线，并插入同一个针目中。

4 再次钩织中长针。

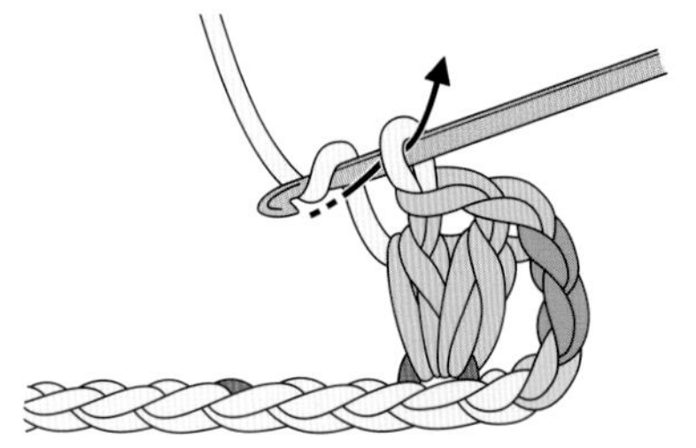

5 1 针放 2 针中长针（从 1 针中挑取）完成了（此为加 1 针的样子）。继续钩织。

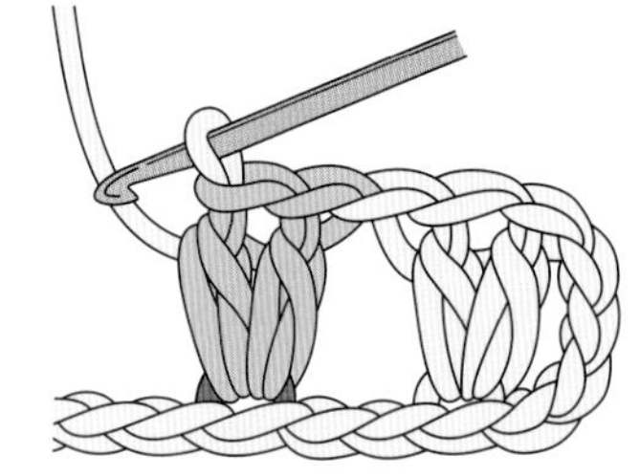

6 第 2 针 1 针放 2 针中长针（从 1 针中挑取）完成了。

※ 因为跳过了加针的针数，所以整体的针数不变

1针放2针中长针（整段挑取）

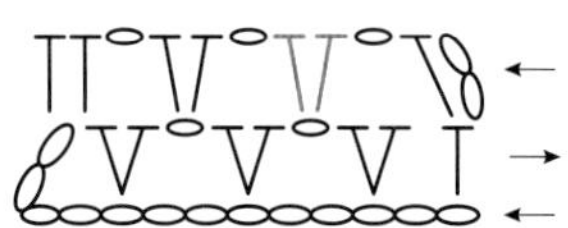

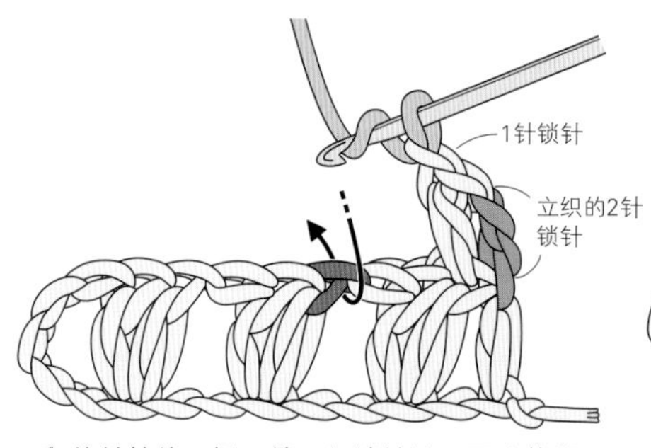

1 钩针挂线，插入前一行锁针的下面（整段挑取）。

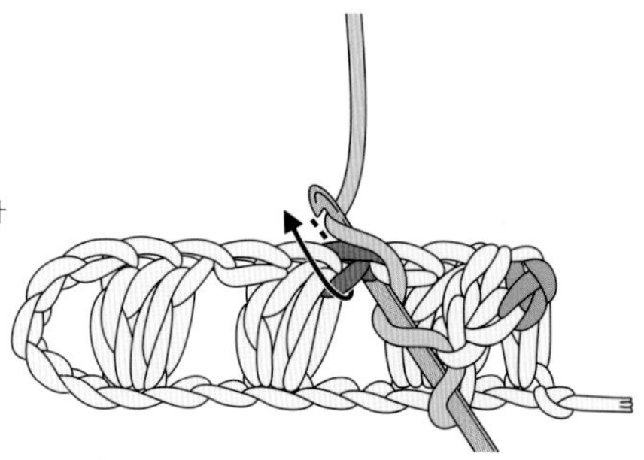

2 钩针挂线并拉出，钩织中长针。

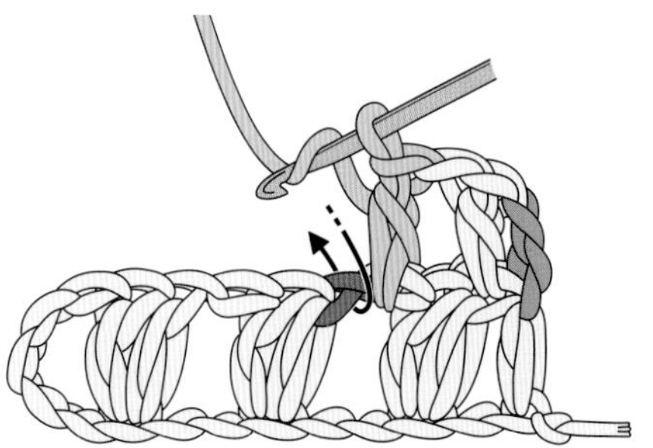

3 完成 1 针中长针（整段挑取）后，再次钩针挂线，并插入同一个地方，钩织 1 针中长针。

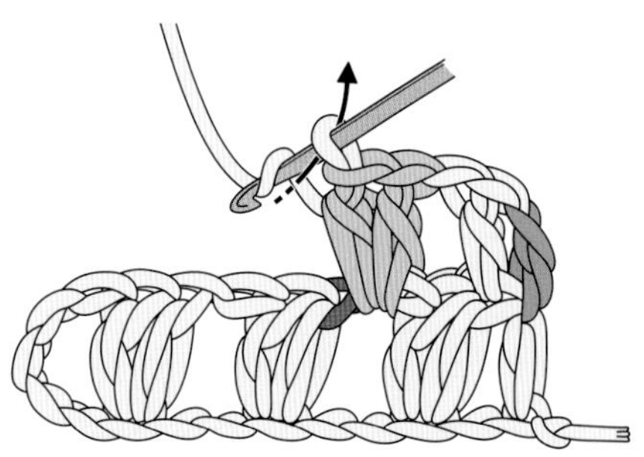

4 1 针放 2 针中长针（整段挑取）完成了。继续钩织。

1针放3针中长针（从1针中挑取）

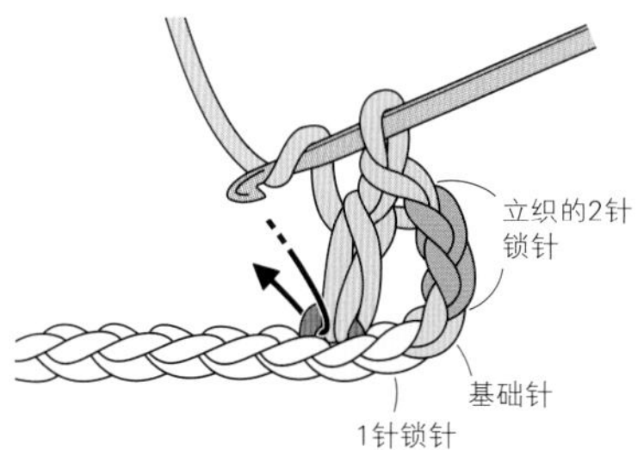

1 钩针挂线，挑取前一行的针目（这里为起针行），钩织中长针。再次钩针挂线，并插入同一个针目中。

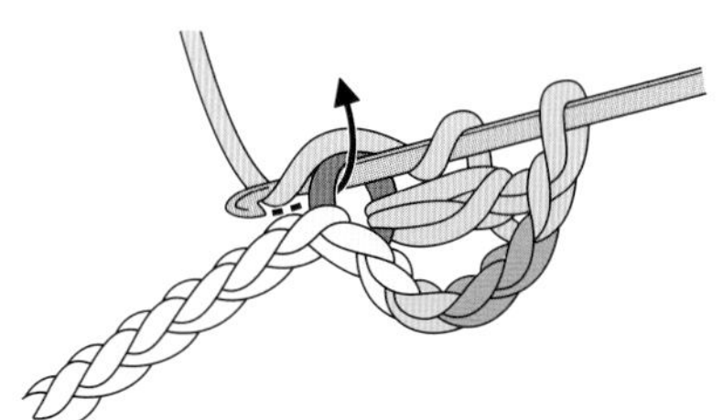

2 钩针挂线，并将针目拉出，钩织中长针。

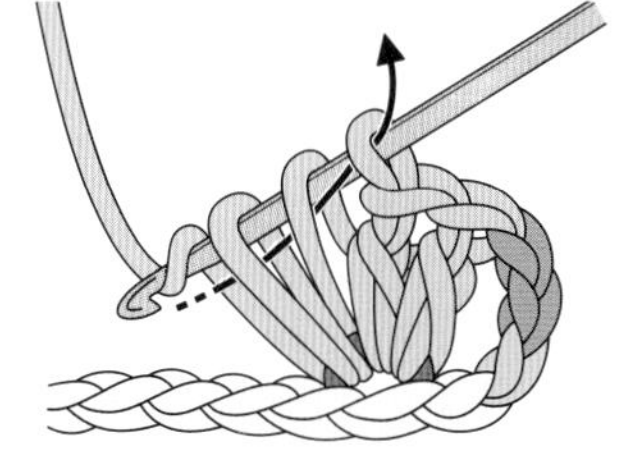

3 再在同一个针目中钩织 1 针中长针。

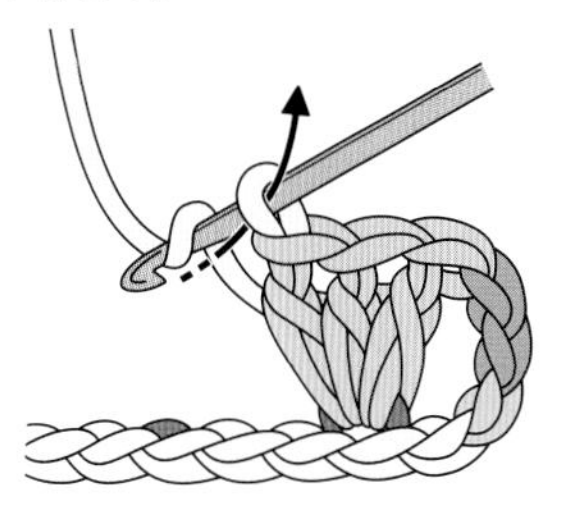

4 1 针放 3 针中长针（从 1 针中挑取）完成了（此为加 2 针的样子）。继续钩织。

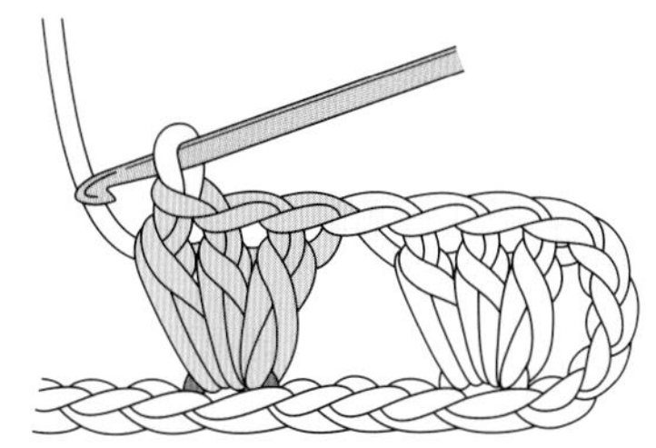

5 第 2 针 1 针放 3 针中长针（从 1 针中挑取）完成了。

※ 因为跳过了加针的针数，所以整体的针数不变

1针放3针中长针（整段挑取）

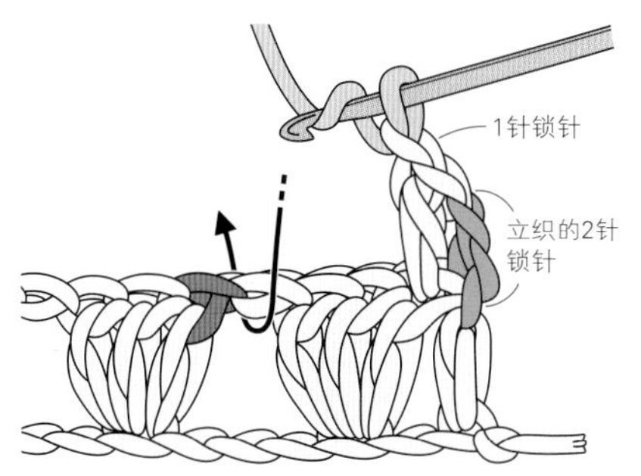

1 钩针挂线，插入前一行锁针的下面（整段挑取）。

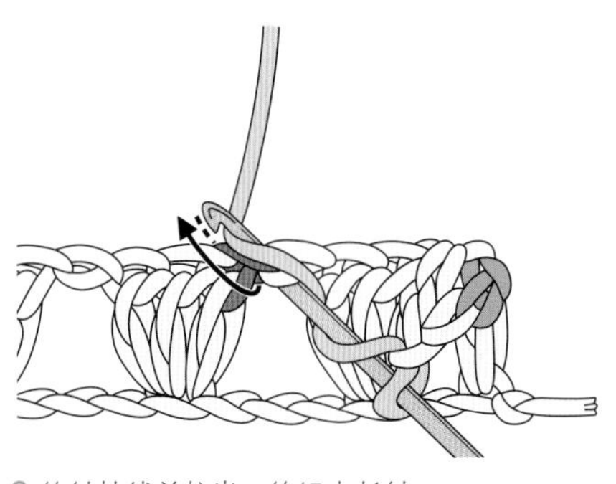

2 钩针挂线并拉出，钩织中长针。

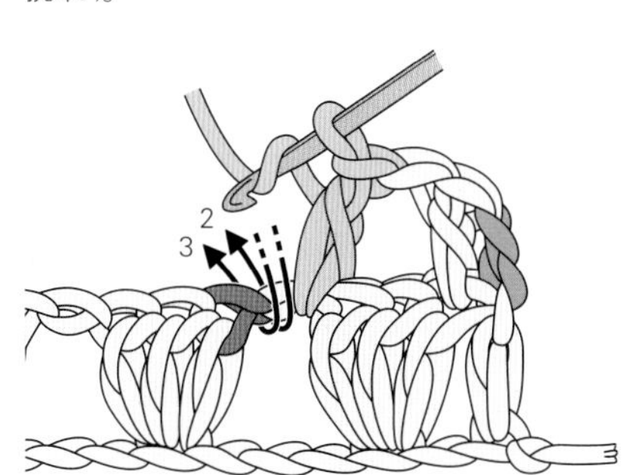

3 完成 1 针中长针（整段挑取）后，再次钩针挂线，并插入同一个地方，钩织 2 针中长针。

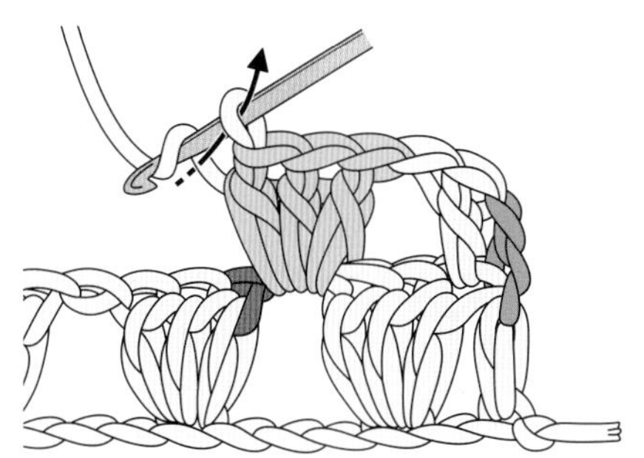

4 1针放3针中长针（整段挑取）完成了。继续钩织。

钩织更多的针目

无论钩织多少针，基本要领都是相同的。编织符号的底部连在一起时，从1针中挑取；底部分开时，整段挑取。

1针放5针长针（从1针中挑取）

扇形的长针花样，
看起来像松叶，
又叫松叶针。
（长针的针数不限于 5 针）

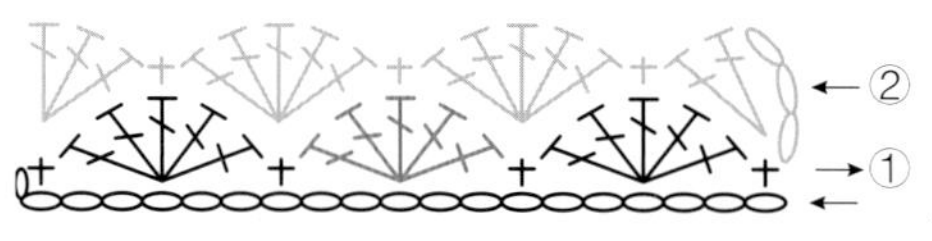

第 1 行

第 2 行

第1行

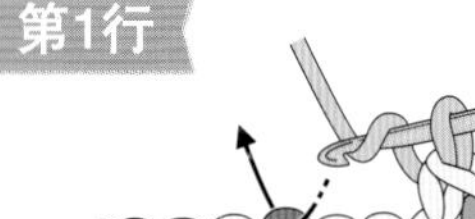

1 钩织 1 针短针后再次挂线，跳过起针行的 2 个针目，挑取左边第 3 针的里山。

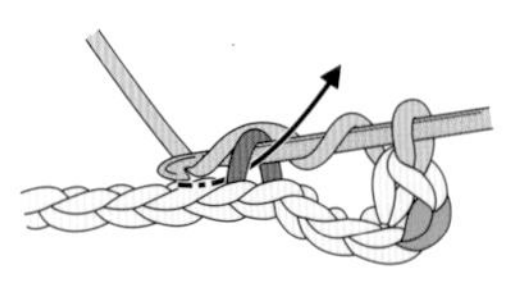

2 钩针挂线并拉出，钩织长针（钩针挂线，从钩针上的 2 个线圈中引拔出，重复 1 次）。

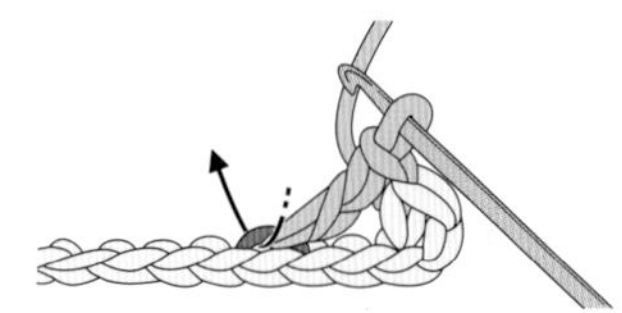

3 钩织完 1 针长针后，再次钩针挂线，并插入同一个针目中，钩织 4 针长针。

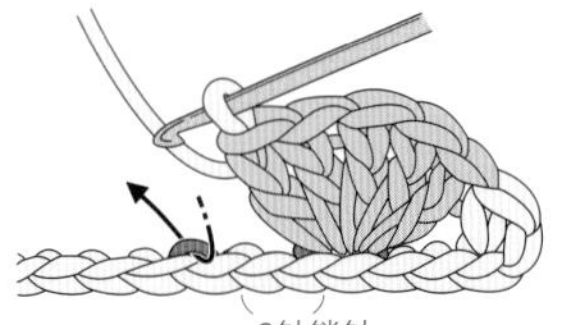

4 1 针放 5 针长针完成了。然后跳过起针行的 2 个针目，挑针钩织短针。

5 1 针放 5 针长针（从 1 针中挑取）的 1 个花样完成了。继续按照相同的要领钩织。

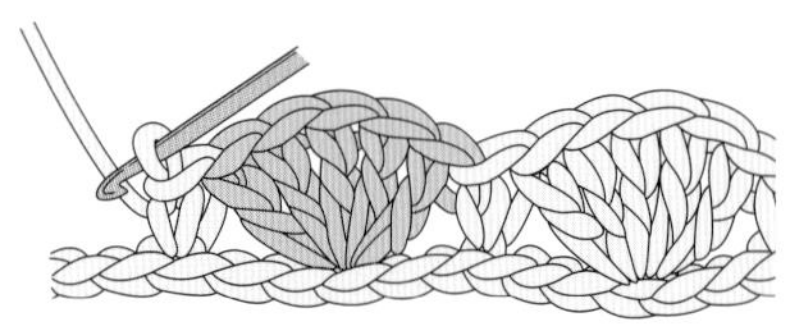

6 钩织完第 2 个花样。

第2行

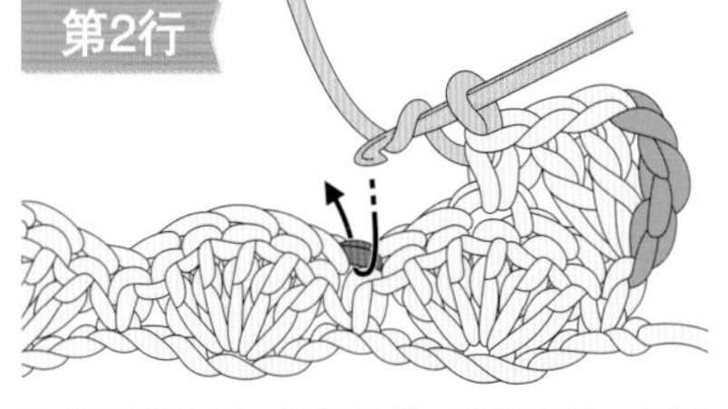

7 钩织第 2 行，钩针挂线，并挑取前一行短针的头部 2 根线。

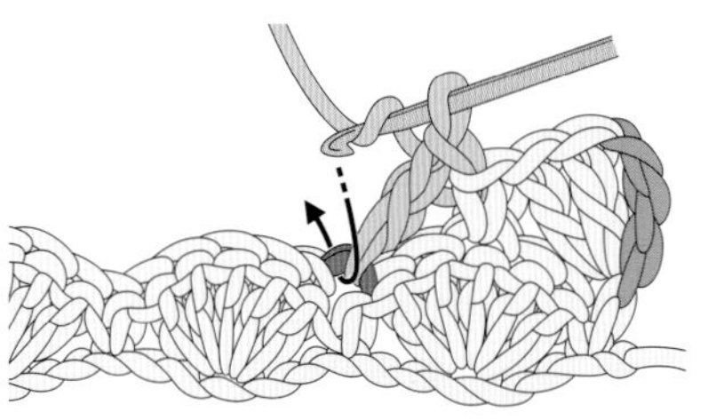

8 在前一行的短针中钩织 5 针长针。

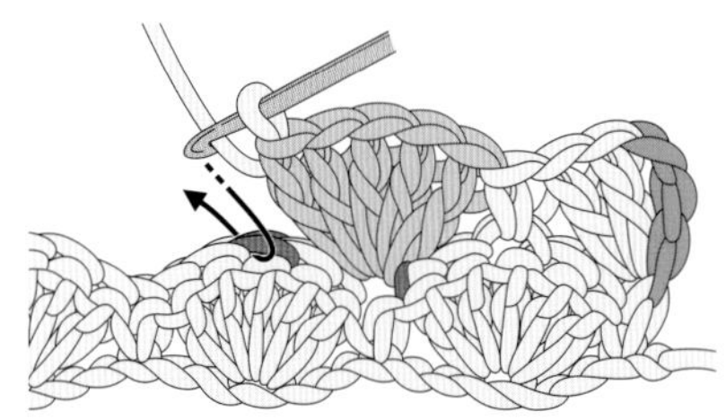

9 钩织完 5 针长针后，挑取前一行 5 针长针中央的针目钩织短针即完成。

1针放5针长针（整段挑取）

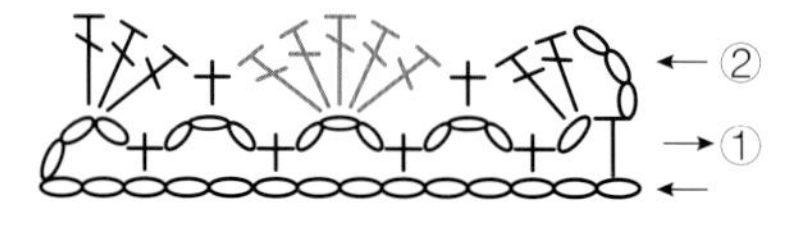

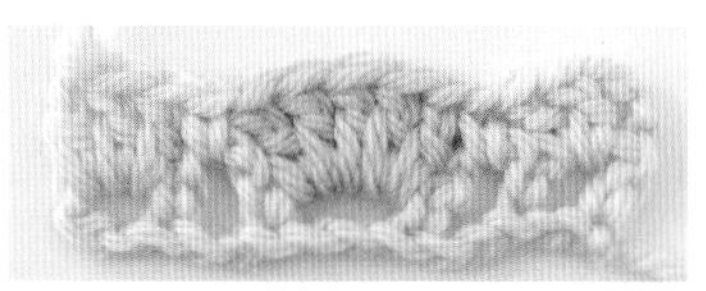

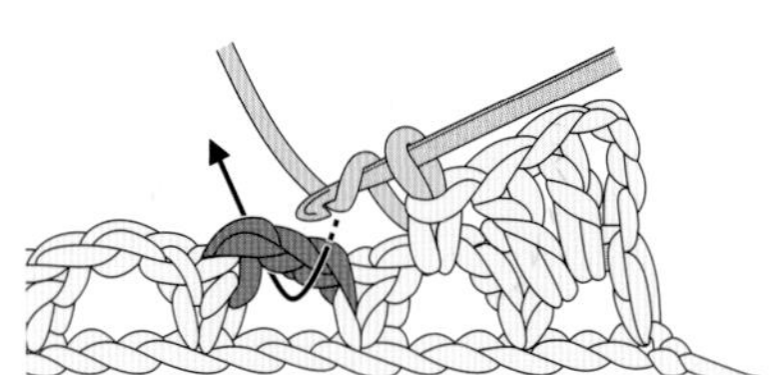

1 钩针挂线，插入前一行锁针的下面（整段挑取）。

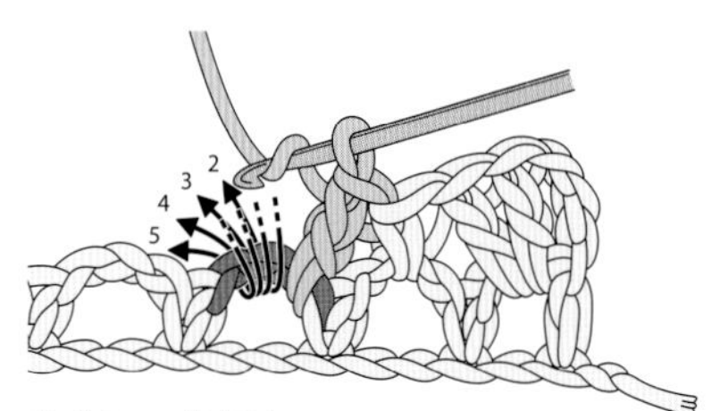

2 钩织 5 针长针。

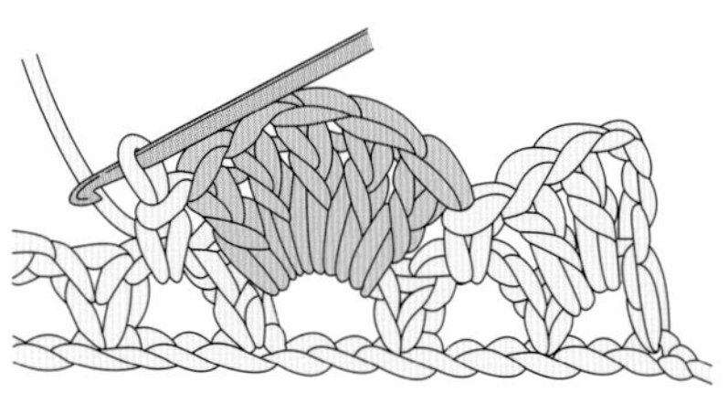

3 整段挑取前一行的锁针，钩织短针。1 针放 5 针长针（整段挑取）完成了。

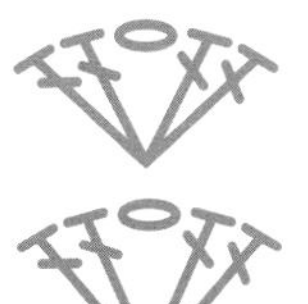

1针放4针长针（中间加1针锁针）

在松叶针中间加 1 针锁针，
花样看起来像贝壳，又叫作贝壳针。

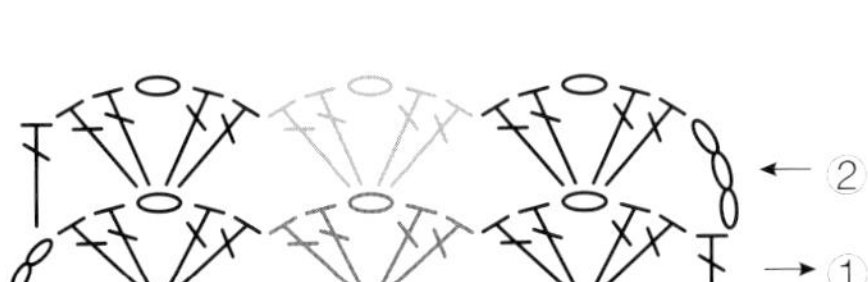

第 1 行

第 2 行

第1行 从 1 针中挑取

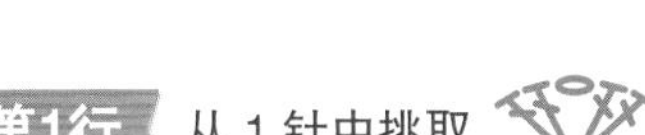

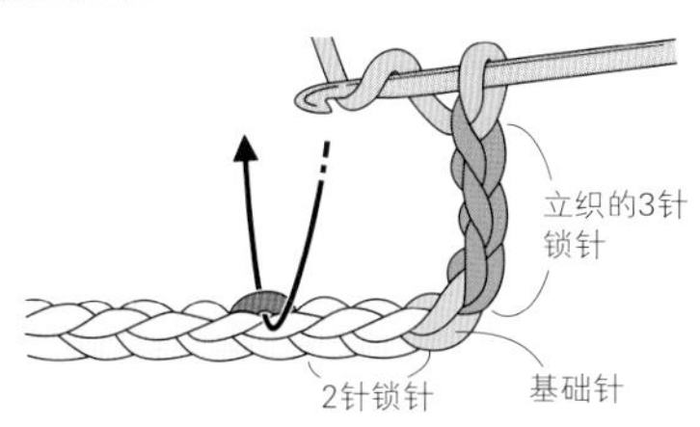

1 钩针挂线，跳过起针行的 2 个针目，挑取左边第 3 针的里山。

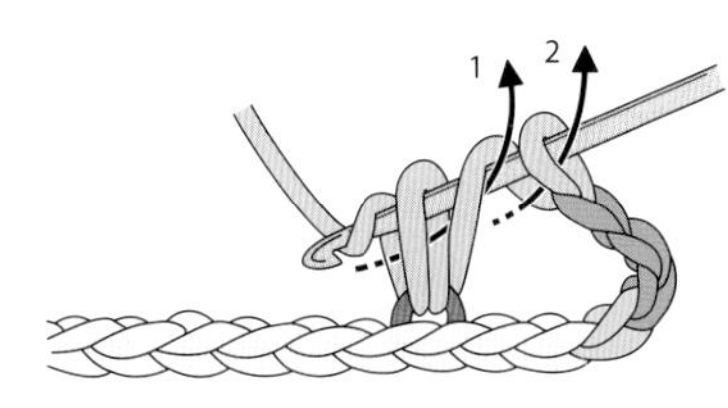

2 钩针挂线并拉出，钩织长针（钩针挂线，从钩针上的 2 个线圈中引拔出，重复 1 次）。

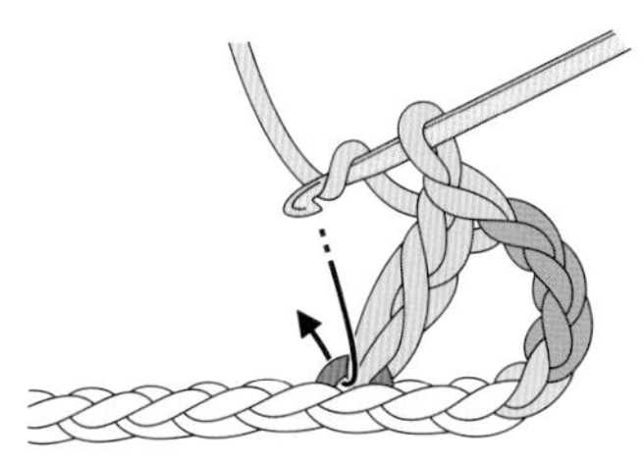

3 再次钩针挂线，并插入同一个针目中，钩织长针。

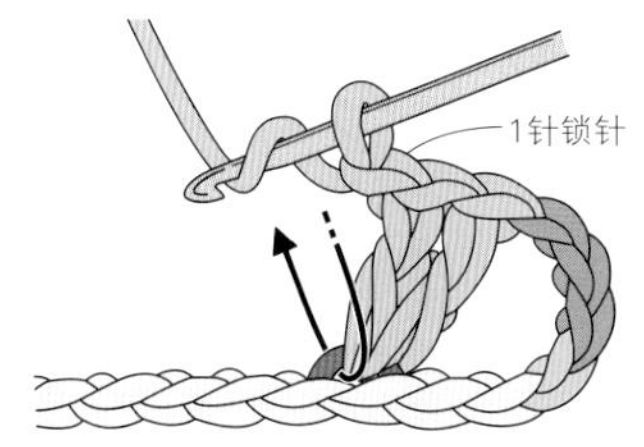

4 钩织完 2 针长针后，钩织 1 针锁针，然后钩针挂线，并插入同一个针目中，钩织长针。

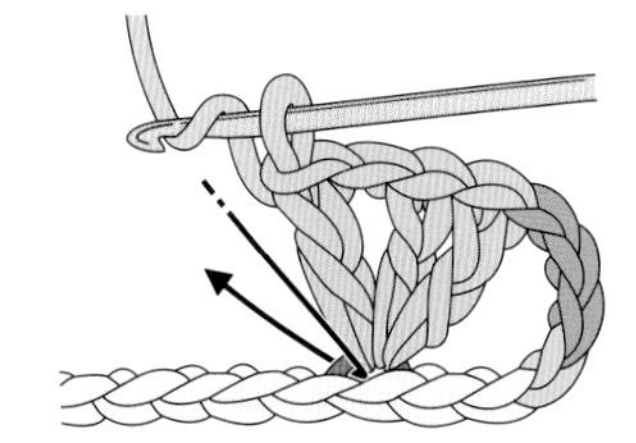

5 钩针挂线，在同一个针目中再钩织 1 针长针。

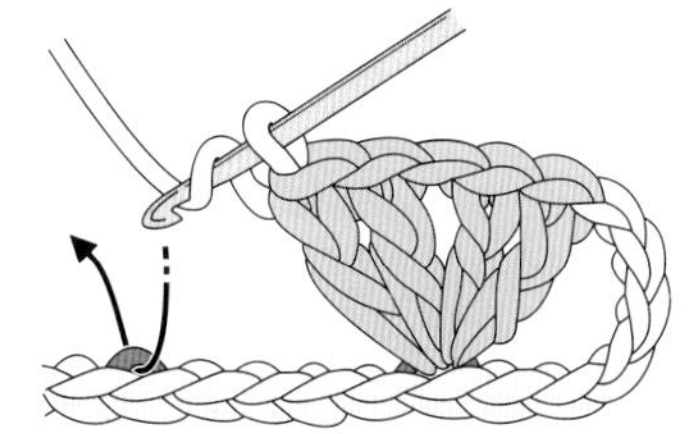

6 从 1 针中挑取的 1 针放 4 针长针（中间加 1 针锁针）完成了。钩针挂线，跳过起针行的 4 个针目挑针，继续钩织。

第2行 整段挑取

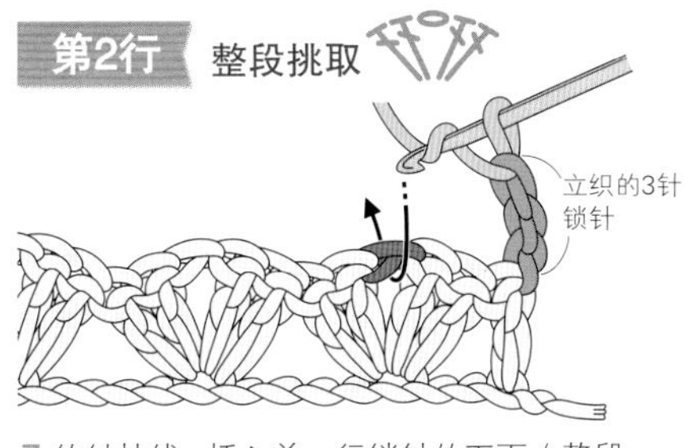

7 钩针挂线，插入前一行锁针的下面（整段挑取）。

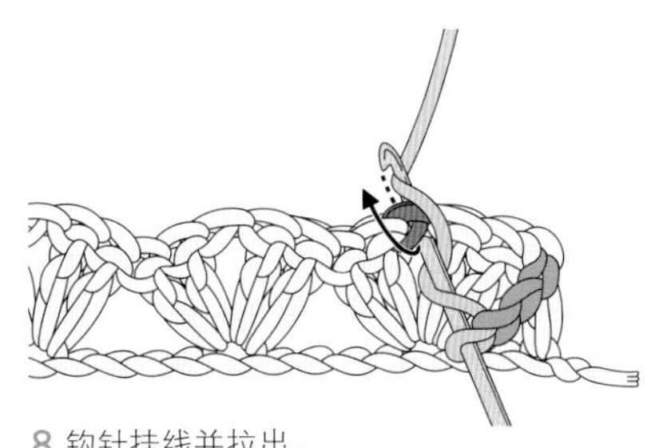

8 钩针挂线并拉出。

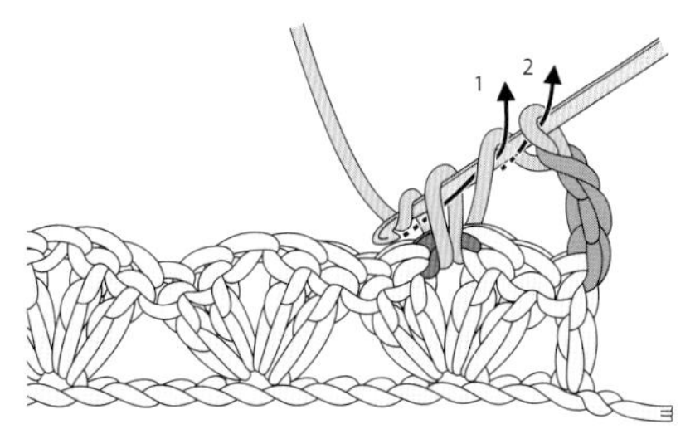

9 钩织长针（钩针挂线，从钩针上的 2 个线圈中引拔出，重复 1 次）。

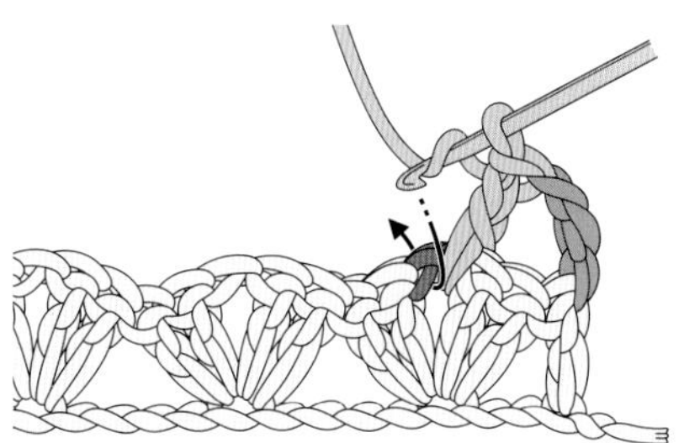

10 第 1 针长针完成了。继续钩针挂线，整段挑取前一行的锁针，钩织长针。

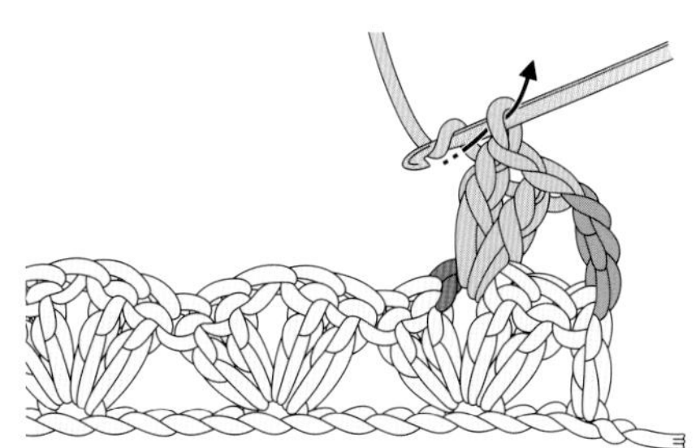

11 第 2 针长针完成后，钩织 1 针锁针。

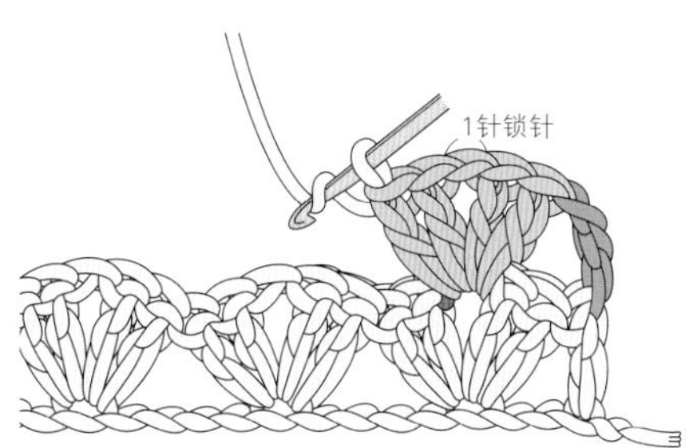

12 继续在相同的地方钩织 2 针长针。整段挑取的 1 针放 4 针长针（中间加 1 针锁针）完成了。

数针并为 1 针（减针）

减针时，需要稍微花点功夫。
将钩织中的几针（未完成的针目）并为 1 针，就成了减针。

2针短针并1针

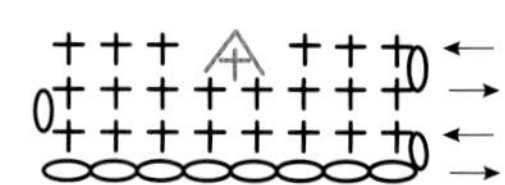

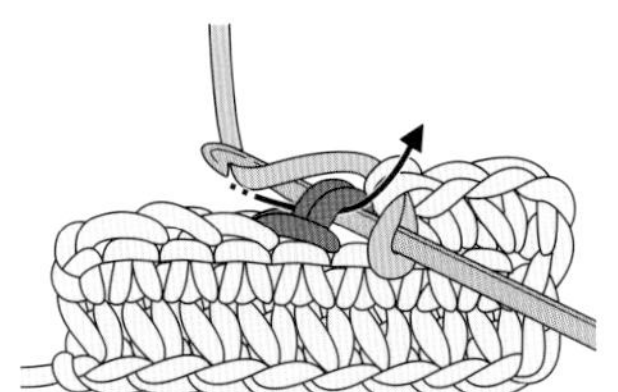

1 将钩针插入前一行针目的头部 2 根线中，挂线并拉出。

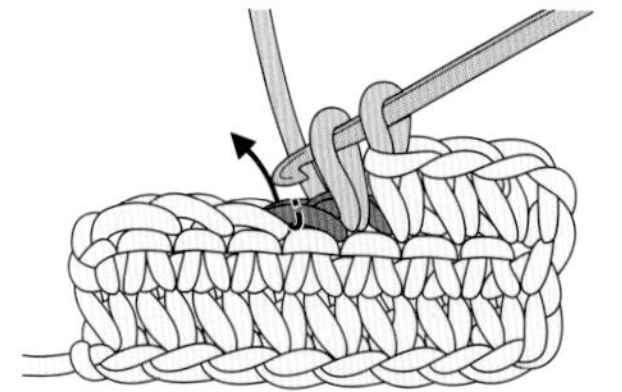

2 拉出相当于 1 针锁针高度的线（这个状态叫作未完成的短针），然后将钩针插入下一个针目中，挂线并拉出。

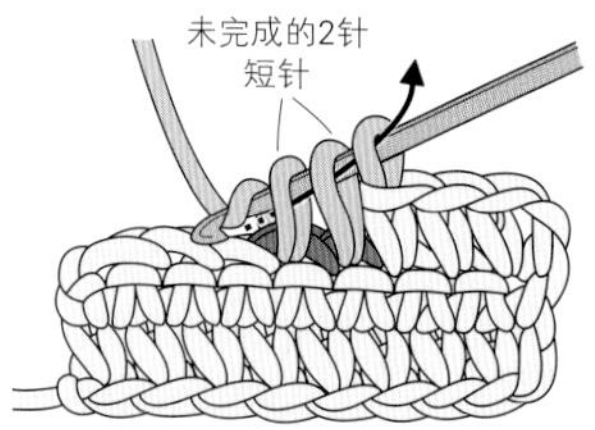

3 此时是未完成的 2 针短针的样子。钩针挂线，然后从钩针上的 3 个线圈中一次性引拔出。

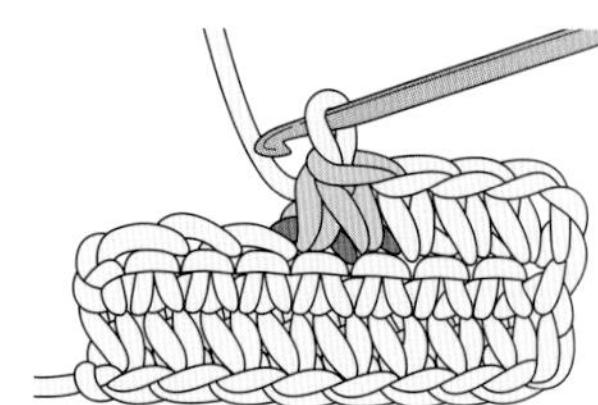

4 这就是 2 针并 1 针。2 针短针并 1 针完成了（减 1 针的样子）。

3针短针并1针

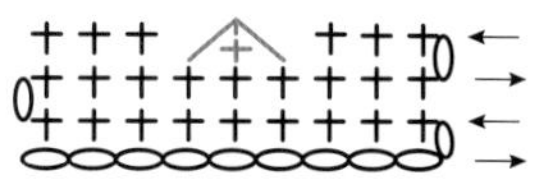

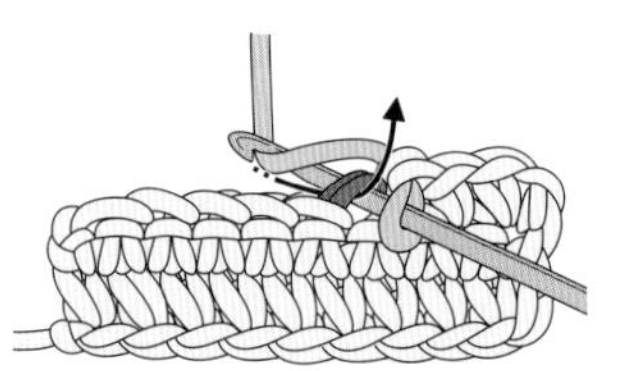

1 将钩针插入前一行针目的头部 2 根线中，挂线并拉出。

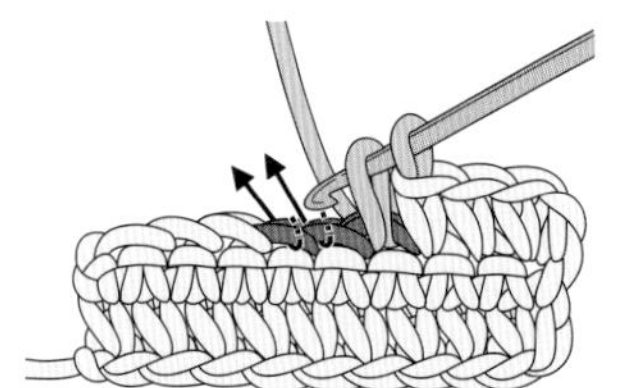

2 拉出相当于 1 针锁针高度的线（未完成的短针），然后将钩针依次插入后面 2 个针目中，挂线并拉出。

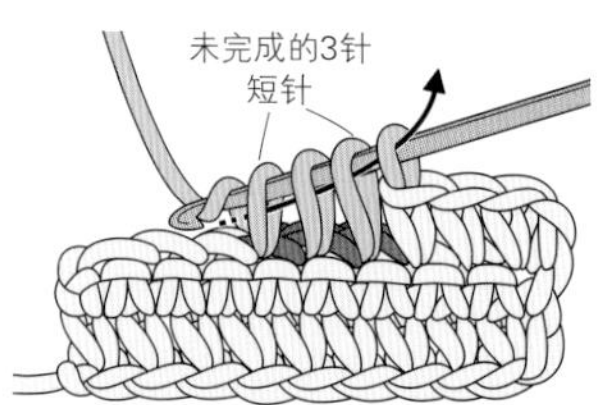

3 此时是未完成的 3 针短针的样子。钩针挂线，然后从钩针上的 4 个线圈中一次性引拔出。

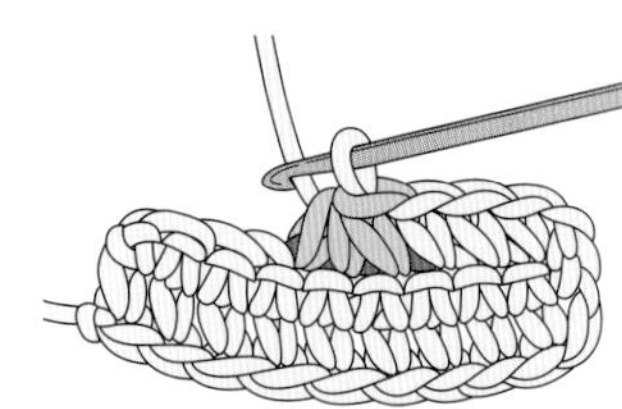

4 这就是 3 针并 1 针。3 针短针并 1 针完成了（减 1 针的样子）。

2针短针并1针（跳过1针）

短针的针目比较紧密，即使中间一针不钩织，看起来也没什么不同，织片仍然薄薄的。

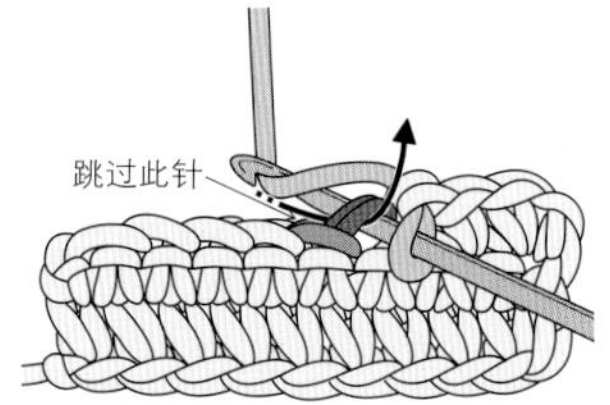

1 将钩针插入前一行针目的头部 2 根线中，挂线并拉出。

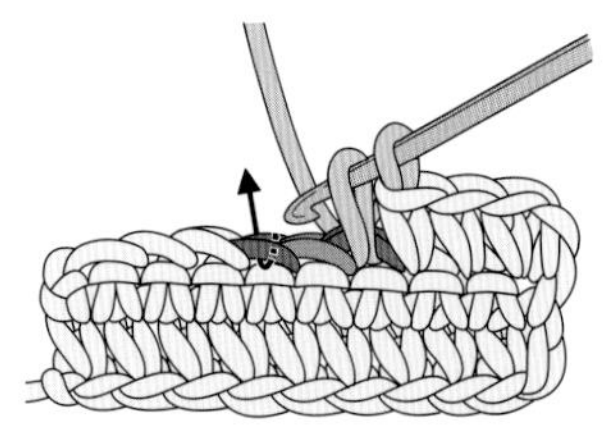

2 拉出相当于 1 针锁针高度的线（未完成的短针），然后跳过 1 针，将钩针插入左边第 2 个针目中，挂线并拉出。

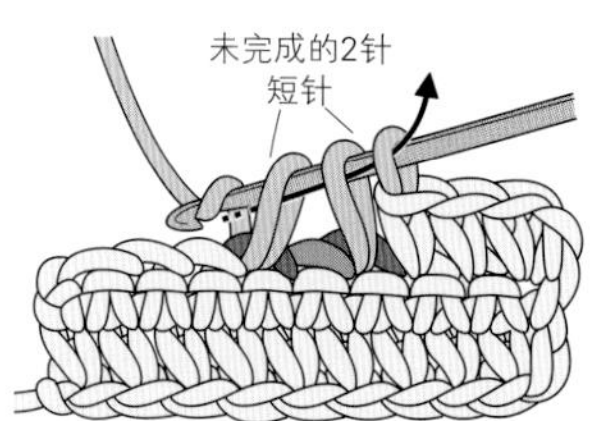

3 此时是未完成的 2 针短针的样子。钩针挂线，然后从钩针上的 3 个线圈中一次性引拔出。

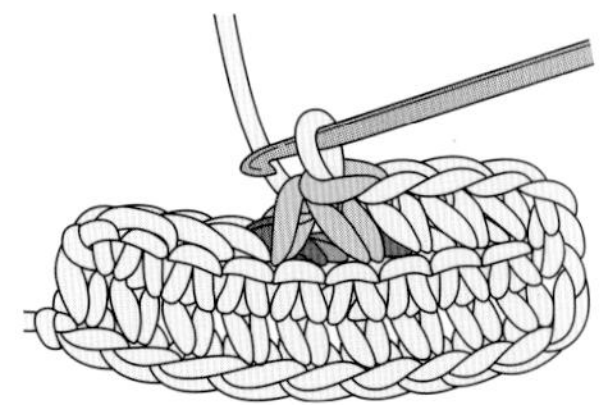

4 前一行的 3 针变成了 1 针。2 针短针并 1 针（跳过 1 针）完成了（减 2 针的样子）。

2针长针并1针

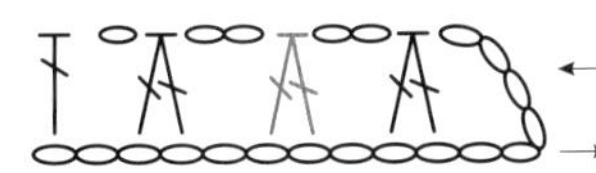

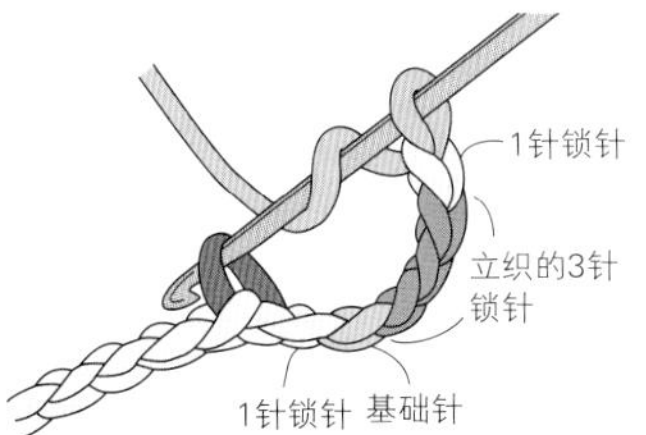

1 钩针挂线，插入前一行（这里为起针行）的针目中。

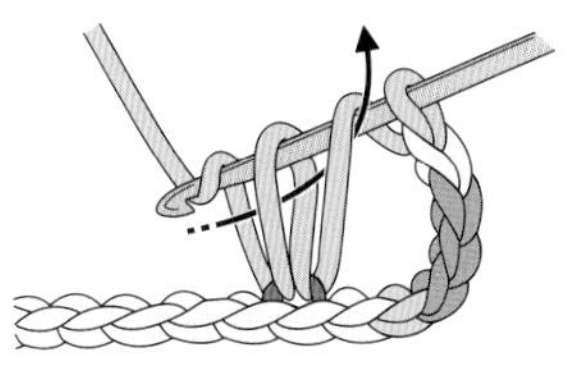

2 钩针挂线，并拉出相当于2针锁针高度的线，然后从钩针上的2个线圈中引拔出。

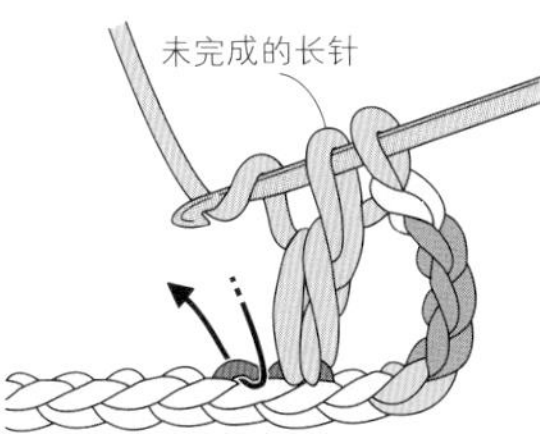

3 这个状态叫作未完成的长针。钩针挂线，插入下一个针目中。

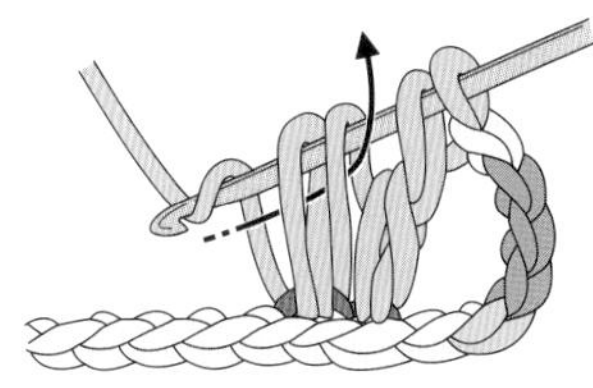

4 钩针挂线并拉出，然后从钩针上的2个线圈中引拔出。这是第2针未完成的长针。

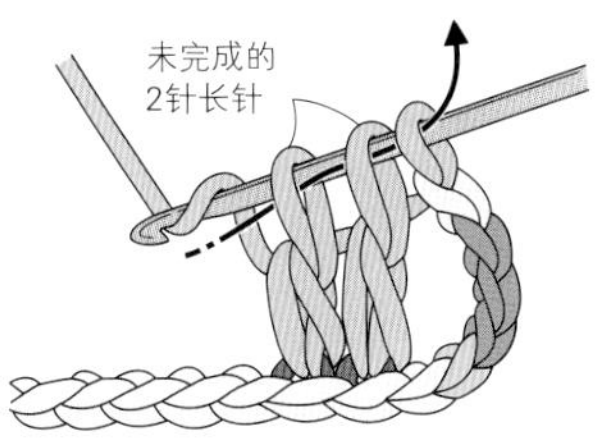

5 钩针挂线，从钩针上的3个线圈中一次性引拔出。

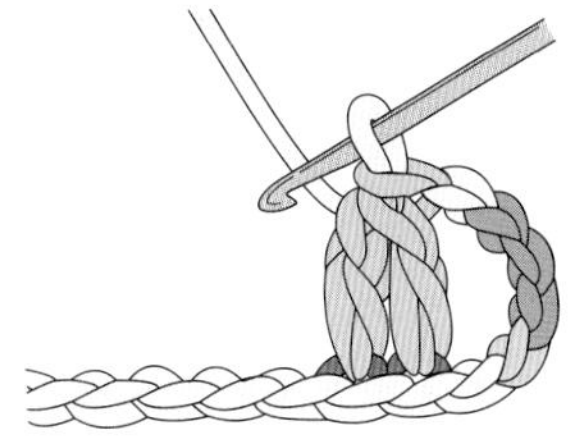

6 2针并为了1针，2针长针并1针完成了（减1针的样子）。

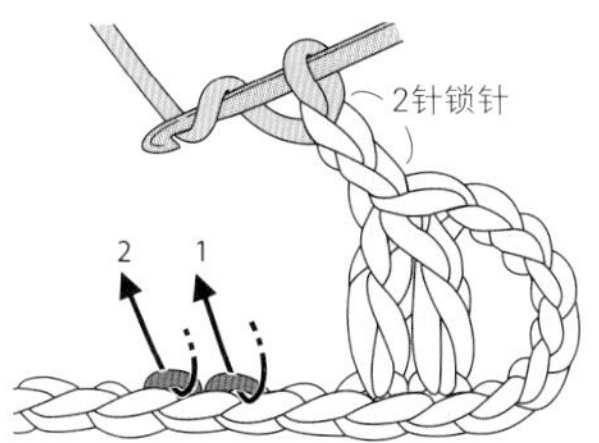

7 然后钩织2针锁针，重复步骤1~6。

※ 虽然钩织了减针，但因为又钩织了相应高度的锁针，所以整体的针数不变

8 图为钩织2个2针长针并1针的样子。

3针长针并1针

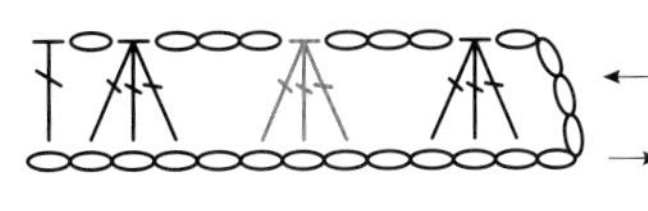

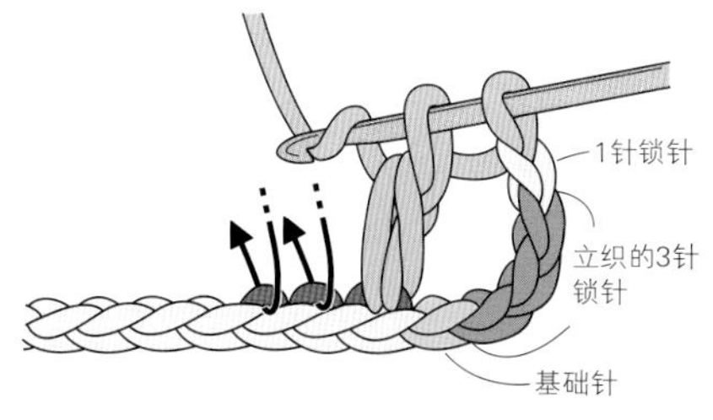

1 钩织1针未完成的长针（钩针挂线并拉出，继续挂线，并从2个线圈中引拔出），再次钩针挂线，并插入下一个针目中。

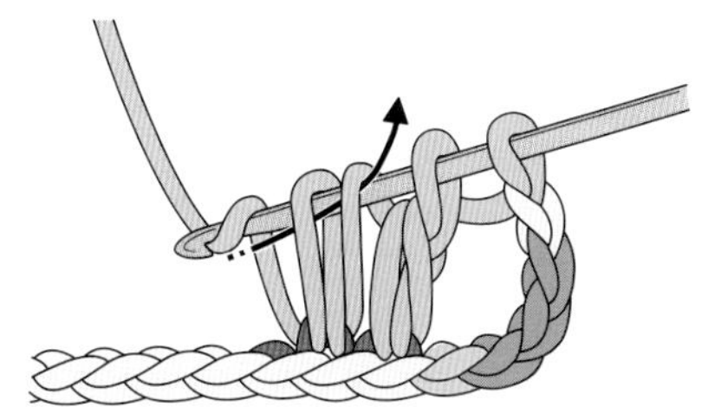

2 再钩织1针未完成的长针。

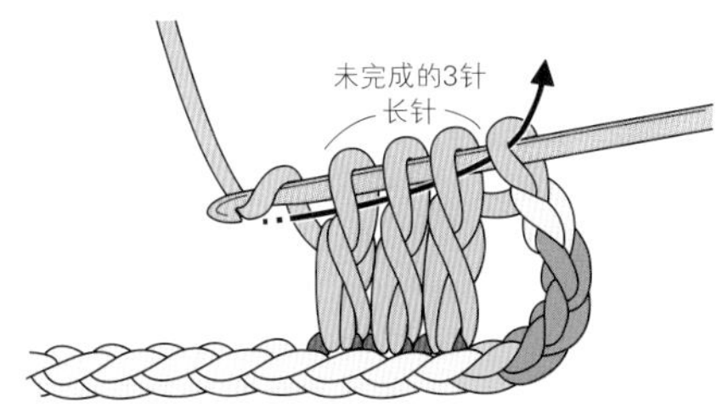

3 继续钩织未完成的长针，然后从钩针上的4个线圈中一次性引拔出。

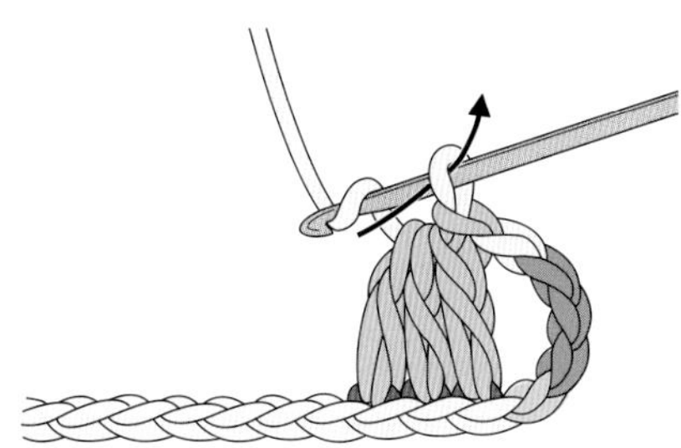

4 3针并为了1针。3针长针并1针完成了（减2针的样子）。继续钩织。

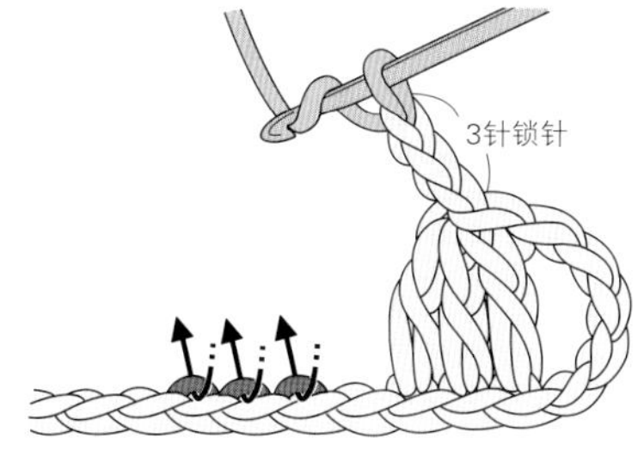

5 钩织3针锁针，重复步骤1~3。

※ 虽然钩织了减针，但因为又钩织了相应高度的锁针，所以整体的针数不变

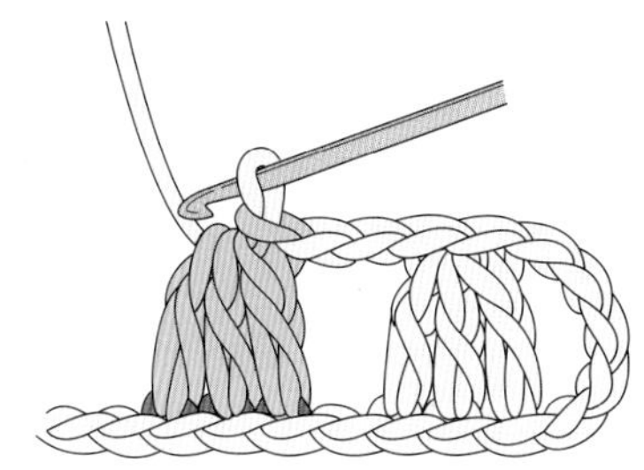

6 图为钩织2个3针长针并1针的样子。

2针中长针并1针

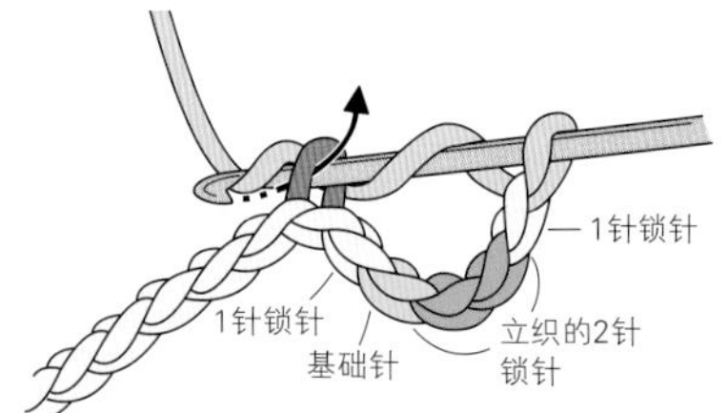

1 钩针挂线，插入前一行（这里为起针行）的针目中，再次挂线，并拉出相当于 2 针锁针高度的线。

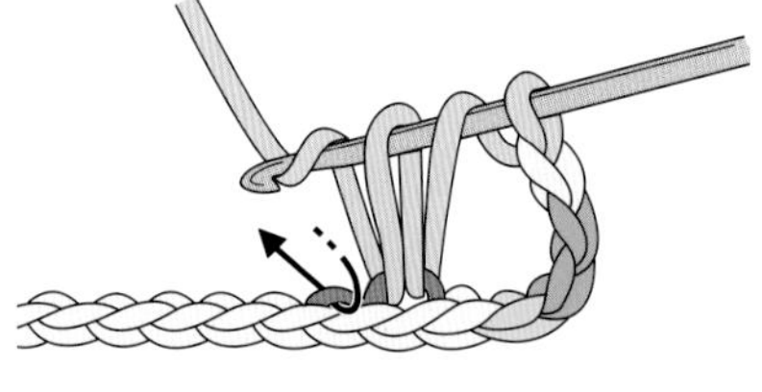

2 这个状态叫作未完成的中长针。钩针挂线，插入下一个针目中。

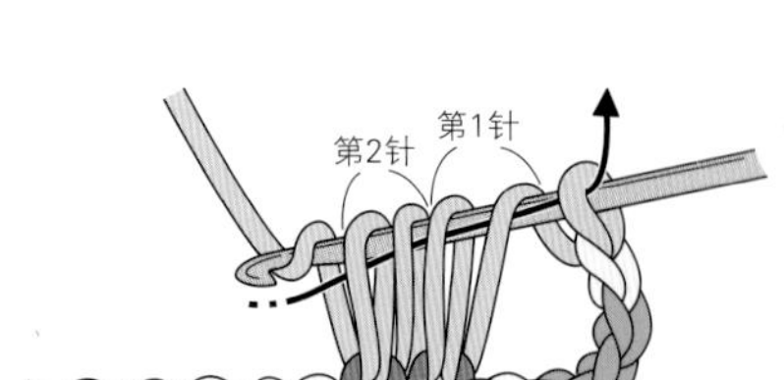

3 钩针挂线，并拉出相当于 2 针锁针高度的线（第 2 针未完成的中长针），继续挂线，并从钩针上的 5 个线圈中一次性引拔出。

4 2 针并为了 1 针，2 针中长针并 1 针完成了（减 1 针的样子）。继续钩织。

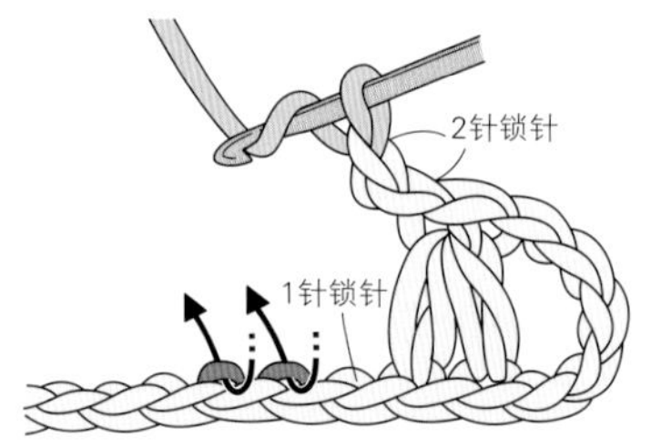

5 钩织 2 针锁针，重复步骤 1~3。

※ 虽然钩织了减针，但因为又钩织了相应的锁针，所以整体的针数不变

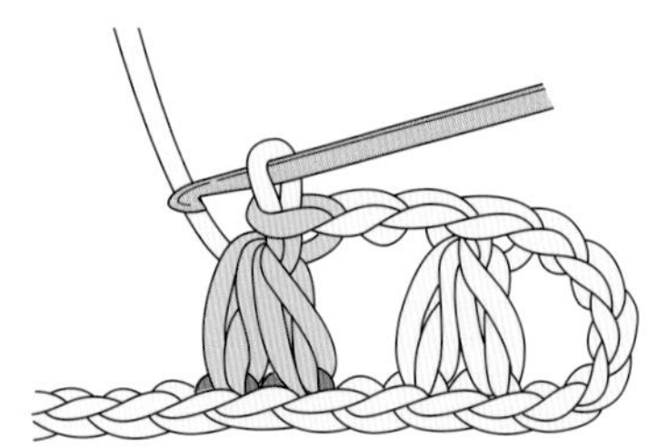

6 图为钩织 2 个 2 针中长针并 1 针的样子。

3针中长针并1针

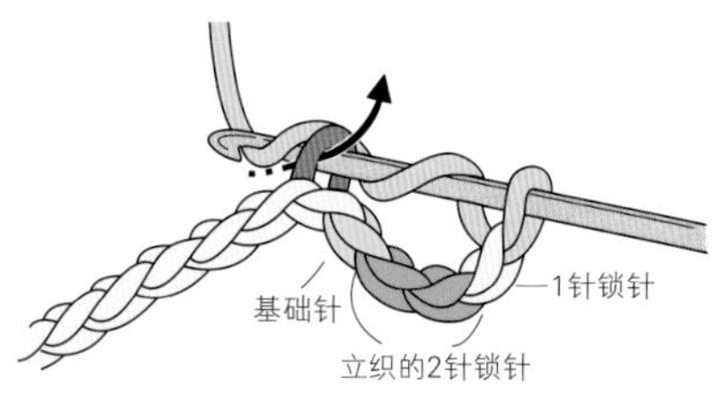

1 钩针挂线，插入前一行（这里为起针行）的针目中，再次挂线，并拉出相当于 2 针锁针高度的线。

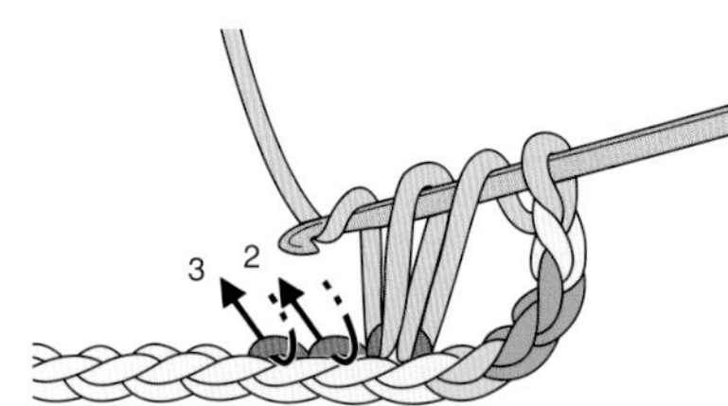

2 这是未完成的中长针。再次钩针挂线，钩织 2 针未完成的中长针。

3 钩织 3 针未完成的中长针后，再次钩针挂线，并从钩针上的 7 个线圈中一次性引拔出。

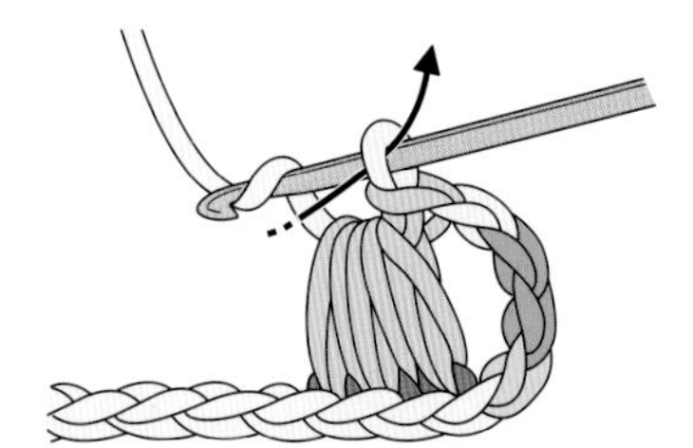

4 3 针并为了 1 针。3 针中长针并 1 针完成了（减 2 针的样子）。继续钩织。

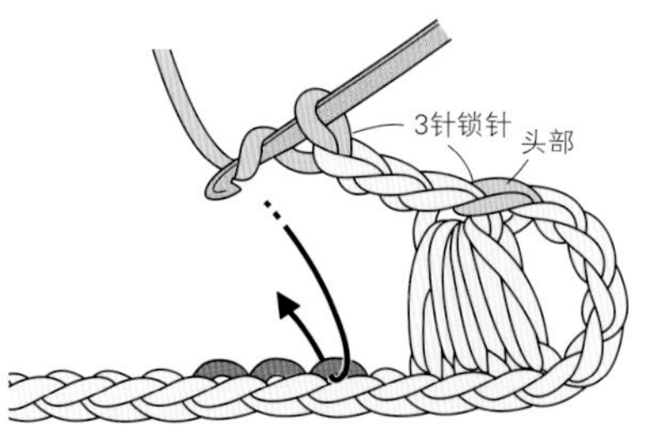

5 钩织 3 针锁针，重复步骤 1~3。

※合并的针目变多时，针目头部和根部会错开得较为明显

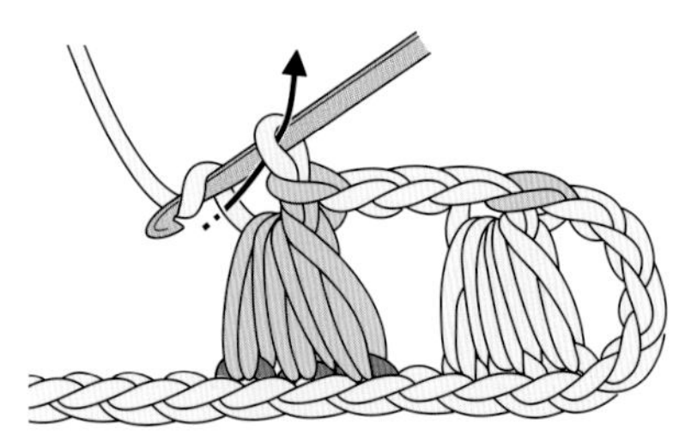

6 图为钩织 2 个 3 针中长针并 1 针的样子。再钩织 1 针锁针，针目会趋向稳定。

※ 虽然钩织了减针，但因为又钩织了相应的锁针，所以整体的针数不变

更多针目并为 1 针

无论将多少针并为 1 针，基本方法都是一样的。
先钩织未完成的针目（参照 p.66），然后一次性引拔出。

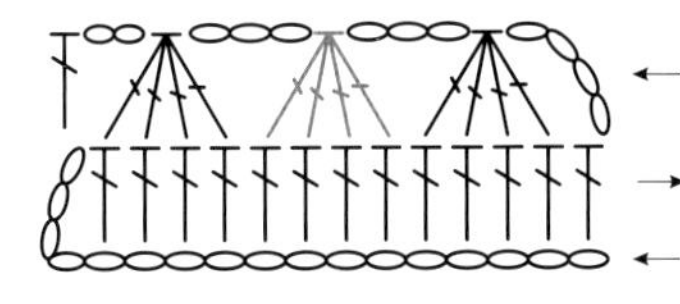

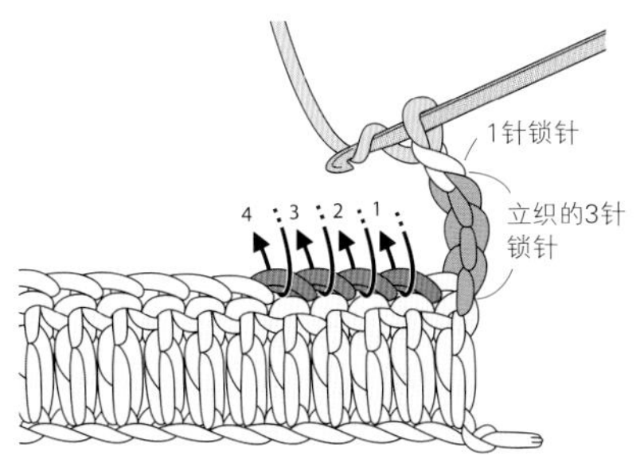

1 钩针挂线，插入前一行的针目中，依次钩织未完成的长针。

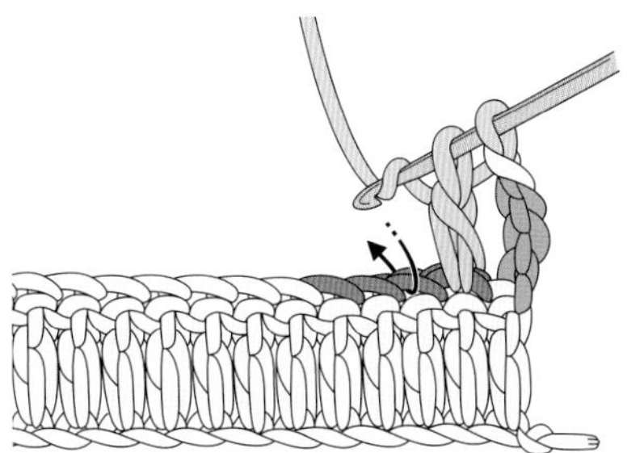

2 图为钩织完第 1 针未完成的长针的样子。继续钩针挂线钩织。

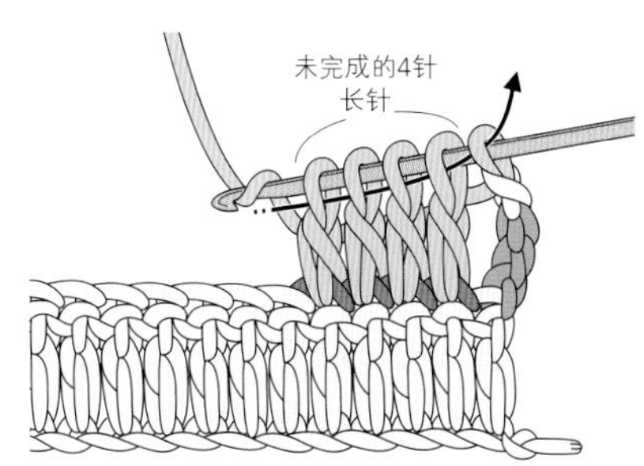

3 钩织 4 针未完成的长针后，再次钩针挂线，并从钩针上的 5 个线圈中一次性引拔出。

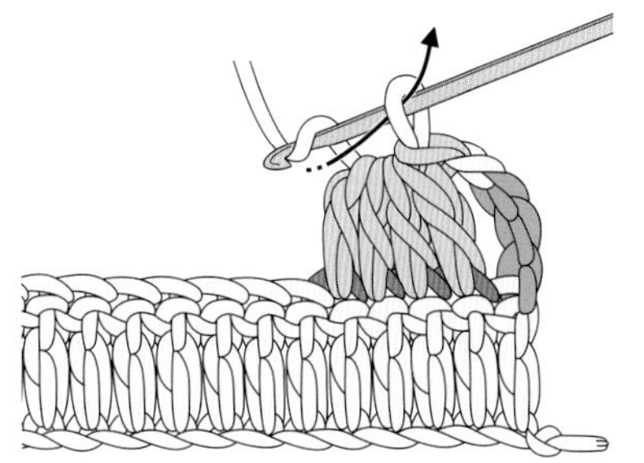

4 4 针并为了 1 针。4 针长针并 1 针完成了（减 3 针的样子）。继续钩织，针目将趋向稳定。

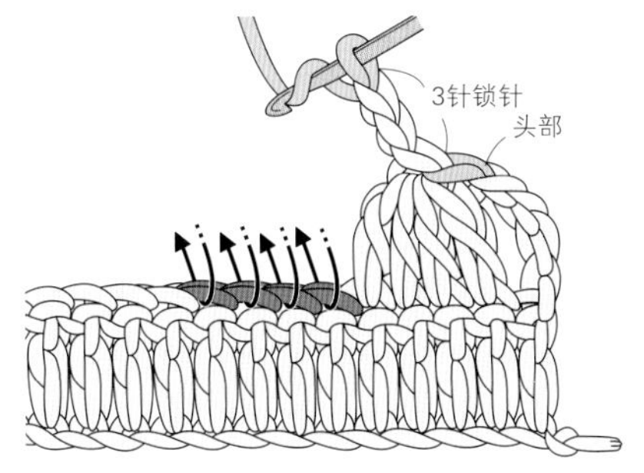

5 钩织 3 针锁针，重复步骤 1~3。

※ 虽然钩织了减针，但因为又钩织了相应的锁针，所以整体的针数不变

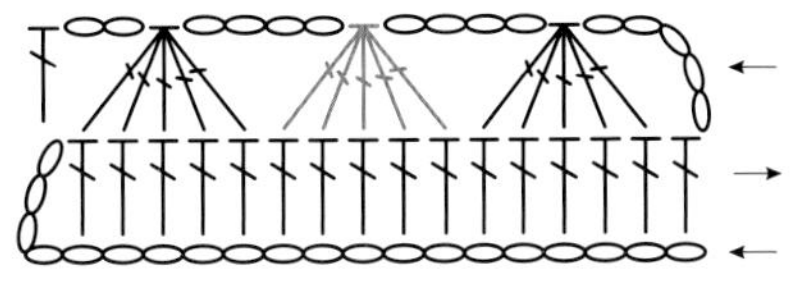

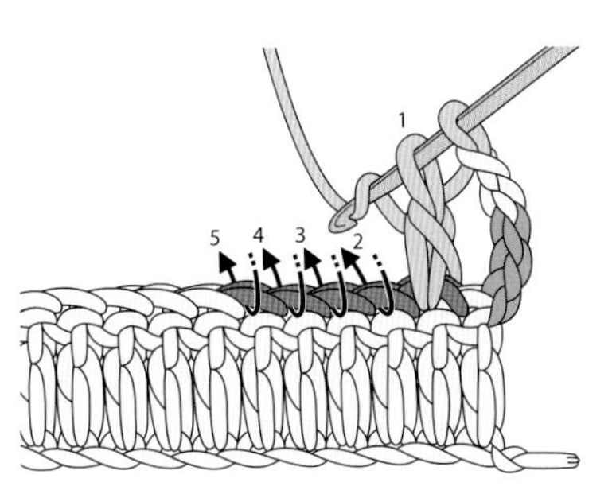

1 钩针挂线，插入前一行的针目中，依次钩织未完成的长针。

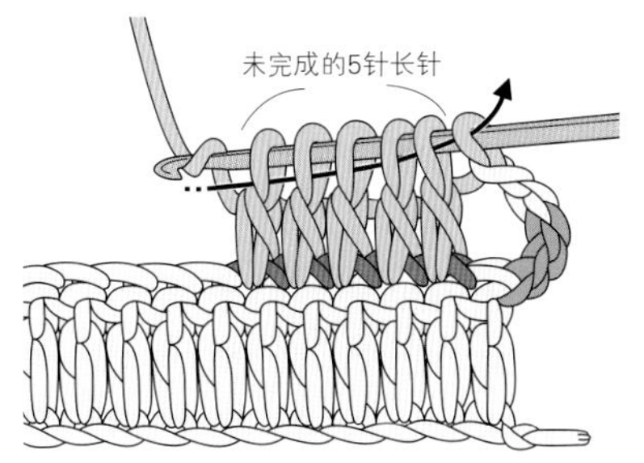

2 钩织 5 针未完成的长针后，再次钩针挂线，并从钩针上的 6 个线圈中一次性引拔出。

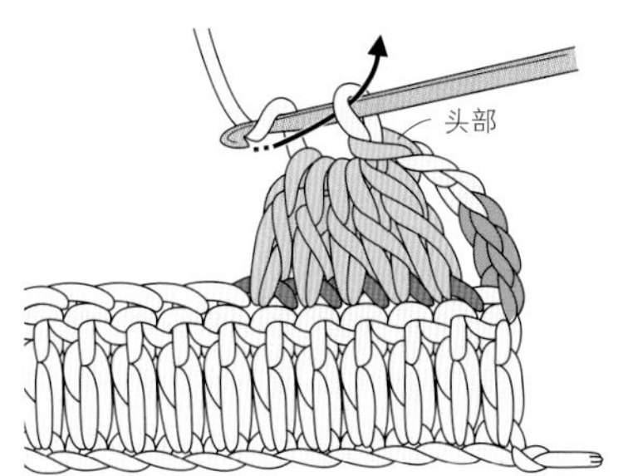

3 5 针并为了 1 针。5 针长针并 1 针完成了（减 4 针的样子）。继续钩织，针目将趋向稳定。

一起来认识基本的针法吧！

短针　　中长针　　长针

钩织方法要点

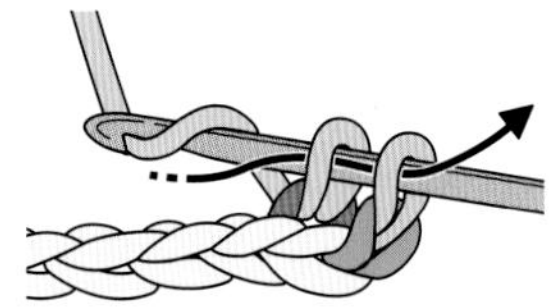

将钩针插入前一行的针目中，挂线拉出后，从钩针上的2个线圈中一次性引拔出。

钩针挂线，插入前一行的针目中，挂线拉出后，从钩针上的3个线圈中一次性引拔出。

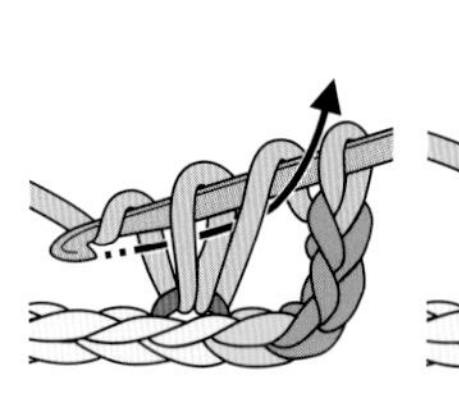

钩针挂线，插入前一行的针目中，挂线拉出后，从钩针上的2个线圈中一次性引拔出，重复1次。

针目的头部和根部

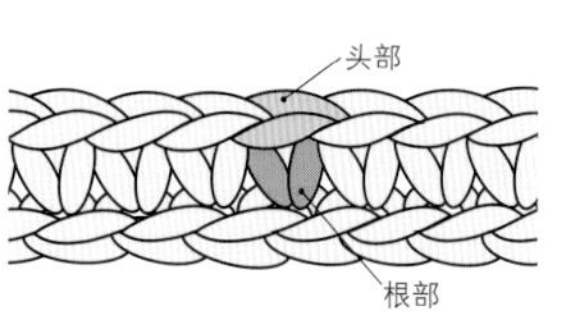

（反面）

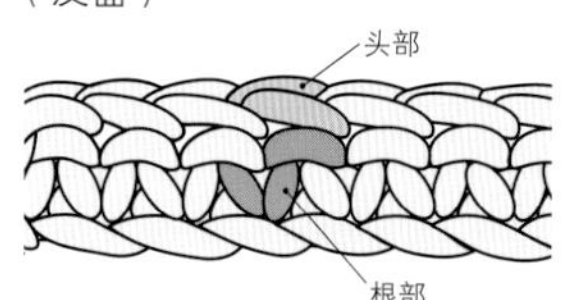

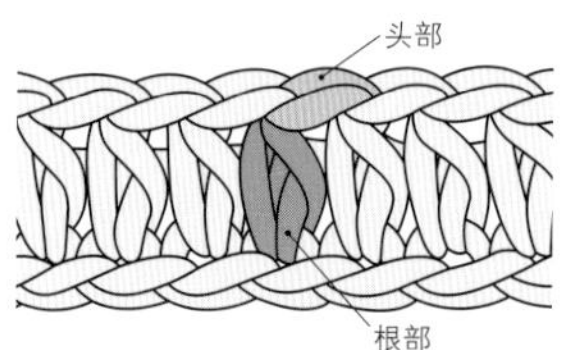

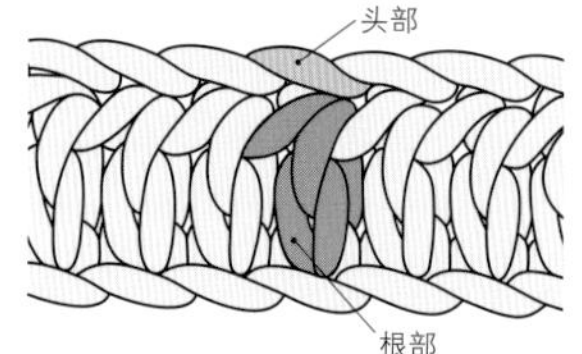

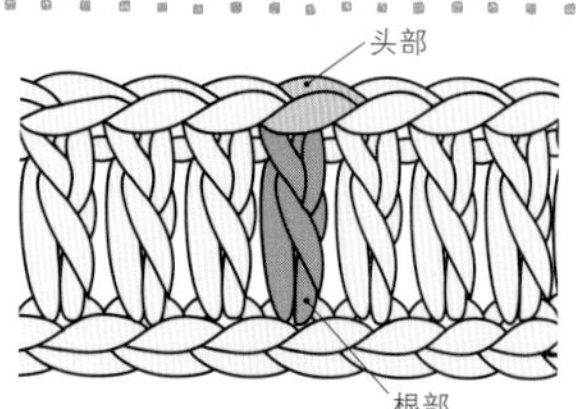

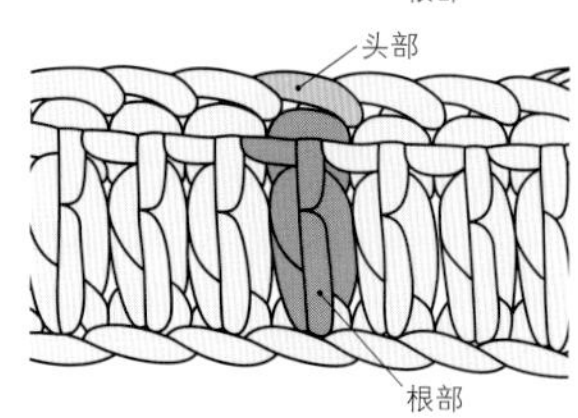

未完成的针目

引拔前，钩针上除了最初的线圈外还留有别的线圈，这种状态叫作未完成的针目。钩织减针和枣形针时经常用到。在换色、换线时，也经常要在这个状态下换。

编织图的基本变化（长针时）

同一个针法，也有各种变化。
编织符号会因这些变化而相应变化。

长针　1针放3针（从1针中挑取）（整段挑取）　3针并1针　3针枣形针　5针爆米花针　条纹针、棱针　拉针

在1针中钩织多个针目　数针并为1针　改变钩织位置

惯用左手的人这么做

几乎所有的编织书都是以惯用右手为前提编写的，可能有些人会误以为那些惯用左手的人是没法拿起钩针的。其实不然。虽然限于篇幅，不可能每种钩织方法都附上使用左手的情况，但下面介绍的基本知识，请惯用左手的你一定掌握。

参照 p.17，将左、右手的姿势反过来。

实际钩织时的动作

惯用左手的人，从左向右钩织。将普通针法图解用镜面成像的原理反过来，就适合惯用左手的人了。

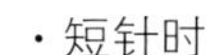

·短针时

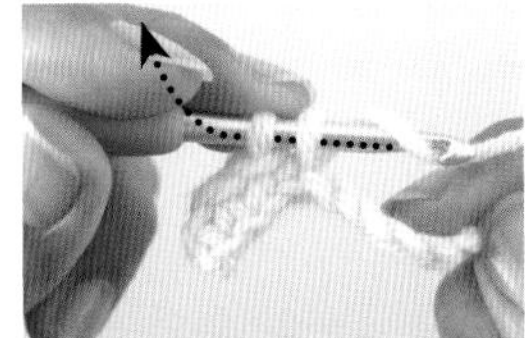

·长针时

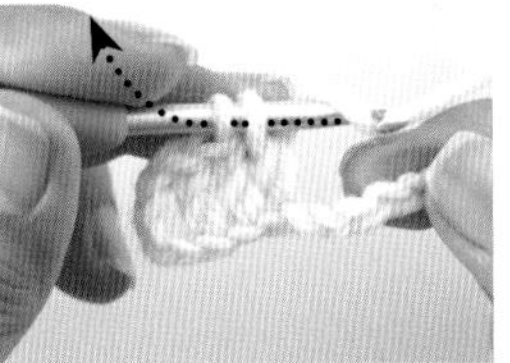

编织图的看法

因为是从左向右钩织，所以看图时也要从左向右看。
惯用左手的人将普通编织图的钩织方向反过来，立织的位置左右颠倒过来就可以了。

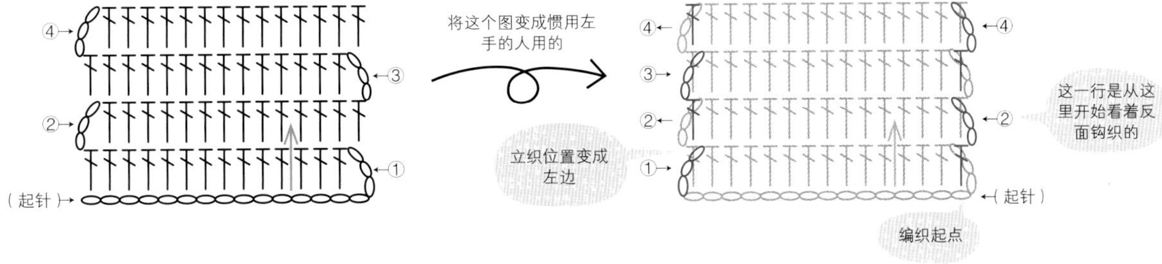

惯用左手的织片

惯用右手的人完成的织片和惯用左手的人完成的织片中，不仅立织位置左右颠倒，钩织方向也是左右颠倒的。
一般的毛线，惯用右手的人是沿着解开捻线方向钩织的，而对于惯用左手的人来说，是顺着捻线方向钩织的，他们钩织的织片会有点偏硬，颜色看起来也会略深一点。

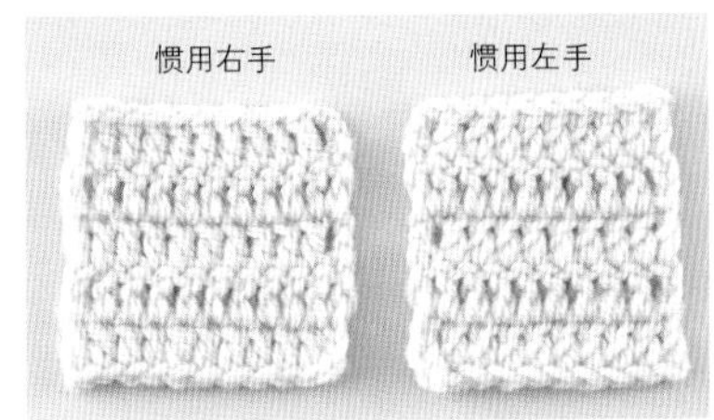

惯用右手　惯用左手

枣形针

将“1 针放○针”和“○针并 1 针”组合在一起，钩织出来的蓬松的针目，就是枣形针。

3针长针的枣形针（从1针中挑取）

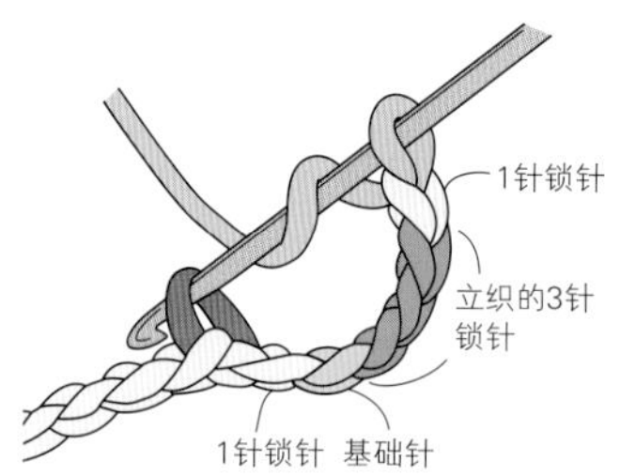

1 钩针挂线，插入前一行（这里为起针行）的针目中。

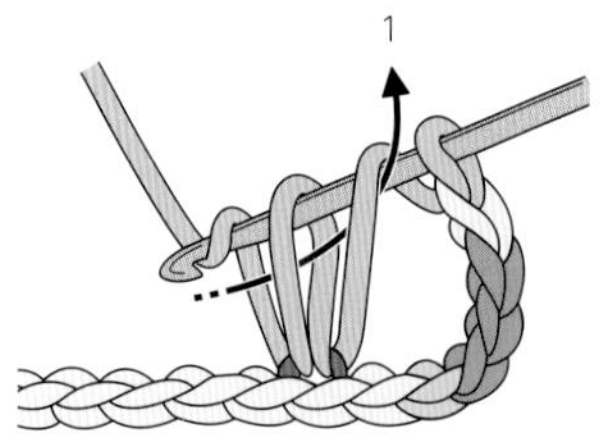

2 钩针挂线，并拉出相当于 2 针锁针高度的线，然后从钩针上的 2 个线圈中引拔出（未完成的长针）。

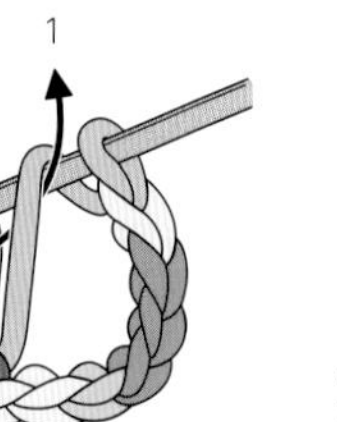

3 钩织完第 1 针未完成的长针后，钩针挂线，在同一个针目中再钩织 2 针未完成的长针。

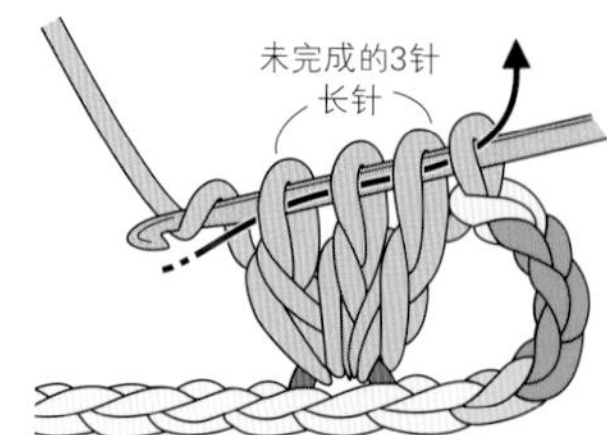

4 钩织 3 针未完成的长针后，再次钩针挂线，并从钩针上的 4 个线圈中一次性引拔出。

5 3 针长针的枣形针（从 1 针中挑取）完成了。

6 继续钩织。

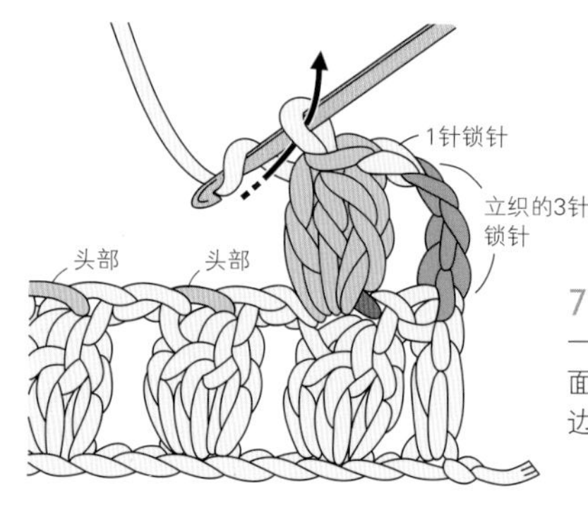

7 钩织下一行时，挑取前一行枣形针的头部。从反面看的话，头部会偏向左边，注意不要弄错。

3针长针的枣形针（整段挑取）

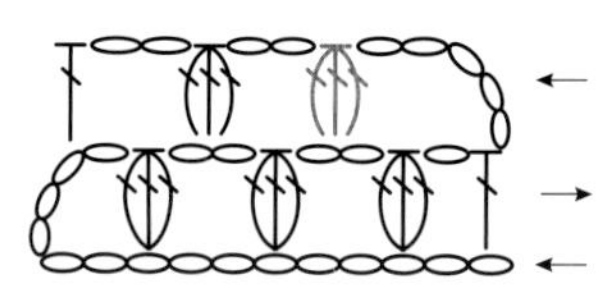

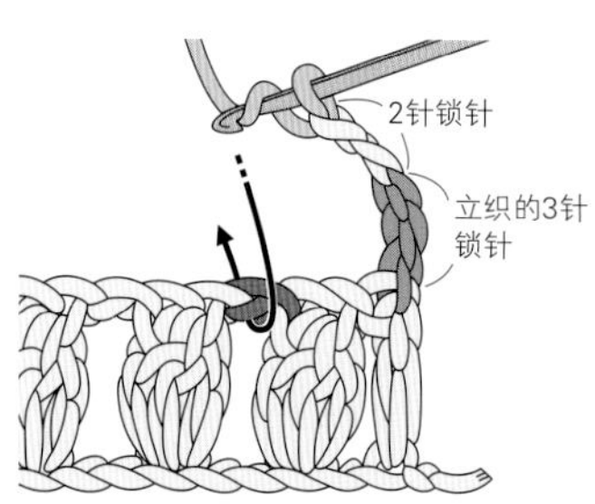

1 钩针挂线，插入前一行锁针的下面（整段挑取）。

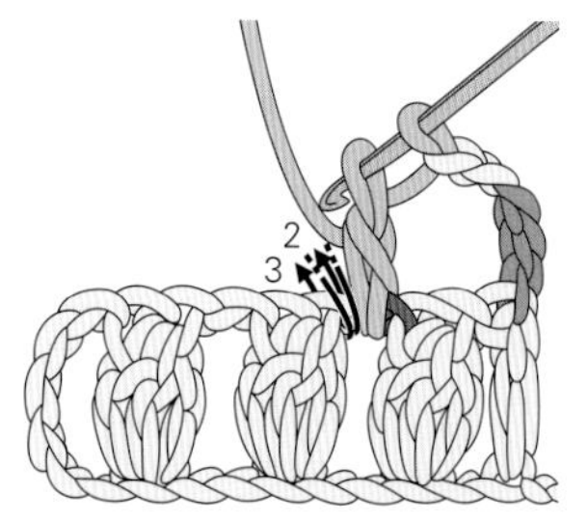

2 钩针挂线并拉出，钩织未完成的长针。按照相同的要领，继续钩织 2 针未完成的长针。

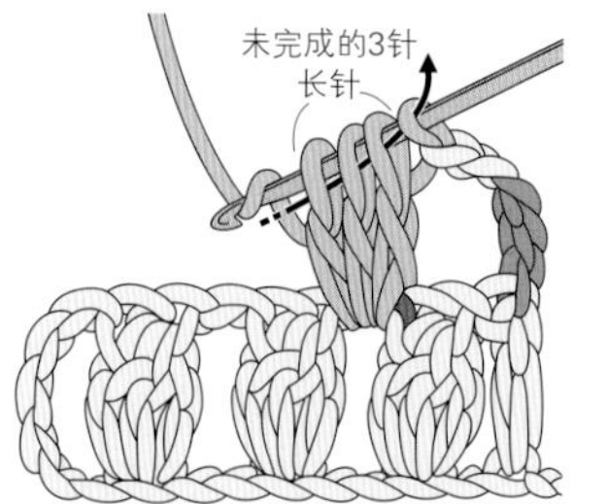

3 钩织完3针未完成的长针后，再次钩针挂线，并从钩针上的4个线圈中一次性引拔出。

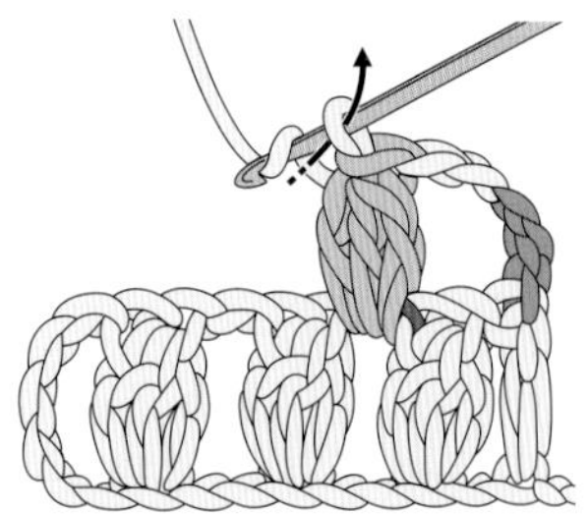

4 3 针长针的枣形针（整段挑取）完成了。继续钩织。

3针中长针的枣形针（从1针中挑取）

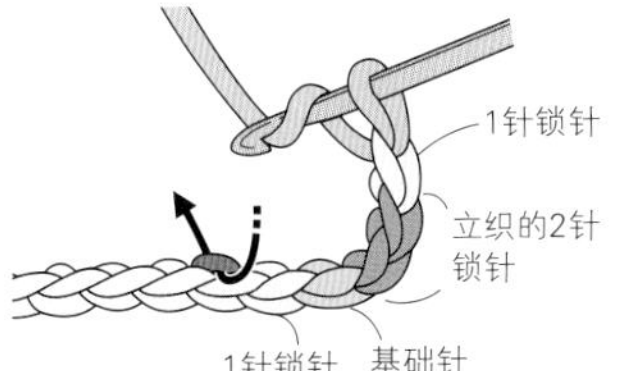

1 钩针挂线，插入前一行（这里为起针行）的针目中。

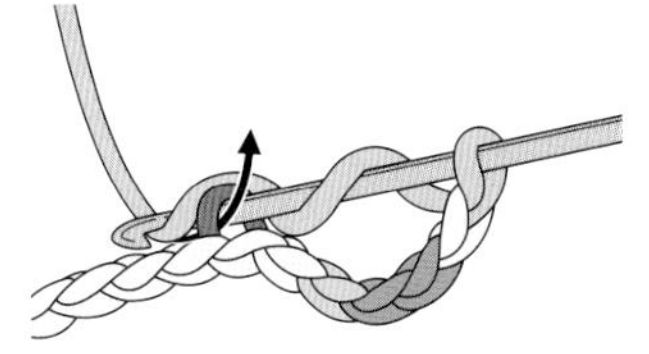

2 钩针挂线，并拉出相当于2针锁针高度的线（未完成的中长针）。

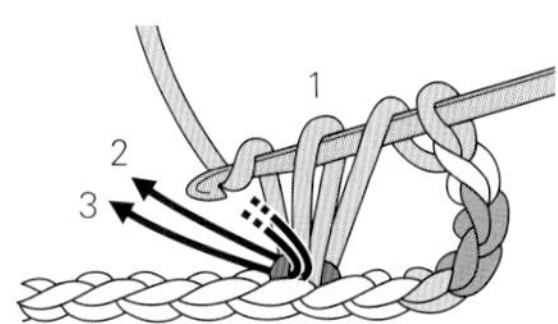

3 钩织完第 1 针未完成的中长针后，钩针挂线，在同一个针目中再钩织 2 针未完成的中长针。

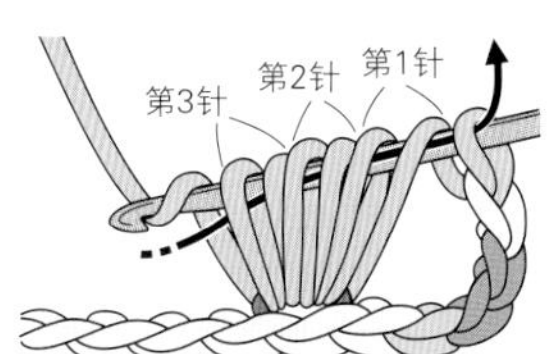

4 钩织 3 针未完成的中长针后，再次钩针挂线，并从钩针上的 7 个线圈中一次性引拔出。

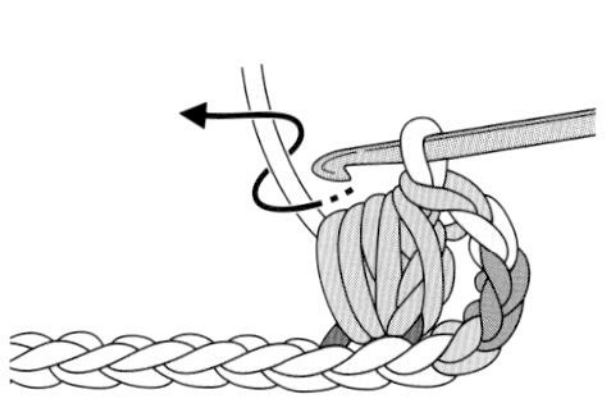

5 3针中长针的枣形针（从1针中挑取）完成了。继续钩织，针目将趋向稳定。

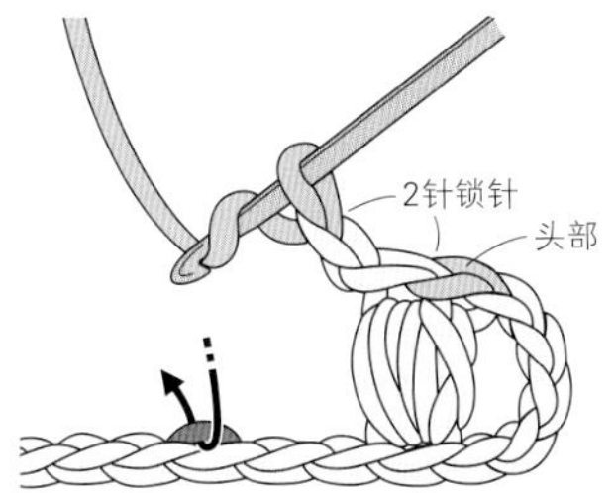

6 按照相同的要领继续钩织。枣形针的头部和根部略有错位。

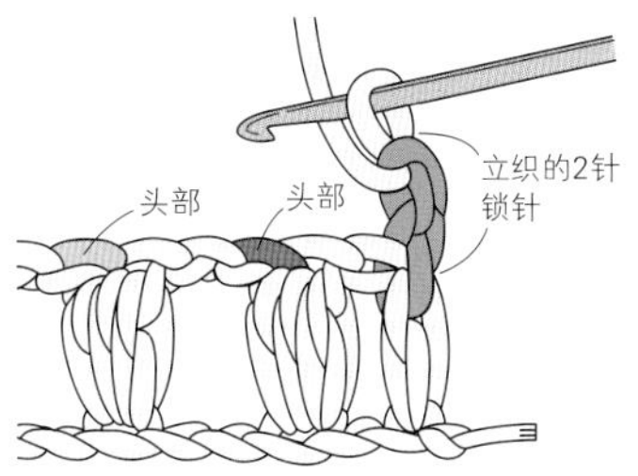

7、8 钩织下一行时，挑取前一行枣形针的头部。从反面看的话，头部会偏向左边，注意不要弄错。

3针中长针的枣形针（整段挑取）

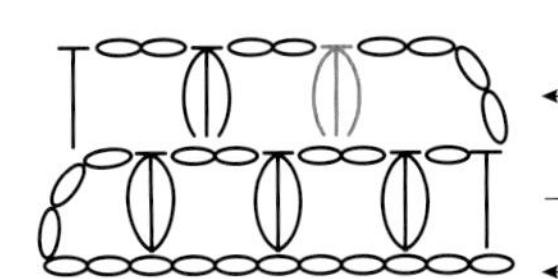

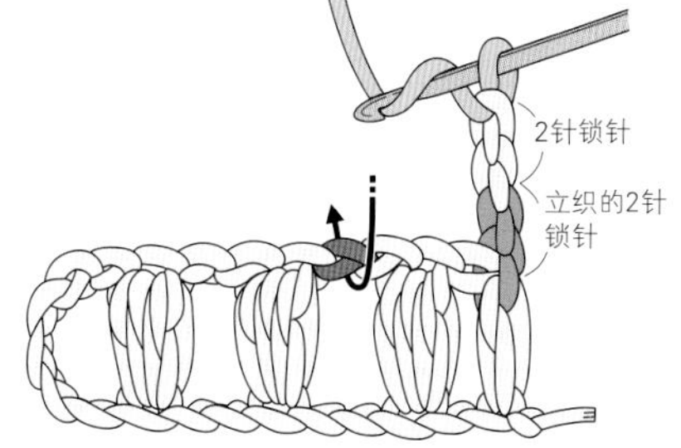

1 钩针挂线，插入前一行锁针的下面（整段挑取）。

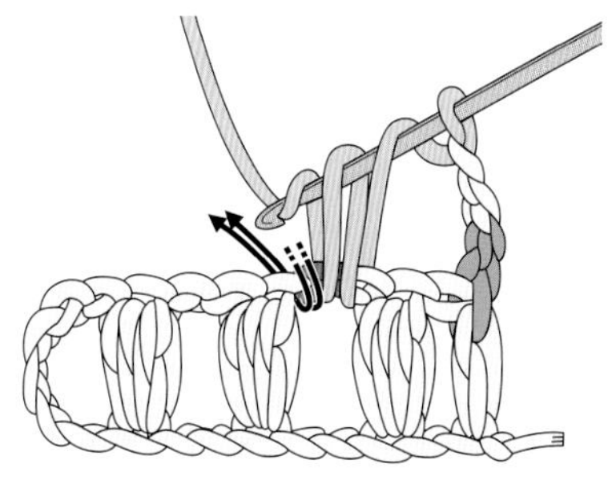

2 钩针挂线，并拉出相当于 2 针锁针高度的线（未完成的中长针）。按照相同要领，再钩织 2 针未完成的中长针。

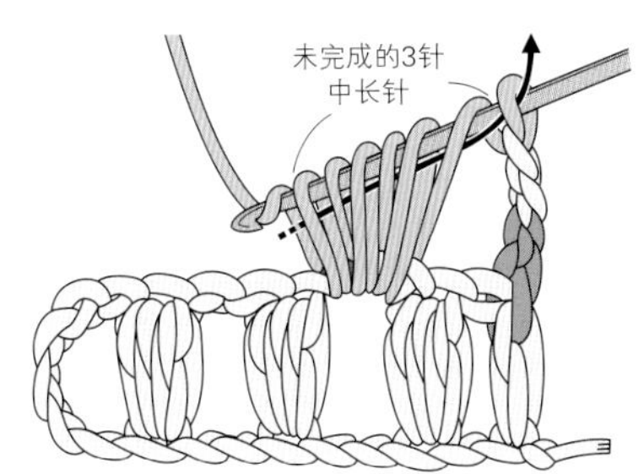

3 钩织完 3 针未完成的中长针后，再次钩针挂线，并从钩针上的 7 个线圈中一次性引拔出。

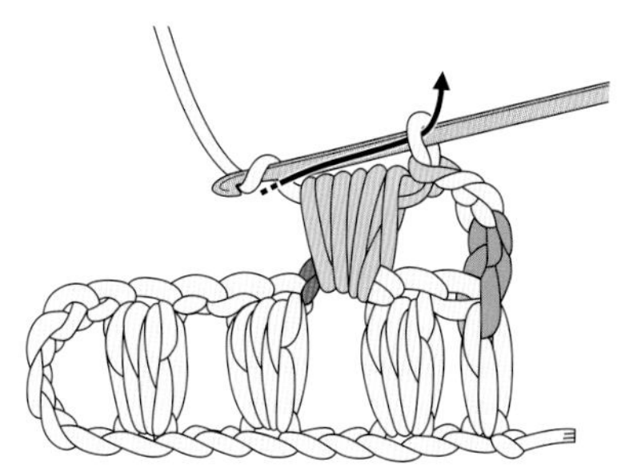

4 3 针中长针的枣形针（整段挑取）完成了。继续钩织，针目将趋向稳定。

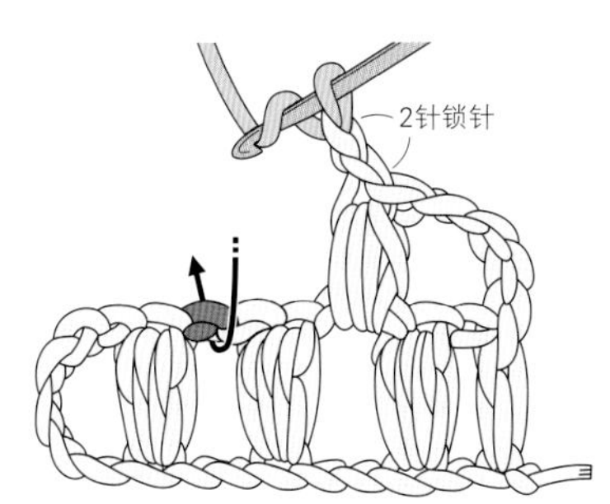

5 按照相同的要领继续钩织。

变形的3针中长针的枣形针（从1针中挑取）

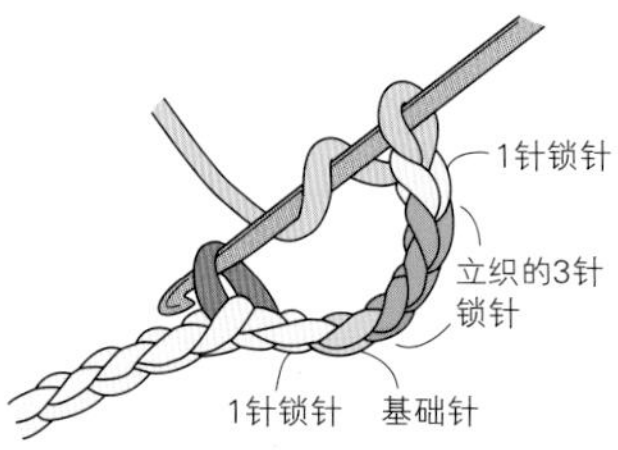

1 钩针挂线，插入前一行（这里为起针行）的针目中。

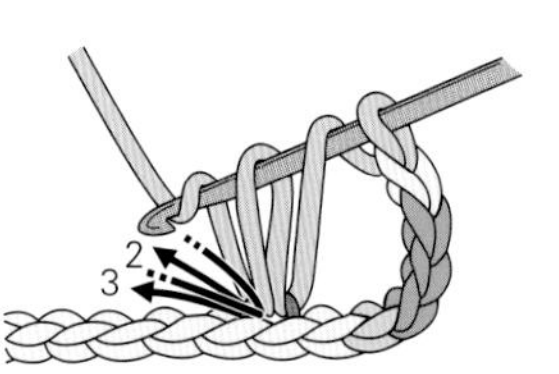

2 钩针挂线，并拉出相当于2针锁针高度的线（未完成的中长针）。钩针挂线，在同一个针目中再钩织2针未完成的中长针。

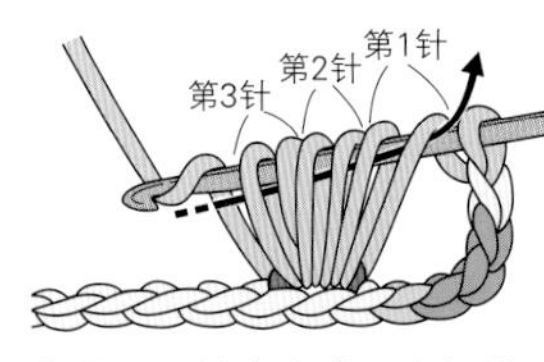

3 钩织3针未完成的中长针后，再次钩针挂线，并从钩针上的6个线圈中引拔出（留下最右侧的线圈）。

4 再次钩针挂线，并从剩余的2个线圈中引拔出。

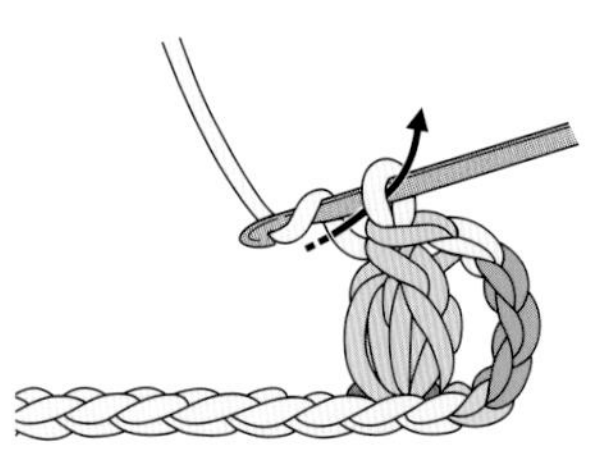

5 变化的3针中长针的枣形针（从1针中挑取）完成了。继续钩织。

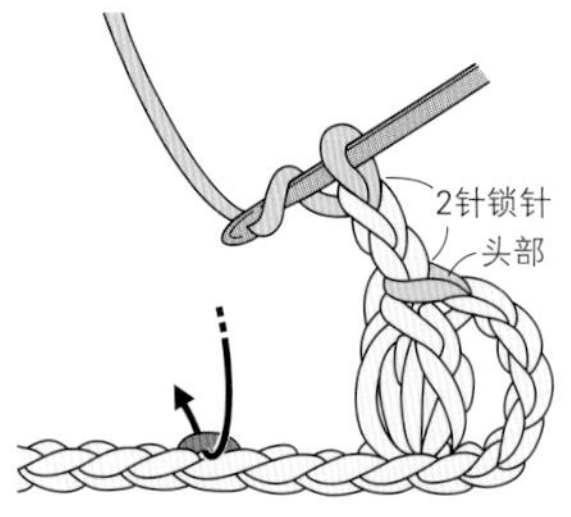

6 重复步骤1~4，按照相同的要领继续钩织。枣形针的头部没有出现错位。

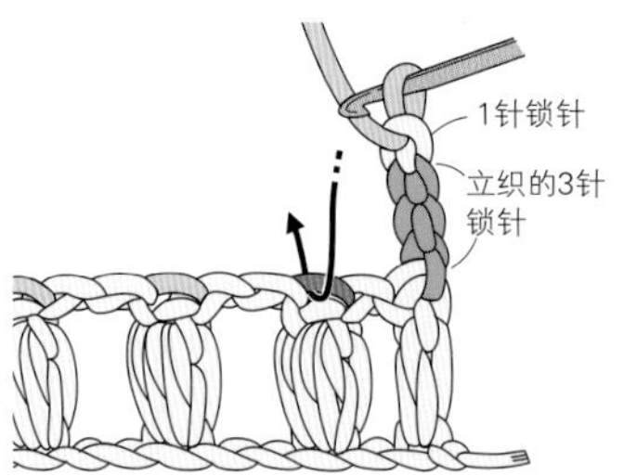

7、8 钩织下一行时，挑取变形的3针中长针的枣形针的头部。因为头部和根部不存在错位，所以头部位于前一行枣形针的正上方。

变形的3针中长针的枣形针（整段挑取）

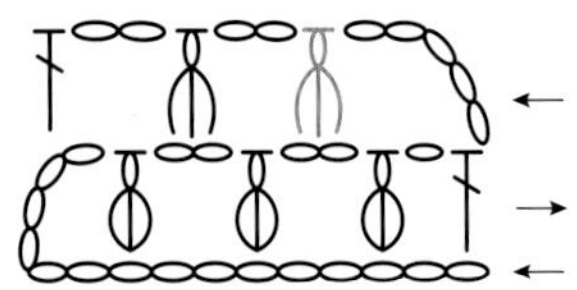

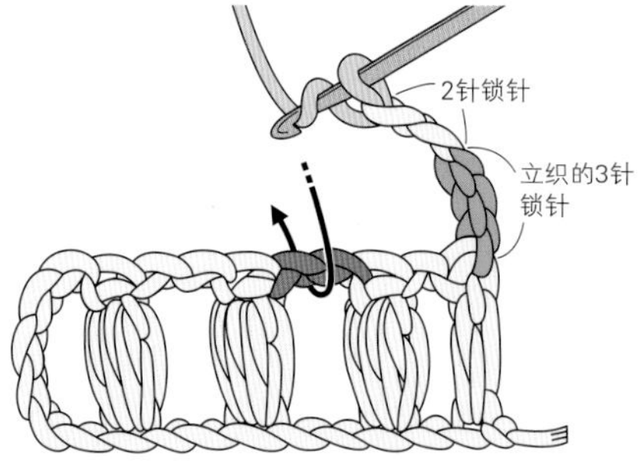

1 钩针挂线，插入前一行锁针的下面（整段挑取）。

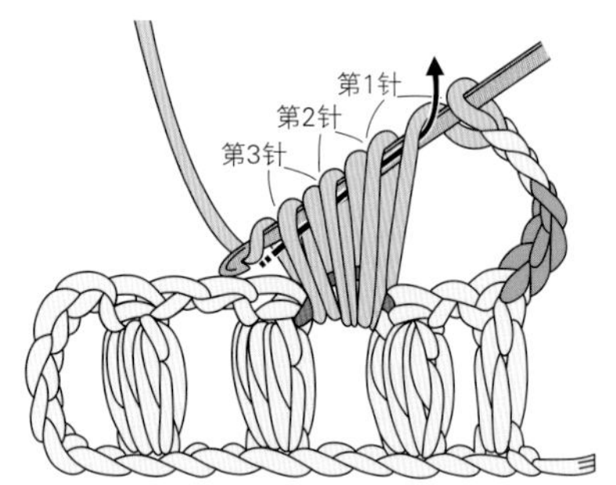

2 钩织3针未完成的中长针，钩针挂线，并从钩针上的6个线圈中引拔出（留下最右侧的线圈）。

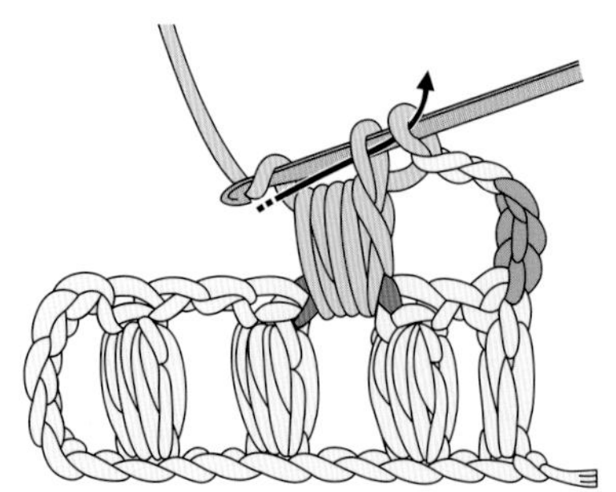

3 再次钩针挂线，并从剩余的2个线圈中引拔出。

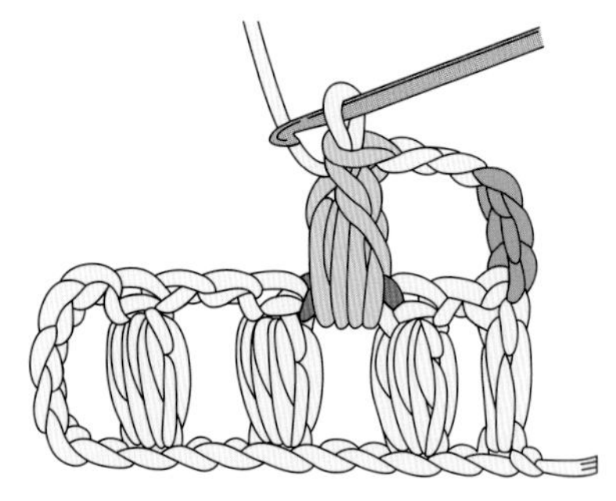

4 变形的3针中长针的枣形针（整段挑取）完成了。

2针的枣形针

将数针未完成的针目一次性引拔出，这种针法就是枣形针。
枣形针所钩织的针数不限于3针，还可以是2针，
钩织要领和3针的枣形针相同。

2针长针的枣形针
（从1针中挑取）

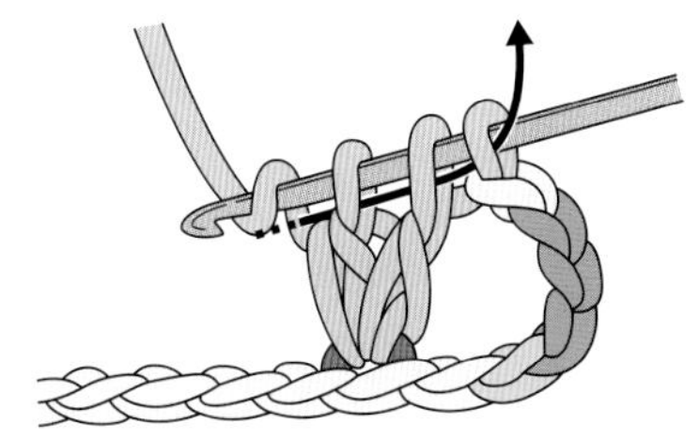

1 在同一个针目中钩织2针未完成的长针，再次钩针挂线，并从钩针上的所有线圈中一次性引拔出。

2 2针长针的枣形针（从1针中挑取）完成了。

2针中长针的枣形针
（从1针中挑取）

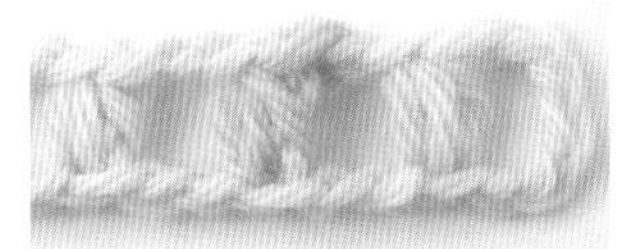

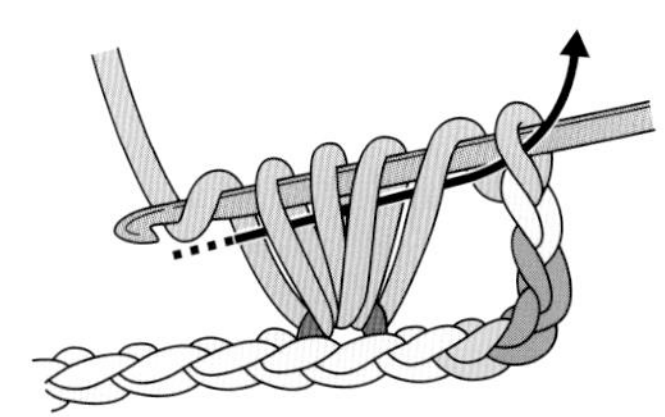

1 在同一个针目中钩织2针未完成的中长针，再次钩针挂线，并从钩针上的所有线圈中一次性引拔出。

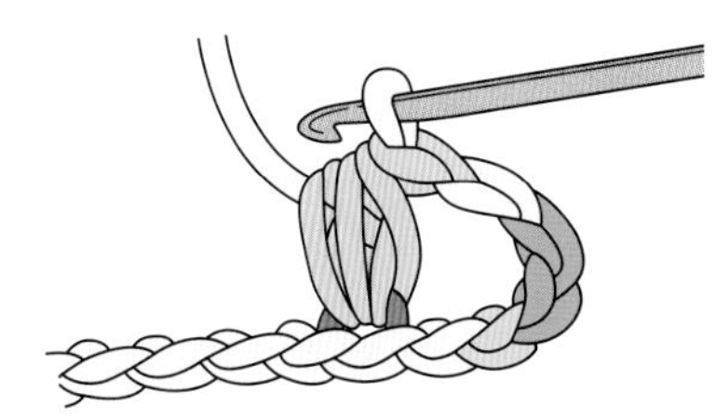

2 2针中长针的枣形针（从1针中挑取）完成了。

变形的2针中长针的枣形针
（从1针中挑取）

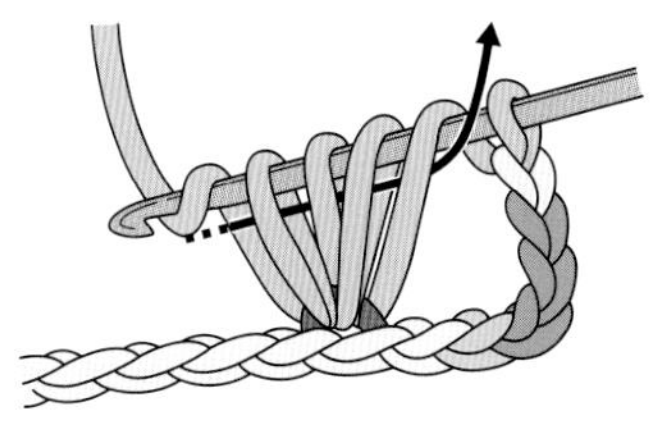

1 在同一个针目中钩织2针未完成的中长针，钩针挂线，并从钩针上的4个线圈中引拔出。

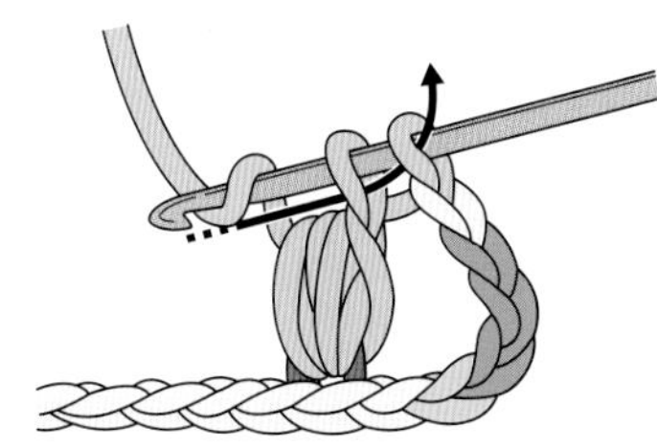

2 再次钩针挂线，从钩针上剩余的2个线圈中引拔出。

3 变形的2针中长针的枣形针（从1针中挑取）完成了。

※ 无论是钩织多少针数的枣形针，还是钩织哪种针法的枣形针，基本方法是一样的。在同一个地方钩织几针未完成的针目，然后一次性引拔成1针。如果想要钩织更多针数的枣形针，请看p.72

更多针数的枣形针

无论是钩织多少针数的枣形针，还是钩织哪种针法的枣形针，基本方法是一样的。

5针长针的枣形针（从1针中挑取）

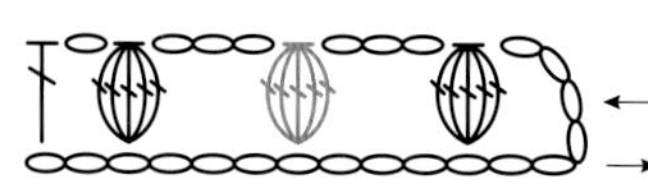

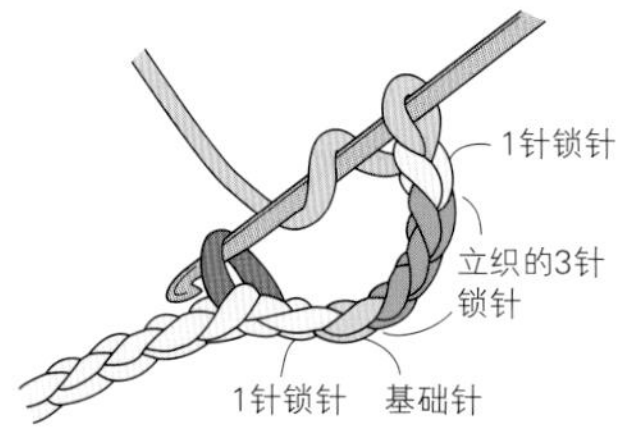

1 钩针挂线，插入前一行（这里为起针行）的针目中。

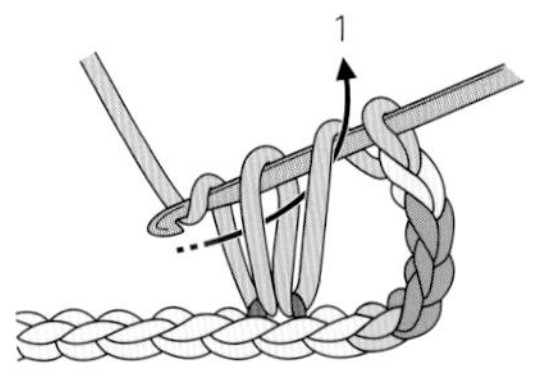

2 钩针挂线并拉出，然后从钩针上的2个线圈中引拔出。

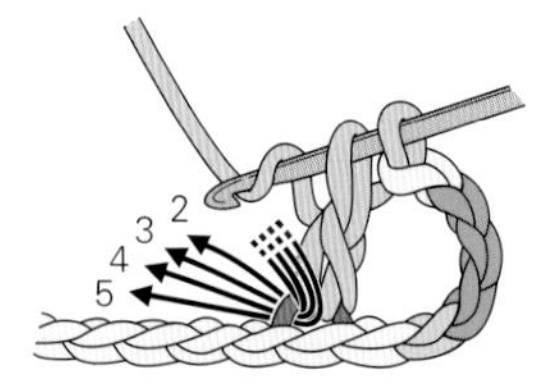

3 此时的状态为未完成的长针。继续钩针挂线，在同一个针目中再钩织4针未完成的长针。

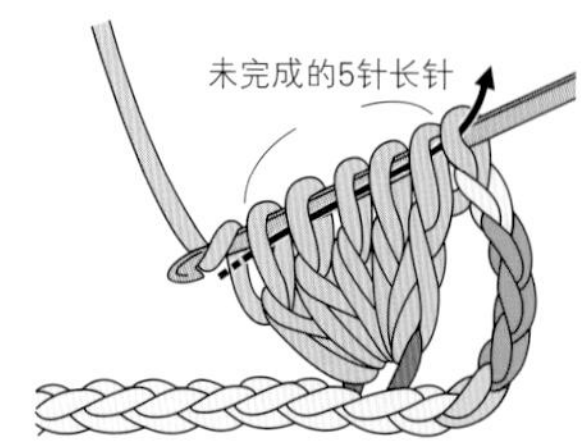

4 钩织5针未完成的长针后，再次钩针挂线，并从钩针上的6个线圈中一次性引拔出。

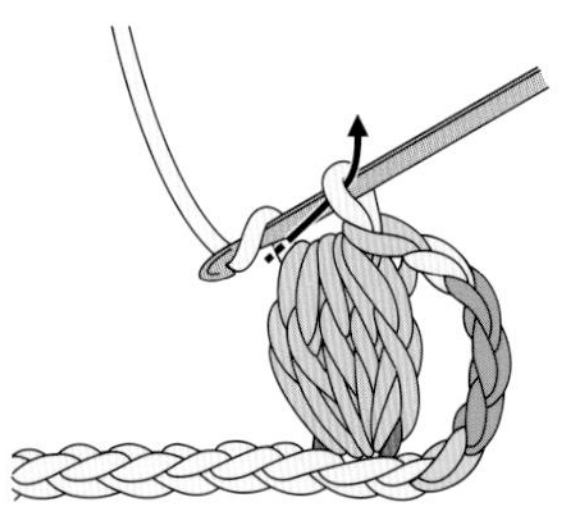

5 5针长针的枣形针（从1针中挑取）完成了。继续钩织。

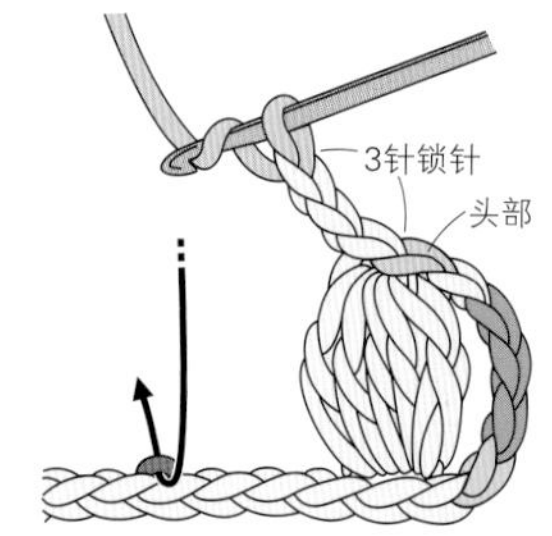

6 重复步骤1~4，按照相同要领继续钩织。

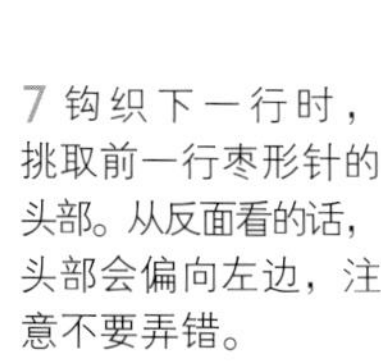

7 钩织下一行时，挑取前一行枣形针的头部。从反面看的话，头部会偏向左边，注意不要弄错。

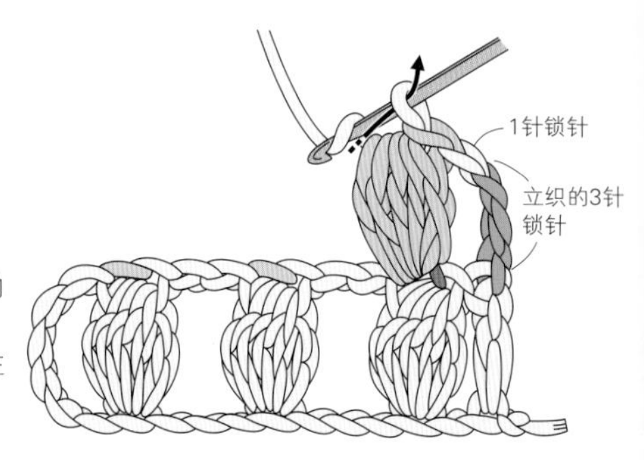

5针长针的枣形针（整段挑取）

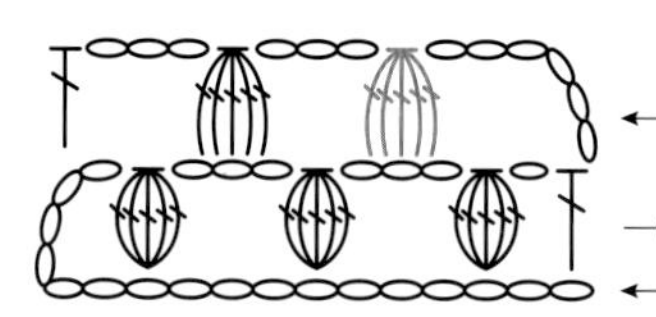

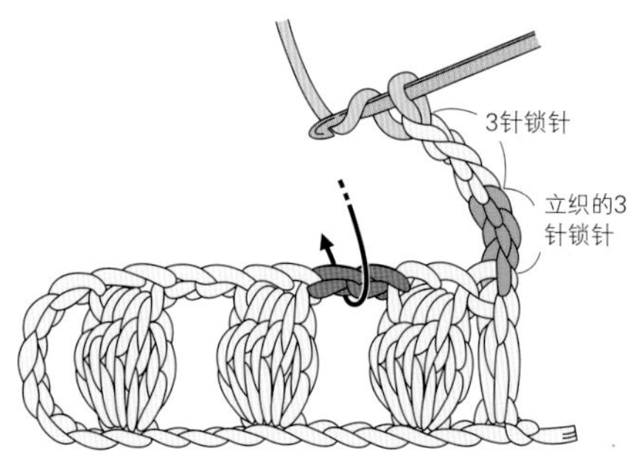

1 钩针挂线，插入前一行锁针的下面（整段挑取）。

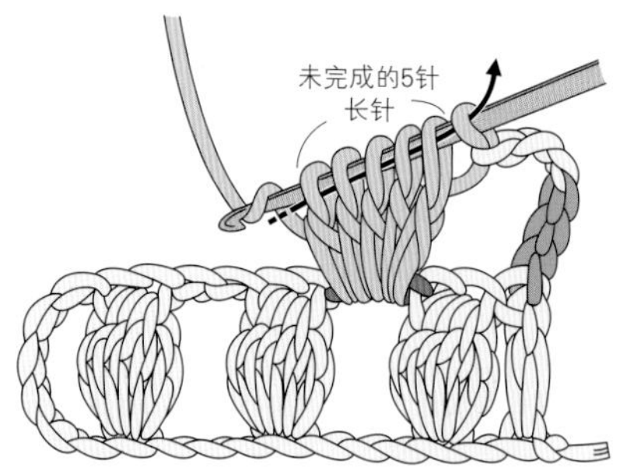

2 钩织5针未完成的长针后，再次钩针挂线，并从钩针上的6个线圈中一次性引拔出。

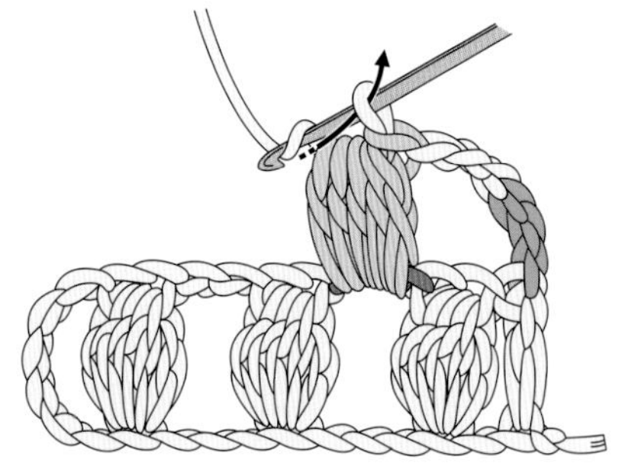

3 5针长针的枣形针（整段挑取）完成了。继续钩织。

织片的正、反面

钩针编织中，除了部分针法（拉针、爆米花针）外，
钩织方法本身没有正、反面的区别。因此，往返编织时，每隔一行，
针目的正面和反面会交互出现一次；环形编织时针目的正面（或反面）排列在一起。

往返编织（平针编织）

相邻两行互为正反

短针　　长针

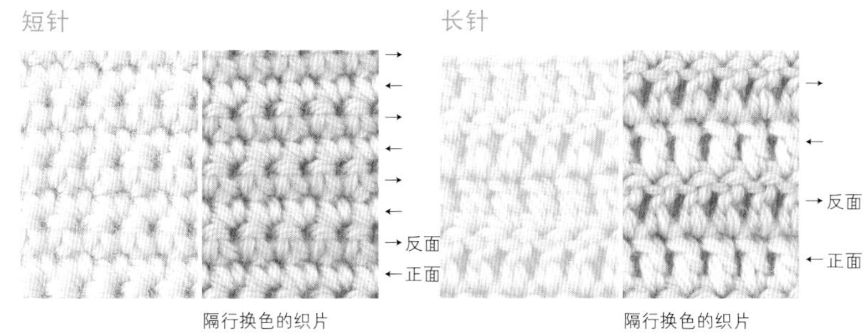

隔行换色的织片　　隔行换色的织片

正面针目流畅，织片给人的感觉很细腻。反面线的感觉偏细，横向的渡线较为显眼，整体看来不像正面那样平整。但因为反面的针目立体感较强，所以有时会利用这一点让它朝外。特别是钩织针数较多的枣形针等针法时，这个特征非常明显。

环形编织

全部正面

短针　　长针

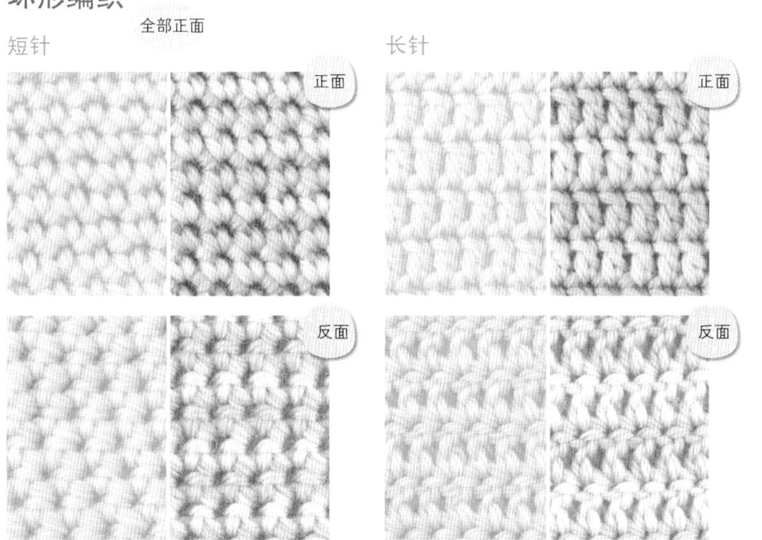

5 针长针的枣形针

枣形针的反面较为蓬松

针目斜行

根据针法不同，针目的头部有时会偏向右侧。因此，环形编织等向同一个方向钩织时，下一行会稍微偏向右边。如果一直都是朝同一个方向钩织，每一行都会向右边偏一点（这叫作斜行）。这是钩针编织的特征，无法避免。也有人为了避免斜行，在环形编织时也改变钩织方向，织成往返编织。

短针

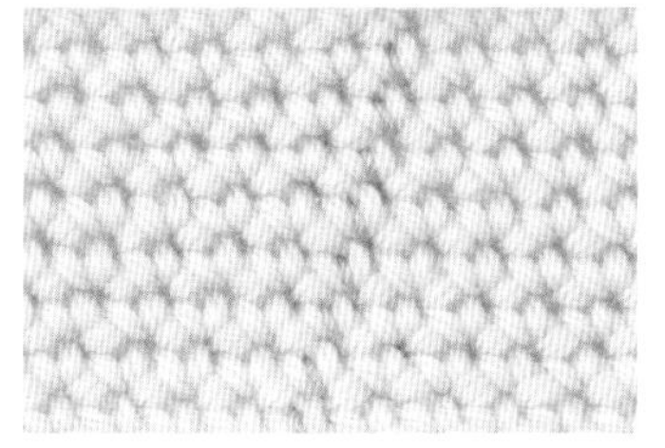

长针

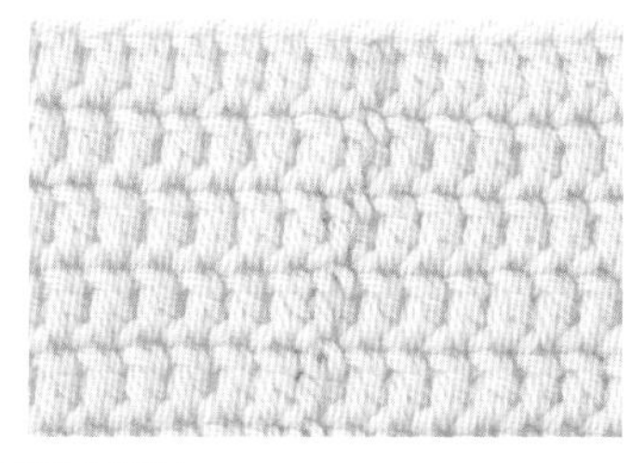

（1 针的中间用粉色线做个记号）

狗牙针（装饰针）

在锁针编织上稍微花一点心思，就钩织成了非常可爱的狗牙针。
无论钩织几针锁针，基本方法是一样的。

3针锁针的狗牙针

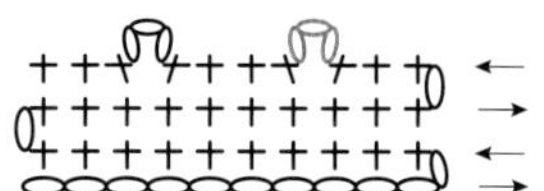

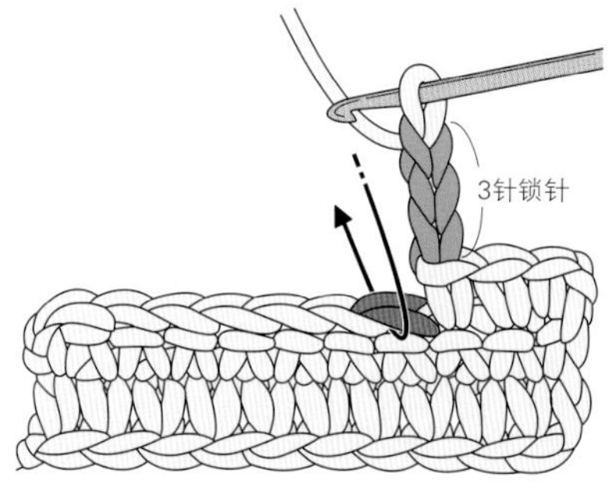

1 钩织完短针后，再钩织 3 针锁针，然后挑取下一个针目头部的 2 根线。

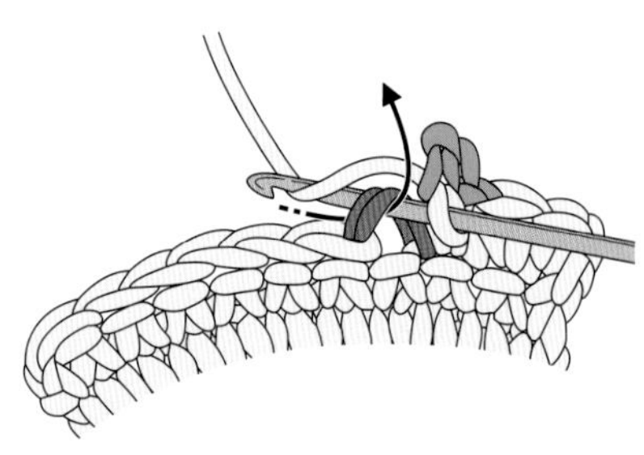

2 钩针挂线并拉出。

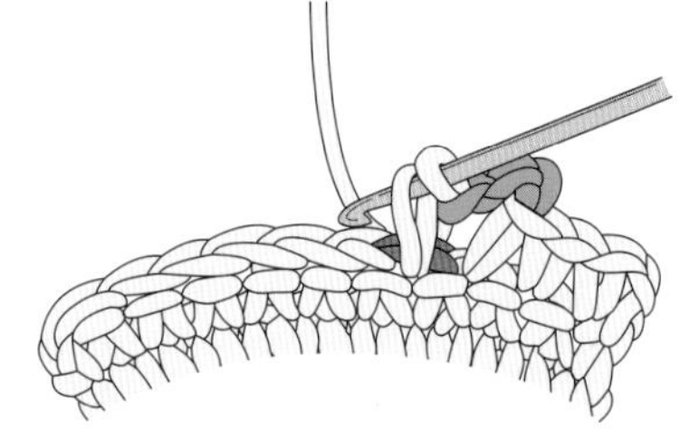

3 拉出相当于 1 针锁针高度的线。

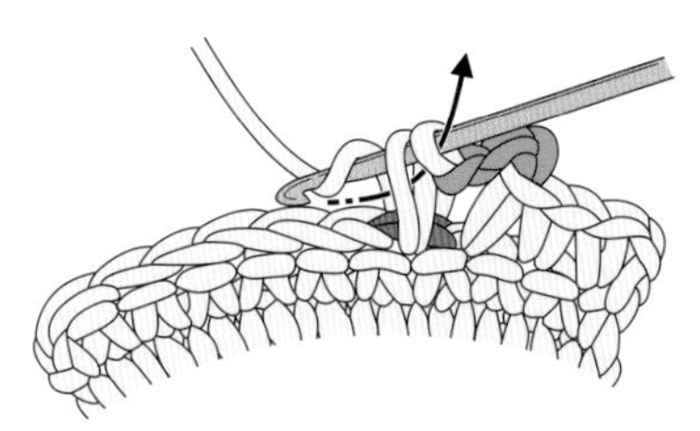

4 钩针挂线，并从钩针上的 2 个线圈中引拔出（钩织短针）。

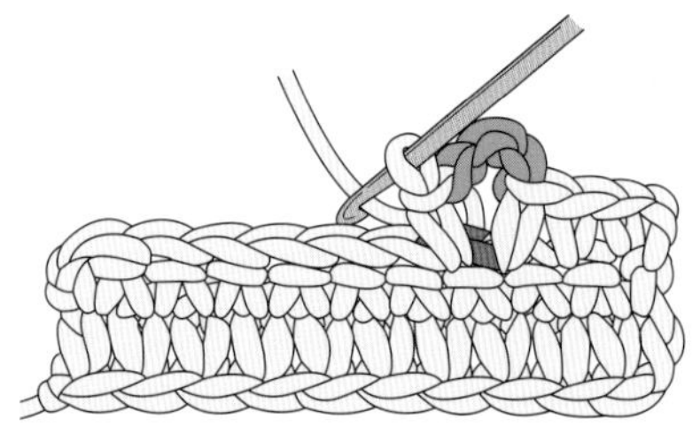

5 3 针锁针的狗牙针完成了。这是较低的狗牙针。

3针锁针的短针狗牙针

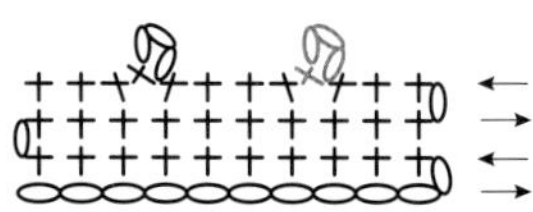

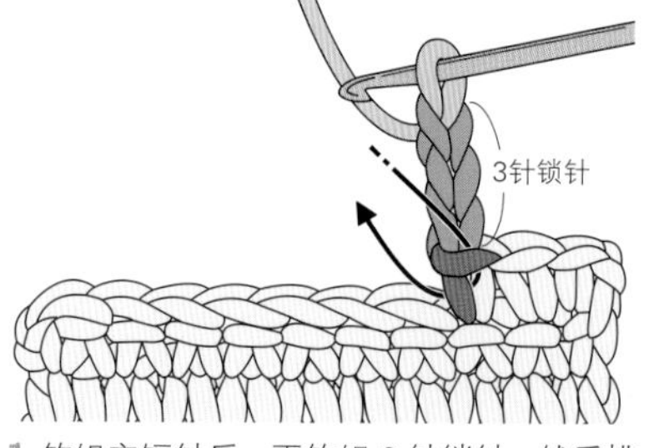

1 钩织完短针后，再钩织 3 针锁针，然后挑取短针头部的前侧半针和根部的 1 根线。

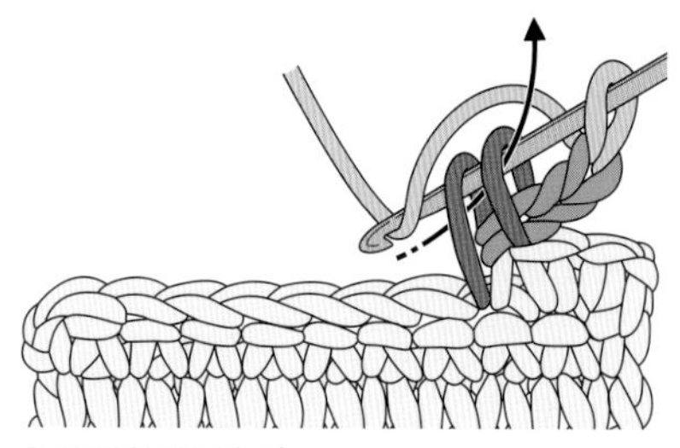

2 钩针挂线并拉出。

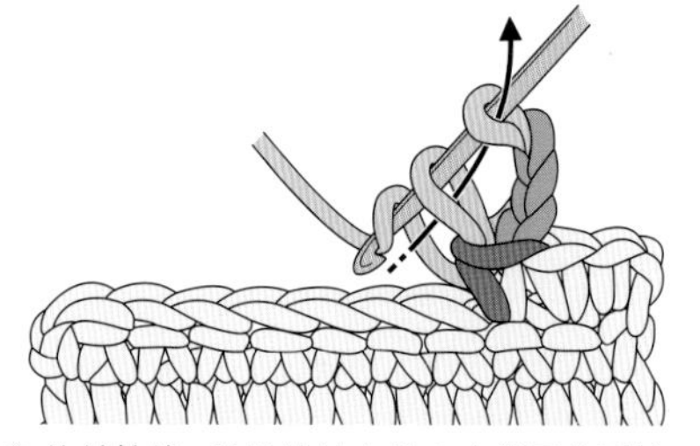

3 钩针挂线，并从钩针上的 2 个线圈中引拔出（钩织短针）。

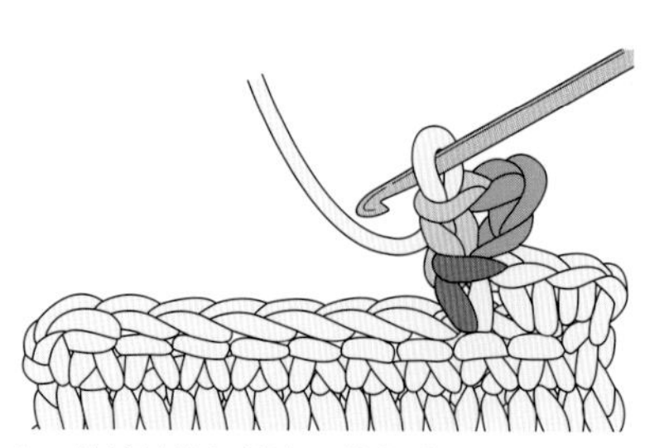

4 3 针锁针的短针狗牙针完成了。

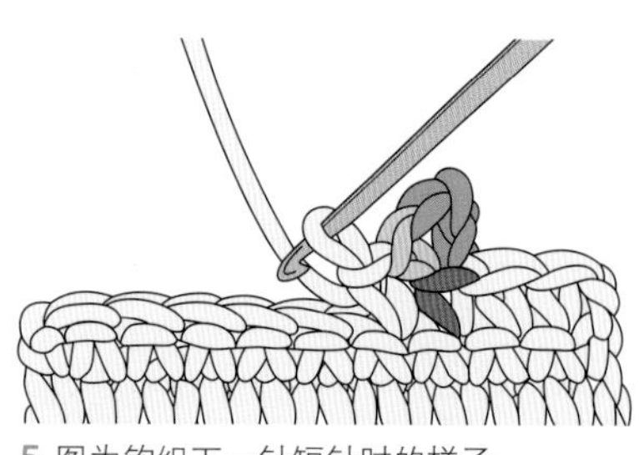

5 图为钩织下一针短针时的样子。

3针锁针的狗牙拉针（在短针上钩织）

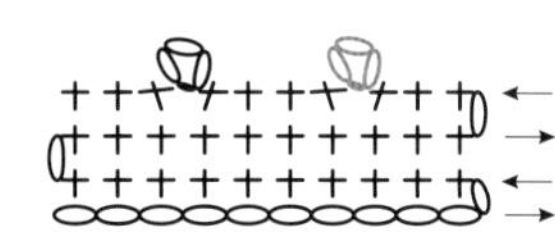

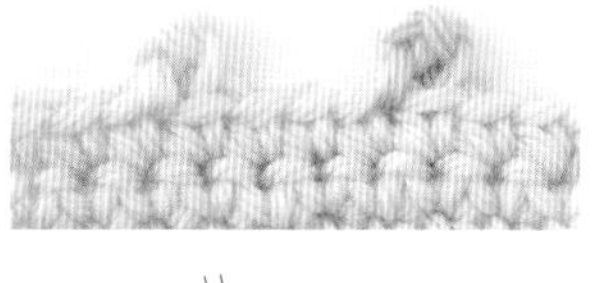

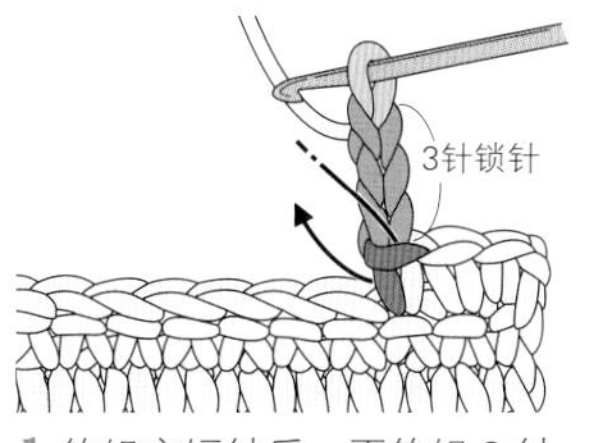

1 钩织完短针后，再钩织 3 针锁针，然后挑取短针头部的前侧半针和根部的 1 根线。

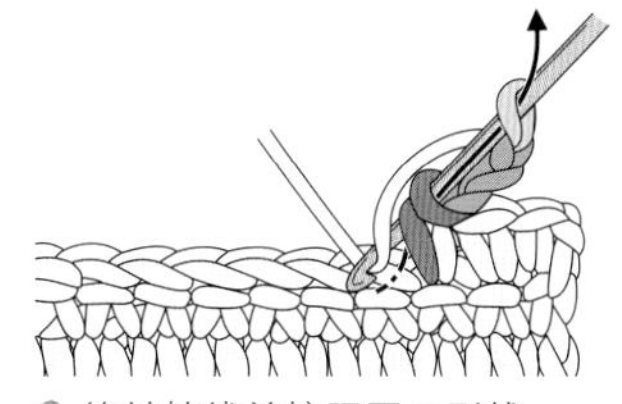

2 钩针挂线并按照图示引拔。

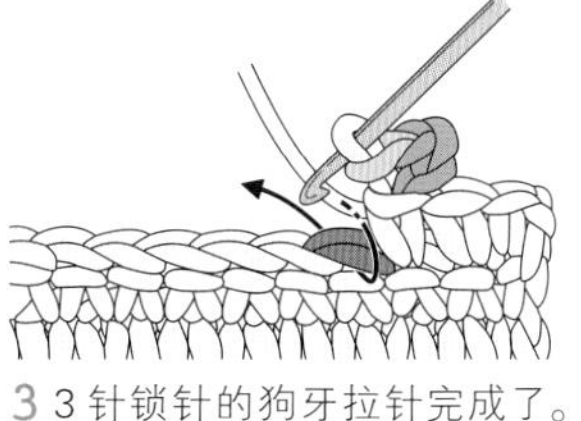

3 3 针锁针的狗牙拉针完成了。继续钩织。

4 图为钩织下一针短针时的样子。

3针锁针的狗牙拉针（在长针上钩织）

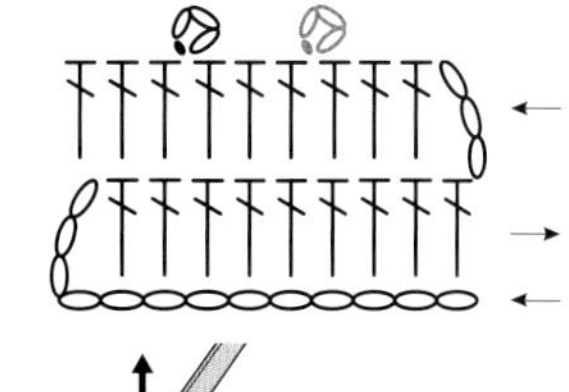

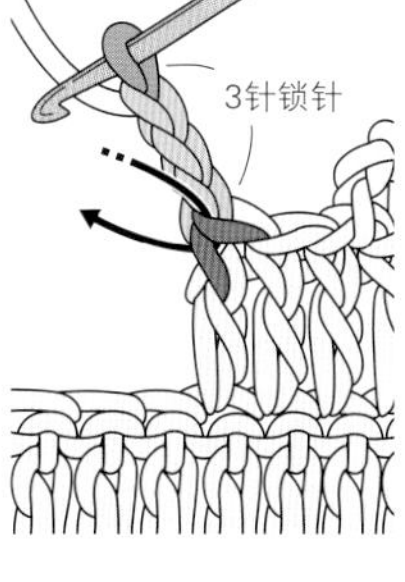

1 钩织完长针后，钩织 3 针锁针，然后挑取长针头部的前侧半针和柱子上的 1 根线。

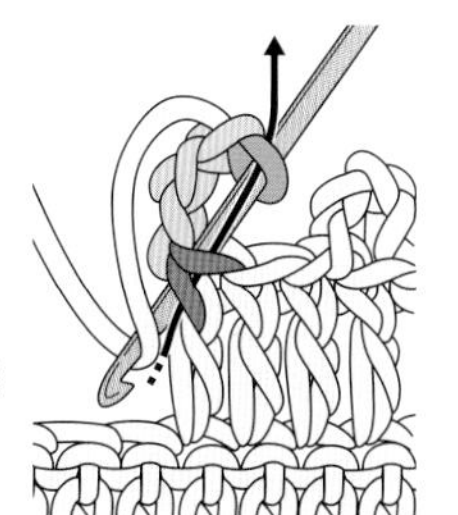

2 钩针挂线并按照图示引拔。

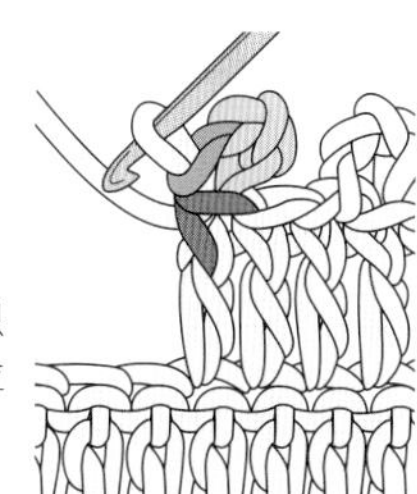

3 长针的头部钩织了 3 针锁针的狗牙拉针。

3针锁针的狗牙拉针（在锁针上钩织）

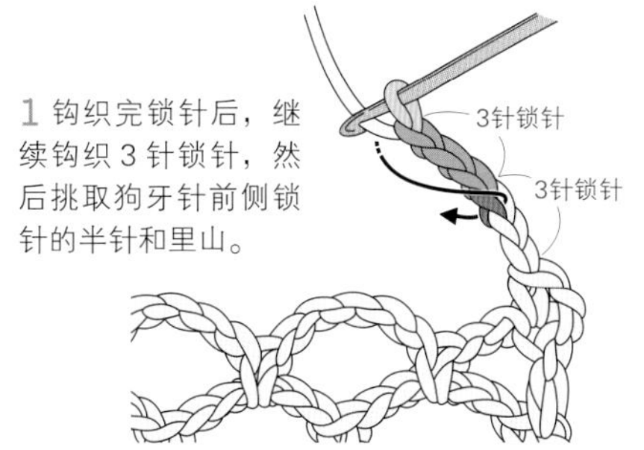

1 钩织完锁针后，继续钩织 3 针锁针，然后挑取狗牙针前侧锁针的半针和里山。

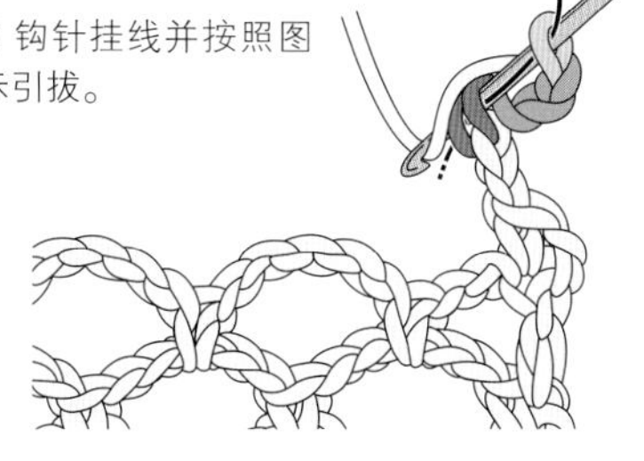

2 钩针挂线并按照图示引拔。

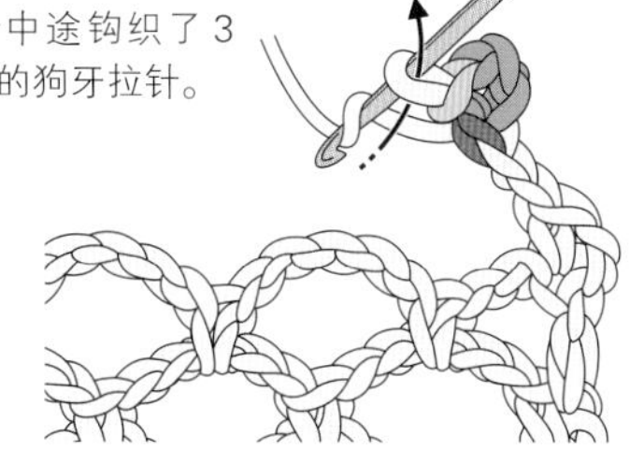

3 锁针中途钩织了 3 针锁针的狗牙拉针。

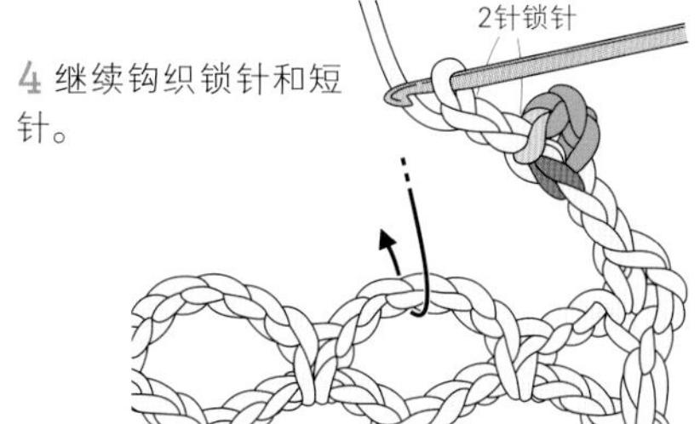

4 继续钩织锁针和短针。

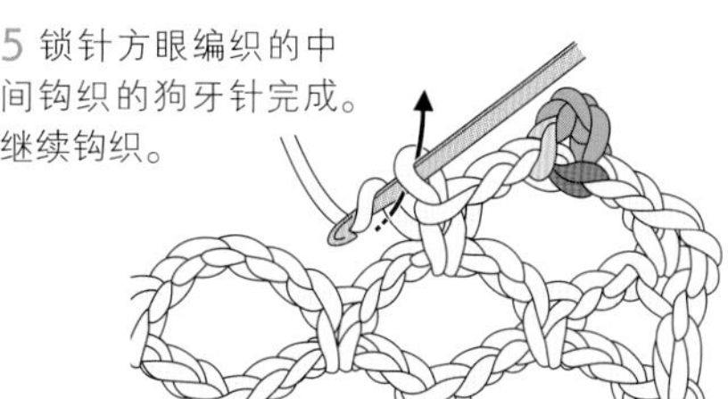

5 锁针方眼编织的中间钩织的狗牙针完成。继续钩织。

Let's try !

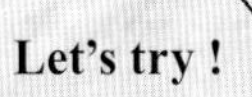

一起钩织作品吧

如果把前面的针法都掌握了，就可以钩织好很多作品了。

✳ 圆形杯垫

锁针钩织的网眼编织和枣形针组合在一起，
会形成非常可爱的花样。

设计 / 远藤广美
使用线 / 达摩手编线

钩织方法… p.78

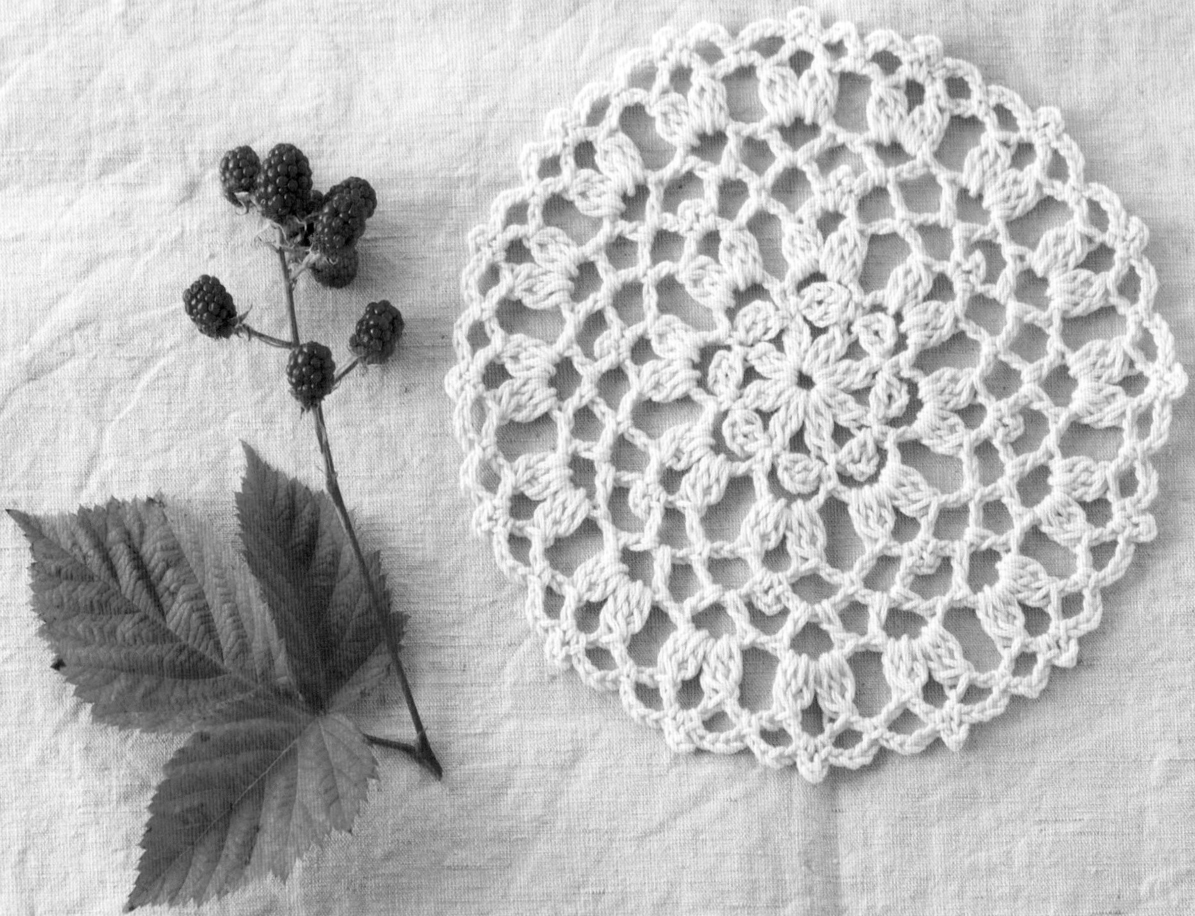

✳ 连接花片的装饰领

以p.76圆形杯垫的中间2圈作为独立花片，
一边钩织，一边连接成装饰领的形状。
如果将更多的花片连接在一起，会钩成更大的装饰领。

设计／远藤广美
制作／梦野 彩
使用线／芭贝

钩织方法…p.79

【圆形杯垫的钩织方法】 图片… p.76

×线…达摩手编线 Hidamari Organic 浅粉色（8）10g ×钩针…钩针 5/0 号 ×成品尺寸…直径 17.5cm

钩织要点

钩织 6 针锁针做环形起针。

第 1 圈…立织 3 针锁针，钩织 1 针长针。接着钩织 4 针锁针，挑取第 1 针的半针和里山，钩织 1 针长针。然后整段挑取中心的起针针目，钩织 2 针长针的枣形针。按照相同要领继续钩织，编织终点和第 1 针长针的头部引拔。

第 2 圈…立织 1 针锁针，挑取第 1 针长针的头部（和第 1 圈最后的引拔针相同），钩织 1 针短针。然后钩织 6 针锁针，挑取前一圈 2 针长针的枣形针的头部，钩织 1 针短针。按照相同要领继续钩织，编织终点钩织 3 针锁针，挑取第 1 针短针的头部并钩织 1 针长针。

第 3 圈…立织 3 针锁针，整段挑取前一圈编织终点长针的柱子，钩织 2 针长针的枣形针。然后钩织 5 针锁针，整段挑取前一圈的锁针，钩织 3 针长针的枣形针、4 针锁针和 3 针长针的枣形针。注意锁针的针数和钩织枣形针的位置，编织终点钩织完枣形针后，钩织 1 针锁针，然后挑取最开始的 2 针长针的枣形针的头部，钩织 1 针长针。

第 4 圈…立织 1 针锁针，整段挑取前一圈编织终点的长针的根部，钩织 1 针短针、3 针锁针、1 针短针（3 针锁针的狗牙针）。然后钩织 5 针锁针，整段挑取前一圈的 5 针锁针的线圈并钩织短针，按照相同要领继续钩织。编织终点钩织 2 针锁针后，挑取第 1 针短针的头部，钩织长针。

第 5 圈…钩织 7 针锁针（立织 3 针 +4 针），整段挑取前一圈编织终点的长针的根部，钩织 1 针长针。继续按照图示钩织，编织终点钩织 1 针锁针后，和立织的第 3 针锁针引拔。继续整段挑取锁针钩织引拔针，移动立织的位置。

第 6 圈…立织 3 针锁针，整段挑取前一圈的锁针，钩织 2 针长针的枣形针，然后重复钩织 4 针锁针和 3 针长针的枣形针。编织终点和最初的 2 针长针的枣形针的头部引拔。然后整段挑取锁针钩织引拔针，移动立织的位置。

第 7 圈…立织 1 针锁针，然后重复钩织“1 针短针、3 针锁针、1 针短针、4 针锁针”，编织终点和第 1 针的短针引拔。

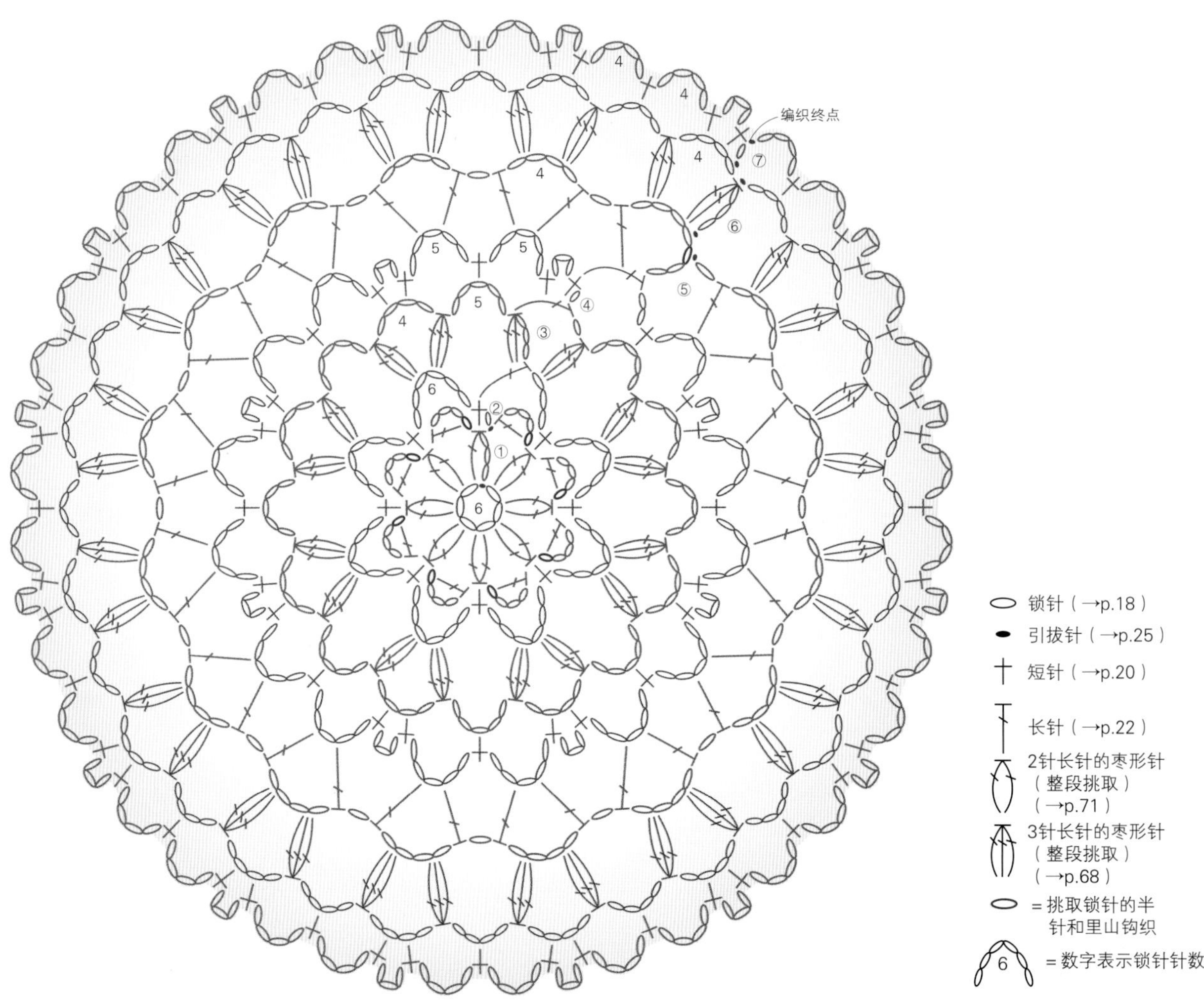

【连接花片的装饰领的钩织方法】

图片… p.77

- 线…芭贝 Boboli 灰色（434）55 g
- 钩针…钩针 6/0 号
- 花片大小…直径 5.5cm
- 成品尺寸…长 66cm，宽 16cm

钩织要点

花片按照 p.78 圆形杯垫前 2 圈的要领钩织。

从第 2 片开始，钩织第 2 圈时，一边和上一片花片用引拔针连接，一边钩织（→ p.126）。

第 11 片花片在钩织途中要钩织 12 针的锁针链（挂环）。参照图示，将 34 片花片连接在一起。用短针钩织纽扣，连接在第 1 片花片上。

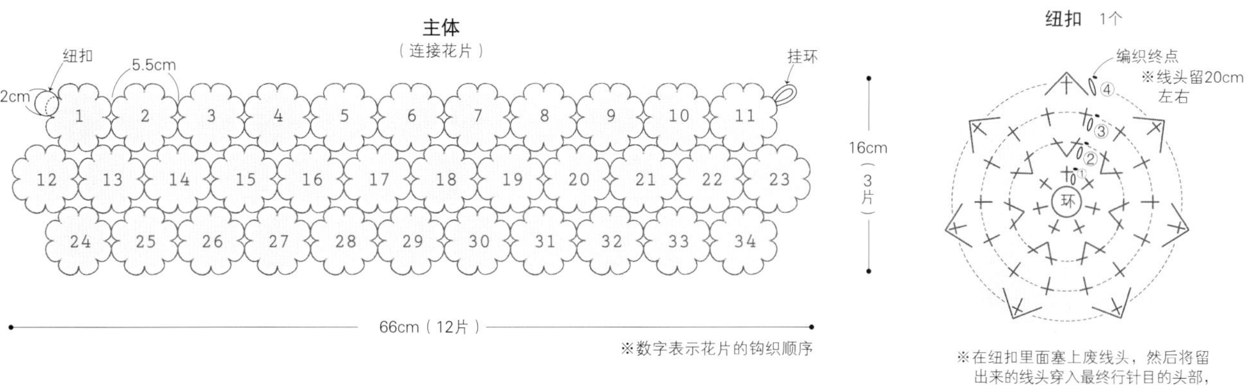

※在纽扣里面塞上废线头，然后将留出来的线头穿入最终行针目的头部，收紧后固定在指定位置

主体

（连接花片）

连接纽扣处

挂环（12针锁针）

- 锁针（→p.18）
- 引拔针（→p.25）
- 短针（→p.20）
- 长针（→p.22）
- 2针长针的枣形针（→p.71）
- = 挑取锁针的半针和里山钩织
- = 剪线

✳ 三角形披肩

将锁针钩织的网眼花样和狗牙针组合在一起。
一粒粒的狗牙针，营造出女性柔美的感觉。
边缘的贝壳花样也非常可爱。

设计 / 远藤广美
使用线 / 和麻纳卡

【三角形披肩的钩织方法】

× 线…和麻纳卡 SONOMONO Tweed　原色（71）180 g
× 钩针…钩针 6/0 号
× 编织密度…10cm × 10cm 面积内：编织花样 22 针，13 行
× 成品尺寸…长 116cm，宽 51cm

钩织要点

主体…钩织 249 针锁针起针。第 1 行钩织 5 针锁针，挑取锁针的里山钩织 1 针短针、3 针锁针的狗牙拉针、4 针锁针。跳过 3 针锁针，钩织短针，按照相同要领继续钩织。行的编织终点钩织 2 针锁针后，再钩织 1 针长针，然后钩织下一行的 5 针锁针，翻转织片。

从第 2 行开始，整段挑取前一行的锁针，重复钩织短针、3 针锁针的狗牙拉针、4 针锁针。各行的编织终点钩织 2 针锁针后，挑取前一行的第 3 针锁针的半针和里山钩织 1 针长针，然后钩织下一行的 5 针锁针，翻转织片。

按照相同要领钩织至第 61 行，第 62 行钩织 5 针锁针后，与前一行的第 3 针锁针的半针和里山引拔，剪线。

边缘编织…挑取主体第 1 行右端第 3 针锁针的半针和里山，加线（→ p.82），立织 1 针锁针，然后再钩织 1 针短针。接着，挑取主体部分的长针头部 2 根线，钩织 1 针长针，然后重复钩织 1 针锁针，在同一针目中钩织 1 针长针。继续钩织。按照相同要领，在主体部分长针的头部或者锁针上钩织 1 圈边缘编织。角部的针数有所不同，需要注意。编织终点和边缘编织起点的短针的头部引拔。

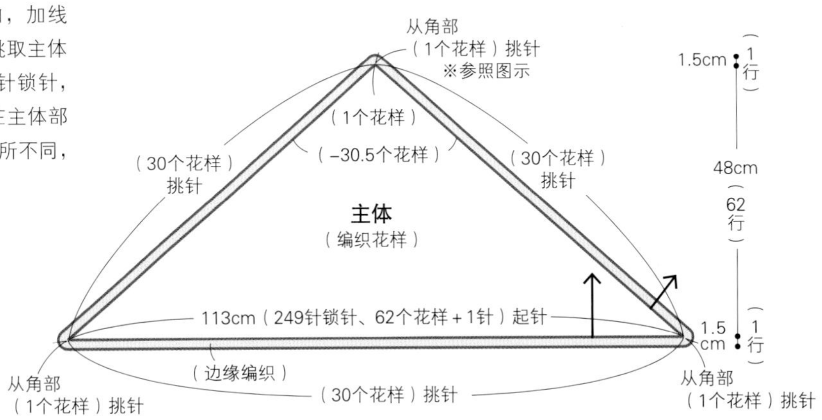

从角部（1个花样）挑针
※参照图示
（1个花样）
（30个花样）挑针
（-30.5个花样）
（30个花样）挑针
主体
（编织花样）
113cm（249针锁针、62个花样＋1针）起针
1.5cm（1行）
48cm（62行）
1.5cm（1行）
从角部（1个花样）挑针
（边缘编织）
（30个花样）挑针
从角部（1个花样）挑针

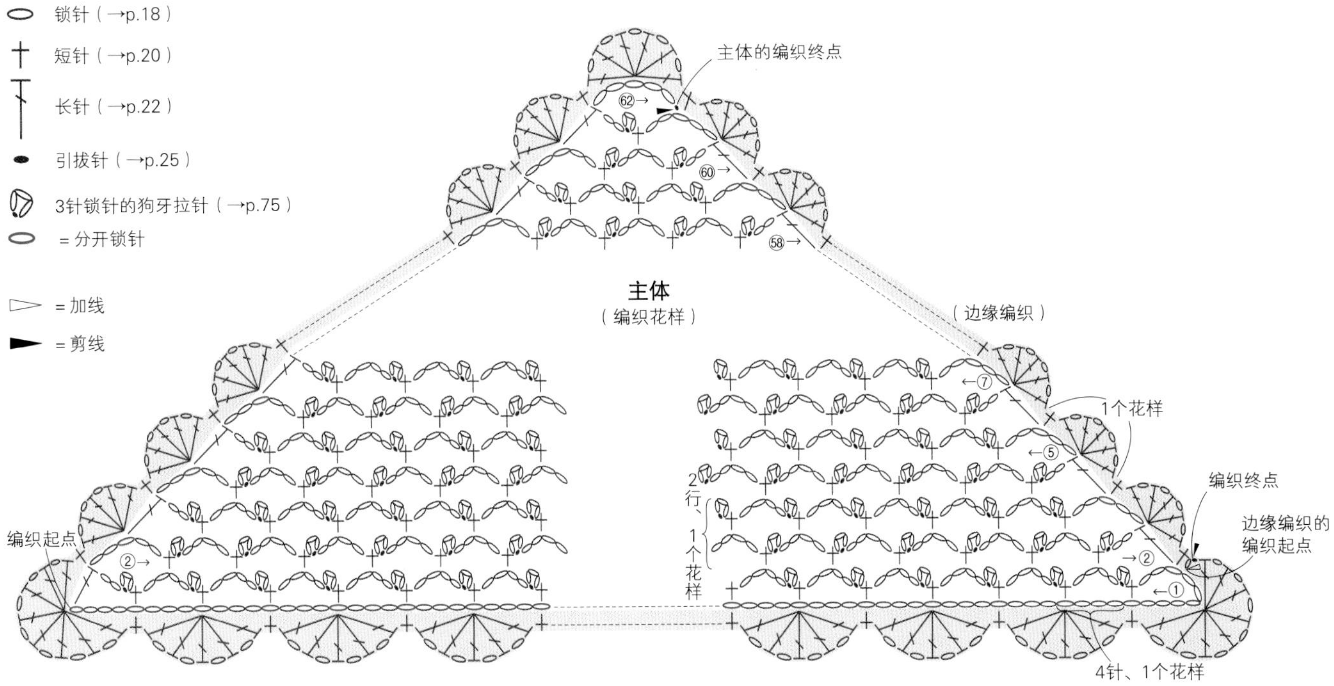

○ 锁针（→p.18）
＋ 短针（→p.20）
长针（→p.22）
● 引拔针（→p.25）
3针锁针的狗牙拉针（→p.75）
= 分开锁针
▷ = 加线
▶ = 剪线

主体的编织终点
62→
60→
58→
主体
（编织花样）
（边缘编织）
←7
1个花样
←5
2行、1个花样
编织终点
边缘编织的编织起点
编织起点
2→
→2
←1
4针、1个花样

边缘编织的钩织方法（挑针方法）

边缘编织是在已经钩织好的织片上挑针钩织。
挑针方法分为分开针目和整段挑取两种（→ p.57）。
无论是哪一种挑针方法，根据具体情况灵活运用就会做出完美的边缘编织。

从针目密集的织片上挑针

从针目密集的织片上挑针钩织边缘编织时，一般都要分开针目（整段挑取时，挑针位置之间容易出现空隙）。

从编织行挑针

从针目的侧面（编织行）挑针时，要分开针目挑针。

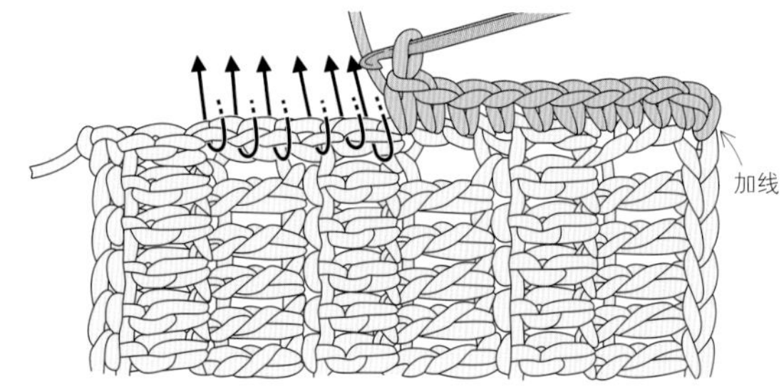

1 将钩针插入针目中，挑取根部或头部 2 根线（分开针目），钩织短针。

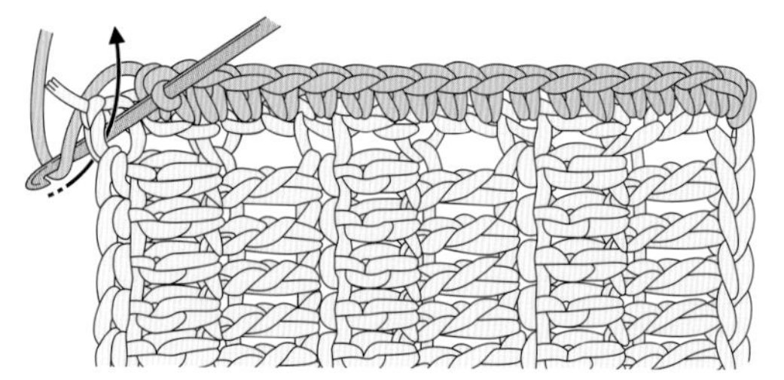

2 织片上侧的角部，挑取主体部分长针的头部 2 根线，钩织短针。

从针目上挑针

从主体的最终行挑针时，一边要挑取针目头部的 2 根线。从起针行挑针时，要挑取钩织主体时剩余的线。

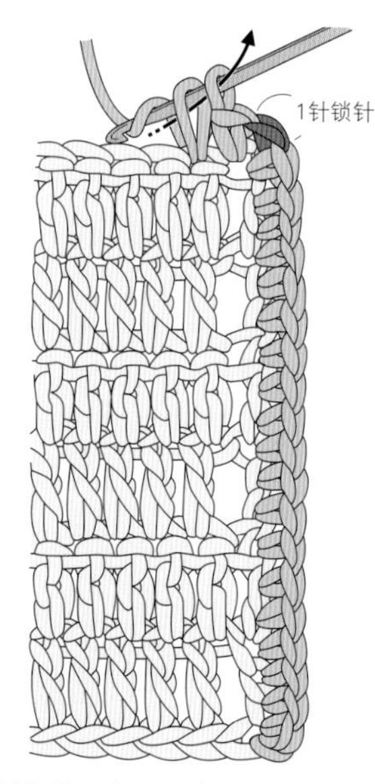

3 转角处，在同一个针目中再钩织 1 针锁针和 1 针短针（有时也会钩织 3 针短针），然后继续挑取主体部分针目的头部 2 根线，钩织短针。

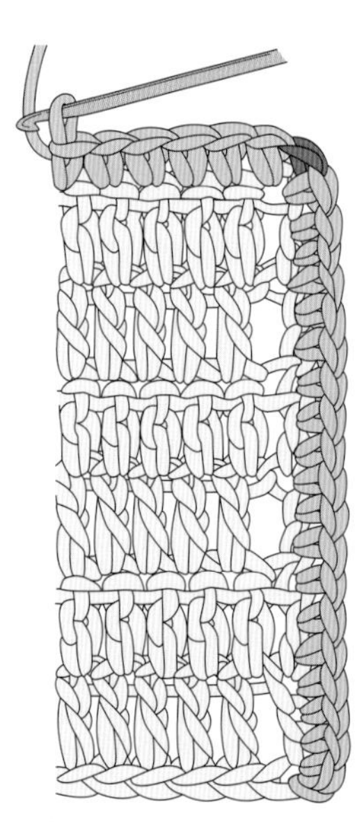

4 图为从编织行挑针和从针目上挑针的样子。

什么是加线？

用新的 1 根线在织片上钩织，这就是加线。

1 将钩针插入需要加线的地方。

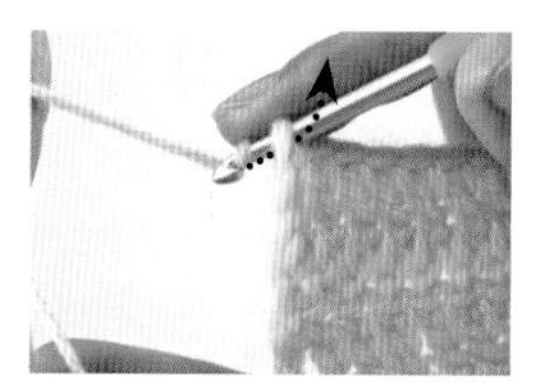

2 挂上新线并拉出。

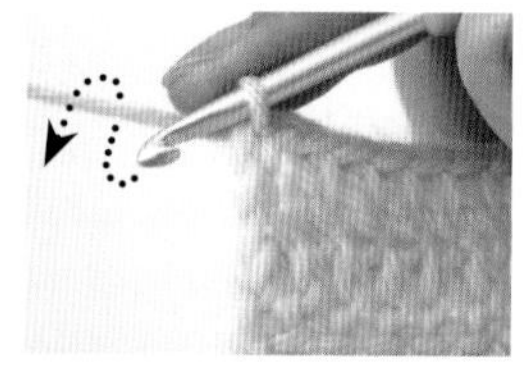

3 拉出的样子。再次钩针挂线并引拔出。

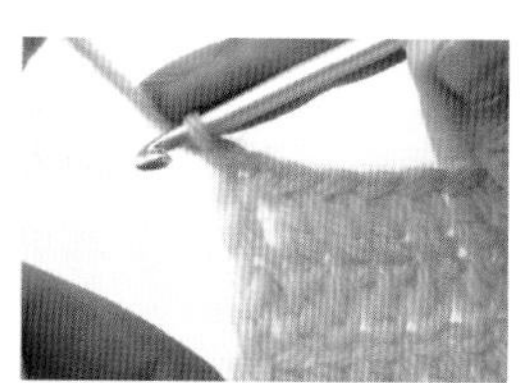

4 加线完成。用力拉线头使针目收紧，然后包住线头继续钩织。

织片上既有针目密集部分又有镂空部分的挑针方法

方眼编织等织片上，既有针目密集的部分，又有镂空部分，从这样的织片上挑针钩织边缘编织时，要将“分开针目”和“整段挑取”搭配起来。

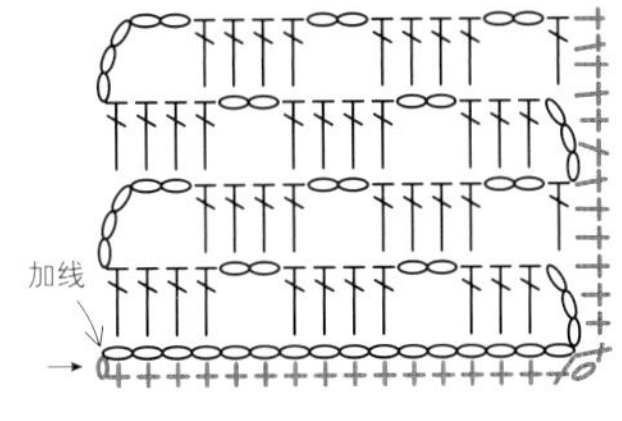

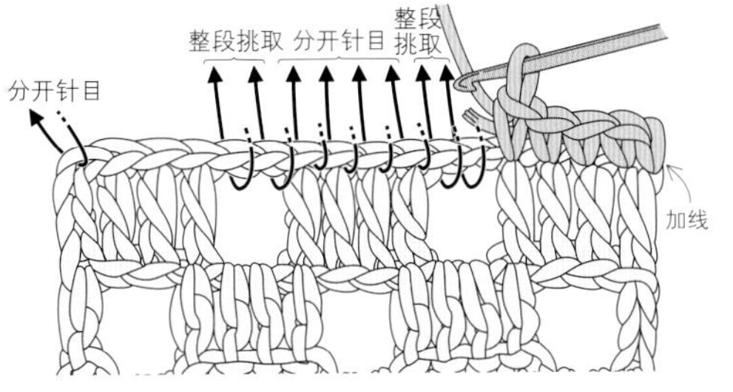

1 从起针行的另一侧挑针时，要挑取钩织主体时没有挑取的线（分开针目）钩织边缘编织。钩织主体部分时，起针行的锁针没有挑针，则整段挑取。

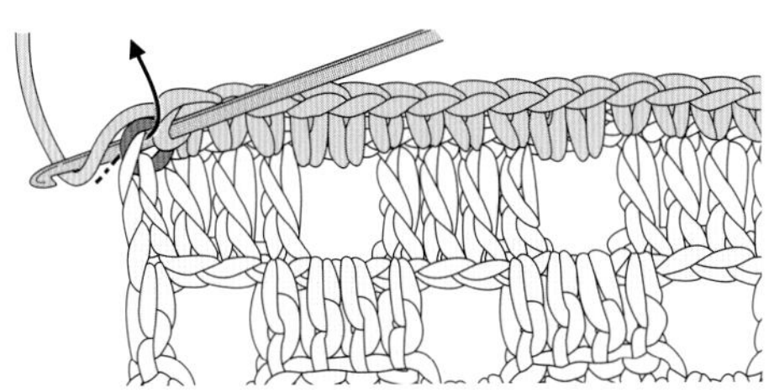

2 在转角处，分开针目，挑取锁针的半针和里山钩织。

3 转角处，在同一个针目中再钩织 1 针锁针、1 针短针。从编织行挑针时，也要将“分开针目”和“整段挑取”结合起来。

从镂空织片上挑针

网眼花样等织片，整体都是镂空的，从上面挑针时，无论是针还是行，都要整段挑取。
只是，在转角处需要分开针目挑针，以免错位。

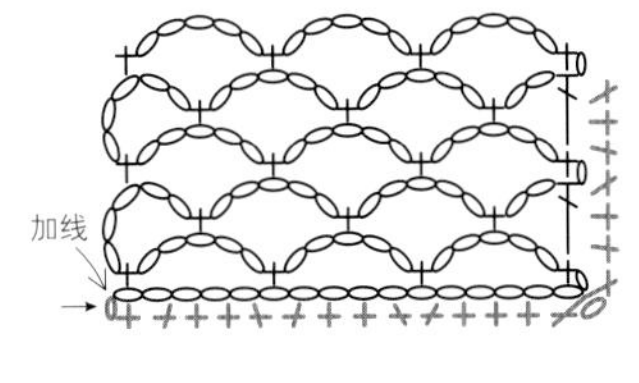

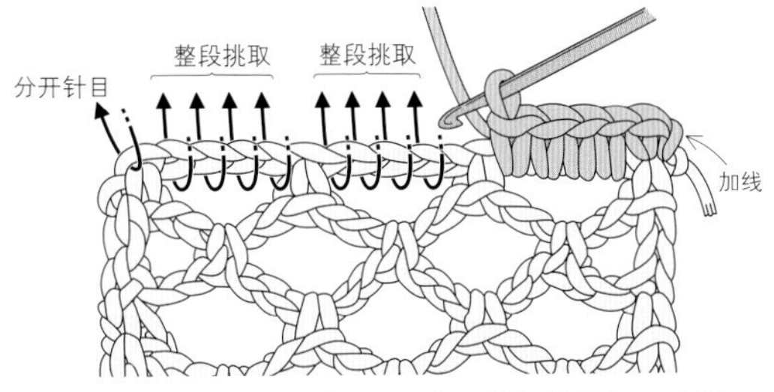

1 编织起点处的转角处，分开针目并加线钩织。然后，如箭头所示，整段挑取锁针钩织边缘编织。

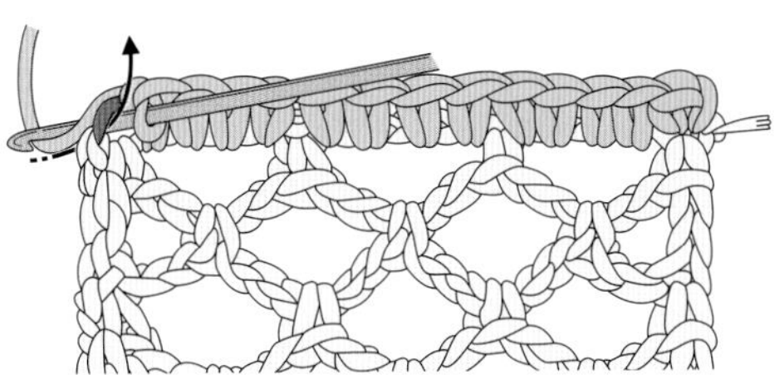

2 在转角处，分开针目挑针，避免将边缘编织错开。

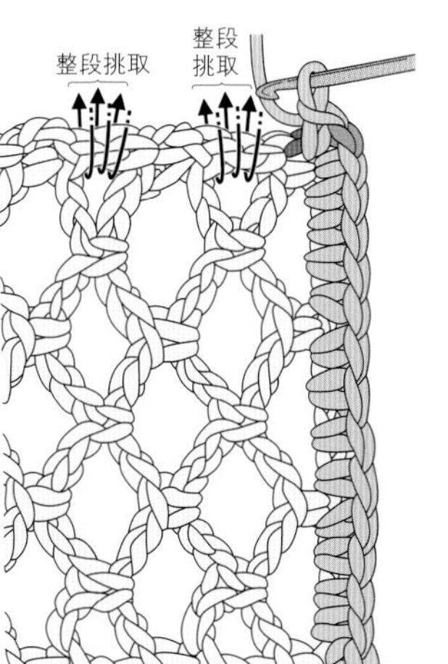

3 在编织行挑针时，如箭头所示整段挑取。

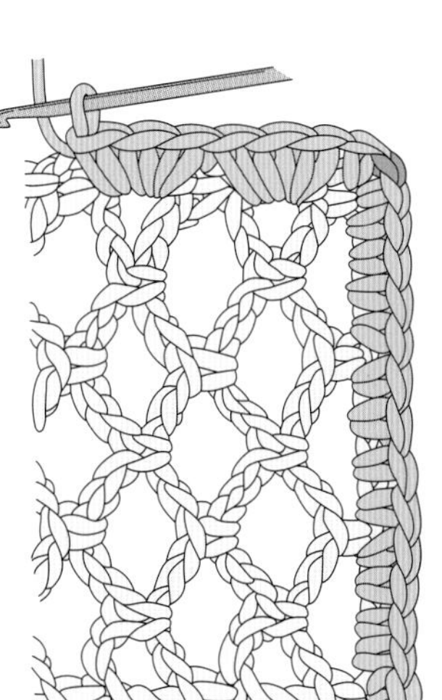

4 端头的针目整段挑取，钩织短针。

第四章

＋ α 技巧（针法的拓展）

本章会出现许多和基本针法不太一样的方法。
如果你看到了不太熟悉的编织符号，就来本章寻找答案吧。
不同的针法，出现的频率会有所不同，
但只要我们掌握了前三章的基本针法，
就可以轻松搞定本章的针法。
让我们一起看着图解耐心地钩织吧。

长长针

比长针多了1针锁针的高度。先在钩针上绕2圈线，然后钩织。
立织4针锁针，立织的针目计为1针。
这是在长针的基础上衍生出来的针法，编织符号中＼的数量，表示在钩针上绕线的圈数。

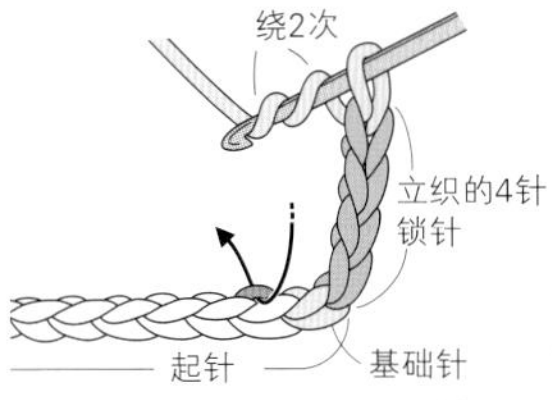

1 钩织"起针＋立织的4针锁针"，在钩针上绕2圈线，然后挑取起针端头第2针锁针。

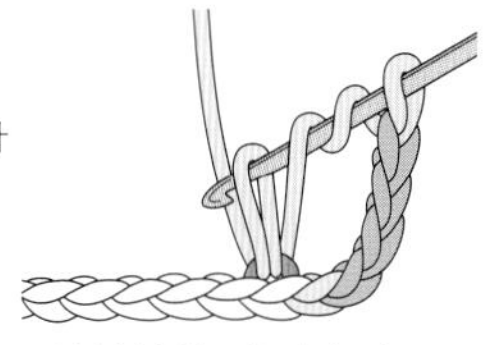

2 钩针挂线，拉出相当于2针锁针高度的线。

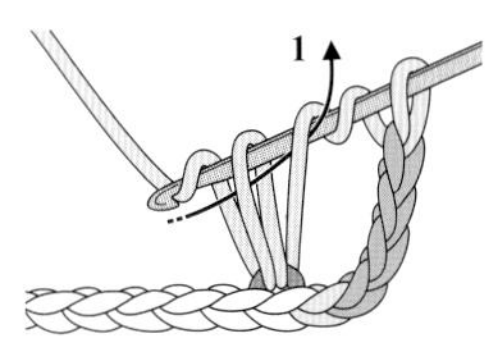

3 钩针挂线，从钩针上的2个线圈中引拔出。

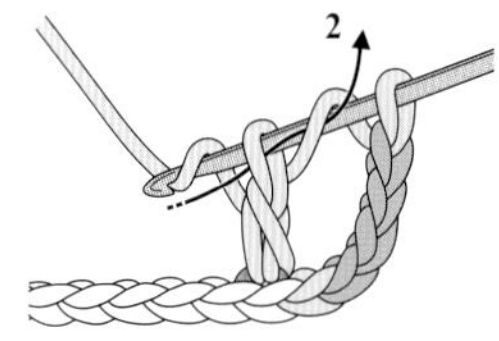

4 再次钩针挂线，从钩针上的2个线圈中引拔出。

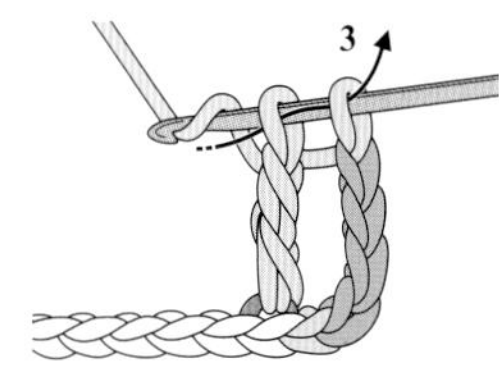

5 这个状态叫作未完成的长长针。再次钩针挂线，从剩余的2个线圈中引拔出。

6 1针长长针完成了。立织的针目计为1针，因此，这是第1行的第2针。

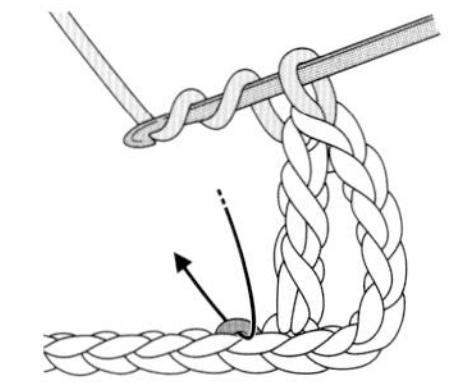

7 下一针也在钩针上绕2圈线，重复步骤1~6。

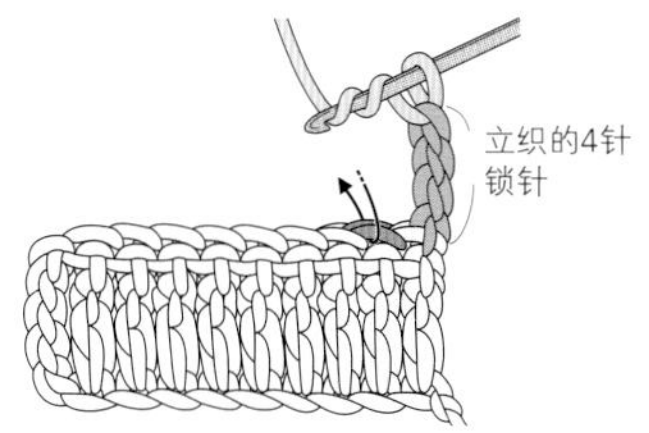

8 钩织第2行时，先在第1行的终点立织4针锁针，翻转织片，在钩针上绕2圈线，挑取前一行的第2针钩织。

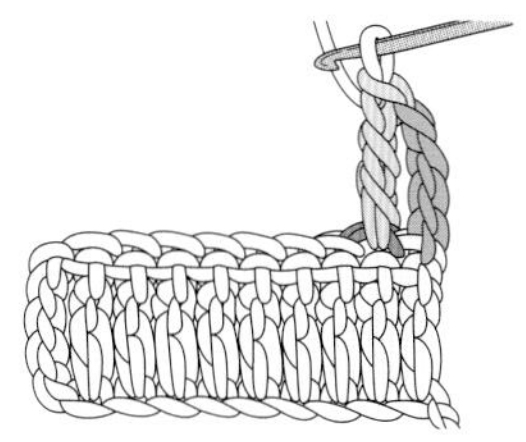

9 又钩织好了1针长长针。立织的针目计为1针，因此，这是第2针。

3卷长针

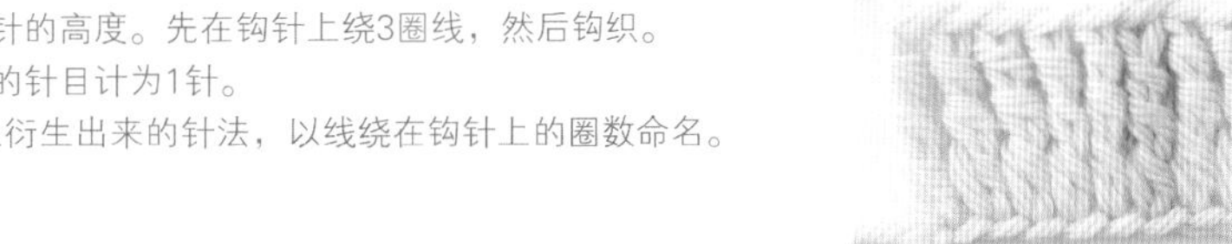

比长长针多了1针锁针的高度。先在钩针上绕3圈线，然后钩织。
立织5针锁针，立织的针目计为1针。
这是在长针的基础上衍生出来的针法，以线绕在钩针上的圈数命名。

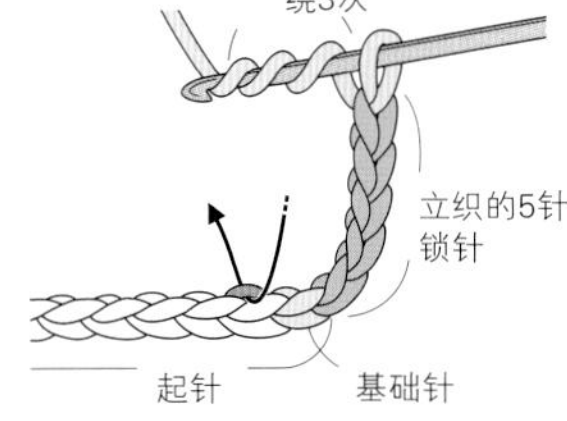

1 钩织"起针＋立织的5针锁针"，在钩针上绕3圈线，然后挑取起针端头第2针锁针。

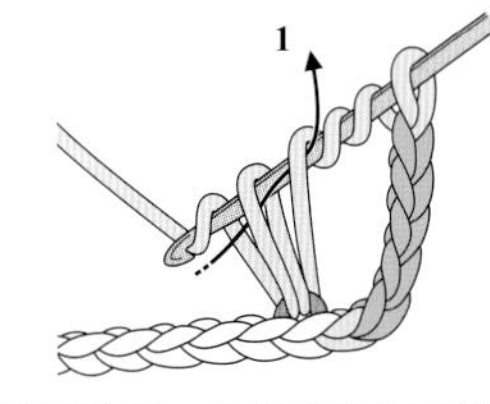

2 钩针挂线，拉出相当于2针锁针高度的线。钩针挂线，并从钩针上的2个线圈中引拔出。

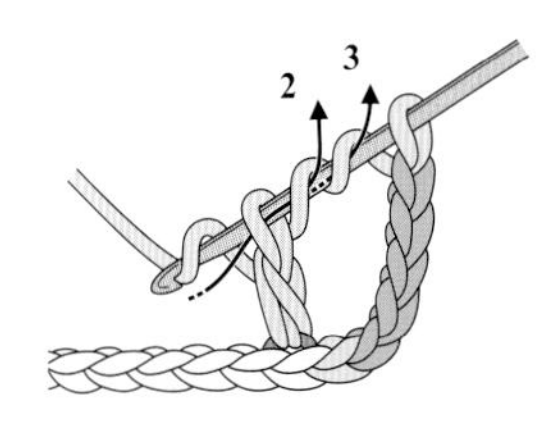

3 再次钩针挂线，从钩针上的2个线圈中引拔出。重复1次。

4 这个状态叫作未完成的3卷长针。再次钩针挂线，从剩余的2个线圈中引拔出。

5 1针3卷长针完成了。立织的针目计为1针，因此，这是第1行的第2针。

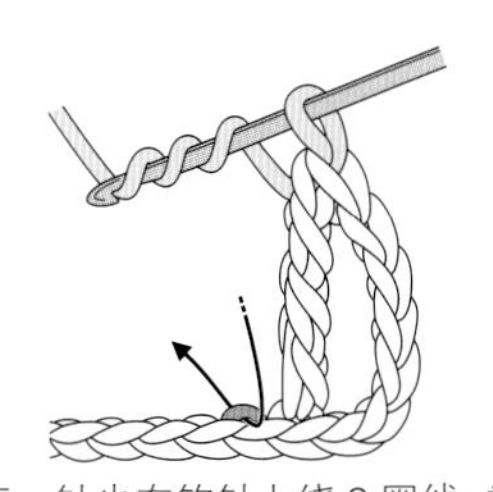

6 下一针也在钩针上绕3圈线，重复步骤1~5。

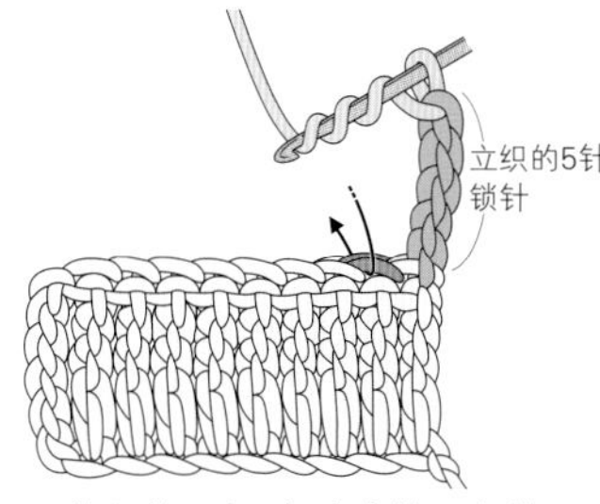

7 钩织第2行时，先在第1行的终点立织5针锁针，翻转织片，在钩针上绕3圈线，挑取前一行的第2个针目钩织。

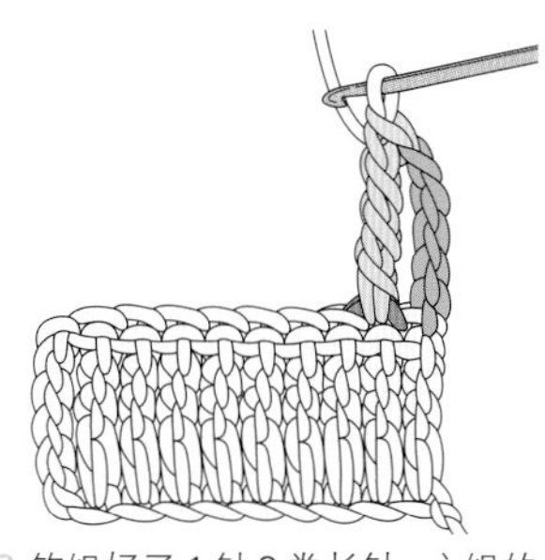

8 钩织好了1针3卷长针。立织的针目计为1针，因此，这是第2针。

4卷长针

比3卷长针还要多1针锁针的高度。先在钩针上绕4圈线，然后钩织。
立织6针锁针，立织的针目计为1针。

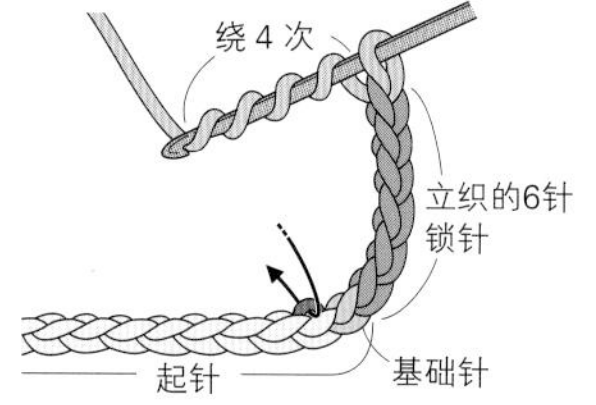

1 钩织“起针 + 立织的 6 针锁针”，在钩针上绕 4 圈线，然后挑取起针端头第 2 针锁针。

2 钩针挂线，拉出相当于 2 针锁针高度的线。

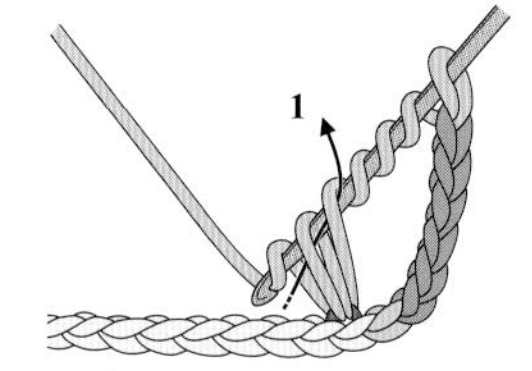

3 钩针挂线，从钩针上的 2 个线圈中引拔出。

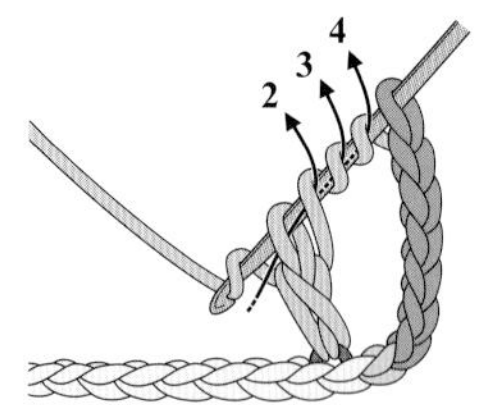

4 再次钩针挂线，从钩针上的 2 个线圈中引拔出。重复 2 次。

5 这个状态叫作未完成的 4 卷长针。再次钩针挂线，从剩余的 2 个线圈中引拔出。

6 1 针 4 卷长针完成了。立织的针目计为 1 针，因此，这是第 1 行的第 2 针。

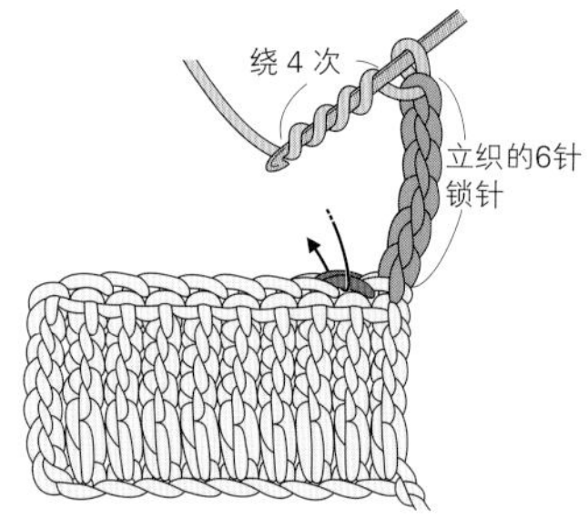

7 钩织第 2 圈时，先在第 1 行的终点立织 6 针锁针，翻转织片，在钩针上绕 4 圈线，挑取前一行的第 2 针钩织。

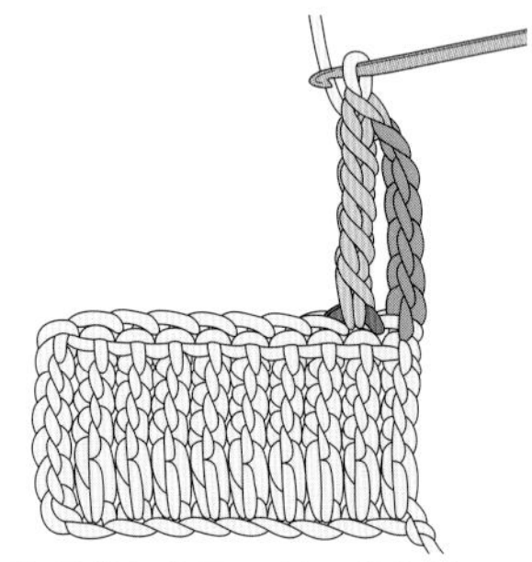

8 又钩织好了 1 针 4 卷长针。立织的针目计为 1 针，因此，这是第 2 针。

卷针

这是一种很少遇到的特殊钩织方法，非常有趣。
线在钩针上绕的圈数，根据钩织方法的要求来决定。

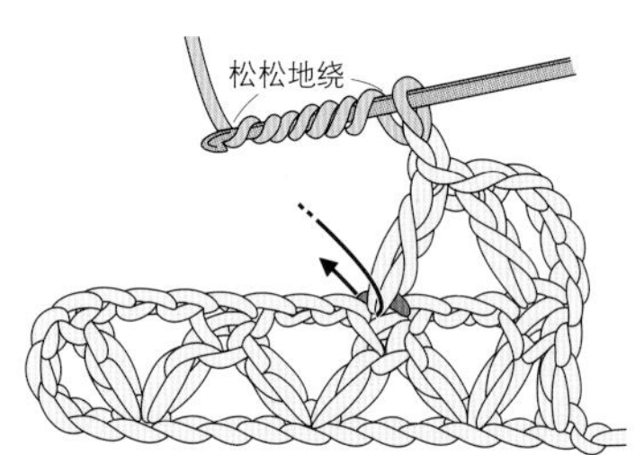

1 将线在钩针上绕指定的圈数，挑取前一行的针目。

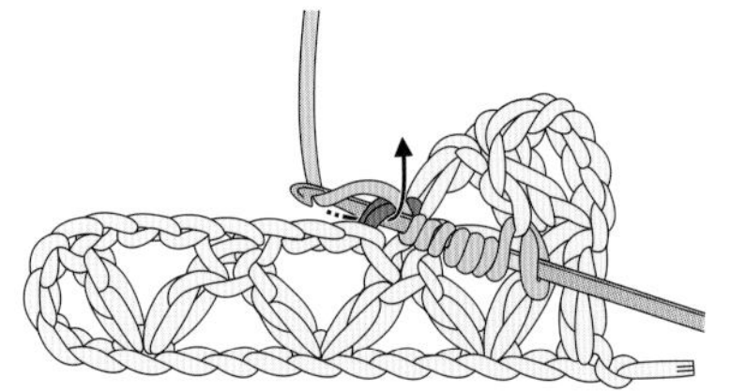

2 钩针挂线并拉出。

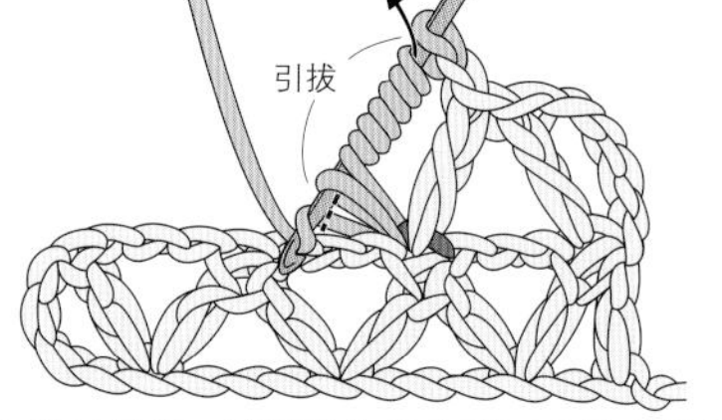

3 钩针挂线，从刚刚拉出的线圈和绕在钩针上的线圈中引拔出。

4 钩针挂线，从剩余的 2 个线圈中引拔出。

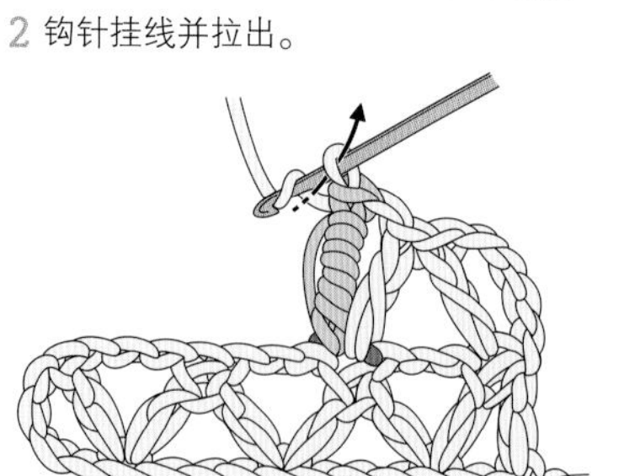

5 卷针完成了。继续钩织。

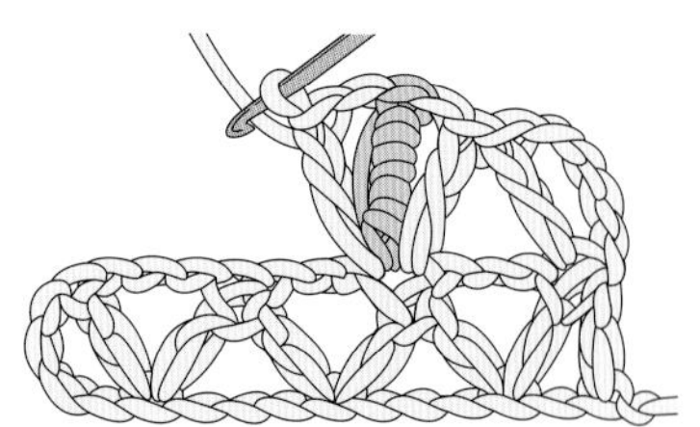

6 卷针的外形看起来像线圈。

短针的棱针、短针的条纹针

挑针方法不同，同样的钩织方法出来效果也会不一样。
棱针和条纹针的编织符号是一样的。

短针的棱针

每一行都是挑取前一行针目头部的后侧半针，往返编织。凹凸相间的织片像山棱一样，因此叫作棱针。

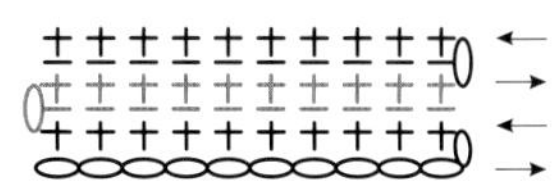

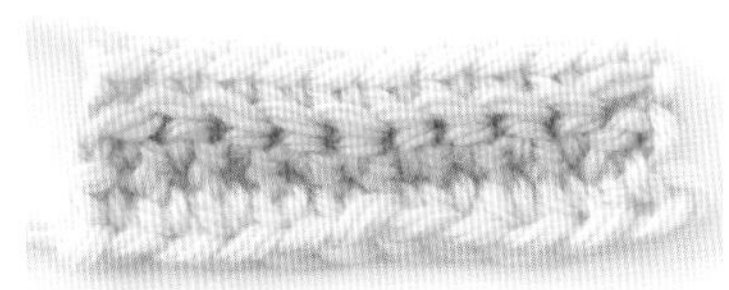

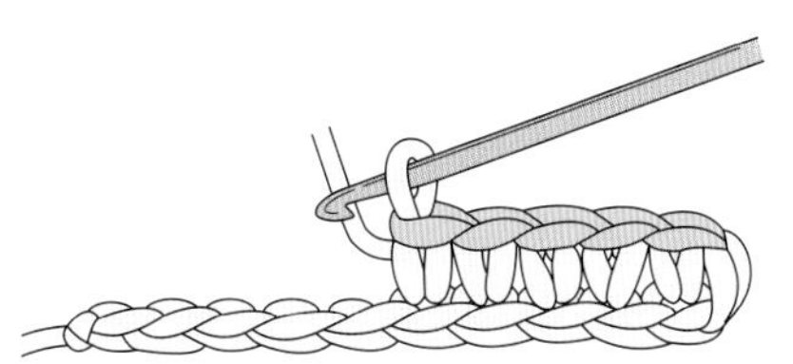

1 第 1 行钩织普通的短针。

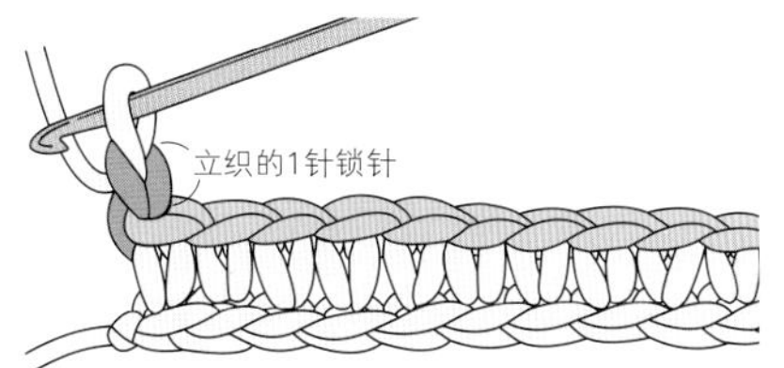

2 完成第 1 行后，立织 1 针锁针，翻转织片。

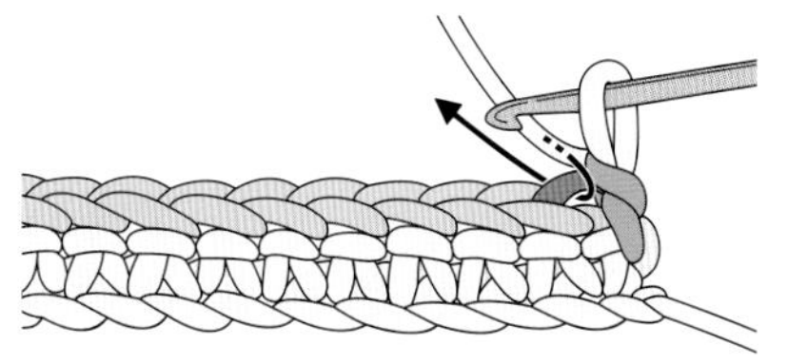

3 将钩针插入前一行端头短针头部的后面半针。

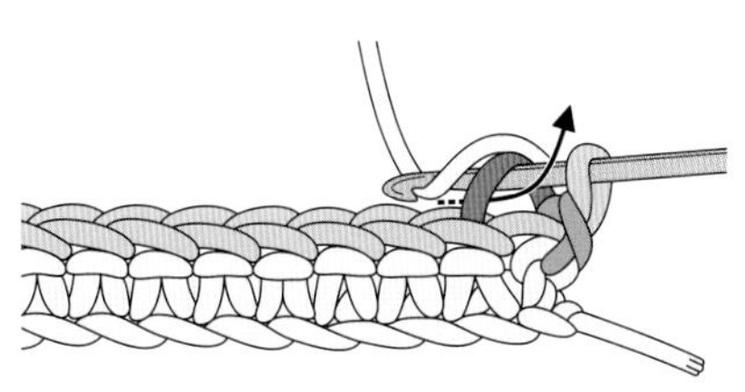

4 钩针挂线并拉出。

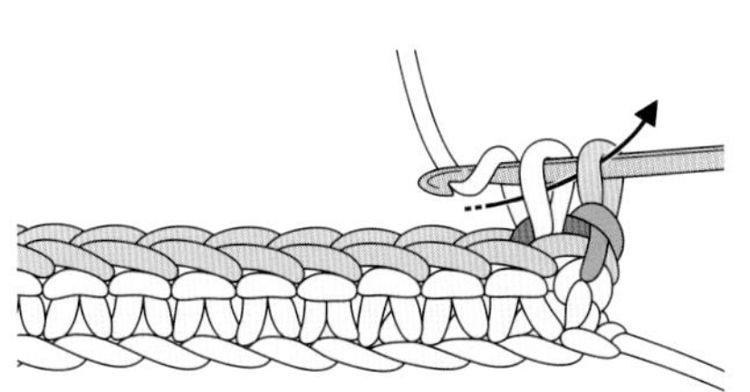

5 钩针挂线并引拔出（钩织短针）。

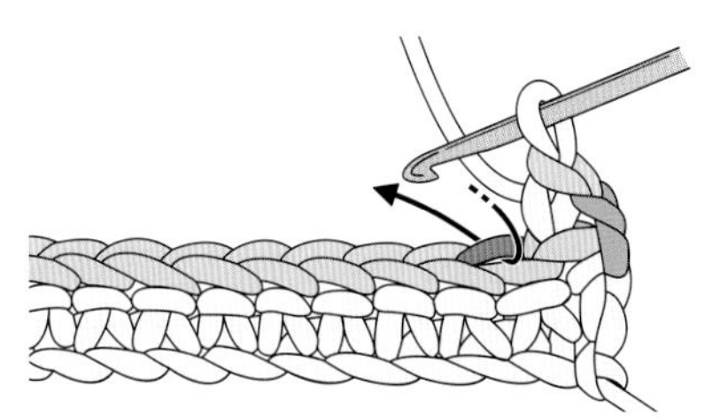

6 下一行也挑取前一行针目头部的后面半针。

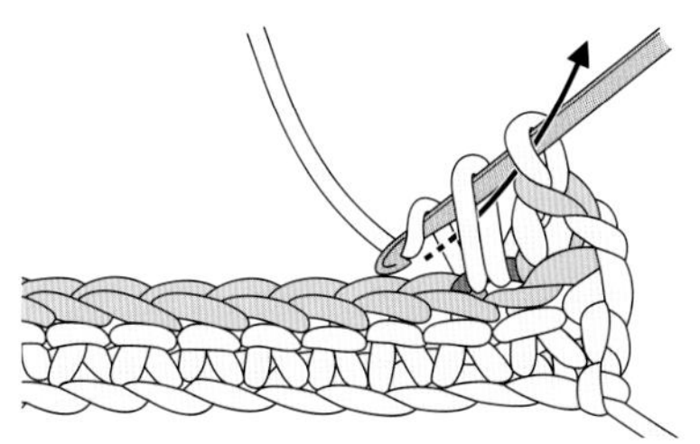

7 钩织短针。

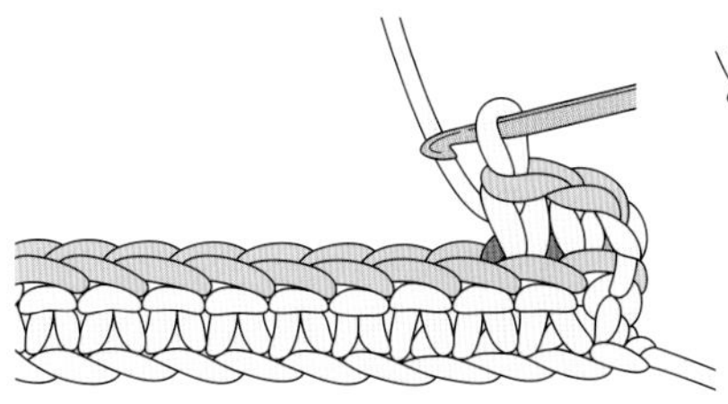

8 钩织好了第 2 针。按照相同要领，挑取前一行针目头部的后面半针，继续钩织。

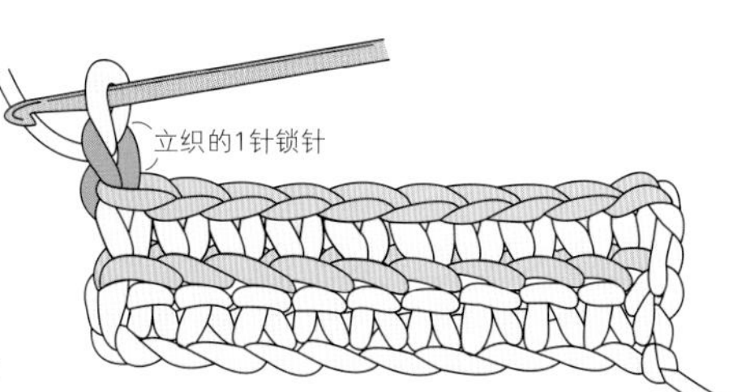

9 完成第 2 行后，立织 1 针锁针，翻转织片。

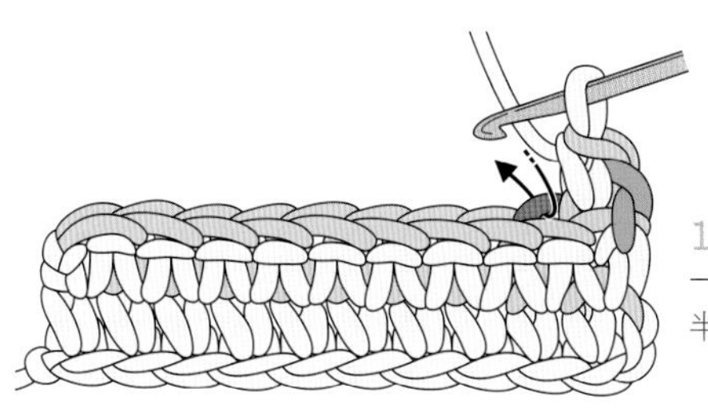

10 第 3 行也挑取前一行针目头部的后面半针，钩织短针。

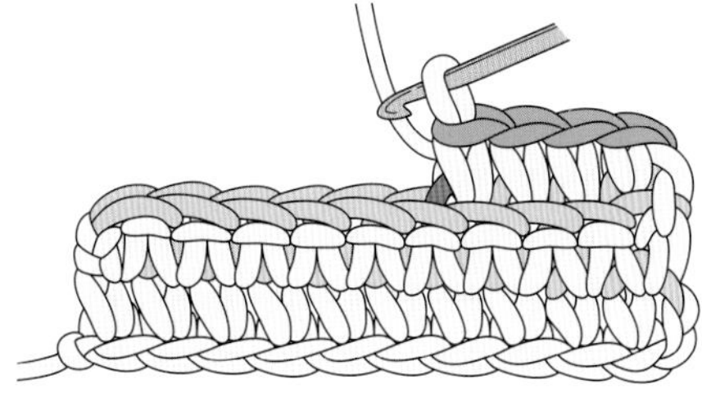

11 钩织完 4 针短针的样子。

十 短针的条纹针（往返编织）

挑取前一行针目头部的后侧半针钩织，前侧剩下来的半针就会像条纹一样。往返编织时，为了使条纹出现在正面，每一行要交互挑取针目头部的后侧半针和前侧半针。

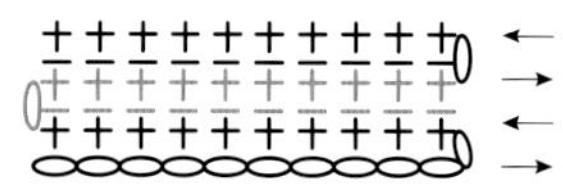

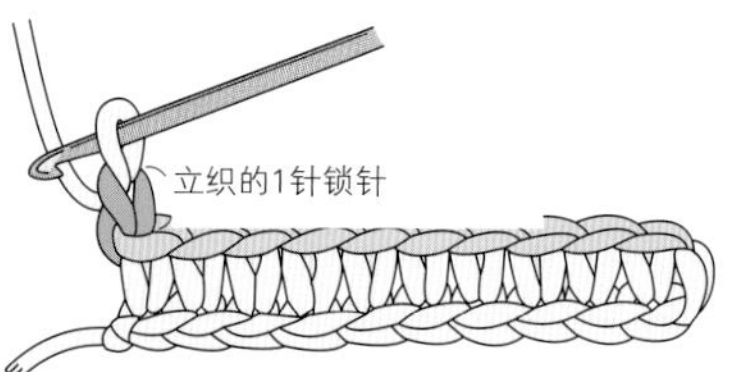

1 第 1 行钩织完普通的短针后，立织 1 针锁针，翻转织片。

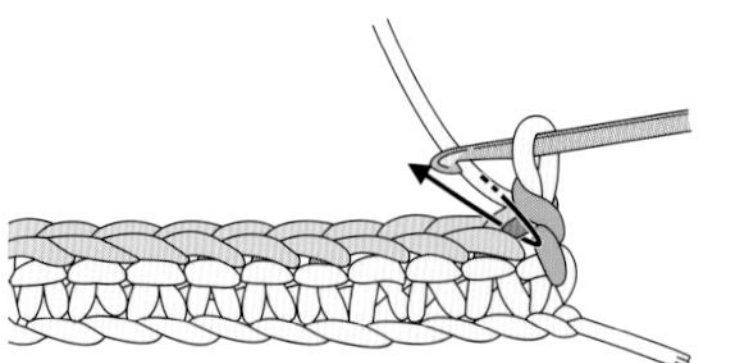

2 第 2 行看着反面钩织。将钩针插入前一行端头的短针头部的前面半针。

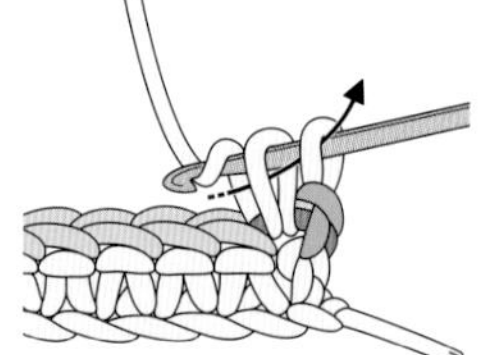

3 钩织短针。

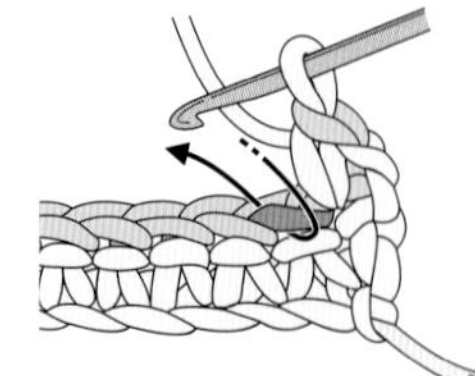

4 下一针也挑取前一行针目头部的前侧半针，钩织短针。

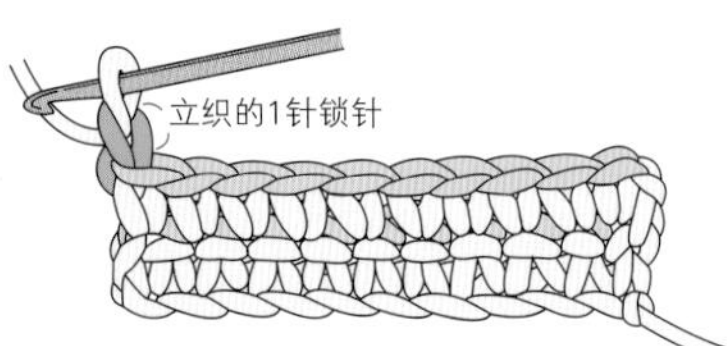

5 钩织完第 2 行后，立织 1 针锁针，翻转织片。

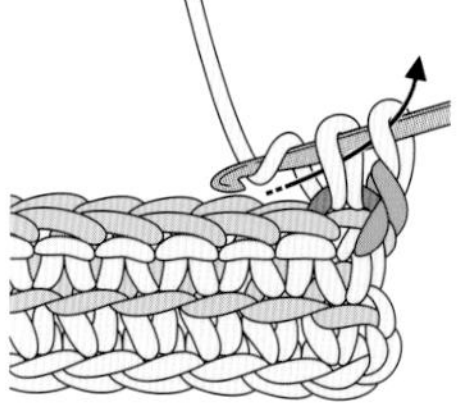

6 第 3 行看着正面钩织。将钩针插入前一行端头的短针头部的后面半针，钩织短针。

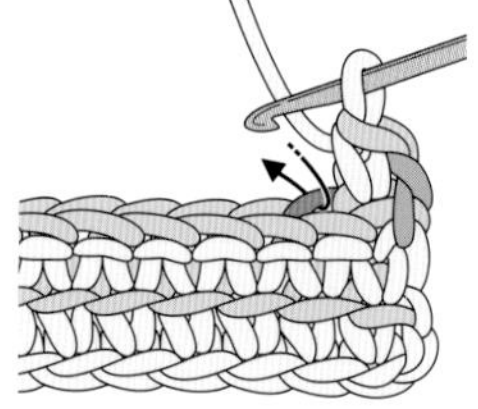

7 下一针也挑取前一行针目头部的后面半针，钩织短针。

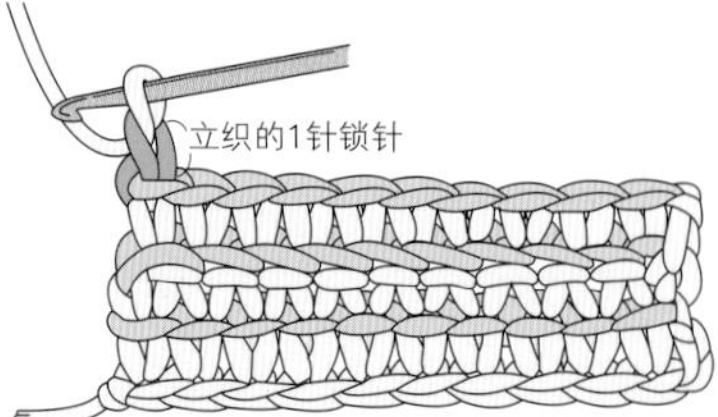

8 完成第 3 行后，立织 1 针锁针，翻转织片。继续钩织，使剩余的半针留在织片正面。

十 短针的条纹针（环形编织）

环形编织时，一直看着织片的正面钩织。
因此，每一圈都要挑取前一圈针目头部的后面半针。

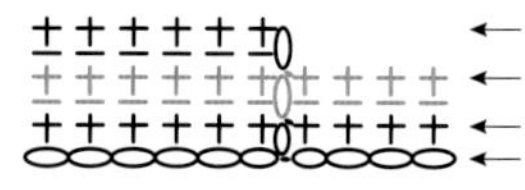

1 第 1 圈钩织完普通的短针后，和第 1 针短针头部的锁针引拔。然后立织 1 针锁针，挑取前一圈第 1 针短针头部的后面半针。

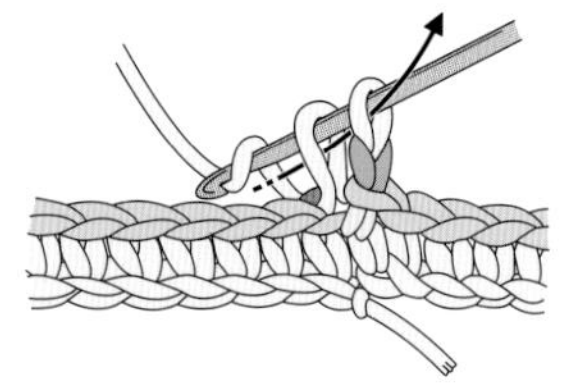

2 钩织短针。

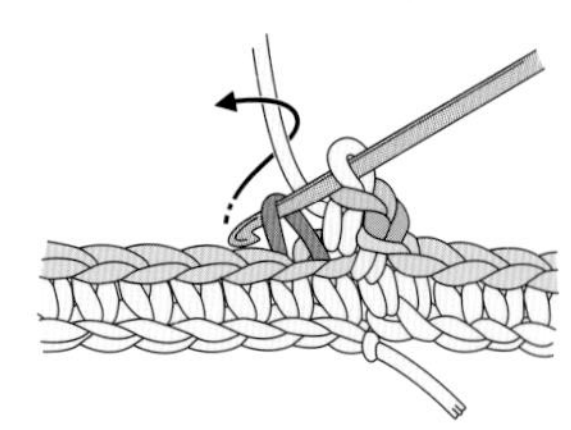

3 下一针也挑取前一圈针目头部的后面半针，钩织短针。

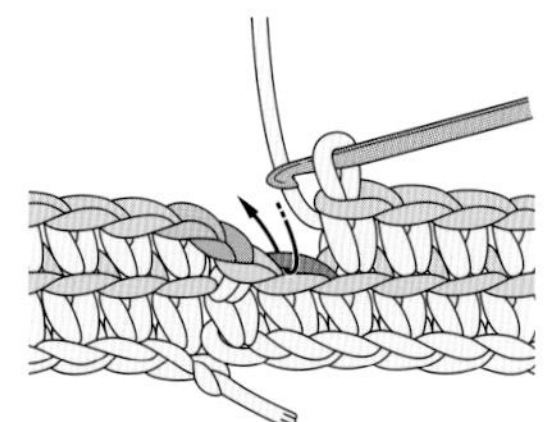

4 按照相同要领，挑取针目头部的后面半针钩织短针，继续钩织一圈。

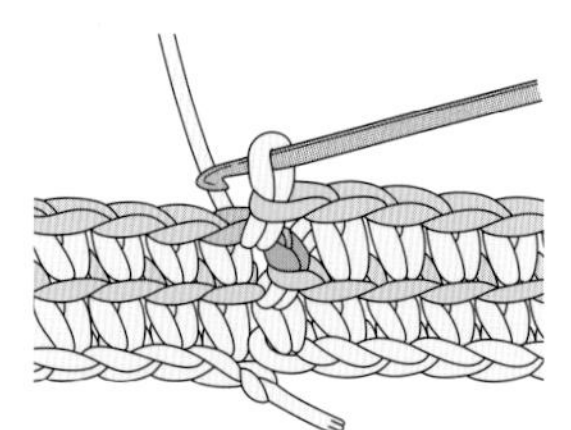

5 钩织完第 2 圈后，和第 1 针短针头部的锁针引拔。

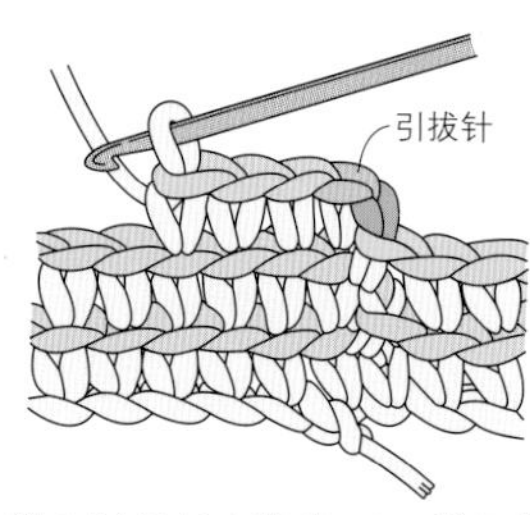

6 第 3 圈重复步骤 1~4，挑取前一圈针目头部的后面半针，继续钩织短针。

各种条纹针

和短针的条纹针以同样的要领钩织。

中长针的条纹针（环形编织）

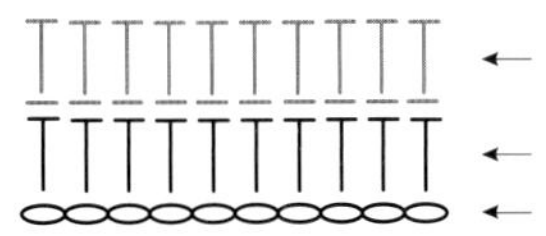

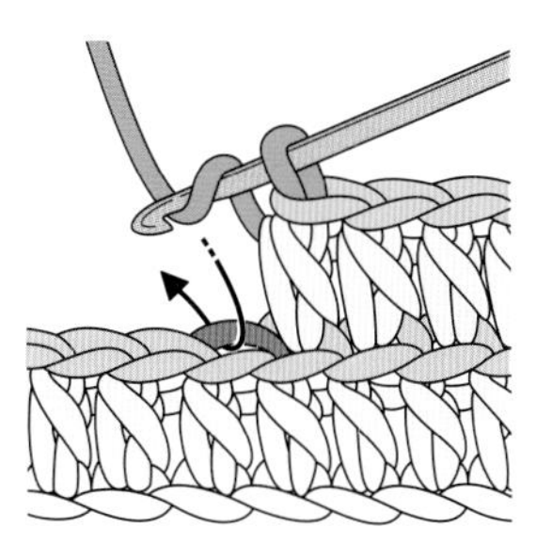

1 钩针挂线，插入前一行中长针头部的后面半针。

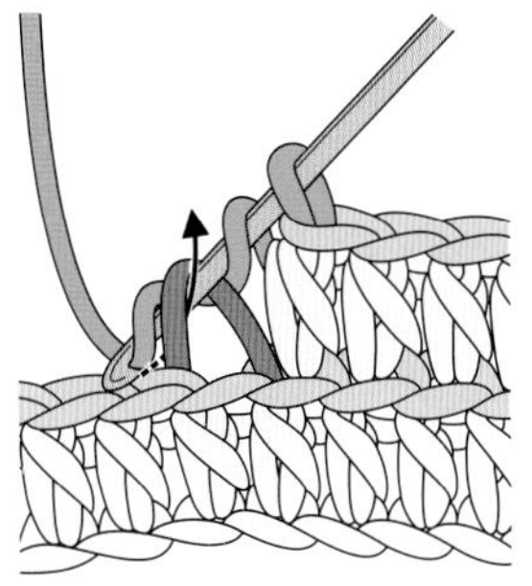

2 钩针挂线并拉出。

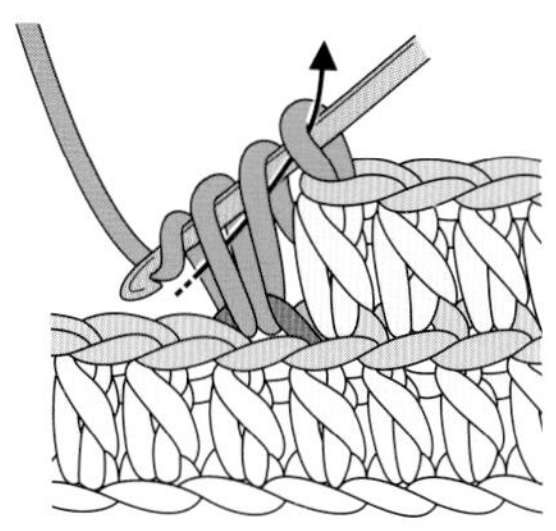

3 再次钩针挂线，从钩针上的3个线圈中一次性引拔出（钩织中长针）。

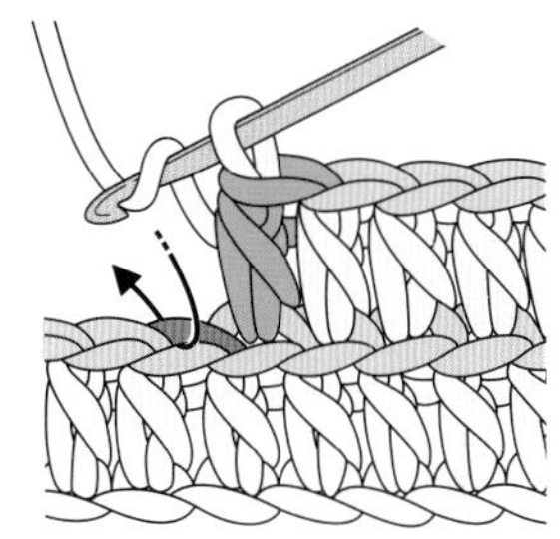

4 按照相同要领继续钩织。

长针的条纹针（环形编织）

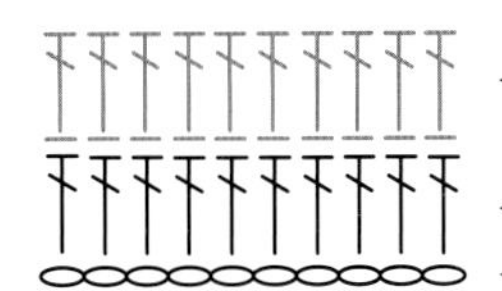

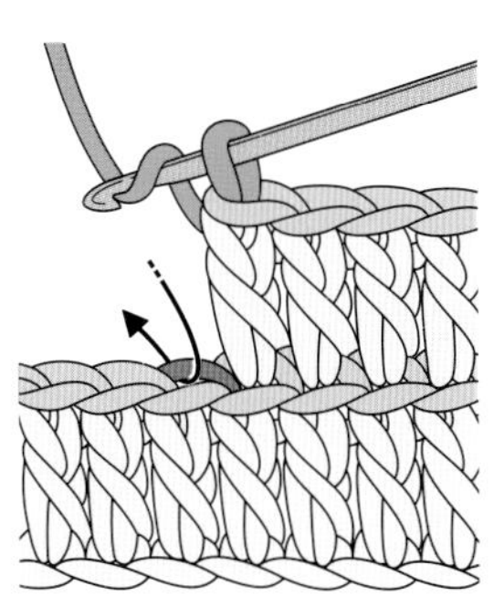

1 钩针挂线，插入前一行长针头部的后侧半针。

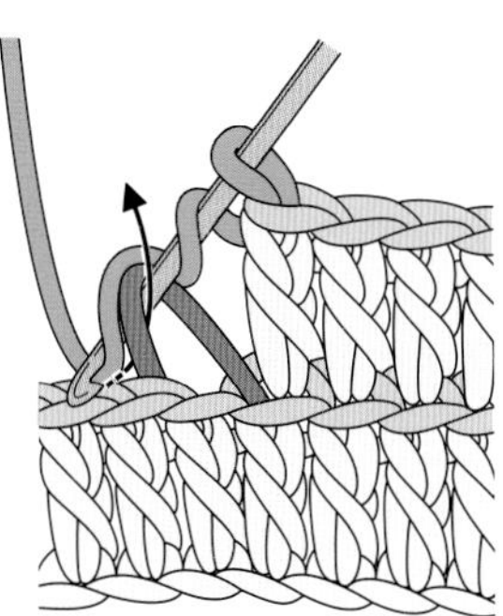

2 钩针挂线并拉出。

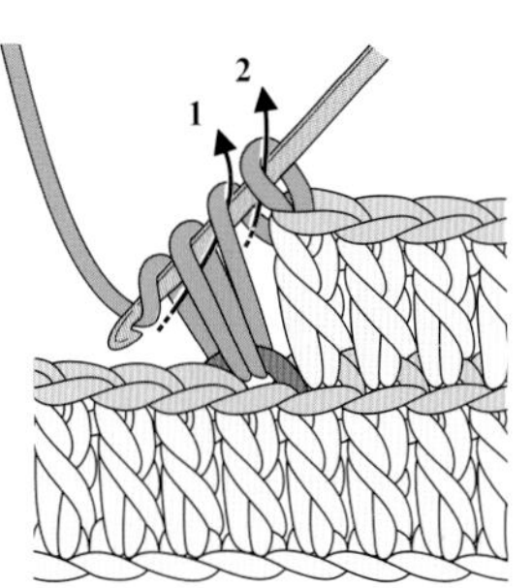

3 继续钩针挂线，从钩针上的2个线圈中引拔出。再次钩针挂线，从钩针上剩余的2个线圈中引拔出（钩织长针）。

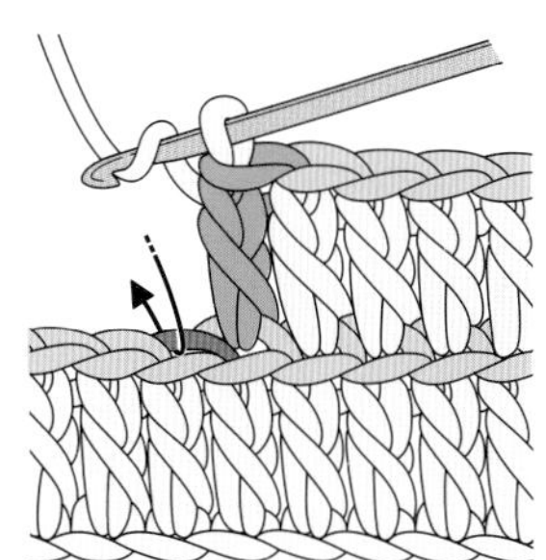

4 按照相同要领继续钩织。

拉针

编织符号看起来很复杂，其实它只是改变了插入钩针的位置，钩织方法并不特殊。
（编织符号下侧弯曲的部分代表钩针，表示要将相应的针目全部挑起来。）
因为是将下面的针目挑起来（拉起来）钩织，所以拉针的针目是立体的。
编织符号中，根据插入钩针的位置不同，有时柱子显示得较长。

短针的正拉针

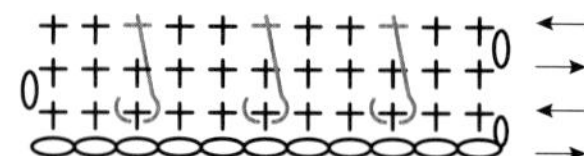

＊反面和反拉针相同

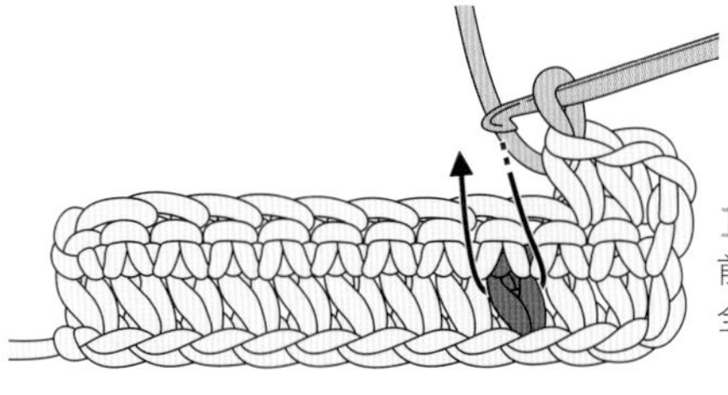

1 从前面将钩针插入前两行的短针根部，全部挑起来。

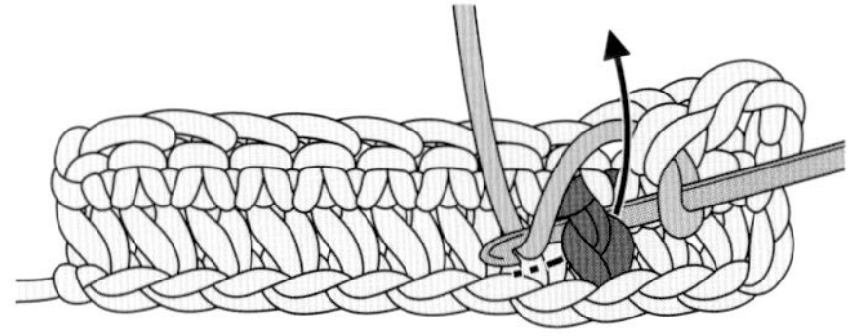

2 钩针挂线，并拉出较长的线。

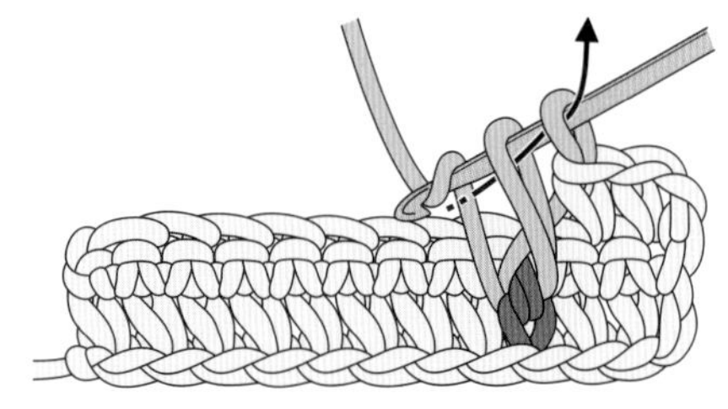

3 再次钩针挂线，从钩针上的 2 个线圈中引拔出（钩织短针）。

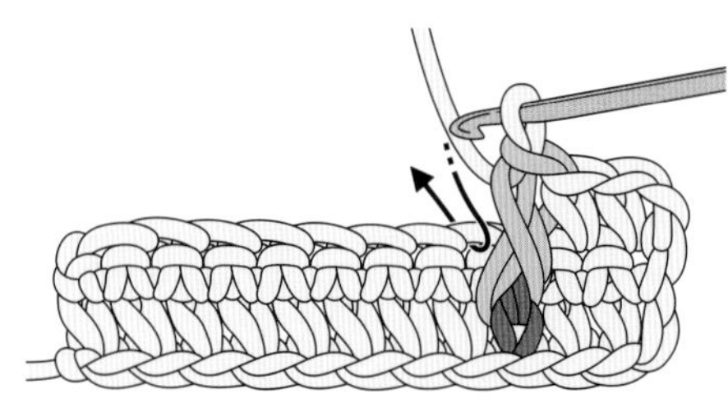

4 短针的正拉针完成了。跳过第 1 行的 1 针，将钩针插入下一针钩织短针。

短针的反拉针

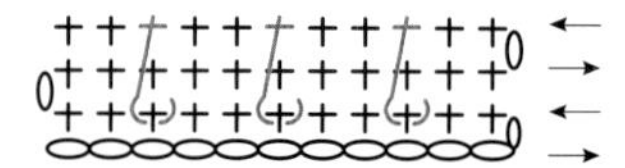

＊反面和正拉针相同

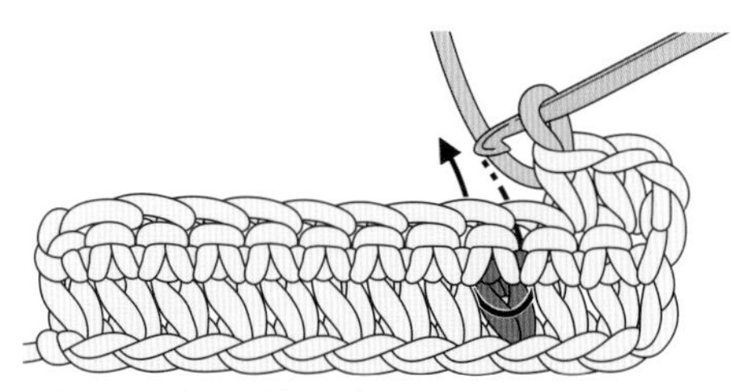

1 从后面将钩针插入前两行的短针根部，全部挑起来。

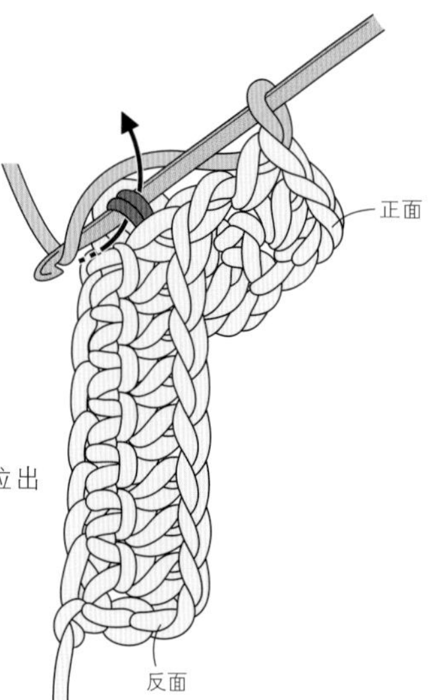

2 钩针挂线并拉出较长的线。

3 再次钩针挂线，从钩针上的 2 个线圈中引拔出（钩织短针）。

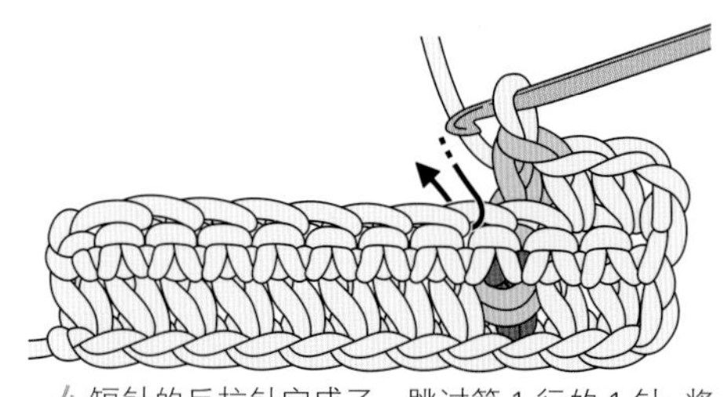

4 短针的反拉针完成了。跳过第 1 行的 1 针，将钩针插入下一针钩织。

中长针的正拉针

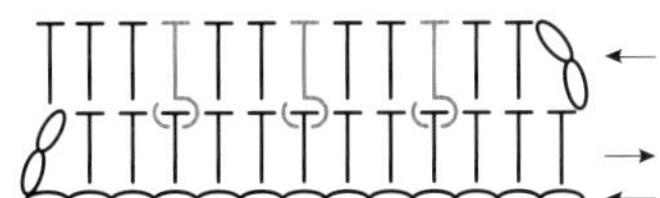

＊反面和反拉针相同

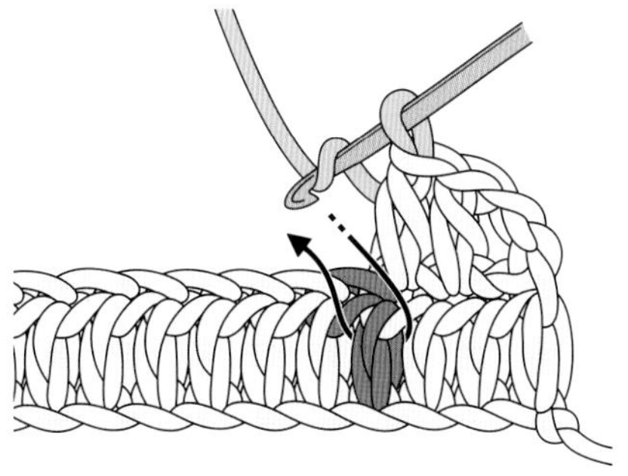

1 钩针挂线，从前面将钩针插入前一行的中长针根部，全部挑起来。

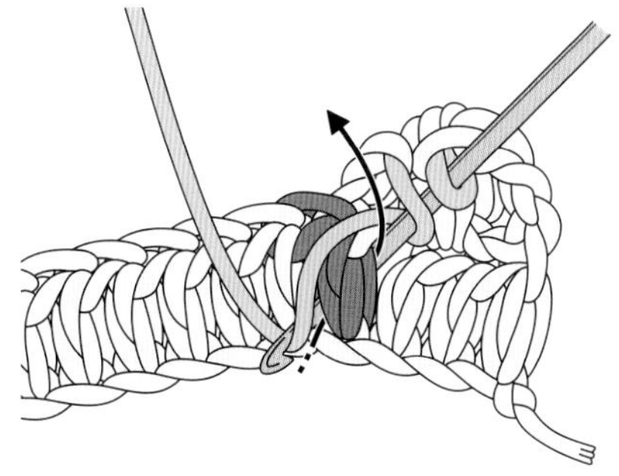

2 钩针挂线，并拉出较长的线。

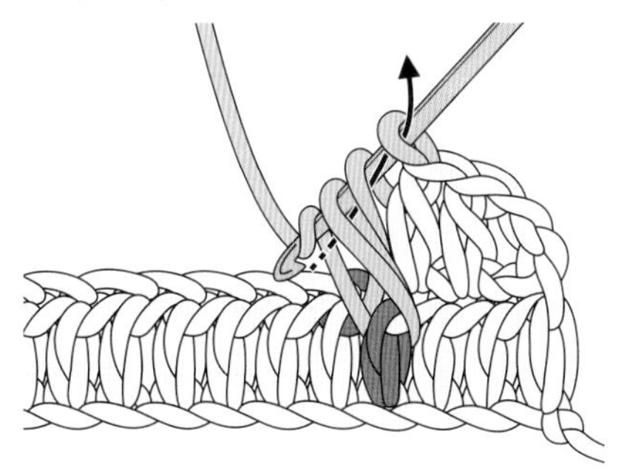

3 再次钩针挂线，从钩针上的 3 个线圈中一次性引拔出（钩织中长针）。

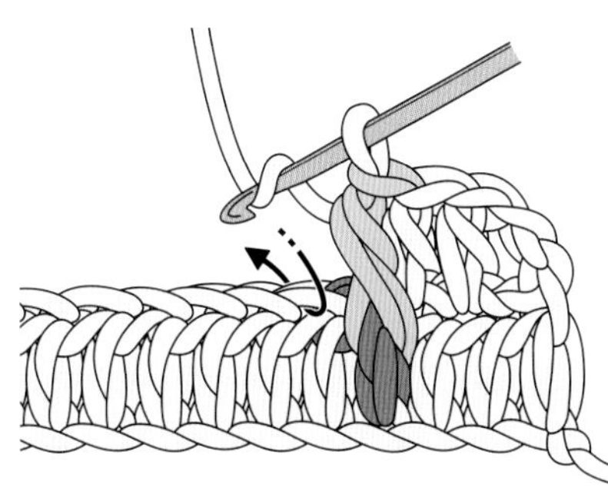

4 中长针的正拉针完成了。跳过 1 针，将钩针插入下一针的头部钩织。

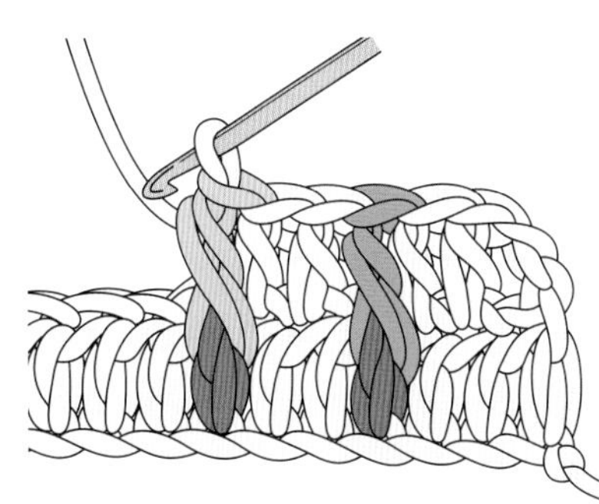

5 图为钩织了 2 针中长针的正拉针的样子。

中长针的反拉针

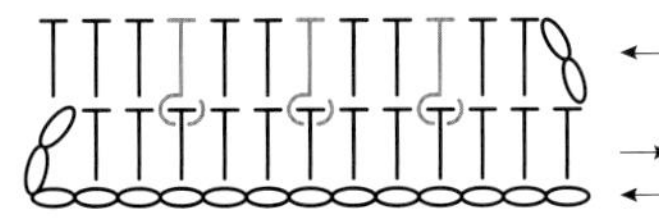

＊反面和正拉针相同

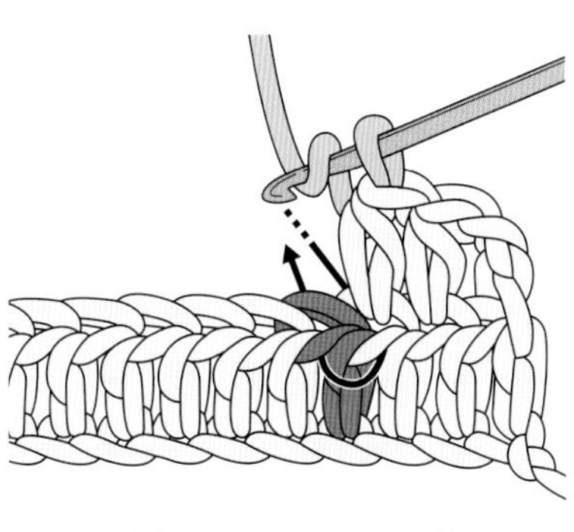

1 钩针挂线，从后面将钩针插入前一行的中长针根部，全部挑起来。

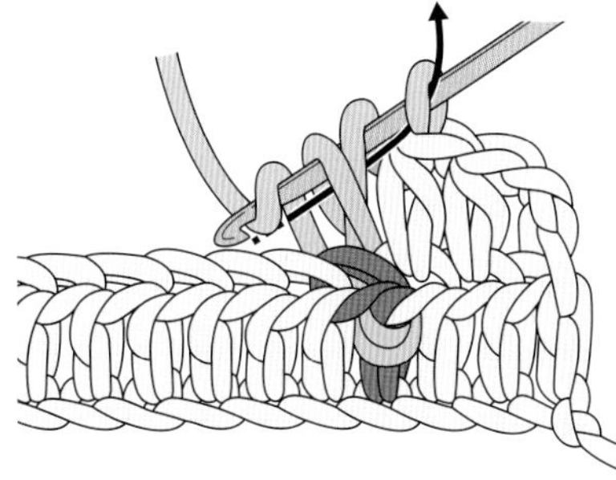

2 钩针挂线，并拉出较长的线。再次钩针挂线，从钩针上的 3 个线圈中一次性引拔出（钩织中长针）。

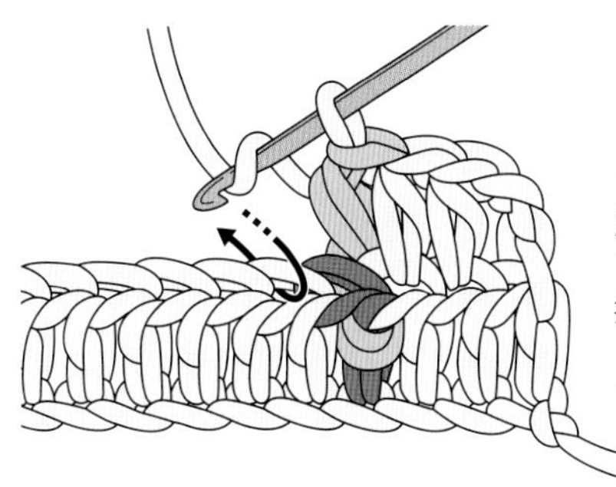

3 中长针的反拉针完成了。跳过 1 针，将钩针插入下一针的头部钩织。

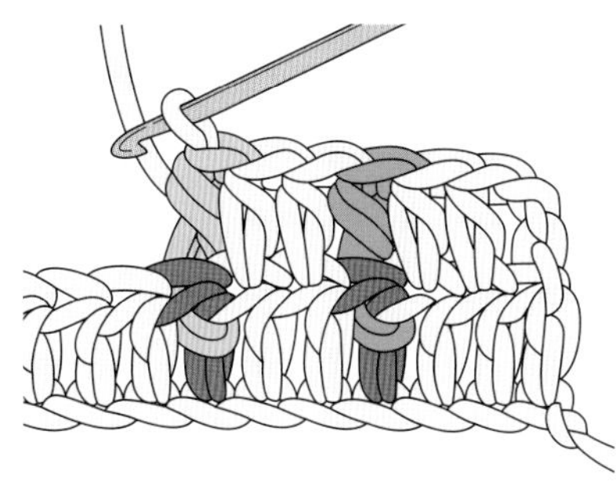

4 图为钩织了 2 针中长针的反拉针的样子。

长针的正拉针

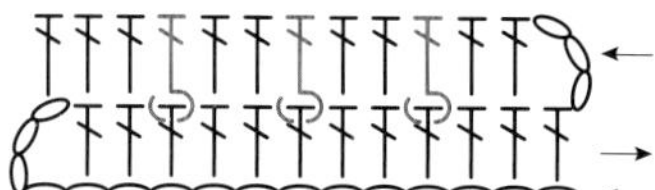

＊反面和反拉针相同

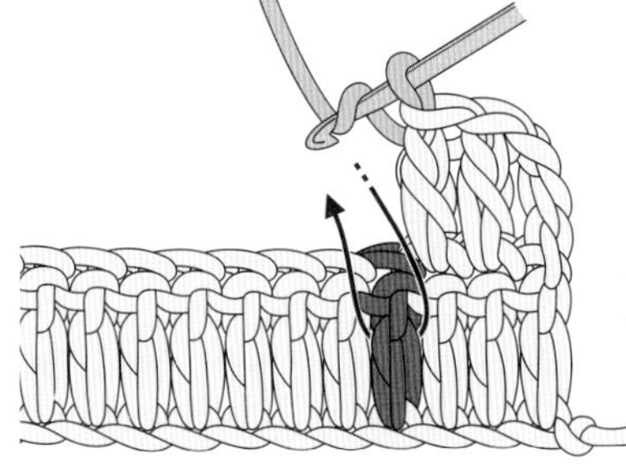

1 钩针挂线，从前面将钩针插入前一行的长针根部，全部挑起来。

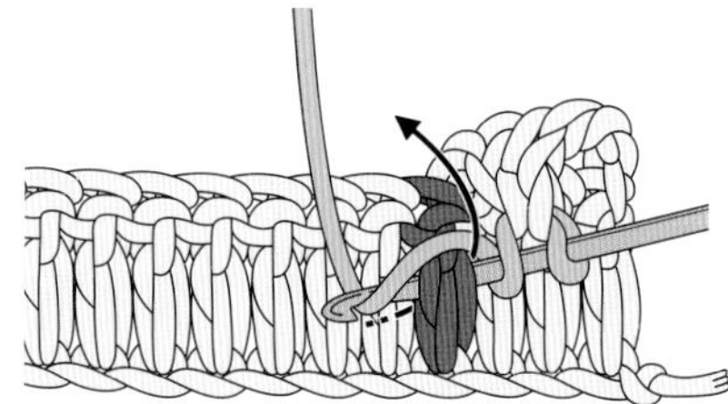

2 钩针挂线，并拉出较长的线。

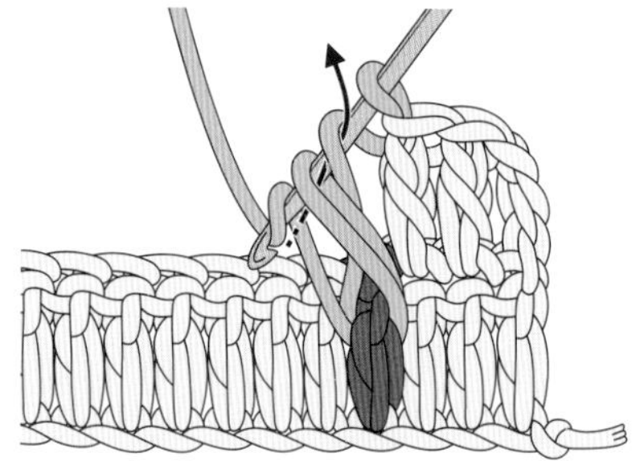

3 再次钩针挂线，从钩针上的 2 个线圈中引拔出。

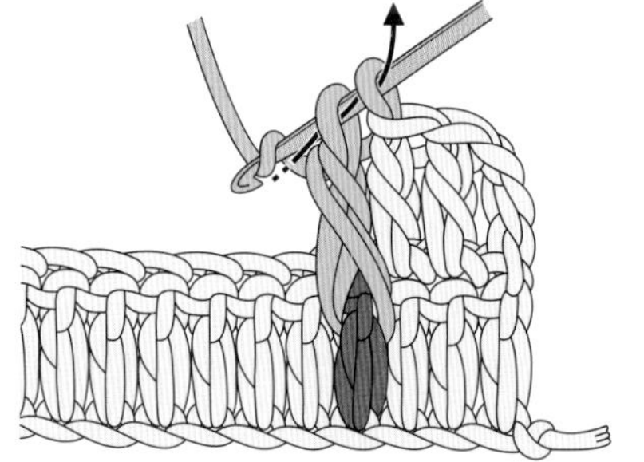

4 再次钩针挂线，从剩余的 2 个线圈中引拔出（钩织长针）。

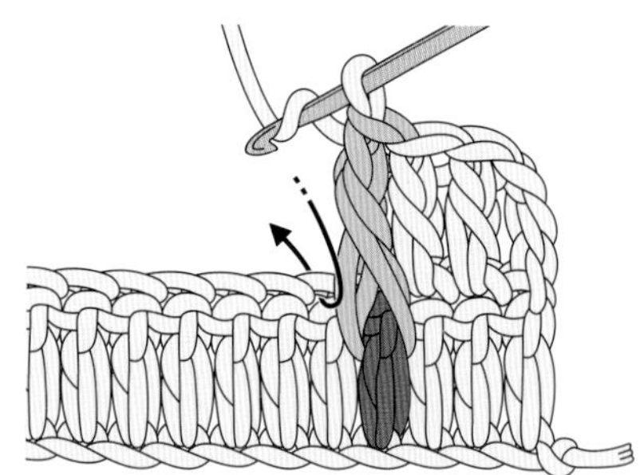

5 长针的正拉针完成了。跳过 1 针，将钩针插入下一针的头部钩织。

长针的反拉针

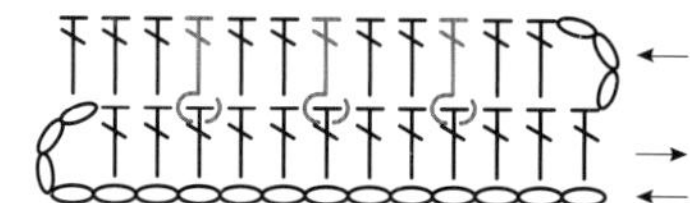

＊反面和正拉针相同

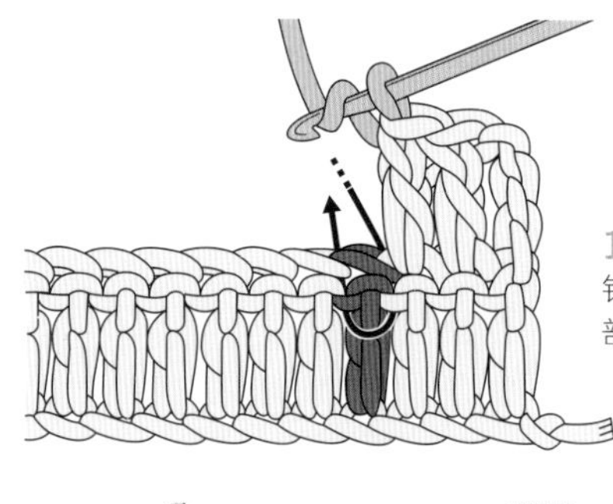

1 钩针挂线，从后面将钩针插入前一行的长针根部，全部挑起来。

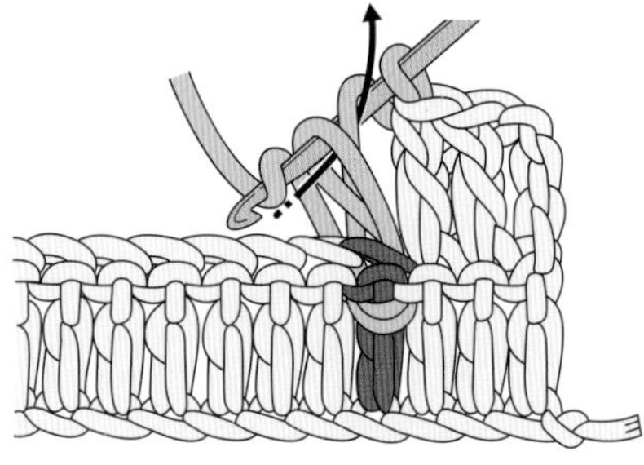

2 钩针挂线，并拉出较长的线。再次钩针挂线，从钩针上的 2 个线圈中引拔出。

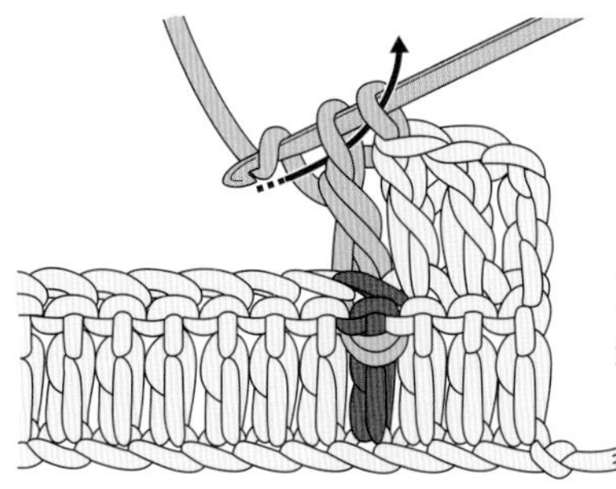

3 再次钩针挂线，从剩余的 2 个线圈中引拔出（钩织长针）。

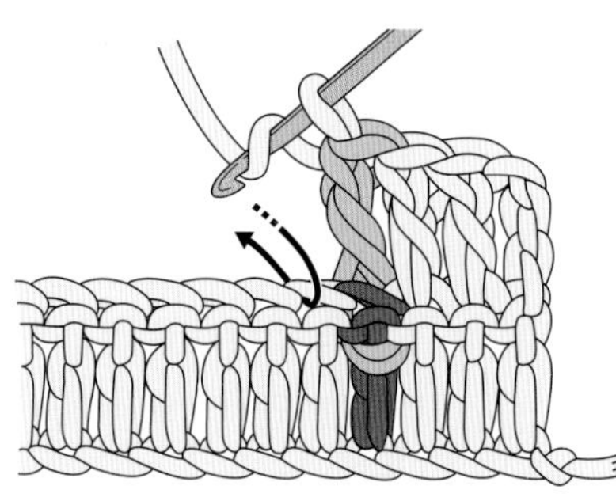

4 长针的反拉针完成了。跳过 1 针，将钩针插入下一针的头部钩织。

拉针的变化

编织符号下方为钩针形状，这就是拉针。
将钩针插入编织符号钩针形状部分对应的针目中，
全部挑起来，拉出较长的线钩织。

1针长针的正拉针交叉（中间加1针锁针）

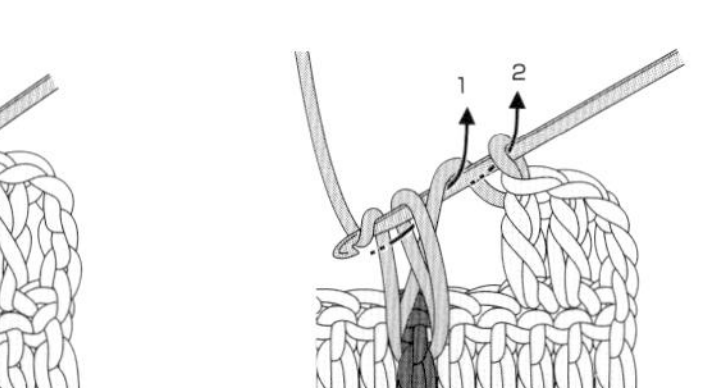

1 钩针挂线，跳过左边2针长针，从前面插入第3针长针的根部，全部挑起来。

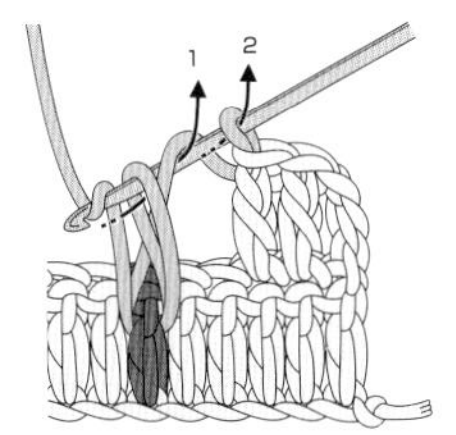

2 钩针挂线，并拉出较长的线，钩织长针。

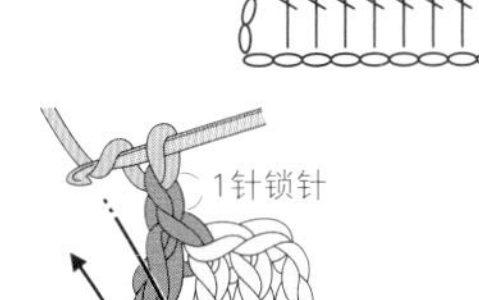

3 钩织1针锁针。钩针挂线并回到第1针，插入第1针长针的根部（全部挑起来），钩针挂线，并拉出较长的线，钩织长针。

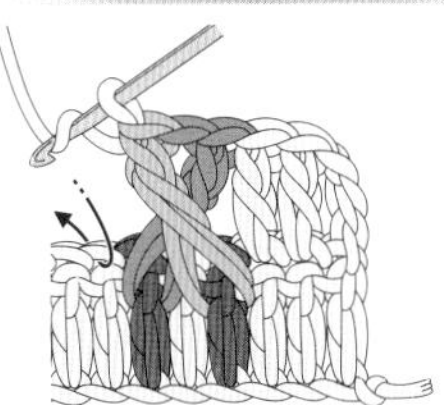

4 1针长针的正拉针交叉（中间加1针锁针）完成了。跳过3针，将钩针插入下一针的头部钩织。

1针放2针长针的正拉针

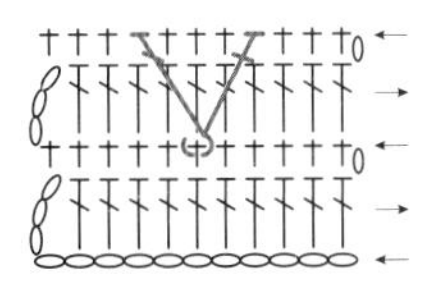

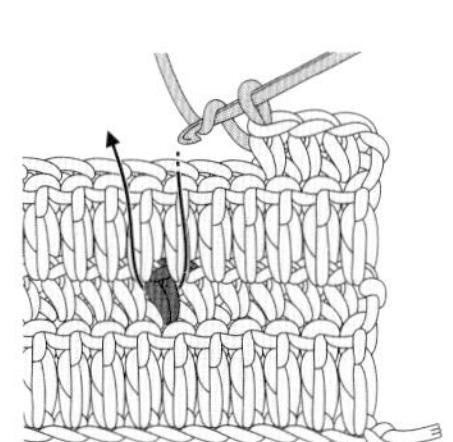

1 钩针挂线，跳过前两行的2针短针，从前面插入第3针短针的根部，全部挑起来。钩针挂线，并拉出较长的线，钩织长针。

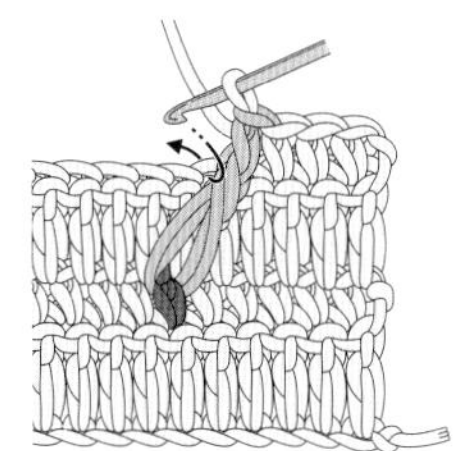

2 跳过1针前一行的针目，钩织3针短针。

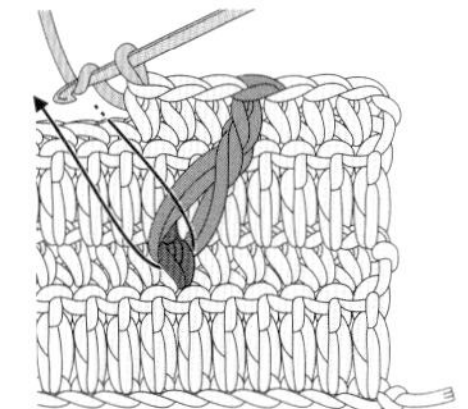

3 钩针挂线，从前面插入和步骤1相同的地方，钩针挂线，并拉出较长的线，钩织长针。

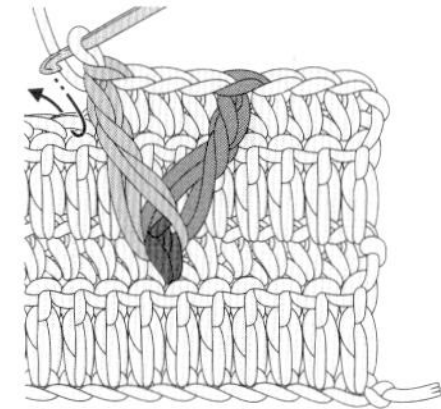

4 中间钩织3针短针的1针放2针长针的正拉针完成了。跳过1针，将钩针插入下一针的头部，钩织短针。

＊拉针的正面和反面

钩针的大部分编织符号是不分正、反面的，但拉针是区分正拉针和反拉针的。

拉针的正面和反面，有从织片前插入钩针和从织片后插入钩针两种。挑取针目的根部，钩织的针目是立体的，正拉针的针目出现在正面，反拉针的针目出现在反面。

编织图是以从正面看的状态标记的，因此看着织片反面钩织正拉针时，实际应该钩织反拉针（从正面看的话是正拉针）。相反，编织符号为反拉针，看着反面钩织时，实际应该钩织正拉针。看起来似乎很麻烦，但其实在实际钩织过程中，只要确定想让立体的针目出现在哪一面，就不会钩织错了。

第四章

短针的变形

稍微费一点心思，短针就会产生许多变化方法。
用在边缘编织的最终行会很有效果。

反短针

织片方向不变，从左向右钩织。

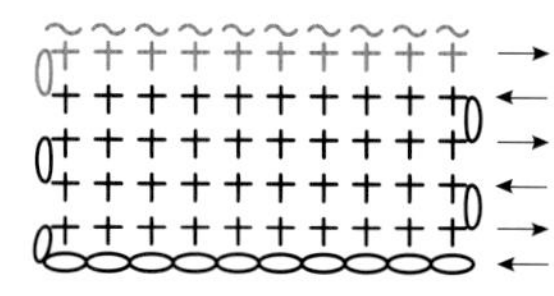

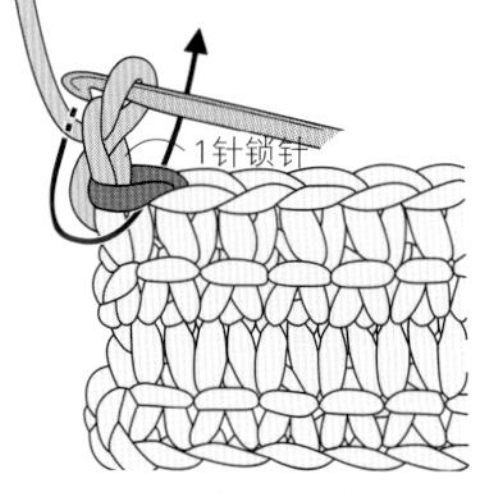

1 立织 1 针锁针，如箭头所示，转动钩针，挑取前一行端头针目的头部。

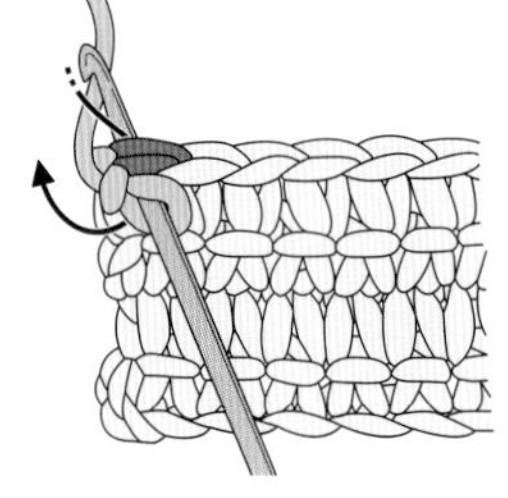

2 钩针从线的上方挂线，然后拉出。

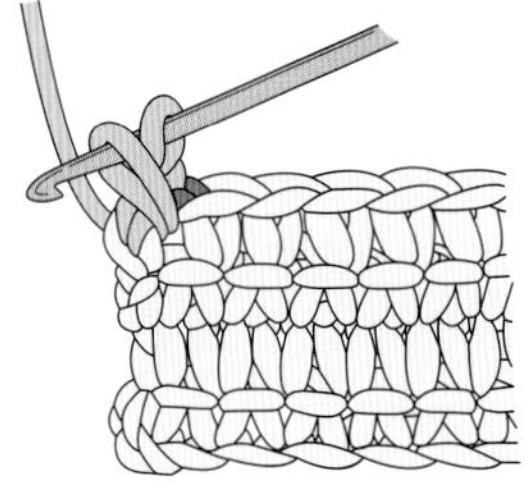

3 将线拉出后的样子。

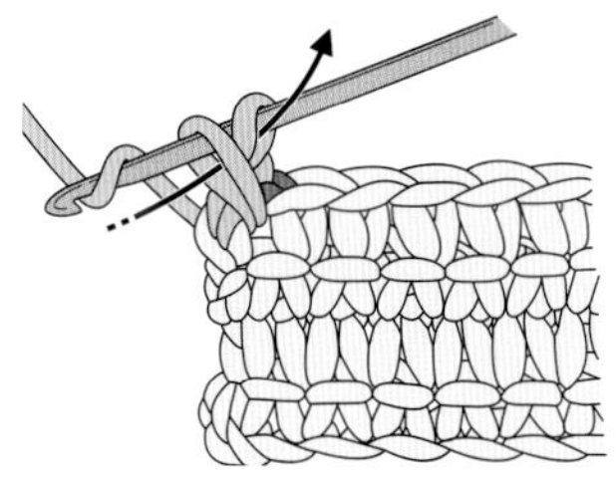

4 钩针挂线，从钩针上的 2 个线圈中引拔出（钩织短针）。

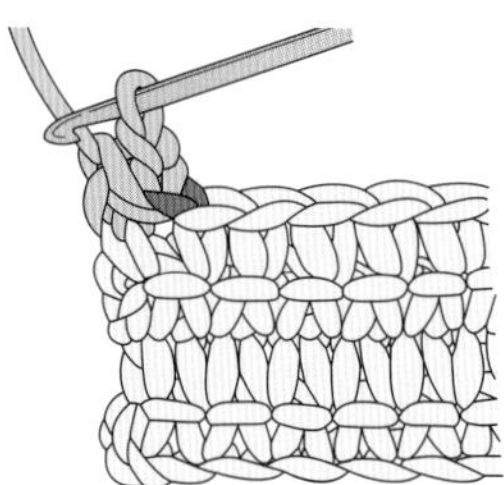

5 1 针反短针完成了。

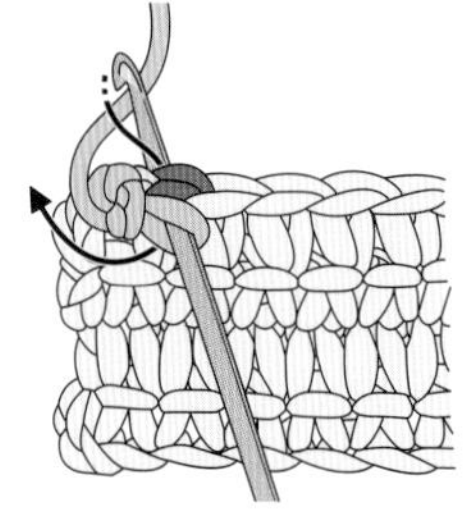

6 下一针也像步骤 1 中那样转动钩针，挑取前一行右边针目的头部。钩针从线的上方挂线，然后拉到织片前。

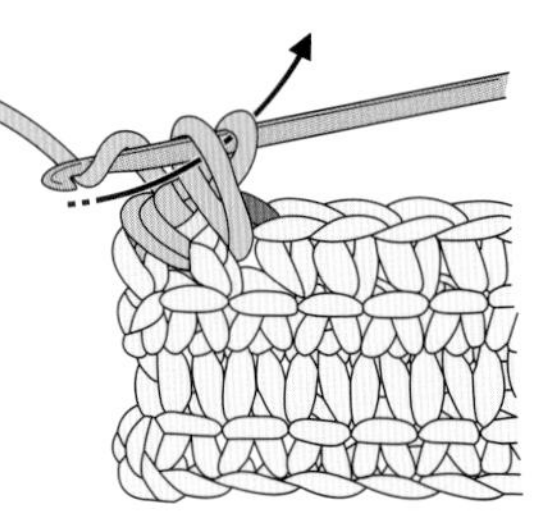

7 钩针挂线，从钩针上的 2 个线圈中引拔出（钩织短针）。

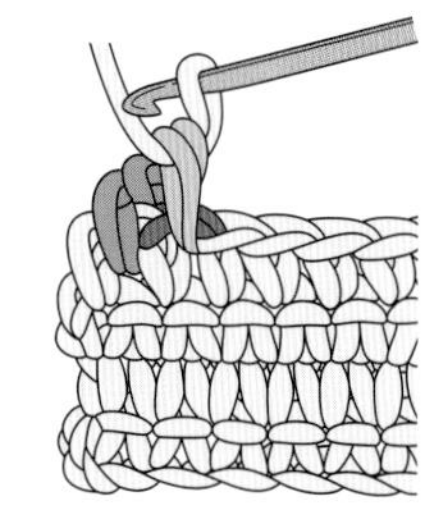

8 钩织好了 2 针反短针。重复步骤 6、7，从左向右钩织。

变形的反短针（挑取1根线）

由p.95挑取2根线的钩织方法变化而来。

步骤 1~8 和 p.95 相同，返回的针目挑取 1 根线。

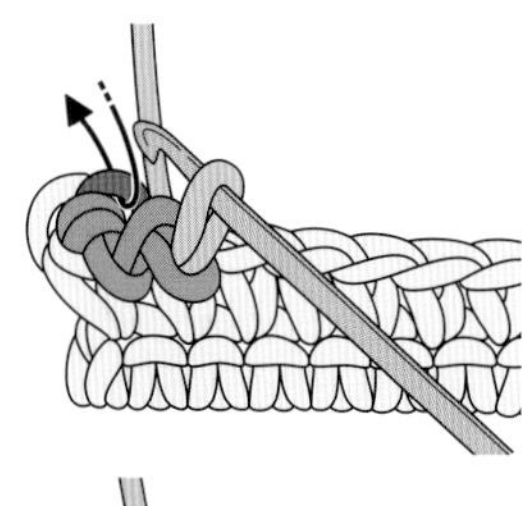

9 返回 1 针，如箭头所示插入钩针。

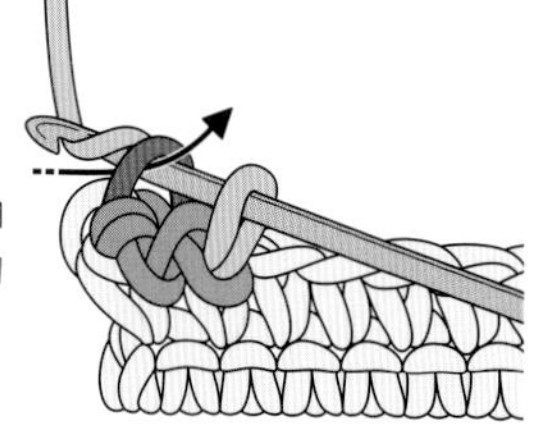

10 钩针挂线并拉出。

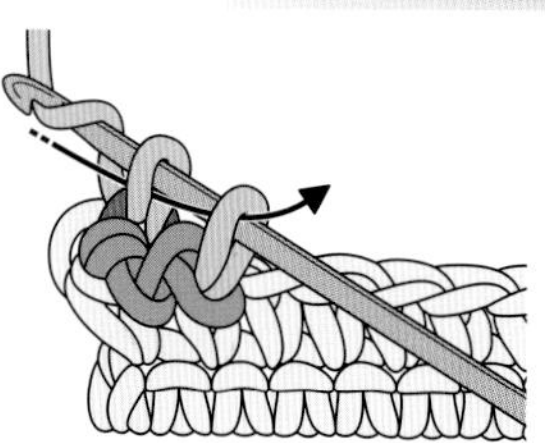

11 钩针挂线，从钩针上的 2 个线圈中引拔出（钩织短针）。

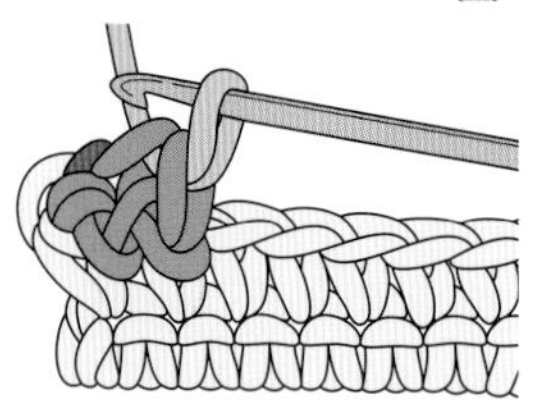

12 钩织好了 2 针变化的反短针（挑取 1 根线）。重复步骤 7~12，返回的针目挑取 1 根线，从左向右钩织。

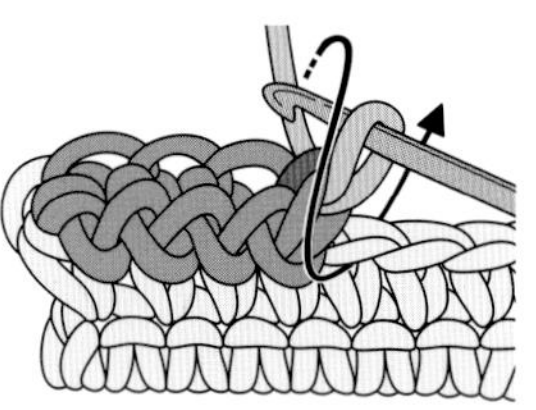

13 钩织好了 4 针变化的反短针的样子（挑取 1 根线）。

变形的反短针（挑取2根线）

由反短针变化而来。
不翻转织片，从左向右钩织。

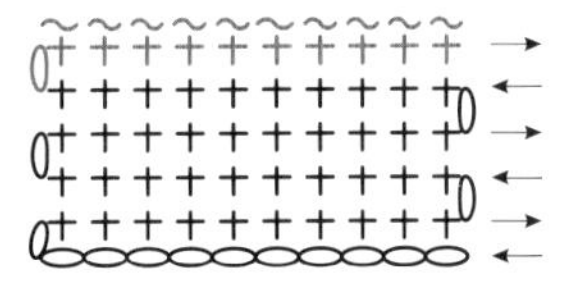

第四章

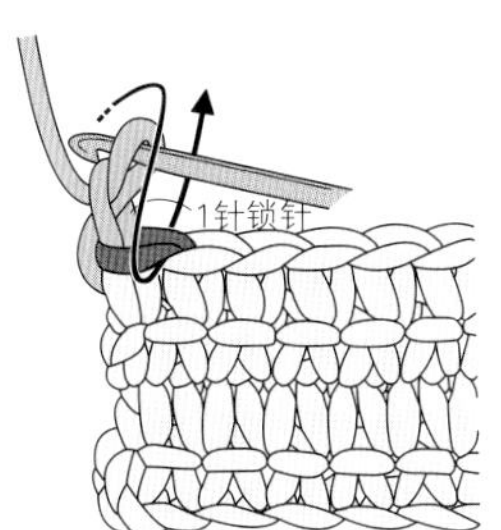

1 立织 1 针锁针，如箭头所示转动钩针，挑取前一行端头针目的头部。

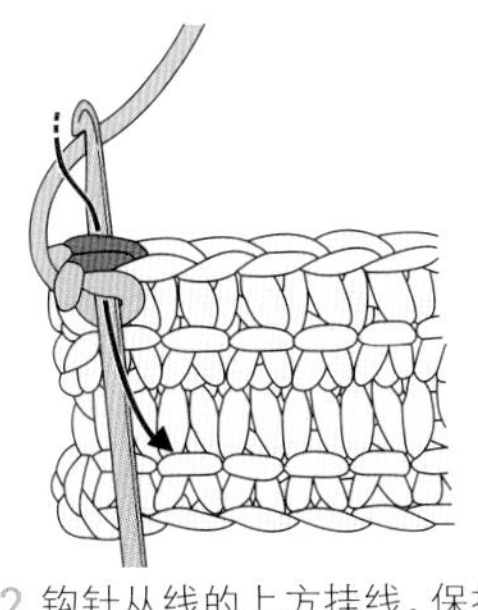

2 钩针从线的上方挂线，保持钩针的方向不变，从钩针上的线圈中引拔出。

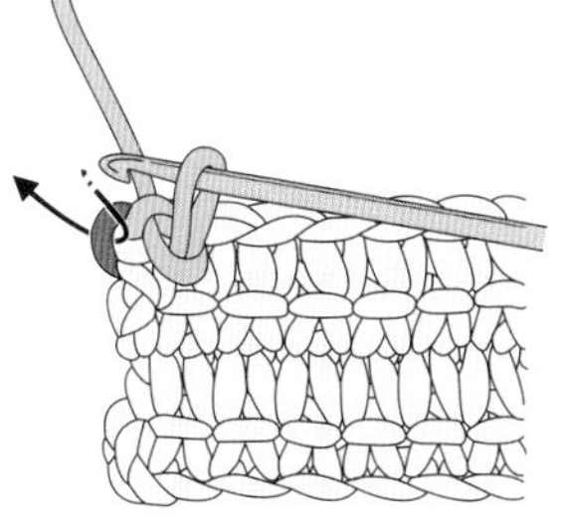

3 将钩针插入立织的锁针的里山中。

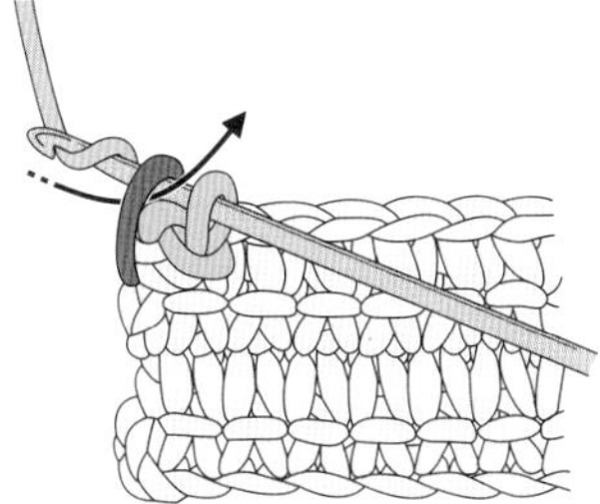

4 钩针挂线并拉出。

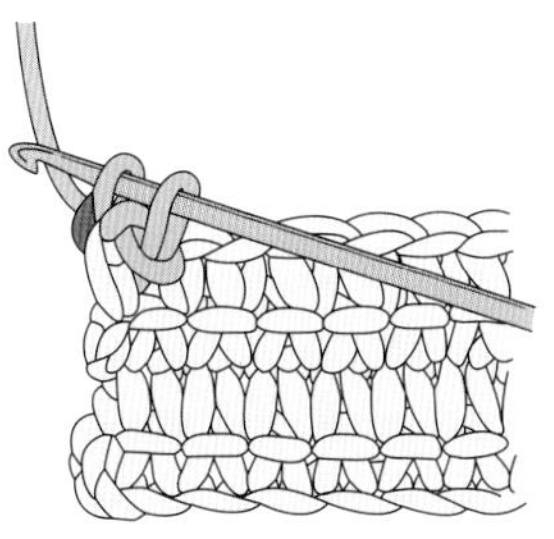

5 将线拉出后的样子。

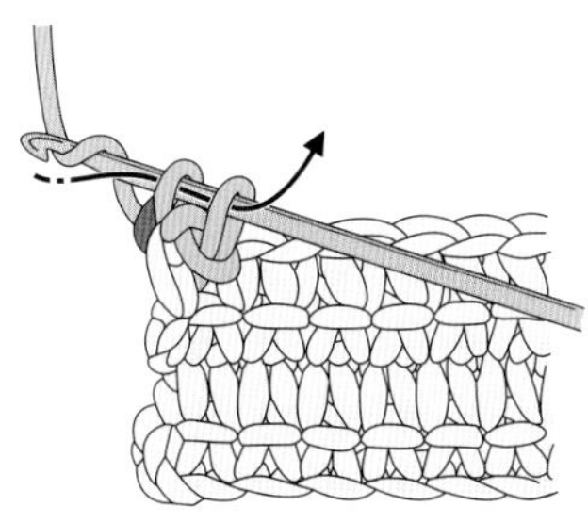

6 钩针挂线，从钩针上的 2 个线圈中引拔出（钩织短针）。

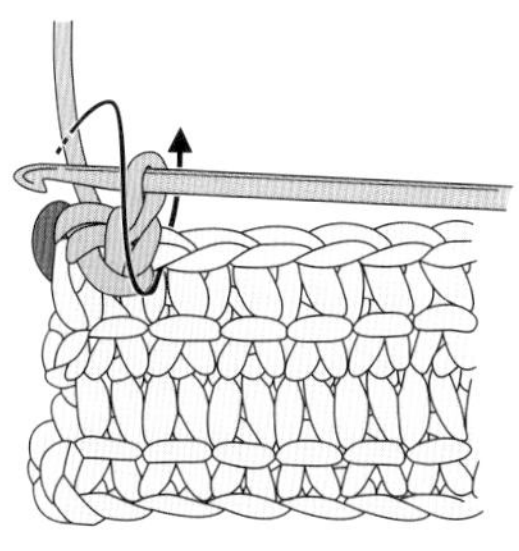

7 1 针变化的反短针完成了。下一针也像步骤 1 那样转动钩针，挑取前一行右边针目的头部。

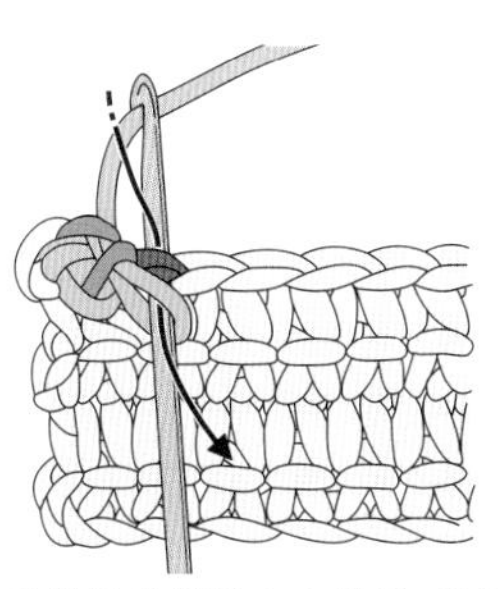

8 钩针从线的上方挂线，从钩针上的线圈中引拔出。

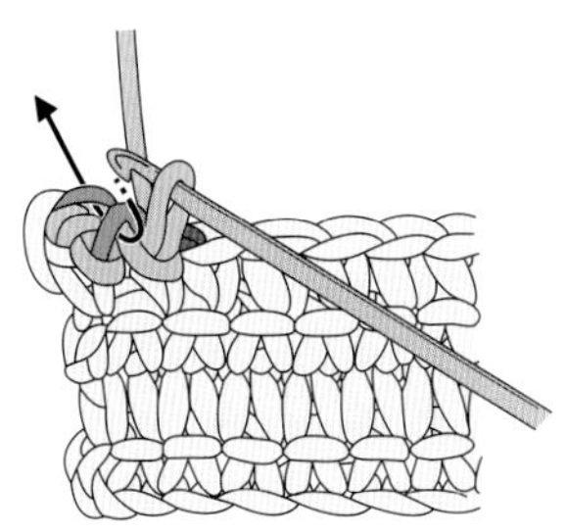

9 返回 1 针，如箭头所示挑取 2 根线。

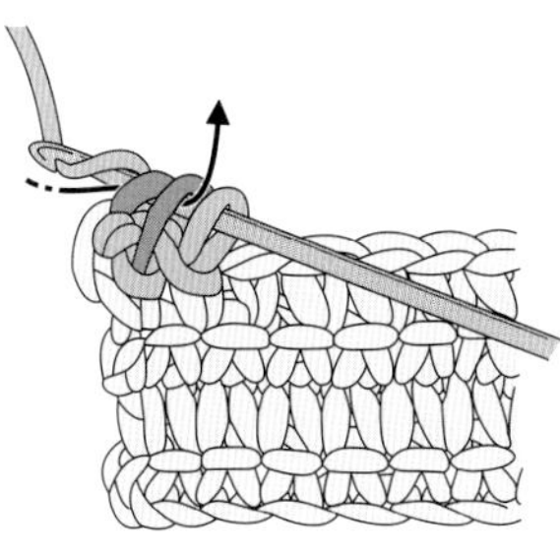

10 钩针挂线并拉出。

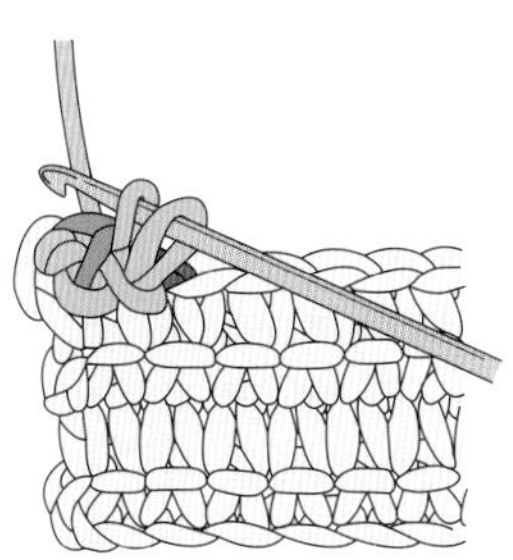

11 将线拉出后的样子。

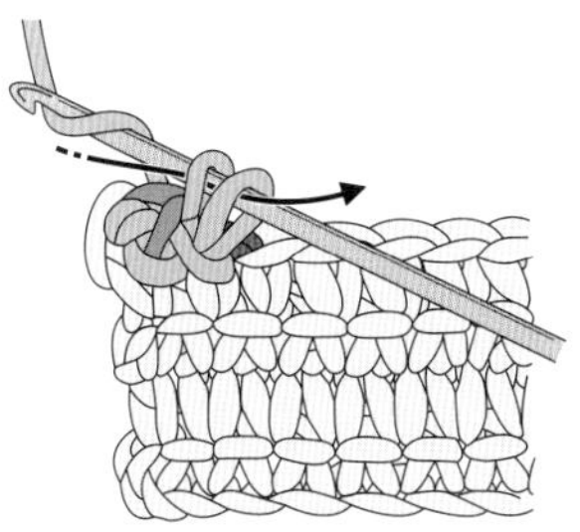

12 再次钩针挂线，从钩针上的 2 个线圈中引拔出（钩织短针）。

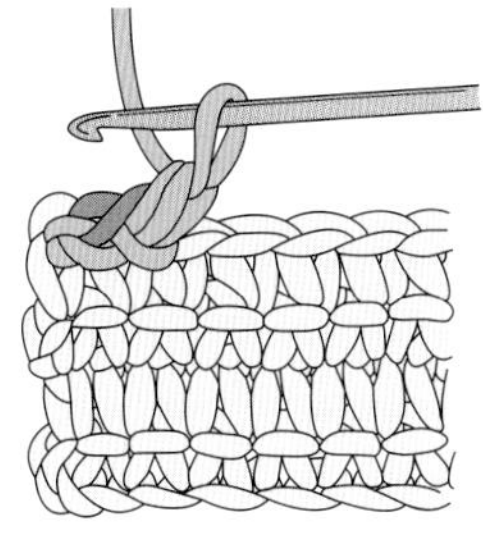

13 2 针变形的反短针（挑取 2 根线）完成了。重复步骤 7~12，返回的针目挑取 2 根线，从左向右钩织。

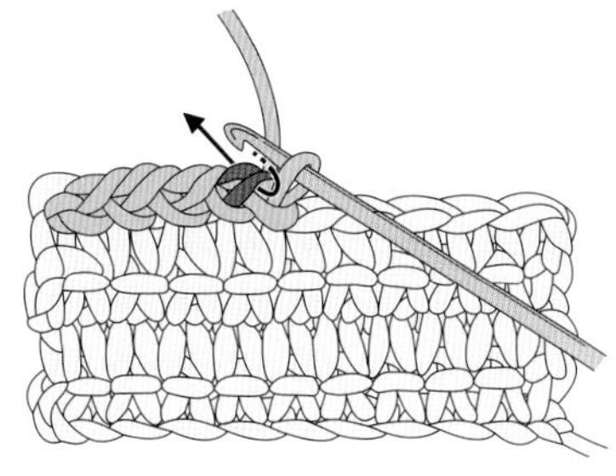

14 钩织好 5 针的样子。

扭短针

将线拉出后，扭一下再钩织短针。

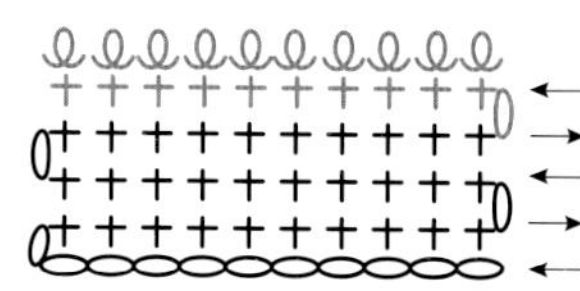

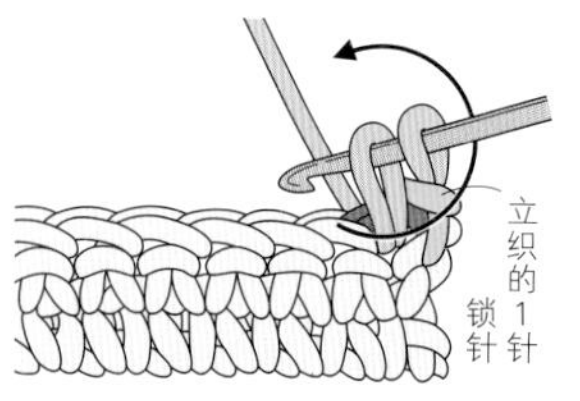

1 立织 1 针锁针，将钩针插入前一行右端针目的头部，拉出较长的线，然后按照箭头方向转动钩针。

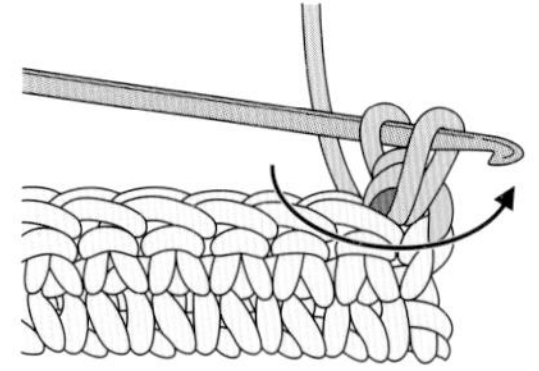

2 正在转动的钩针。转 1 圈。

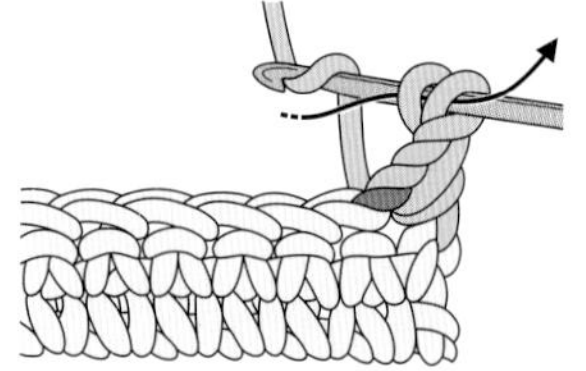

3 钩针挂线，从钩针上的 2 个线圈中引拔出（钩织短针）。

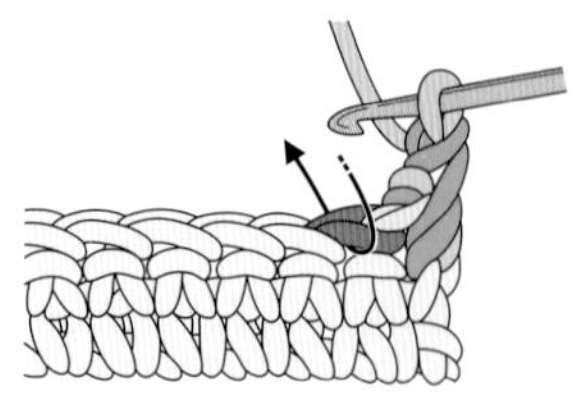

4 1 针扭短针完成了。下一针也将钩针插入前一行针目的头部。

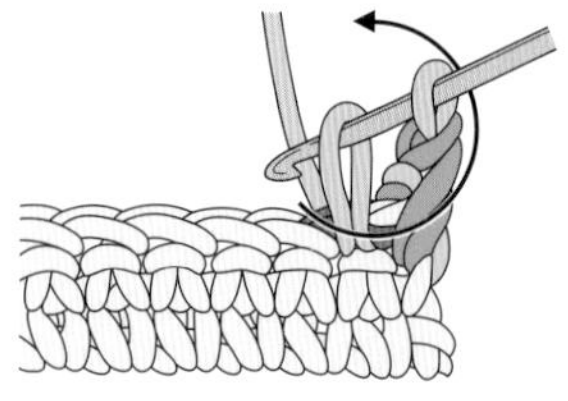

5 和步骤 1 一样，拉出较长的线，按照箭头方向转动钩针。

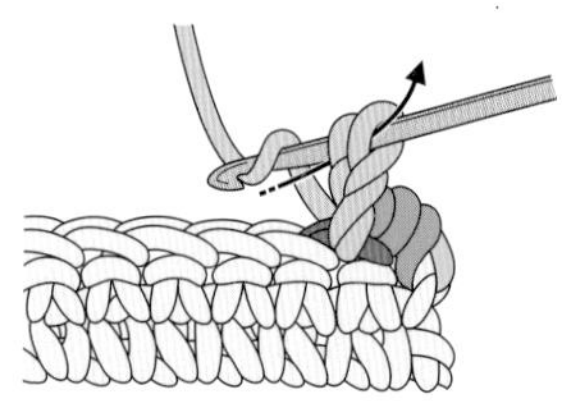

6 钩针挂线，从钩针上的 2 个线圈中引拔出（钩织短针）。

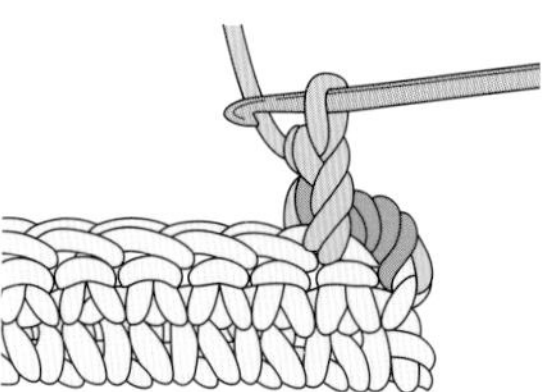

7 钩织好 2 针后的样子。

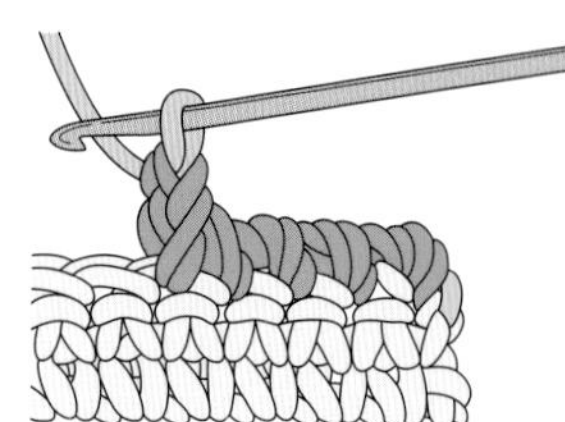

8 重复步骤 4~6。图为钩织好 5 针的样子。

挂线的短针

将线从前向后在线圈上绕1圈，钩织短针。编织符号和短针相同，但会进行说明。

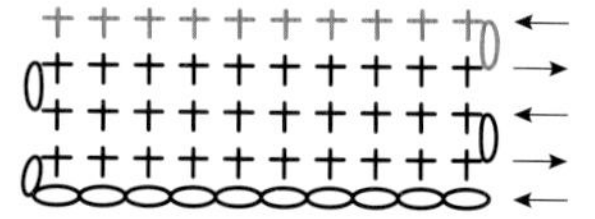

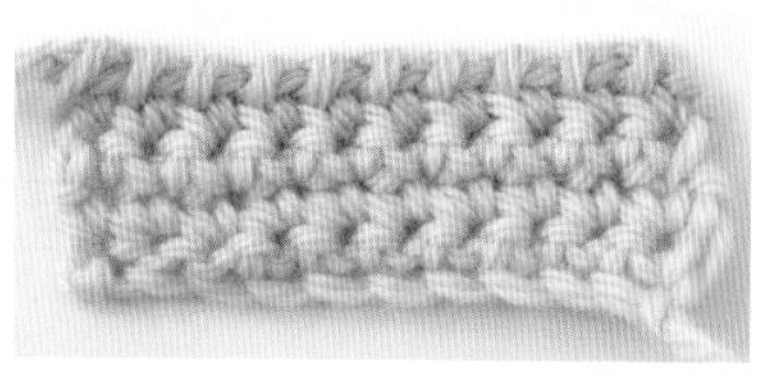

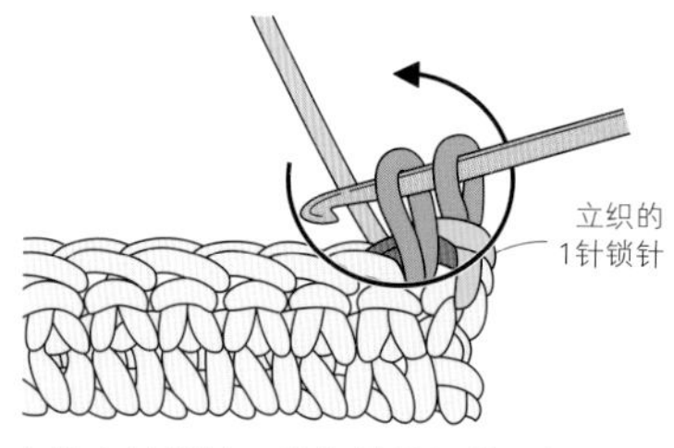

1 立织 1 针锁针，将钩针插入前一行右端的针目，挂线并拉出。将线从左向右转动，围着线圈绕 1 圈。

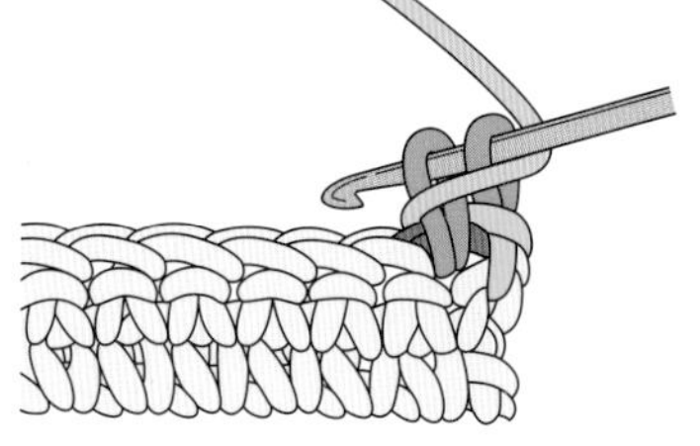

2 绕线后的样子。

3 钩针挂线，从钩针上的 2 个线圈中引拔出（钩织短针）。

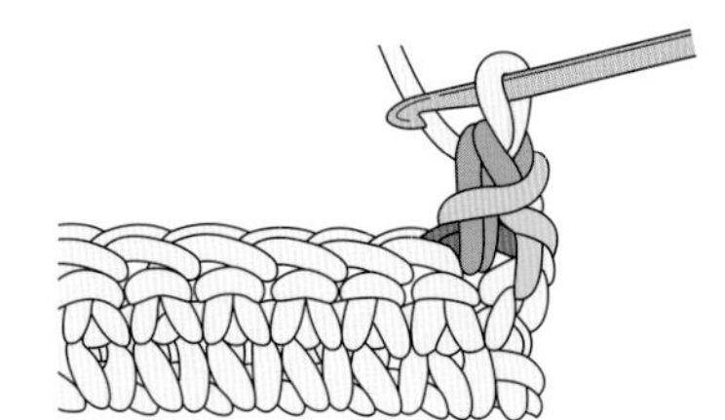

4 1 针挂线的短针完成了。

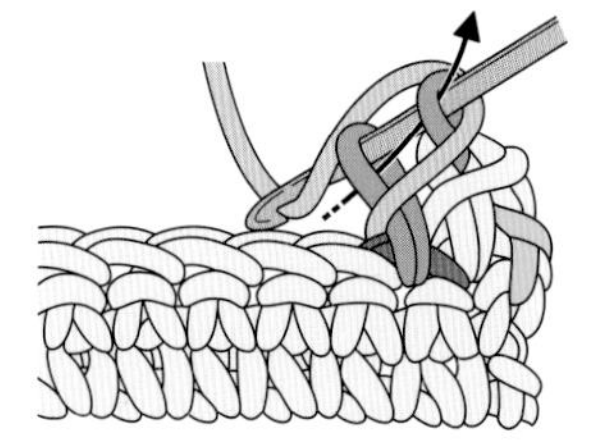

5 下一针也先钩织未完成的短针，然后将线从左向右沿着线圈绕 1 圈，挂线并引拔出。

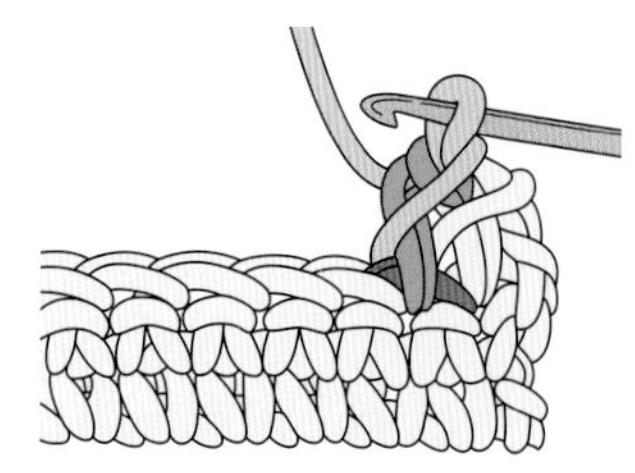

6 钩织好 2 针挂线的短针。

出问题了

中途线不够了（换线方法）

用打结的方法连接新线时，线结的地方会比较显眼，看起来不太美观。
希望大家可以掌握在钩织过程中换线的方法。有时，一团线中也会出现线结，这时要解开线结（或剪掉），按照下述换线方法处理线头。
（为便于理解用不同颜色的线进行区分）

在织片正面换线时

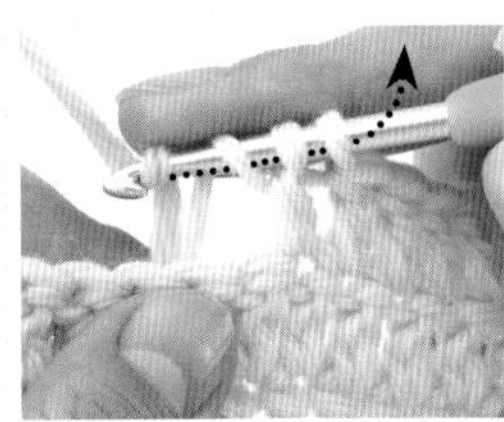

1 钩织到未完成的状态时（→p.66），原线从前向后挂在钩针上，挂上新线，然后将其引拔出。

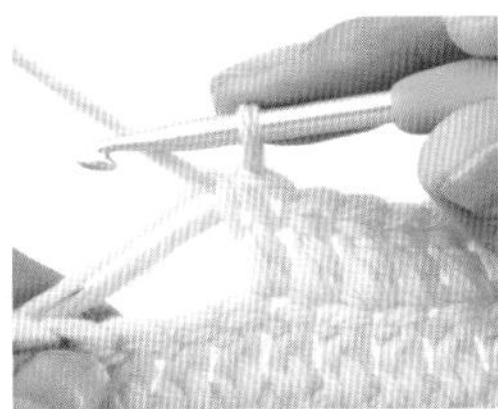

2 这样就换上了新线。

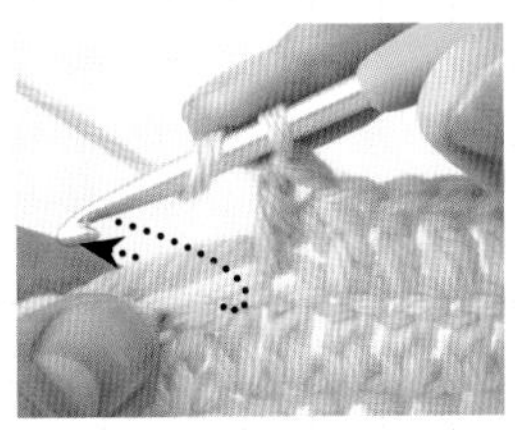

3 在用新线钩织的过程中，包住原线的线头。

在织片反面换线时

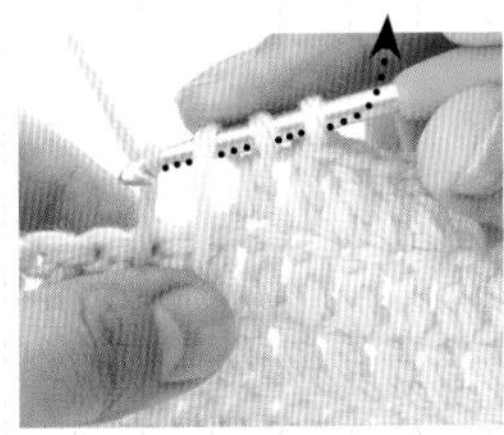

1 钩织到未完成的状态时（→p.66），原线从后向前挂在钩针上，挂上新线，然后将其引拔出。

2 这样就换上了新线。

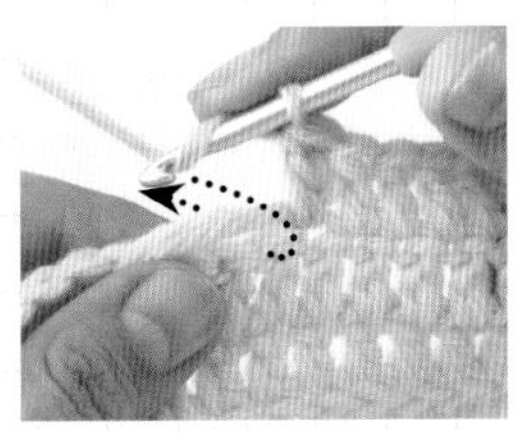

3 在用新线钩织的过程中，包住原线的线头。

出错了

钩织过程中，发现前面钩错了，要将线拆到出错的位置重新钩织。

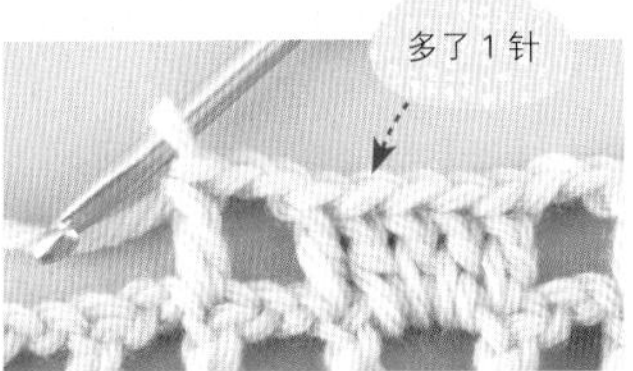

1 多钩织了1针长针。

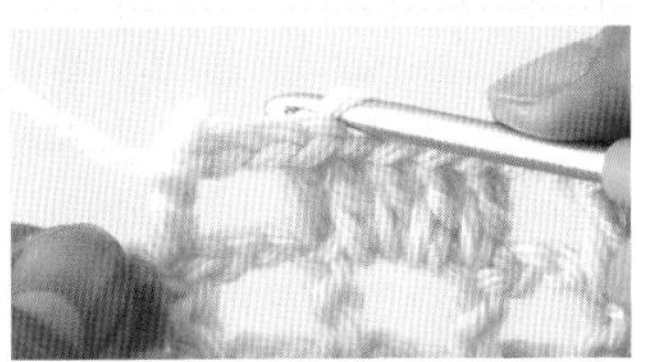

2 将钩针插入钩错的针目的头部。

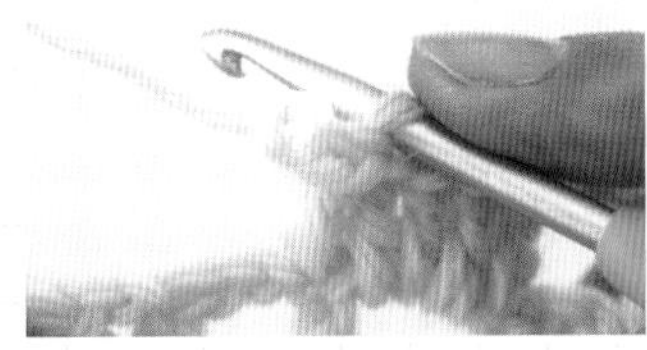

3 拉动线头，将线拆开。

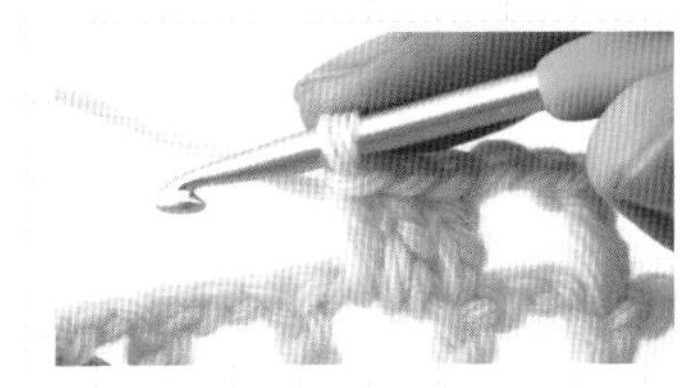

4 拆开到出错的地方。

起针数多了

在没有熟练掌握钩织方法时，经常会弄错起针针数。针数过多时，可以用拆开起针的方法解决。
如果针数不够，补充针数的方法有点复杂，为保险起见，起针时还是多钩织几针吧。

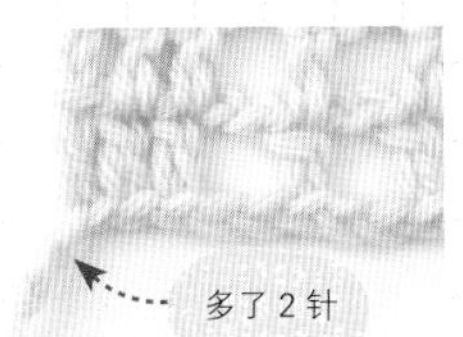

1 起针数多了。

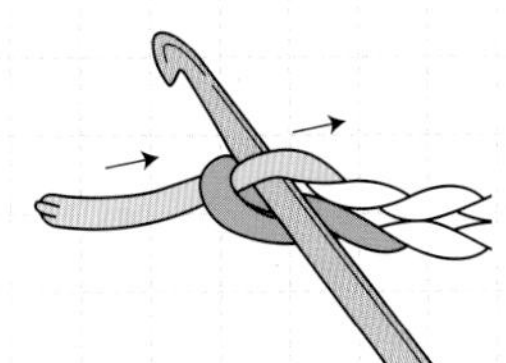

2 看着锁针的正面，将端头针目松开并将线拉出。

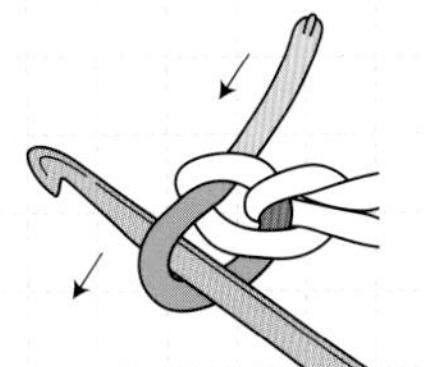

3 继续将里面的1根线拉出。

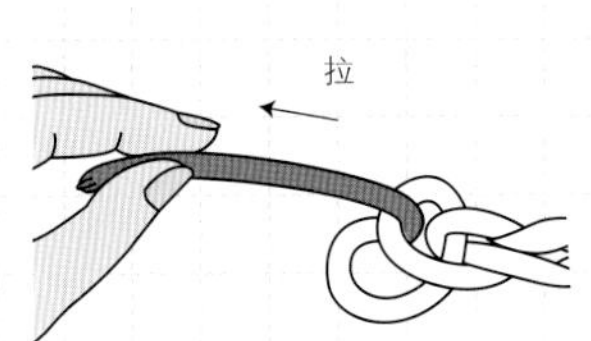

4 这时，拉动线头就可以轻松拆开锁针针目了（拆开到挑针的地方为止）。

爆米花针

和枣形针类似，针目像爆米花一样蓬蓬的，立体感更强。正面和反面要改变钩针的插入方法，使爆米花针的正面产生蓬松感。

5针长针的爆米花针（从1针中挑取）

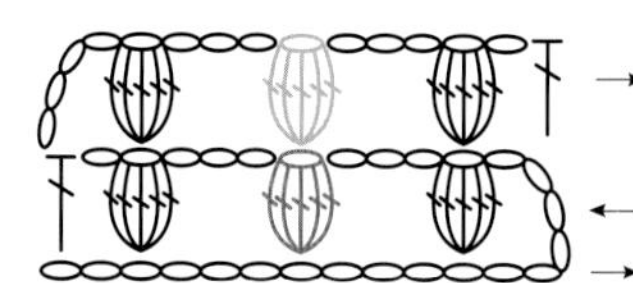

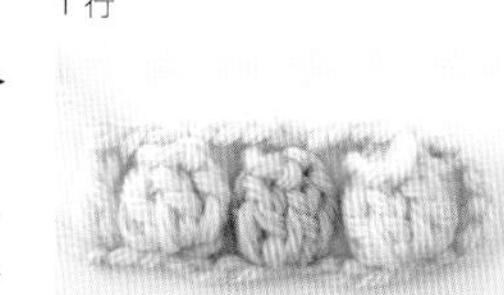

第1行（正面）

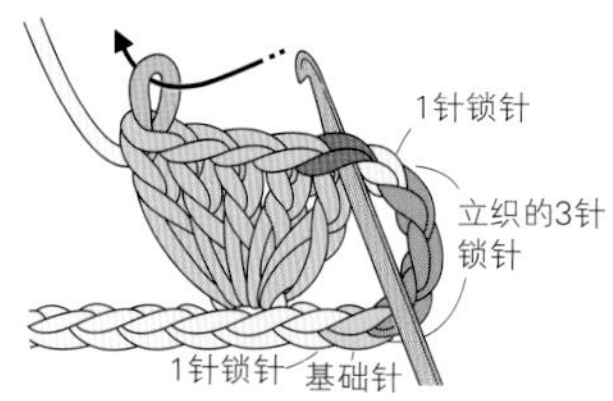

1 在前一行（这里是起针行）的1针中钩织5针长针，然后取下钩针，第5针保持不变（休针），从织片前插入第1针长针的头部和休针的第5针中。

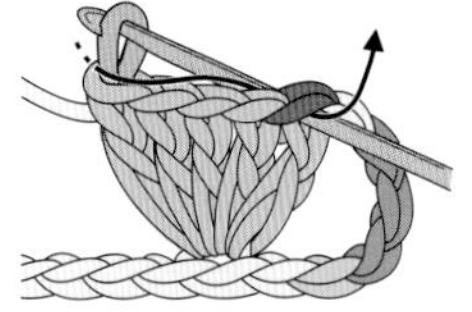

2 将休针的第5针从第1针中拉出。

3 为避免拉出的针目变松，钩织1针锁针收紧针目。

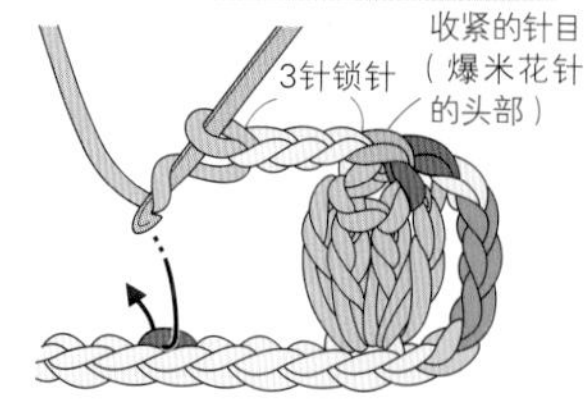

4 针目前面会有蓬松感，步骤3中钩织的锁针成为爆米花针的头部。继续钩织。

第2行（反面）

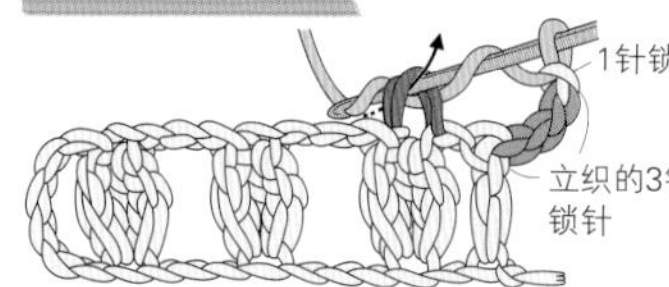

5 钩针挂线，插入前一行爆米花针的头部（步骤3中的锁针）。

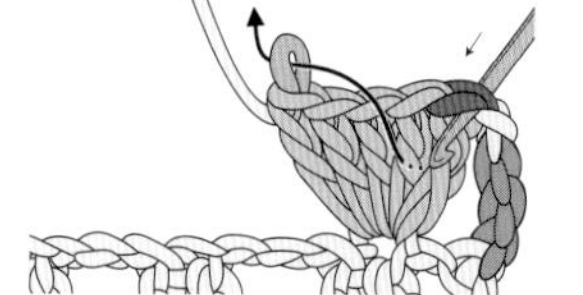

6 钩织5针长针，然后取下钩针，第5针保持不变（休针），从织片后插入第1针长针的头部和休针的第5针中。

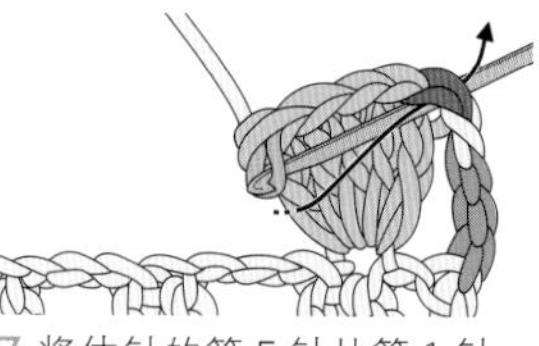

7 将休针的第5针从第1针中拉出。

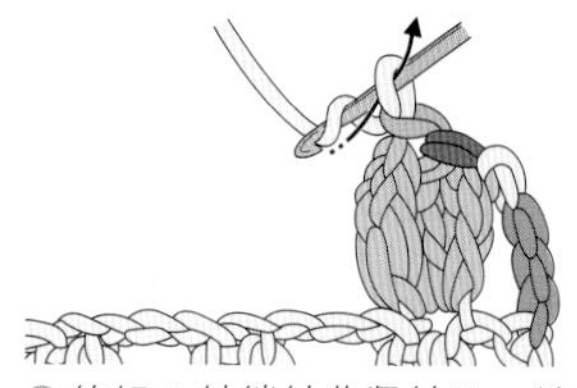

8 钩织1针锁针收紧针目，继续钩织。针目后面会有蓬松感。

5针长针的爆米花针（整段挑取）

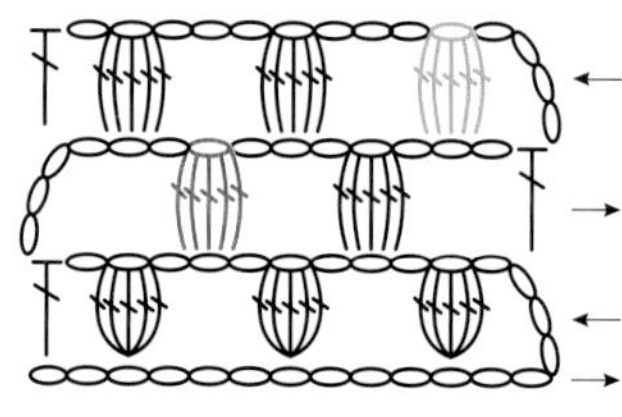

第2行（反面）

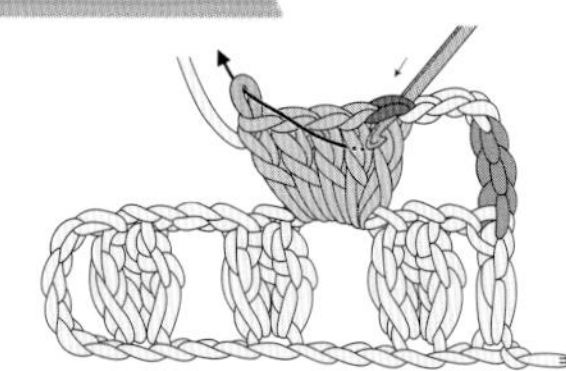

1 将钩针插入前一行锁针的下方，整段挑取，钩织5针长针。然后取下钩针，上面所挂的针目休针，从织片后插入第1针长针的头部和休针的第5针中。

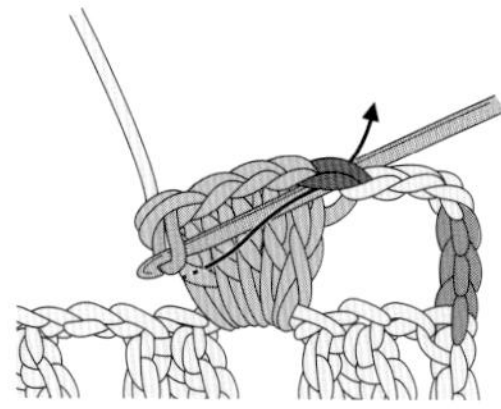

2 将休针的第5针从第1针中拉出。

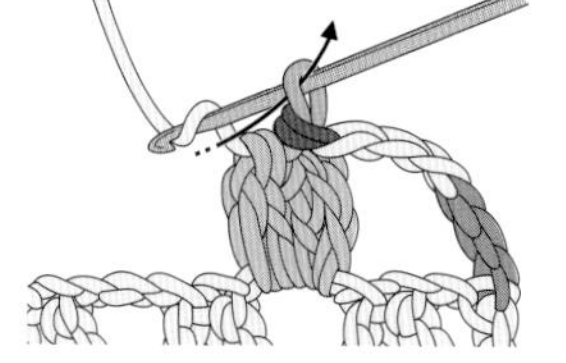

3 钩织1针锁针收紧针目。针目后面会有蓬松感。

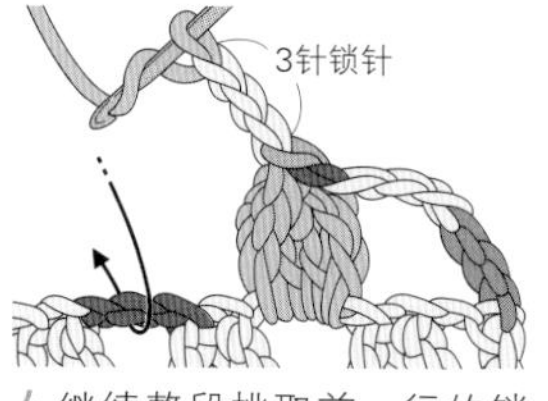

4 继续整段挑取前一行的锁针钩织。

第3行（正面）

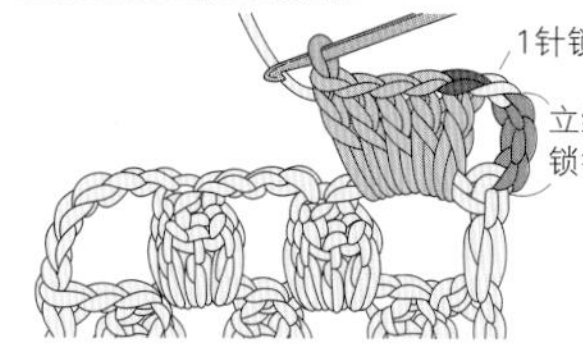

5 将钩针插入前一行锁针的下方，整段挑取，钩织5针长针。

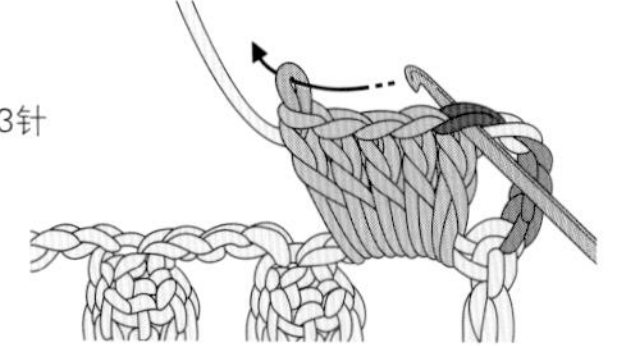

6 取下钩针，上面所挂的针目休针，从织片前插入第1针长针的头部和休针的第5针中。

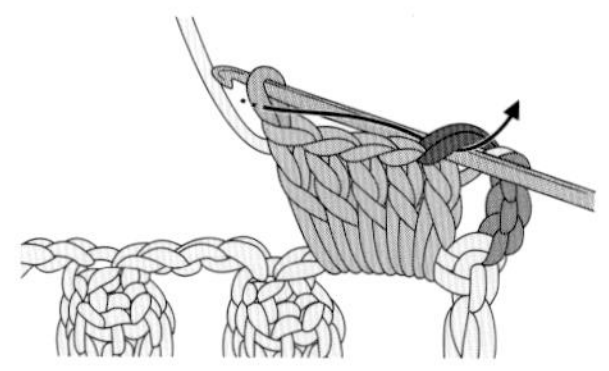

7 将休针的第5针从第1针中拉出。

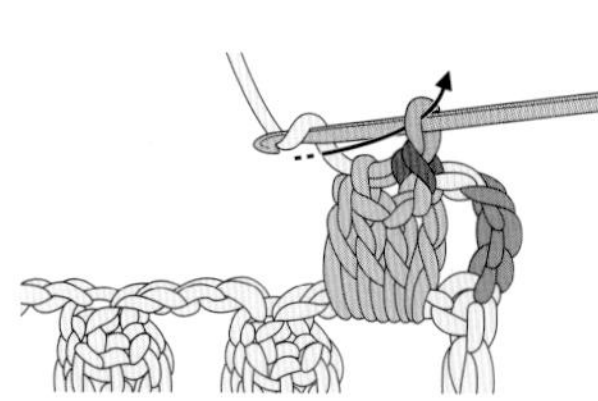

8 钩织1针锁针收紧针目。针目前面会有蓬松感。

5针中长针的爆米花针（从1针中挑取）

针法不同，但基本的钩织方法是一样的。

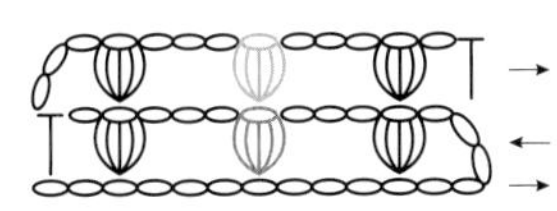

1行

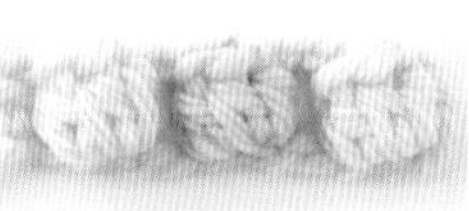

2行

第四章

第1行（正面）

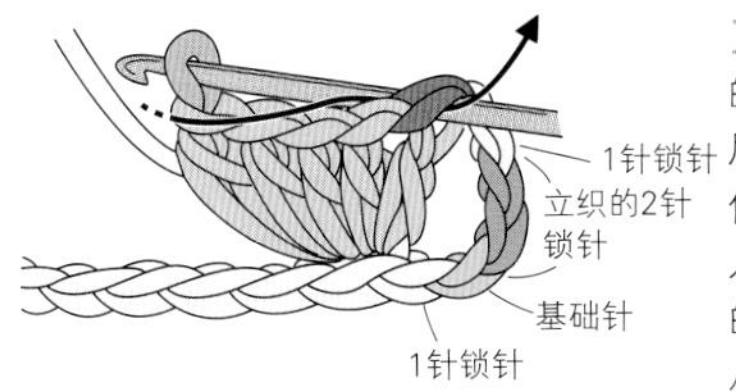

1 在前一行（这里是起针行）的1针中钩织5针中长针，然后取下钩针，上面所挂的针目保持不变（休针），从织片前插入第1针中长针的头部和休针的第5针中，将休针的第5针从第1针中拉出。

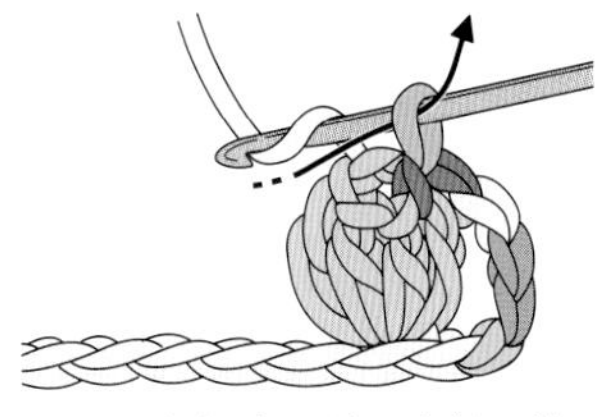

2 为避免拉出的针目变松，钩织1针锁针收紧针目。

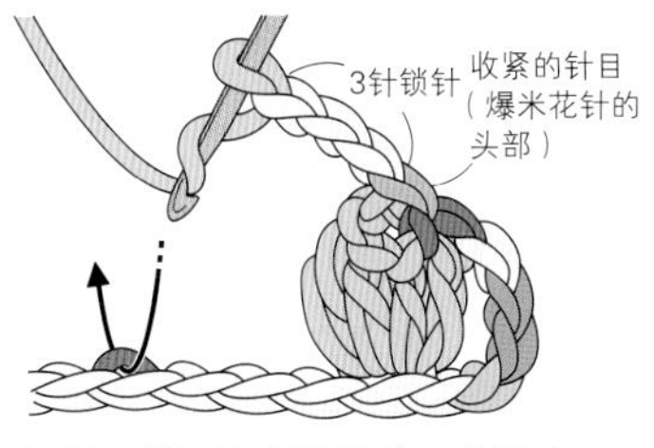

3 针目前面会有蓬松感，步骤2中钩织的锁针成为爆米花针的头部。继续钩织。

第2行（反面）

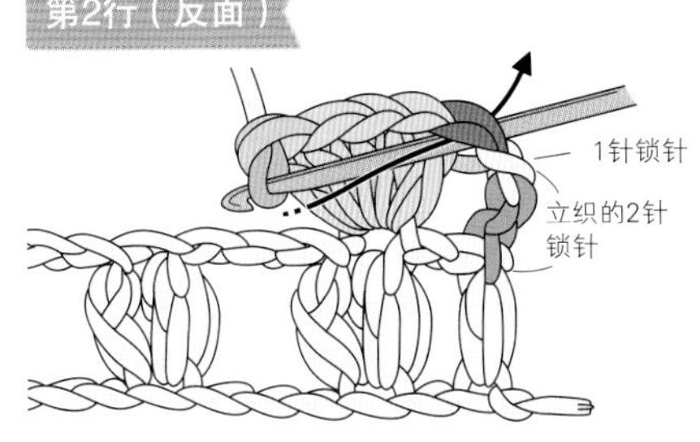

4 将钩针插入前一行爆米花针的头部（步骤2中的锁针），钩织5针中长针。取下钩针，上面所挂的针目休针，从织片后插入第1针中长针的头部和休针的第5针中，将休针的第5针从第1针中拉出。

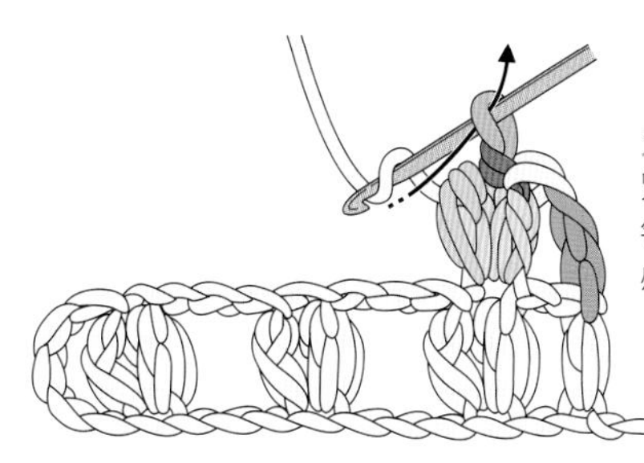

5 钩织1针锁针收紧针目，继续钩织。针目后面会有蓬松感。

爆米花针的特征（和枣形针的区别）

爆米花针比枣形针更蓬松，是立体感更强的针法。枣形针是将几针未完成的针目一次性钩织出来，爆米花针是将几针完成的针目钩织成1针，然后用锁针收紧。枣形针反面具有立体感，爆米花针是在钩织成1针时，在钩针插的一侧出现蓬松感（正面和反面的钩针插入方法不同）。

5针长针的爆米花针

（正面）

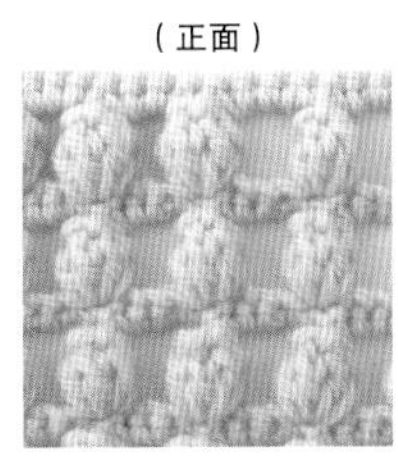

（反面）

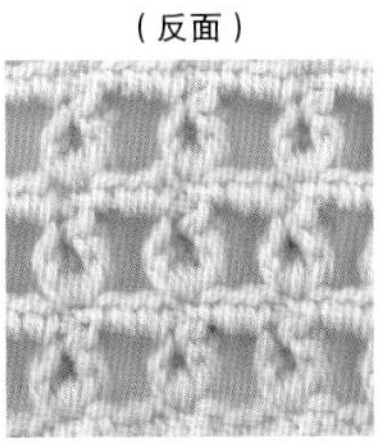

（在正面钩织时）

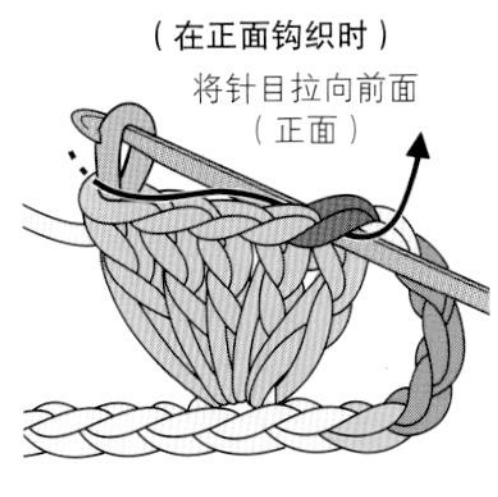

（在反面钩织时）

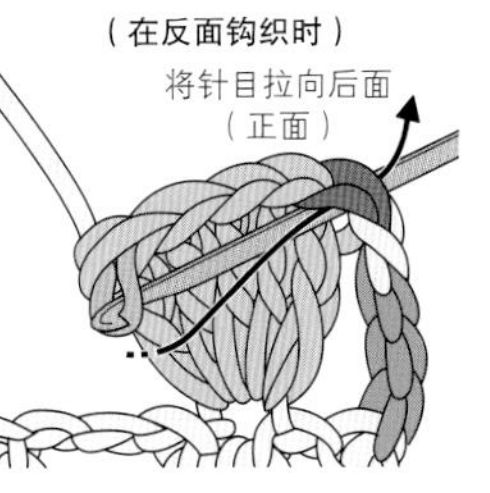

5针长针的枣形针

（正面）

（反面）

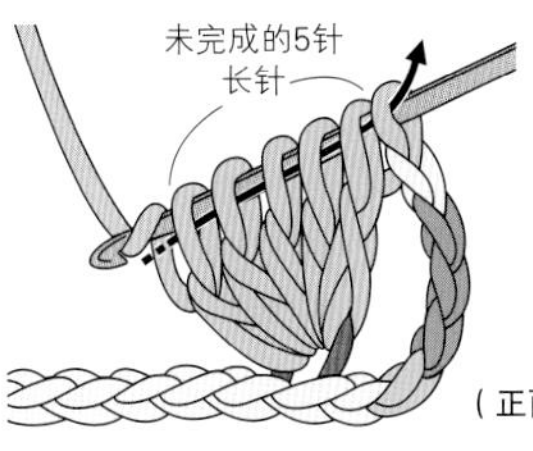

（正面、反面的钩织方法相同）

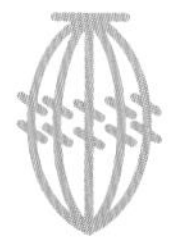

5针长长针的枣形针（从1针中挑取）

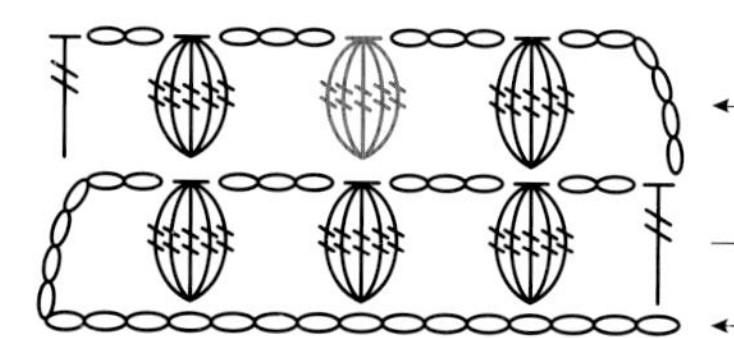

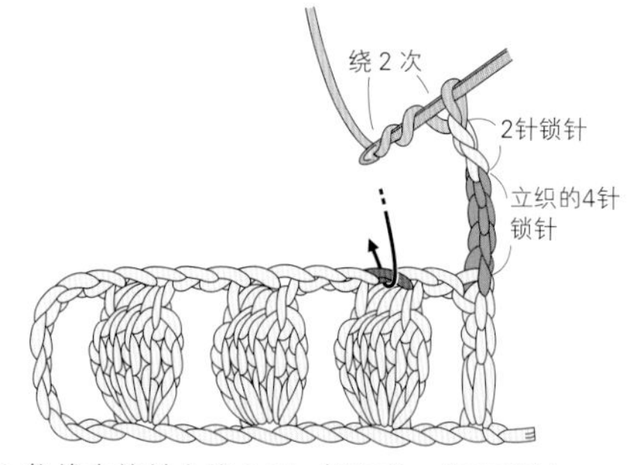

1 将线在钩针上绕 2 圈，挑取前一行枣形针头部的 2 根线（从反面看时，头部偏向左侧，需要注意）。

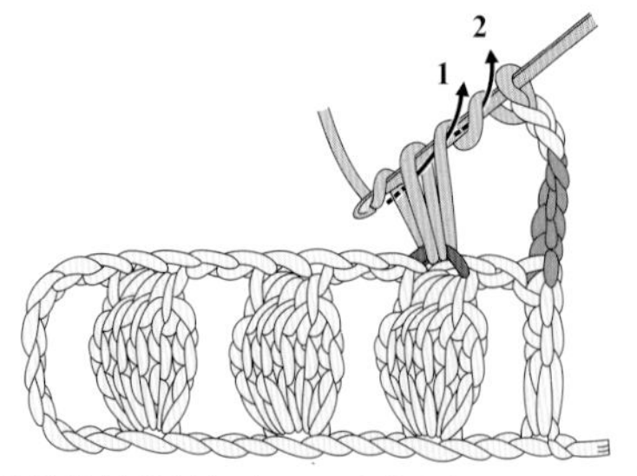

2 钩针挂线并拉出，再次钩针挂线，并从钩针上的 2 个线圈中引拔出，重复 1 次，钩织未完成的长长针。

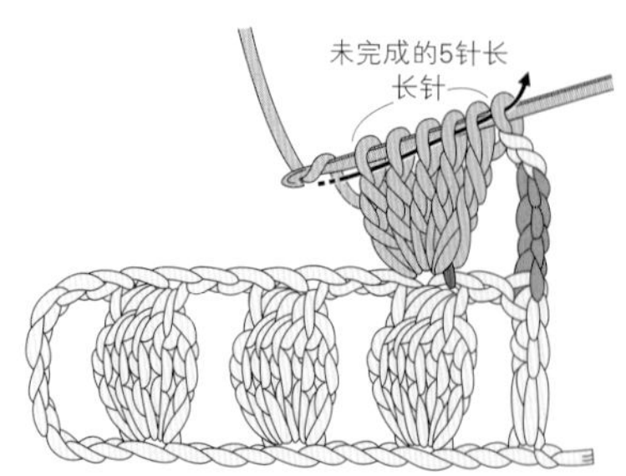

3 按照相同要领在同一个针目中钩织 4 针未完成的长长针（共 5 针），然后再次钩针挂线，从钩针上的 6 个线圈中一次性引拔出。

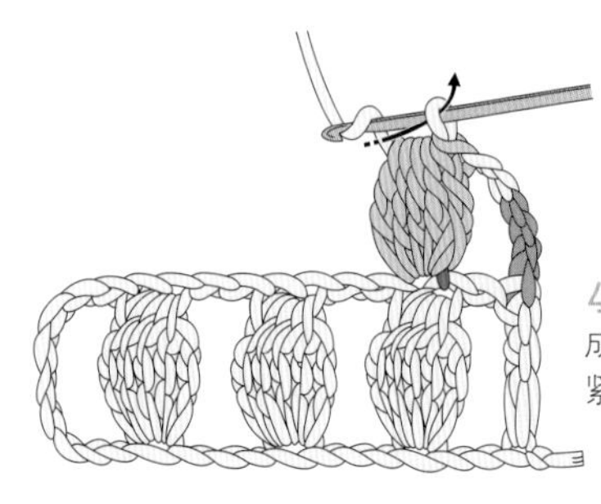

4 5 针长长针的枣形针完成了。再钩织 1 针锁针收紧。

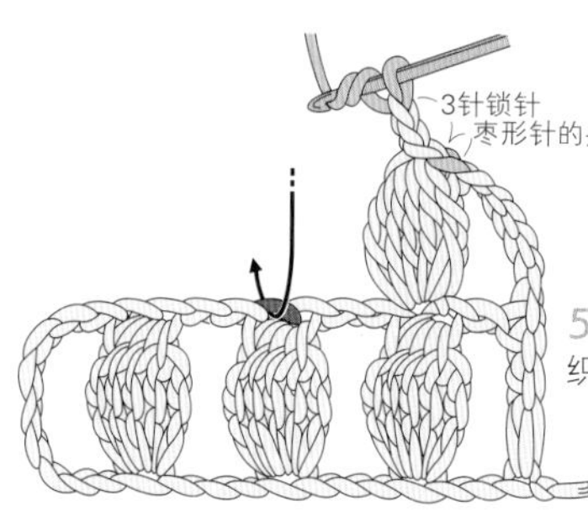

5 继续按照相同要领钩织。

5针长长针的爆米花针（从1针中挑取）

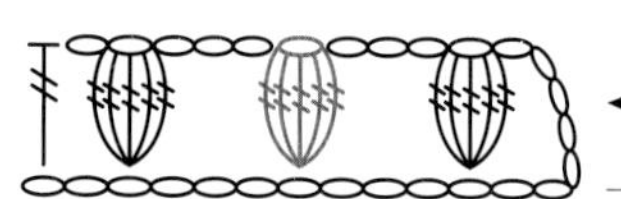

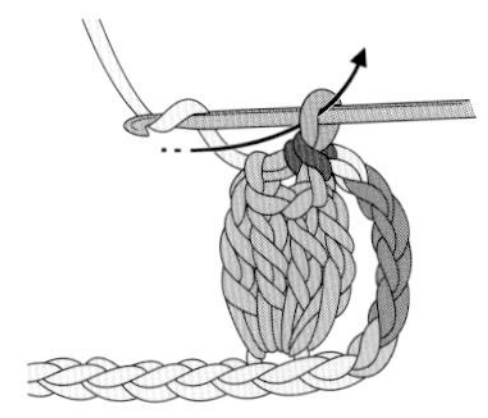

1 在前一行（这里是起针行）的 1 针中钩织 5 针长长针，然后取下钩针，上面所挂的针目休针，从织片前插入第 1 针长长针的头部和休针的第 5 针中，将第 5 针从第 1 针中拉出。

2 为避免拉出的针目变松，钩织 1 针锁针收紧针目。

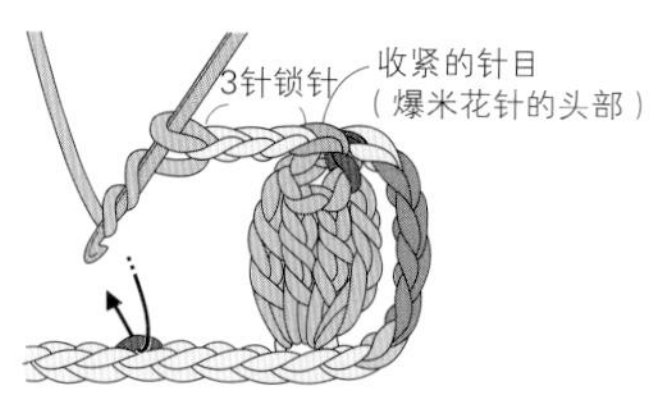

3 针目前面会有蓬松感，步骤 2 中钩织的锁针成为爆米花针的头部。继续钩织。

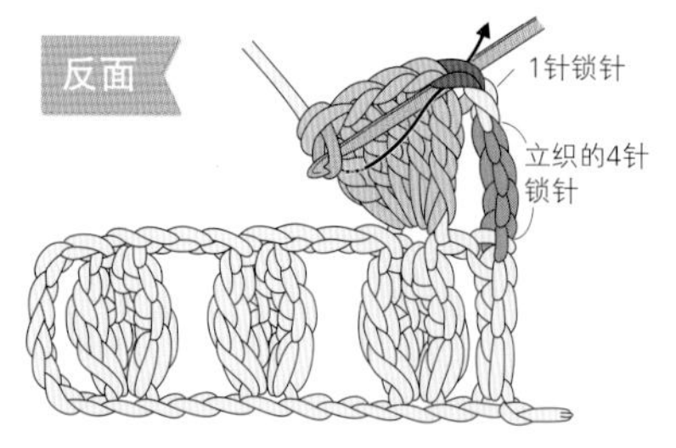

4 在前一行爆米花针的头部（2 针锁针）钩织 5 针长长针，然后取下钩针，上面所挂的针目休针，从织片后插入第 1 针长长针的头部和休针的第 5 针中，将第 5 针从第 1 针中拉出。

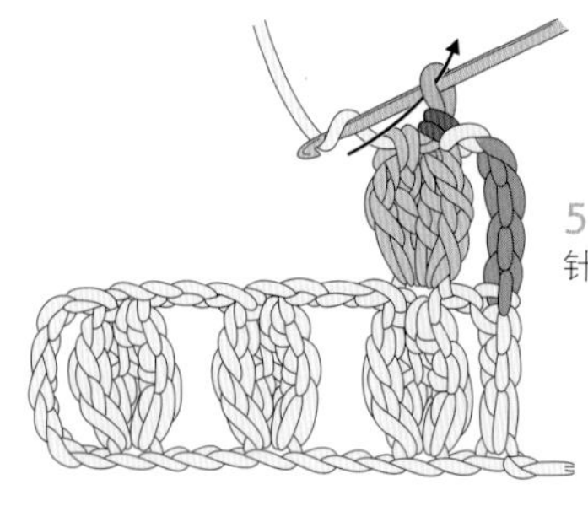

5 钩织 1 针锁针收紧针目。针目向后突出。

变形的枣形针

3针长针的枣形针2针并1针

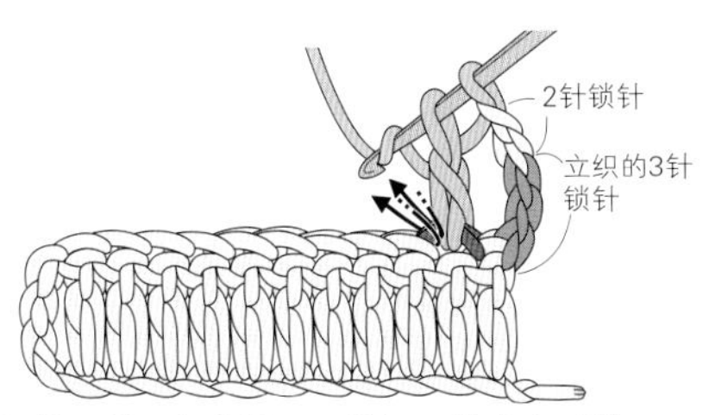

1 挑取前一行的针目，钩织 1 针未完成的长针。继续钩针挂线，在同一个针目中钩织 2 针未完成的长针。

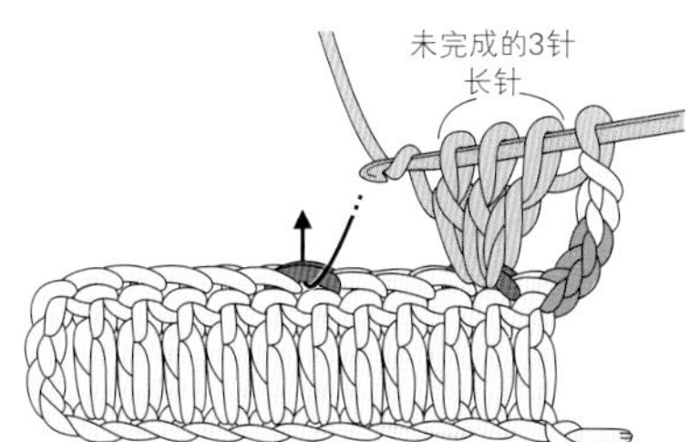

2 钩织 3 针未完成的长针后再次挂线，跳过前一行的 3 个针目挑针。

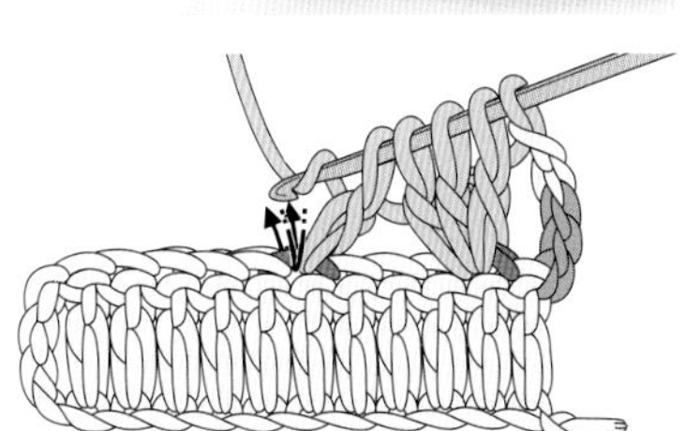

3 钩织 1 针未完成的长针。继续钩针挂线，在同一个针目中钩织 2 针未完成的长针。

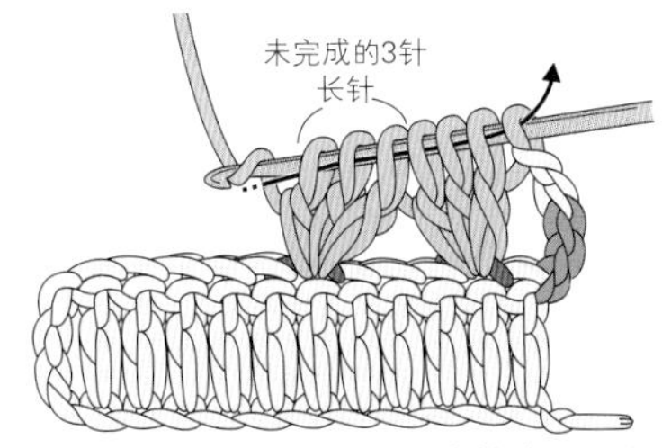

4 左边也钩织 3 针未完成的长针后再次挂线，从钩针上的所有线圈（7 个）中一次性引拔出。

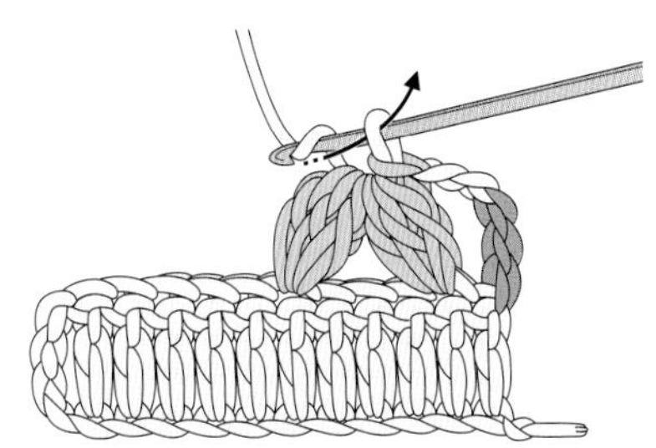

5 3 针长针的枣形针 2 针并 1 针完成了。再钩织 1 针锁针收紧。

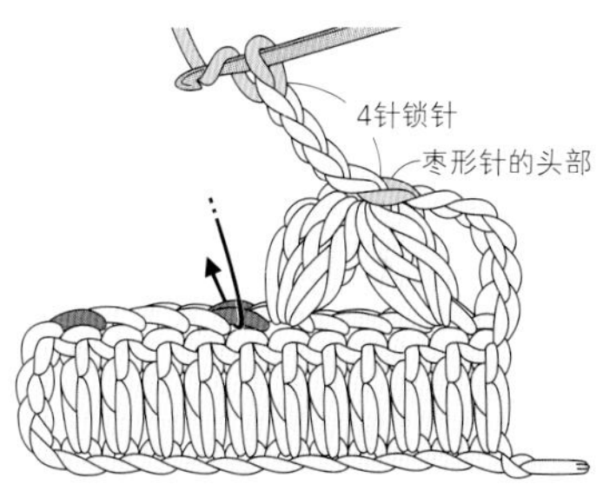

6 继续钩织。

3针中长针的枣形针2针并1针

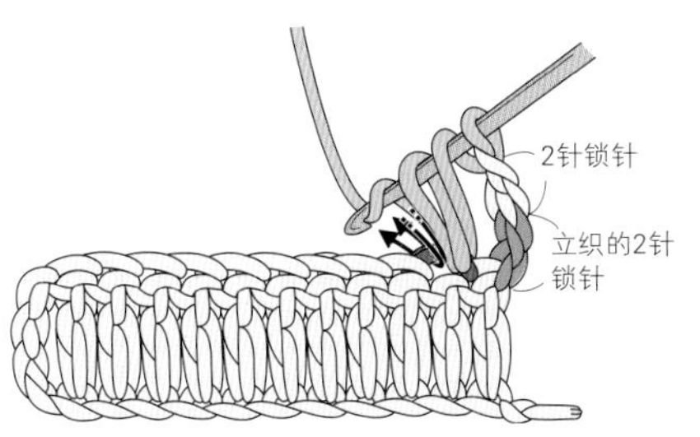

1 挑取前一行的针目，钩织 1 针未完成的中长针。继续钩针挂线，在同一个针目中钩织 2 针未完成的中长针。

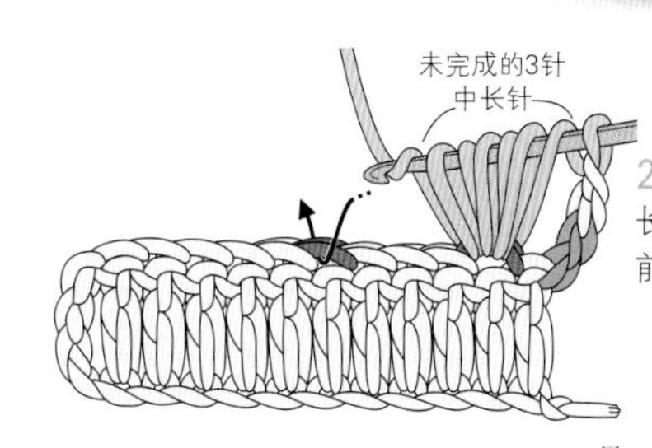

2 钩织 3 针未完成的中长针后再次挂线，跳过前一行的 3 个针目挑针。

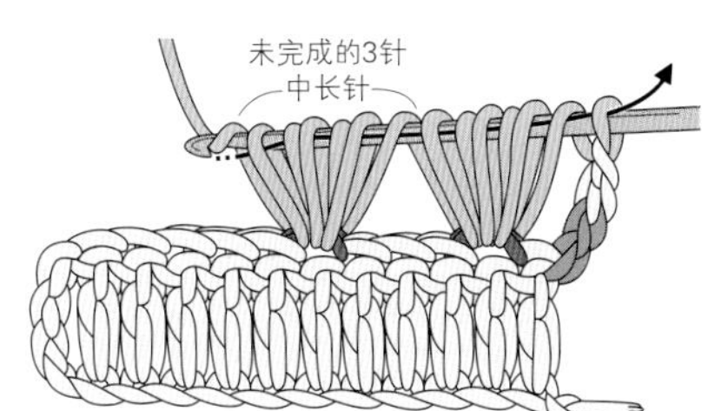

3 左边也钩织 3 针未完成的中长针后再次挂线，从钩针上的所有线圈（13 个）中一次性引拔出。

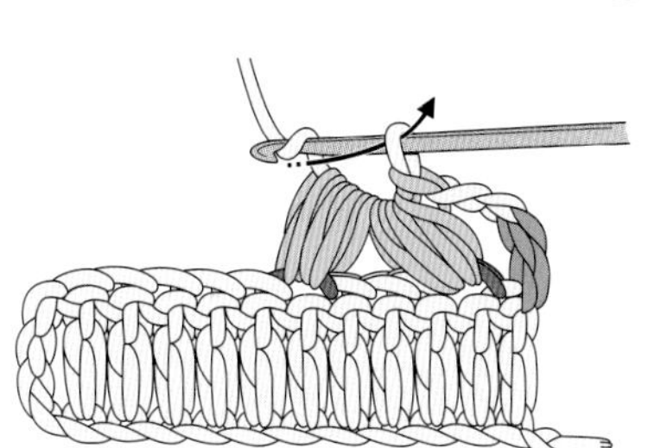

4 3 针中长针的枣形针 2 针并 1 针完成。再钩织 1 针锁针收紧。

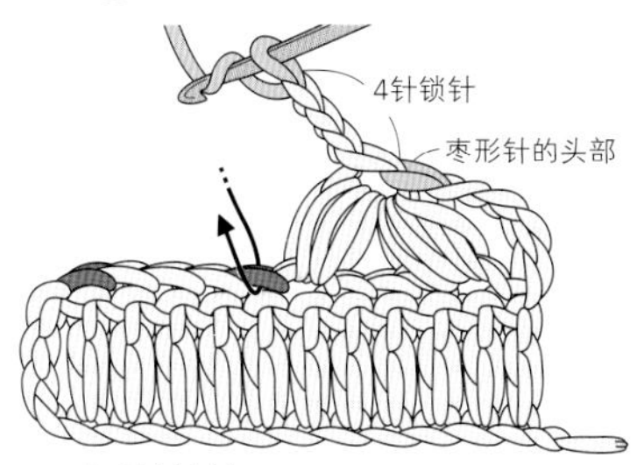

5 继续钩织。

交叉针

1针长针交叉

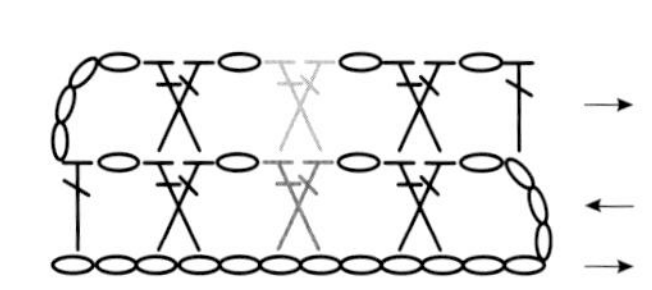

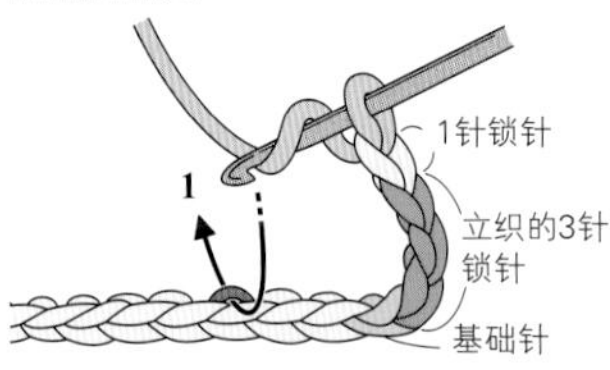

1 钩针挂线，挑取前一行（这里为起针行）端头第 4 针，钩织长针。

2 钩针挂线，插入前一针锁针的里山中。

3 钩针挂线，像包住前一针长针那样，将线拉出。

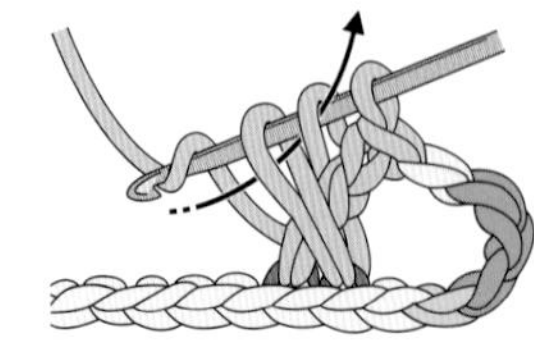

4 再次钩针挂线，从钩针上的 2 个线圈中拉出。

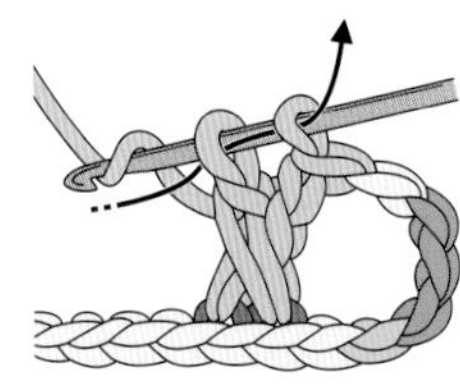

5 再次钩针挂线，从钩针上的 2 个线圈中引拔出（钩织长针）。

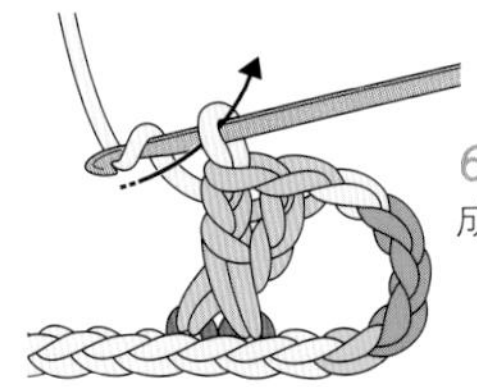

6 长针 1 针交叉完成。钩织 1 针锁针。

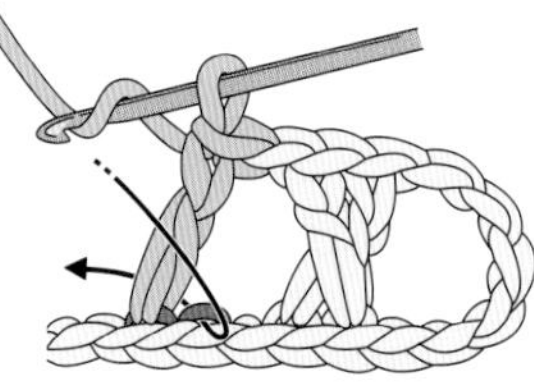

7 接下来交叉的针目也将钩针插入前一针锁针的里山，像包住前一针的长针那样，钩织长针。

第2行

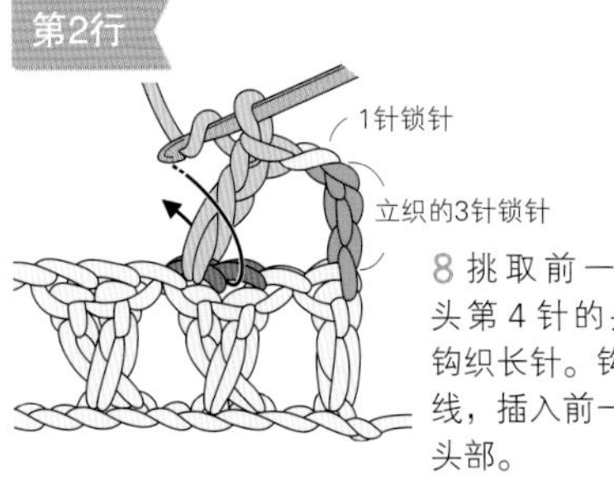

8 挑取前一行端头第 4 针的头部，钩织长针。钩针挂线，插入前一针的头部。

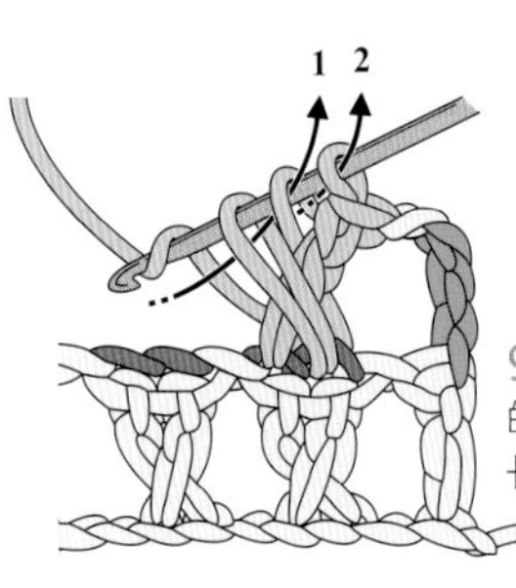

9 像包住前一针的长针那样，钩织长针。

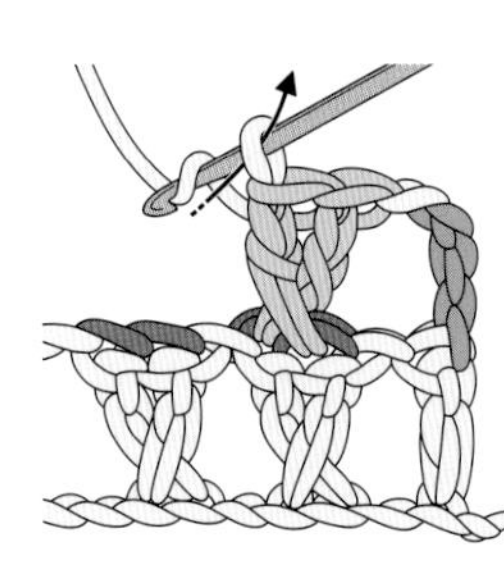

10 1 针长针交叉完成。钩织时没有正、反面的区别，反面行的钩织方法和正面行相同，每隔一行交叉方向相反。

1针长针交叉（中间加1针锁针）

虽然在交叉针中间加了1针锁针，但基本的钩织方法是一样的。

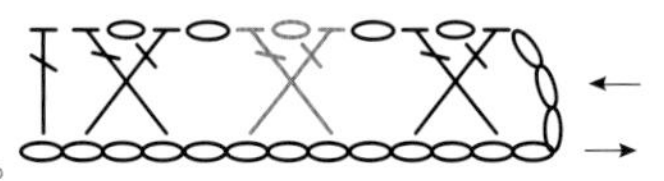

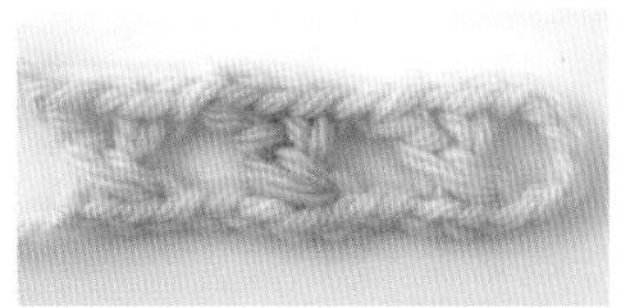

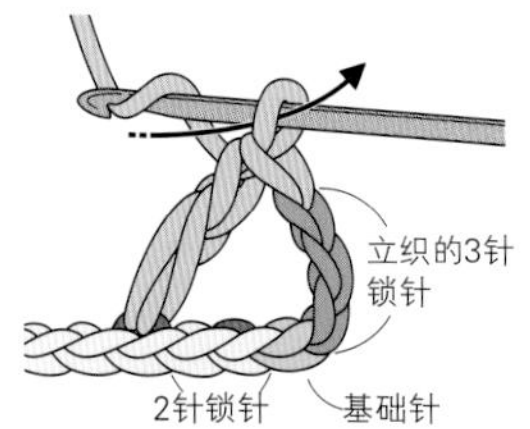

1 钩针挂线，挑取前一行（这里为起针行）端头第 4 针，钩织长针。然后钩织 1 针锁针。

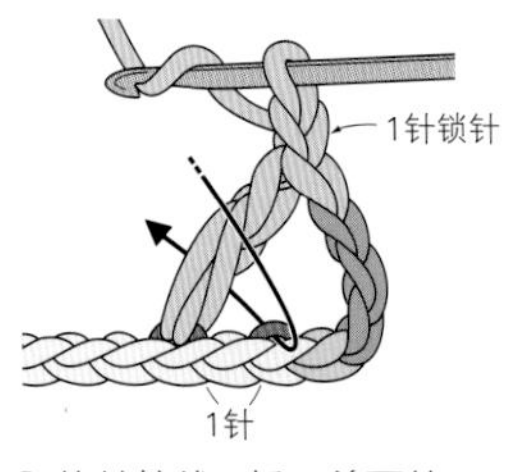

2 钩针挂线，插入前面第 2 针锁针的里山中。

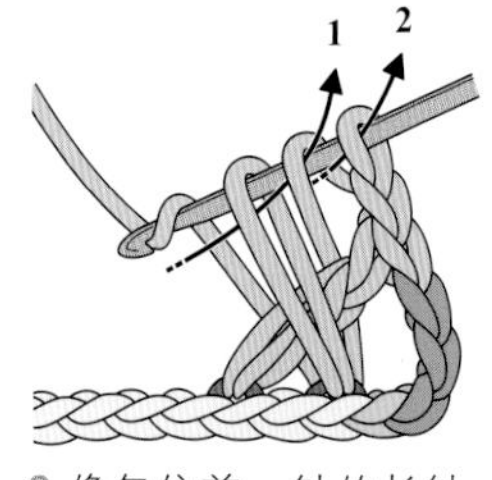

3 像包住前一针的长针那样，钩织长针。

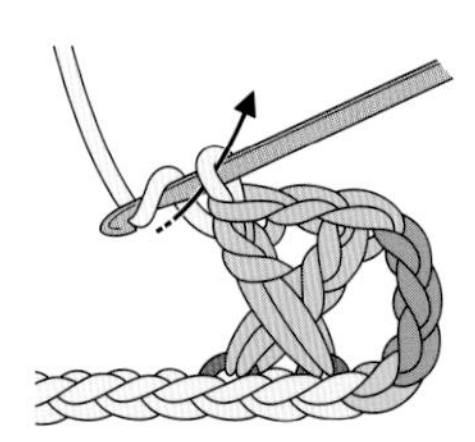

4 1 针长针交叉（中间加 1 针锁针）完成。钩织 1 针锁针。

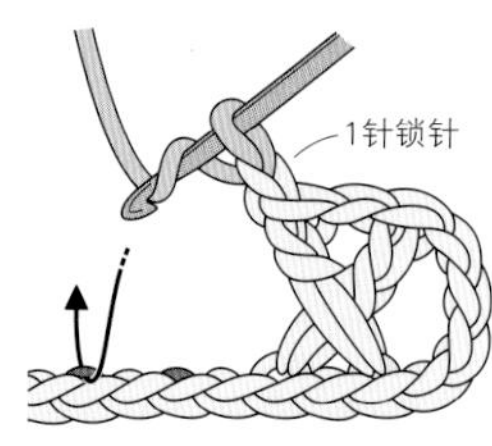

5 继续钩织，注意挑针位置。

1针中长针交叉

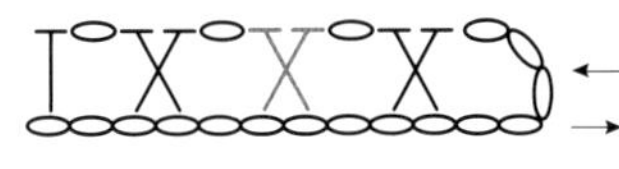

第1行

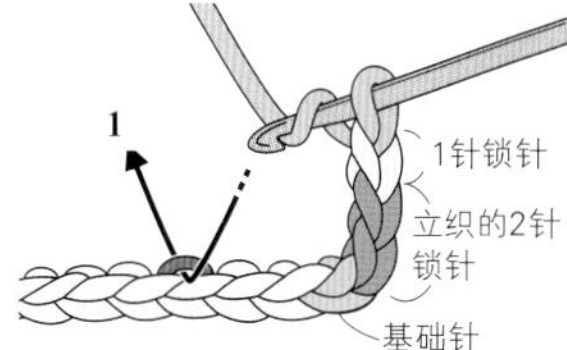

1 钩针挂线，挑取前一行（这里为起针行）端头第 4 针，钩织中长针。

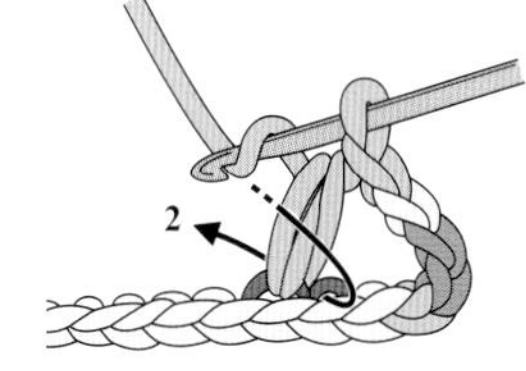

2 钩针挂线，插入前一针锁针的里山中。

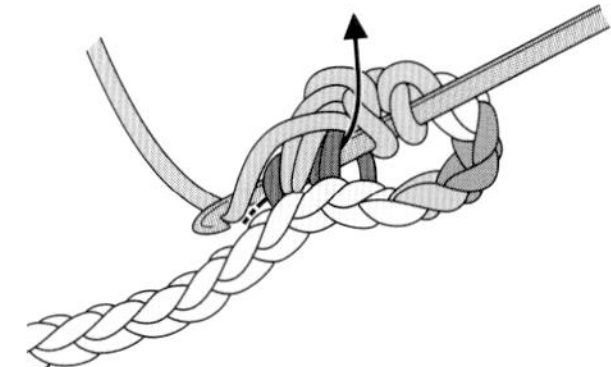

3 钩针挂线，像包住前一针的中长针那样，将线拉出。

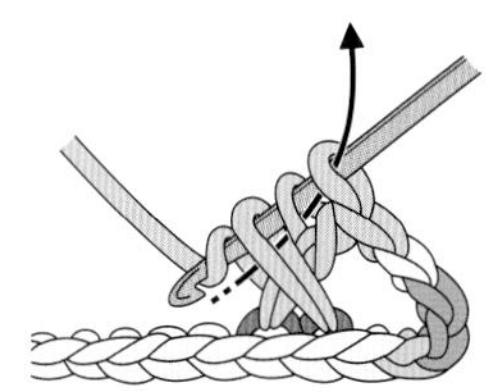

4 再次钩针挂线，从钩针上的 3 个线圈中一次性引拔出（钩织中长针）。

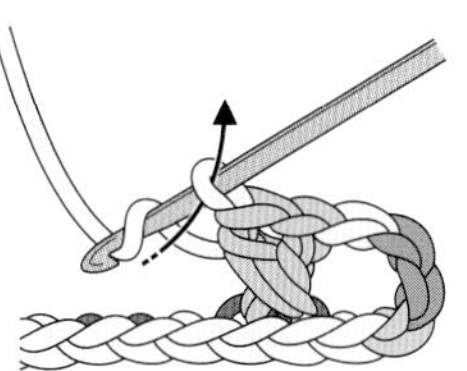

5 1 针中长针交叉完成。继续钩织。

第2行

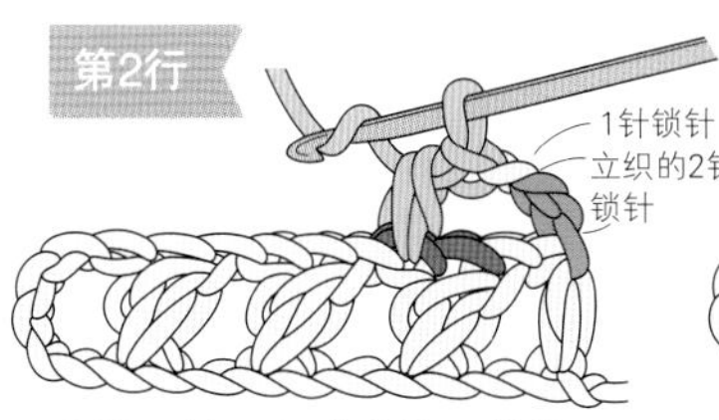

6 挑取前一行端头第 4 针的头部，钩织中长针。钩针挂线，插入前一针的头部。

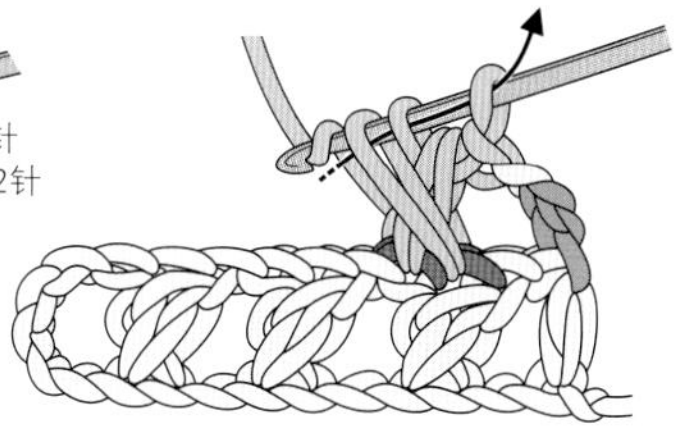

7 像包住前一针的中长针那样，钩织中长针。

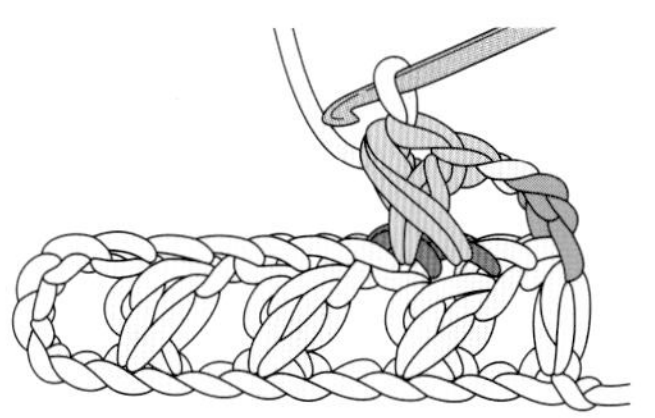

8 1 针中长针交叉完成。钩织时没有正、反面的区别，反面行的钩织方法和正面行相同，每隔一行交叉方向相反。

1针长长针交叉

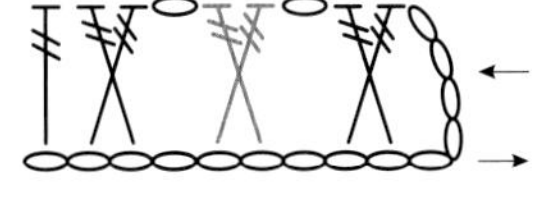

第1行

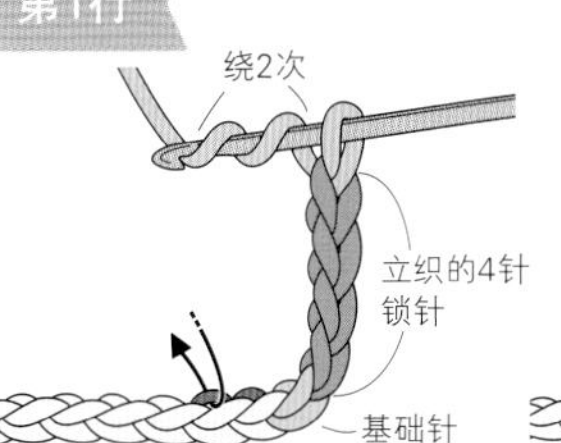

1 钩针挂 2 次线，挑取前一行（这里为起针行）端头第 3 针，钩织长长针。

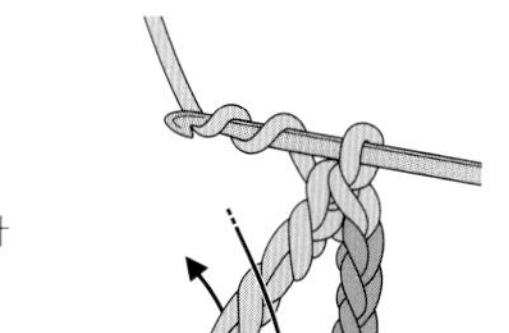

2 再挂 2 次线，从前面 1 针锁针的里山入针。

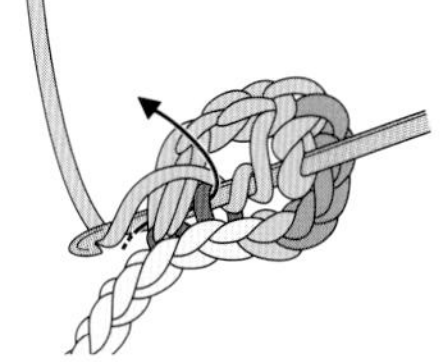

3 钩针挂线，像包住前一针的长长针那样，将线拉出。

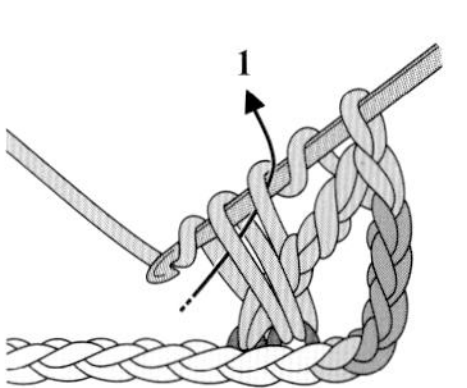

4 再次钩针挂线，从钩针上的 2 个线圈中拉出。

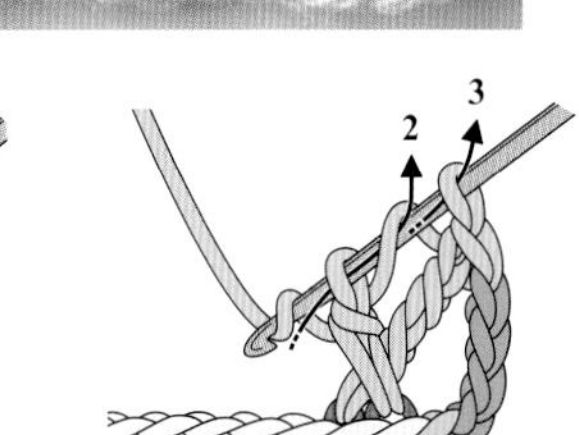

5 再次钩针挂线，从钩针上的 2 个线圈中拉出，重复 1 次（钩织长长针）。

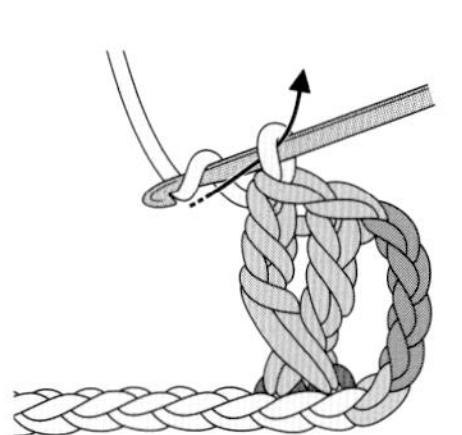

6 1 针长长针交叉完成了。继续钩织。

第2行

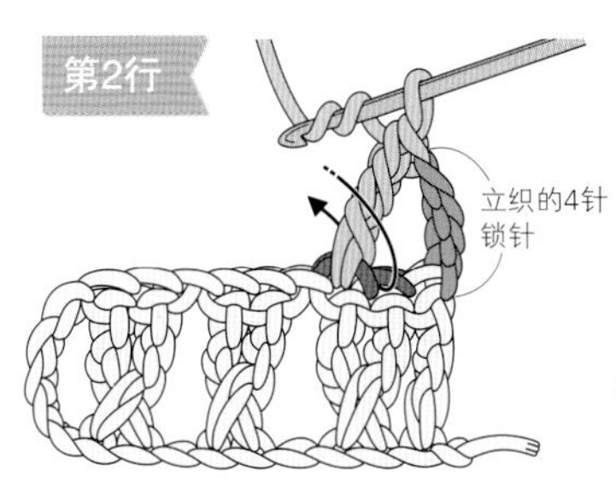

7 钩针挂 2 次线，挑取前一行端头第 3 针的头部，钩织长长针。再挂 2 次线，将钩针从前面插入前一针的头部。

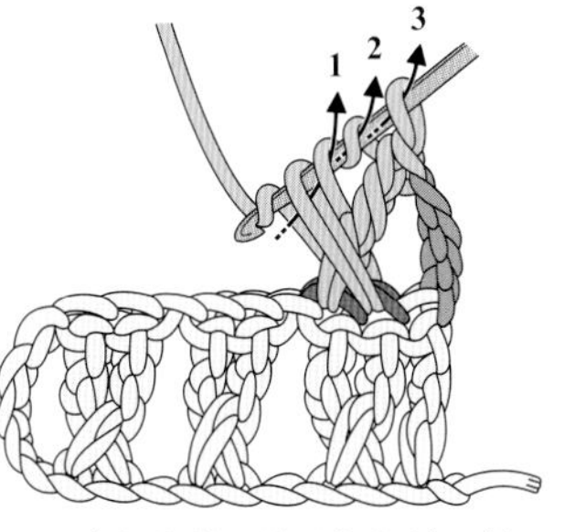

8 像包住前一针的长长针那样，钩织长长针。

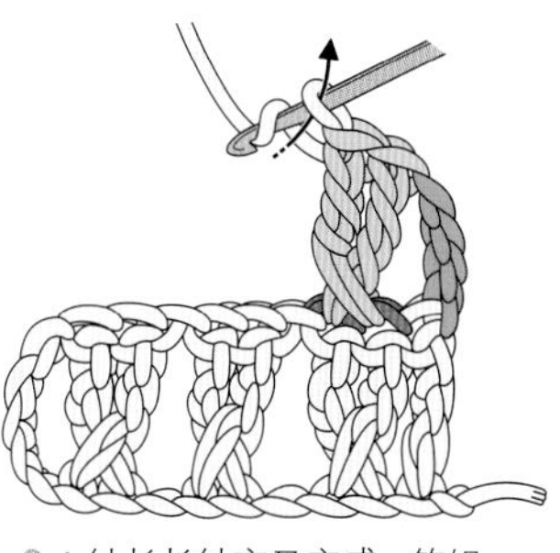

9 1 针长长针交叉完成。钩织方法没有正、反面的区别，反面行的钩织方法和正面行相同，每隔一行交叉方向相反。

第四章

变形的1针长针交叉（右上）

符号中断的部分，表示交叉时位于下方。

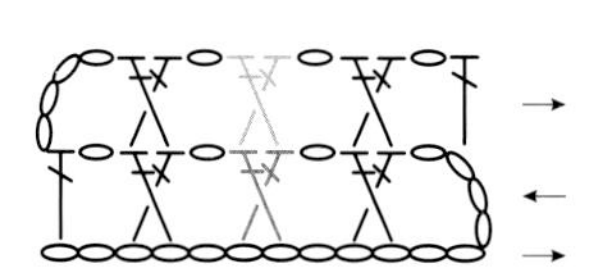

1 行

2 行

第1行

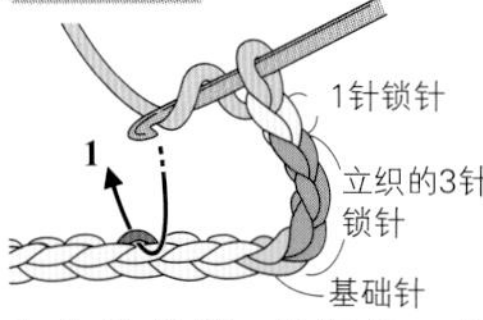

1 钩针挂线，挑取前一行（这里为起针行）端头第 4 针，钩织长针。

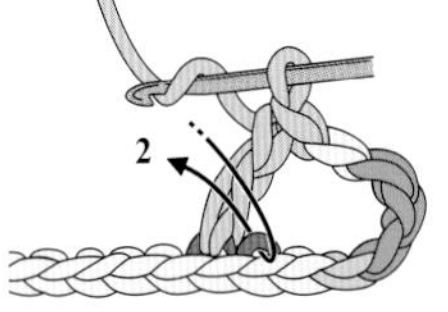

2 钩针挂线，如箭头所示从前面插入前一针锁针的里山中。

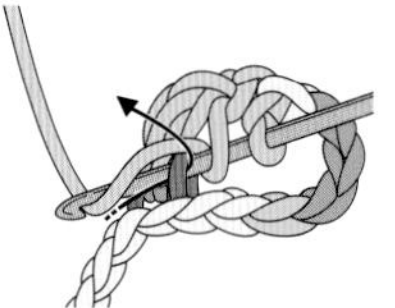

3 钩针挂线并拉出。

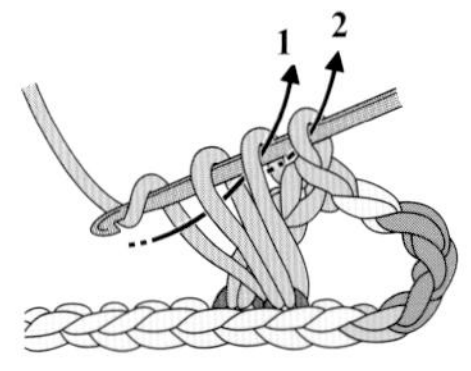

4 再次钩针挂线，从钩针上的 2 个线圈中拉出，重复 1 次（钩织长针）。交叉时，右边的长针在上面。

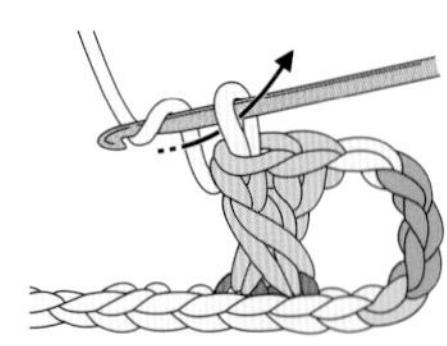

5 变形的 1 针长针交叉（右上）完成。继续钩织。

第2行

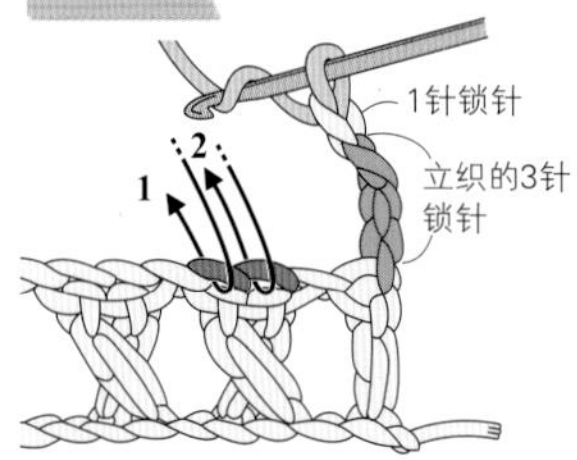

6 挑取前一行端头第 4 针的头部，钩织长针。钩针挂线，像步骤 2 那样将钩针插入前一针的头部。

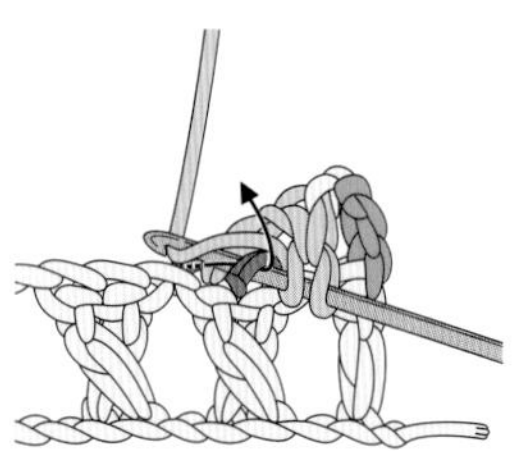

7 钩针挂线并拉出，针目位于左边长针的前面。

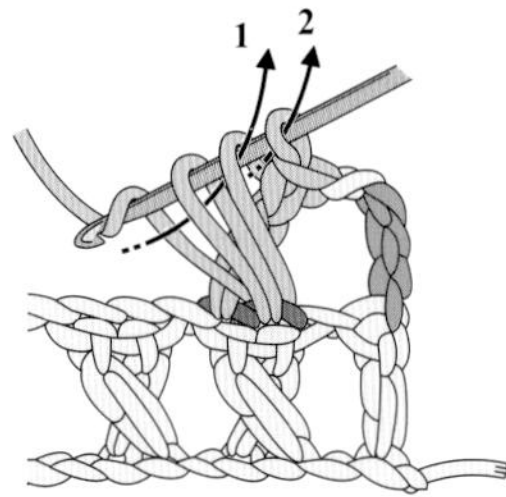

8 再次钩针挂线，从钩针上的 2 个线圈中拉出，重复 1 次。（钩织长针）交叉时，右边的长针在上面。

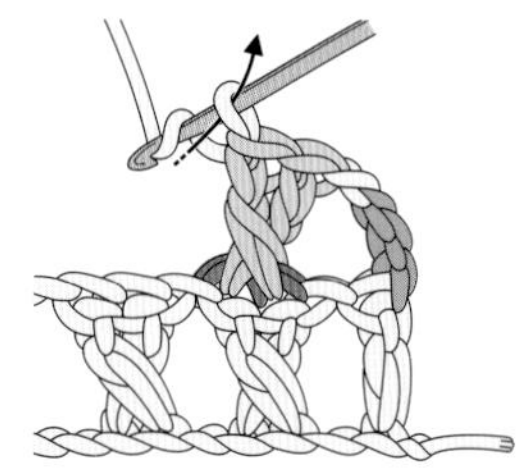

9 继续钩织。钩织方法没有正、反面的区别，交叉时不用包住针目，交叉的方向总是相同的。

变形的1针长针交叉（左上）

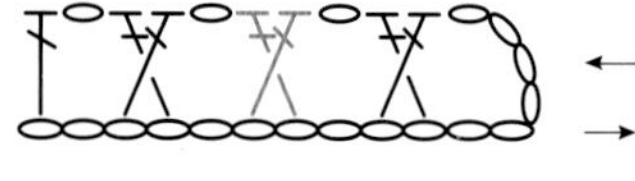

第1行

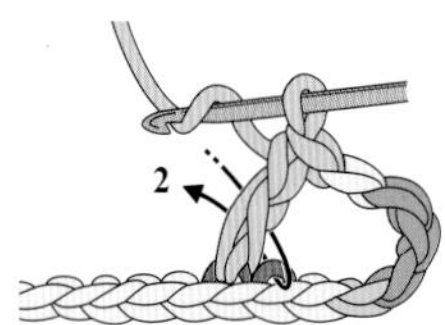

1 钩针挂线，挑取前一行（这里为起针行）端头第 4 针，钩织长针。

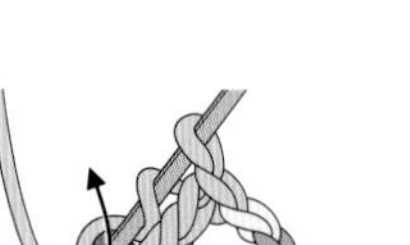

2 钩针挂线，如箭头所示将钩针从后面插入前一针锁针的里山中。

3 钩针挂线并拉出。

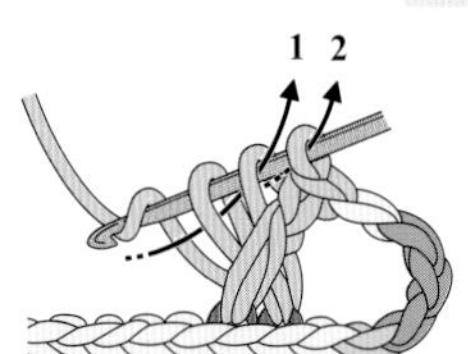

4 再次钩针挂线，从钩针上的 2 个线圈中拉出，重复 1 次。（钩织长针）交叉时，左边的长针在上面。

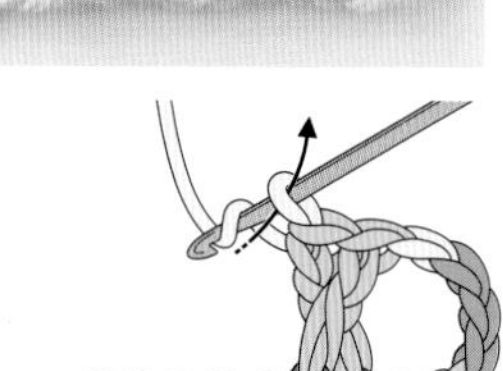

5 变形的 1 针长针交叉（左上）完成。继续钩织。

第2行

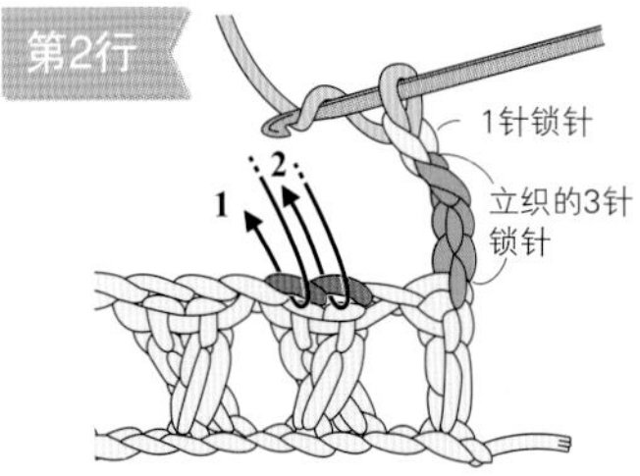

6 挑取前一行端头第 4 针的头部，钩织长针。钩针挂线，像步骤 2 那样将钩针插入前一针的头部。

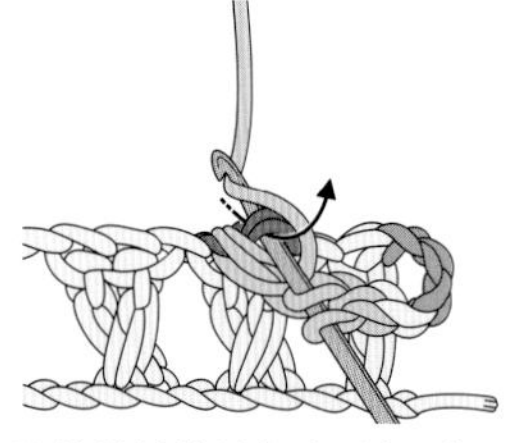

7 钩针挂线并拉出，针目位于左边长针的后面。

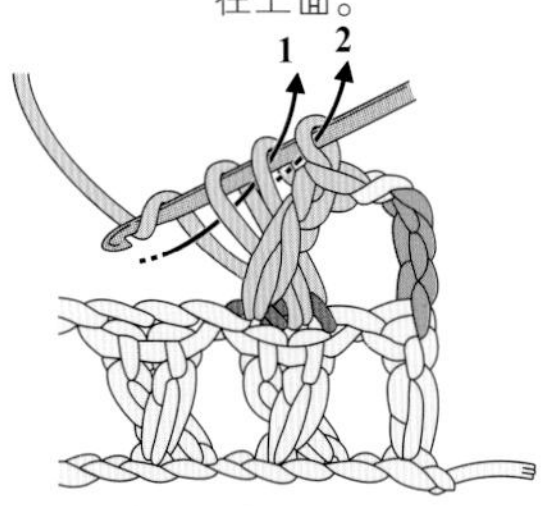

8 再次钩针挂线，从钩针上的 2 个线圈中拉出，重复 1 次。（钩织长针）交叉时，左边的长针在上面。

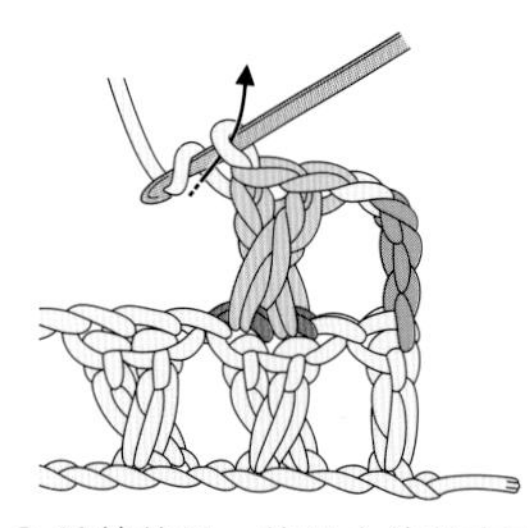

9 继续钩织。钩织方法没有正、反面的区别，交叉时不用包住针目，交叉的方向总是相同的。

变形的1针和3针长针交叉（右上）

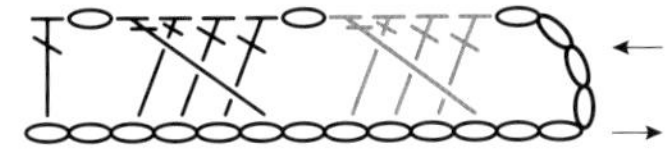

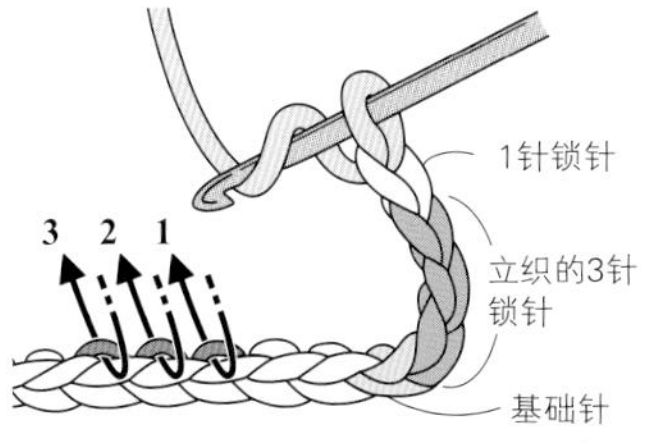

1 钩针挂线，挑取前一行（这里为起针行）端头第4针，钩织长针。

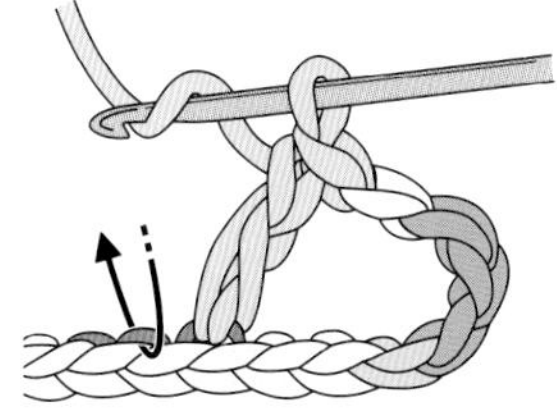

2 继续在左边钩织长针。

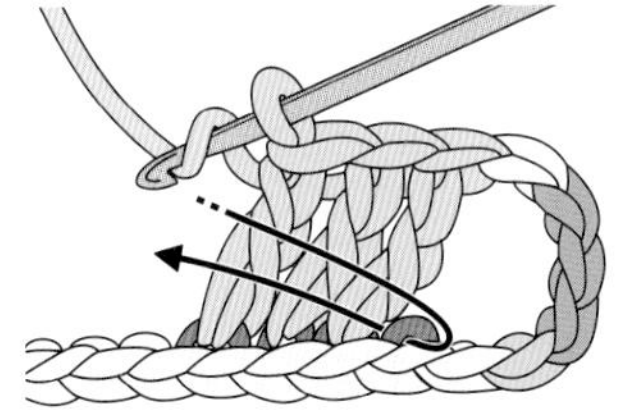

3 钩织3针长针后，钩针挂线，从长针前入针挑取最先钩织的长针右边的针目。

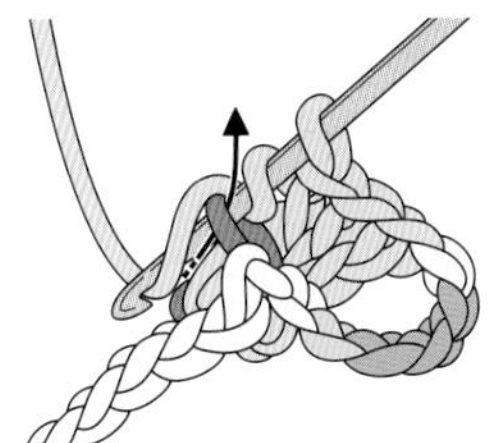

4 钩针挂线，并长长地拉出。

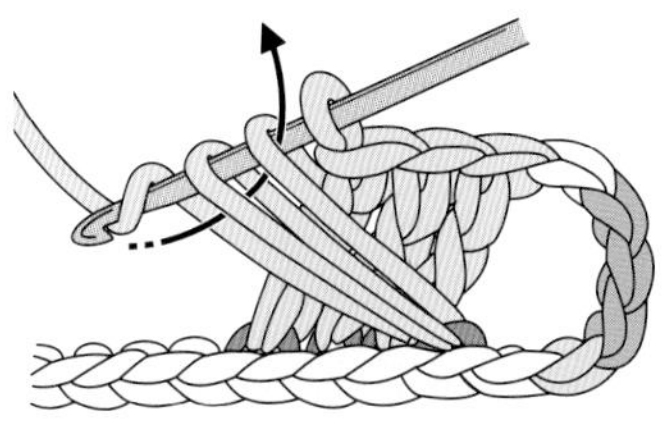

5 钩针挂线，并从钩针上的2个线圈中拉出。

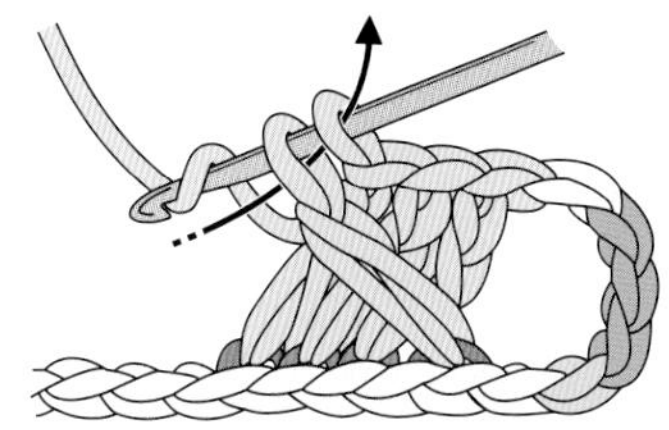

6 再次钩针挂线，从钩针上的2个线圈中引拔出（钩织长针）。

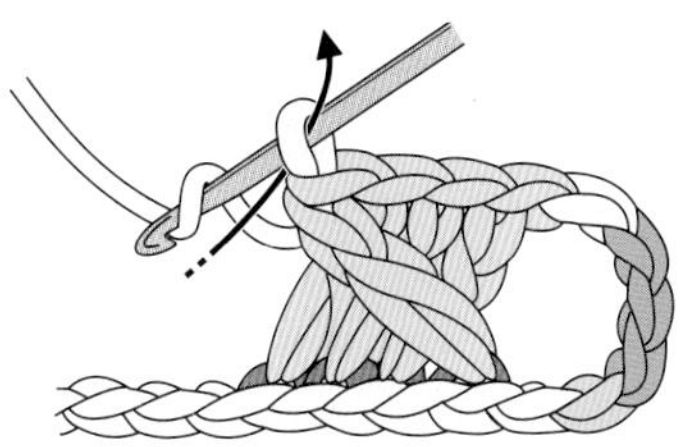

7 变形的1针和3针长针交叉（右上）完成。交叉时，右边的1针长针在左边3针长针上面。继续钩织。

变形的1针和3针长针交叉（左上）

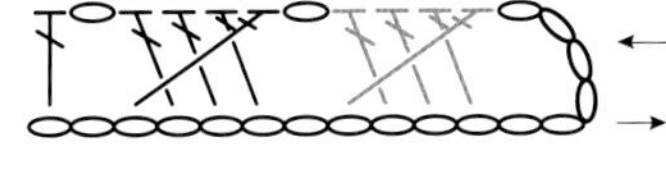

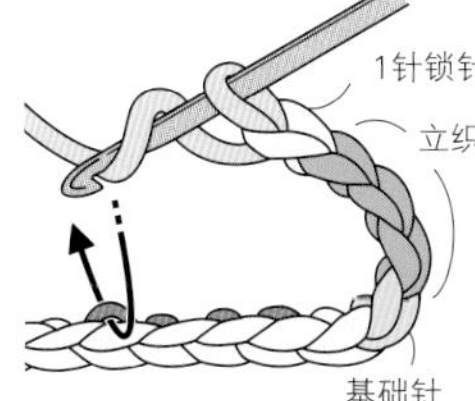

1 钩针挂线，挑取前一行（这里为起针行）端头第6针，将线长长地拉出，钩织长针。

2 再次钩针挂线，依次插入刚刚钩织的长针右边的第3个针目中。

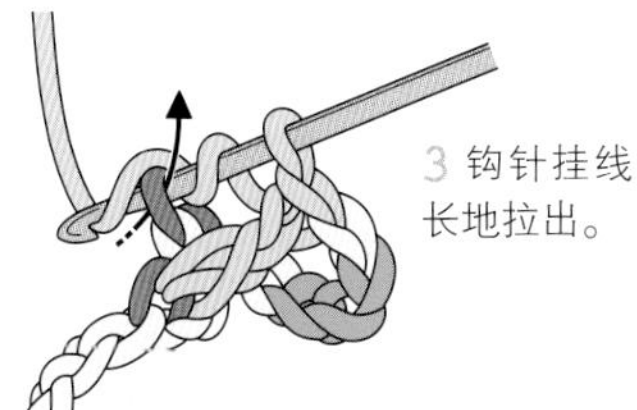

3 钩针挂线，并长长地拉出。

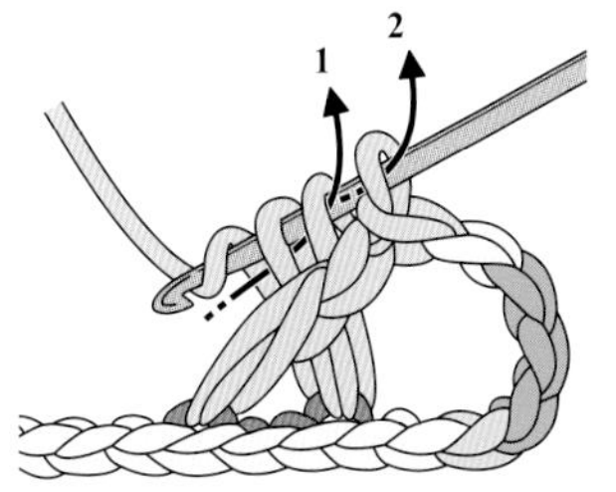

4 再次钩针挂线，从钩针上的2个线圈中拉出，重复1次（钩织长针）。

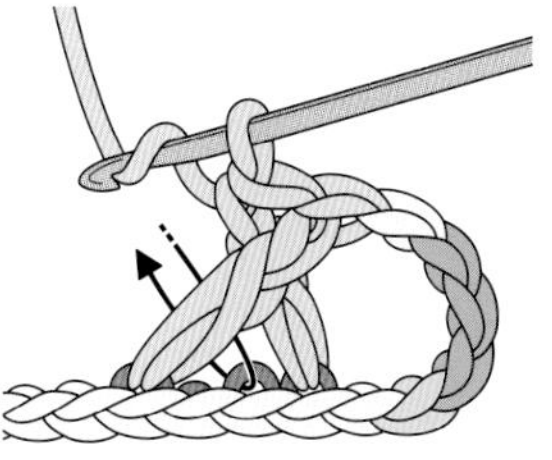

5 钩针挂线，按照相同的要领钩织1针长针。

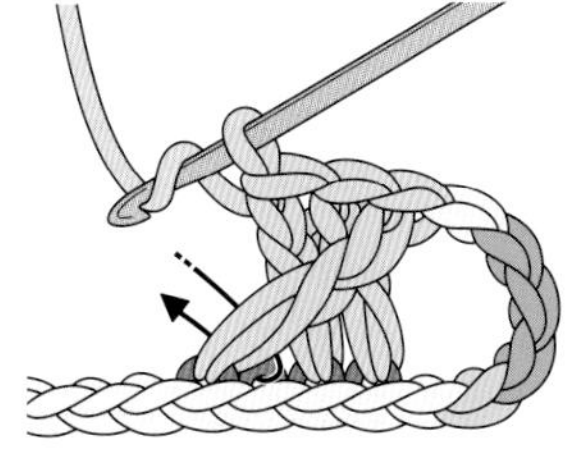

6 钩针挂线，按照相同的要领在左边的1针上钩织长针。

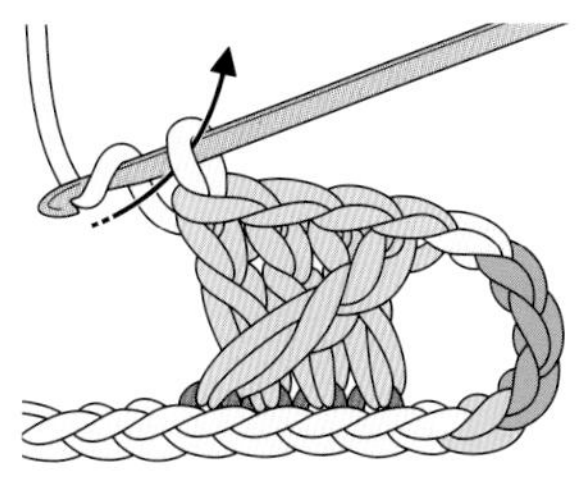

7 变形的1针和3针长针交叉（左上）完成。交叉时，左边的1针长针在右边3针长针上面。继续钩织。

长针的十字针

像同时钩织2针长针并1针和1针放2针长针那样钩织。

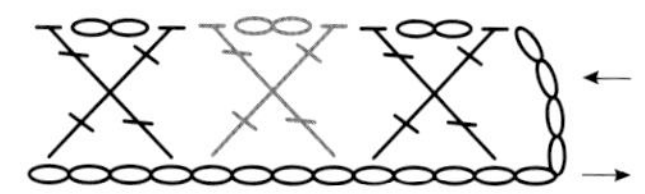

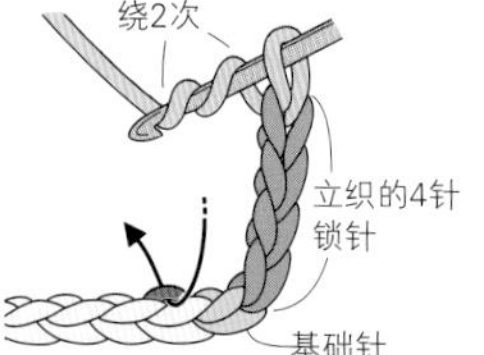

1 钩针挂 2 次线，挑取前一行（这里为起针行）端头第 2 针。

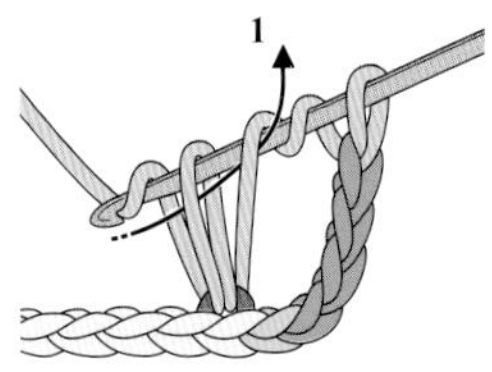

2 钩针挂线并拉出。再次钩针挂线，从钩针上的 2 个线圈中拉出（未完成的长针的样子）。

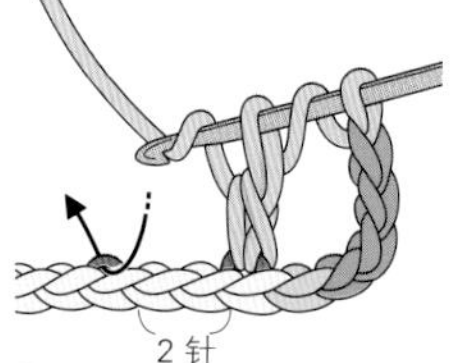

3 钩针挂线，跳过左边的 2 针锁针，插入第 3 针中。

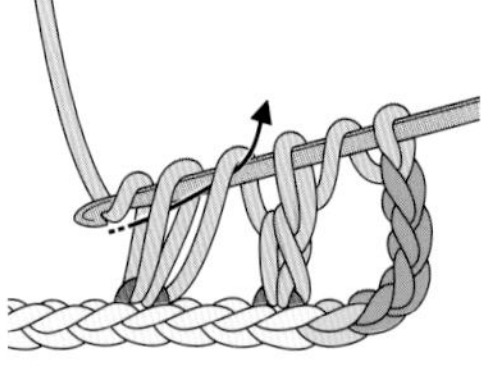

4 再次钩织未完成的长针。

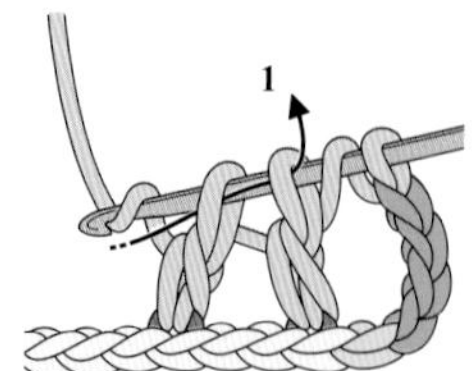

5 再次钩针挂线，从钩针上的 2 个线圈中拉出，钩织未完成的 2 针长针并 1 针。

6 再次钩针挂线，从钩针上的 2 个线圈中拉出，重复 1 次（钩织长针的方法）。

7 钩织 2 针锁针。

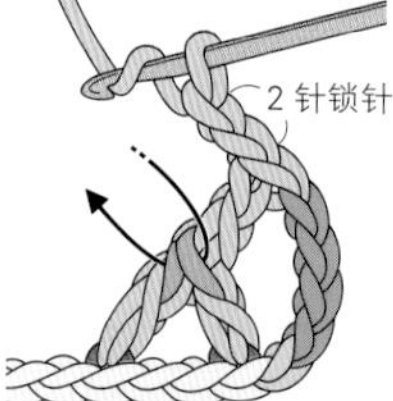

8 钩针挂线，分别挑取步骤 5 中钩织的 2 针长针上的 1 根线。

9 钩针挂线并拉出。

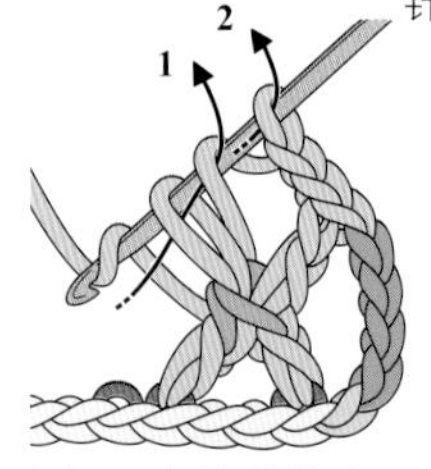

10 再次钩针挂线，从钩针上的 2 个线圈中拉出，重复 1 次（钩织长针的方法）。

11 长针的十字针完成。继续按照相同的要领钩织。

长长针的十字针

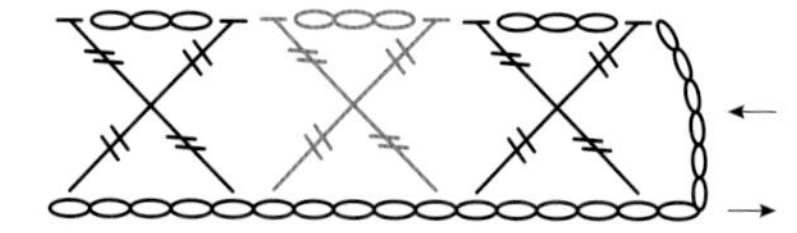

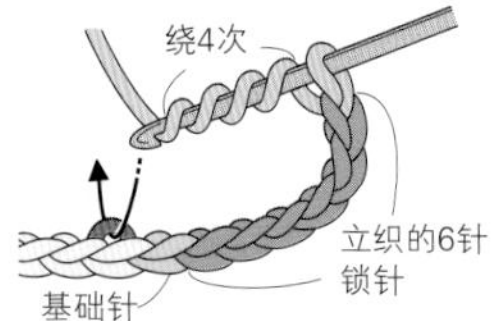

1 钩针挂 4 次线，挑取前一行（这里为起针行）端头第 2 针。

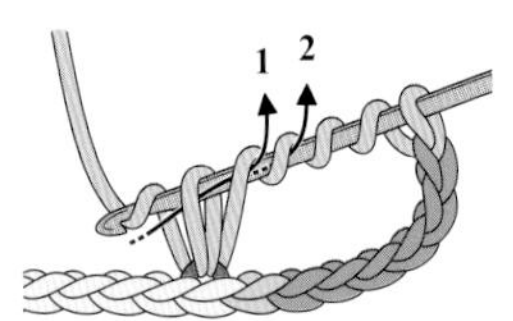

2 钩针挂线并拉出。再次钩针挂线，从钩针上的 2 个线圈中拉出，重复 1 次（未完成的长长针的样子）。

3 钩针挂 2 次线，跳过左边的 3 针锁针，插入第 4 针中。

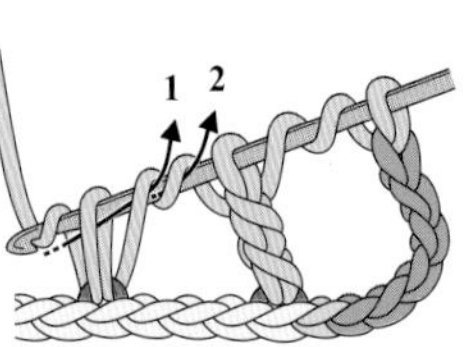

4 再次钩织未完成的长长针。

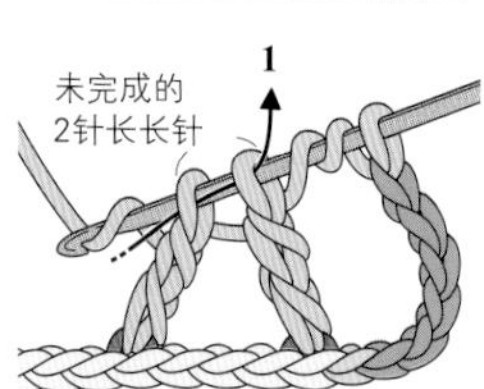

5 再次钩针挂线，从钩针上的 2 个线圈中拉出，钩织未完成的 2 针长长针并 1 针。

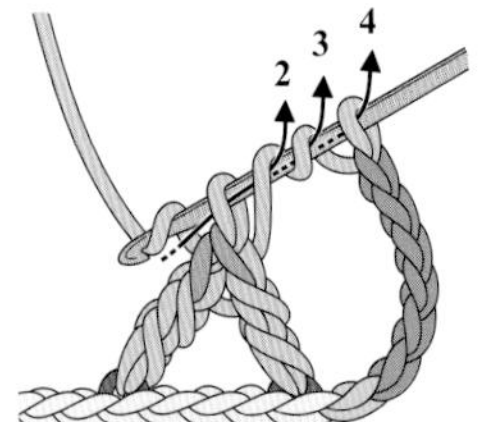

6 再次钩针挂线，从钩针上的 2 个线圈中拉出，重复 2 次（钩织长长针的方法）。

7 钩织 3 针锁针。

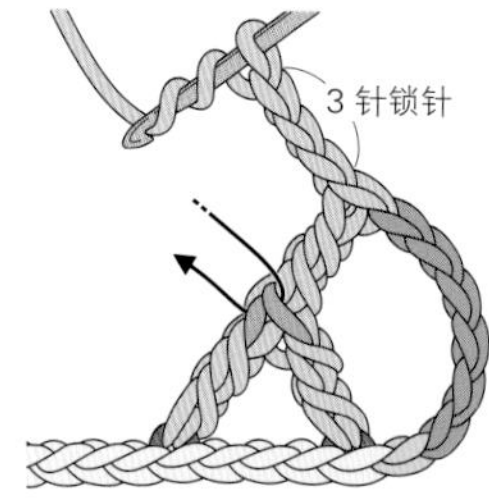

8 钩针挂 2 次线，分别挑取步骤 5 中钩织的 2 针长长针上的 1 根线。

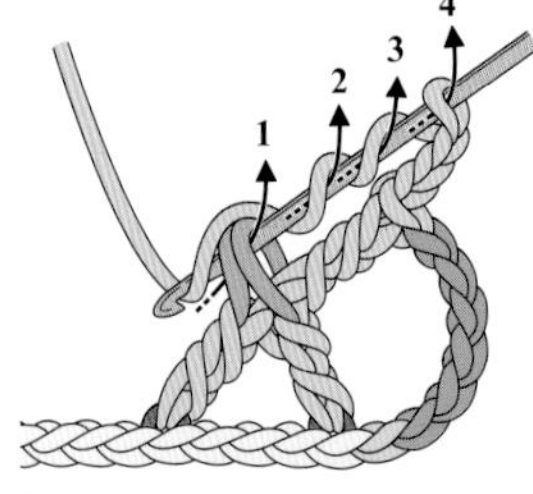

9 钩针挂线并拉出。再次钩针挂线，从钩针上的 2 个线圈中拉出，重复 2 次（钩织长长针的方法）。

10 长长针的十字针完成。

Y字针

由长针的十字针演化而来的针法。钩织长长针，在上面像钩织出分枝那样钩织长针。

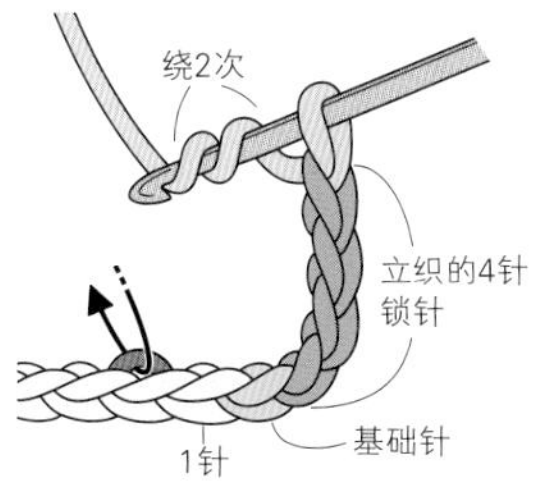

1 钩针挂 2 次线，挑取前一行（这里为起针行）端头第 3 针，钩织长长针。

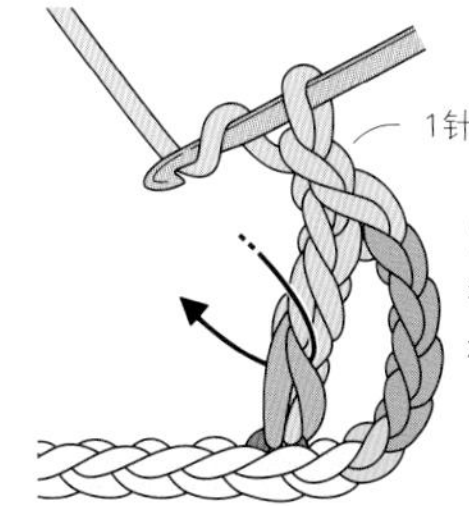

2 钩织 1 针锁针，钩针挂线，挑取长长针柱子最下方的 2 根线。

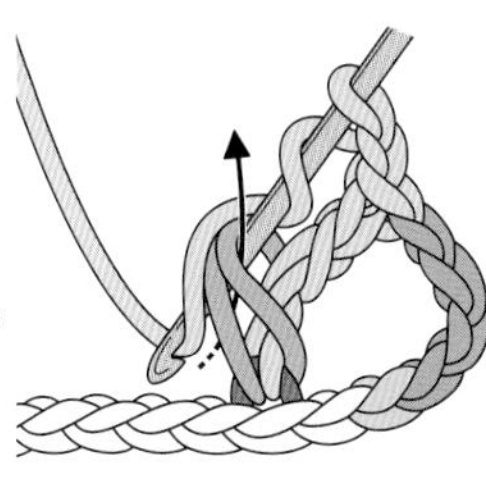

3 钩针挂线并拉出。

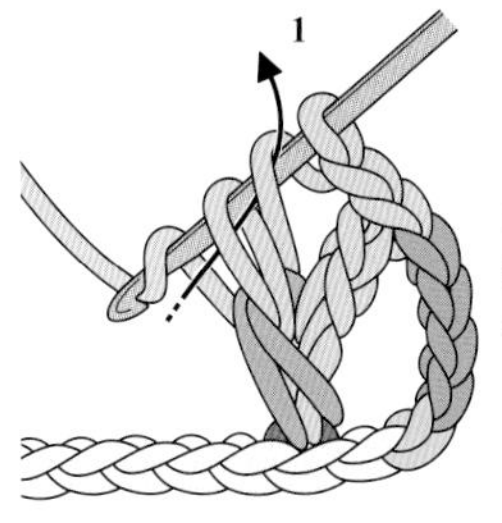

4 再次钩针挂线，从钩针上的 2 个线圈中拉出。

5 再次钩针挂线，从钩针上的 2 个线圈中拉出（钩织长针的方法）。

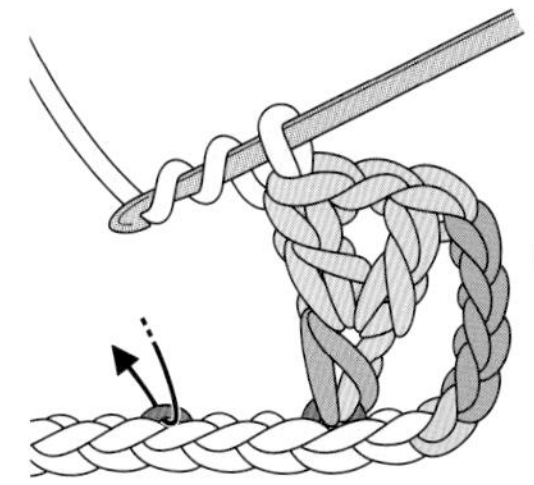

6 Y 字针完成。钩针挂 2 次线，按照相同的要领钩织。

倒Y字针

像在 2针长针并1针上钩织长针那样，或者像将长长针的下半部分一分为二钩织。

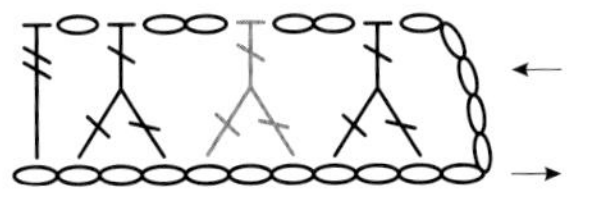

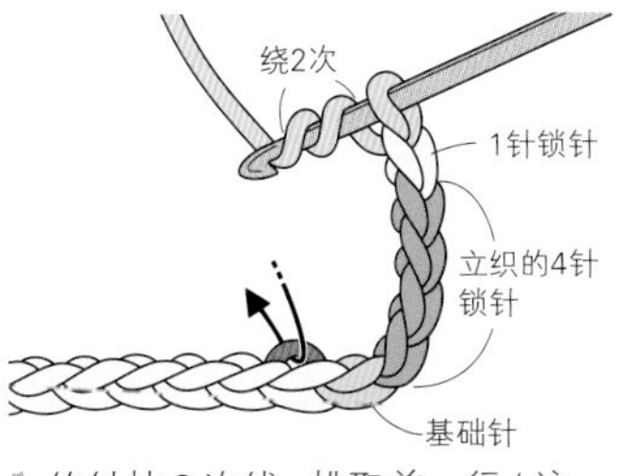

1 钩针挂 2 次线，挑取前一行（这里为起针行）端头第 2 针。

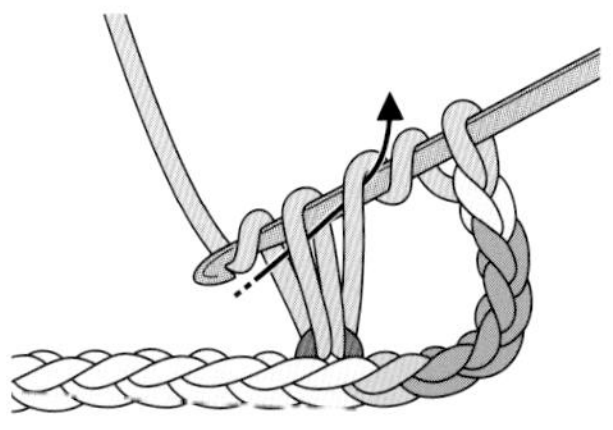

2 钩针挂线并拉出。再次钩针挂线，从钩针上的 2 个线圈中拉出（未完成的长针的样子）。

3 钩针挂线，跳过左边的 1 针锁针，插入第 3 针中。

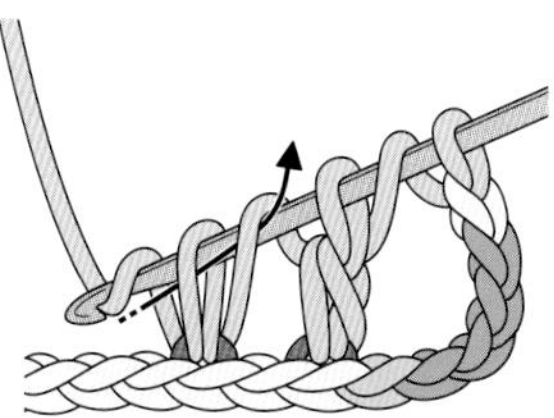

4 再次钩织未完成的长针。

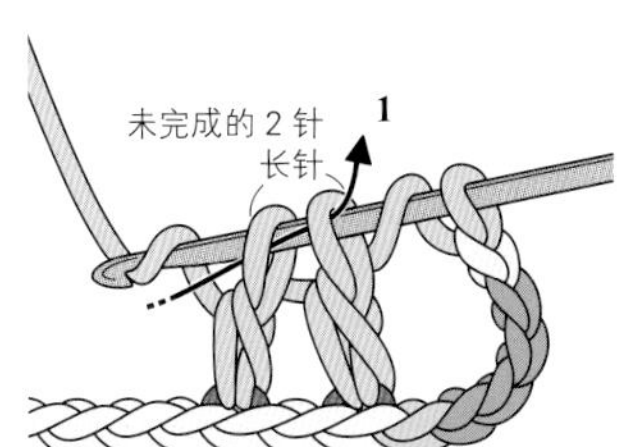

5 再次钩针挂线，从钩针上的 2 个线圈中拉出，钩织未完成的 2 针长针并 1 针。

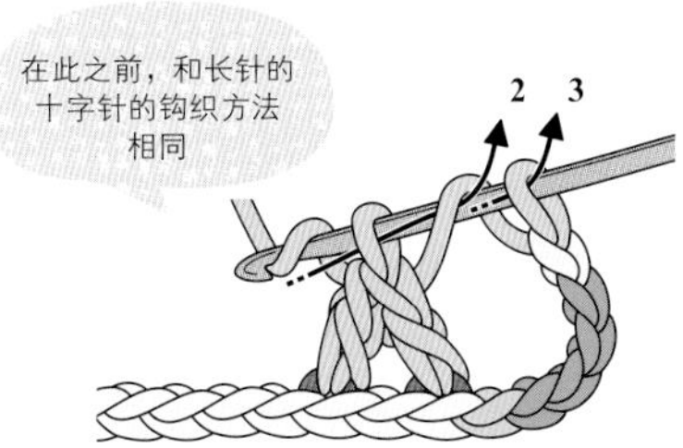

6 再次钩针挂线，从钩针上的 2 个线圈中拉出，重复 1 次（钩织长针的方法）。

7 倒 Y 字针完成。

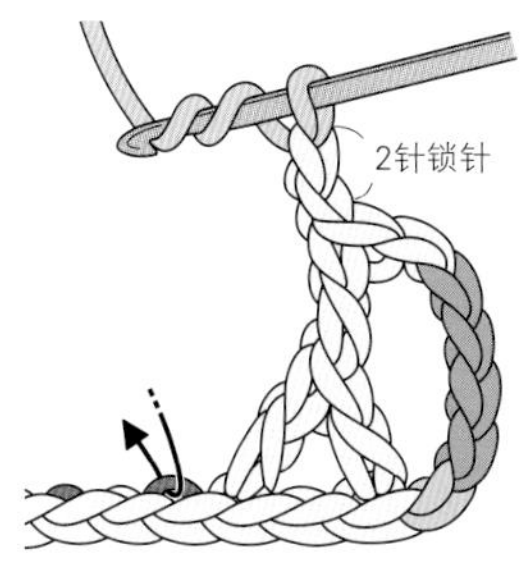

8 钩织 2 针锁针，钩针挂 2 次线，按照相同的要领钩织。

装饰针

变形的松叶针（p.60）用在边缘编织上，效果非常好。

1针放3针长针（在同一针短针上钩织）

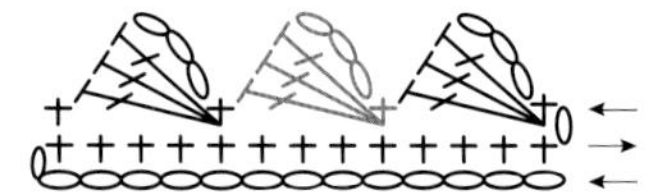

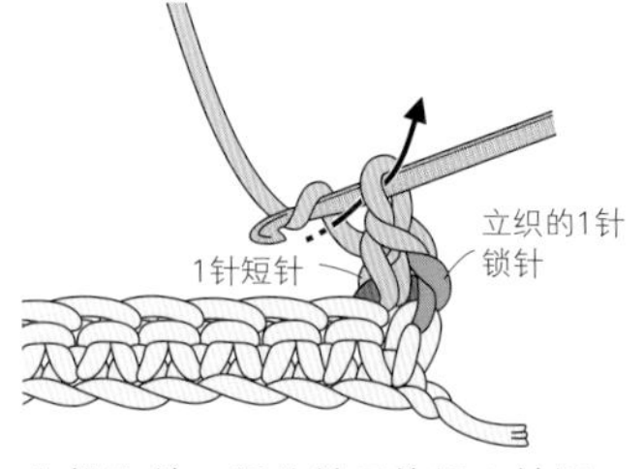

1 挑取前一行的针目钩织 1 针短针，再钩织 3 针锁针。

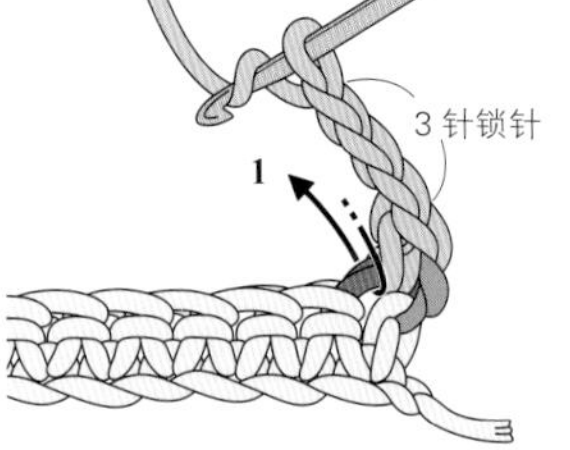

2 钩针挂线，插入步骤 1 钩织的短针的针目中。

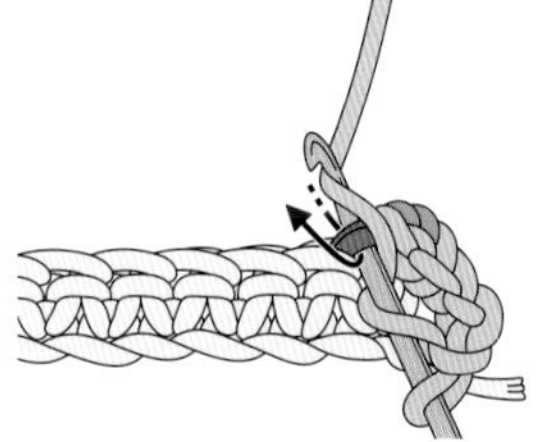

3 钩针挂线并拉出。

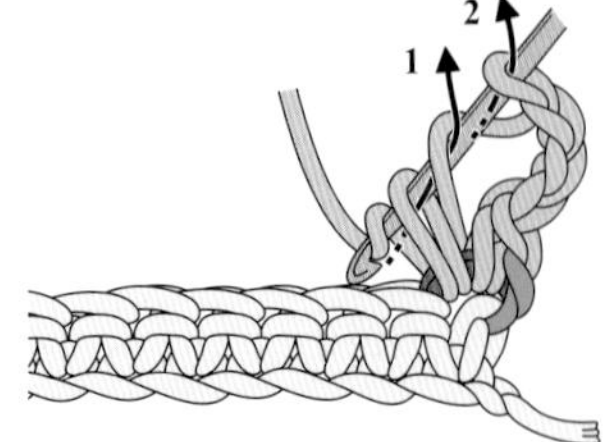

4 再次钩针挂线，从钩针上的 2 个线圈中拉出（钩织长针）。

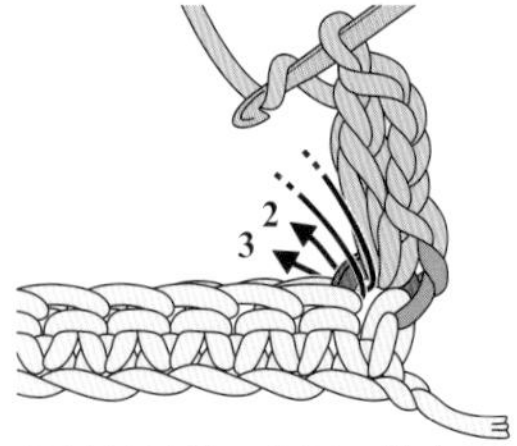

5 钩针挂线，在同一针上再钩织 2 针长针。

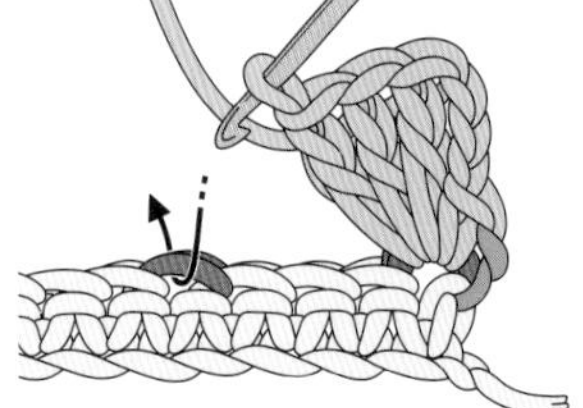

6 钩织 3 针长针后，跳过左边的 3 针短针，在第 4 针短针上钩织短针。

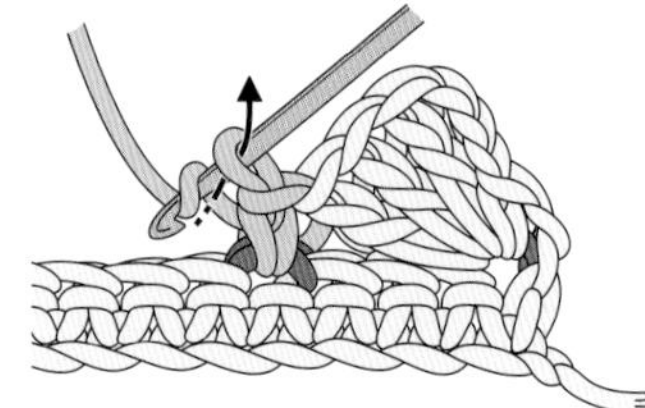

7 继续按照相同要领钩织。

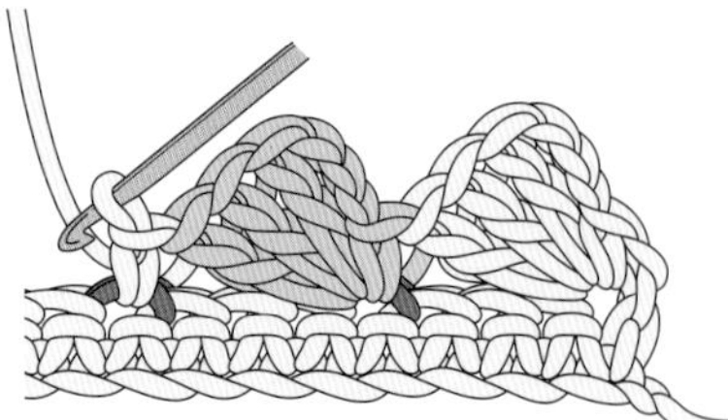

8 钩织了 2 个花样。

1针放3针长针（在短针的根部钩织）

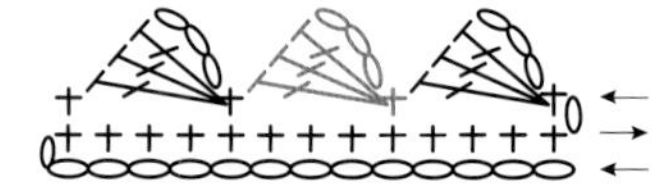

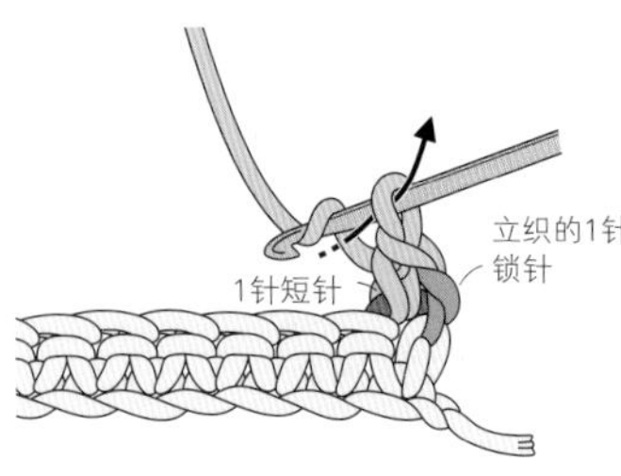

1 挑取前一行的针目钩织 1 针短针，再钩织 3 针锁针。

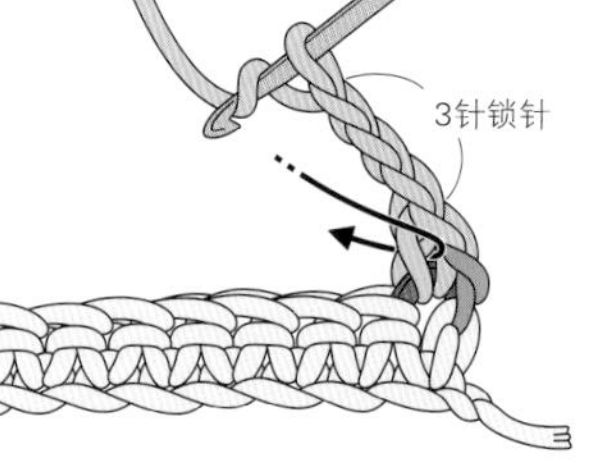

2 钩针挂线，插入步骤 1 钩织的短针的根部 2 根线中。

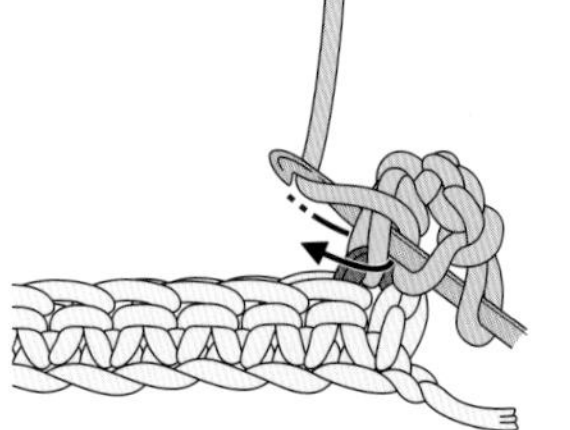

3 钩针挂线并拉出。

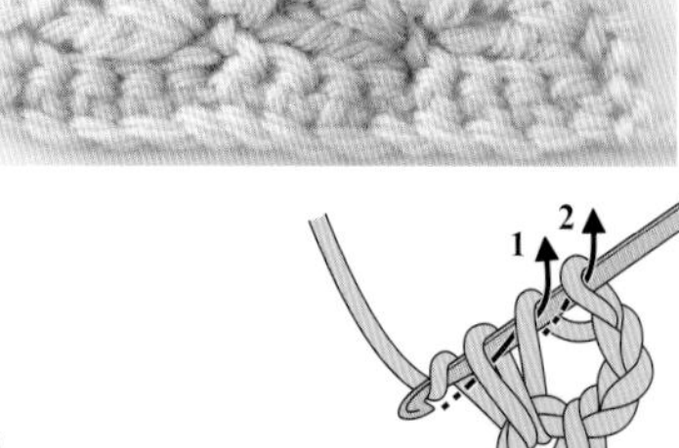

4 再次钩针挂线，从钩针上的 2 个线圈中拉出，重复 1 次（钩织长针）。

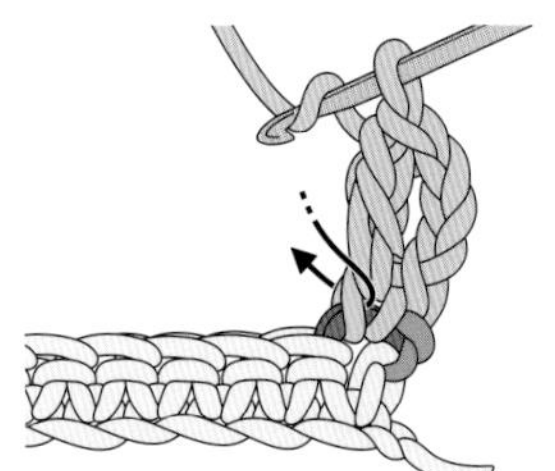

5 钩针挂线，在同一针上再钩织 2 针长针。

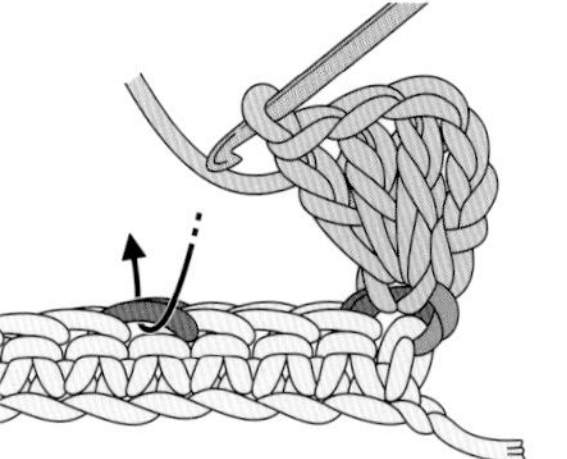

6 钩织 3 针长针后，跳过左边的 3 针短针，在第 4 针短针上钩织短针。

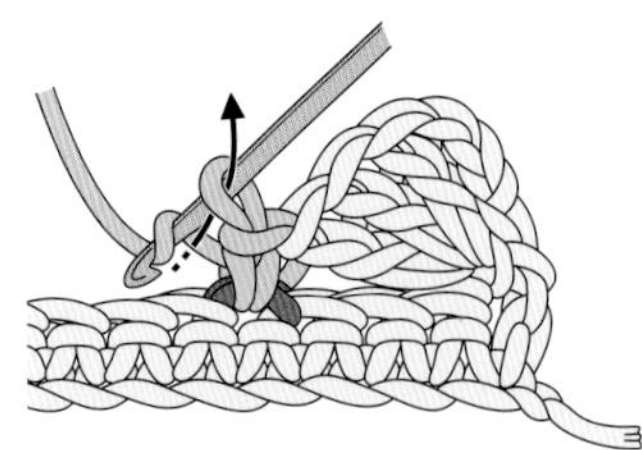

7 继续按照相同的要领钩织。

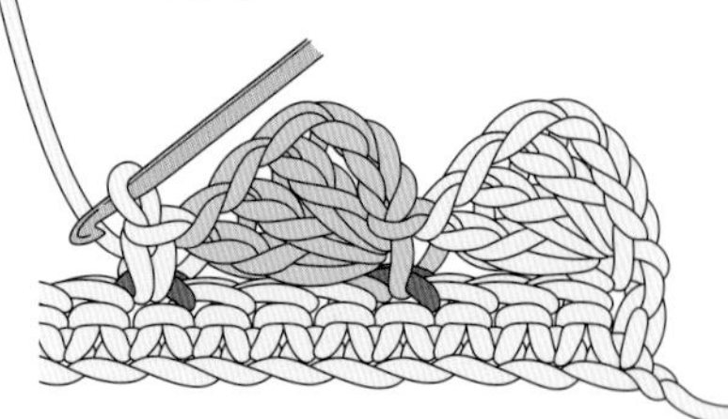

8 钩织了 2 个花样。

1针放2针长针的枣形针（在短针的根部钩织）

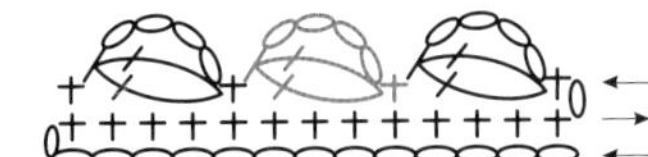

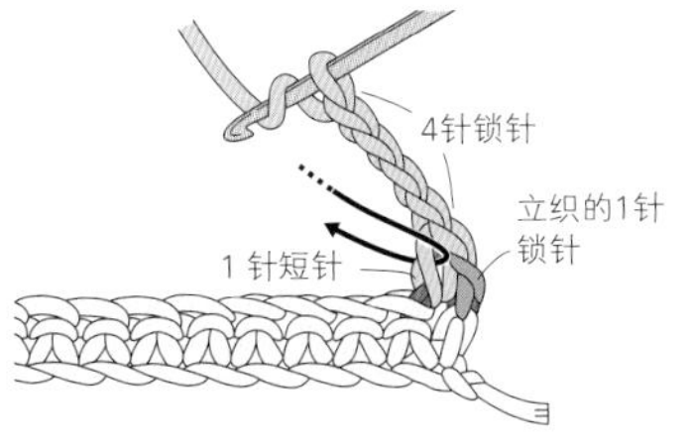

1 挑取前一行的针目钩织 1 针短针，再钩织 4 针锁针。钩针挂线，插入刚刚钩织的短针根部 2 根线中。

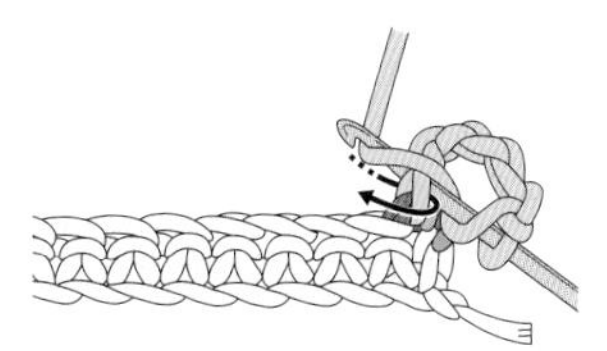

2 钩针挂线并拉出。

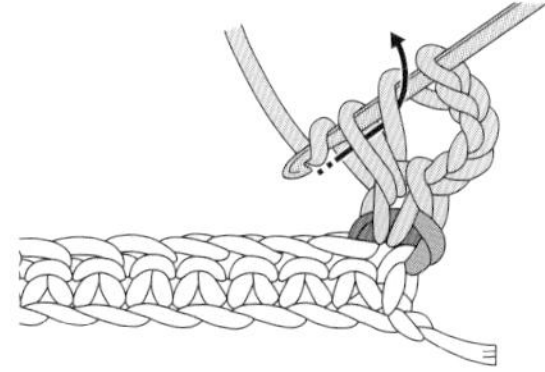

3 钩针挂线，从钩针上的 2 个线圈中拉出（未完成的长针）。

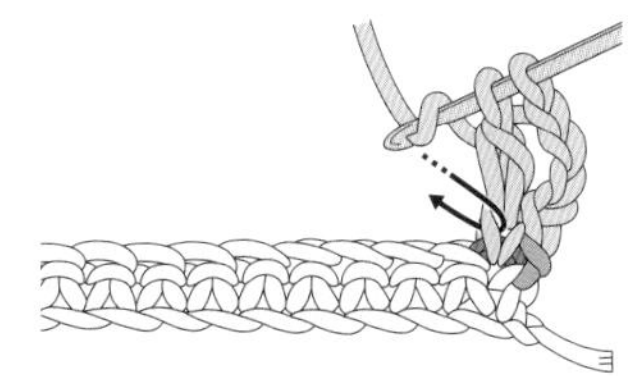

4 再次钩针挂线，插入相同的地方，钩织 1 针未完成的长针。

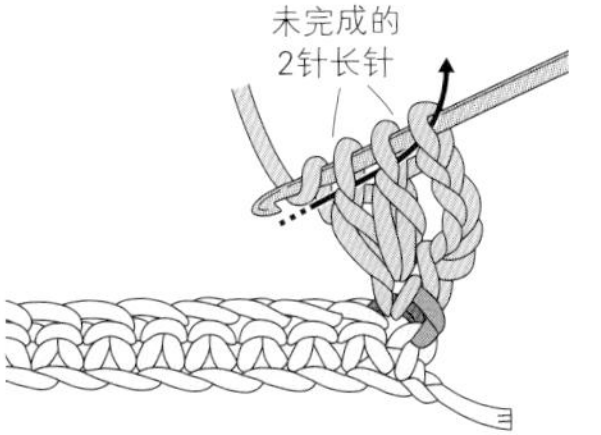

5 钩织 2 针未完成的中长针后再次挂线，从钩针上的所有线圈中一次性引拔出。

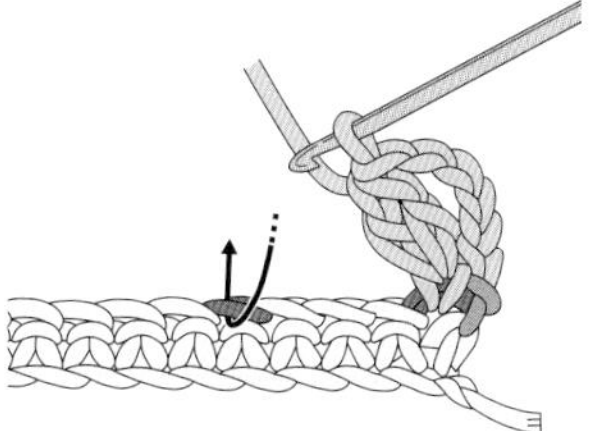

6 1 针放 2 针长针的枣形针完成。然后跳过左边的 3 针短针，在第 4 针短针上钩织短针。

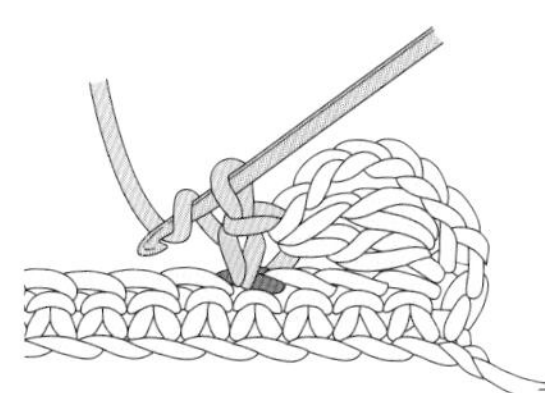

7 继续按照相同要领钩织。

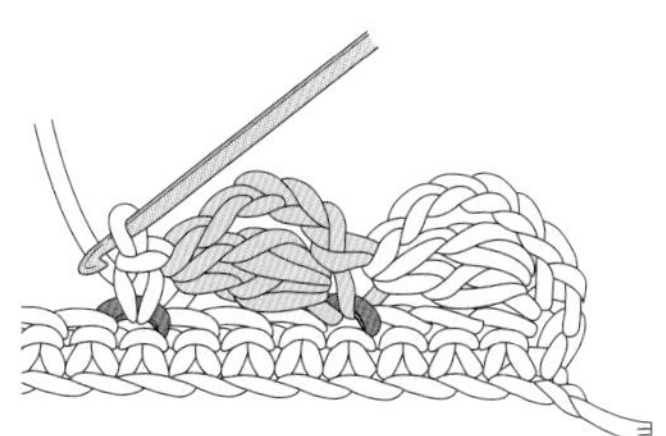

8 钩织了 2 个花样。

1针放3针中长针的枣形针（在短针的根部钩织）

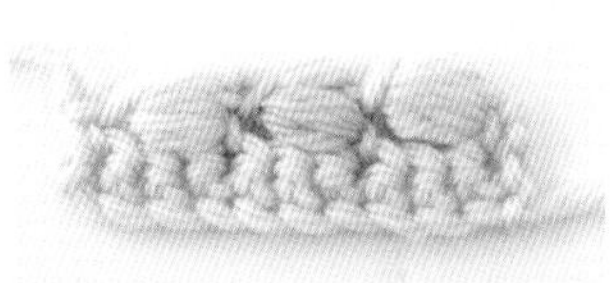

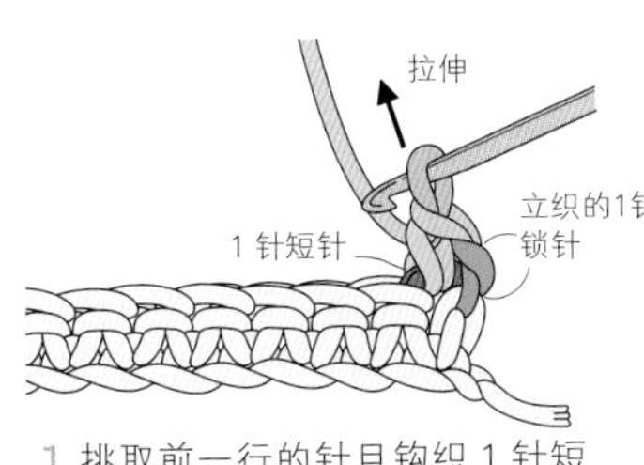

1 挑取前一行的针目钩织 1 针短针，然后将钩针上挂的针目拉伸至 2 针锁针的长度。

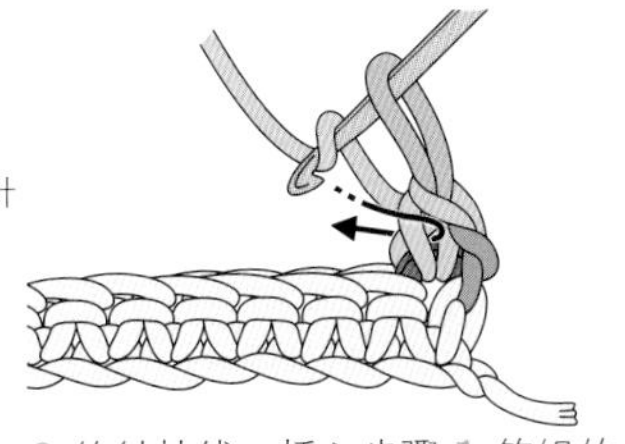

2 钩针挂线，插入步骤 1 钩织的短针根部 2 根线中。

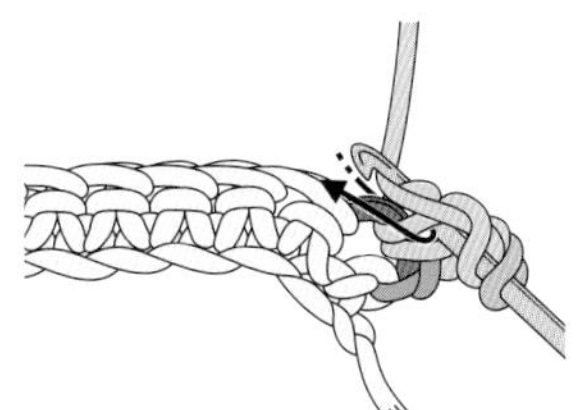

3 钩针挂线并拉出。

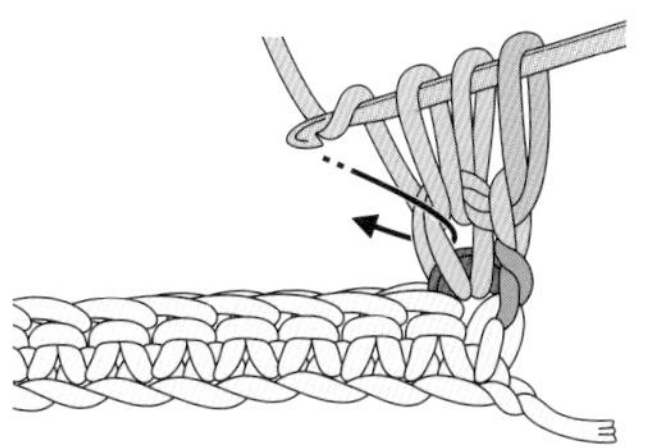

4 这是未完成的中长针。再次钩针挂线，插入相同的地方，钩织 2 针未完成的中长针。

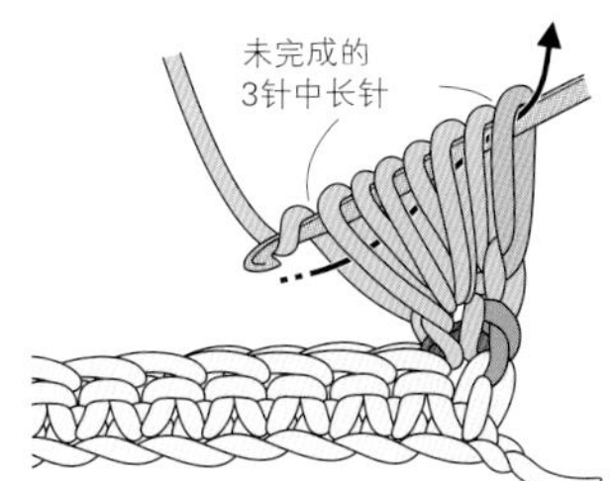

5 钩织 3 针未完成的中长针后再次挂线，从钩针上的所有线圈中一次性引拔出。

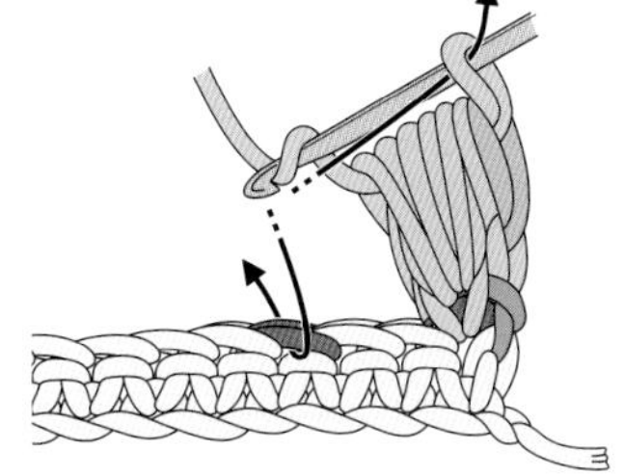

6 1 针放 3 针中长针的枣形针完成。再钩织 1 针锁针收紧。然后跳过左边的 2 针短针，在第 3 针短针上钩织短针。

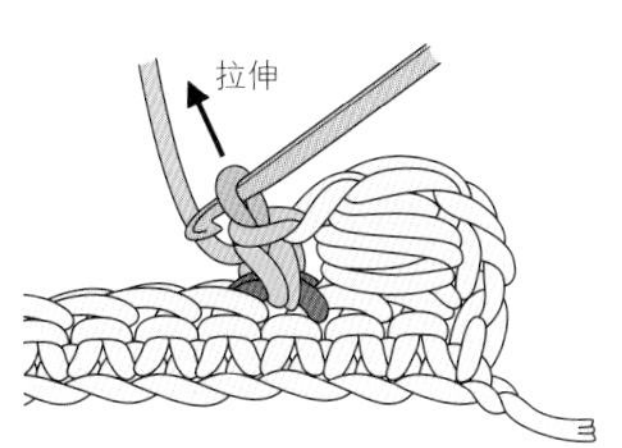

7 继续按照相同要领钩织。

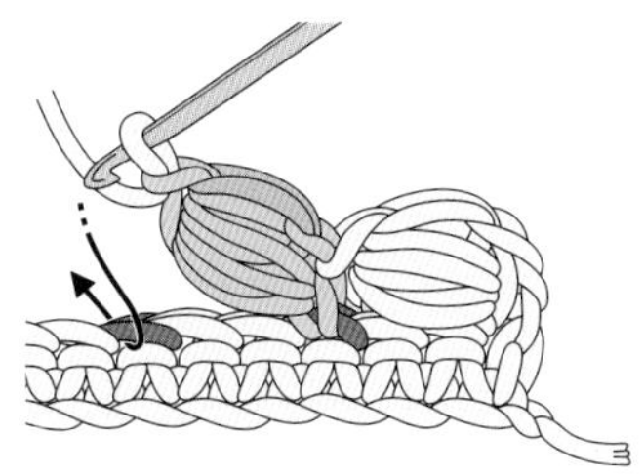

8 钩织了 2 个花样。

圈圈针

左手压着线钩织，就可以形成圈圈针。
虽然左手中指可以调整圈圈的大小，但因为圈圈针出现在反面，所以要一边确认一边钩织。
如果想要较大的圈圈针，可以将无名指和中指一起压在线上。

短针的圈圈针

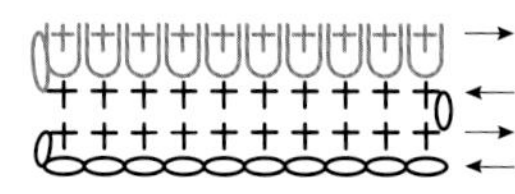

正面

反面

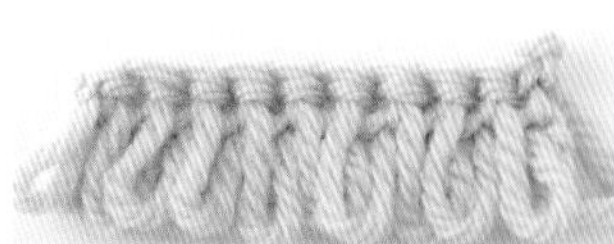

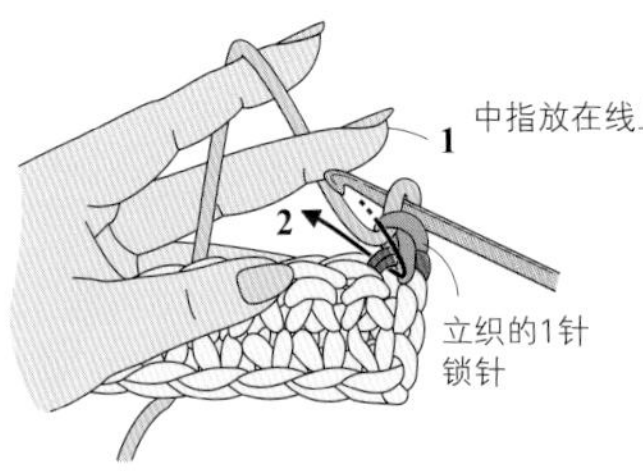

1 左手的中指放在线上，如图所示将钩针插入前一行短针的头部。

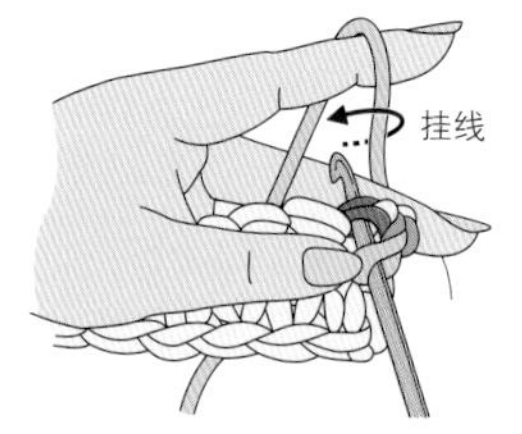

2 左手中指向下压住线（压住的线将成为圈圈针），按箭头所示钩针挂线。

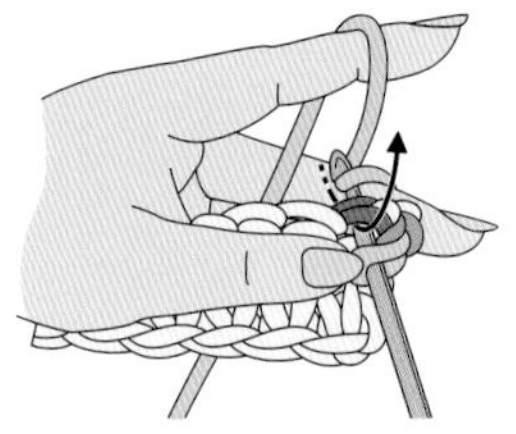

3 将线拉出。

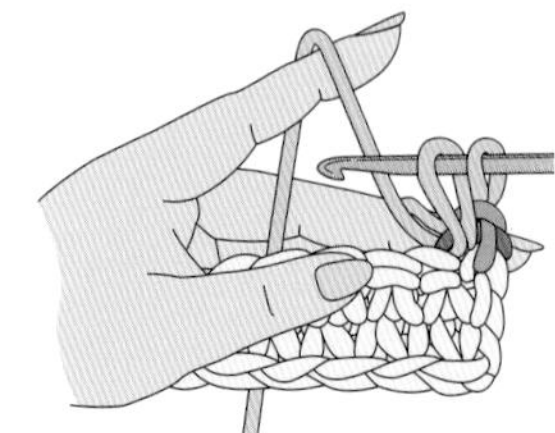

4 将线拉出后的样子。

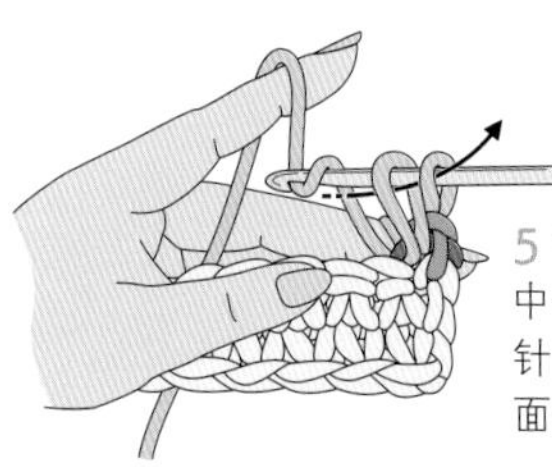

5 钩针挂线，从 2 个线圈中一次性引拔出（钩织短针）。抽出左手中指，反面的圈圈针就完成了。

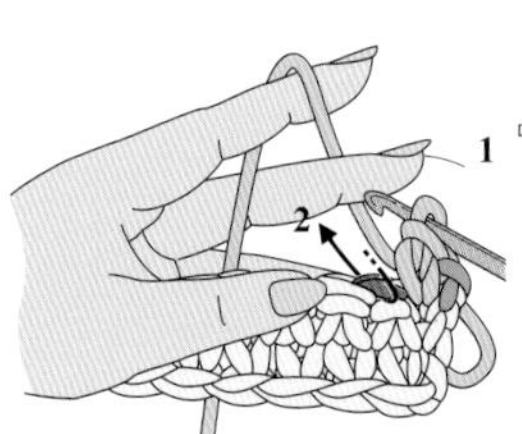

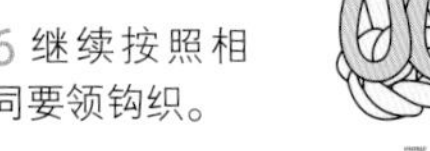

6 继续按照相同要领钩织。

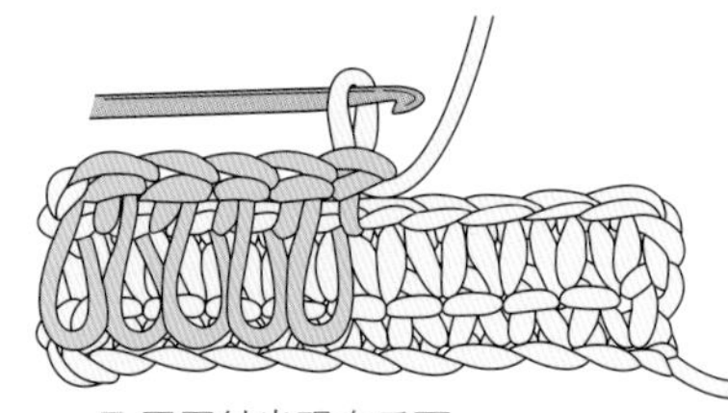

7 圈圈针出现在反面（从反面看的样子）。

※ 反面当作正面用

长针的圈圈针

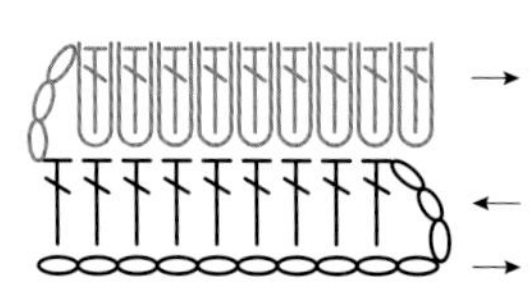

正面

反面

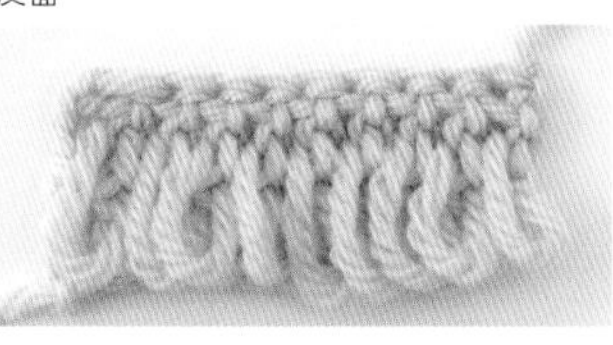

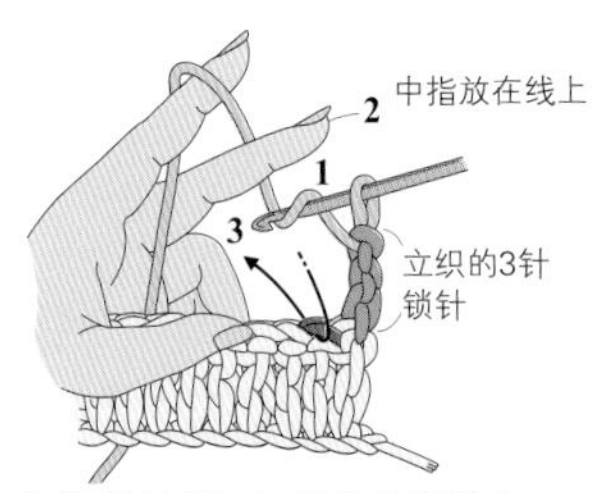

1 钩针挂线，左手的中指放在线上，如图所示将钩针插入前一行的长针的头部。

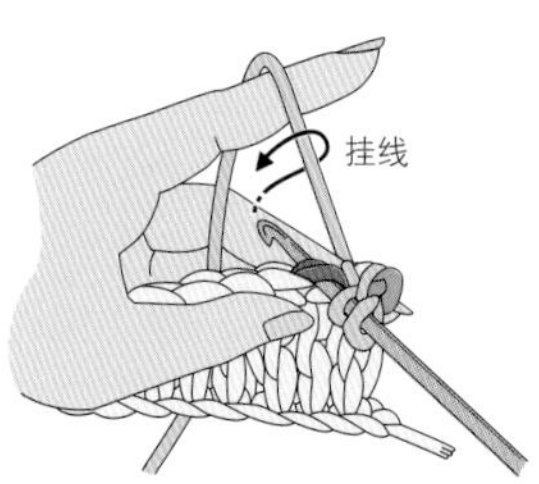

2 左手中指向下压住线（压住的线将成为圈圈针），按箭头所示钩针挂线。

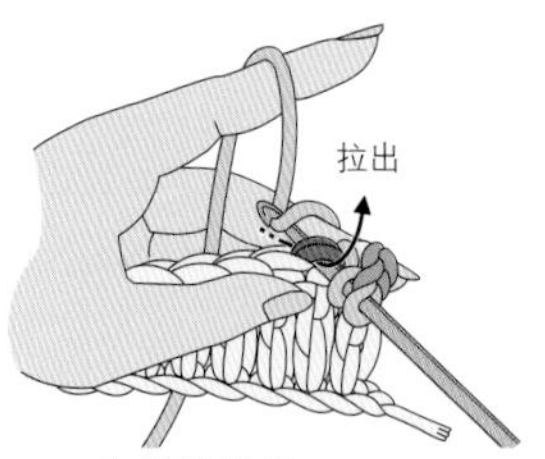

3 将线拉出。

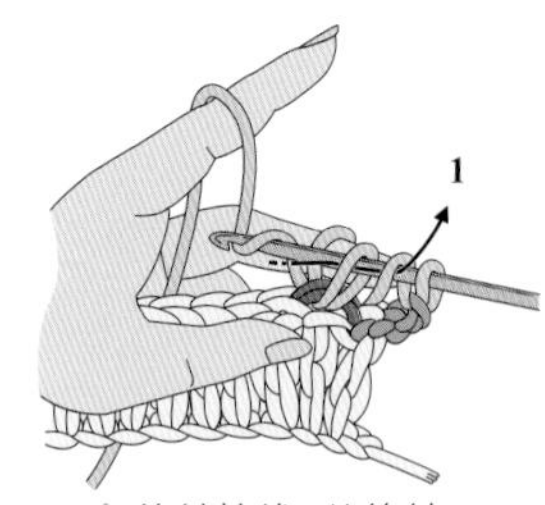

4 钩针挂线，从钩针上的 2 个线圈中拉出。

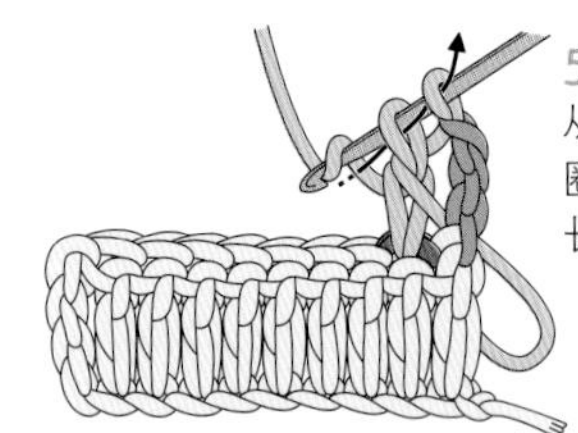

5 再次钩针挂线，从钩针上的 2 个线圈中引拔出（钩织长针）。

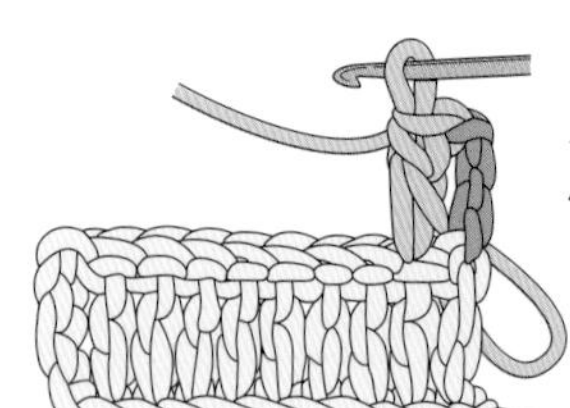

6 抽出左手中指，反面的圈圈针就完成了。继续按照相同要领钩织。

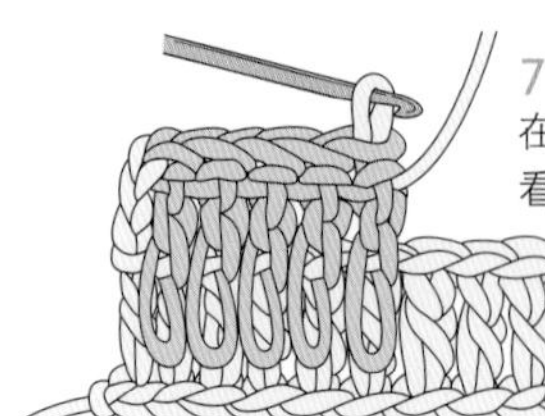

7 圈圈针出现在反面（从反面看的样子）。

※ 反面当作正面用

七宝针

拉长的锁针和短针组合在一起，形成七宝针花样。
钩织方法并不难，但要弄清楚钩织的位置，这点需要注意。

七宝针

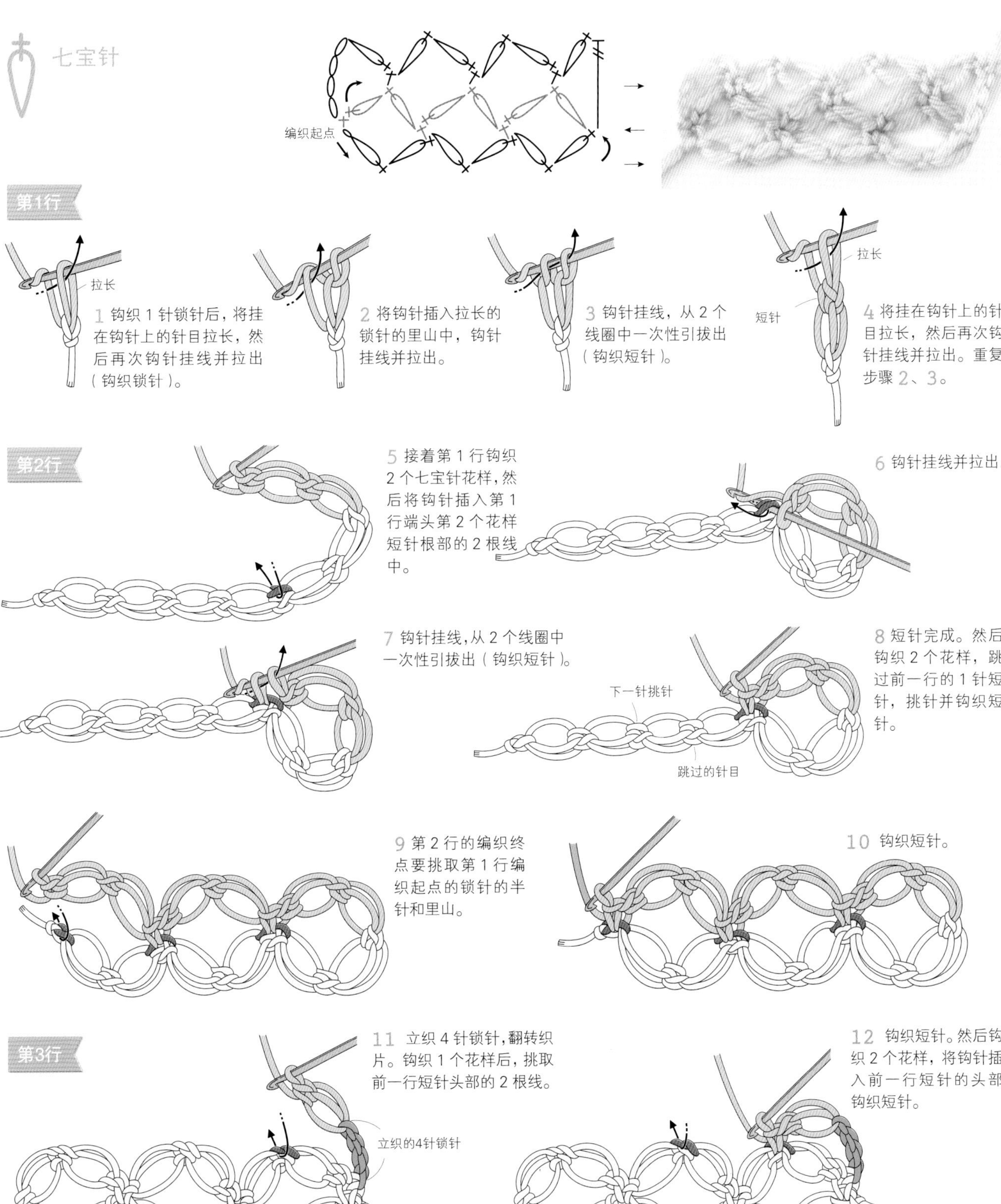

第1行

1 钩织 1 针锁针后，将挂在钩针上的针目拉长，然后再次钩针挂线并拉出（钩织锁针）。

2 将钩针插入拉长的锁针的里山中，钩针挂线并拉出。

3 钩针挂线，从 2 个线圈中一次性引拔出（钩织短针）。

4 将挂在钩针上的针目拉长，然后再次钩针挂线并拉出。重复步骤 2、3。

第2行

5 接着第 1 行钩织 2 个七宝针花样，然后将钩针插入第 1 行端头第 2 个花样短针根部的 2 根线中。

6 钩针挂线并拉出。

7 钩针挂线，从 2 个线圈中一次性引拔出（钩织短针）。

8 短针完成。然后钩织 2 个花样，跳过前一行的 1 针短针，挑针并钩织短针。

9 第 2 行的编织终点要挑取第 1 行编织起点的锁针的半针和里山。

10 钩织短针。

第3行

11 立织 4 针锁针，翻转织片。钩织 1 个花样后，挑取前一行短针头部的 2 根线。

12 钩织短针。然后钩织 2 个花样，将钩针插入前一行短针的头部钩织短针。

让钩针编织更有趣

—各种实用小技巧—

到现在为止，大家已经掌握了许多针法，也熟悉了编织符号，
是不是可以钩织出许多喜欢的作品了?
本章将继续给大家介绍在实际钩织过程中所需要的各种技巧。
比如，颇受欢迎的串珠编织、有画龙点睛之效的配色花样、可爱的连接花片等，
全是一些实用的技法，对大家灵活运用钩针编织大有裨益。
钩织过程中，如果出现不知道该怎么办的情况，
一定来这一章找一下答案。

✳ 串珠口金包

闪亮的串珠编织，让口金包看起来非常华丽。
钩织时用了短针的条纹针，非常简单。

设计 / ucono
使用线 / 奥林巴斯线

钩织方法…p.145

✳ 串珠项链

在钩织的球球中加入串珠，
提升了作品的时尚度。
挂绳中也加入串珠，营造出了恰到好处的华丽。

设计 / ucono
使用线 / 奥林巴斯线

钩织方法… p.145

✳ 配色花样手提包

短针钩织的配色花样，使整体的织片比较密实，
非常适合做成包包。
这种大小的尺寸，还可以放入A4纸，非常实用。

设计 / shizukudo
使用线 / 芭贝

钩织方法…p.147

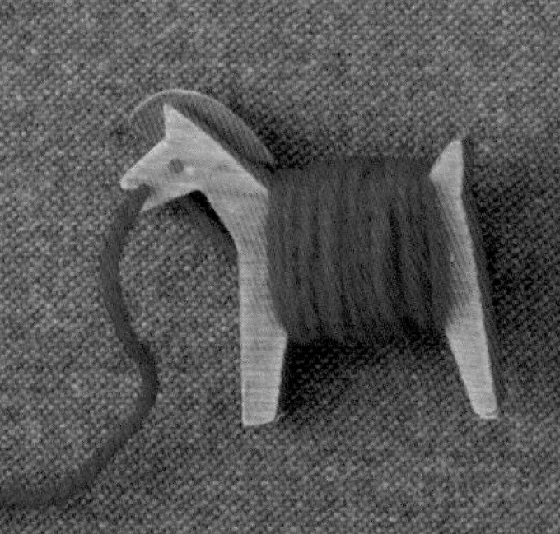

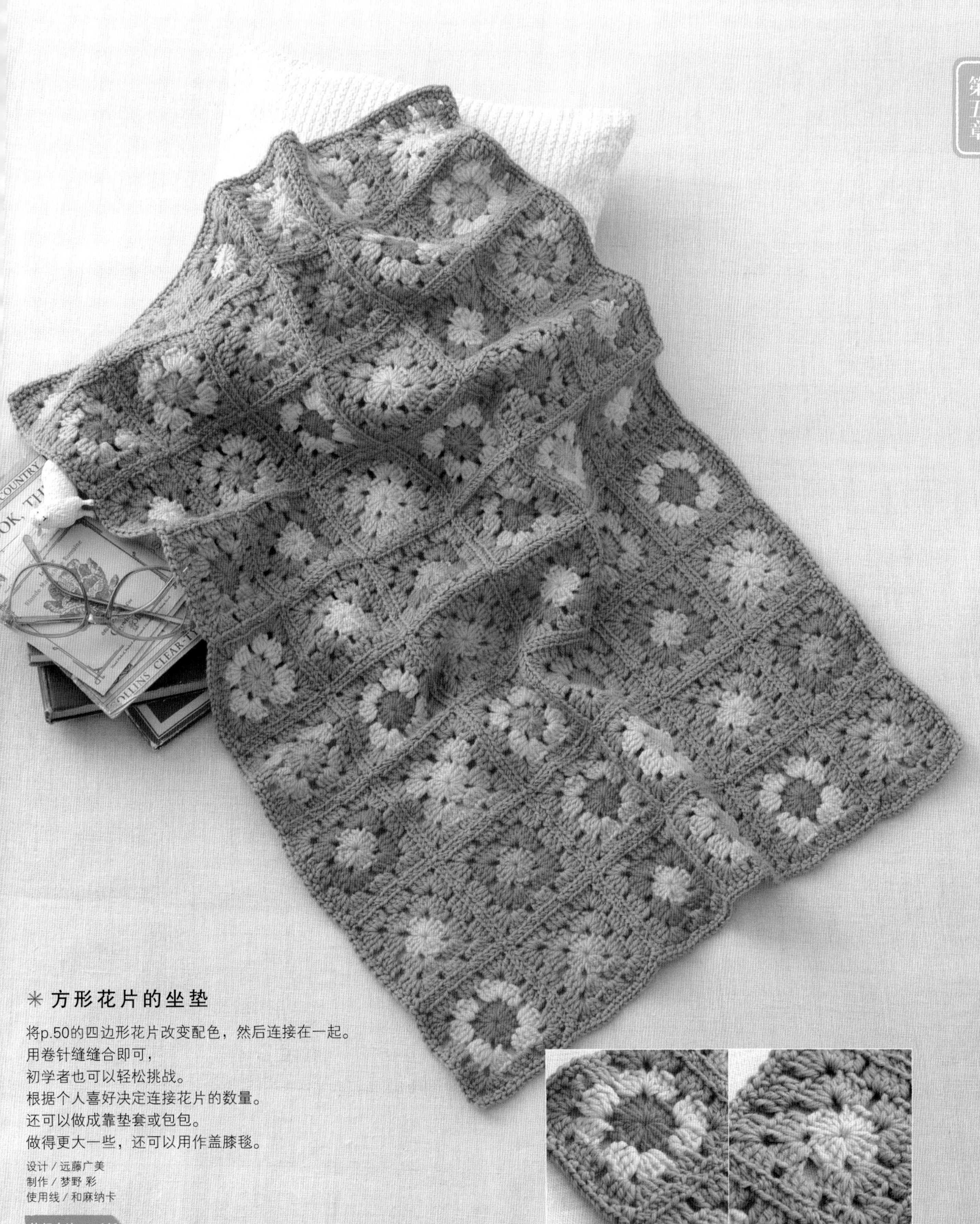

✳ 方形花片的坐垫

将p.50的四边形花片改变配色，然后连接在一起。
用卷针缝缝合即可，
初学者也可以轻松挑战。
根据个人喜好决定连接花片的数量。
还可以做成靠垫套或包包。
做得更大一些，还可以用作盖膝毯。

设计 / 远藤广美
制作 / 梦野 彩
使用线 / 和麻纳卡

钩织方法… p.146

串珠编织

需要织入串珠的话，在开始钩织之前，要先将所需数量的串珠穿到线上（建议多穿几颗串珠）。如果珠孔太小线穿不进去，是没法进行串珠编织的，需要注意。

穿珠的方法

●使用成串的串珠时……在店里买成串的串珠使用，是非常方便的。

＊和编织线系在一起（珠孔要比2根线粗）

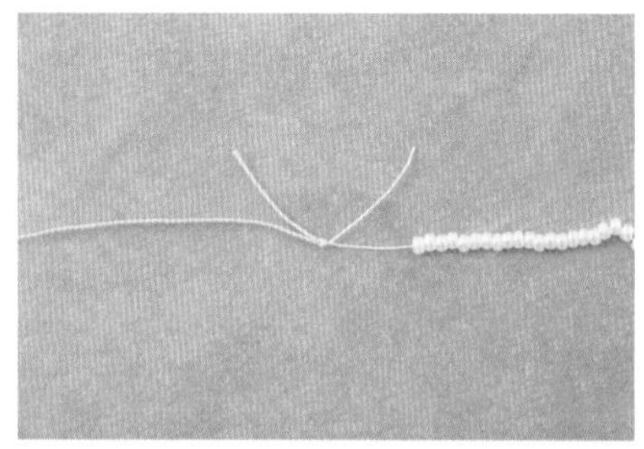

1 将编织线的端头和串珠自身的线系在一起。

2 将串珠一点点向编织线上移动。

3 将串珠移到线团旁边，以免影响钩织。

＊和编织线粘在一起（珠孔比2根线细）

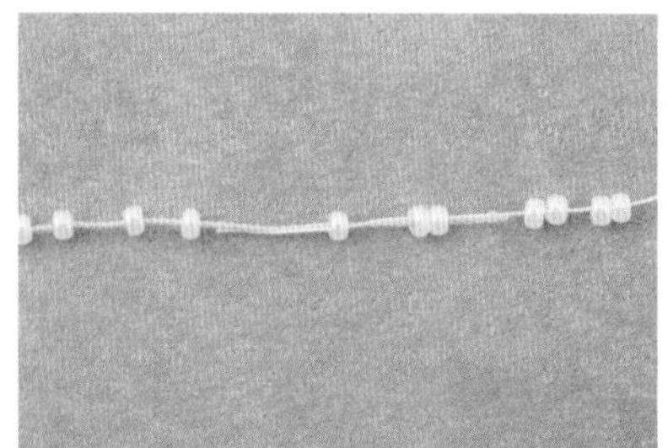

将编织线的端头捻细，用黏合剂将其和串珠自身的线粘在一起。

●使用散珠时

＊用串珠针

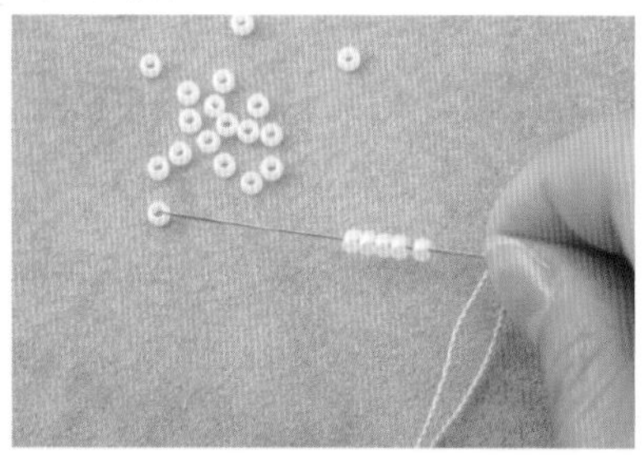

如果使用的是散珠，先将编织线穿到串珠针上，然后用串珠针将串珠穿起来，再移到编织线上。

＊用编织线

如果珠孔较小，拉伸编织线的端头至3~4cm处并涂上手工专用黏合剂，干燥后将线头斜斜地剪断，就可以顺利地穿上串珠了。

※也可以自己用手缝线将串珠穿起来，自制成串的串珠

织入串珠的方法

串珠编织其实并不难。
在钩织带有串珠的针目时，只需先拨入所需数量的串珠再钩织即可。
串珠全部出现在织片反面，因此将反面当作正面用。

第五章

锁针

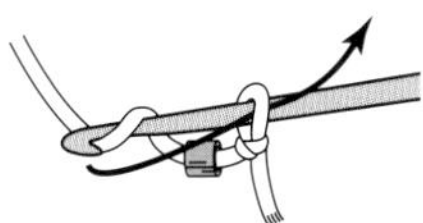

1 拨入 1 颗串珠，钩针挂线并引拔出，钩织锁针。钩织锁针时，将线拉紧，串珠会排列得很漂亮。

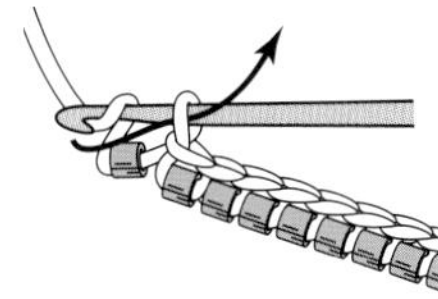

2 串珠钩织在锁针的里山上。

※也可以一次拨入2颗、3颗甚至更多的串珠，一针中钩织多颗串珠

短针

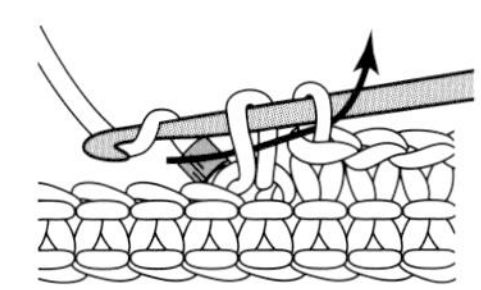

1 挑取前一行针目的头部，钩针挂线并拉出（未完成的短针），拨入 1 颗串珠，钩针挂线并引拔出，钩织短针。

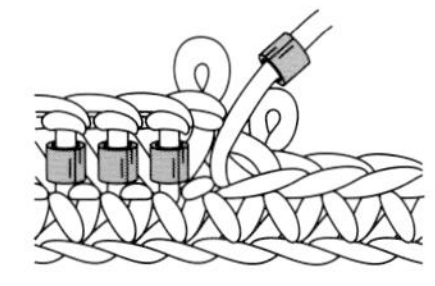

2 串珠钩织在织片的反面。

中长针

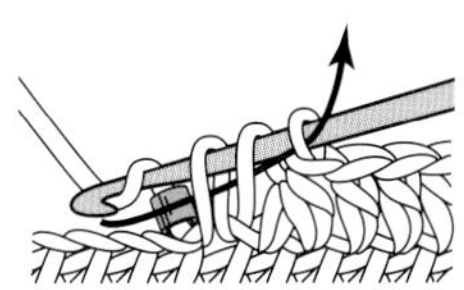

1 钩针挂线，挑取前一行的针目，再次挂线并拉出（未完成的中长针）。拨入 1 颗串珠，钩针挂线，并从 3 个线圈中一次性引拔出，钩织中长针。

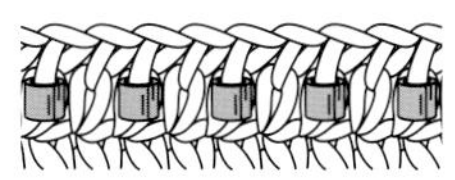

2 串珠钩织在织片的反面（图为隔 1 针编入 1 颗串珠的样子）。

长针

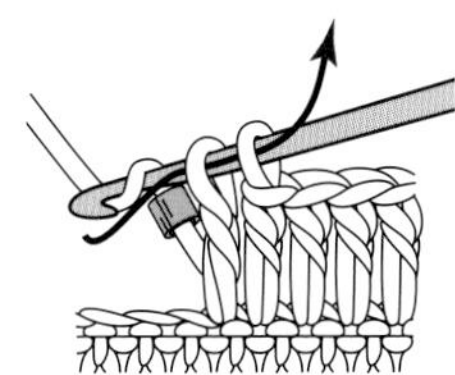

1 钩织 1 针未完成的长针，拨入 1 颗串珠，钩针挂线，并从剩余的 2 个线圈中引拔出。

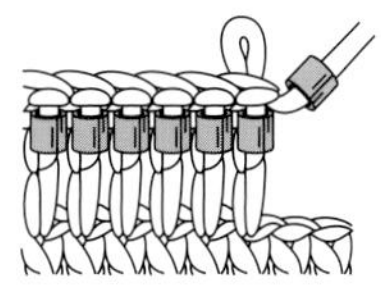

2 串珠钩织在织片的反面。

长针
（1 针中编入 2 颗串珠）

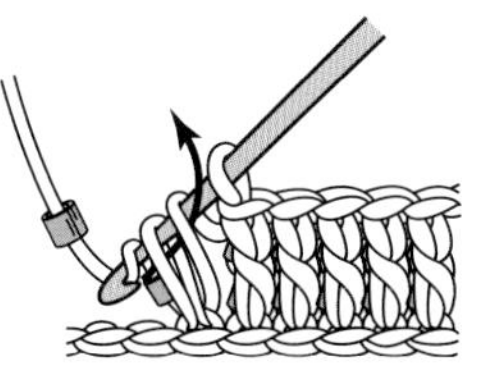

1 钩针挂线，挑取前一行的针目，再次挂线并拉出。拨入 1 颗串珠，钩针挂线，从 2 个线圈中引拔出。

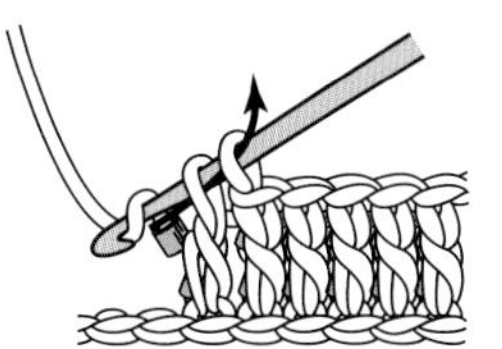

2 这是未完成的长针，再拨入 1 颗串珠，钩针挂线，并从剩余的 2 个线圈中引拔出。

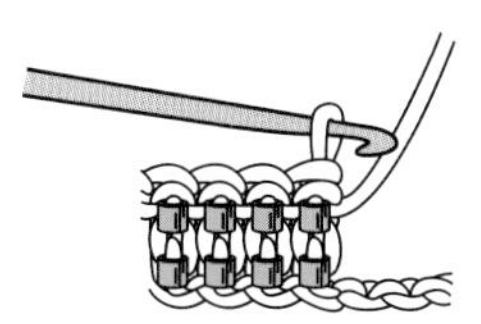

3 1 针长针中织入的 2 颗串珠呈纵向排列在织片的反面。

长长针
（1 针中编入 2 颗串珠）

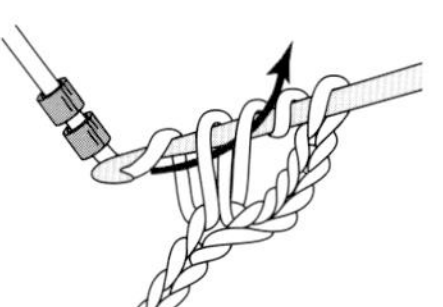

1 钩针挂 2 次线，挑取前一行的针目，挂线并拉出。再次钩针挂线，从钩针上的2个线圈中引拔出。

2 拨入 1 颗串珠，钩针挂线，从 2 个线圈中引拔出。

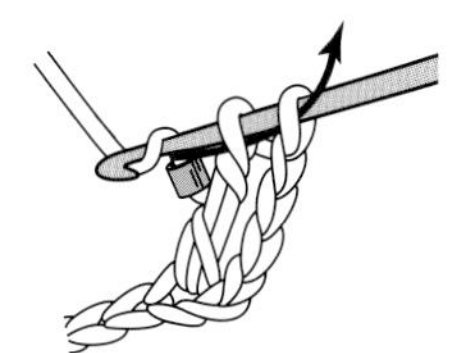

3 这是未完成的长长针。再拨入1颗串珠，钩针挂线，并从剩余的 2 个线圈中引拔出。

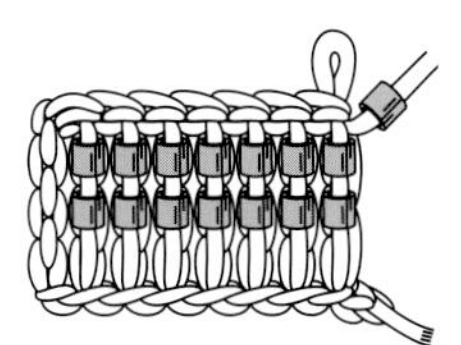

4 长长针中织入的 2 颗串珠呈纵向排列在织片的反面。

配色花样的钩织方法

换线时，需要注意渡线的方法。

短针钩织的配色花样（横向渡线）

这种方法适合花样较小的情况。
横向渡线，钩织时包住。

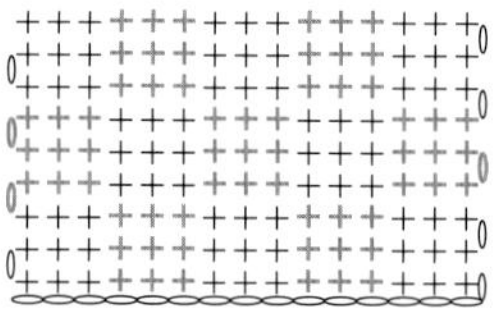

第1行

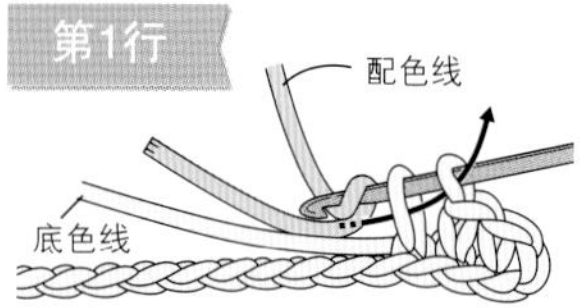

1 在换配色线的针目的前一针短针最后引拔时，底色线休线，将配色线挂在钩针上并引拔出。

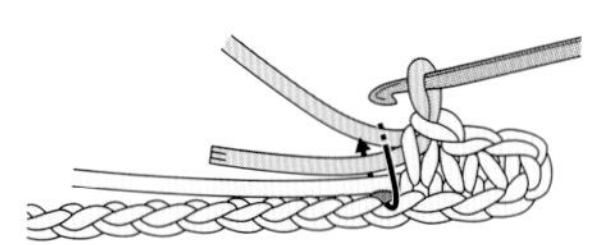

2 同时挑取底色线和配色线的线头，钩针挂线并拉出。

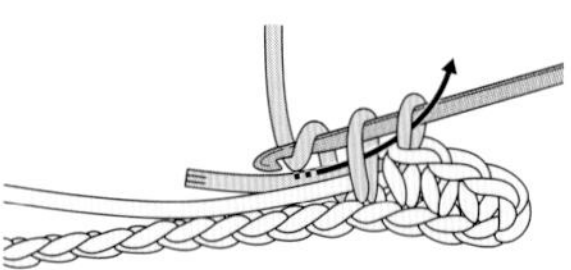

3 一边包住底色线和配色线的线头，一边用配色线钩织短针。

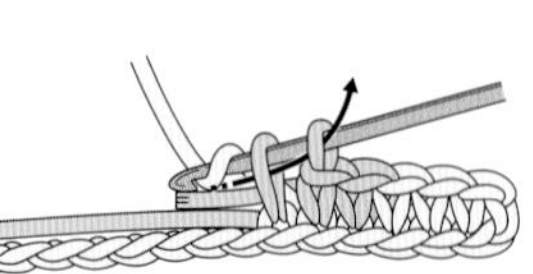

4 配色线最后引拔出时，将底色线挂在钩针上并引拔出。

5 一边包住配色线，一边用底色线钩织短针。

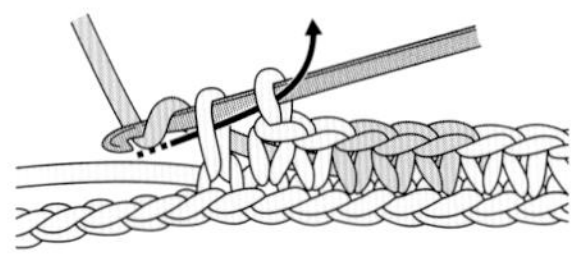

6 按照相同要领，换线钩织。

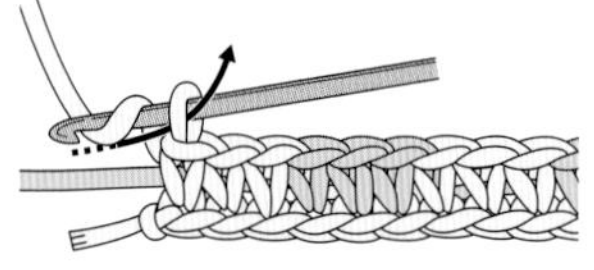

7 在编织行的终点，立织 1 针锁针。

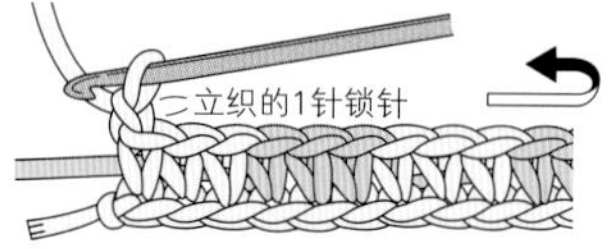

8 立织 1 针锁针后，翻转织片。

第2行

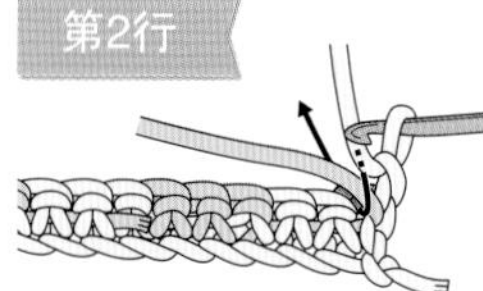

9 将配色线渡在反面，一边包住配色线，一边用底色线钩织短针。

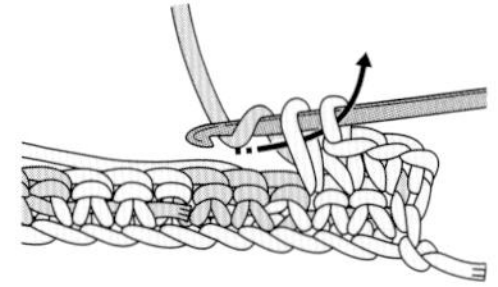

10 底色线最后引拔出时，换为配色线。

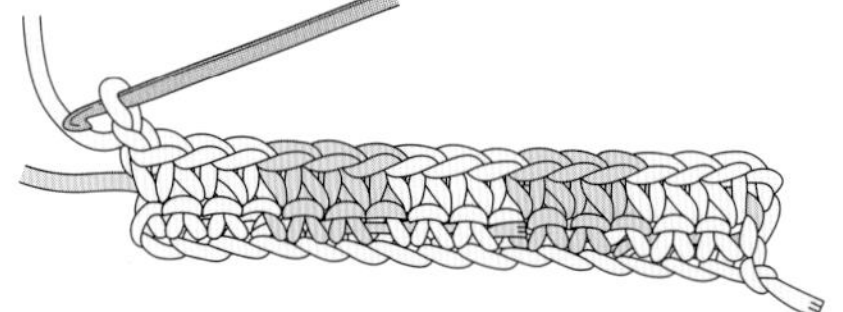

11 按照相同要领，换线钩织。钩织到终点时，立织 1 针锁针，将织片翻到正面。包住的配色线也要一起翻到反面。

第3行

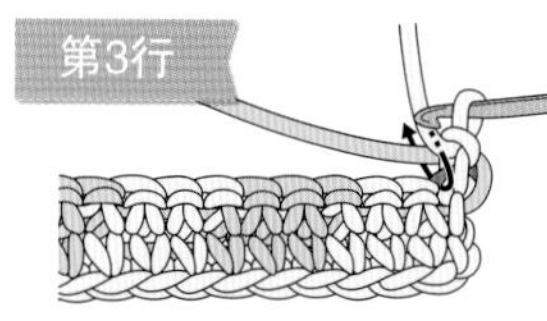

12 将配色线渡在反面，一边包住配色线，一边用底色线钩织短针。

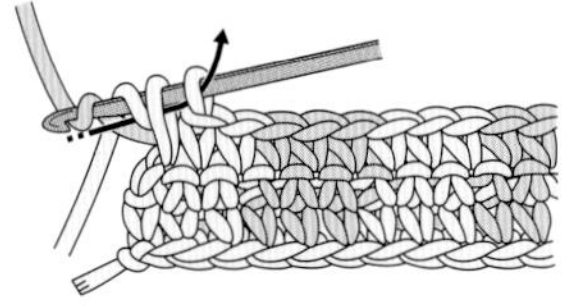

13 第 3 行的编织终点换线。最后引拔出时，将底色线休线，将配色线挂在钩针上并引拔出（底色线休线时，从前向后挂在钩针上，使线头出现在反面）。

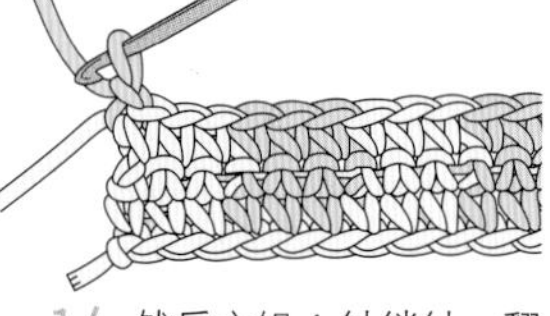

14 然后立织 1 针锁针，翻转织片。

第4行

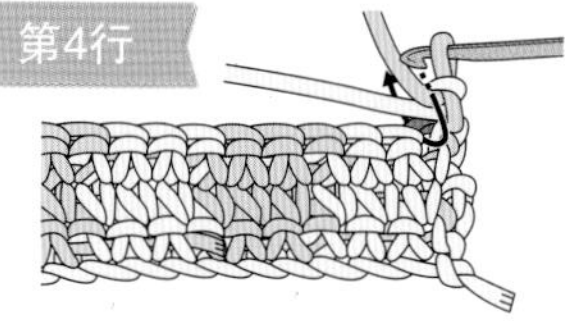

15 一边包住底色线，一边用配色线钩织短针。

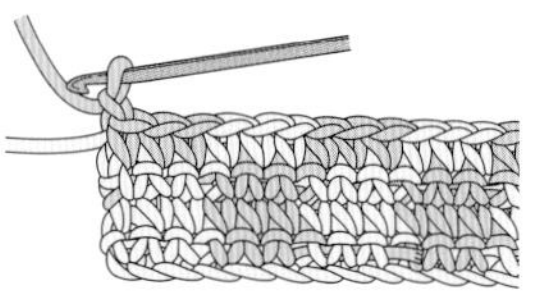

16 按照相同要领钩织。钩织到终点时，立织 1 针锁针，将织片翻到正面。包住的底色线也要一起翻到反面。

第6行以后

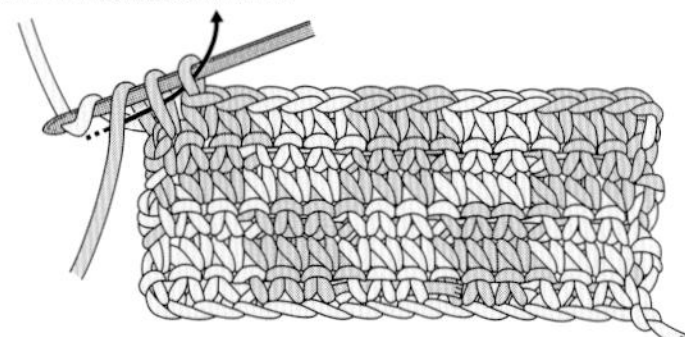

17 反面行的编织终点换线时，休线要从后向前挂在钩针上（使线头出现在反面）。将配色线挂在钩针上并引拔出。

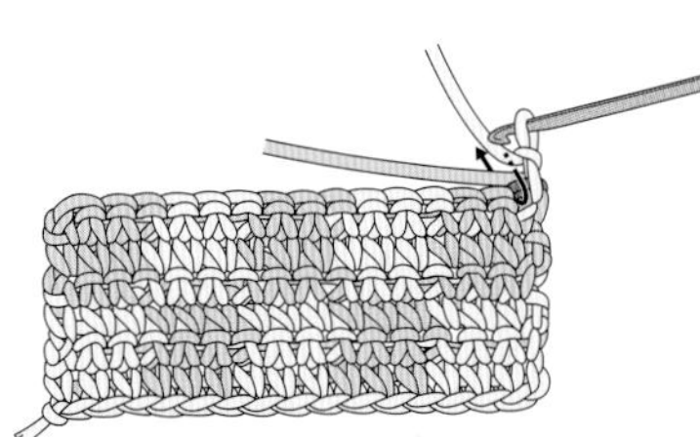

18 在钩织过程中包住渡在反面的休线。

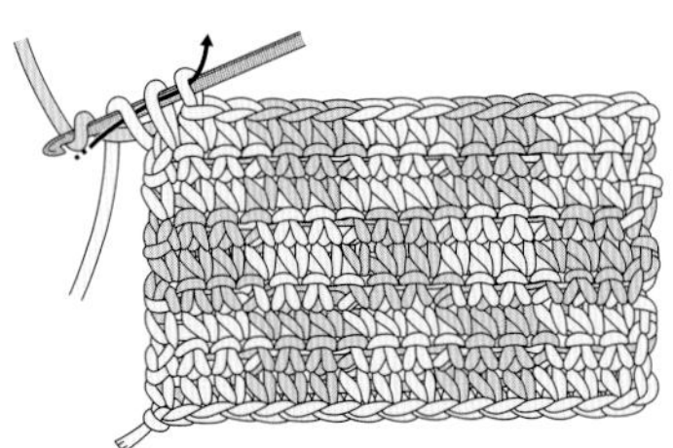

19 按照相同要领继续钩织。编织行的终点换线时，为了使下一行的渡线更加平整，先将休线挂在钩针上再换线钩织。

想让短针钩织的配色花样看起来更漂亮时

短针钩织的配色花样做往返编织时，正面和反面的渡线不一样，
因此，花样较小时，轮廓不太分明。为了避免这一点，推荐使用环形编织。
环形编织时，因为针法自身的原因，会出现斜行（参照 p.73）。
不过，将短针改为条纹针，就可以完美地解决这个问题了。

各种配色花样的钩织效果（十字形花样）

短针钩织的配色花样（往返编织）

花样的轮廓不太分明，花样看起来不太清晰。

短针钩织的配色花样（环形编织）

花样轮廓分明，呈倾斜状。

短针的条纹针钩织的配色花样（环形编织）

花样轮廓分明，钩织效果非常完美。

利用编织环做环形编织

在钩织环形花片时，有时不用手指做环形起针，而是用编织环做环形编织。
这样，不仅可以省略环形起针的步骤，还便于钩织出大小相同的环形花片。
除了编织环之外，还可以用发圈或其他材质作为内芯钩织，
基本方法都是一样的。

●在编织环上钩织短针

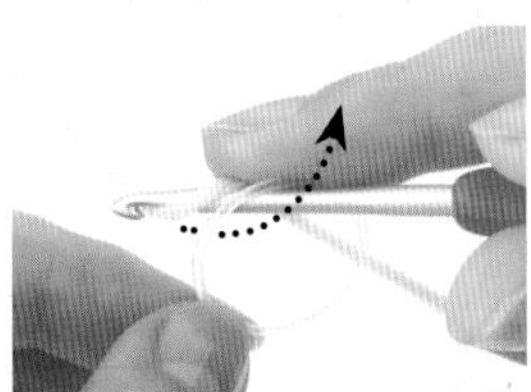

1 将钩针插入编织环中，按照图示挂线并从编织环中拉出。

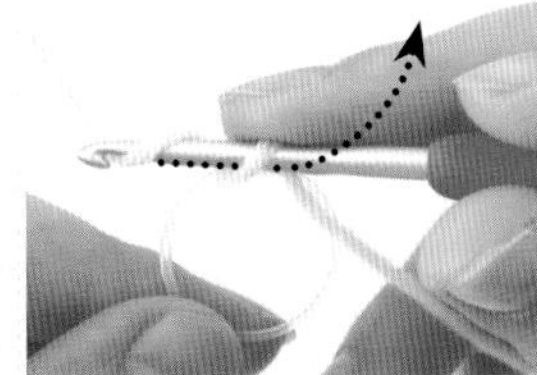

2 钩针挂线并引拔出。

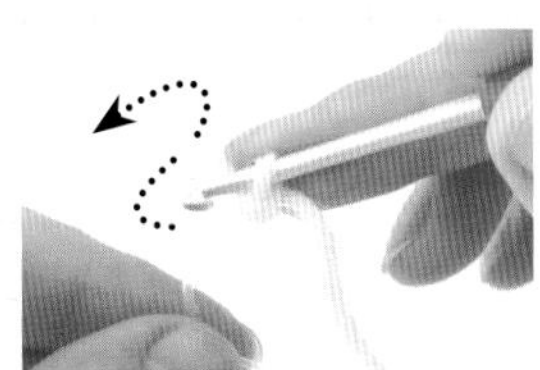

3 再次钩针挂线并引拔出。

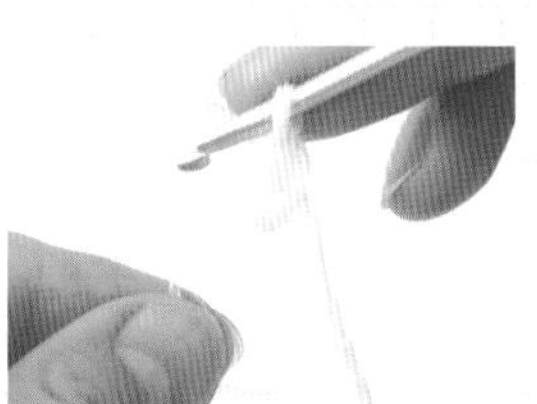

4 线和编织环连在了一起。

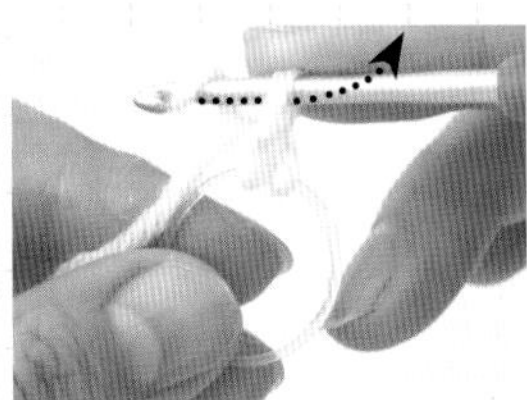

5 将线头挂在编织线上，钩针挂线并引拔出，钩织1针立织的锁针。

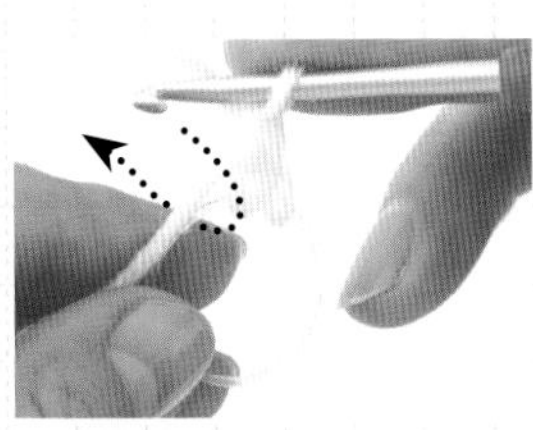

6 钩织完立织的锁针后，再次将钩针插入编织环中，同时挑取线头，钩织短针。

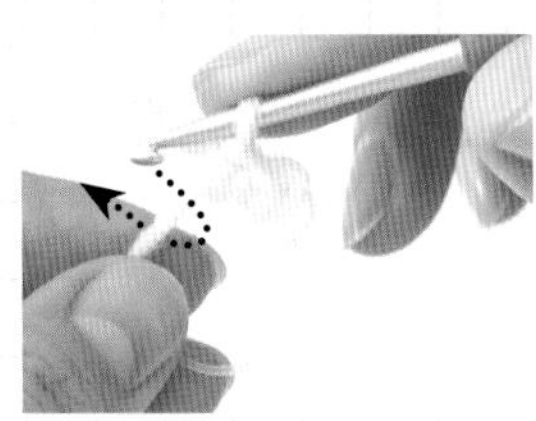

7 钩织好了1针短针的样子。继续按照相同要领，一边包住编织环和线头，一边钩织短针。

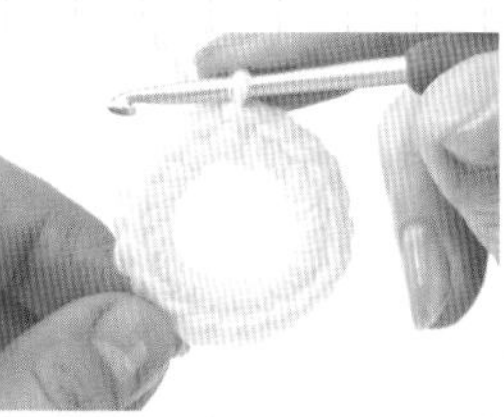

8 钩织指定的针数后，编织终点和第1针短针的头部引拔。编织环被包在里面，从外面看不出来。

第五章

长针钩织的配色花样
（横向渡线）

这种方法适合花样横向连在一起或者花样较小时。
横向渡线，钩织时包住。
要领和短针钩织时相同，但钩织速度比短针钩织快。

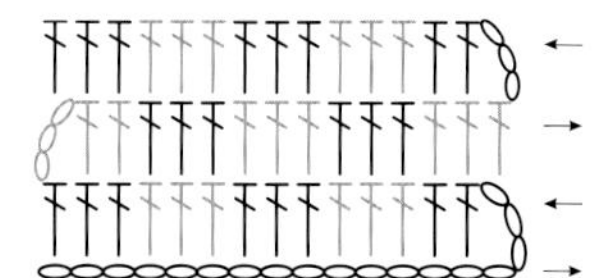

第1行

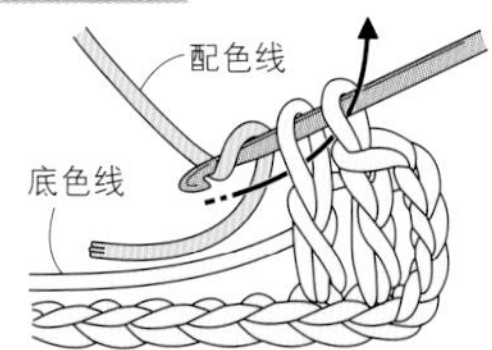

1 在换配色线的针目的前一针长针最后引拔时，底色线休线，将配色线挂在钩针上并引拔出。

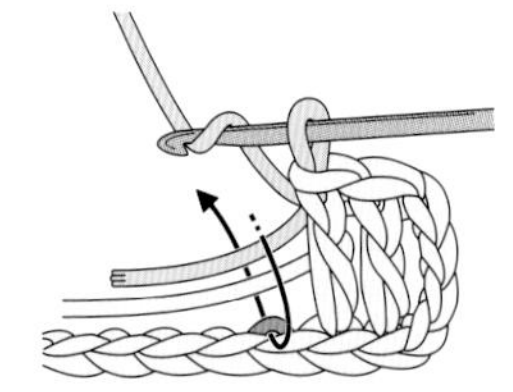

2 钩针挂线，一边包住底色线和配色线的线头，一边钩织长针。

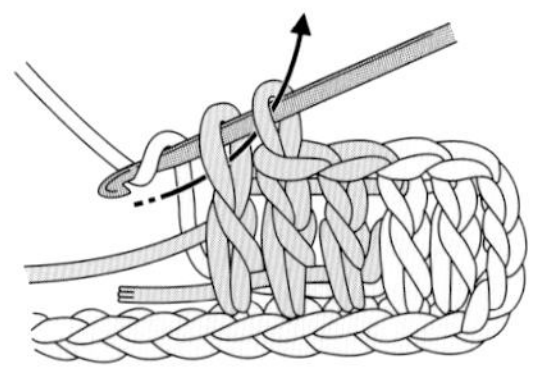

3 配色线最后引拔出时，将底色线挂在钩针上并引拔出。

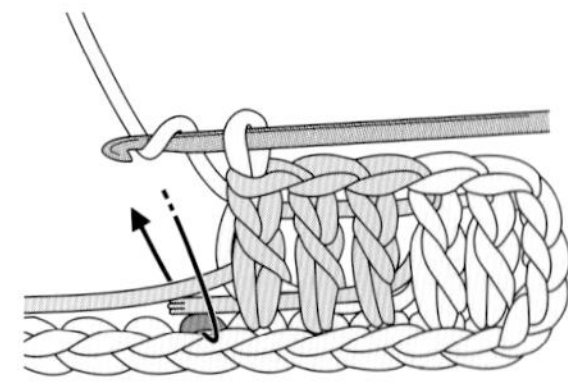

4 一边包住配色线，一边用底色线钩织长针。

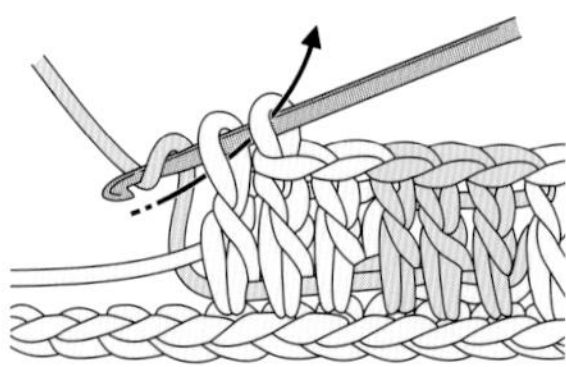

5 底色线最后引拔出时，换为配色线。

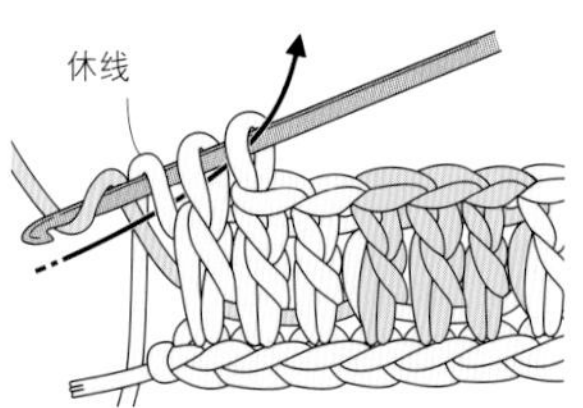

6 钩织到终点时，最后引拔出后，将底色线休线，将配色线挂在钩针上并引拔出（底色线休线时，从前向后挂在钩针上，线头出现在反面）。

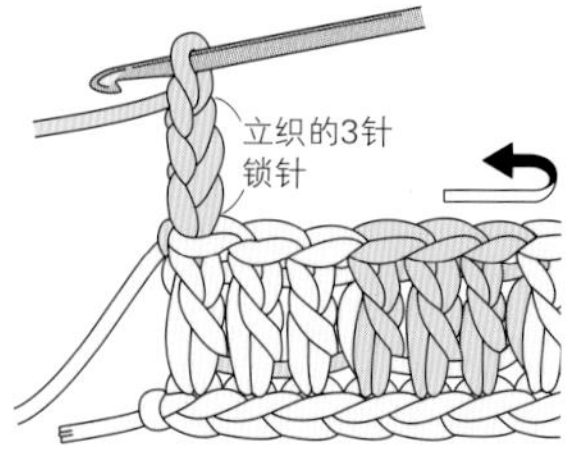

7 立织 3 针锁针，翻转织片。

第2行

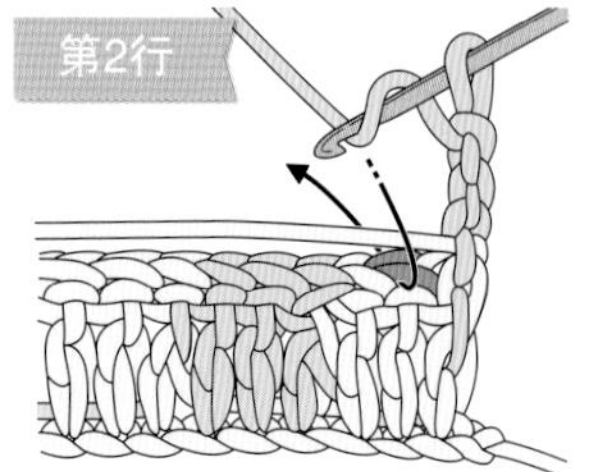

8 配色线挂在钩针上，挑针时包住底色线。

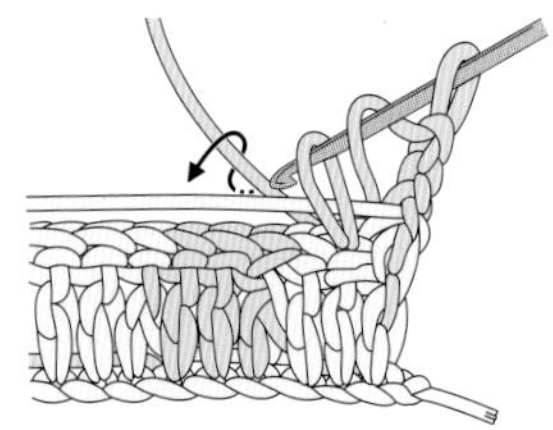

9 一边包住底色线，一边钩织长针。

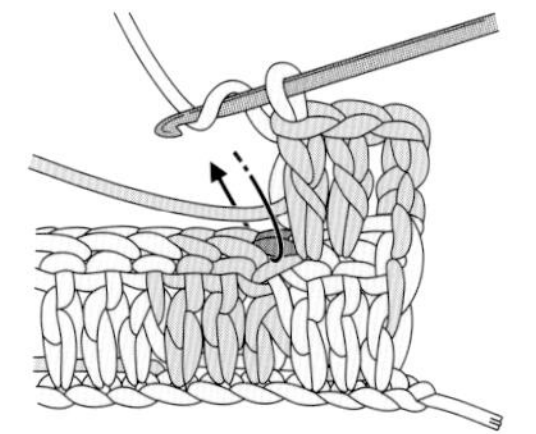

10 配色线最后引拔出时，换为底色线。一边包住配色线，一边用底色线钩织长针。

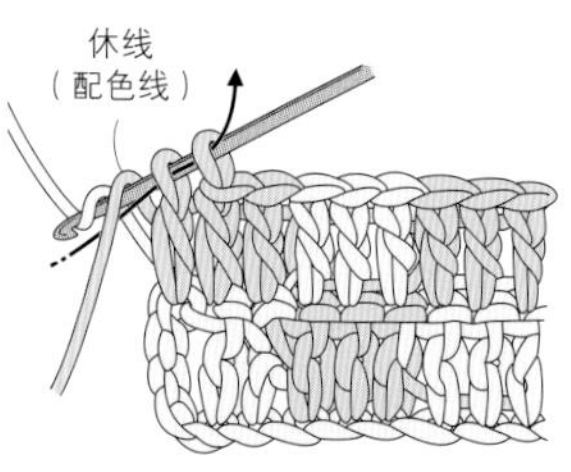

11 在第 2 行的编织终点，将配色线休线，换为底色线（配色线休线时，从后向前挂在钩针上，线头出现在反面）。

第3行

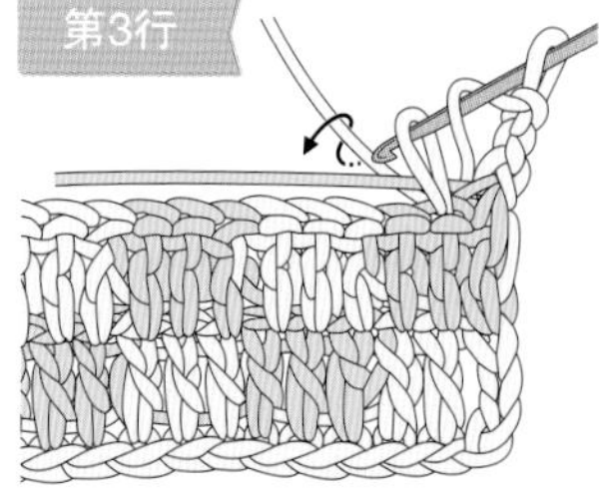

12 立织 3 针锁针，将织片翻到正面。休线渡在反面，钩织时包住。

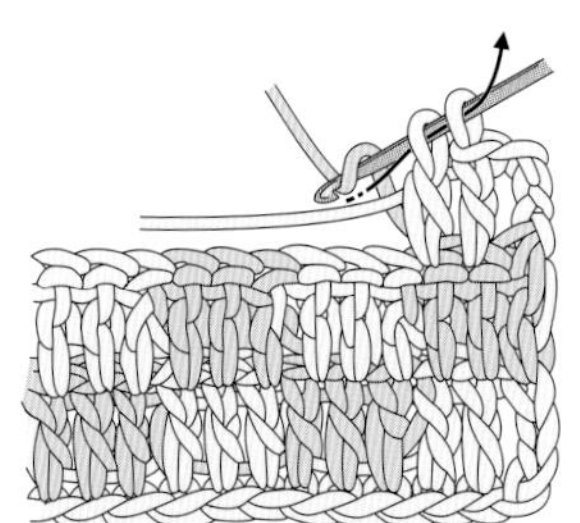

13 底色线最后引拔出时，换为配色线。

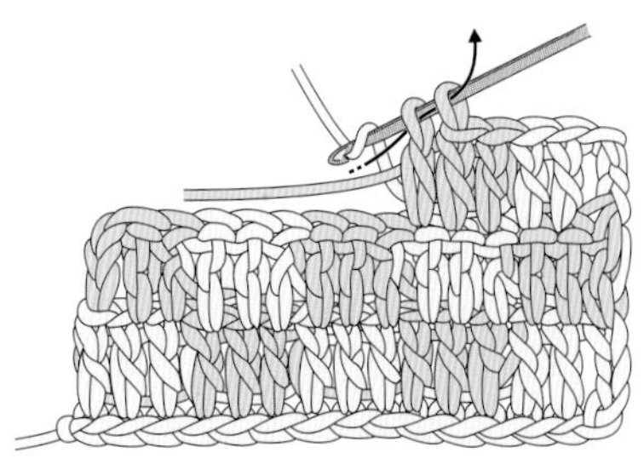

14 按照相同要领继续钩织。

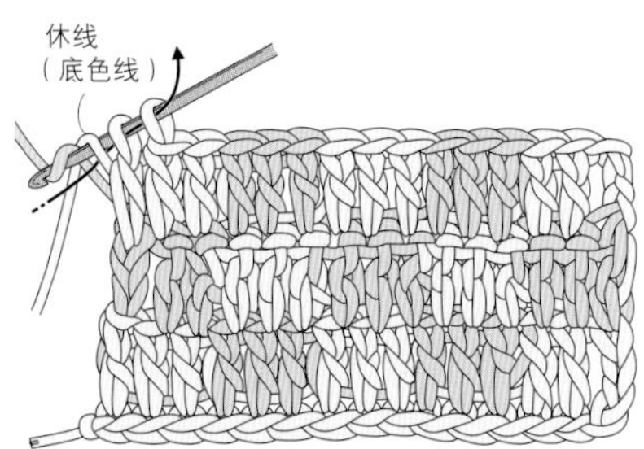

15 编织行的终点换线时，为了使下一行的渡线更加平整，先将休线挂在钩针上再换线钩织（休线出现在反面）。

长针钩织的配色花样（纵向渡线）

这种方法适合花样纵向连在一起时，或者花样较大时。
纵向渡线，钩织时不用包住配色线。

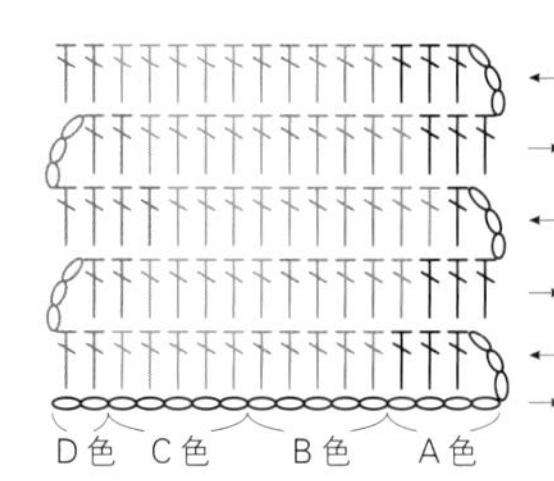

（正面）

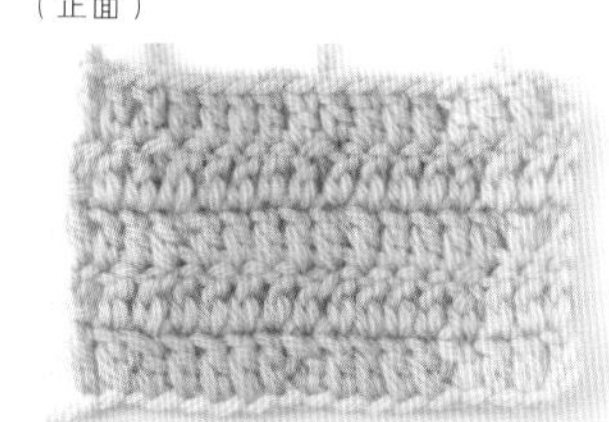

（反面）

第1行

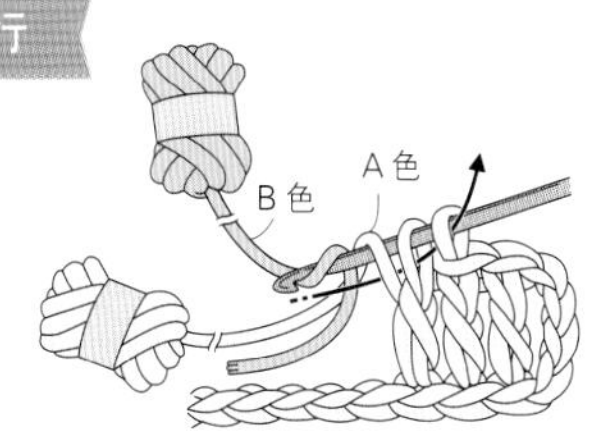

1 先用A色线钩织，在换线针目的前一针长针最后引拔时，A色线休线，将B色线挂在钩针上并引拔出（A色线休线时，从前向后挂在钩针上，线头出现在反面）。

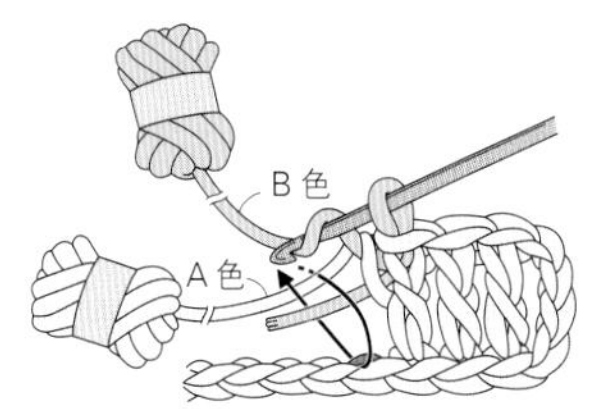

2 钩针挂线，不用包住A色线，一边用B色线包住线头，一边钩织长针。

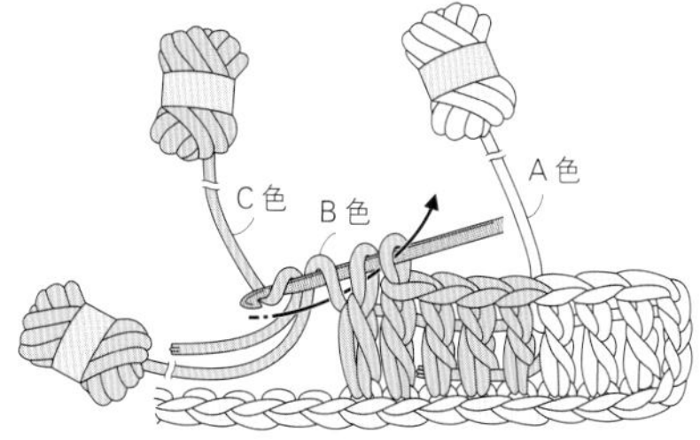

3 在换线针目的前一针长针最后引拔时，B色线休线，换用C色线钩织（B色线休线时，从前向后挂在钩针上，线头出现在反面）。

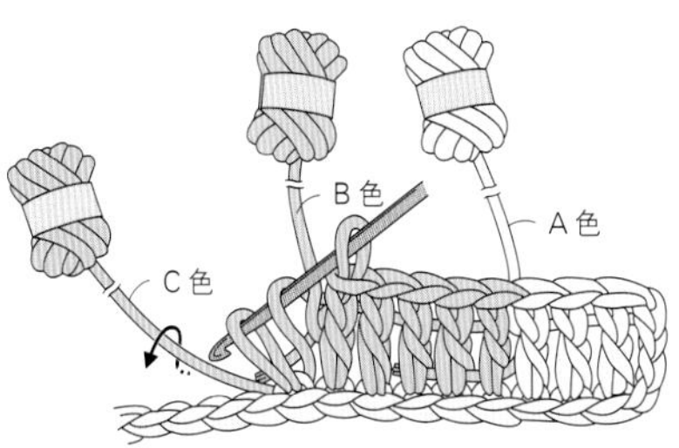

4 B色线在后面（反面）休针，一边用C色线包住线头，一边钩织长针。

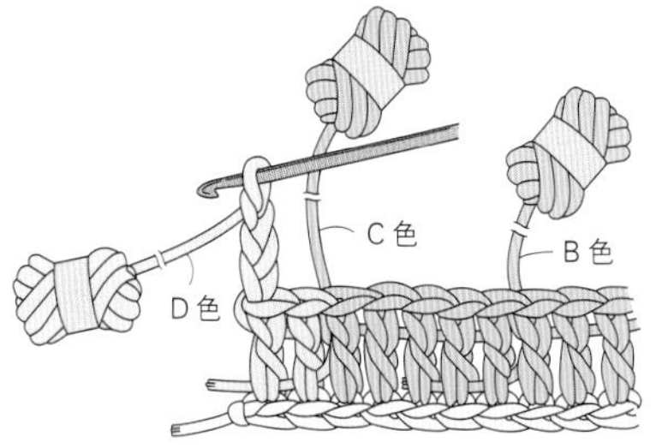
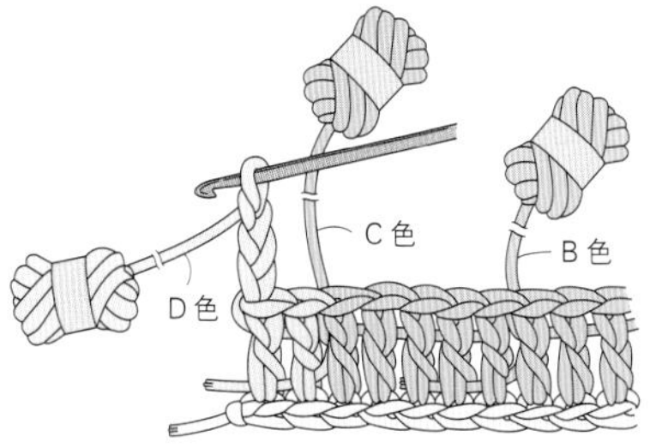

5 按照相同要领换为D色线，钩织到编织行的终点，然后立织3针锁针，翻转织片。

第2行

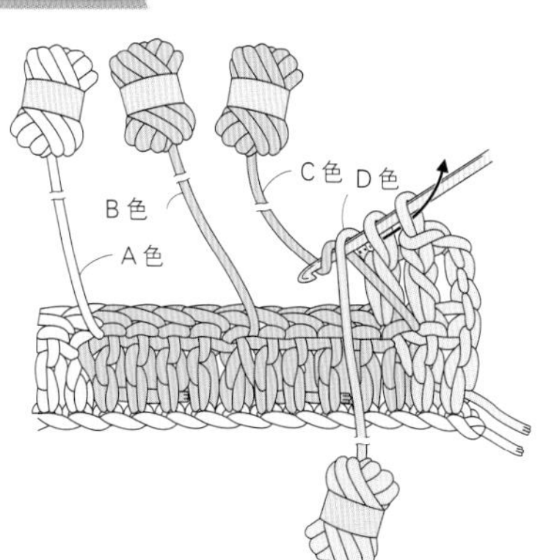

6 用D色线钩织，在换线针目的前一针长针最后引拔时，D色线休线，换用C色线钩织（D色线休线时，从后向前挂在钩针上，线头出现在后面）。

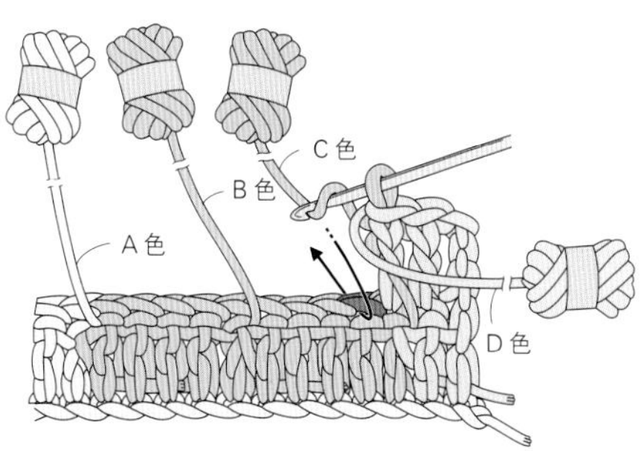

7 钩针挂线，D色线在前面（反面）休针，用C色线钩织长针。

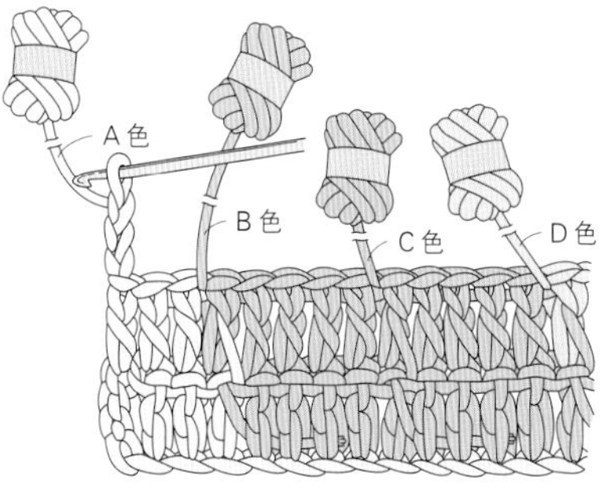

8 按照相同的要领，一边换线一边钩织，然后立织3针锁针，将织片翻到正面。

第3行以后

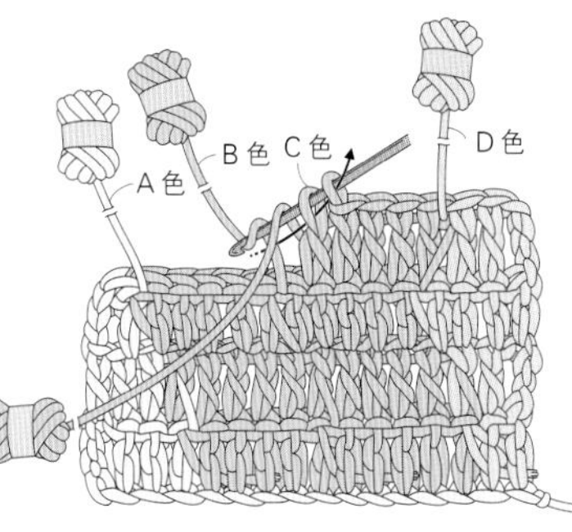

9 在织片反面换线时，休线要从后向前挂在钩针上，线头出现在前面（反面）。

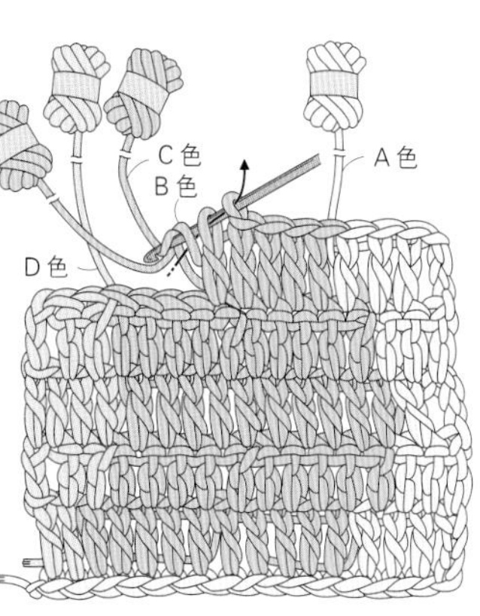

10 织片在正面换线时，休线要从前向后挂在钩针上，线头出现在后面（反面）。

条纹花样的钩织方法

每隔 2 行换线钩织条纹花样时，可以在端头渡线钩织。

第2行的终点

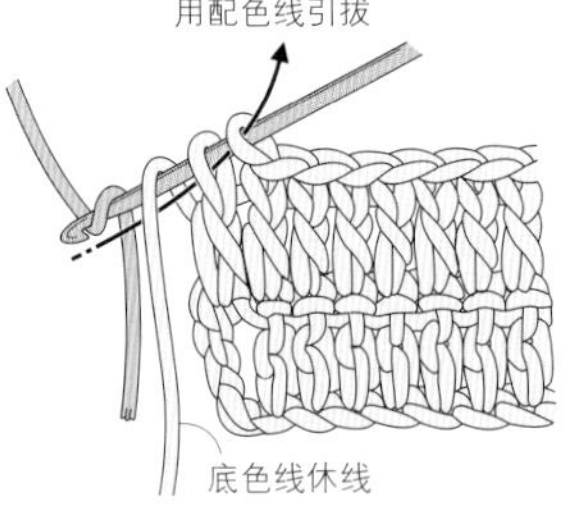

1 底色线最后引拔时，换为配色线，将配色线挂在钩针上并引拔出（底色线从后向前挂在钩针上，线头出现在反面）。

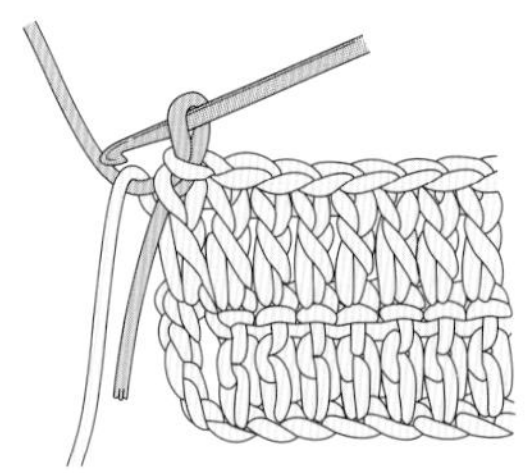

2 换成了配色线。底色线休线（保持不动）。

第3行

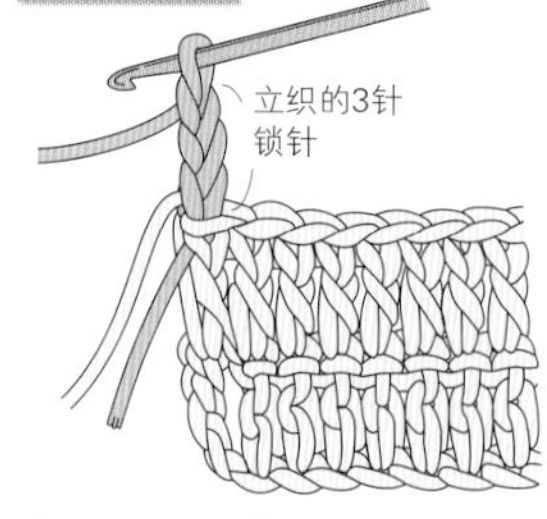

3 立织 3 针锁针。

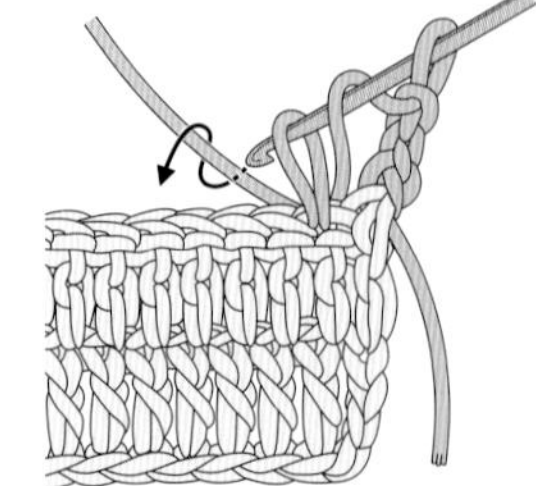

4 翻转织片，用配色线钩织2行。

第4行的终点

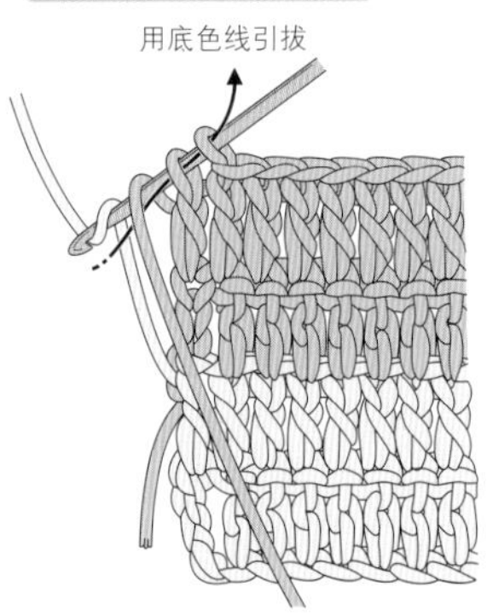

5 换回底色线时，在配色线最后引拔时，配色线休线，将底色线挂在钩针上并引拔出（配色线从后向前挂在钩针上，线头出现在反面）。

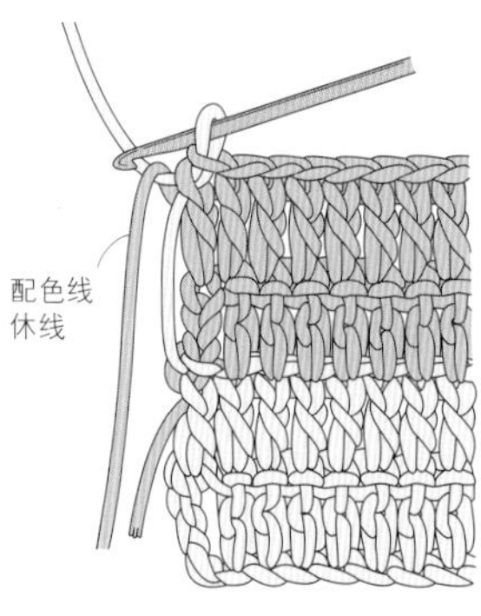

6 换回了底色线。配色线休线。

第5行

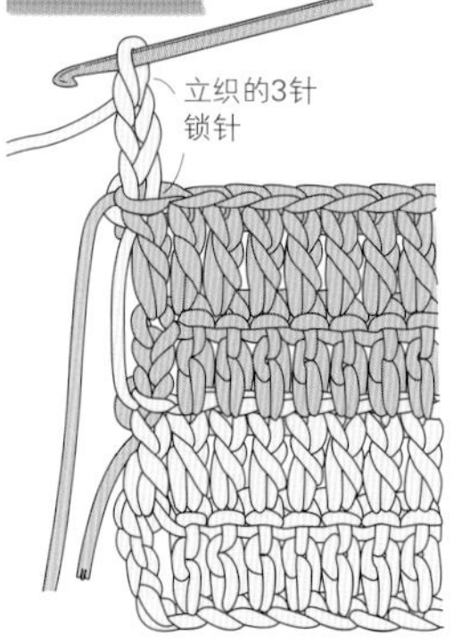

7 一边注意不要让渡线过紧或过松，一边继续用底色线钩织。

第6行的终点

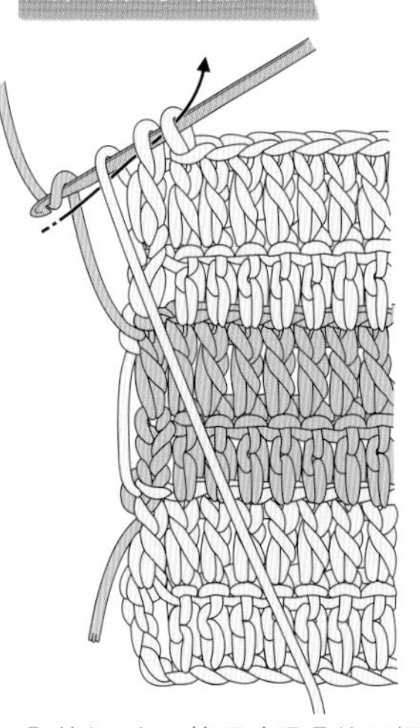

8 钩织2行，按照步骤5的要领，将配色线挂在钩针上并引拔出。

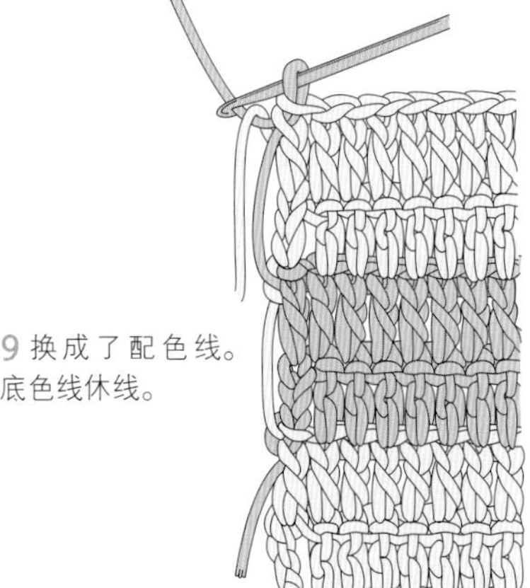

9 换成了配色线。底色线休线。

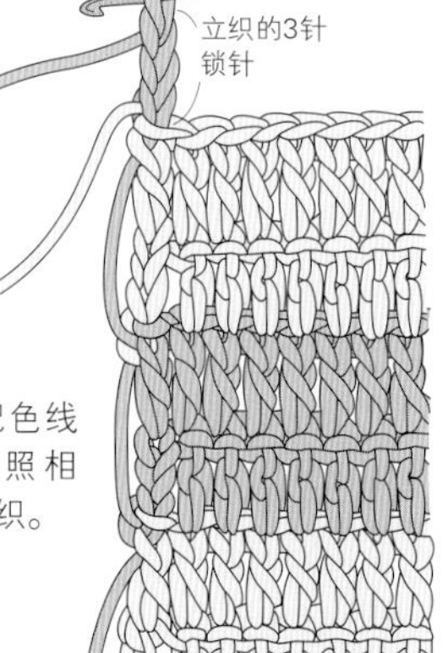

10 继续用配色线钩织2行。按照相同要领换线钩织。

线头的处理方法

钩织边缘编织时，将渡线一起包住。

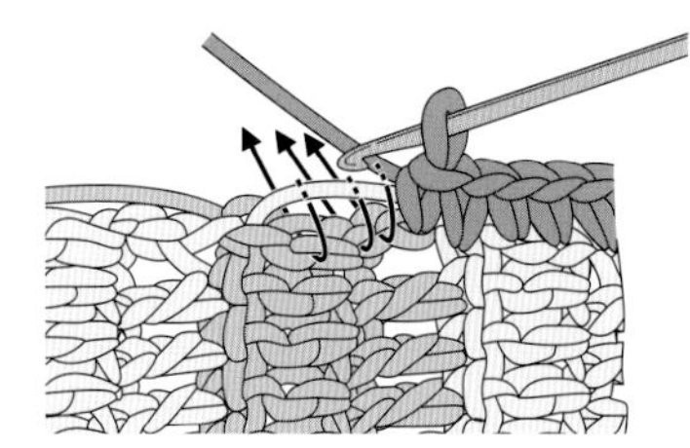

花片的连接方法

钩织后的连接

花片的连接方法，会因花片的形状、针法及具体的作品不同而不同。
先将花片钩织好再连接时，只需将所有的花片连接在一起，
然后处理好线头，就可以了。
因为可以事先将一片片花片钩织好，所以这种方法很简单。

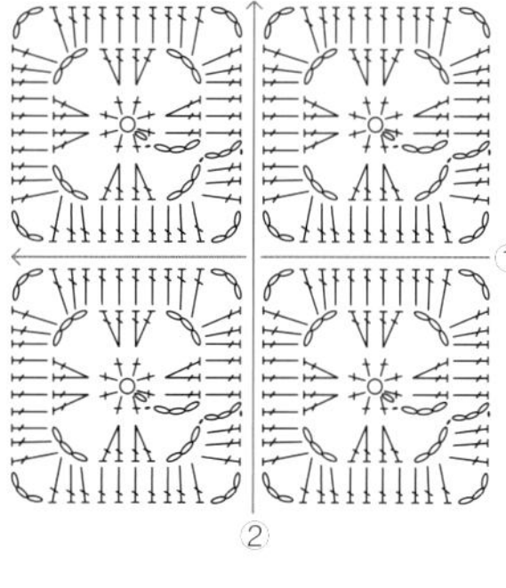

正面朝外对齐用短针连接

（正面朝外对齐挑取半针的情况）

这是四边形花片经常使用的连接方法。
连接花片时钩织的短针会成为立体的条纹，也是织片的亮点。

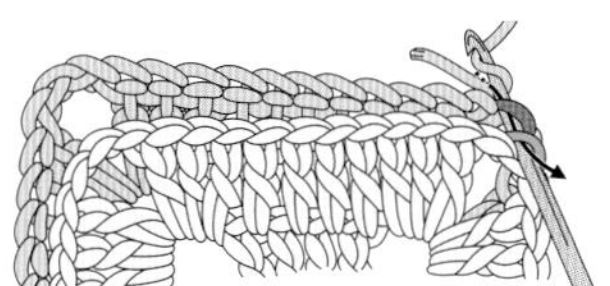

1 将 2 片花片正面朝外重叠放置，钩针分别插入转角处中央锁针的外面半针，挂线并拉出。

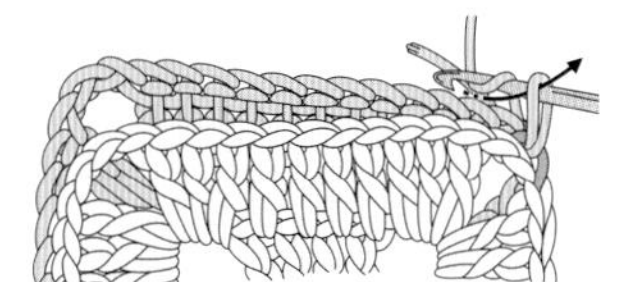

2 再次钩针挂线并引拔出。

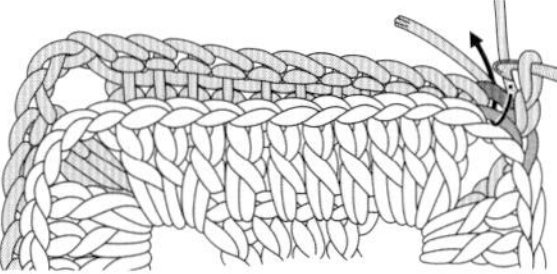

3 下一针也分别挑取外面半针。

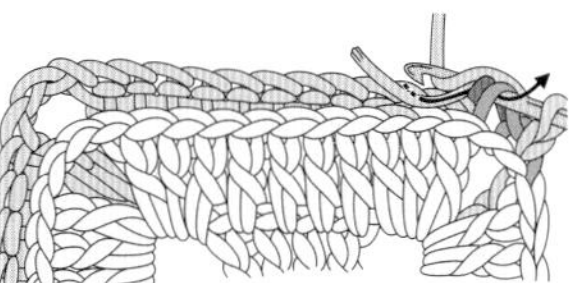

4 线头也一并挑起来，钩针挂线并拉出。

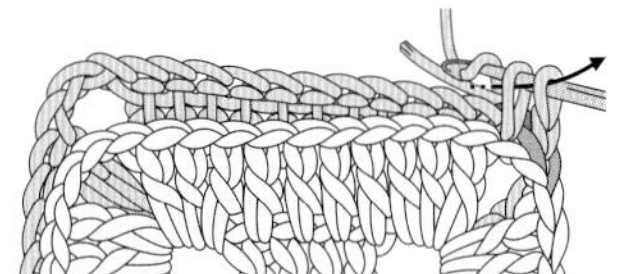

5 钩织短针。

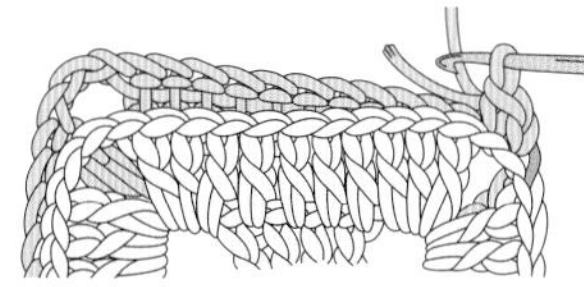

6 钩织好了 1 针短针，2 片花片初步连接在了一起。

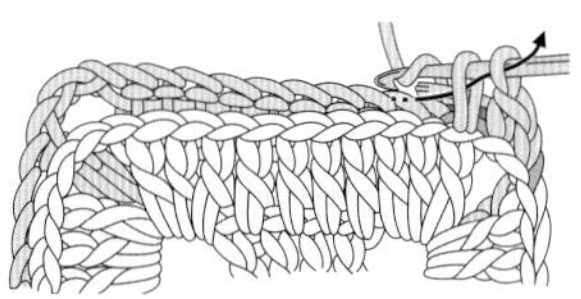

7 按照相同要领，继续挑取 2 片花片的外面半针钩织短针。

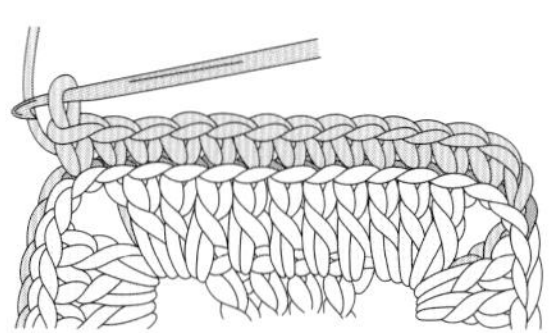

8 钩织至下一个转角处的中央。

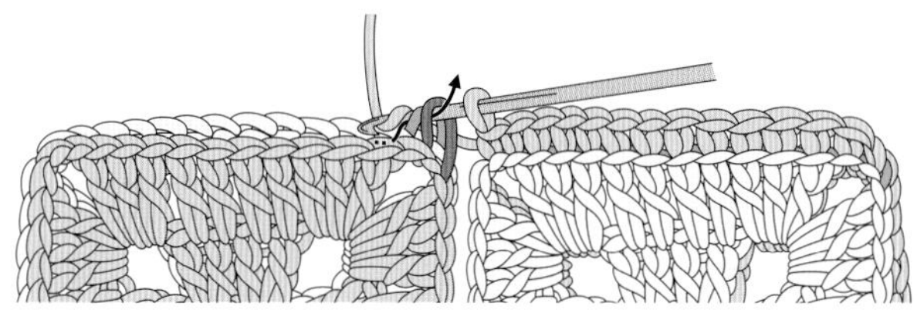

9 继续按照步骤 1 的方法，钩针插入另外 2 片花片转角处中央锁针的外面半针，挂线并拉出。

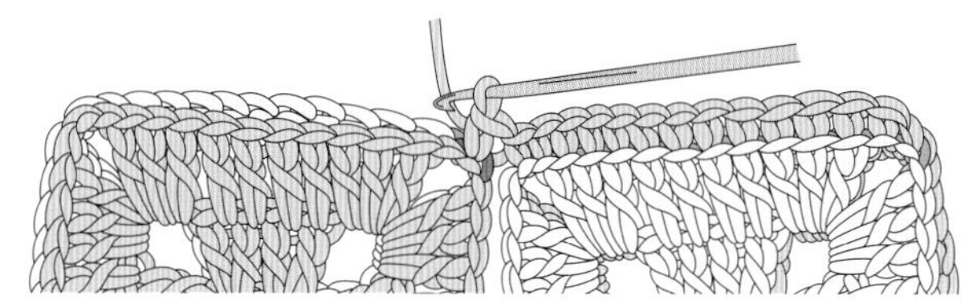

10 钩织短针。按照相同要领继续钩织，将花片横向连接在一起。

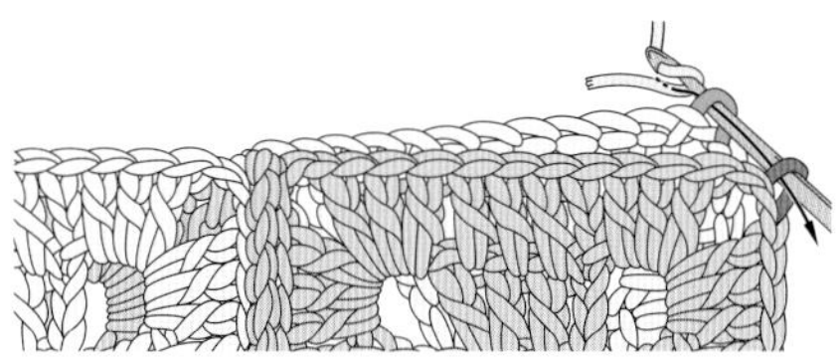

11 横向连接在一起后，开始纵向连接。和步骤 1 相同，钩针分别插入转角处中央锁针的外面半针，挂线并拉出，钩织短针将花片连接在一起。

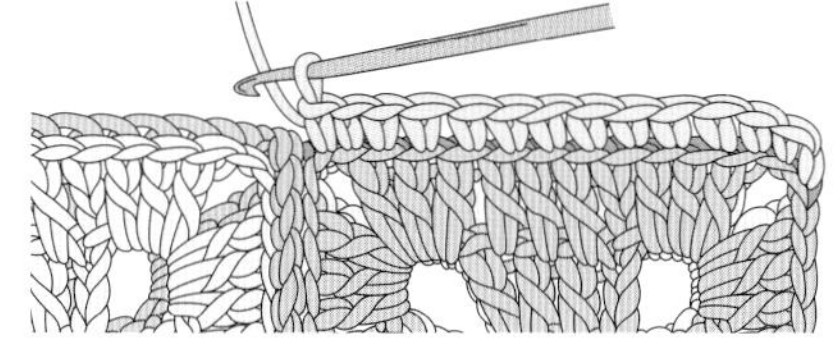

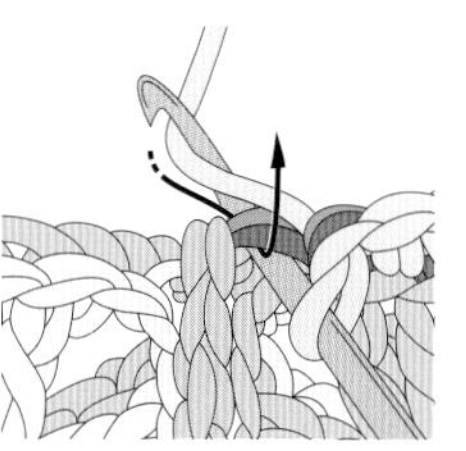

12 连接到下一个转角处的第 1 针锁针时，钩针插入和步骤 9 相同的地方，钩织短针。

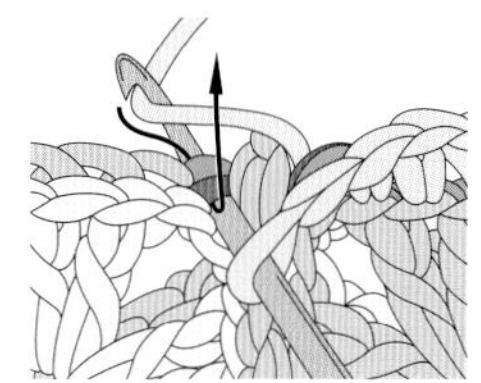

13 从横向连接的针目的另一侧再次将钩针插入同一个针目中，挂线并拉出。

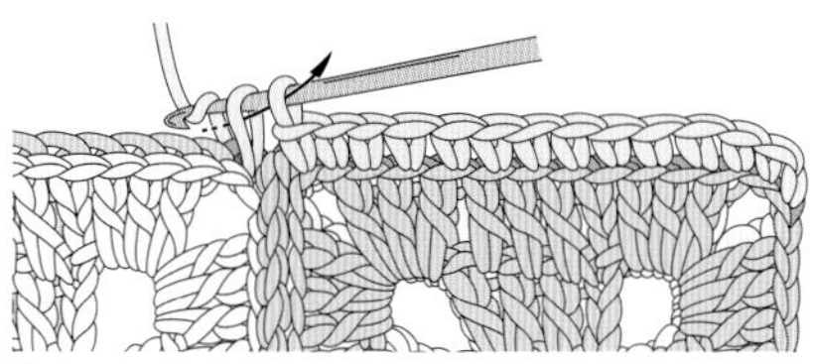

14 钩织短针。

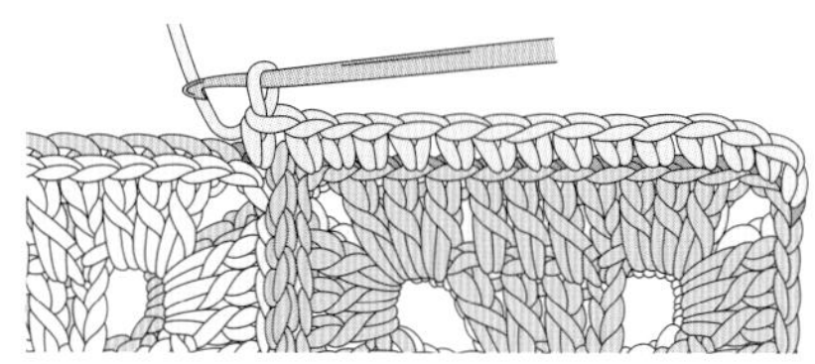

15 按照相同要领继续钩织短针。

卷针缝连接花片的方法之一

（1针卷针缝）

使用毛线缝针，挑取针目头部的 2 根线，
使用卷针缝缝合。
这种方法适合长针等钩织的针目密集的花片和四边形、六边形等边缘呈直线的花片。
缝合线大概需要 60cm，
不够的话加线。

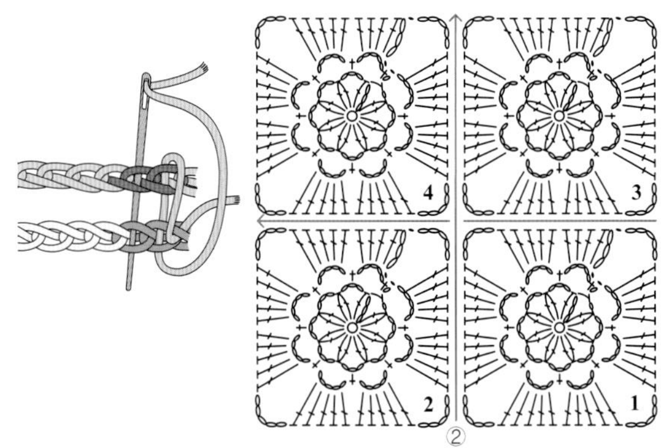

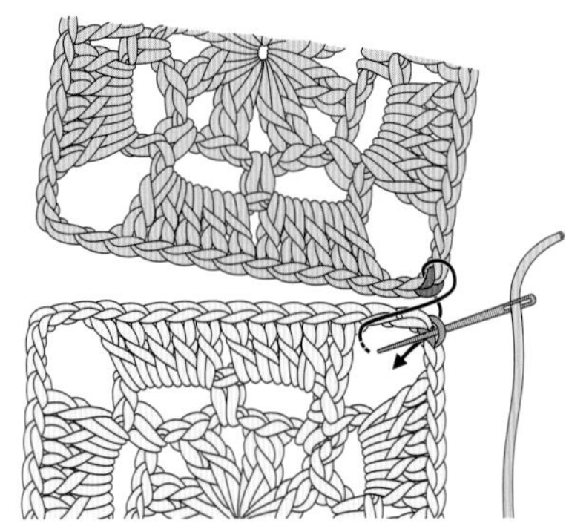

1 将 2 片花片正面朝外并排放置，先将毛线缝针插入下方织片转角处中央锁针的半针，然后依次插入上方织片和下方织片锁针的头部。

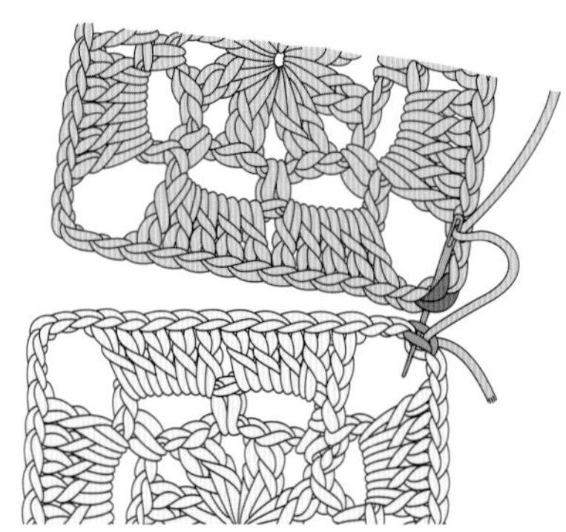

2 依次挑取锁针头部的 2 根线，拉出。

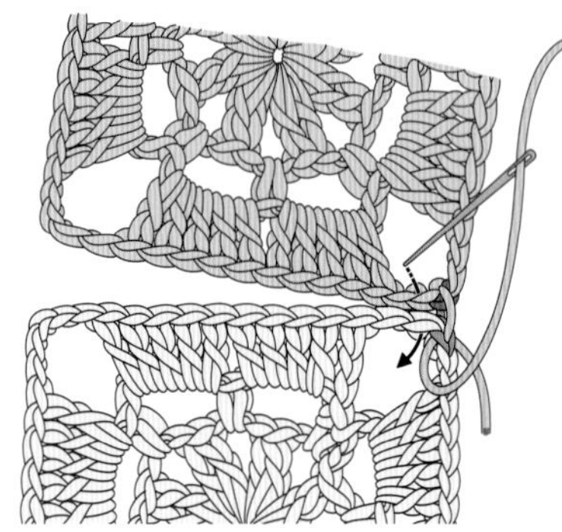

3 拉线时注意不要影响到花片整体的形状。继续挑取下一针锁针。

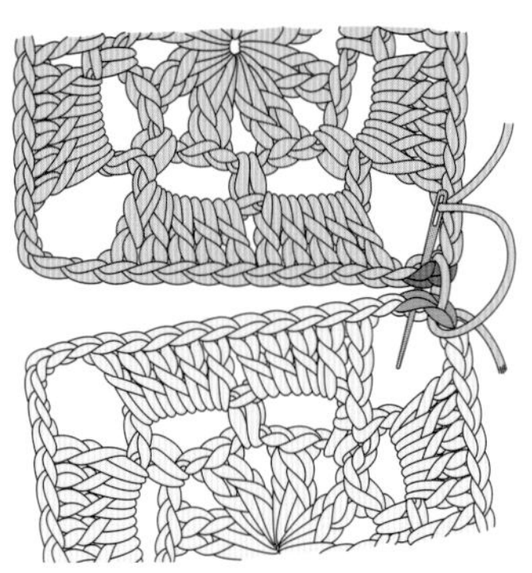

4 依次挑取锁针头部的 2 根线，拉出。

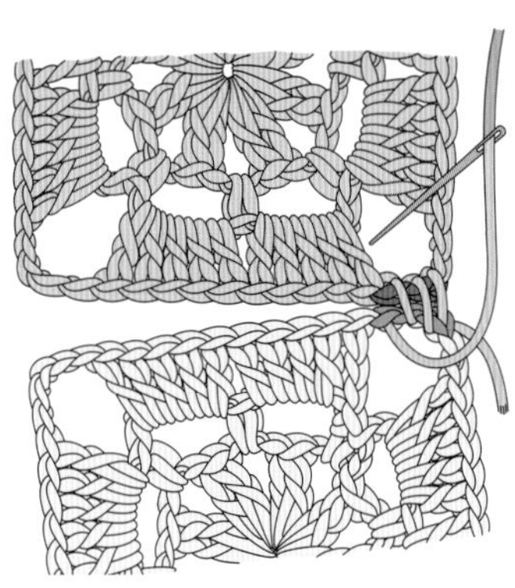

5 长针部分也挑取针目头部的 2 根线。

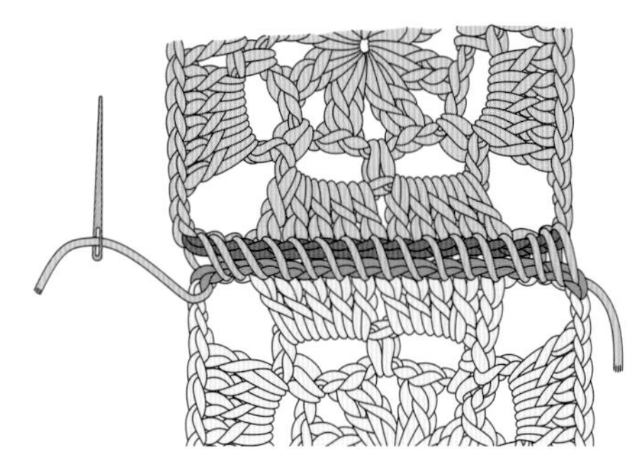

6 卷针缝的针迹向左侧倾斜，缝至下一个转角处中央的锁针。

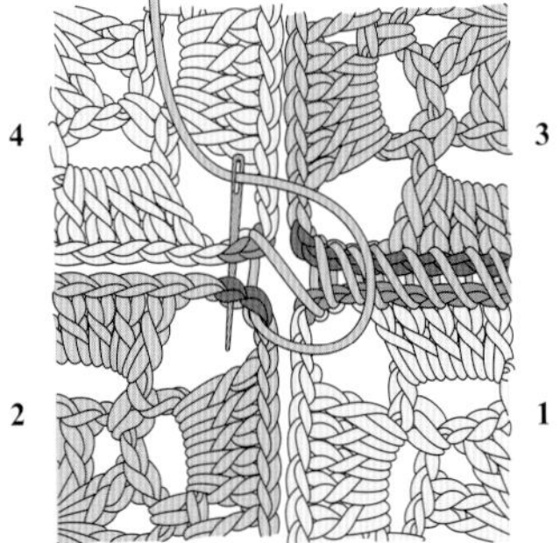

7 然后按照相同要领，将毛线缝针插入另外 2 片织片，一边拉出，一边做卷针缝缝合。

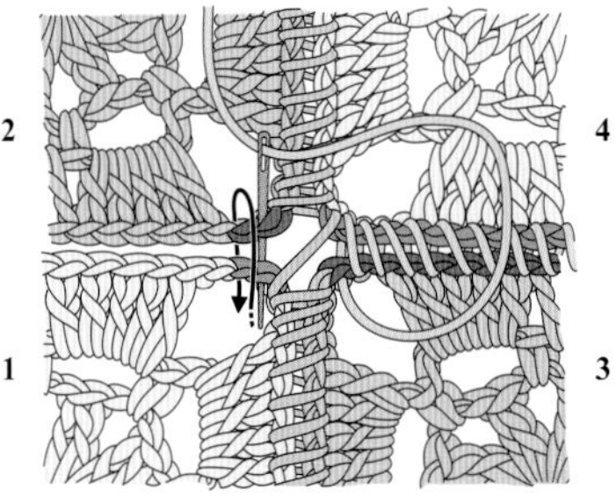

8 横向卷针缝缝合后，纵向也按照相同要领缝合。

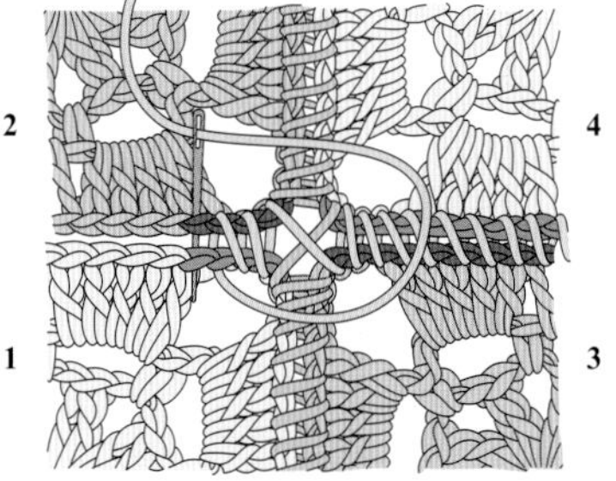

9 转角处为避免出现开孔，将纵向缝线和横向缝线呈十字形交叉。

※如果中途缝合线不够用，可用新线从同一个针目开始缝合。缝合线的线头从反面藏在缝合处的针目里

卷针缝连接花片的方法之二

（半针卷针缝）

使用毛线缝针，挑取针目头部的 1 根线，
使用卷针缝缝合。
半针整齐地排列在一起，
效果比 1 针卷针缝更好。

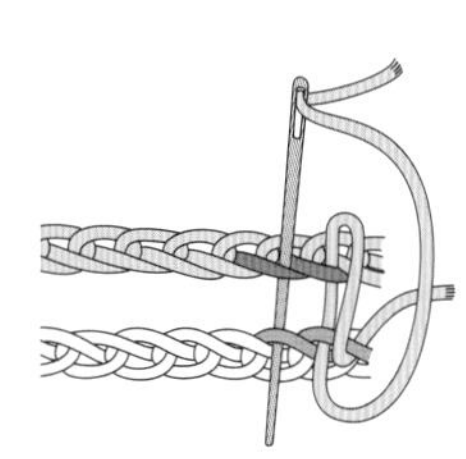

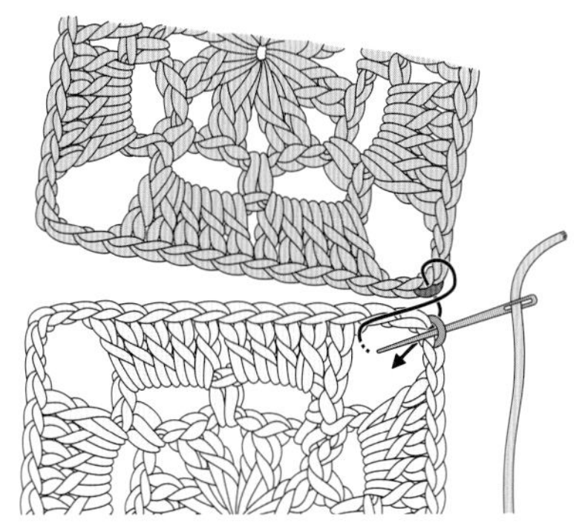

1 将 2 片花片正面朝外并排放置，先将毛线缝针插入下方织片转角处中央锁针的半针，然后依次插入上方织片和下方织片锁针的头部。

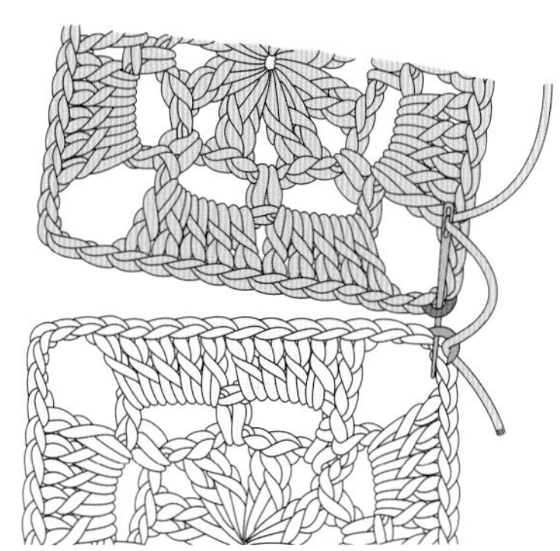

2 依次挑取锁针头部的外侧半针，拉出。

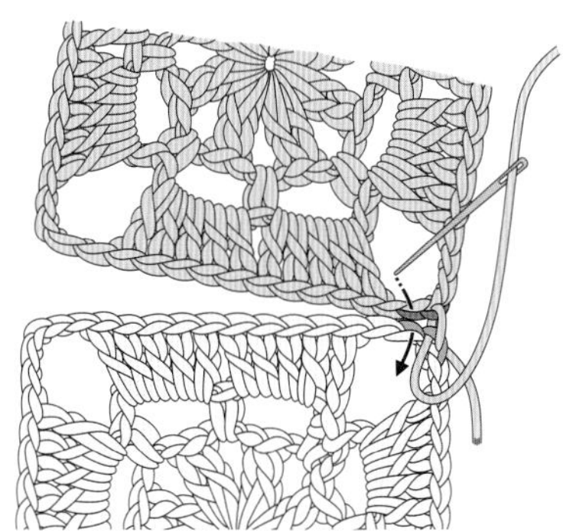

3 拉线时注意不要影响到花片整体的形状，继续挑取下一针锁针。

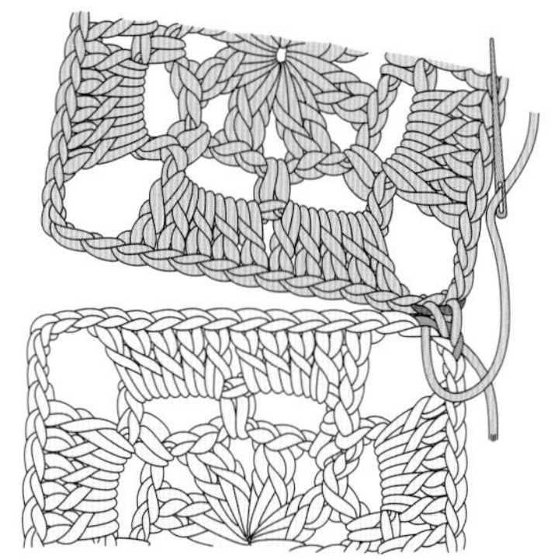

4 依次挑取锁针头部的半针，拉出。

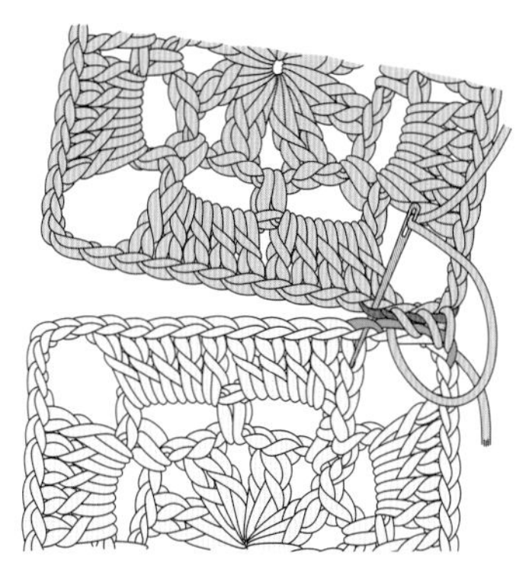

5 长针部分也挑取针目头部的外侧 1 根线。

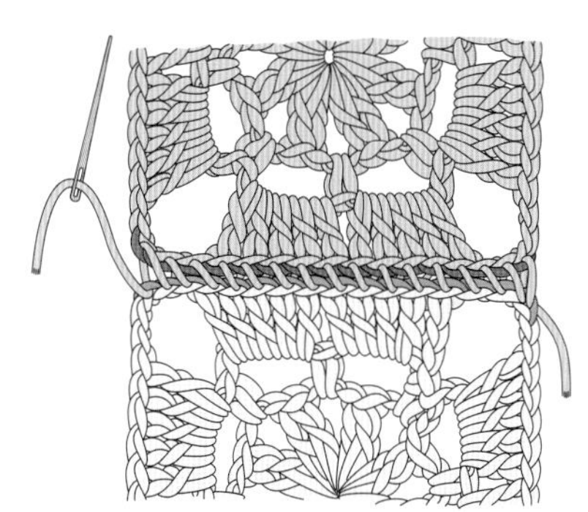

6 卷针缝的针迹向左侧倾斜，缝至下一个转角处中央的锁针。

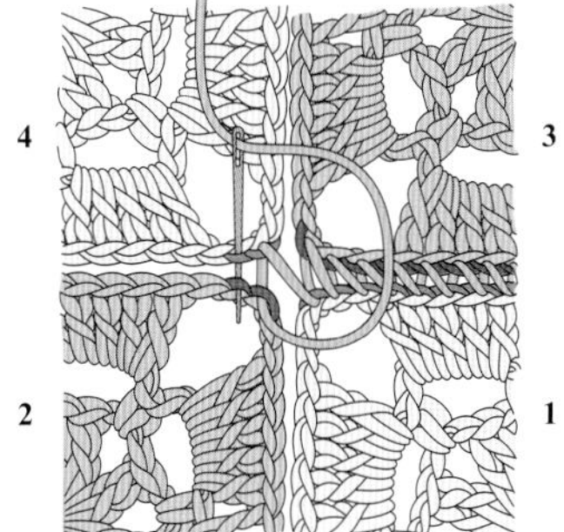

7 然后按照相同要领，将毛线缝针插入另外 2 片织片，一边拉出，一边做卷针缝缝合。

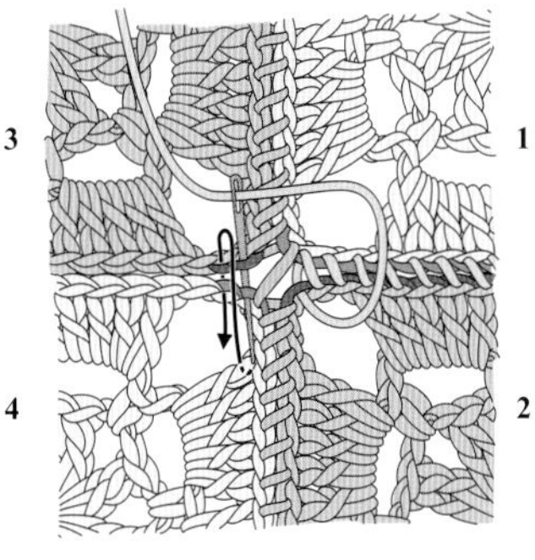

8 横向卷针缝缝合后，纵向也按照相同要领缝合。

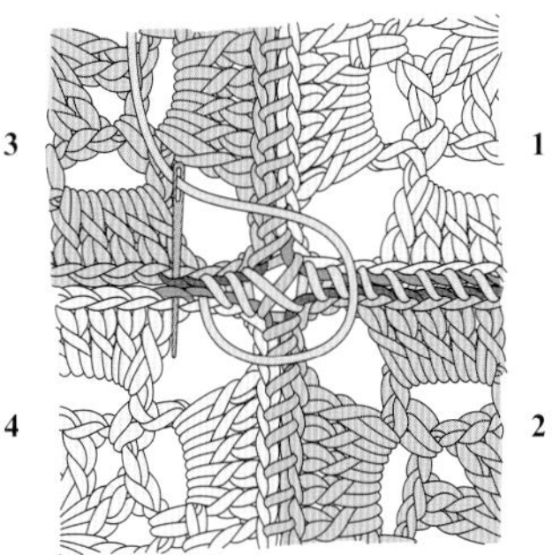

9 为避免转角处出现开孔，将纵向缝线和横向缝线呈十字形交叉。

※如果中途缝合线不够用，可用新线从同一个针目开始缝合。缝合线的线头从反面藏在缝合处的针目里

一边钩织一边在最终行连接

一边钩织花片，一边将花片连在一起。
随着花片数量的增加，织片逐渐变大，将大织片连在一起钩织花片是比较麻烦的，
尽量花点心思，只让花片最终行连接在一起。

引拔连接2片花片的方法

在第 2 片花片最终行的锁针中途连接。

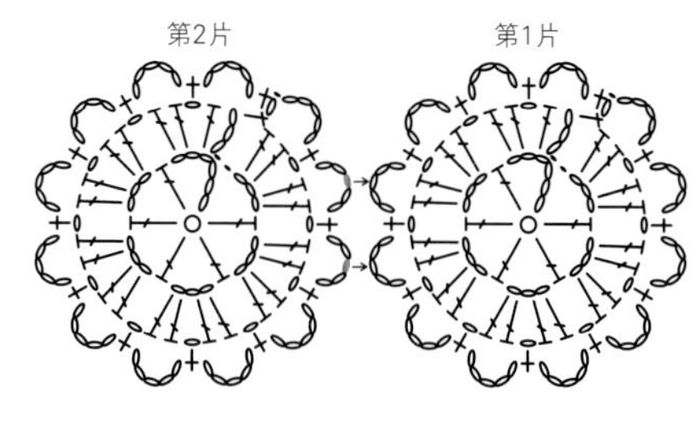

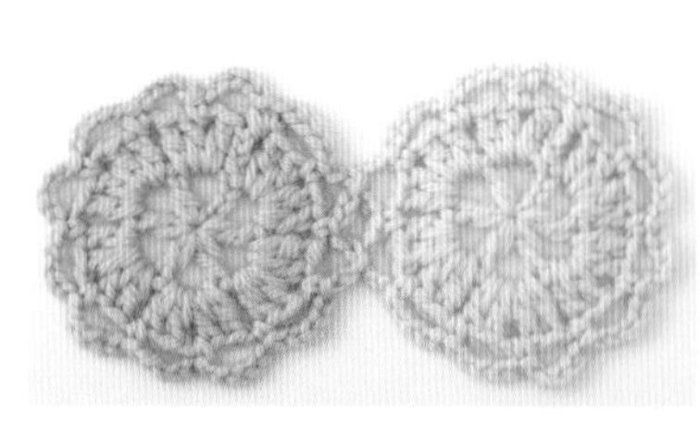

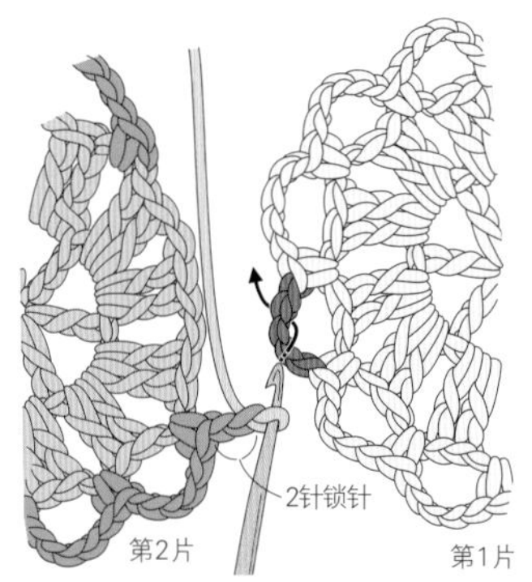

1 钩织连接处前面的 2 针锁针后，将线放在钩针前面，钩针从正面插入第 1 片花片的锁针链中，整段挑取。

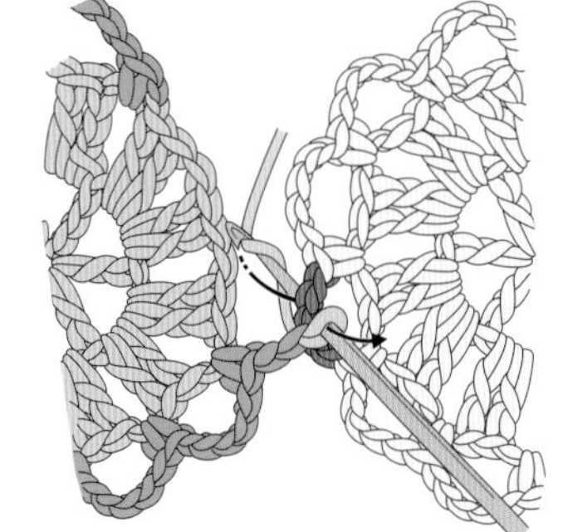

2 钩针挂线并引拔出。

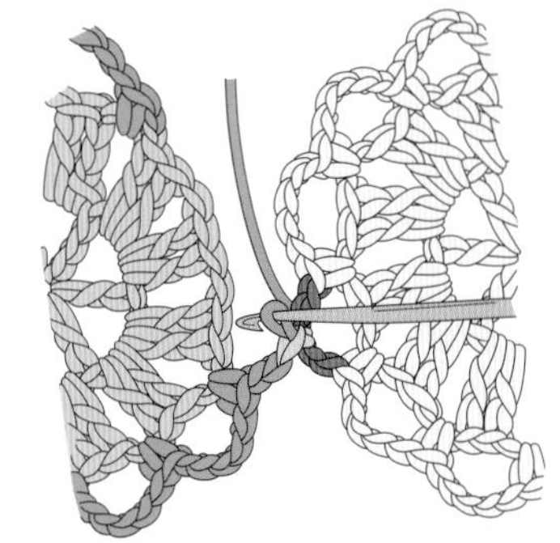

3 花片通过引拔针连接在了一起。

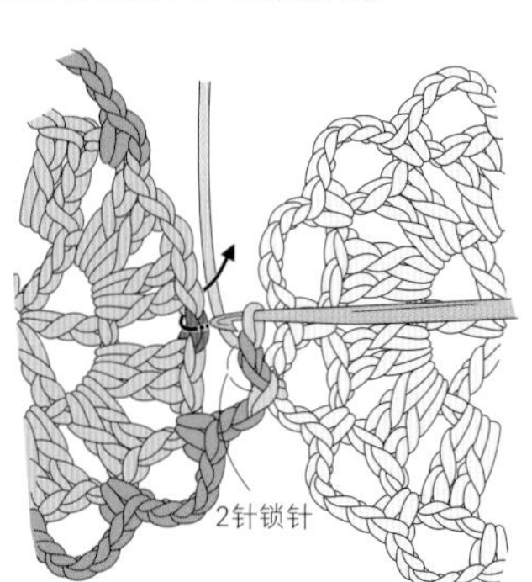

4 继续钩织 2 针锁针，然后将钩针插入第 2 片花片的挑针位置。

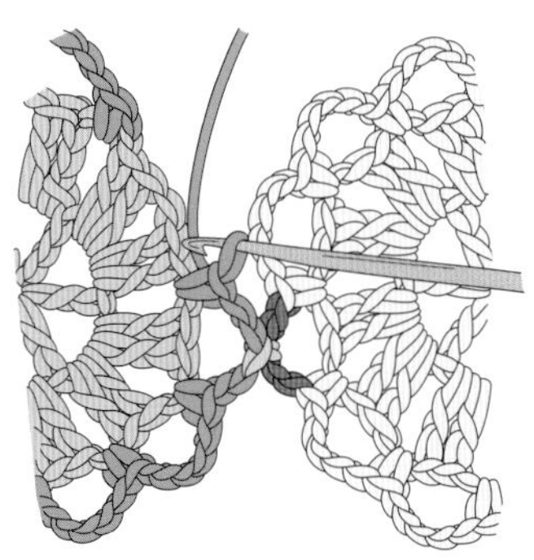

5 钩织短针。

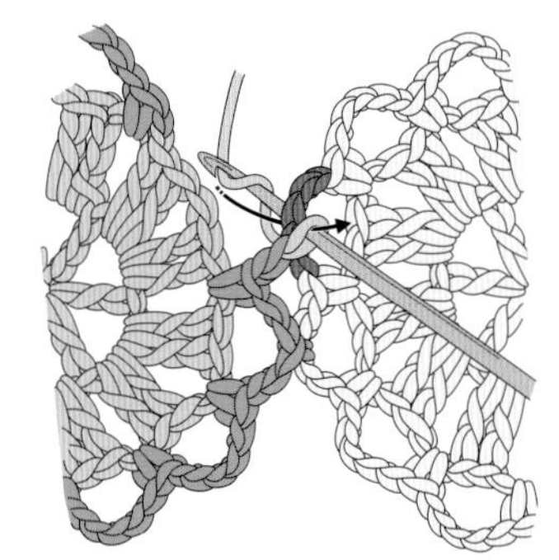

6 继续钩织 2 针锁针，按照步骤 1、2 相同的要领，和第 1 片花片引拔连接。

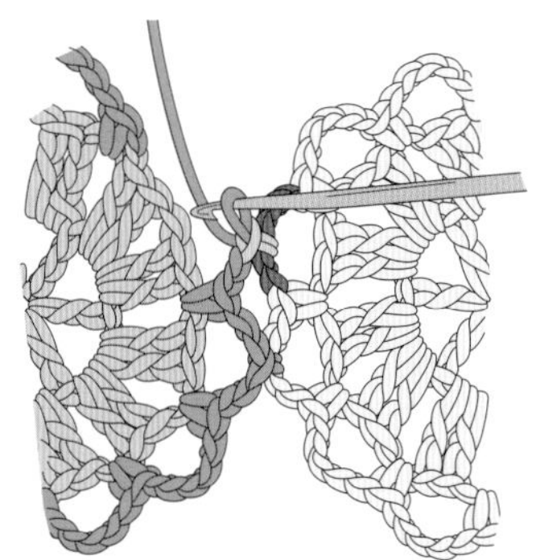

7 有 2 处连接在了一起。

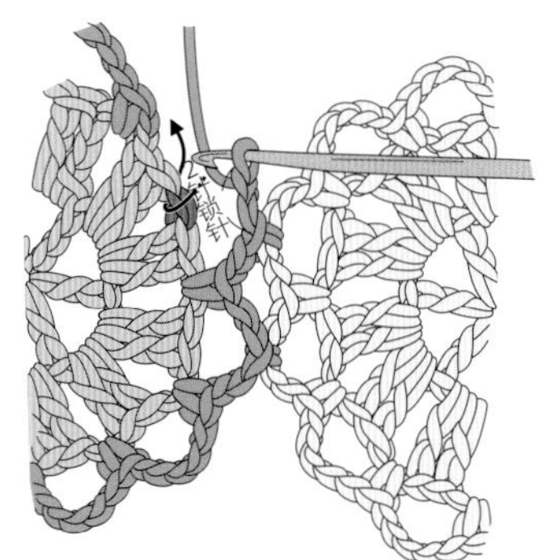

8 钩织 2 针锁针，将钩针插入第 2 片花片的挑针位置，钩织短针。

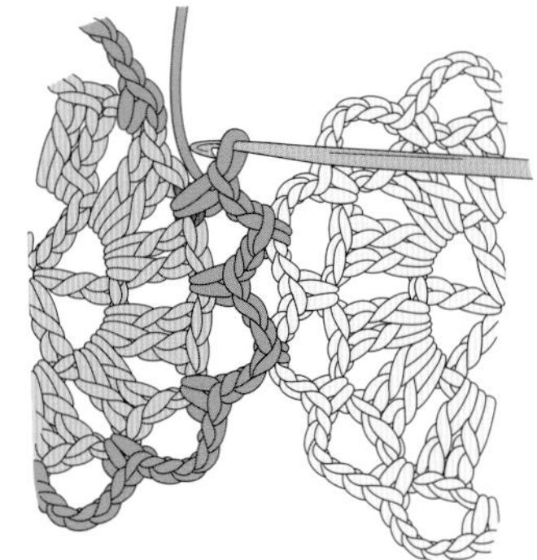

9 继续钩织花片，直至完成。

引拔连接4片花片的方法

将 4 片花片连在一起时，要注意转角处的连接方法。
第 3、4 片花片要和第 2 片花片连接，
这点很重要。

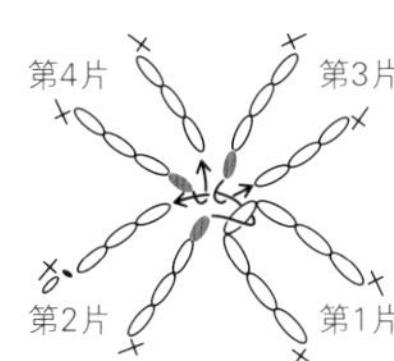

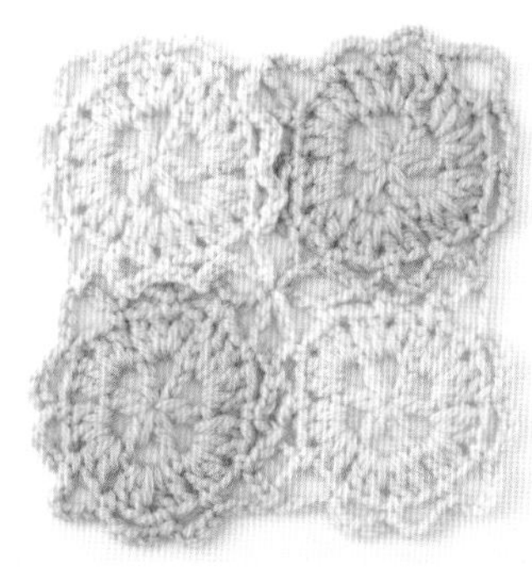

第2片

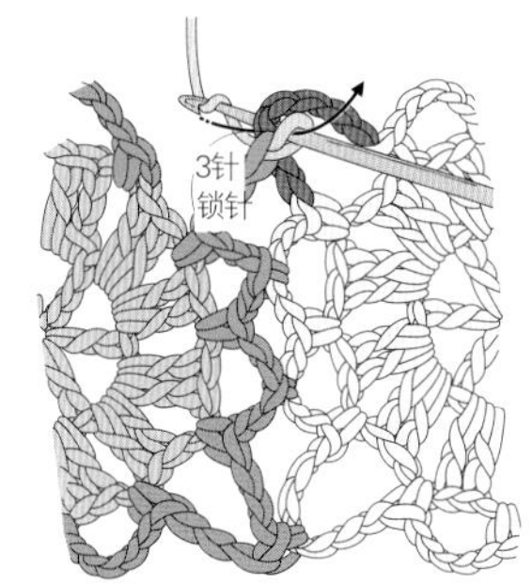

1 一边钩织第 2 片花片的最终行，一边整段挑取第 1 片花片的锁针链引拔连接（参照 p.126）。

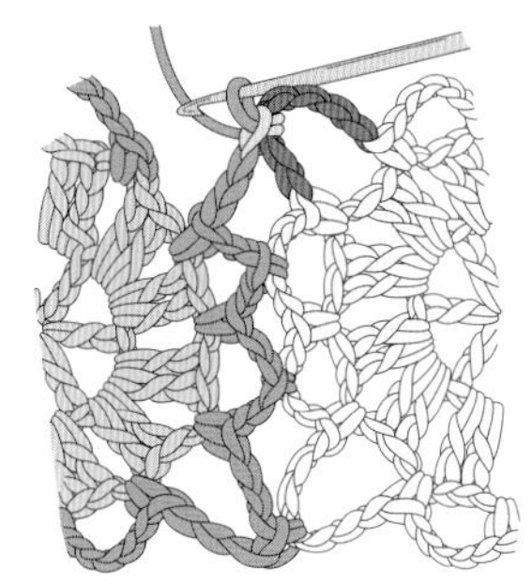

2 用引拔针将一边连接在一起。继续钩织第 2 片花片。

第3片

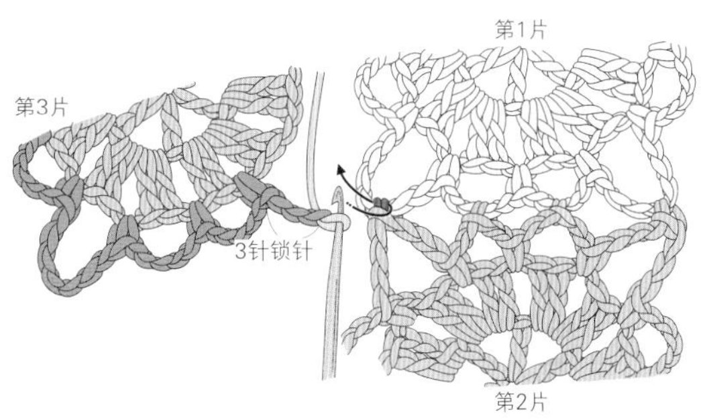

3 钩织连接处前面的 3 针锁针后，将线放在钩针前面，钩针插入第 1、2 片花片连接处的引拔针中，挑取根部 2 根线。

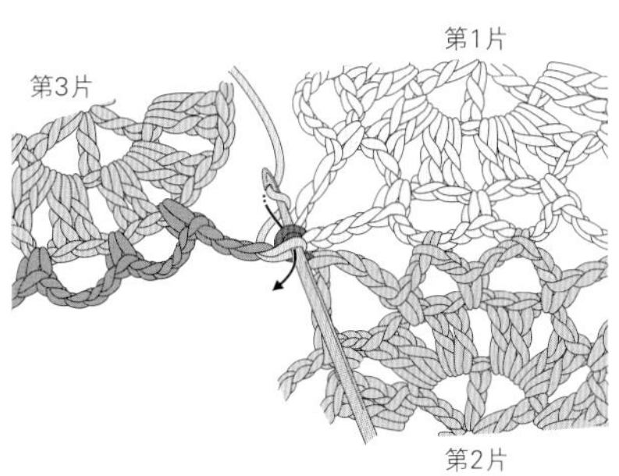

4 钩针挂线并引拔出。

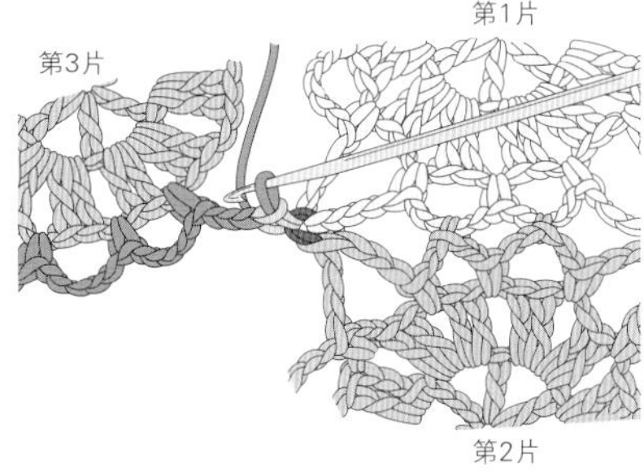

5 第 3 片花片的转角处连接在了一起。

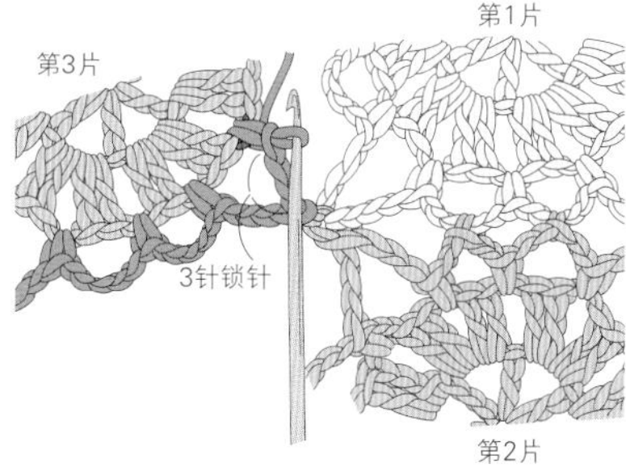

6 继续钩织 3 针锁针，然后将钩针插入第 3 片花片中，钩织短针。接着，和第 1 片花片连接。

第4片

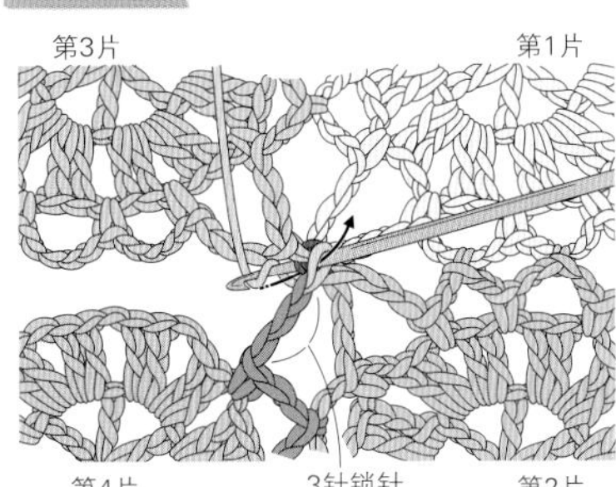

7 钩织连接处前面的 3 针锁针后，和步骤 3 相同，挑取第 2 片织片引拔针根部 2 根线，钩针挂线并引拔出。

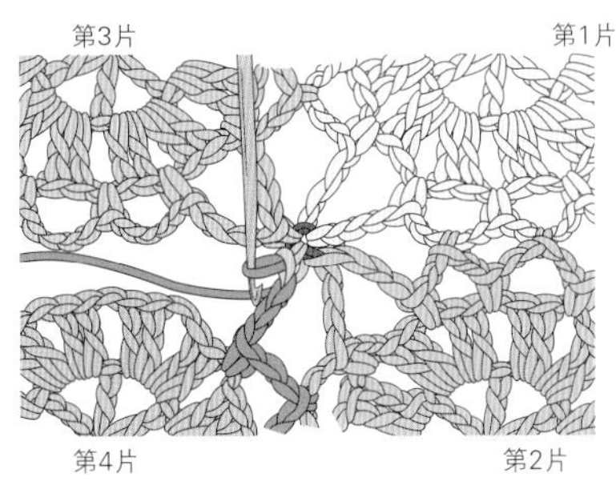

8 第 4 片花片的转角处连接在了一起。

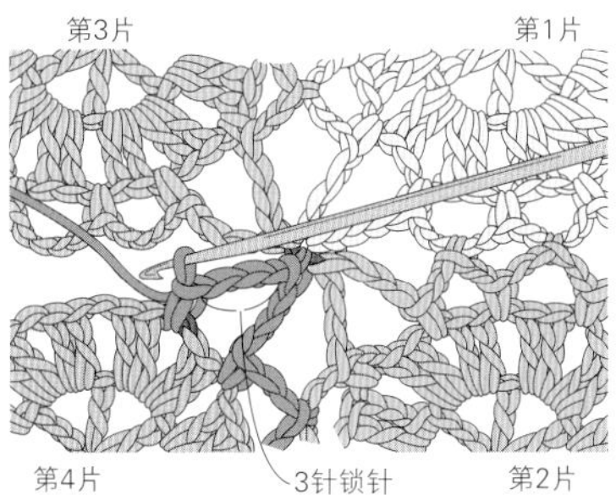

9 继续钩织 3 针锁针，然后将钩针插入第 4 片织片中，钩织短针。接着，和第 3 片花片连接。

短针连接2片花片的方法

和引拔连接的方法相同，
在第 2 片花片最终行的锁针中途连接。

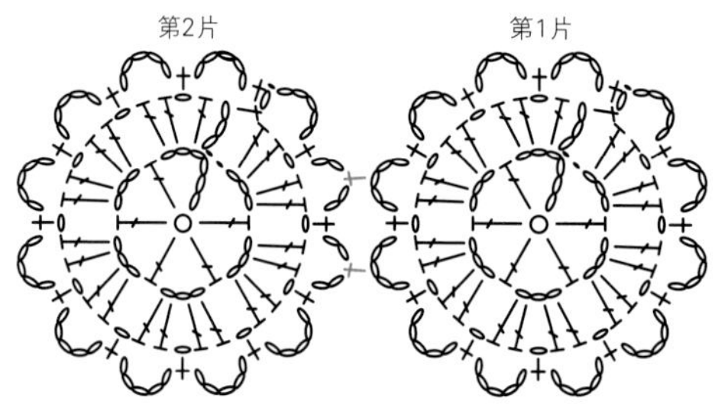

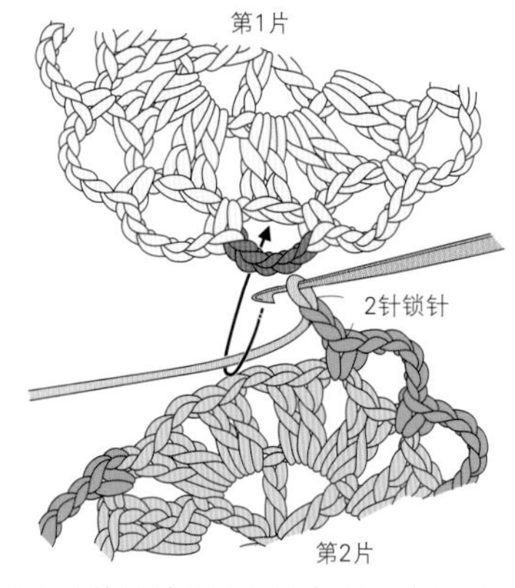

1 钩织连接处前面的 2 针锁针后，将钩针从反面插入第 1 片花片的锁针链中，整段挑取。

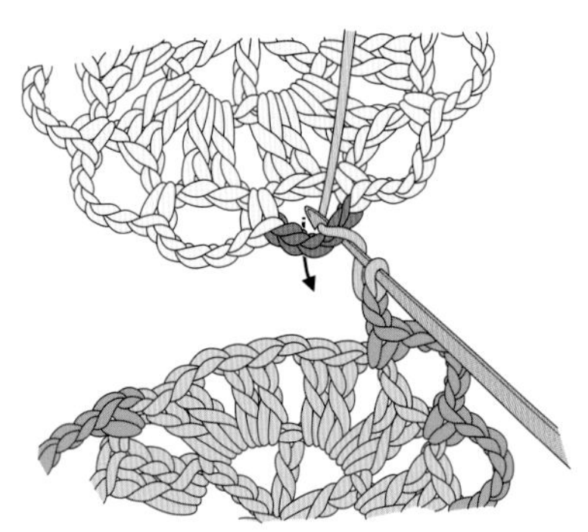

2 钩针挂线并拉出。

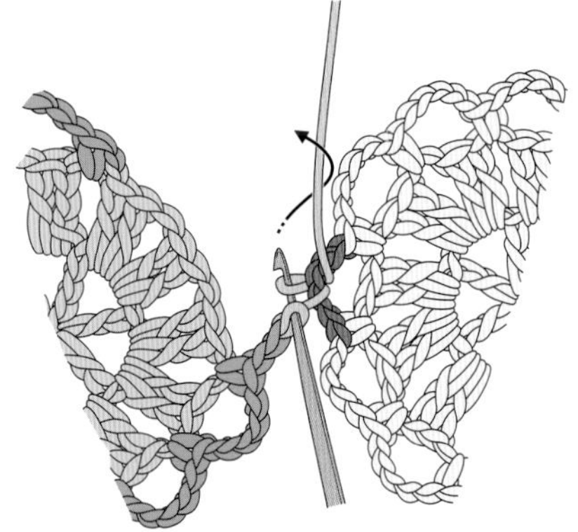

3 再次如图所示转动钩针。

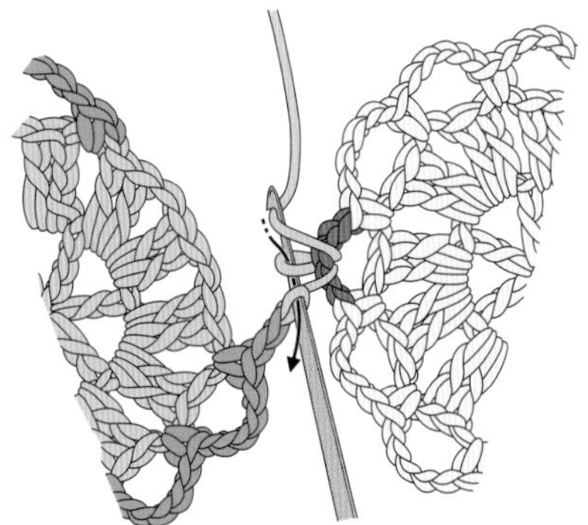

4 钩针挂线并引拔出，钩织短针。

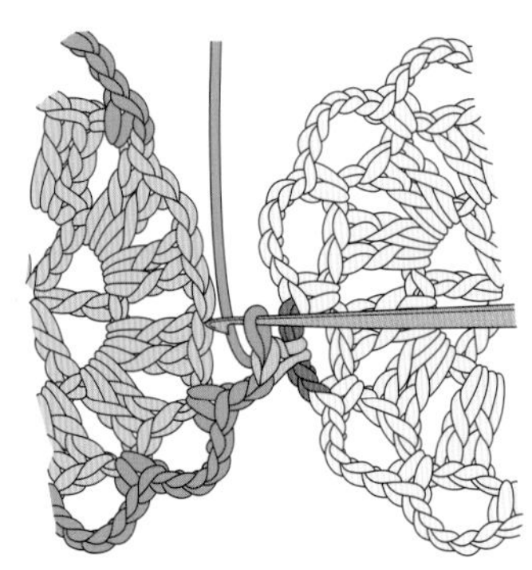

5 花片通过短针连接在了一起。

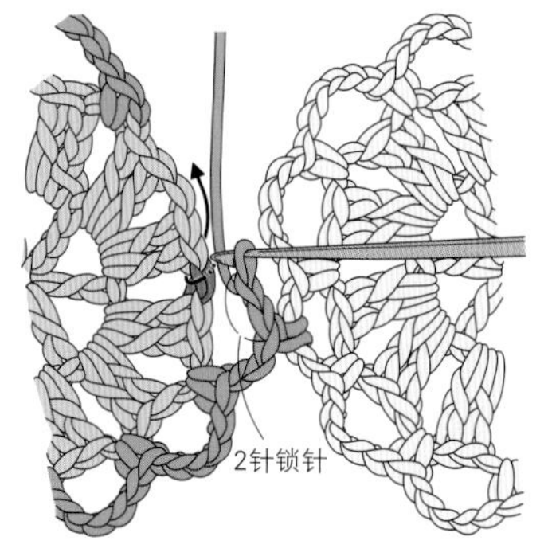

6 继续钩织 2 针锁针，然后钩针插入第 2 片花片的挑针位置，钩织短针。

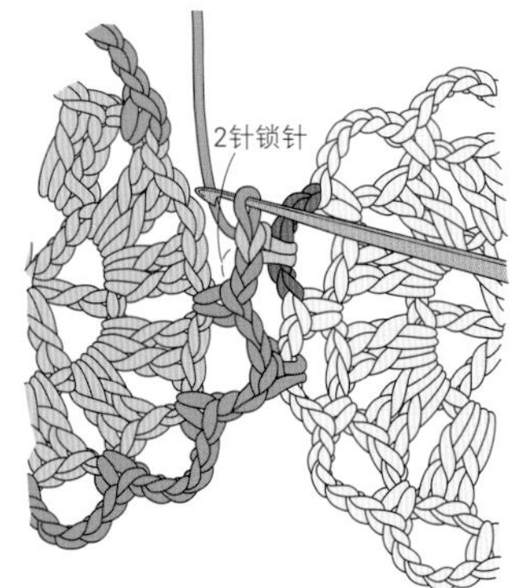

7 继续钩织 2 针锁针，按照步骤 1~4 的要领，从反面插入钩针，钩织短针。

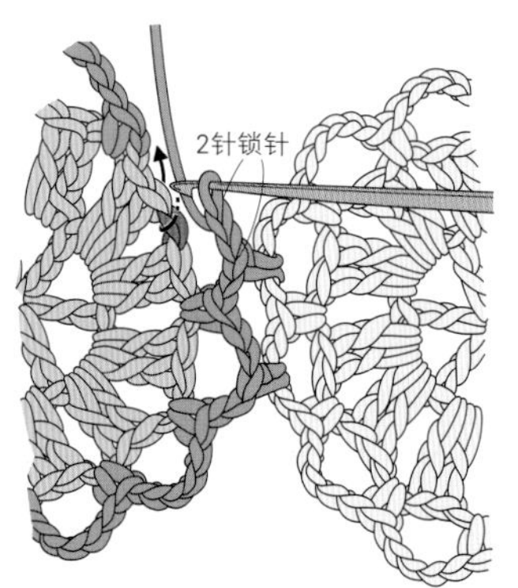

8 有 2 处连接在了一起。继续钩织 2 针锁针，钩针插入第 2 片花片的挑针位置，钩织短针。

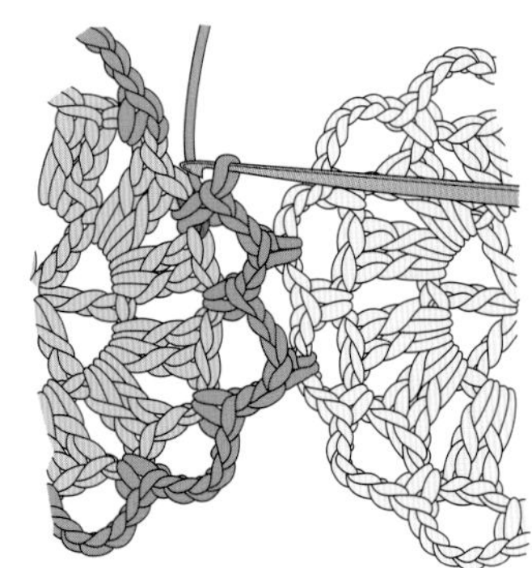

9 继续钩织花片，直至完成。

短针连接4片花片的方法

用短针将 4 片花片连在一起时，和引拔连接 4 片花片的方法相同，要注意转角处的连接方法。
第 3、4 片花片要和第 2 片花片连接，这点很重要。

第2片

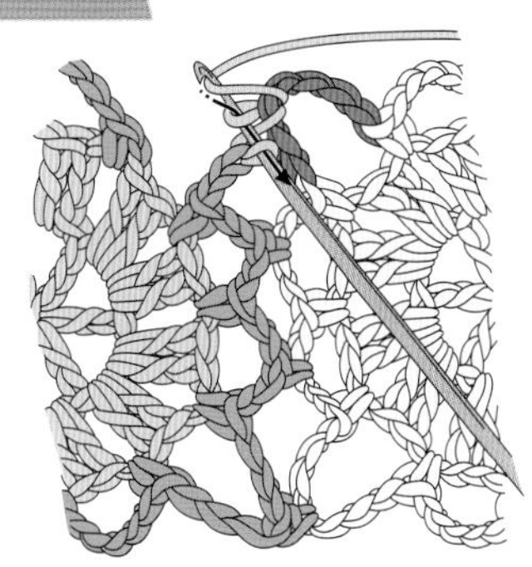

1 一边钩织第 2 片花片的最终行，一边整段挑取第 1 片花片的锁针链，钩织短针连接。（参照 p.128）

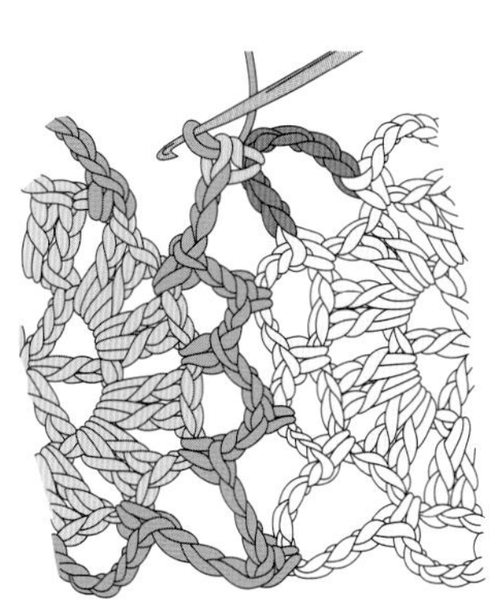

2 钩织短针将一边连接在一起。继续钩织第 2 片花片。

第3片

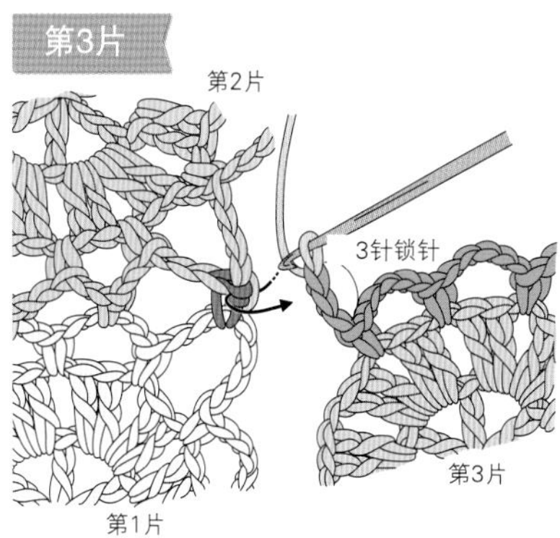

3 钩织连接处前面的 3 针锁针后，从反面将钩针插入第 1、2 片花片连接处的短针中，挑取根部 2 根线。

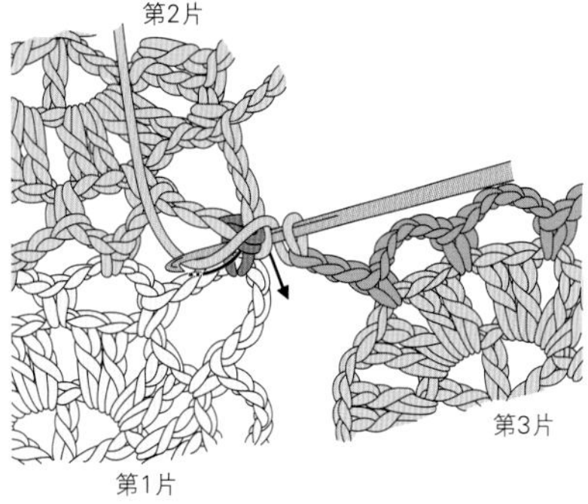

4 钩针挂线并拉出。

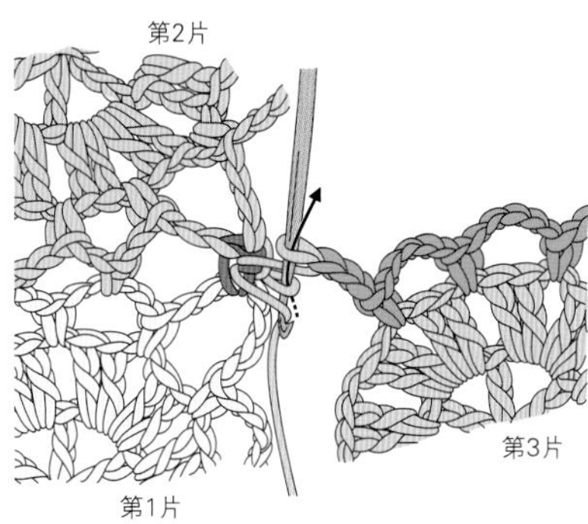

5 再次钩针挂线并引拔出，钩织短针。

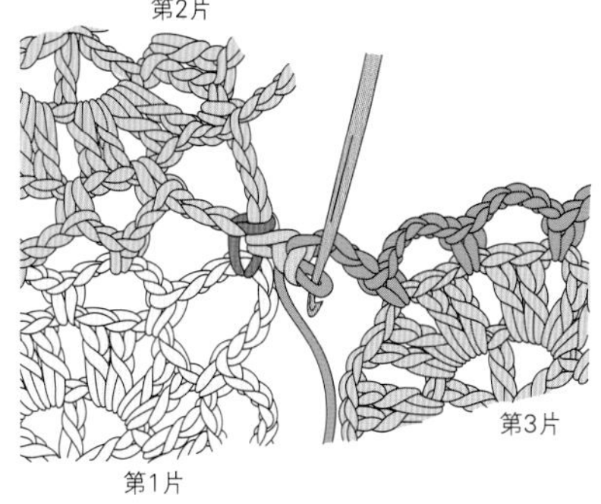

6 第 3 片花片的转角处连接在一起。一边继续钩织，一边将第 3 片花片和第 1 片花片连接在一起。

第4片

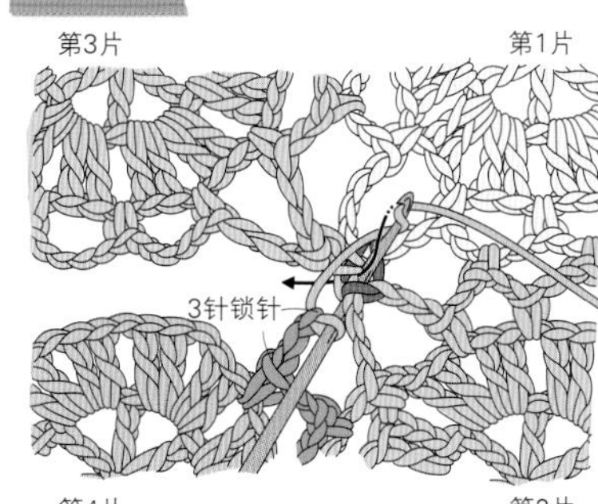

7 钩织连接处前面的 3 针锁针后，和步骤 3 相同，从反面挑取第 2 片花片短针的根部 2 根线，钩针挂线并拉出。

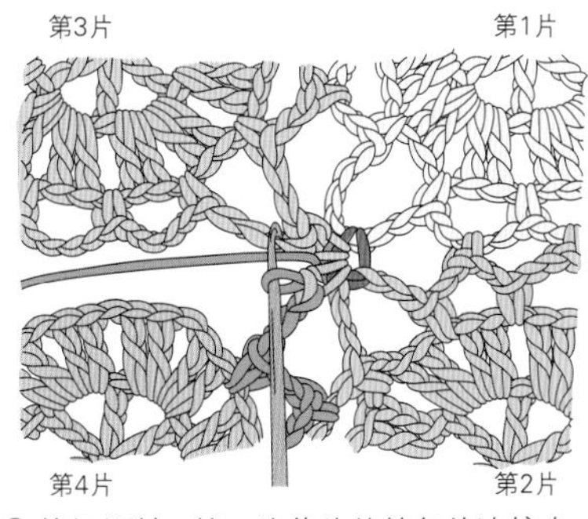

8 钩织短针。第 4 片花片的转角处连接在一起。

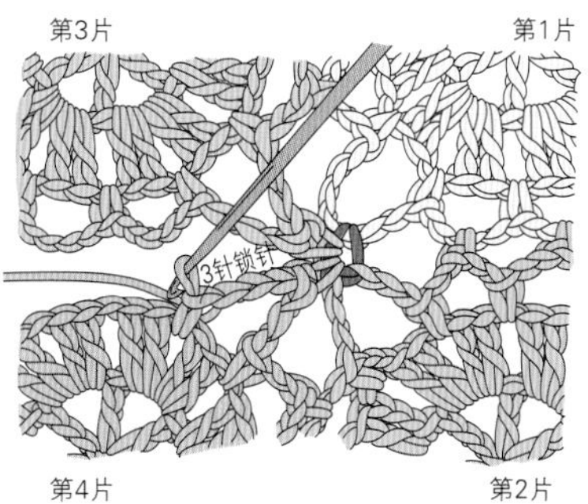

9 继续钩织 3 针锁针，然后钩针插入第 4 片花片，钩织短针。接着，和第 3 片花片连接。

长针连接2片花片的方法

这种方法适合钩织长针较多的花片，连接较为紧密。

抽出钩针，将针目从第 1 片花片中拉出，然后挑取第 1 片花片长针的头部钩织。

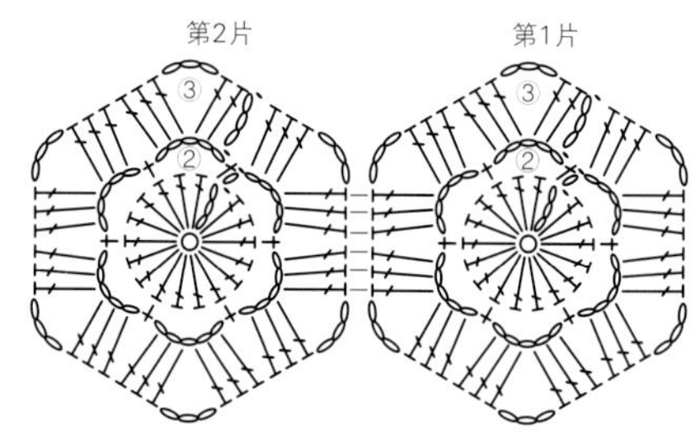

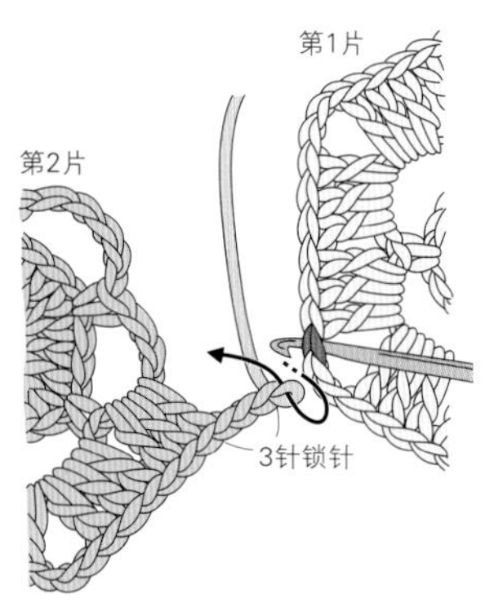

1 钩织连接处前面的 3 针锁针后，抽出钩针，将钩针插入第 1 片花片长针旁边锁针头部的 2 根线中，再插入刚刚抽出钩针的针目中。

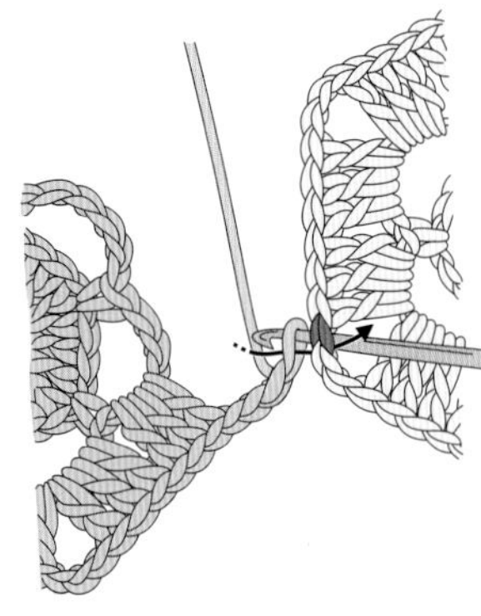

2 将第 2 片花片的针目从第 1 片花片中拉出。

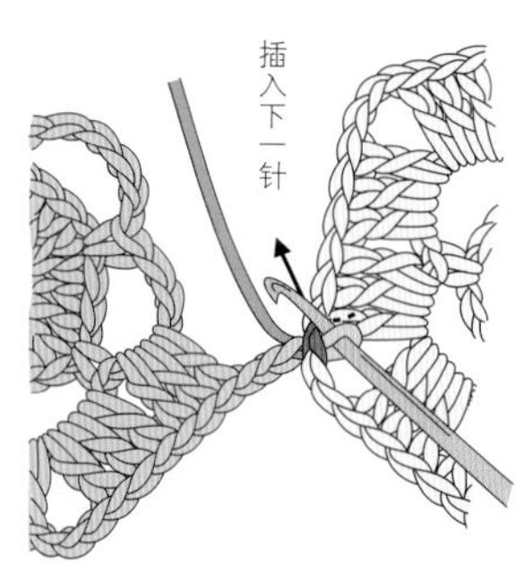

3 将钩针插入第 1 片花片下一针长针头部的 2 根线中。

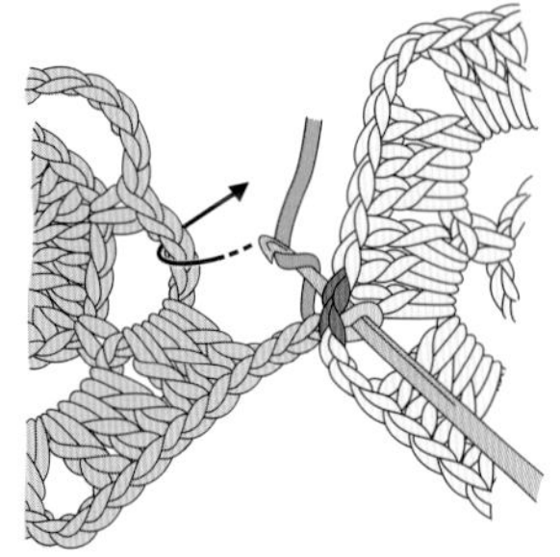

4 钩针挂线，然后整段挑取第 2 片花片的锁针链。

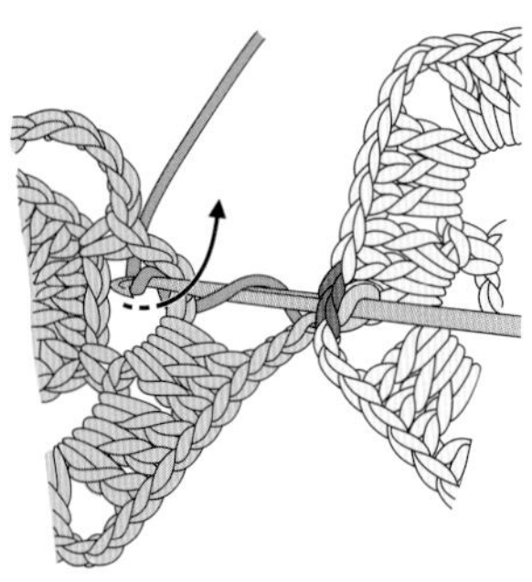

5 钩针挂线并拉出。

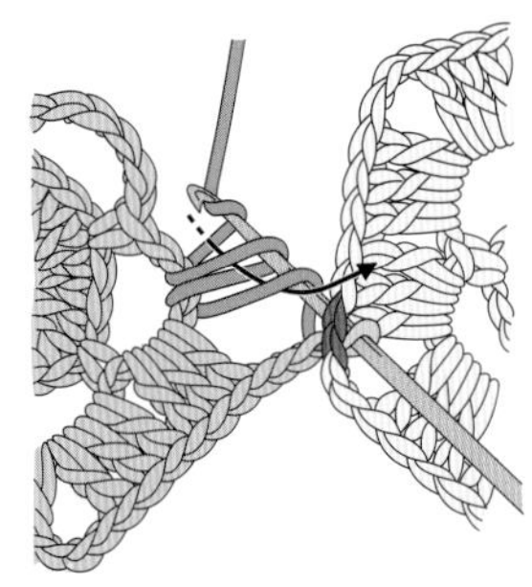

6 钩针挂线，并从钩针上的 2 个线圈中引拔出。

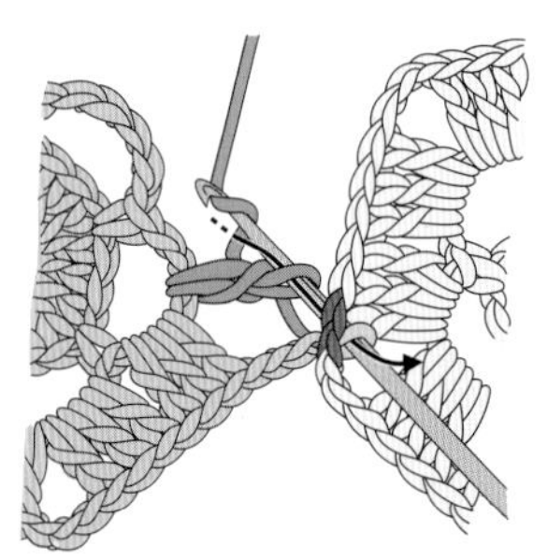

7 再次钩针挂线，穿过第 1 片花片，从钩针上剩余的 2 个线圈中引拔出，钩织长针。

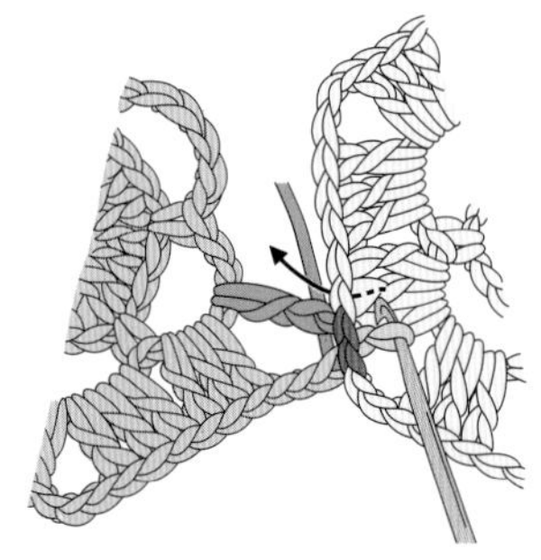

8 继续将钩针插入第 1 片花片下一针长针的头部。

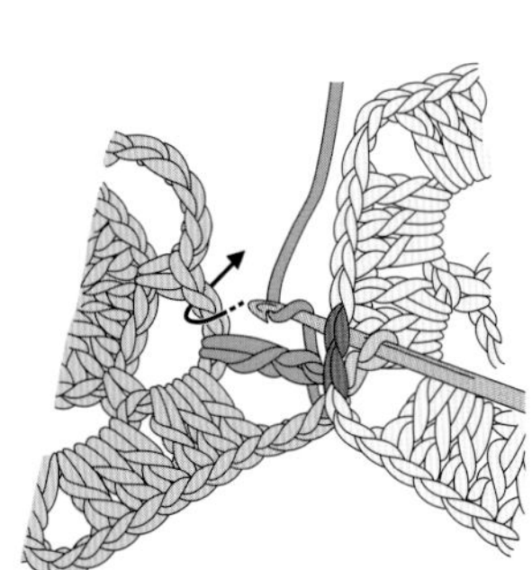

9 钩针挂线，整段挑取第 2 片花片，钩织长针。

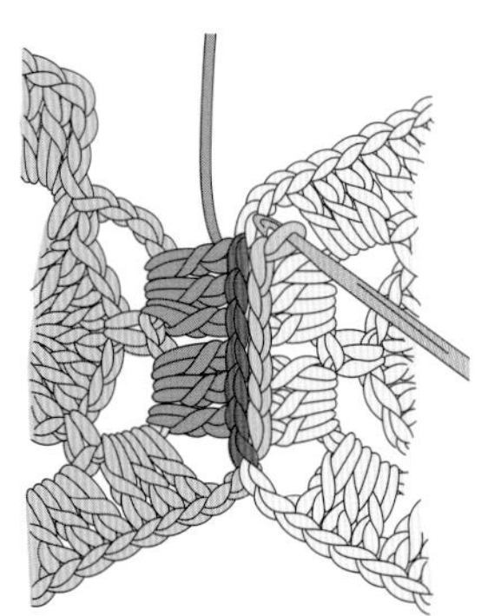

10 按照相同要领钩织长针。

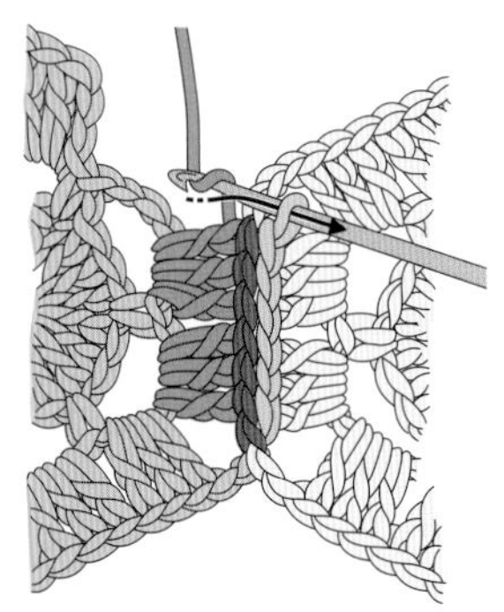

11 钩织 3 针锁针，回到第 2 片花片。

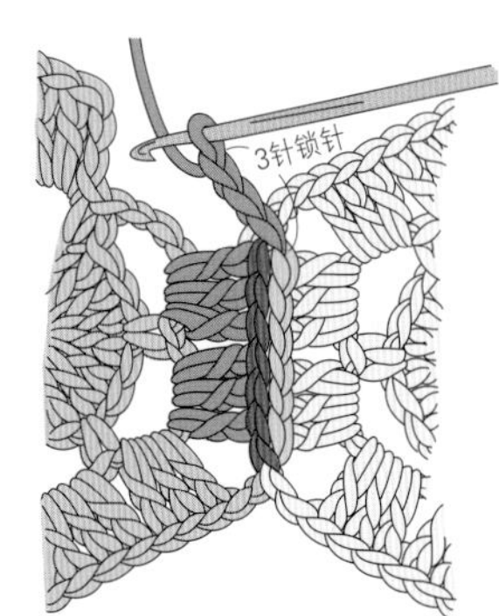

12 继续钩织第 2 片花片直至完成。

接合方法、缝合方法

将 2 片织片连接在一起，分为行与行连接和针与针连接两种情况。
行与行连接时，2片织片针目与针目对齐，在针目上入针连接，叫接合；
针与针连接时，2片织片行与行对齐，在针目头部入针连接，叫缝合。
无论是接合还是缝合，挑针的间隙都要保持均匀，不能过松，也不能过紧。

引拔接合（在针目上入针）

两端的半针完全消失，
接合处针迹较小，较突出，
但可以快速、简单地连接织片。

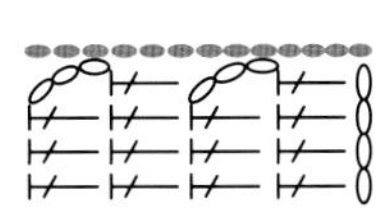

从正面看的样子

1 将 2 片织片正面相对重叠着拿好，钩针插入端头的锁针起针，挂线并拉出。

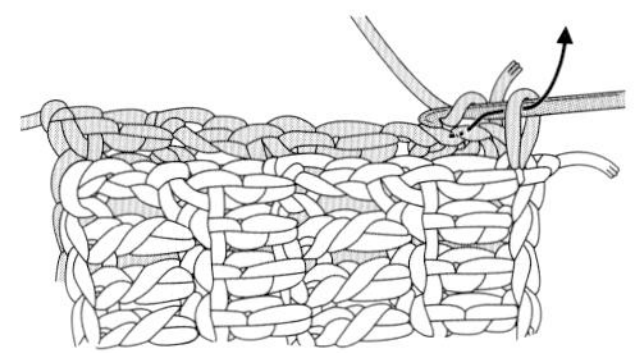

2 钩针挂线并引拔出。

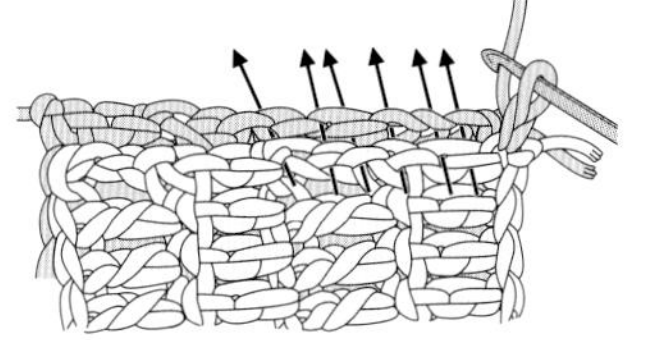

3 按照图示分开端头的针目并插入钩针，钩织引拔针。

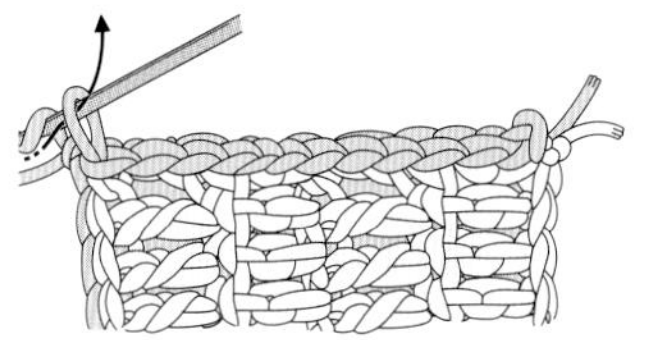

4 一边使整体针目均匀，一边根据针目的高度调整引拔针的针数。终点处再次钩针挂线并引拔出，将针目收紧。

引拔的锁针接合（在针目上入针）

挑针位置一目了然，这种方法也很方便。

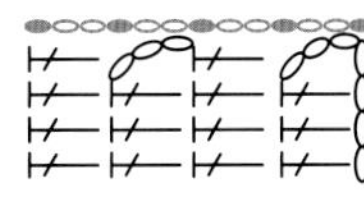

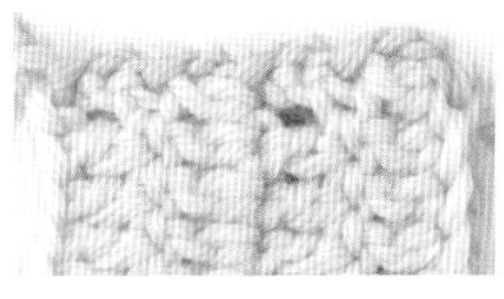

从正面看的样子

1 将 2 片织片正面相对重叠着拿好，钩针插入端头的锁针起针，挂线并拉出。

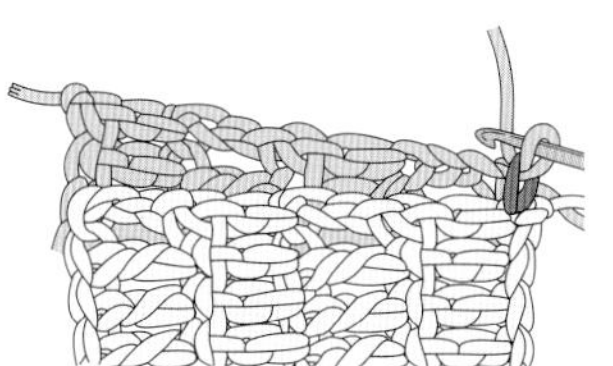

2 钩针挂线并引拔出。

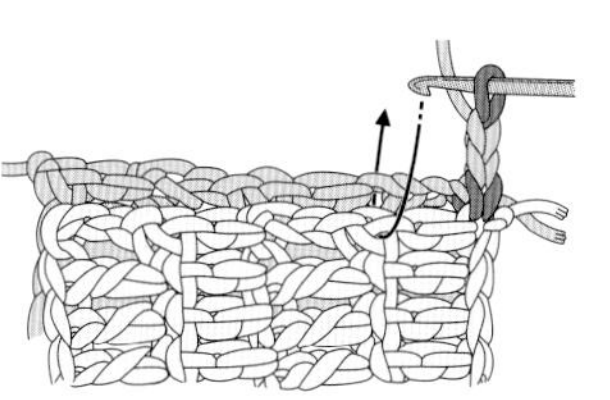

3 根据针目的长度，钩织相应的锁针针数。

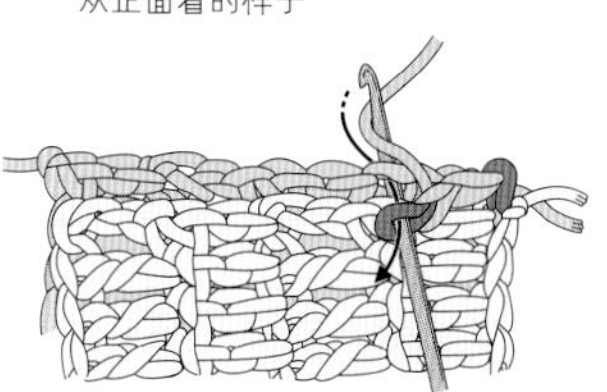

4 只在端头针目的头部钩织引拔针。

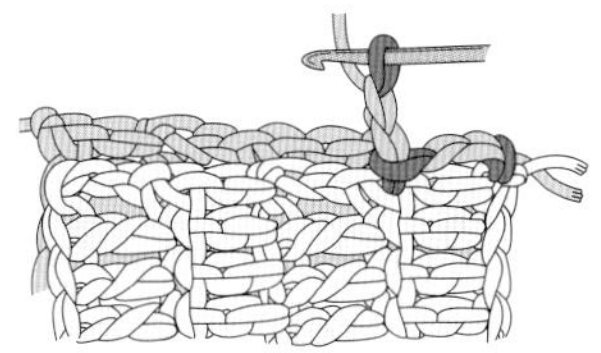

5 重复步骤 3、4。

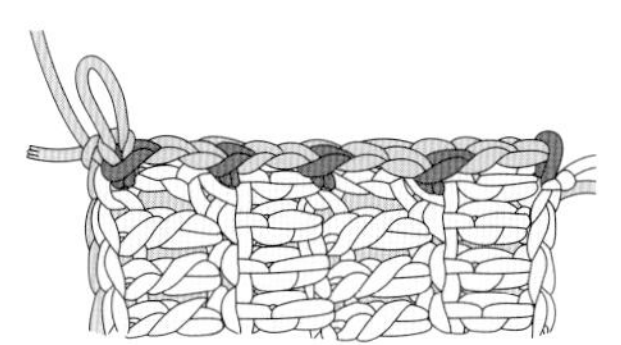

6 终点处再次钩针挂线并引拔出，将针目收紧。

使用细1号的钩针

将两片织片连接在一起时，因为要分开针目挑针，所以要使用比钩织织片主体时细 1 号的钩针。

短针的锁针接合（在针目上入针）

将 p.131 的“引拔的锁针接合”
中的引拔针换为短针。
接缝处略厚。

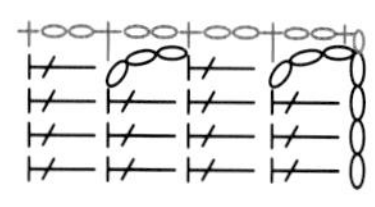

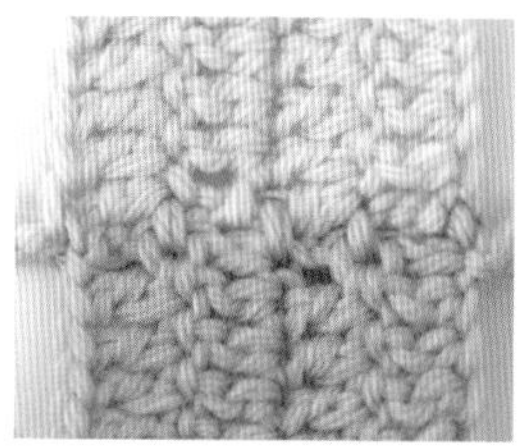

从正面看的样子

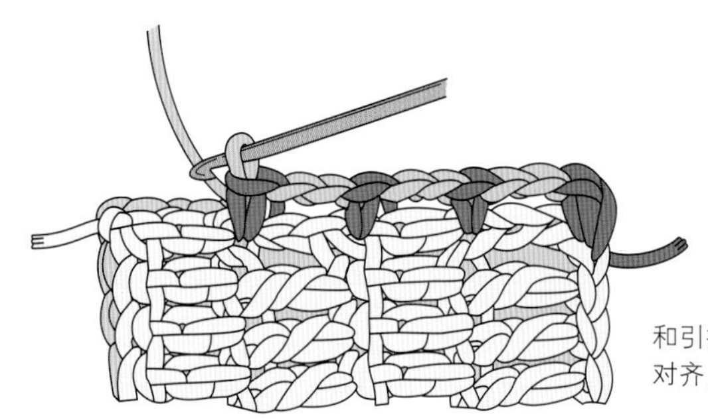

和引拔的锁针接合相同，将织片正面相对对齐，挑取针目头部，钩织短针。

挑针缝合（在针目上入针）

使用毛线缝针来缝合织片。
适合针目紧密的织片。
接缝处的针目不会突出来，缝合处较薄。

从正面看的样子

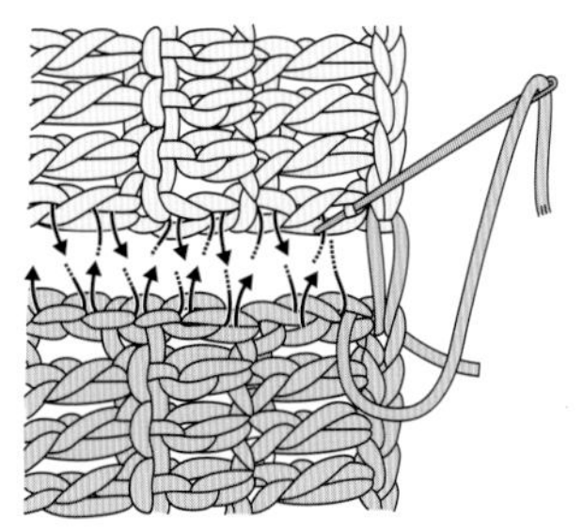

1 看着织片正面，将 2 片织片正面朝外并排对齐，用毛线缝针分开端头的针目挑针。

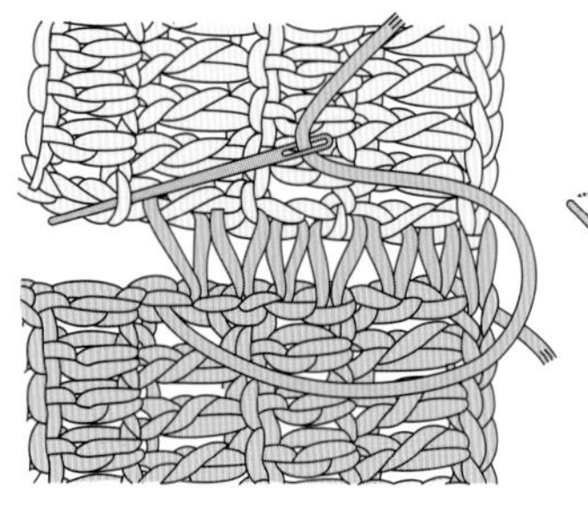

2 交互挑针，每次挑取 2 根线。

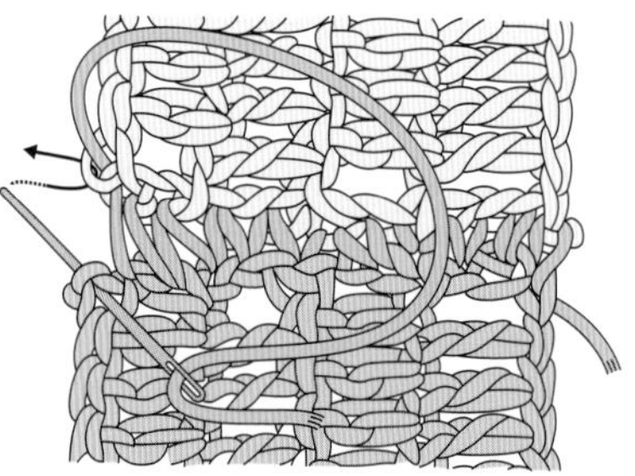

3 最后如箭头所示插入毛线缝针。

※ 在实际缝合的过程中，可以一针一针地将线拉好，让缝合线几乎看不见

卷针缝缝合（在针目上入针）

使用毛线缝针在同一个地方入针缝合。
缝合得较为牢固，但接缝处的针迹非常醒目。

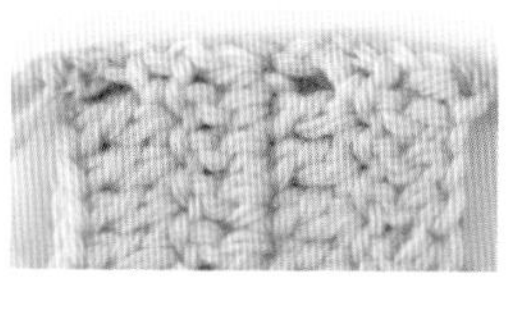

从正面看的样子

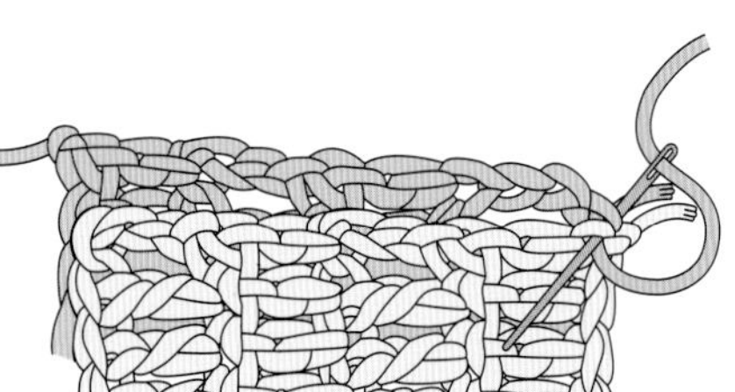

1 将 2 片织片正面相对重叠着拿好，用毛线缝针挑取锁针起针。

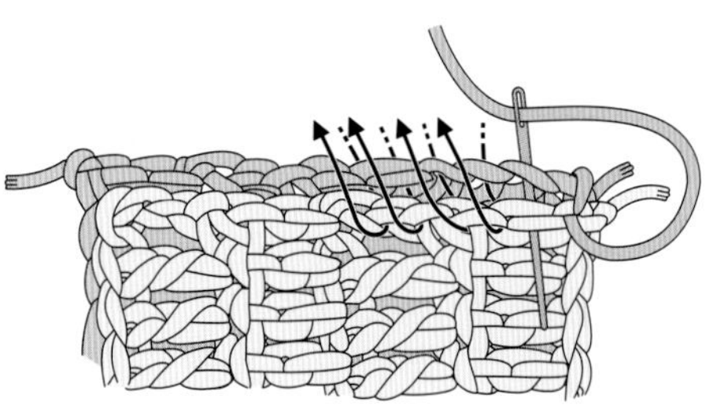

2 如图所示从同一个方向插入毛线缝针，2 片织片都要分开端头针目挑针，每行长针挑取两三次，用缝合线一针一针地将织片缝合。

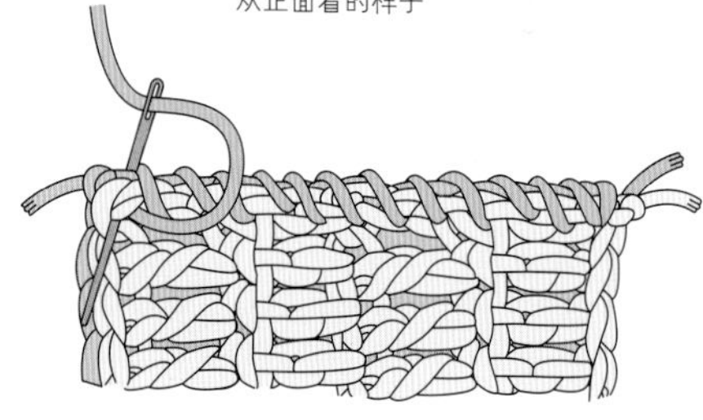

3 终点处在同一个地方重复入针一两次，收紧针目。在反面处理线头。

引拔接合（在针目头部入针）

简单、快速的缝合方法。
因为引拔针重叠在一起，所以缝合处会有点厚。

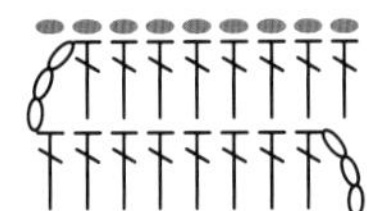

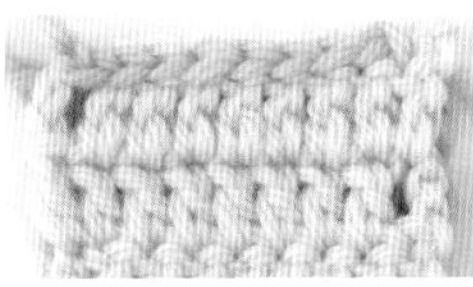

从正面看的样子

1 将 2 片织片正面相对重叠着拿好，钩针分别插入最终行端头针目的头部 2 根线中。

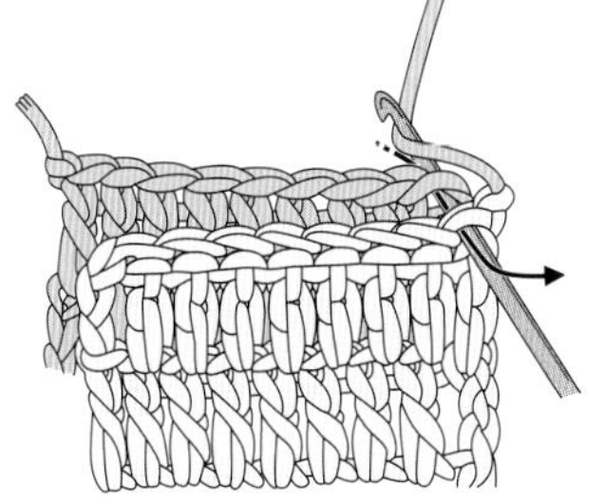

2 钩针挂线并引拔出（可以使用其中一片织片编织终点的线接合）。

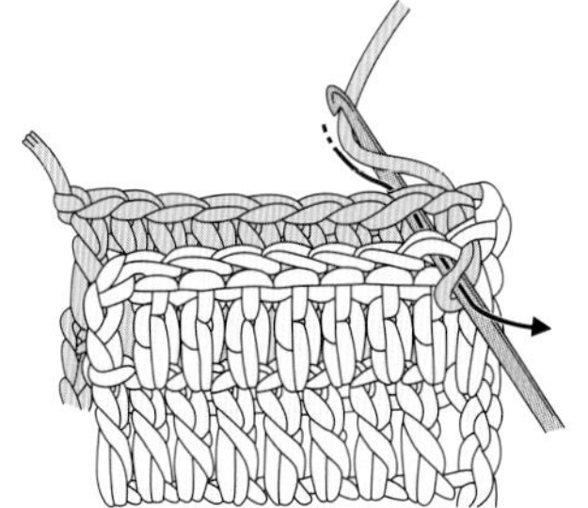

3 按照图示继续钩织引拔针。

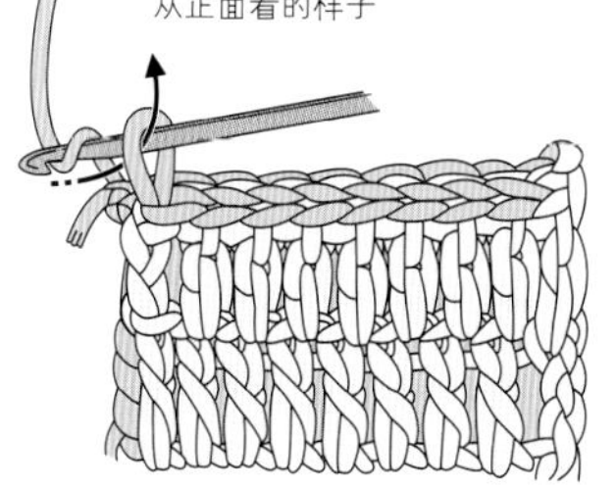

4 终点处再次钩针挂线并引拔，收紧针目。

挑针缝合（在针目头部入针）

使用毛线缝针缝合。
接缝处不厚，针迹不明显，缝合效果较完美。

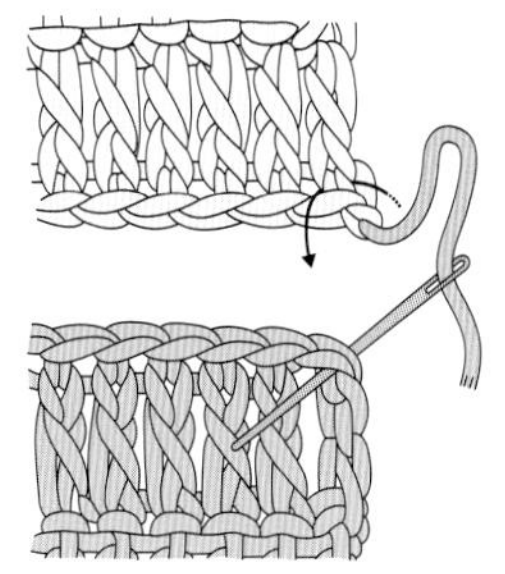

1 看着织片正面，将 2 片织片正面朝外并排对齐，先挑取上方织片针目头部后面的 1 针，再挑取下方织片长针头部的 2 根线（可以使用一片织片编织终点的线缝合）。

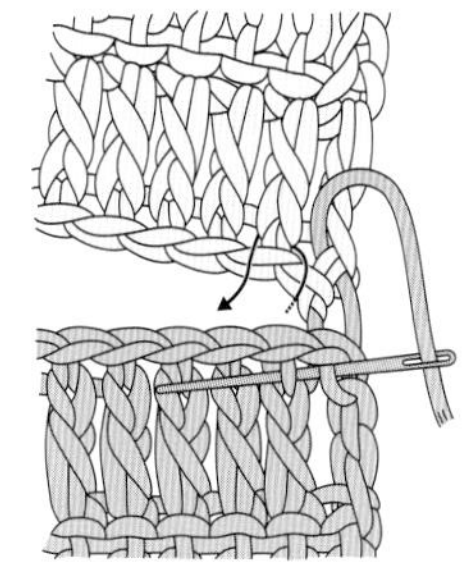

2 上方织片挑取针目头部后面的 1 针，下方织片挑取当前针目的半针和下一个针目的半针。

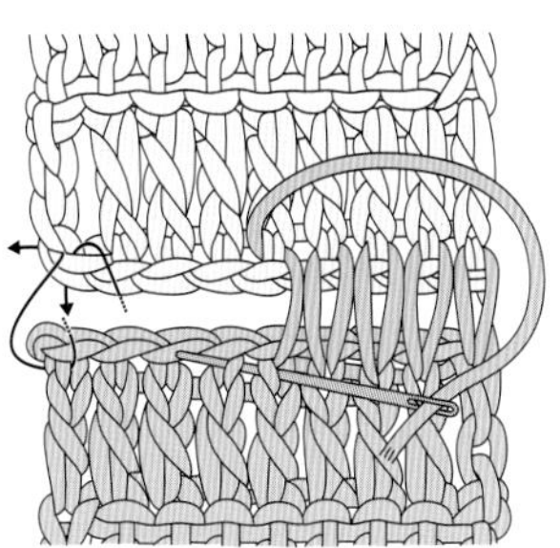

3 交互着挑针。

从正面看的样子

※ 在实际缝合的过程中，可以一针一针地将线拉好，让缝合线几乎看不见

卷针缝缝合（在针目头部入针）

使用毛线缝针做卷针缝缝合。
所有的针目被紧密地缝合在一起，很牢固。

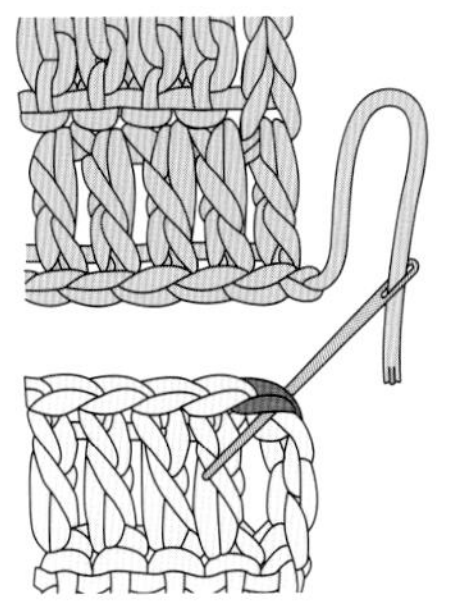

1 将 2 片织片正面朝外并排对齐，分别挑取最终行针目头部的 2 根线（可以使用其中一片织片编织终点的线缝合）。

※ 也可以挑取头部的 1 根线缝合

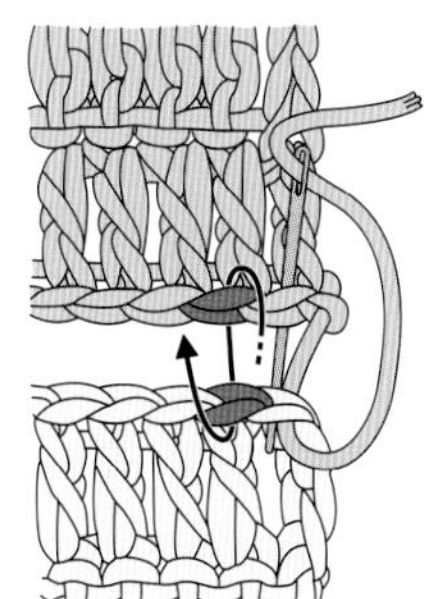

2 一针一针地挑针缝合，入针方向保持不变。缝合线会原样出现在织片上，注意线的松紧要保持一致。

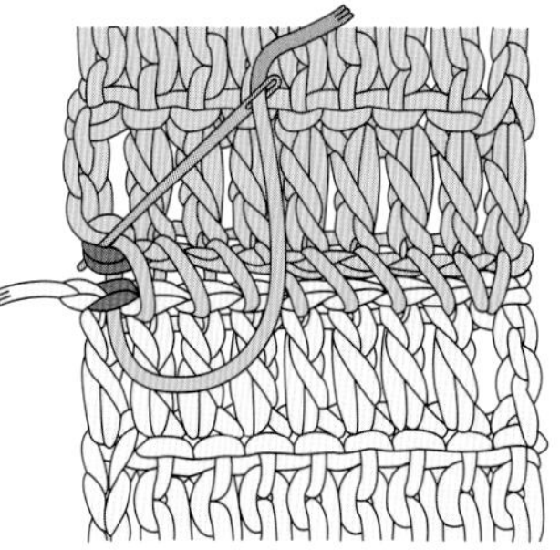

3 终点处在同一个地方重复入针一两次，收紧针目。在反面处理线头。

从正面看的样子

常用装饰

下面介绍钩针编织常用到的绒球装饰和流苏装饰。

绒球的制作方法

帽子顶部或围巾两端，经常会用到绒球。
使用专门的绒球制作工具能很快做好，也可以使用厚纸板制作绒球。

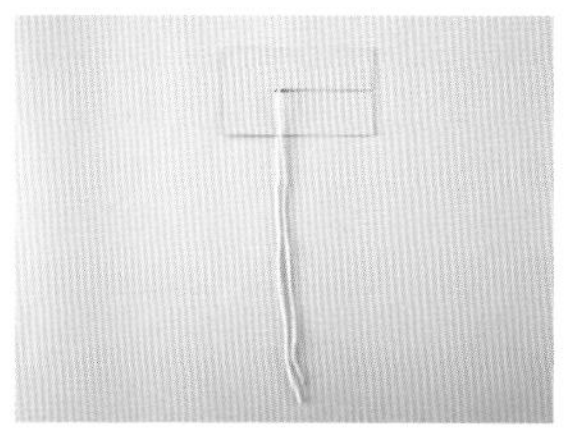

1 准备一片长度为绒球直径再加 2cm 的厚纸，在中间剪个刀口，穿入另线（建议使用结实的线）。

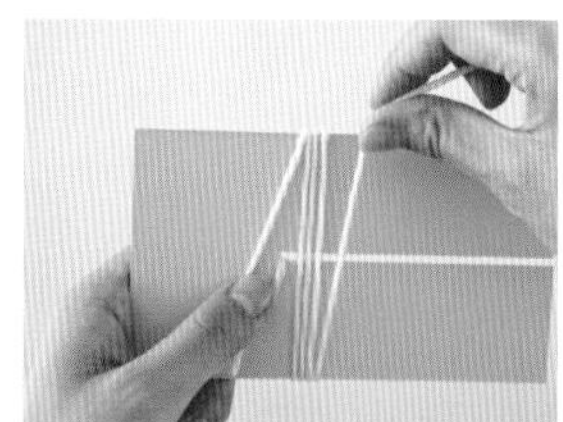

2 在厚纸板上缠绕制作绒球所用的线。

3 缠绕指定的圈数。

4 用穿到中间的另线将缠线板上的线从中间系住。

5 将线拉紧，使中间变得紧实。

6 从厚纸板上取下来。

7 取下来后的样子。

8 剪开两端的线圈。

9 剪开后的样子。

10 将线头修剪整齐，使其整体呈现球状。

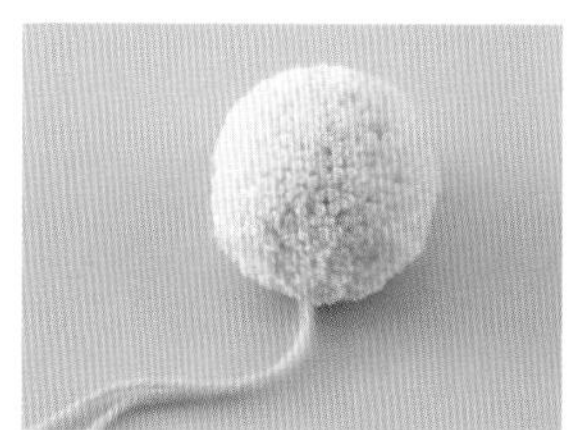

11 做好了。系在绒球中间的线用来连接织片。

流苏的连接方法

围巾两端经常要用到流苏。
线的长度应为流苏长度的 2 倍加上线结的长度。准备所需数量的线。

1 如图所示，将钩针插入需要连接流苏的地方。

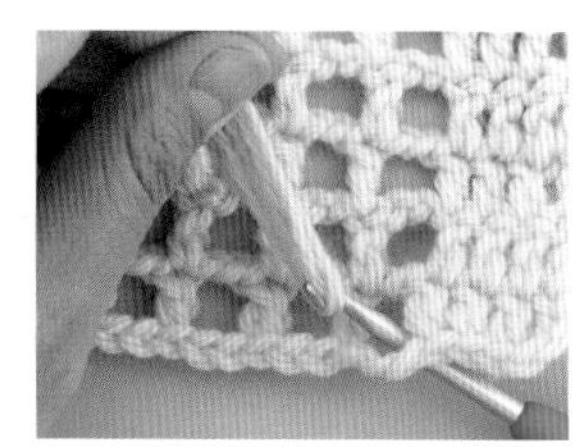

2 将流苏用线对折，用钩针从穿流苏的地方拉出。

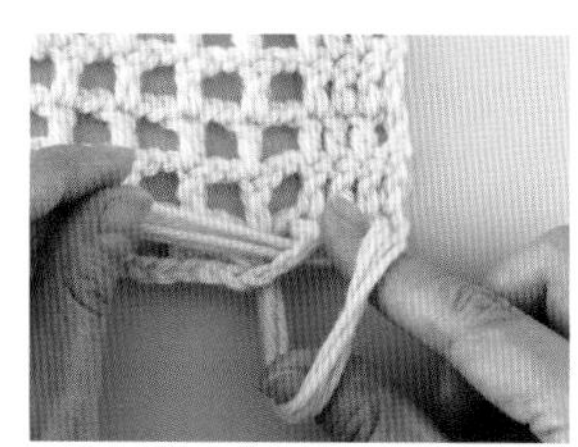

3 用拇指和食指撑开一个线圈，将线头拉出。

4 收紧线圈。所有的流苏都连接好之后，把线头修剪整齐。

扣眼和纽襻

纽襻可以在钩织过程中完成，也可以等钩织完后用毛线缝针缝制。
扣眼、纽襻的大小约为纽扣直径的 80%。
（毛线有张力，如果扣眼、纽襻和纽扣一样大，容易扣不住）

短针的扣眼

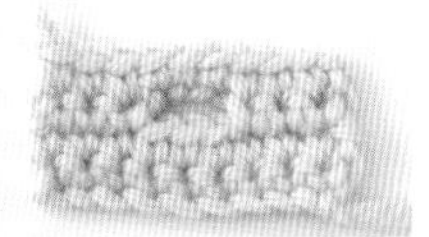

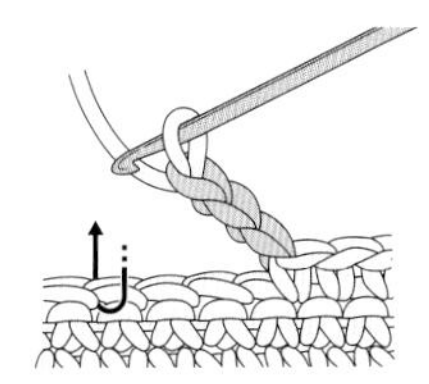

1 在钩织短针的过程中钩织相当于扣眼长度的锁针。

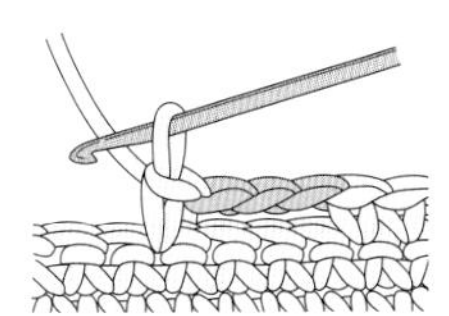

2 跳过和锁针数目相同的针数，继续挑针钩织短针。

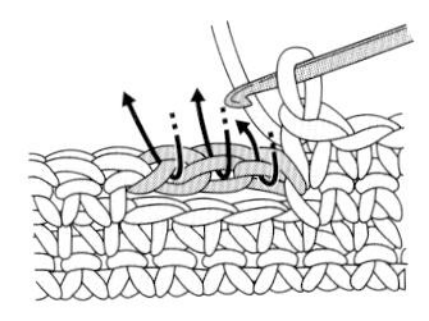

3 下一行，挑取锁针的里山钩织短针（有时也会整段挑取）。

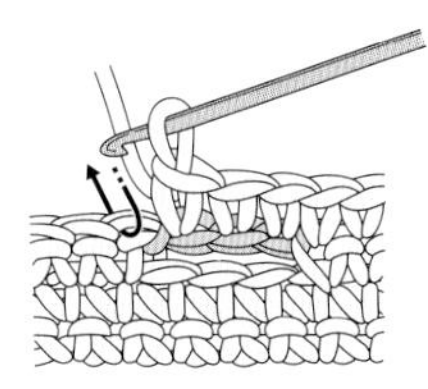

4 锁针的下方形成扣眼。

引拔针的纽襻

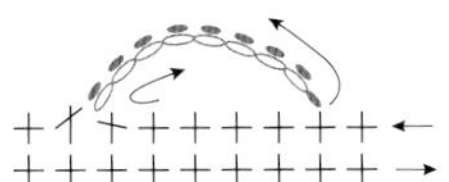

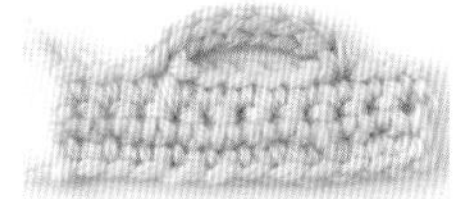

1 钩织短针至所需纽襻的左边，然后钩织相当于纽襻长度的锁针，抽出钩针并插入图中所示短针的头部，将锁针拉出。

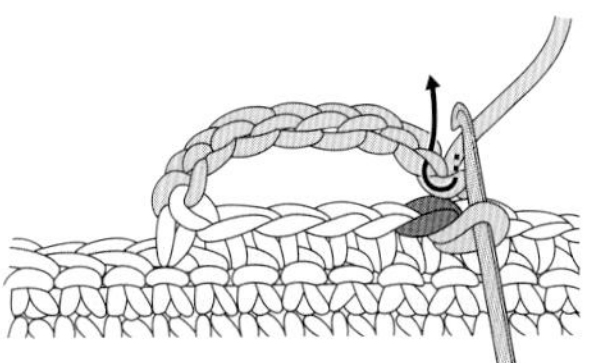

2 挑取锁针的里山，钩织引拔针。

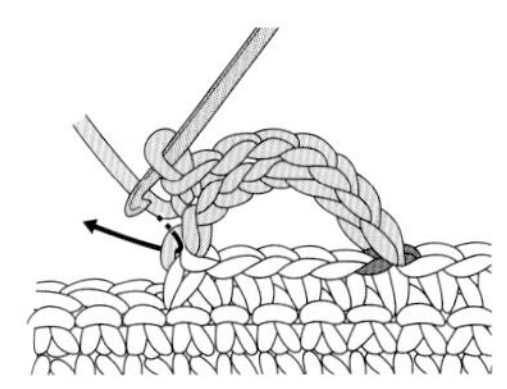

3 锁针部分全部钩织引拔针，然后继续在短针上钩织短针。

短针的纽襻

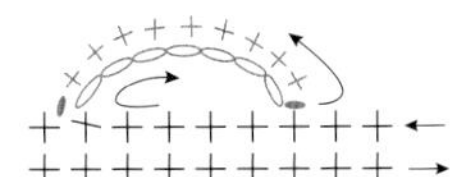

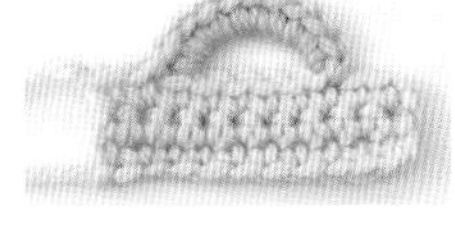

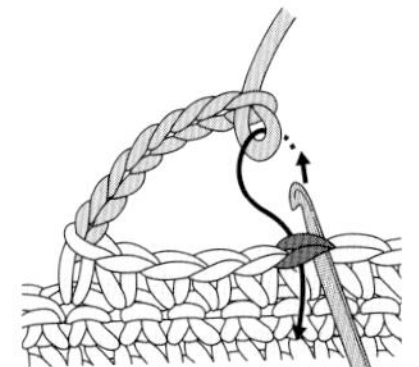

1 钩织短针至所需纽襻的左边，然后钩织相当于纽襻长度的锁针，抽出钩针并插入图中所示短针的头部，将锁针拉出。

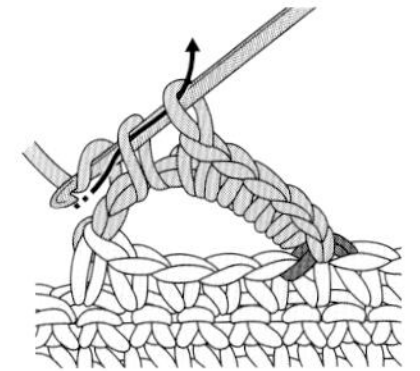

2 整段挑取锁针部分，钩织短针。

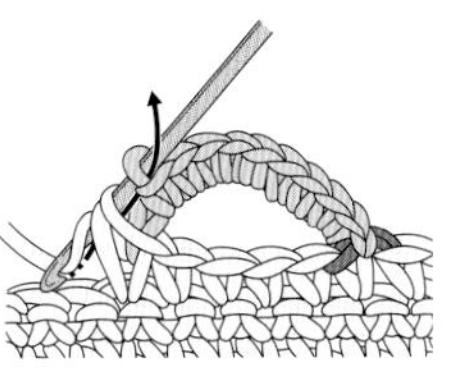

3 在纽襻的编织终点，挑取短针头部的半针和根部的 1 根线，钩织引拔针。

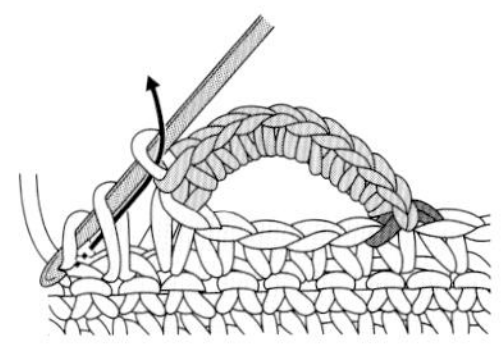

4 继续在短针上钩织短针。

扣眼绣

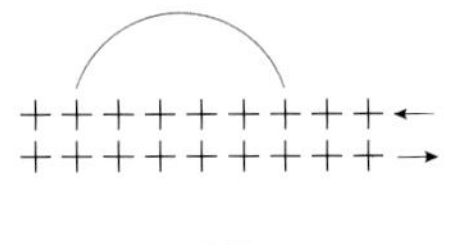

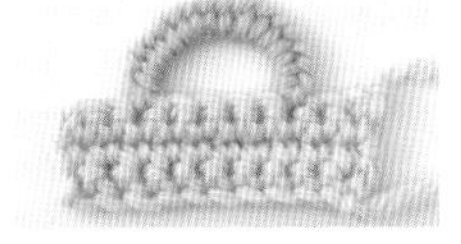

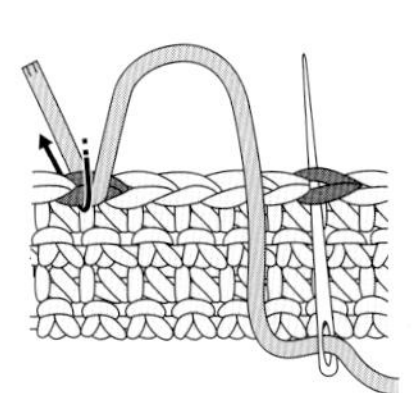

1 钩织完后，将另线穿入毛线缝针，在织片上渡线。

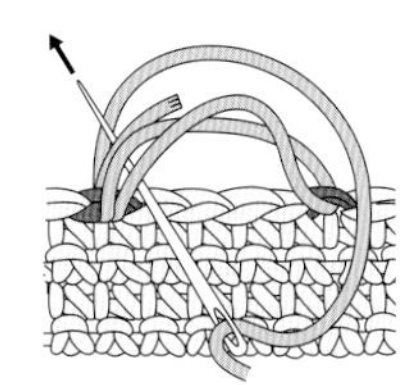

2 将渡线作为线芯，调整线圈的大小，然后做扣眼绣。

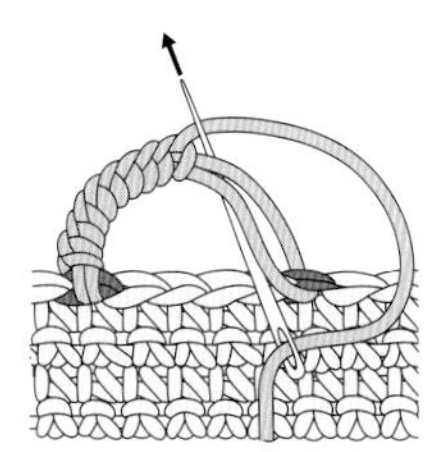

3 针目紧密地排列在一起，至看不见线芯。

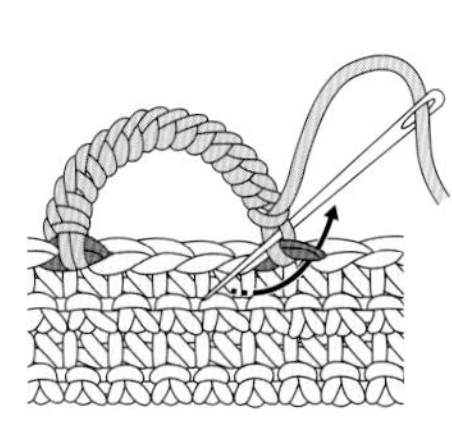

4 最后如箭头所示插入毛线缝针，在反面处理好线头。

细绳的钩织方法

锁针有时会当作细绳使用，但也有其他针法钩成的细绳。
口袋的袋口、毛衣的装饰等，许多地方都会用到细绳。

引拔针的细绳（双重锁针）

在编织终点钩织一条长长的锁针链，然后一边挑取里山钩织引拔针，一边向左钩织回去。
因为是两条锁针重叠在一起，所以又称为双重锁针。
锁针可以拆开（→p.97），可以稍微钩织得长一些。
这种钩织方法很简单，但挑取锁针里山时稍微有些麻烦。

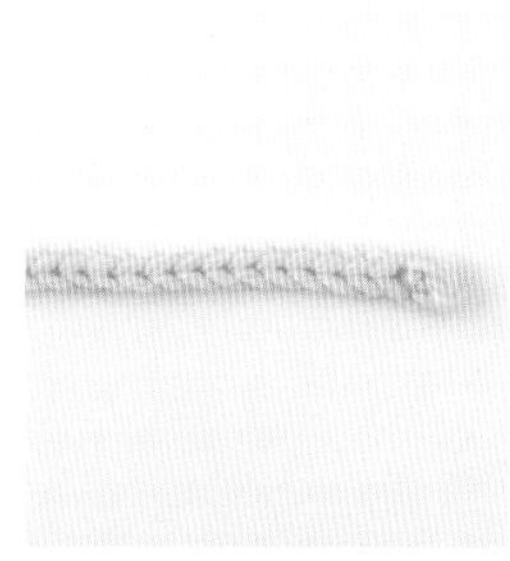

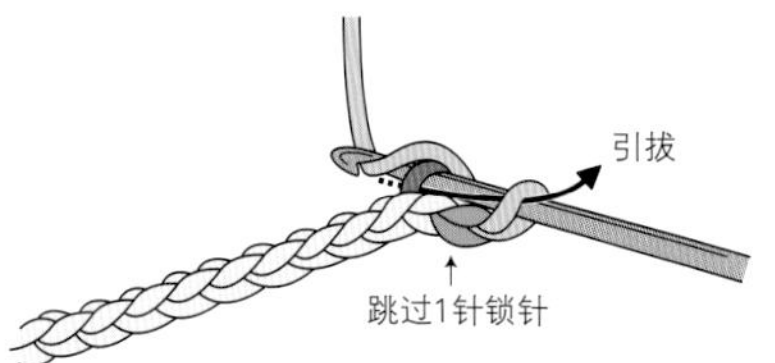

1 钩织锁针，为了呈现棱角，跳过 1 针锁针，钩针插入下一针锁针的里山，挂线并引拔出。

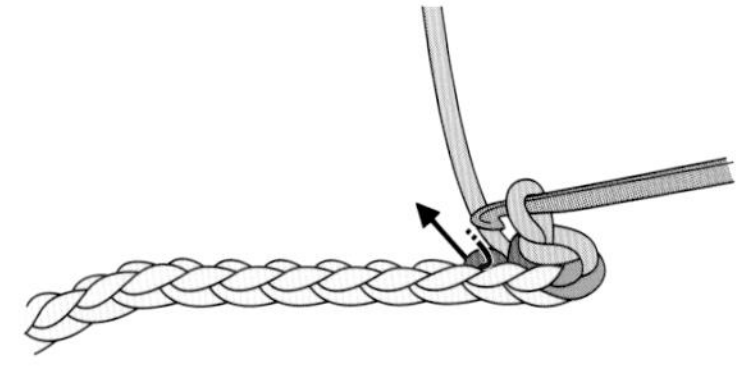

2 下一针也将钩针插入锁针的里山。

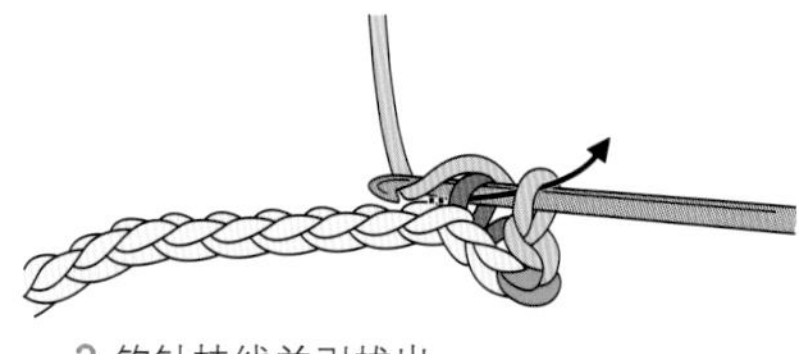

3 钩针挂线并引拔出。

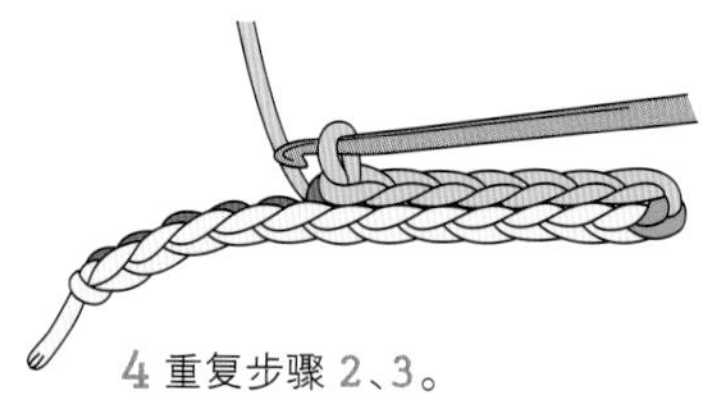

4 重复步骤 2、3。

罗纹绳

将线头挂在钩针上，钩织锁针。这样就可以钩织出简单、具有立体感的细绳，很方便。
成品效果和引拔针的细绳有点像。

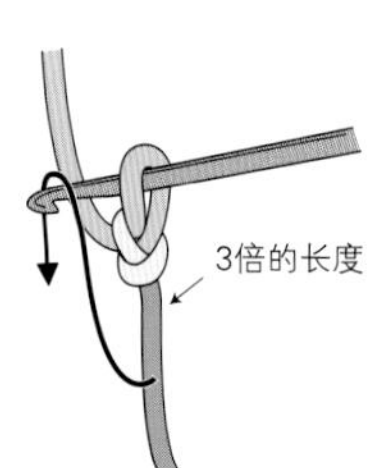

1 线头留罗纹绳的 3 倍长，锁针起针，钩织端头的针目。将线头从前向后挂在钩针上。

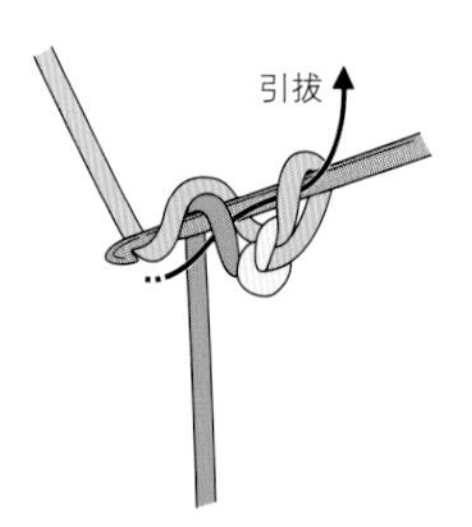

2 钩针挂线，从钩针上的线头和 1 个线圈中引拔出（锁针）。

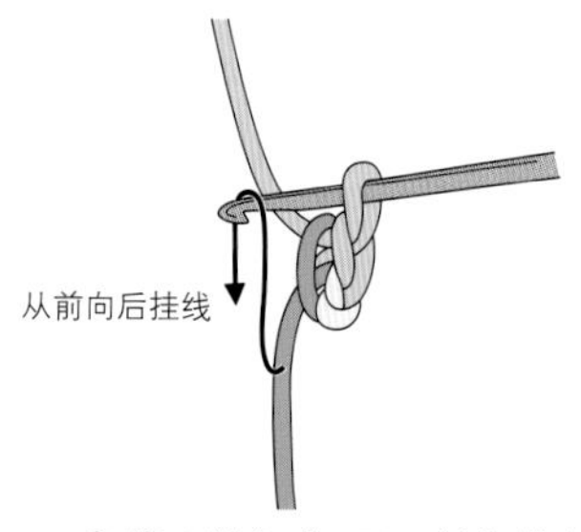

3 第 1 针完成。下一针将线头从前向后挂在钩针上。

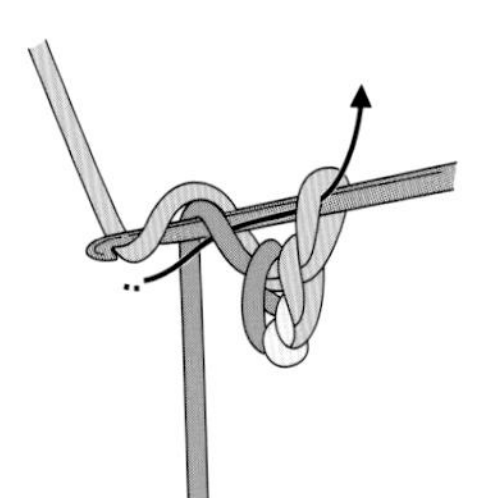

4 从钩针上的线头和 1 个线圈中引拔出。

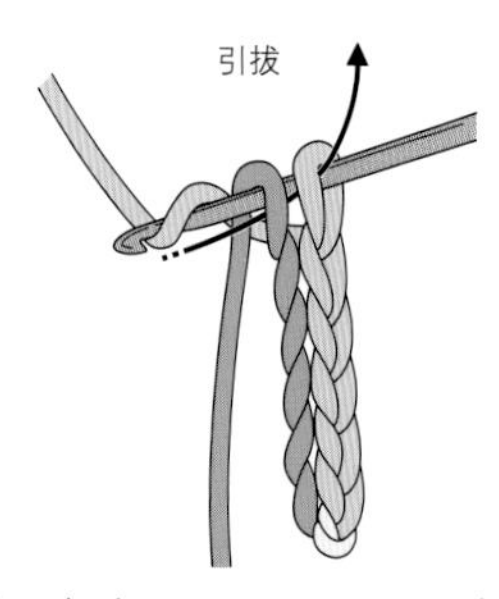

5 重复步骤 3、4，最后引拔出锁针。

双重锁针的细绳

钩织出来的效果像是两条锁针并在一起。
这种细绳较为牢固。

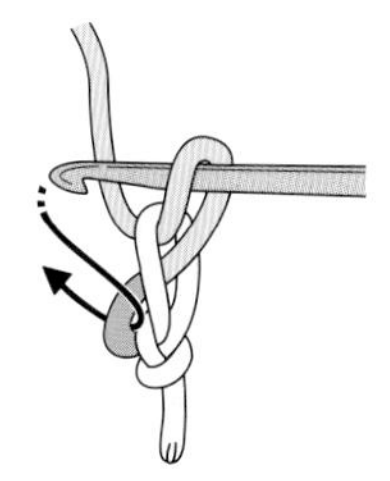

1 钩织 1 针锁针，然后将钩针插入锁针的里山。

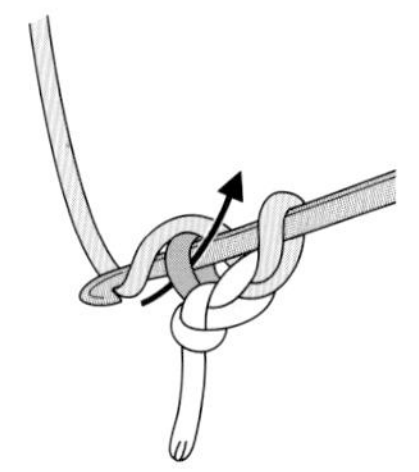

2 钩针挂线并拉出。

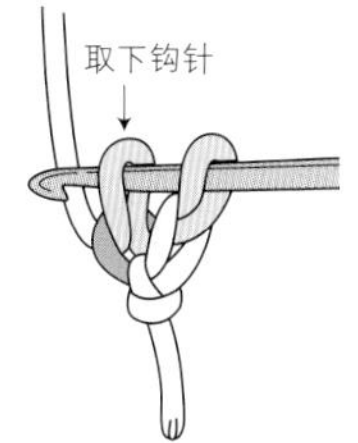

3 将步骤 2 完成的针目从钩针上取下。

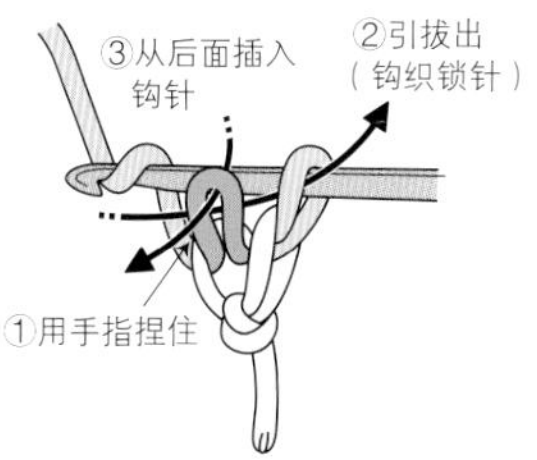

4 用手指捏住步骤 3 中取下的针目以免其松开，钩织 1 针锁针，然后从后面插入钩针。

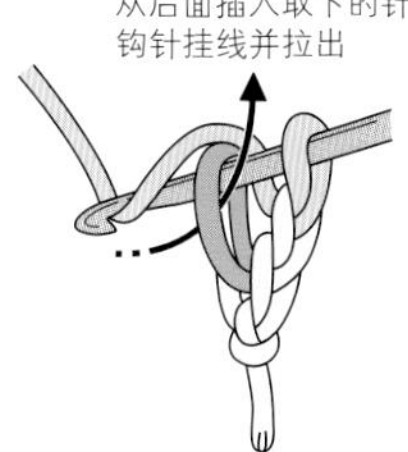

5 钩针挂线并拉出。

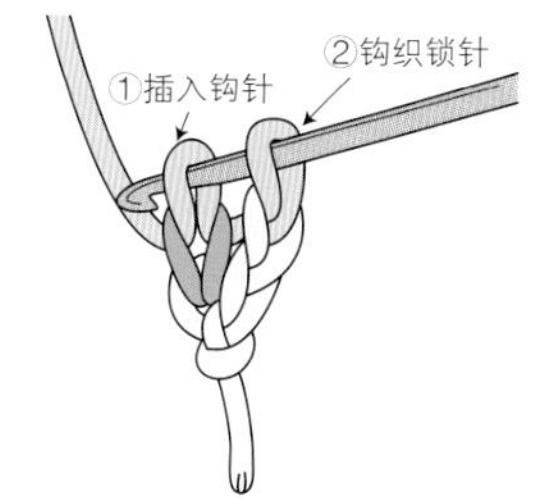

6 拉出后的样子。重复步骤 3~5。

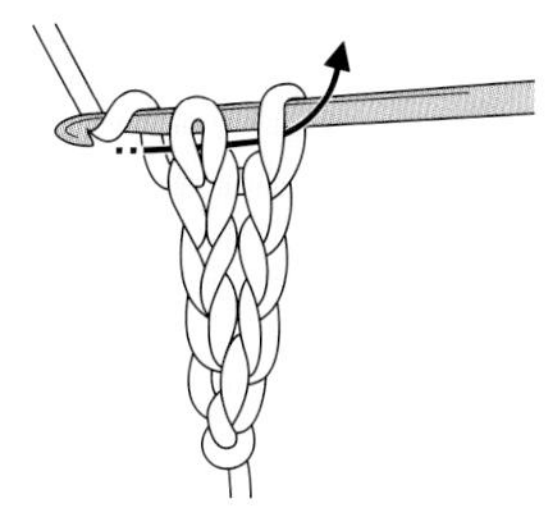

7 钩织所需要的长度后，从钩针上剩余的 2 个线圈中一次性引拔出。

龙虾绳

完成后的针目看起来像龙虾而得名。
这是有一定宽度的绳子，仔细看，它是一边向左转动一边钩织短针制作而成。

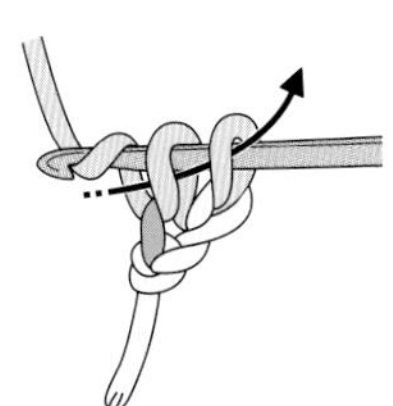

1 钩织 2 针锁针，钩针插入第 1 针锁针的半针和里山。

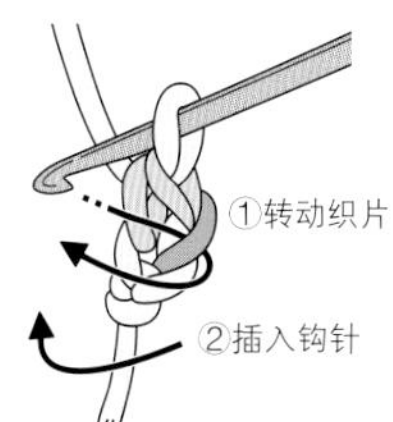

2 钩针挂线并拉出，再次钩针挂线，并从钩针上的 2 个线圈中引拔出（钩织短针）。

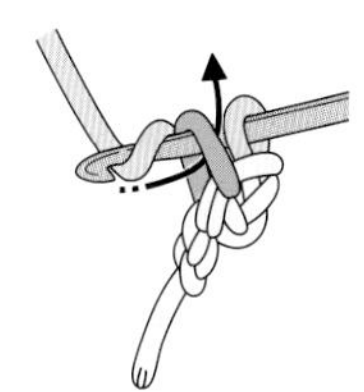

3 钩针插入步骤 1 中第 2 针锁针的半针，然后向左转动织片。

4 钩针挂线并拉出。

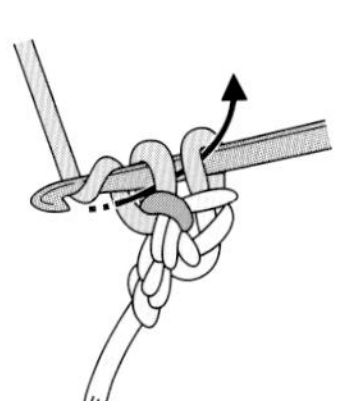

5 钩针挂线，并从 2 个线圈中引拔出（钩织短针）。

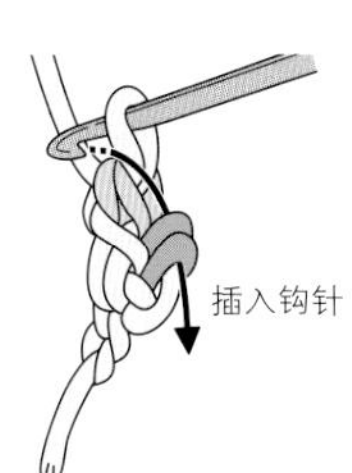

6 如箭头所示将钩针插入 2 个线圈中。

7 保持钩针插入的状态，向左转动织片。

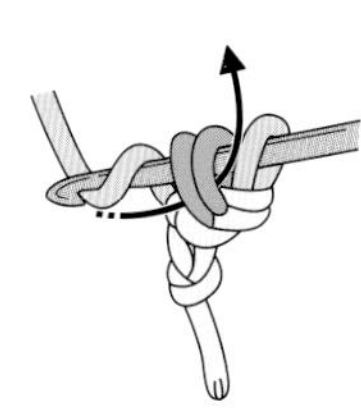

8 钩针挂线，并从钩针上的 2 个线圈中拉出。

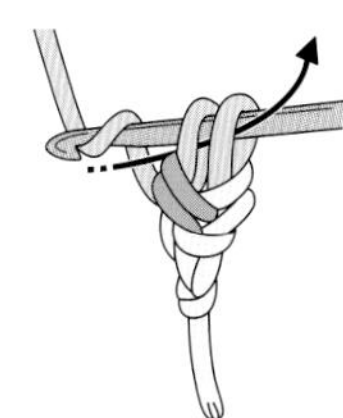

9 钩针挂线，从钩针上剩余的 2 个线圈中引拔出（钩织短针）。

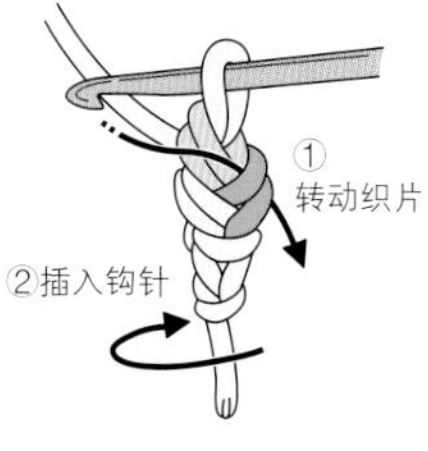

10 重复步骤 6~9，一边向左转动织片，一边钩织短针。最后引拔出短针。

最后的整理方法

织片钩织好以后，处理好线头（→p.26），然后进行最后的整理。

熨烫方法

织片钩织好以后，不太平整也没关系，
用蒸汽熨斗熨烫平整即可。
蒸汽熨斗的温度根据毛线商品标签（→p.14）上的说明来确定，
设定成适合当前毛线的温度。

左边是熨烫前，右边是熨烫后。

将织片翻到反面，根据成品尺寸，用珠针固定好织片。将熨斗悬在织片上方用蒸汽熨烫，以免破坏针目。蒸汽散去前，不要移动织片。

纽扣的缝合方法

根据纽扣表面针孔的大小，使用可以轻松穿过针孔的细针来缝合纽扣。
织片和纽扣之间，要根据织片的厚度做出线柱。
缝合纽扣时要使用和织片相同的线，如果毛线过粗，可以将线拆开分成数股，重新捻紧使用。
如果针孔不在纽扣表面，连接方法也是一样的。

一般纽扣的连接方法

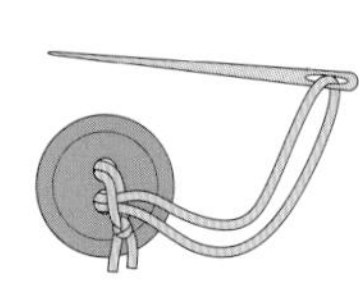

1 穿好线，将2根线并在一起，线头打结，从纽扣的反面入针，回到反面时将针插入线头处的线圈中。

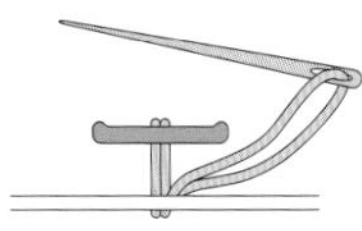

2 缝在织片上，根据织片的厚度调整线柱的高度。

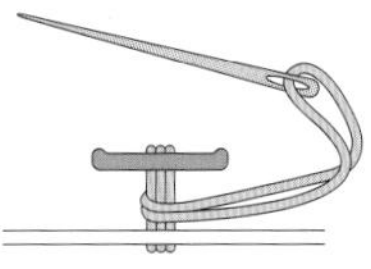

3 在线柱上绕几圈线。

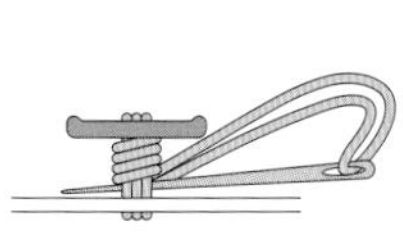

4 将针插入线柱中。

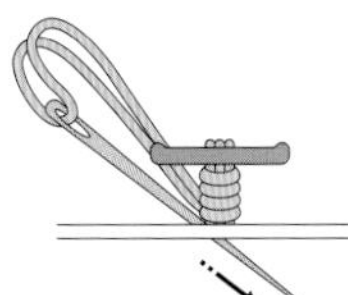

5 再将针插入织片，从反面出针。

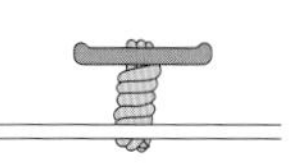

6 在反面打结，剪线。

底扣的连接方法

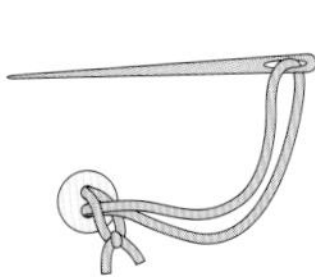

1 穿好线，将2根线并在一起，线头打结，从底扣的反面入针，回到反面时将针插入线头处的线圈中。

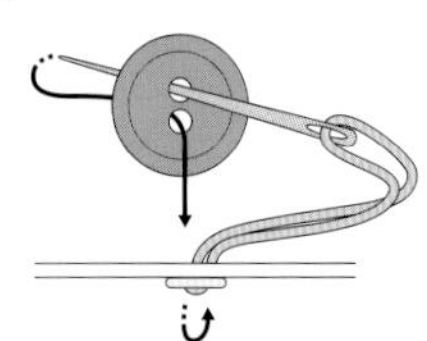

2 缝在织片上，然后连接纽扣，再次回到底扣。

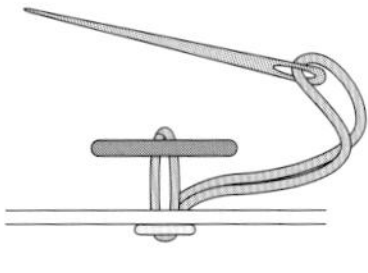

3 根据织片的厚度来调整线柱的高度。

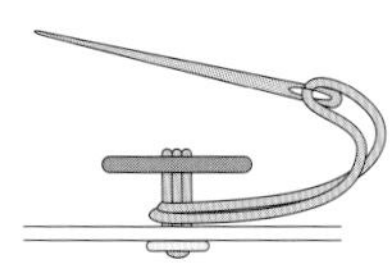

4 在线柱上绕几圈线。

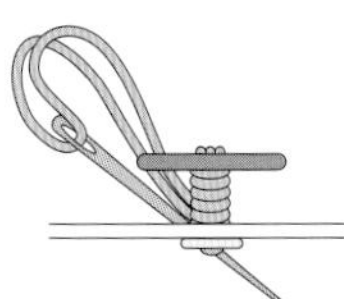

5 将针插入线柱中，再将针插入织片，从底扣的反面出针。

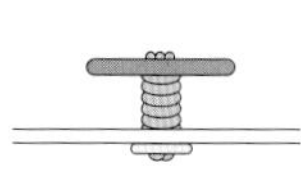

6 在反面打结，剪线。

※ 纽扣围脖

纽扣围脖的钩织方法很简单，
花样却非常可爱。
解开纽扣，还可以当作披肩使用。
请尝试钩织各种款式。

设计 / 铃木敬子
使用线 / 和麻纳卡

钩织方法…p.144

✳ 露指手套和护腕

和纽扣围脖的钩织方法相同，改变长度，
可钩织成露指手套和护腕。
可以将各种针法组合在一起，
挑战各种款式。

设计 / ucono
使用线 / 和麻纳卡

钩织方法…p.144

✳ 背心裙

这件既可爱又实用的背心裙，
虽然是大件织物，
但钩织方法并不难。
请试着钩织一下。

设计 / 约谷京子
使用线 / 和麻纳卡

钩织方法…p.148

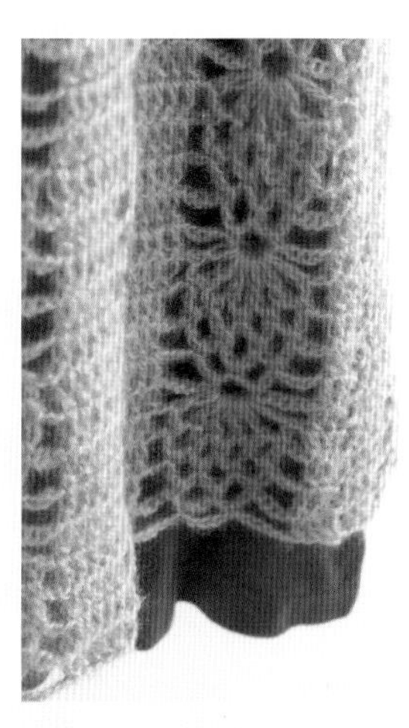

✳枣形针贝雷帽和花朵

将蓬松的枣形针钩织成优雅的贝雷帽，
不同的款式给人的感觉也不同。
比如，在中间装饰绒球，或者在侧面装饰一朵花。

设计 / 约谷京子
使用线 / 和麻纳卡

EGGS

【枣形针贝雷帽和花朵的钩织方法】

×线…和麻纳卡 SONOMONO Alpaca Wool（中粗）原色（61）85g
［绒球］原色（61）17g；［花朵］深棕色（63）5g，原色（61）、米色（62）各 2g
×钩针…钩针 8/0 号、6/0 号
×其他…［绒球］长 3cm 的别针 1 个
［胸花］长 3cm 的胸针 1 个
×编织密度…10cm×10cm 面积内：编织花样 17.5 针，6.5 行
×成品尺寸…头围 52cm

钩织要点

环形起针，用 8/0 号针做编织花样。从第 2 圈开始到边缘编织的第 1 圈，一边移动立织位置一边钩织。使用 6/0 号针做边缘编织，钩织 3 圈短针。

［花朵］环形起针，立织 1 针锁针，钩织 1 针短针、3 针锁针、2 针长针、3 针锁针、1 针短针等第 2 圈立织 1 针锁针，从反面将前一圈短针的柱子全部挑起，钩织短针的反拉针。然后钩织 3 针锁针、短针的反拉针等。第 3 圈立织 1 针锁针，整段挑取前一圈的锁针，钩织 1 针短针、3 针锁针、5 针长针、3 针锁针等。第 4 圈按照第 2 圈的要领钩织，将锁针改为 5 针。第 5 圈按照第 3 圈的要领钩织，增加长针的针数。花朵的底座环形起针钩织 5 圈短针即可。

花朵

8/0号针

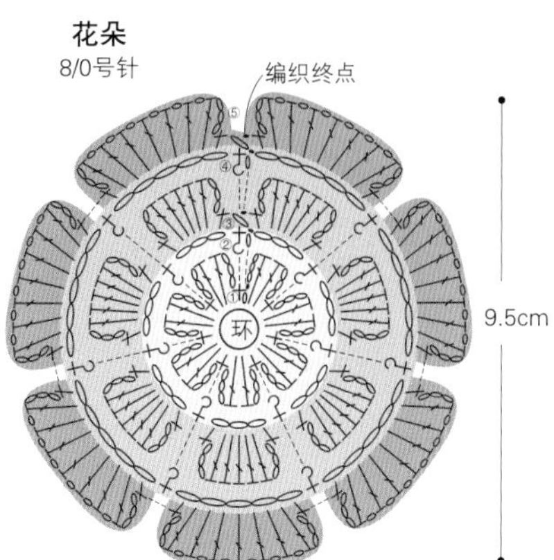

花朵的配色

第5圈	深棕色
第4圈	米色
第3圈	米色
第2圈	原色
第1圈	原色

花朵的底座 8/0号针

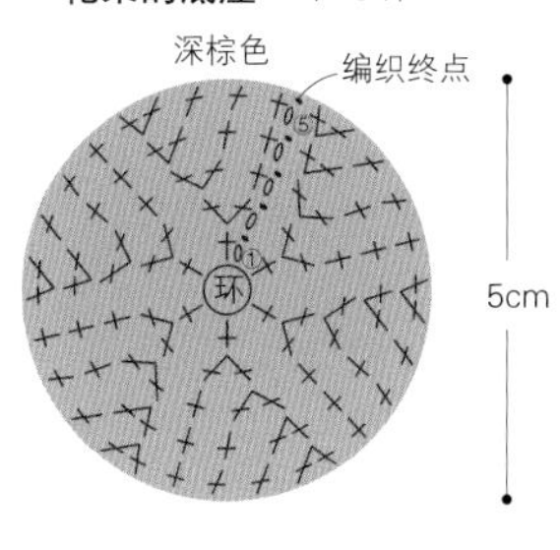

花朵的组合方法

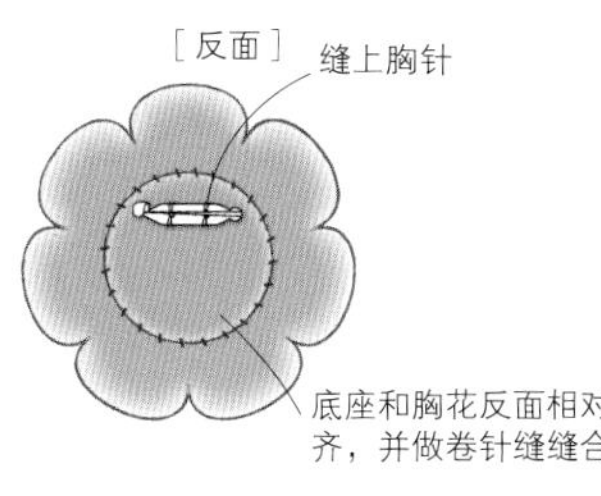

绒球的制作方法

绒球

原色

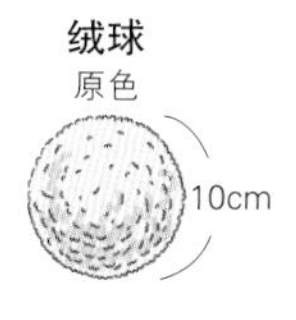

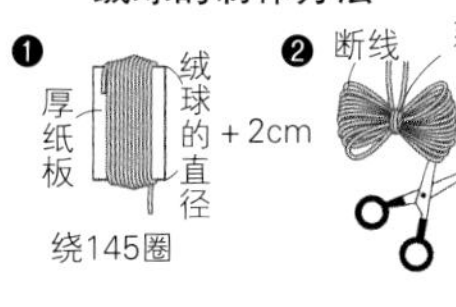

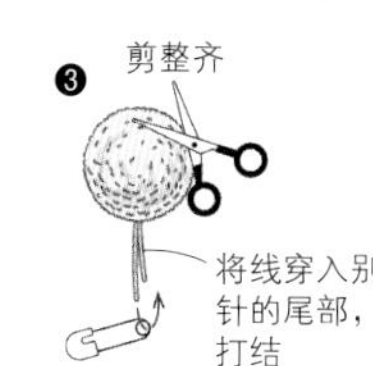

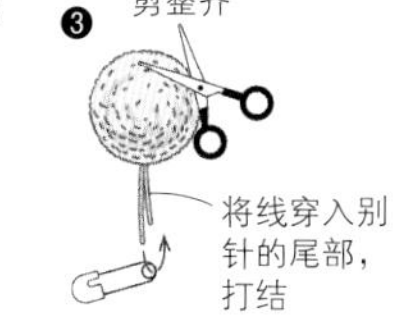

帽子

原色

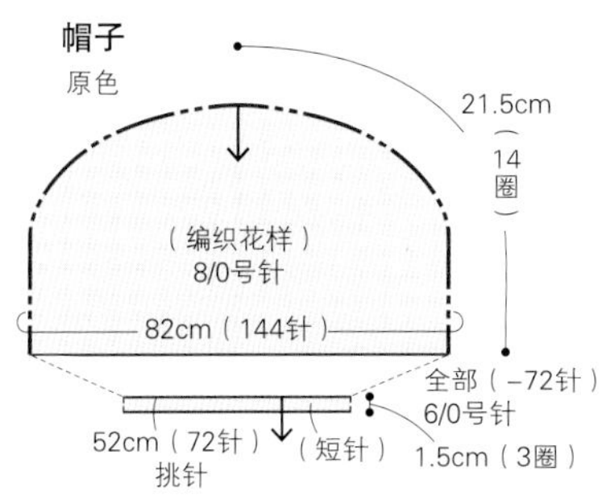

帽子

编织终点

1个花样

○ 锁针（→p.18）
● 引拔针（→p.25）
十 短针（→p.20）
3针中长针的枣形针（整段挑取）（→p.69）
短针的反拉针（→p.90）
1针放2针短针（→p.53）

各圈的针数

圈	针数	加减
第9~14圈	144针	
第8圈	144针	（+12针）
第7圈	132针	（+36针）
第6圈	96针	（+12针）
第5圈	84针	（+36针）
第4圈	48针	（+6针）
第3圈	42针	（+12针）
第2圈	30针	（+12针）
第1圈	18针	

【纽扣围脖的钩织方法】 图片… p.139

× 线…和麻纳卡 Rich More Stame < Fine> 红色（308）180g
× 钩针…钩针 6/0 号
× 其他…直径 18mm 的纽扣 7 颗
× 编织密度…10cm×10cm 面积内：编织花样 21 针，10 行
× 成品尺寸…宽 33.5cm，长 115cm

钩织要点

钩织 71 针锁针起针，第 1 行挑取锁针的半针和里山钩织。从第 2 行开始，整段挑取前一行的针目钩织，端头的长针需要挑取前一行立织的第 3 针锁针的半针和里山钩织。钩织 115 行编织花样。缝上纽扣。

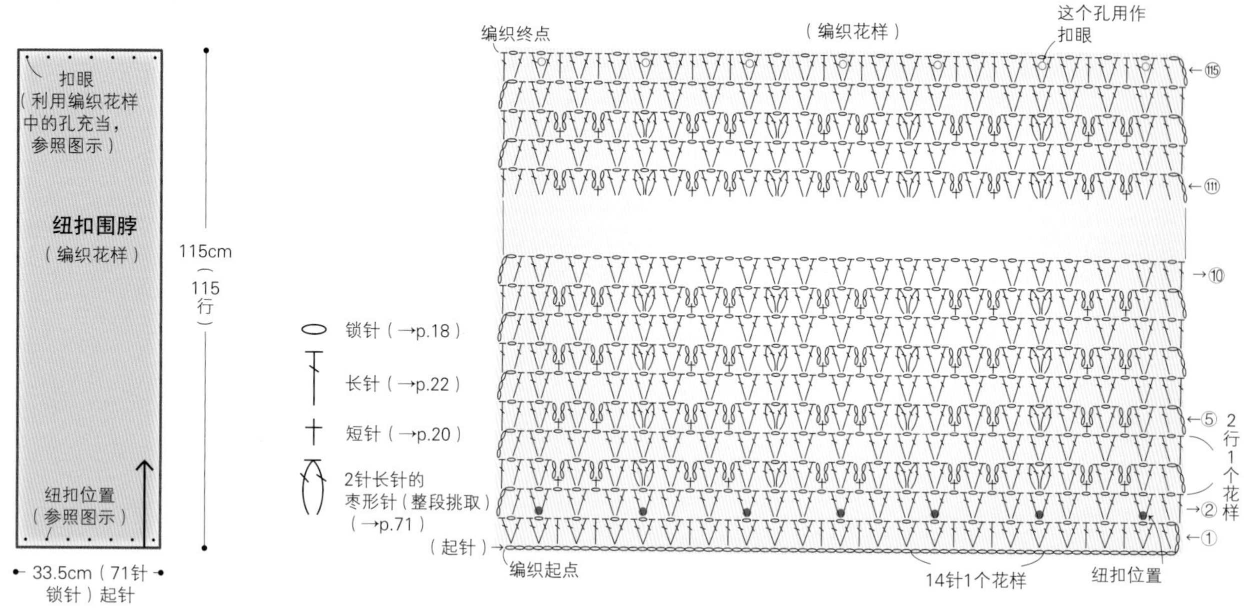

【露指手套和护腕的钩织方法】 图片… p.140

× 线…和麻纳卡 Exceed Wool L< 中粗 >
［露指手套］黄色（316）60g、［护腕］灰色（327）190g
× 钩针…钩针 5/0 号 × 编织密度…10cm×10cm 面积内：编织花样 20 针，9 行
× 成品尺寸…［露指手套］掌围 20cm，长 16.5cm
［护腕］腕围 30cm，长 33cm

钩织要点

钩织锁针，做环形起针，挑取锁针的半针和里山，做编织花样。露指手套钩织 8 行，护腕钩织 23 行，然后钩织 2 行边缘编织 A。从起针的另一侧挑取半针，钩织 6 行边缘编织 B。

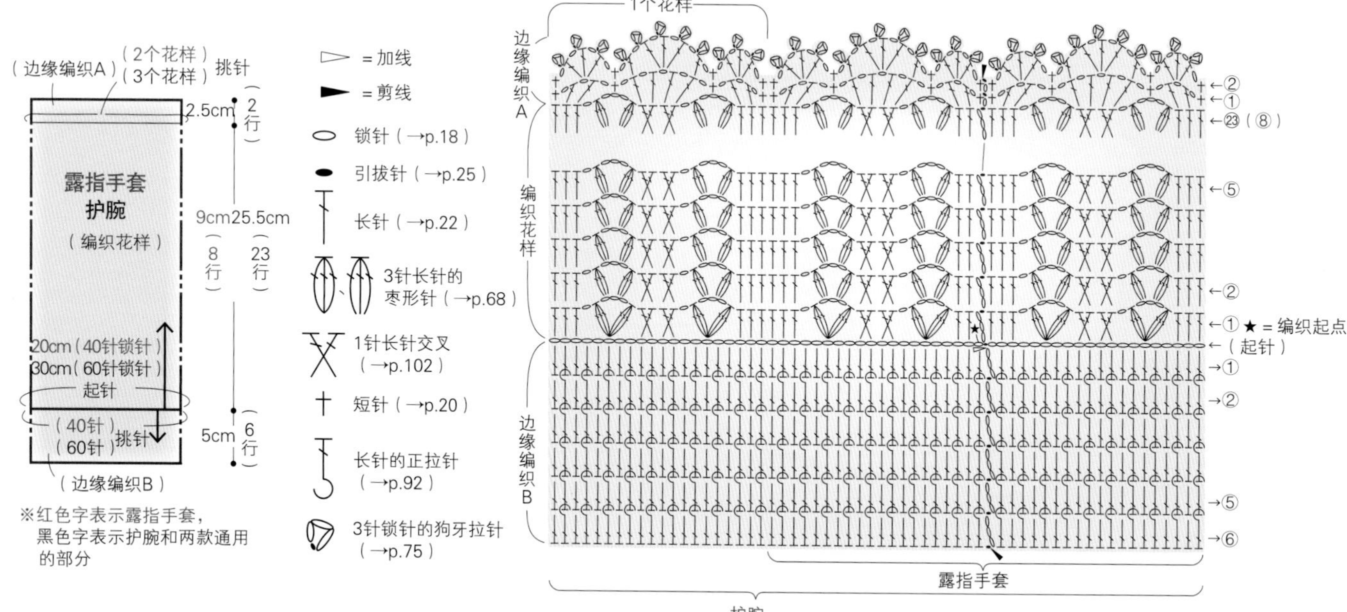

【串珠口金包和串珠项链的钩织方法】 图片… p.113

✖线…［口金包］奥林巴斯 Emmy Grande <Bijou> 浅蓝色（L201）15g

［项链］奥林巴斯 Emmy Grande <Herbs> 象牙色（732）8g，橙色（171）2g

✖其他…［口金包］9cm 带孔口金（银色）1 个、大圆珠（银色）1716 颗、挂环 1 个、圆环（小）1 个、链子 3.5cm ［项链］大圆珠（橙色）88 颗、（金色）48 颗、小圆珠（象牙色）450 颗

✖钩针…钩针 2/0 号 ✖成品尺寸…参照图示

钩织要点

口金包…将串珠穿在线上钩织。环形起针，第 1 圈钩织 6 针短针。从第 2 圈开始，一边拨入串珠，一边钩织短针的条纹针。最终行不拨入串珠。有串珠的一面为正面，用半回针缝的方法缝上口金。

项链…在象牙色线上穿入 90 颗象牙色圆珠，环形起针钩织。钩织 5 个相同的圆球。在橙色线上穿入串珠，按照橙色圆珠 22 颗、金色圆珠 24 颗、橙色圆珠 44 颗、金色圆珠 24 颗、橙色圆珠 22 颗的顺序。一边拨入串珠，一边钩织 90 针锁针。钩织至端头，挑取锁针的半针和里山，钩织引拔针，中途将串珠拨入锁针。最后将串珠圆球固定在串珠编织的细绳上。

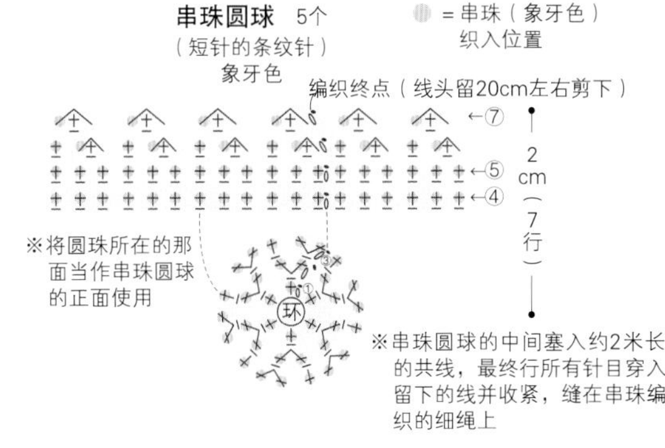

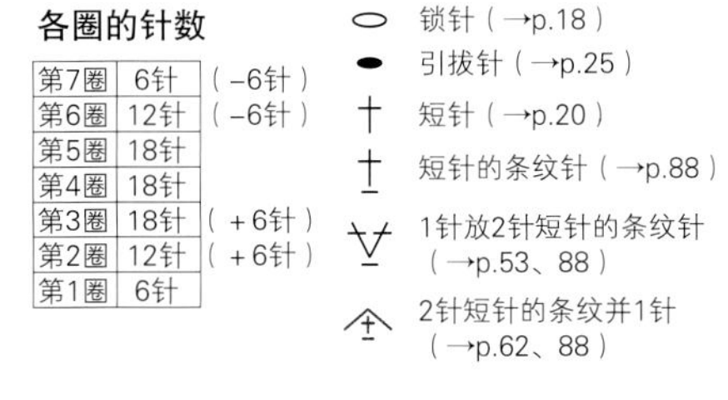

各圈的针数

圈	针数	加减
第7圈	6针	（−6针）
第6圈	12针	（−6针）
第5圈	18针	
第4圈	18针	
第3圈	18针	（＋6针）
第2圈	12针	（＋6针）
第1圈	6针	

细绳 橙色　= 圆珠（橙色）串珠位置　= 圆珠（金色）串珠位置

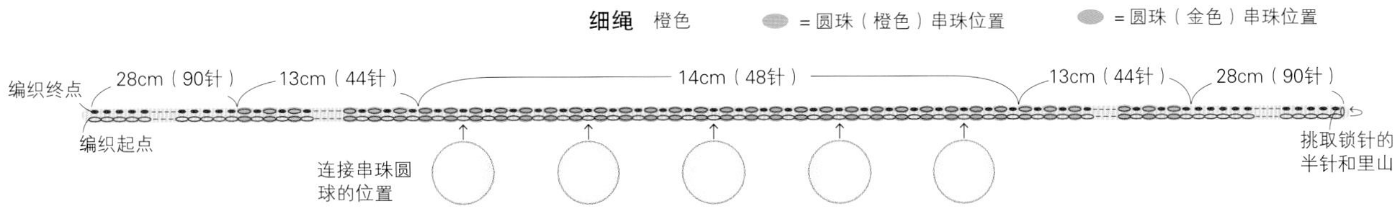

编织终点　28cm（90针）　13cm（44针）　14cm（48针）　13cm（44针）　28cm（90针）

编织起点　连接串珠圆球的位置　挑取锁针的半针和里山

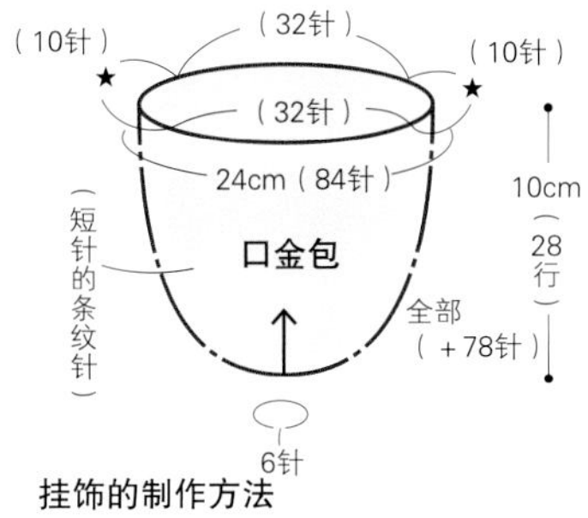

（10针）★　（32针）　（10针）★　（32针）　24cm（84针）　口金包　（短针的条纹针）　10cm（28行）　全部（＋78针）　6针

口金包（短针的条纹针）　= 口金包（短针的条纹针）　编织终点　㉘ ㉗ ㉕ ⑳ ⑮　1个花样　环

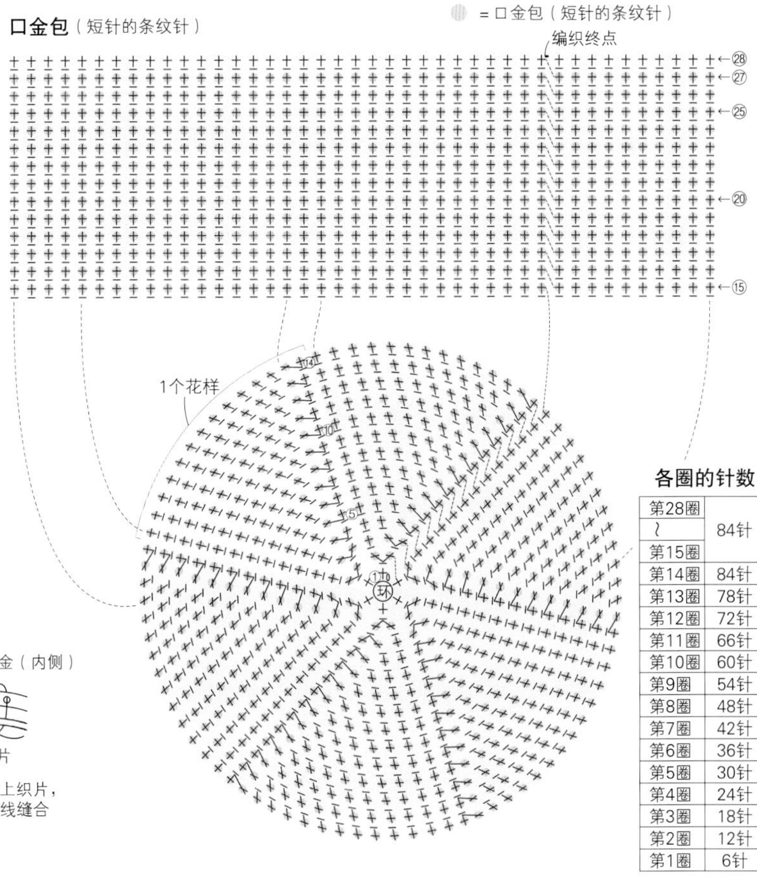

各圈的针数

圈	针数	加减
第28圈～第15圈	84针	
第14圈	84针	（＋6针）
第13圈	78针	（＋6针）
第12圈	72针	（＋6针）
第11圈	66针	（＋6针）
第10圈	60针	（＋6针）
第9圈	54针	（＋6针）
第8圈	48针	（＋6针）
第7圈	42针	（＋6针）
第6圈	36针	（＋6针）
第5圈	30针	（＋6针）
第4圈	24针	（＋6针）
第3圈	18针	（＋6针）
第2圈	12针	（＋6针）
第1圈	6针	

挂饰的制作方法

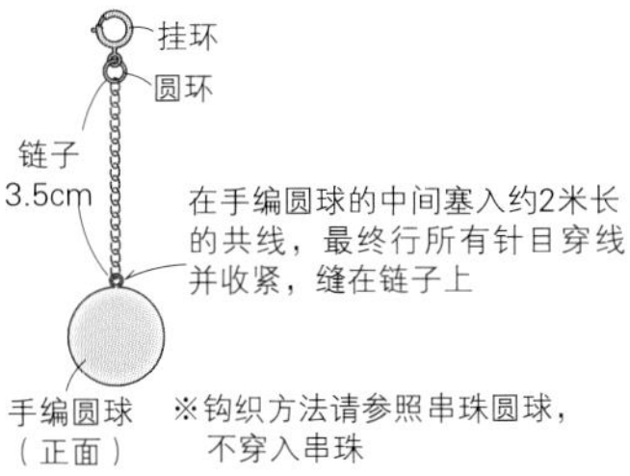

挂环　圆环　链子 3.5cm

在手编圆球的中间塞入约2米长的共线，最终行所有针目穿线并收紧，缝在链子上

手编圆球（正面）　※钩织方法请参照串珠圆球，不穿入串珠

（10针）★留下　用共线缝合　（32针）　（10针）★留下　（32针）　缝口金部分

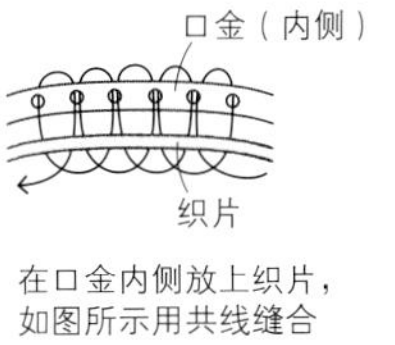

口金（内侧）　织片

在口金内侧放上织片，如图所示用共线缝合

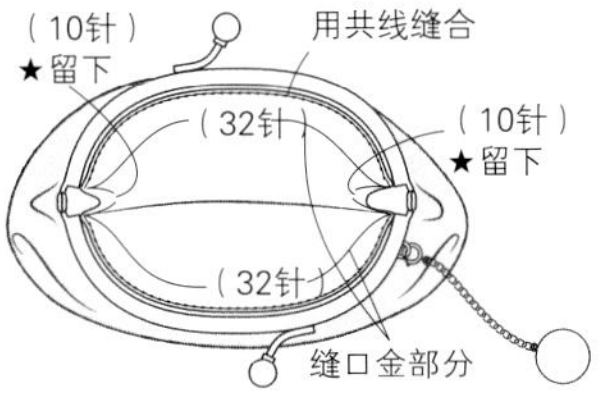

※串珠所在的一面当作口金包的正面使用

【方形花片的坐垫的钩织方法】 图片…p.115

× 线…和麻纳卡 Rich More Spectre Modem <Fine> 浅茶色（308）140g，蓝色（312）、绿色（310）、芥末黄色（309）、砖红色（324）各 30g
× 钩针…钩针 6/0 号
× 花片大小…7.5cm × 7.5cm
× 成品尺寸…68.5cm × 46cm

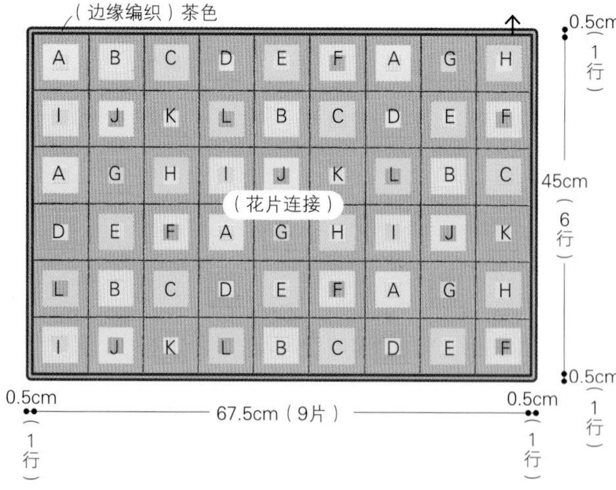

钩织要点

环形起针钩织花片，每钩织一圈换一次色（每圈终点钩织引拔针时换色）。使用不同的配色，钩织 54 片，用浅茶色线做半针的卷针缝缝合。再用浅茶色线做边缘编织。

花片的配色

	A（5片）	B（5片）	C（5片）	D（5片）	E（5片）	F（5片）	G（4片）	H（4片）	I（4片）	J（4片）	K（4片）	L（4片）
第3圈	浅茶色	浅茶色	浅茶色	浅茶色	浅茶色	浅茶色	浅茶色	浅茶色	浅茶色	浅茶色	浅茶色	浅茶色
第2圈	蓝色	芥末黄色	蓝色	砖红色	绿色	芥末黄色	砖红色	绿色	芥末黄色	蓝色	砖红色	绿色
第1圈	芥末黄色	蓝色	绿色	蓝色	芥末黄色	砖红色	绿色	蓝色	绿色	砖红色	芥末黄色	砖红色

花片连接方法、边缘编织

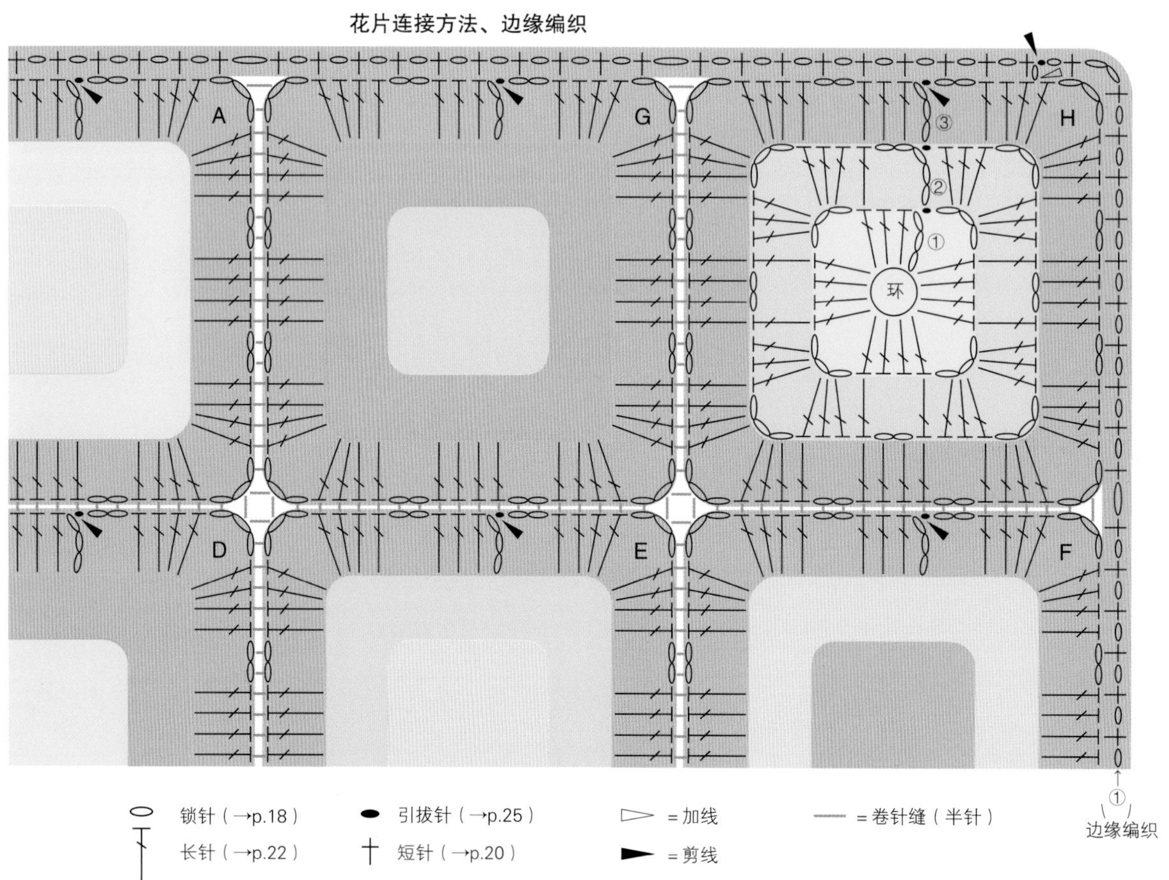

【配色花样手提包的钩织方法】 图片… p.114

- 线…芭贝 艾罗依卡 米色（143）170g、红色（116）35g
- 钩针…钩针 7/0 号
- 其他…2 根直径 3.5mm 的塑料软管长 33cm
- 编织密度…10cm×10cm 面积内：短针的条纹针 20 针，18 行
- 成品尺寸…宽 25cm，深 26.5cm（提手除外）

钩织要点

钩织 33 针锁针起针，从两侧挑针，用短针的条纹针环形编织手提包的底部。侧面配色花样部分要对齐钩织，为了使手提包更结实，一边包住米色的另线，一边钩织。侧面钩织 24 圈短针的条纹针的配色花样，然后一边包住米色线，一边钩织 23 圈（请参照 p.119、120）。

提手部分钩织 6 针锁针起针，然后钩织 76 圈短针。纵向对折，放入塑料软管当作提手的内芯，缝合后连接在手提包主体上。

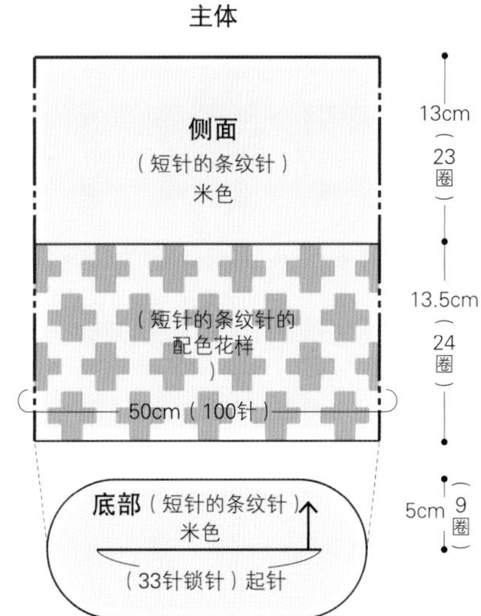

主体

侧面

中央 两侧 中央 编织终点 两侧

（短针的条纹针）

（短针的条纹针的配色花样）

10针1个花样

红色 米色

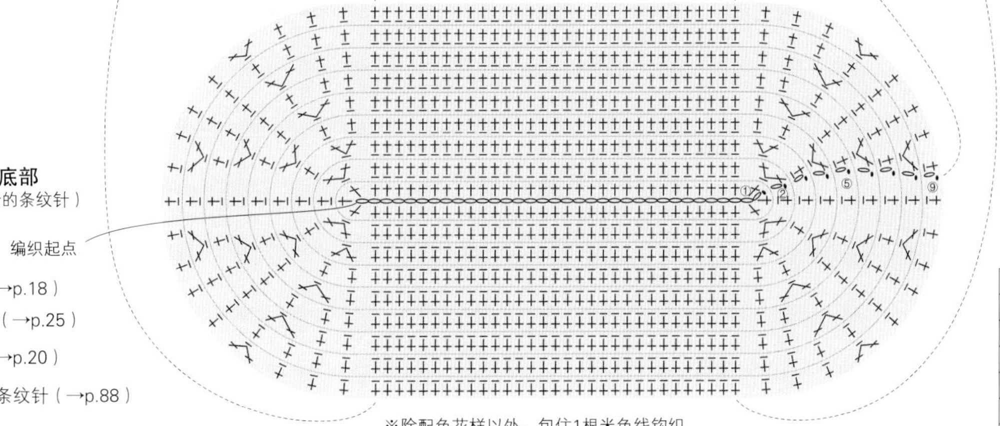

底部

（短针的条纹针）

编织起点

- ⬭ 锁针（→p.18）
- ⬬ 引拔针（→p.25）
- ┼ 短针（→p.20）
- 短针的条纹针（→p.88）
- 1针放2针短针（→p.53）

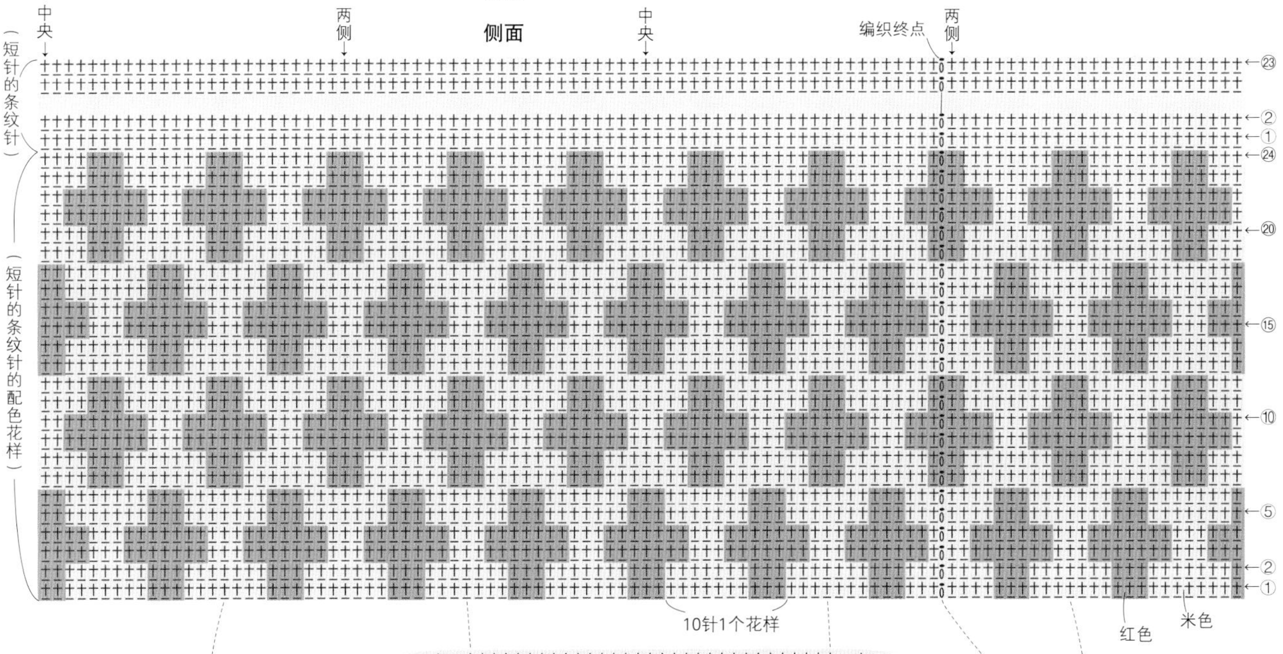

※除配色花样以外，包住1根米色线钩织

底部的针数

圈数	针数	加针
第9圈	100针	（+4针）
第8圈	96针	（+4针）
第7圈	92针	（+4针）
第6圈	88针	（+4针）
第5圈	84针	（+4针）
第4圈	80针	（+4针）
第3圈	76针	（+4针）
第2圈	72针	（+4针）
第1圈	68针	

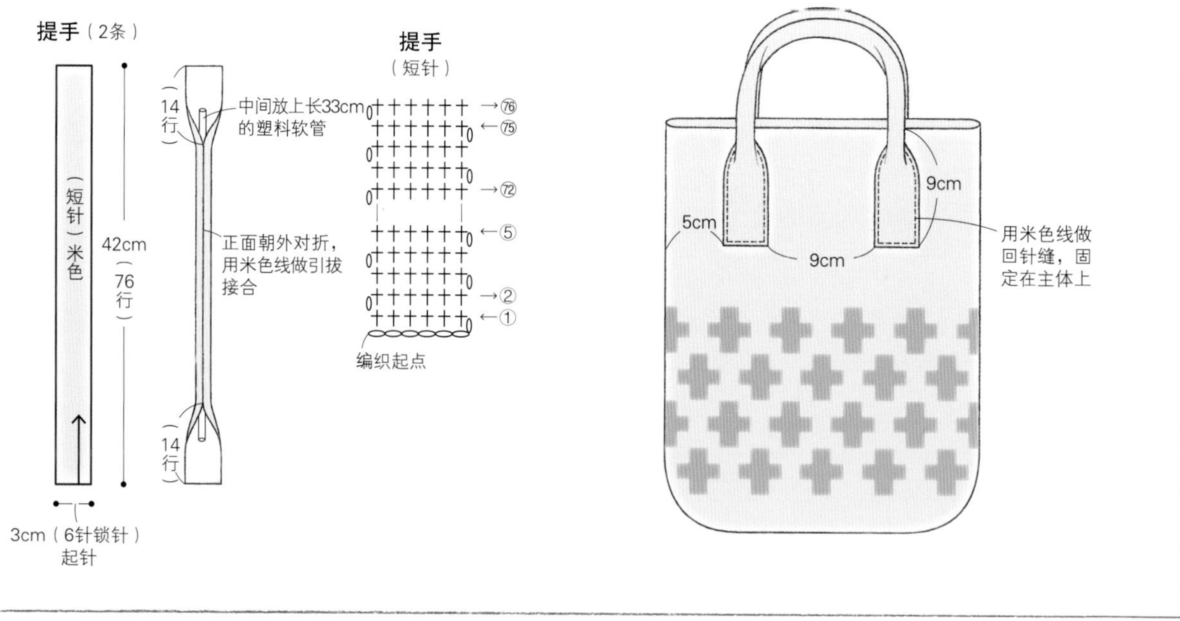

【背心裙的钩织方法】 图片… p.141

- 线…和麻纳卡 Alpaca Mohair Fine 粉色（11）220g
- 钩针…钩针 4/0 号、5/0 号、6/0 号
- 编织密度…10cm×10cm 面积内：编织花样 A 26 针，10 行
编织花样 B 26 针，10.5 行（4/0 号针）
- 成品尺寸…胸围 92cm，衣长 80cm

钩织要点

后育克、前育克均钩织 121 针锁针起针，做编织花样 A。钩织 6 行后，剪线，在中途加线钩织 10 行。然后左、右肩分开各钩织 10 行。
从起针的另一侧挑针，用编织花样 B 钩织裙子部分，每钩织 18 行换针钩织，调整编织密度。肩部做卷针缝缝合，胁部做引拔接合，袖窿、领窝钩织短针。

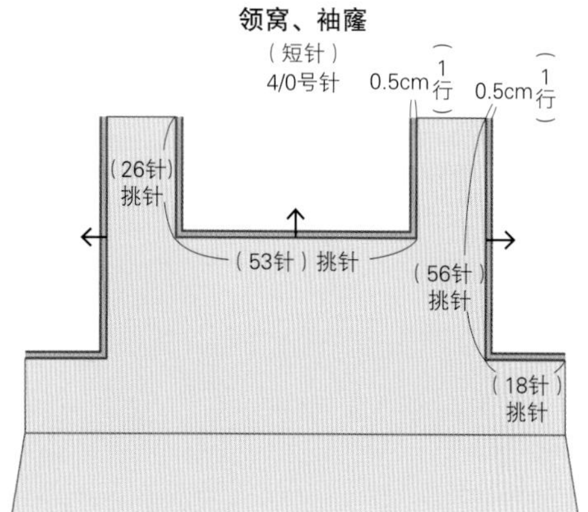

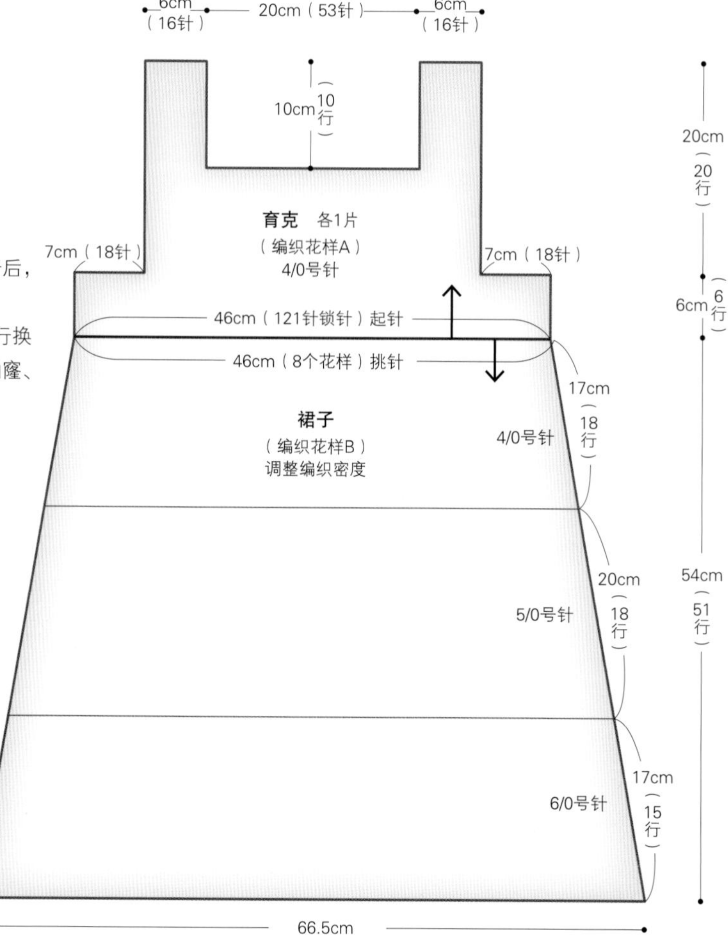

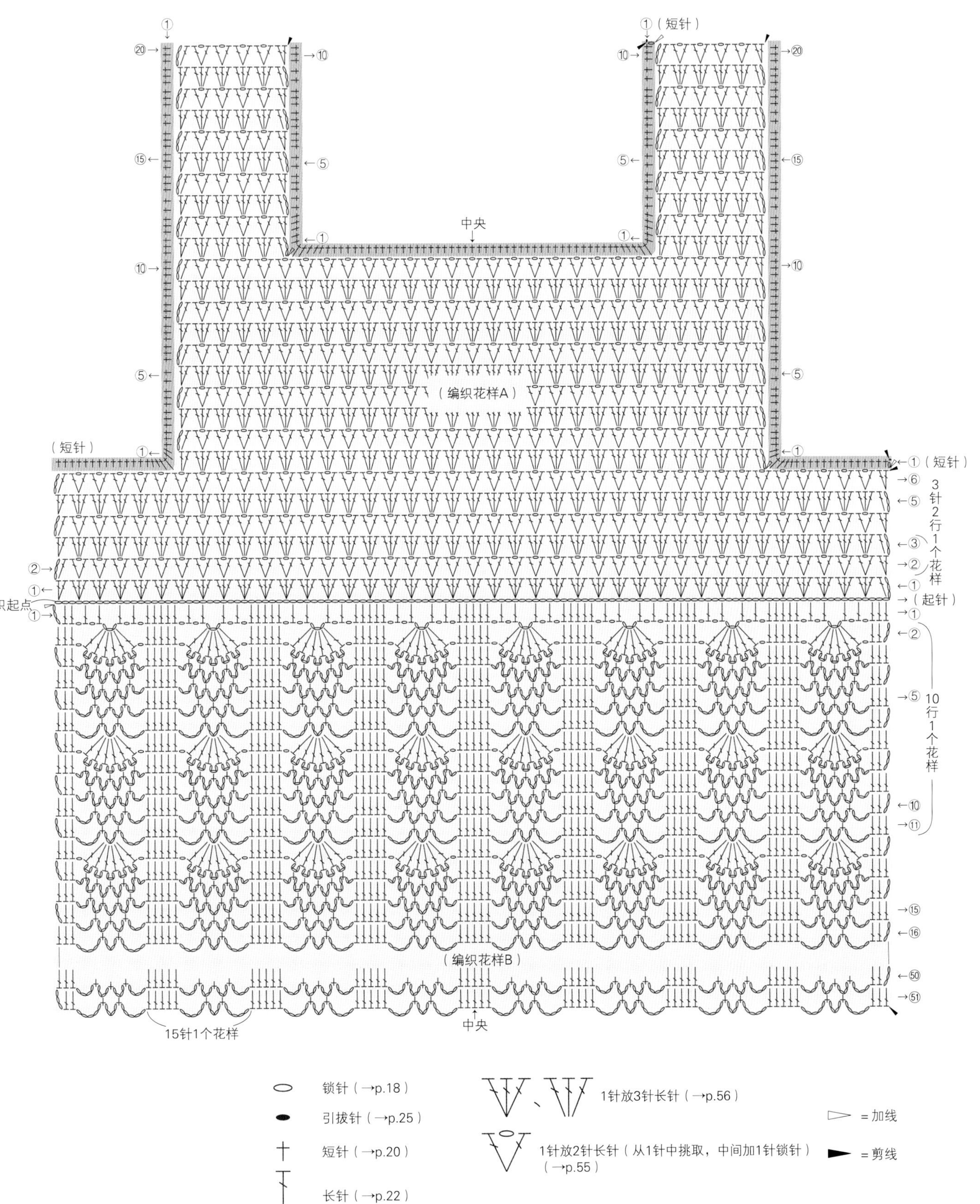
①
⑳→
→⑩
①（短针）
⑩→
→⑳
⑮←
←⑤
⑤←
←⑮
←①
中央
①←
⑩→
→⑩
⑤←
（编织花样A）
←⑤
（短针）
①←
←①
←①（短针）
→⑥
←⑤
→④
←③
②→
→②
3针2行1个花样
①←
←①
编织起点
→（起针）
①→
→①
←②
→⑤
10行1个花样
←⑩
→⑪
→⑮
←⑯
（编织花样B）
←㊿
→51
15针1个花样
中央
锁针（→p.18）
引拔针（→p.25）
短针（→p.20）
长针（→p.22）
1针放3针长针（→p.56）
1针放2针长针（从1针中挑取，中间加1针锁针）（→p.55）
= 加线
= 剪线

Index 索引

● 编织符号的编织方法 ★ 技巧 ✖ 作品及其编织方法

ICHIBAN YOKUWAKARU SHIN KAGIBARIAMI NO KISO（NV70260）
Copyright © NIHON VOGUE-SHA 2014 All rights reserved.
Photographers: YUKARI SHIRAI, SATOMI OCHIAI, MARTHA KAWAMURA
Original Japanese edition published in Japan by NIHON VOGUE CO., LTD.,
Simplified Chinese translation rights arranged with BEIJING BAOKU INTERNATIONAL CULTURAL DEVELOPMENT Co., Ltd.

日本宝库社授权河南科学技术出版社在中国大陆独家出版发行本书中文简体字版本。
版权所有，翻印必究
备案号：豫著许可备字-2015-A-00000329

图书在版编目（CIP）数据

最新版钩针编织基础 / 日本宝库社编著；如鱼得水译. —郑州：河南科学技术出版社，2017.9（2024.1重印）
ISBN 978-7-5349-8876-9

Ⅰ. ①最… Ⅱ. ①日… ②如… Ⅲ. ①钩针–编织 Ⅳ. ①TS935.521

中国版本图书馆CIP数据核字（2017）第181400号

出版发行：河南科学技术出版社
地址：郑州市郑东新区祥盛街27号　邮编：450016
电话：（0371）65737028　65788613
网址：www.hnstp.cn
策划编辑：刘　欣
责任编辑：张　培
责任校对：王晓红
封面设计：张　伟
责任印制：张艳芳
印　　刷：河南新达彩印有限公司
经　　销：全国新华书店
开　　本：889 mm × 1194 mm　1/16　印张：9.5　字数：300千字
版　　次：2017年9月第1版　2024年1月第7次印刷
定　　价：69.00元

如发现印、装质量问题，影响阅读，请与出版社联系并调换。